获全国普通高等学校优秀教材一等奖

普通高等教育"九五"国家级重点教材

获中国石油和化学工业优秀教材一等奖

反应工程 （第四版）

Reaction Engineering

李绍芬　辛　峰　主编

化学工业出版社

·北 京·

内容简介

《反应工程》（第四版）从理论和实践相结合的角度，系统阐明了反应工程的基本原理和方法。内容包括由基元反应和质量作用定律推导非基元反应的速率方程的步骤；由设计的实验获得反应动力学数据以及拟合出动力学参数的方法；由质量衡算建立反应器设计方程的原理；由连续反应器的停留时间分布确定真实反应器模型参数的过程。并将它们用于理想反应器和真实反应器的设计与分析。此外，生化反应工程基础、聚合反应工程基础和电化学反应工程基础三章内容将为可再生能源加工、新材料生产和新能源装备提供可借鉴的反应器设计方法。

本书除作为化工及相关专业本科生教材外，还可供从事化工生产、科研和设计工作的工程技术人员参考。

图书在版编目（CIP）数据

反应工程 / 李绍芬，辛峰主编. -- 4 版. -- 北京：
化学工业出版社， 2024. 10. --（普通高等教育"九五"
国家级重点教材）. -- ISBN 978-7-122-46554-2

Ⅰ．TQ03

中国国家版本馆 CIP 数据核字第 20245KG330 号

责任编辑：徐雅妮　孙凤英
责任校对：赵懿桐　　　　　　　　　　装帧设计：关　飞

出版发行：化学工业出版社
　　　　　（北京市东城区青年湖南街 13 号　邮政编码 100011）
印　　装：北京云浩印刷有限责任公司
787mm×1092mm　1/16　印张 23½　字数 597 千字
2025 年 3 月北京第 4 版第 1 次印刷

购书咨询：010-64518888　　　　　　售后服务：010-64518899
网　　址：http://www.cip.com.cn
凡购买本书，如有缺损质量问题，本社销售中心负责调换。

定　　价：69.00 元　　　　　　　　　　版权所有　违者必究

前　言

反应工程是化工与制药类本科专业的核心课程，近年来该课程内容不断改进，旨在为新质生产力的开发、化工产业的升级优化、"双碳"目标的达成和支撑国家重点领域发展培养人才。

当今世界正经历着百年未有之大变局。党的二十大报告首次将"实施科教兴国战略，强化现代化建设人才支撑"作为一个独立的篇章，部署了"加快建设教育强国、科技强国、人才强国"的全面工作。

跨越三十五年的风云变幻，天津大学《反应工程》教材始终承载着老一辈天大化工人的殷殷重托和广大读者的热切期望。经历了三代人的努力，取得了有目共睹的成果，也培养了一大批有识之士。希望这本经典教材今后能发挥更大的作用。

作为普通高等教育"九五"国家级重点教材，本教材曾荣获 2002 年全国普通高等学校优秀教材一等奖、2014 年中国石油和化学工业联合会优秀出版物（教材类）一等奖。本书是 2004 年国家级精品课、2016 年国家级精品资源共享课和 2023 年国家级一流本科课程的重要支撑。2017 年化学工业出版社和爱思唯尔（Elsevier）出版集团分别向国内和海外发行了《反应工程》教材英文版《Reaction Engineering》，深得海内外读者的喜爱。

《反应工程》教材如何满足新时代对人才培养的要求，如何为发展新质生产力、破解关键技术卡脖子的难题做出贡献，是摆在我们面前亟待解答的问题。为此，《反应工程》（第四版）力求思路清晰、叙述准确，使读者快速获得要领，在解决问题的同时，留出思考和发挥的空间。同时，尝试采用新形态的模式，引入了开源的 Python 计算代码和扫描二维码即可获取的多媒体辅助教学内容；通过定义"反应量"，解决了化学计量关系和反应速率正负号的困扰；利用建立的反应器衡算方程，统一且简化了理想反应器设计方程的推导过程；调整了部分章节的顺序，使内容编排更加科学、合理，符合逻辑；补充了每章章首的提要和章末的总结，便于读者在快速了解各章内容的同时，掌握它们的核心所在；将科研成果以例题的形式，贯穿相关章节，进一步体现了理论的应用价值。显然，这些努力还远远不够。为了寻求答案，我们未来还有很长的路要走。

《反应工程》（第四版）是在第三版的基础上编写而成。框架的调整、内容的增补和勘误、Python 程序的编写由辛峰执笔，并听取了王富民、张旭斌和蔡旺锋三位老师的建议。多媒体资源由徐艳和王燕两位老师提供。

在此，衷心感谢本教材的读者，期待指正。

编者

2024 年 6 月

历版前言

化学反应工程是化学工程学科的一个重要组成部分，也是大学本科化工类专业学生的必修课程之一。国内高等院校对此课程的开设有两种不同的做法，一是有关专业共同开设，即作为技术基础课开出；另一种做法则按专业课处理，各专业单独开课。我们采取前一种做法，本书也就是在此前提下，经过多年的教学实践，数易其稿而成的。

化学反应工程课的基本内容包括反应动力学和反应器设计与分析两个方面。本书在物理化学课的基础上，从应用的角度论述反应器设计与分析所涉及的动力学问题，并作适当的扩充。对于反应器设计与分析则着重在理想反应器方面，使学生打下扎实的基础，学会分析问题和解决问题的方法，以便遇到较为复杂的问题时不至于无从下手。在反应类别和反应器类型的选择上保持了一定的广度，但又有所侧重而不是面面俱到。除了均相反应外，对于多相反应，特别是气固相催化反应及反应器，作了较为详细的讨论。这一方面是因为该类反应及反应器十分典型，掌握其基本原理后，当起到举一反三、事半功倍的作用。另一方面，也是由于这方面的研究工作较为充分和完善的缘故。再者，此类反应的工业应用也十分广泛。所以，以多相催化反应及反应器作为重点是十分适宜的。

以往的教学经验告诉我们，学生学习化学反应工程课时最大的困难是数学问题，这里面原因很多，此处不拟深究。为此，本书所涉及的数学问题除极个别的情况外，只限于初等数学与微积分以及常微分方程，另外还需少量的概率论和数理统计方面的基本知识。为了培养学生的实际计算能力，减少做题中的困难，书中编入了大量的例题，且多为工业生产实际反应的例子，这样做有利于理论联系实际，提高学生的学习兴趣和联系实际的能力。当然，书中的例题同样地起到验证理论、帮助理解概念和阐明方法等公认的作用。各章末还附有丰富的习题供练习用。这些习题及例题大多数为编者在多年教学实践中所编就，难易程度和繁简程度都有所差异，其中有些还需使用计算机计算。

全书系天津大学化工系反应工程教研室全体同志集体智慧的结晶。具体参加编写工作的有李绍芬、刘邦荣、黄璐、张瑛、廖晖、张好讲和赵学明等同志，最后由李绍芬整理、修改和定稿。陈敏恒教授对全书进行了审阅，提出了很好的建议和精辟的见解，在此向他表示衷心的感谢。许多兄弟院校的同行们对本书的部分章节也曾提出了很有价值的意见，使本书增辉不少，这里我们向他们表示深切谢意。然而，我们的水平毕竟有限，错误在所难免，恳切希望读者批评指正。

编者
1989 年 7 月

第二版前言

化学反应工程课是化工类专业大学本科的一门技术基础课程，国内众多高校对此已达成共识，《反应工程》一书就是在此基础上编写的。第一版由化学工业出版社于1990年出版，已经先后印刷了六次，累计印数为2.41万册，且各次印数逐次增加。该书1996年荣获化工部全国高校化工类优秀教材一等奖，1997年全国优秀教学成果二等奖。

本书为《反应工程》第二版，是为经调整和拓宽专业后而设立的"化学工程和工艺类"专业大学本科生所编写，被列为国家级"九五"重点立项教材。

《反应工程》第一版问世以来已有十年，经过我校多年的教学实践，发现了一些不足之处。在此期间一些兄弟院校的同行们对书中部分章节也提出过有价值的建议。为此，第二版对第一版的八章作了适当的修改与补充，使之在有关反应动力学、反应器设计与分析方面的概念更为确切、清楚。在气-固催化流化床中补充了循环流化床反应器。为了拓宽学生专业面，又新添了生化反应工程基础、聚合反应工程基础和电化学反应工程基础三章，以适应信息、材料、生物和环境等高新技术的发展。这三部分虽然都具有其自身的特点和规律，但是它们的基本理论和基础仍是前八章较为详述的化学反应工程。所以，后三章侧重简单论述有关的基本理论与特点，以便学生对这些交叉学科有一些初步的了解，为进一步学习打下基础。这三章可以根据学生的专业方向加以选择。

本书由李绍芬教授主编。具体参加编写工作的有李绍芬、张瑛、张好讲、廖晖和陈延禧等同志。生物化学工程系赵学明教授、马红武讲师和有机合成与高分子化工系曹同玉教授、孙经武教授分别对第九、十章进行了修改。所以，全书是天津大学化工学院众多教师集体智慧的结晶。陈敏恒教授和袁乃驹教授担任本书的主审，他们对全书进行了详细的审阅，提出了许多宝贵的意见和建议，在此特向他们表示诚挚的谢意。

由于我们水平有限，缺点和错误在所难免，恳切希望读者予以批评指正。

编者
1999年6月

第三版前言

　　天津大学《反应工程》教材是已故李绍芬教授和他的同事们辛勤耕耘的结果，深受国内广大读者的青睐。本书曾列为普通高等教育"九五"国家级重点教材，并荣获 2002 年全国普通高等学校优秀教材一等奖。本书自 1989 年出版、2000 年修订再版，至今已累计印刷 23 次，成为国内不可或缺的高等学校规划教材之一。

　　虽然天津大学从事反应工程教学的老一辈教师早已全部退休，但他们留下的优秀教材，历经二十余年的岁月，依旧在反应工程教学和科研中发挥着重要的作用，且陆续被更多的高校师生所认可与使用，延续了其特有的价值。时间也进一步证明了本书是一本难得的化工专业经典教材。

　　反应工程的研究，在近十几年里发生了很多显著的变化。学科交叉的特点更加突出，在能源、材料、制药和环境等领域，已经彰显出越来越重要的作用。在传统的化工行业，则高度重视反应过程的微观描述，以及过程集成与强化产生的节能降耗效果。与之相适应的化工类专业人才培养目标，应更加注重工程实践能力的提高，以满足教育部提出的卓越工程师教育培养计划的要求。

　　为此，对教材再次做出修订。作为新一辈的教师，尽管难以堪此重负，却又责无旁贷地肩负起修订的责任。此次再版，本着保留原教材主要内容和写作风格的原则，延续了教材文字精练、内容丰富、深入浅出的特点，除对原教材中的疏漏进行了勘误外，还适当扩充了工程案例，增加并改编了部分例题和习题，简要叙述了反应工程的新进展，以期更好地服务于高校师生和广大读者。

　　本书的修订工作由天津大学辛峰教授、王富民教授和蔡旺锋副教授共同完成。

　　不妥之处，敬请指正。

修订者

2012 年 12 月 2 日

主要符号一览表

A 阿伦尼乌斯方程的指前因子

A_C 反应器的横截面积

A_h 传热面积

A_S 比电极表面

a 相界面积

a_p 固体颗粒的外表面积

c 浓度

C_p 定压比热容

c_P 产物浓度（第 9 章）

c_S 底物浓度

D 扩散系数（第 6 章），稀释率（第 9 章），分散指数（第 10 章）

D_a 轴向分散系数（第 5 章）

Da 丹克莱尔数（第 6 章）

D_e 有效扩散系数

D_K 努森扩散系数

D_r 径向分散系数

d 隔膜厚度

d_p 颗粒直径

d_t 管子直径或塔径

E 反应活化能，理论分解电压（第 11 章）

E 酶（第 9 章）

$\overrightarrow{E}$ 正反应活化能

$\overleftarrow{E}$ 逆反应活化能

F 摩尔流量，或聚合度分布函数（第 10 章），法拉第常数（第 11 章）

F_g 惰性气体的摩尔流量

f 摩擦系数（第 7 章），装填系数（第 3 章），瞬时聚合度分布函数（第 10 章）

f_i 组分 i 的比物质的量

G 质量速度，电化学产物质量（第 11 章）

H 焓

H_i 组分 i 的溶解度系数

h_S 流体与颗粒外表面间的传热系数

h_t 床层对壁的传热系数

I 抑制剂

i 电极电位密度

j_D 传质 j 因子

j_H 传热 j 因子

K 关键组分数，分配系数，电化当量（第 11 章）

K_I 解离常数

K_i 组分 i 的吸附平衡常数

K_m 米氏常数

K_{mI} 竞争性抑制时米氏常数

K'_{mI} 反竞争性抑制时米氏常数

K_p 化学平衡常数

K_S 表面反应平衡常数，Monod 常数（第 9 章）

k 反应速率常数，理论耗电量（第 11 章）

$\overrightarrow{k}$ 正反应速率常数

$\overleftarrow{k}$ 逆反应速率常数

k_g 以浓度差为推动力的气膜传质系数

k_L 以浓度差为推动力的液膜传质系数

k_p 按催化剂颗粒体积计算的反应速率常数

k_S 表面反应速率常数

k_w 按催化剂质量计算的反应速率常数

L 催化剂颗粒厚度的一半，电极长度（第 11 章）

L_r 反应区高度或长度

M 分子量

M 单体（第 10 章）

$\sqrt{M}$ 八田数

M_x 细胞质量

n 以摩尔计的物料质量，电子数（第 11 章）

P 产物（第 9 章），聚合体（第 10 章）

p 总压强，瞬时聚合度

p_i 组分 i 的分压

Q 物料的体积流量，实际通过电量（第 11 章）

q 传热速率

q_{O_2} 呼吸强度

q_P 产物比消耗速率

q_S 底物比消耗速率

R 气体常数，电阻（第 11 章）

R_C 催化剂颗粒半径

$\mathscr{R}_i$ 组分 i 的消耗速率或生成速率

r 反应进度速率，径向坐标

r_a 多孔颗粒的孔半径

r_i 按组分 i 反应量计算的反应速率

S 瞬时选择性，电极面积（第 11 章）

S 溶剂（第 10 章）

S_g 单位质量催化剂颗粒的表面积

S_o 总选择性

SV 空速

T 温度

t 时间

U 总传热系数

u 流体的线速度

u_0 流体的空塔速度

V 流体的体积，反应体积，槽电压（第11章）

V_g 单位质量催化剂颗粒的孔体积，气泡总体积（第11章）

V_r 反应器体积

V_p 固体颗粒的体积

W 质量，直流电耗（第11章）

w_i 组分 i 的质量分数

X_i 组分 i 的转化率

Y_i 组分 i 的收率

Y_{x/O_2} 对氧的菌体得率

$Y_{x/S}$ 对底物的菌体得率

$Y_{P/S}$ 对底物的产物得率

$Y_{P/x}$ 对菌体的底物得率

Y_{ST} 空时产率

y_i 组分 i 的摩尔分数

Z, z 距离

希腊字母

α 液相体积与液膜体积之比

β 化学吸收的增大因子

Δ 电极间距

$\Delta\varphi$ 过电位

δ 扩散层厚度

δ_A 转化 1mol A 时反应混合物总物质的量的变化

δ_L 液膜厚度

ε 颗粒床层的孔隙率，充气率（第11章）

ε_G 气含率

ε_p 多孔颗粒的孔隙率

ζ 无量纲距离

η 内扩散有效因子，电压或电流效率（第11章）

η_0 总有效因子

η_X 外扩散有效因子

θ 无量纲时间

θ_A 间歇再循环转化率

θ_i 吸附分子 i 的表面覆盖率

κ 电解液电导率

λ 绝热温升

λ_h 导热系数

λ_f 分子运动平均自由程

μ 流体的黏度，比生长速率（第9章）

ν 化学计量数

ν_i 组分 i 的化学计量系数

ξ 无量纲浓度

ξ_j j 反应的反应进度

ρ 密度，电解液电阻率（第11章）

ρ_b 堆密度

ρ_p 颗粒密度

ρ_t 真密度

σ_t^2 方差

σ_θ^2 无量纲方差

τ 空时

τ_m 曲节因子

ϕ 梯尔模数，电极电位（第11章）

ψ 循环比

下标

0 起始状态

A 阳极

E 酶

e 平衡

G 气体

I 抑制剂

i, j 含单体数

j 最终状态，用在物理性质时表示流体

K 阴极

L 液体

n 数基

op 优化

p 颗粒

S 固体

w 重基

x 细胞

z Z 均

v 黏均

目 录

4 管式反应器 / 103

5 停留时间分布与连续反应器模型 / 141

6 多相反应中的传递现象 / 176

7 多相催化反应器的设计与分析 / 209

8 多相反应器 / 247

9 生化反应工程基础 / 271

10 聚合反应工程基础 / 299

11 电化学反应工程基础 / 333

参考文献 / 364

1

绪　论

 提要

本章将着重介绍以下内容：

1. 反应工程的地位和作用
2. 反应工程的研究内容和方法
3. 化学计量关系
4. 量化反应进行程度的关键量
5. 反应器的类型
6. 反应器的操作方式
7. 反应器设计的基本方程

　　用化学方法将原料加工成产品，不仅是化学工业而且也是其他过程工业如冶金、石油炼制、能源及轻工等所采用的手段。无论是哪一个工业部门，还是哪一种产品的生产，采用化学方法加工时，都可概括为三个组成部分，即①原料的预处理；②进行化学反应；③反应产物的分离与提纯。第二步为整个加工过程的核心，其余则是从属于他的。第一、三两步属于单元操作范畴，而第二步则是化学反应工程学科的研究对象。

1.1　化学反应工程

　　化学反应工程是化学工程学科的一个分支，通常简称为反应工程。其内容可概括为两个方面，即反应动力学和反应器设计与分析。

　　反应动力学主要研究化学反应进行的机理和速率。为了获得进行工业反应器的设计和操作所必需的动力学知识，如反应模式、速率方程及反应活化能等等，动力学研究是必不可少的。由于化学反应过程十分复杂，在动力学处理上往往要进行合理的简化，才能得到便于应用的定量关系。当然，简化只是忽略事物的次要方面，简化后的处理仍能反映事物的本质。一般说来，对于一定的反应物系（如果需要使用催化剂或溶剂，也保持一定），化学反应速率只取决于反应物系的温度、浓度和压力。反应动力学所要寻求的正是它们之间的定量关系。但是，在反应器内进行化学反应时，反应物系的组成、温度及压力总是随着时间或空间而改变，或者同时随二者而变。所以，反应过程中反应速率是变化的。反应工程的另一任务就是研究反应器内这些因素的变化规律，找出最优工况和反应器的最好型式，以获得最大的经济效益，这就是反应器设计与分析的内容。如果说反应动力学是处理"点"的问题，那么，反应器分析与设计则是将这些"点"进行综合，或者说处理的是"体"的问题。

化学反应是各式各样的，然而它们之间并非毫无相似之处。为了研究上的方便，需要将化学反应进行分类。按照反应的类型可以分为合成、分解和异构化三类；而反应工程一般是按反应物系的相态来分类，将化学反应分为均相反应和多相反应两大类。这两大类反应还可进一步细分：均相反应分为气相均相、液相均相及固相均相三类；多相反应分为气固、气液、液液、液固、固固以及气液固等六类。此外，根据反应过程是否使用催化剂，尚有催化反应和非催化反应之分。使用固体催化剂的反应为多相催化反应。例如，在钒催化剂上二氧化硫氧化为三氧化硫的反应，虽然反应物和反应产物均为气相，但并不把它归入均相反应之列，而是气固相催化反应。

化学反应过程不仅包含化学现象，同时也包含物理现象，即传递现象。传递现象包括动量、热量和质量传递，再加上化学反应，这就是通常所说的三传一反。下面以 CO_2 的氢化反应为例，说明反应过程中的化学现象和传递现象。

$$CO_2 + 3H_2 \longrightarrow CH_3OH + H_2O \qquad -\Delta H_r = 49.32 kJ/mol$$

由于化学反应是在 $Cu\text{-}ZnO/Al_2O_3$ 催化剂表面上进行的，反应物二氧化碳和氢气必须从气相主体中向催化剂外表面和内孔中传递，然后在其上进行反应。反应生成的甲醇和水蒸气则从催化剂表面向气相主体中传递。可见与化学反应进行的同时还存在气固相间的传质过程。另外，这个反应是放热的，由于反应的结果，催化剂表面温度升高，以致催化剂表面与气相主体间存在一定的温度差，于是发生热量传递。这里只是从"点"的角度分析反应与传递问题，从反应器的角度看，与化学反应进行的同时，同样地存在各式各样的传递现象。所以，需要将化学反应与传递现象综合起来研究，了解它们之间的相互关系，掌握各种现象的规律，及其在反应过程中所起的作用，这样才能分清主次，针对主要矛盾解决问题。

化学反应工程对化学产品及过程的开发和反应器的设计放大起着重要的作用，正是由于充分运用了化学反应工程的知识，使反应器放大的倍数大大增加，不同规模的试验阶段次数可以减少，从而大大地缩短了新产品的开发周期。对于现有的生产企业，反应装置工况的改善和操作优化，同样需要用化学反应工程方面的知识去分析和寻找问题的解决途径。由此可见，无论是从实验室研究开始到一个新的化学产品生产厂的建成，或是一个现有的化工厂改造挖潜，从事这方面工作的科技工作者都需具备化学反应工程知识。此外，环境保护、燃料燃烧以及人工脏器等非化学产品生产部门，在某些方面，化学反应工程的作用也是十分明显的。

化学反应工程是建立在数学、物理及化学等基础学科上而又有着自己特点的应用学科分支，是化学工程学科的一个组成部分。它萌芽于 20 世纪 30 年代，丹克莱尔（Damhöhler）在当时实验数据十分贫乏的情况下，较系统地论述了扩散、流体流动和传热对反应器产率的影响，为化学反应工程奠定了基础。与此同时，梯尔（Thiele）和史尔多维奇（Зельдович）对扩散反应问题作了开拓性的工作。40 年代末期，霍根（Hougen）和华生（Waston）的著作——《化学过程原理》及法兰克-卡明涅斯基（Франк-Каменеций）的著作——《化学动力学中的扩散与传热》相继问世，总结了化学反应与传递现象的相互关系，探讨了反应器设计问题，对化学反应工程学科的形成起一定的作用。直到 1957 年，欧洲几个国家从事这一领域研究工作的学者，在荷兰阿姆斯特丹召开的一次学术会议上首次使用了化学反应工程这一术语，并阐明了这一学科分支的内容与作用，至此化学反应工程学科初步形成，并处于发展壮大阶段。此后，研究化学反应工程的人们与日俱增。任何科学的发展都归因于生产发展的需要和要求，化学反应工程学科的发展自不能例外。正是由于 20 世纪 60 年代石油化工的大发展，生产日趋大型化和单机化，以及原料的加工不断向纵深发展，从而向化学反应工程领域提出了一系列的课题，加速了这一学科的发展，而步入其黄金时代并日趋成熟。这一发展得助于电子计算机的应用，使许多化学反应工程问题得以定量化，解决了不少复杂的反应器设计与控制问题。经过了半个多世纪的研究与实践，化学反应工程的理论与方法已日臻完善与丰富。到了 20 世纪 80 年代，随着高技术的发展与应用，如微电子器件的加工、光导纤维生产、新材料以及生物技术等，向化学反应工程工作者提出了新的研究课题，使化学反应工程形成新的分支，如生化反应工程、聚合反应工程和电化学反应工程等，扩大了化学反应工程研究领域，从而使化学反应工程的研究进入一个新的阶段。进入 21 世纪以后，经历了由信息化向数字化的转型，计算机的应用水平有了进一步的提升。计算流体力学的方法将反应器设计提升到更加精细化的水平，经典的反应器设计方程可以被计算流体力学和反应动力学模型所取代，流固相的非均相模型更新为颗粒解析模型等。随着人工智能的快速发展，机器学习已成为一种时尚，用数学方程描述的传统反应动力学和反应器模型正在向全数字化的算法模型过渡，目前正处在两者相融合的混合模型阶段。届时，反应工程教材和课堂教学内容的调整将面临重大挑战。

1.2 化学反应的转化率和收率

1.2.1 反应进度

在化学反应进行过程中，反应物的消耗量和反应产物的生成量之间存在一定的物质的量的比例关系，即所谓化学计量关系。例如，$CO_2 + 3H_2 \longrightarrow CH_3OH + H_2O$ 反应，当用字母 A、B、R 和 P 分别表示各反应组分时，此反应可简写成

$$\nu_A A + \nu_B B \longrightarrow \nu_R R + \nu_P P \tag{1.1}$$

式中，ν_A、ν_B、ν_R 及 ν_P 分别代表了 CO_2（A）、H_2（B）、CH_3OH（R）和 H_2O（P）在反应中物质量的变化关系，并使反应式满足质量守恒。它们的数值可以分别是 1、3、1、1，同时乘以或除以任何非零的数依然成立。式(1.1) 还可以改写成代数方程的形式，即 $\nu_A A + \nu_B B + \nu_R R + \nu_P P = 0$。只有当反应物 A、B 和反应产物 R、P 的 ν_A、ν_B 和 ν_R、ν_P 正负号相反时，此代数方程才成立，这时的 ν_i 被定义为化学计量系数。如果消耗 A 量为 ν_A mol，则相应消耗 B 量为 ν_B mol，生成 R 和 P 的量必为 ν_R mol、ν_P mol。由此可知，反应物的消耗量和反应产物生成量之间的比例，等于各自的化学计量系数之比。设反应物系中开始时含有 n_{A0} molA、n_{B0} molB 和 n_{R0} molR、n_{P0} molP，由于反应 (1.1) 的结果，物系中 A、B、R 及 P 的量分别变为 n_A mol、n_B mol、n_R mol 和 n_P mol，因此，以终态减去初态即为反应量 Δn_i，且有

$$\Delta n_A : \Delta n_B : \Delta n_R : \Delta n_P = \nu_A : \nu_B : \nu_R : \nu_P$$

或　　　$(n_A - n_{A0}) : (n_B - n_{B0}) : (n_R - n_{R0}) : (n_P - n_{P0}) = \nu_A : \nu_B : \nu_R : \nu_P$

显然 $n_A - n_{A0} < 0$，$n_B - n_{B0} < 0$，因此，ν_A 和 ν_B 必然为负，说明反应过程中反应物的量是减少的。而反应产物的量则是增加的，故 ν_R、ν_P 为正值。本书规定反应物的化学计量系数一律取负值，而反应产物则取正值，这样做对于多反应系统的计算会方便些。上式也可写成

$$\frac{n_A - n_{A0}}{\nu_A} = \frac{n_B - n_{B0}}{\nu_B} = \frac{n_R - n_{R0}}{\nu_R} = \frac{n_P - n_{P0}}{\nu_P} = \xi \tag{1.2}$$

即任何反应组分的反应量与其化学计量系数之比恒为定值。这里的 ξ 叫做反应进度。式（1.2）可推广到任何一个反应，并表示成

$$\Delta n_i = n_i - n_{i0} = \nu_i \xi \tag{1.3}$$

由此可见，只要用一个变量 ξ 便可描述一个化学反应的进行程度。知道 ξ 即能计算所有反应组分的反应量。由式(1.2)知，ξ 永远为正值。根据我们对化学计量系数正负号所作的规定，按（1.3）式算出的反应量，对反应物为负值，习惯上称之为消耗量；对反应产物则为正值，称为生成量。

最后还需指出，上面所说的反应进度 ξ 系一具有广度性质的量，为了计算上的方便，还可以定义一些具有强度性质的反应进度，如单位反应物系体积的反应进度，单位质量反应物系的反应进度等等。此外，反应进度是对一个化学反应而言，如果反应物系中同时进行数个化学反应时，各个反应各自有自己的反应进度，设为 ξ_j，则任一反应组分 i 的反应量应等于各个反应所作贡献的代数和，即

$$\Delta n_i = n_i - n_{i0} = \sum_{j=1}^{M} \nu_{ij} \xi_j \tag{1.4}$$

ν_{ij} 为第 j 个反应中组分 i 的化学计量系数；M 为化学反应个数。

1.2.2 转化率

普遍使用转化率来表示一个化学反应进行的程度。所谓转化率是指某一反应物 i 转化的百分率或分率，其定义为

$$X_i = \frac{反应物 i 的实际反应量}{该反应物的完全反应量} = \frac{n_i - n_{i0}}{0 - n_{i0}} = \frac{n_{i0} - n_i}{n_{i0}} = \frac{反应物 i 的消耗量}{该反应物的起始量} \tag{1.5}$$

由定义式(1.5)知，转化率是针对反应物而言的。如果反应物不止一种，根据不同反应物计算所得的转化率数值可能是不一样的，但它们反映的都是同一客观事实。因此按哪种反应物来计算转化率都是可以的。然而这还存在按哪一种反应物计算更为方便和获得更多有用信息的问题。工业反应过程所用的原料中，各反应组分之间的比例往往是不符合化学计量关系的，通常选择不过量的反应物计算转化率。这样的组分称为关键组分或着眼组分。按关键组分计算的转化率，其最大值为 100%。若按过量组分计算，其最大值永远小于 100%。这里需要指出，如果原料中各反应物间的比例符合化学计量关系，对于同一状态，无论按哪一种反应物来计算转化率，其数值都是相同的。

通常关键组分是反应物中价值最高的组分，其他反应物相对来说比较便宜，同时也是过量的。因此，关键组分转化率的高低直接影响反应过程的经济效果，对反应过程的评价提供更直观的信息。

计算转化率还有一个起始状态的选择问题，即定义式(1.5)右边的分母起始量的选择。对于连续反应器，一般以反应器进口处原料的状态作为起始状态；而间歇反应器则以反应开始时的状态为起始状态。当数个反应器串联使用时，往往以进入第一个反应器的原料组成作为计算基准，而不以各反应器各自的进料组成为基准，这样作有利于计算和比较。

一些反应系统由于化学平衡的限制或其他原因，原料通过反应器后的转化率甚低，为了提高原料利用率以降低产品成本，往往将反应器出口物料中的反应产物分离出来，余下的物料再送回反应器入口处，与新鲜原料一起进入反应器再反应，然后再分离、再循环等等。这样的系统属于有循环物料的反应系统。由氮气和氢气合成氨，由一氧化碳和氢合成甲醇及由乙烯和水蒸气合成乙醇等都是这样的反应系统。对于这种系统，有两种含义不同的转化率。

一种是新鲜原料通过反应器一次所达到的转化率，叫做单程转化率。这可以理解为以反应器进口物料为基准的转化率。另一种是新鲜原料进入反应系统起到离开系统止所达到的转化率，称为全程转化率，或者说是以新鲜原料为基准计算的转化率。显然，全程转化率必定大于单程转化率，因为物料的循环提高了反应物的转化率。

只要知道关键组分的转化率，其他反应组分的反应量便可根据原料组成和化学计量关系一一算出。转化率与反应进度的关系，可把式(1.3) 和式(1.5) 两式合并而得。

$$X_i = -\frac{\nu_i \xi}{n_{i0}} \tag{1.6}$$

【例 1.1】 合成聚氯乙烯所用的单体氯乙烯，多是由乙炔和氯化氢以氯化汞为催化剂合成得到，反应式如下：

$$C_2H_2 + HCl \longrightarrow CH_2\!=\!CHCl$$

由于乙炔价格高于氯化氢，通常使用的原料混合气中氯化氢是过量的，设其过量10%。若反应器出口气体中氯乙烯摩尔分数为90%，试分别计算乙炔的转化率和氯化氢的转化率。

解：氯化氢与乙炔的化学计量系数比为1，但由于氯化氢过量10%，因此原料气中乙炔与氯化氢的摩尔比为1:1.1。当进入反应器的乙炔为1mol时，设反应了$x$mol，则

组合	反应器进口	反应器出口	反应量
C_2H_2	1	$1-x$	$-x$
HCl	1.1	$1.1-x$	$-x$
$CH_2\!=\!CHCl$	0	x	x
总计	2.1	$2.1-x$	$-x$

题给反应器出口气体中氯乙烯摩尔分数为90%，故

$$\frac{x}{2.1-x} = 0.9$$

解之得

$$x = 0.9947\text{mol}$$

由于系以$1\text{mol}\,C_2H_2$为计算基准，因此乙炔转化率

$$X_{C_2H_2} = \frac{0.9947}{1} = 0.9947 \text{ 或 } 99.47\%$$

氯化氢的反应量与乙炔相同，故氯化氢的转化率

$$X_{HCl} = 0.9947/1.1 = 0.9043 \text{ 或 } 90.43\%$$

可见按不同反应物计算的转化率数值上是不相同的。若氯化氢不过量则两者相同。

1.2.3 收率与选择性

转化率系针对反应物而言，收率则是对反应产物而言，其定义为

$$Y = \frac{\text{生成反应产物所消耗关键反应物的反应量}}{\text{该关键反应物完全转化的反应量}} \tag{1.7}$$

显然，对反应 $\nu_A A \longrightarrow \nu_R R \longrightarrow \nu_P P$，式(1.7) 又可改写成如下的形式：

$$Y_R = \frac{\nu_A}{\nu_R} \cdot \frac{\text{反应产物 R 的反应量}}{\text{关键反应物 A 的完全反应量}} = \frac{\nu_A}{\nu_R} \cdot \frac{n_R - n_{R0}}{0 - n_{A0}} = -\frac{\nu_A}{\nu_R} \cdot \frac{n_R - n_{R0}}{n_{A0}}$$

$$= -\frac{\nu_A}{\nu_R} \cdot \frac{\text{反应产物 R 的生成量}}{\text{关键反应物 A 的起始量}} \tag{1.8}$$

ν_A 和 ν_R 分别为关键反应物 A 和反应产物 R 的化学计量系数。式(1.8)中引入化学计量系数比的原因是使收率的最大值为 100%。

关键反应物指用于计算转化率的物质。

对比式(1.5)和式(1.7)不难看出，对于单一反应，转化率与收率数值上相等，且无论按哪一个反应产物计算的收率，数值上都相等。但是，反应系统中进行的反应不止一个时，情况就不是这样。例如，在银催化剂上进行乙烯氧化反应：

$$C_2H_4 + \frac{1}{2}O_2 \longrightarrow \quad \begin{matrix} H_2C \!-\!\!\!-\!\!\!- CH_2 \\ \diagdown\,O\,\diagup \end{matrix} \tag{1.9}$$

$$C_2H_4 + 3O_2 \longrightarrow 2CO_2 + 2H_2O \tag{1.10}$$

这时乙烯既可转化为环氧乙烷，也可转化成二氧化碳，乙烯的转化率自然不会等于环氧乙烷的收率，也不会等于二氧化碳的收率。

工业生产上有时采用质量收率这个概念，其定义与式(1.8)相似，差别是不计入化学计量系数比，此外，不以摩尔作为质量计算单位，而是用其他，如克、千克等等。因此质量收率的最大值可以超过 100%。对于有物料循环的反应系统，与转化率一样，收率也有单程收率和全程收率之分，前者指的是原料通过反应器一次时反应产物的收率，后者则是多次循环后所达到的收率。同样也可从计算基准的不同去理解。前者以反应器入口物料为基准，后者则以新鲜原料为基准。因此也是全程收率大于单程收率。

一个反应变量（反应进度、转化率或收率）只能描述一个反应的进行程度，若多个反应，则反应变量要相应增多。例如前面所述的乙烯氧化反应式(1.9)和式(1.10)，如果只知道乙烯的转化率，它只说明两个反应总的结果，而不能说明有多少转化成环氧乙烷，又有多少转化成二氧化碳。所以需要再增加一个反应变量，比如说环氧乙烷的收率，才能对该反应系统作完整的描述和进行反应物料组成的计算。

评价复合反应时，除了采用转化率和收率外，还可应用反应选择性这一概念，其定义为

$$S_R = \frac{\text{生成目的产物 R 所消耗关键反应物 A 的反应量}}{\text{该关键反应物 A 的反应量}} = \frac{\nu_A \Delta n_R}{\nu_R \Delta n_A} = \mu_{RA}\frac{n_R - n_{R0}}{n_A - n_{A0}} \tag{1.11}$$

式(1.11)中 μ_{RA} 的绝对值表示生成 1mol R 所消耗 A 的物质的量，mol。由于复合反应中副反应的存在，转化了的反应物不可能全都变为目的产物，因此由式(1.11)知选择性恒小于1。反应选择性说明了主副反应进行程度的相对大小。结合式(1.5)式(1.7)及式(1.11)三式可得转化率、收率和选择性三者的关系：

$$Y_R = S_R X_A \tag{1.12}$$

文献上关于收率和选择性的定义比较多，例如有人将本书所定义的选择性称为收率，而选择性则使用另外的定义。所以，使用时需要注意。

【例 1.2】 在银催化剂上进行乙烯氧化反应以生产环氧乙烷，进入催化反应器的气体中各组分的摩尔分数分别为 C_2H_4 15%，O_2 7%，CO_2 10%，Ar 12%，其余为 N_2。反应器出口气体中含 C_2H_4 和 O_2 的摩尔分数分别为 13.1%，4.8%。试计算乙烯的转化率、环氧乙烷收率和反应选择性。

解： 以 100mol 进料为计算基准，并设 x 和 y 分别表示环氧乙烷和二氧化碳的生成量，根据题给的进料组成和该反应系统的化学计量式(1.9)和式(1.10)，可列出下表：

组合	反应器进口	反应器出口	反应量
C_2H_4	15	$15-x-y/2$	$-(x+y/2)$
O_2	7	$7-x/2-3y/2$	$-(x/2+3y/2)$
C_2H_4O	0	x	x
CO_2	10	$10+y$	y
H_2O	0	y	y
Ar	12	12	0
N_2	56	56	0
总计	100	$100-x/2$	$-x/2$

由于反应器出口气体中乙烯和氧的摩尔分数已知,所以可列出下面两个方程:

$$\frac{15-x-y/2}{100-x/2}=0.131$$

及

$$\frac{7-x/2-3y/2}{100-x/2}=0.048$$

解之得 $\qquad x=1.504\text{mol},\ y=0.989\text{mol}$

乙烯的转化量为 $\qquad 1.504+0.989/2=1.999(\text{mol})$

所以,乙烯的转化率为 $\qquad 1.999/15=0.1333$ 或 13.33%

环氧乙烷的收率为 $\qquad 1.504/15=0.1003$ 或 10.03%

将乙烯转化率及环氧乙烷收率代入式(1.12),得反应选择性为

$$S=0.1003/0.1333=0.7524\ 或\ 75.24\%$$

由此可见,乙烯转化率和环氧乙烷收率都很低,实际生产中是将反应器出来的气体用水吸收以除去环氧乙烷,用碱吸收除去二氧化碳,余下的气体用循环压缩机压缩后与新鲜乙烯和氧相混合,送入反应器中继续反应,这样便构成了一个循环过程。显然由于未反应的乙烯再循环,从而提高了乙烯的转化率和环氧乙烷的收率。

1.3 化学反应器的类型

工业反应器是化学反应工程的主要研究对象,其类型繁多,根据不同的特性,可以有不同的分类。按结构原理的特点可分为如下几种类型,图 1.1 为各类反应器的示意图。

(1) 管式反应器 其特征是长度远较管径为大,内部中空,不设置任何构件,如图 1.1(a) 所示。多用于均相反应,例如由轻油裂解生产乙烯所用的裂解炉便属此类。

(2) 釜式反应器 又称反应釜或搅拌反应器。其高度一般与其直径相等或稍高,约为直径的 2~3 倍,见图 1.1 (b)。釜内设有搅拌装置及挡板,并根据不同的情况在釜内安装换热器以维持所需的反应温度。也可将换热器装在釜外通过流体的强制循环而进行换热。如果反应的热效应不大,可以不装换热器。釜式反应器是应用十分广泛的一类反应器,可用以进行均相反应(绝大多数情况是液相均相反应),也可用于进行多相反应,如气液反应、液液反应、液固反应以及气液固反应。许多酯化反应、硝化反应、磺化反应以及氯化反应等等,用的都是釜式反应器。

(3) 塔式反应器 这类反应器的高度一般为直径的数倍以至十余倍,内部设有为了增加

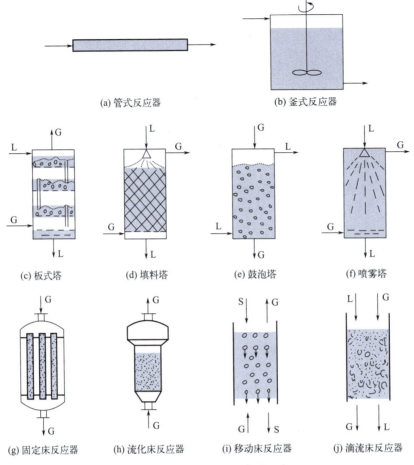

(a) 管式反应器　　　　　　　　(b) 釜式反应器

(c) 板式塔　　(d) 填料塔　　(e) 鼓泡塔　　(f) 喷雾塔

(g) 固定床反应器　　(h) 流化床反应器　　(i) 移动床反应器　　(j) 滴流床反应器

图 1.1　不同类型的反应器示意

G—气体；L—液体；S—固体

两相接触的构件如填料、筛板等。图 1.1(c) 为板式塔，图 1.1(d) 则为填料塔。塔式反应器主要用于两种流体相反应的过程，如气液反应和液液反应。鼓泡塔［图 1.1(e)］也是塔式反应器的一种，用以进行气液反应，内部不设置任何构件，气体以气泡的形式通过液层。喷雾塔也属于塔式反应器［图 1.1(f)］，用于气液反应，液体成雾滴状分散于气体中，情况正好与鼓泡塔相反。无论哪一种型式的塔式反应器，参与反应的两种流体可以成逆流，也可以成并流，视具体情况而定。

(4) 固定床反应器　　其特征为反应器内填充有固定不动的固体颗粒，这些固体颗粒可以是固体催化剂，也可以是固体反应物。固定床反应器是一种被广泛采用的多相催化反应器，如氨合成、甲醇合成、苯氧化以及邻二甲苯氧化等等。图 1.1(g) 所示为一列管式固定床反应器，管内装催化剂，反应物料自上而下通过床层，管间则为载热体与管内的反应物料进行换热，以维持所需的温度条件。对于放热反应，往往使用冷的原料作为载热体，借此将其预热至反应所要求的温度，然后再进入床层，这种反应器称为自热反应器。此外，也有在绝热条件下进行的固定床反应器。除多相催化反应外，固定床反应器还用于气固及液固非催化反应。

(5) 流化床反应器　　是一种有固体颗粒参与的反应器，与固定床反应器不同，这些颗粒系处于运动状态，且其运动方向是多种多样的。一般可分为两类，一类是固体被流体带出，经分离后固体循环使用，称为循环流化床；另一类是固体在流化床反应器内运动，流体与固体颗粒所构成的床层犹如沸腾的液体，故又称沸腾床反应器。这种床层具有与液体相类似的性质，有人又把它叫做假液化层。图 1.1(h) 是这种反应器的示意图，反应器下部设有分布板，板上放置固体颗粒，流体自分布板下送入，均匀地流过颗粒层。当流体速度达到一定数值后，固体颗粒开始松动，再增大流速即进入流化状态。反应器内一般都设置有挡板、换热器以及流体与固体分离装置等内部构件，以保证得到良好的流化状态和所需的温度条件，以及反应后的物料分离。流化床反应器可用于气固、液固以及气液固催化或非催化反应，是工业生产中较广泛使用的反应器，典型的例子是催化裂化反应装置，采用循环流化床，还有一些气固相催化反应，如萘氧化、丙烯氨氧化和丁烯氧化脱氢等采用的是沸腾床反应器。流化床反应器用于固相加工也是十分典型的，如黄铁矿和闪锌矿的焙烧，石灰石的煅烧等等。

（6）移动床反应器　这也是一种有固体颗粒参与的反应器，与固定床反应器相似，不同的地方是固体颗粒自反应器顶部连续加入，自上而下移动，由底部卸出，如固体颗粒为催化剂，则用提升装置将其输送至反应器顶部后返回反应器内。反应流体与颗粒成逆流，此种反应器适用于催化剂需要连续进行再生的催化反应过程和固相加工反应，图 1.1(i) 为其示意图。

（7）滴流床反应器　又称涓流床反应器，如图 1.1(j) 所示。从某种意义上说，这种反应器也属于固定床反应器，用于使用固体催化剂的气液反应，如石油馏分加氢脱硫用的就是此种反应器。通常反应气体与液体自上而下成并流流动，有时也有采用逆流流动操作的。

以上简要地介绍了化学反应器的主要类型，由于反应器是各式各样的，显然不可能都一一包括在内。例如用于气固反应和固相反应的回转反应器，靠反应器自身的转动而将固相物料连续地由反应器一端输送到另一端，也是有自身特征的一类反应器，而上面并未提及，只能择其要而加以阐述。

1.4　化学反应器的操作方式

工业反应器有三种操作方式：①间歇操作；②连续操作；③半间歇（或半连续）操作。

（1）间歇操作　采用间歇操作的反应器叫做间歇反应器，其特点是进行反应所需的原料一次装入反应器内，然后在其中进行反应，经一定时间后，达到所要求的反应程度便卸出全部反应物料，其中主要是反应产物以及少量未被转化的原料。接着是清洗反应器，继而进行下一批原料的装入、反应和卸料。所以间歇反应器又称为分批反应器。

间歇反应过程是一个非定态过程，反应器内物系的组成随时间而变，这是间歇过程的基本特征。图 1.2 系间歇反应器中反应物系的浓度随时间而变的示意图。随着时间的增加，反应物 A 的浓度从开始反应时的起始浓度 c_{A0} 逐渐降低至零（不可逆反应），若为可逆反应则降至极限浓度，即平衡浓度。对于单一反应，反应产物 R 的浓度则随时间的增长而增高。若反应物系中同时存在多个化学反应，反应时间越长，反应产物的浓度不一定就越高，连串反应 A→R→Q 便属于这种情况，产物 R 的浓度随着时间的增加而升高，达一极大值后又随时间而降低。所以说不是反应时间越长就越好，需作具体分析。

间歇反应器在反应过程中既没有物料的输入，也没有物料的输出，即不存在物料的流动。整个反应过程都是在恒密度下进行的。反应物系若为气体，则必充满整个反应器空间，体积不变自不待言；若为液体，虽不充满整个反应器空间，由于压力的变化而引起液体体积的改变通常可以忽略，因此按恒密度处理也足够准确。

采用间歇操作的反应器几乎都是釜式反应器，其余类型均极罕见。间歇反应器适用于反应速率慢的化学反应，以及产量小的化学品生产过程。对于那些批量少而产品的品种又多的企业尤为适宜，例如医药工业往往就属于这种情况。

(2) 连续操作　这一操作方式的特征是连续地将原料输入反应器，反应产物也连续地从反应器流出。采用连续操作的反应器叫做连续反应器或流动反应器。前边所述的各类反应器都可采用连续操作，对于工业生产中某些类型的反应器，连续操作是唯一可采用的操作方式。

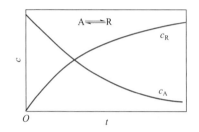

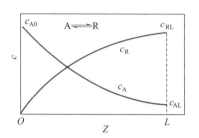

图 1.2　间歇反应过程反应物系 浓度与时间的关系　　　　图 1.3　理想管式反应器中反应物 系浓度随轴向距离的变化

连续操作的反应器多属于定态操作，此时反应器内任何部位的物系参数，如浓度及温度等均不随时间而改变，但却随位置而变，图 1.3 表示理想管式反应器内反应物系浓度随反应器轴向距离而变化的情况。反应物 A 的浓度从入口处的浓度 c_{A0} 沿着反应物料流动方向而逐渐降低至出口处的浓度 c_{AL}。与此相反，反应产物 R 的浓度则从入口处的浓度（通常为零）逐渐升高至出口处的浓度 c_{RL}。对于可逆反应，无论 c_{AL} 或 c_{RL} 均以其平衡浓度为极限，但要达到平衡浓度，反应器需无穷长。对不可逆反应，反应物 A（不过量）虽可转化殆尽，但某些反应同样需要无限长的反应器才能办到。图 1.3 与图 1.2 有些类似，但一个是随时间而变，另一个是随位置而变，这反映了两种操作方式的根本区别。

大规模工业生产的反应器绝大部分都是采用连续操作，因为它具有产品质量稳定，劳动生产率高，便于实现机械化和自动化等优点。这些都是间歇操作无法与之相比的。当然连续操作系统一旦建成，要改变产品品种是十分困难的事。有时甚至要较大幅度地改变产品产量也不易办到。但间歇操作系统则较为灵活。

(3) 半连续操作　原料与产物只要其中的一种为连续输入或输出而其余则为分批加入或卸出的操作，均属半连续操作，相应的反应器称为半连续反应器或半间歇反应器。例如，由氯气和苯生产一氯苯的反应器就有采用半连续操作的。苯一次加入反应器内，氯气则连续通入反应器，未反应的氯气连续从反应器排出，当反应物系的产品分布符合要求时，停止通氯气，卸出反应产物。

由此可见，半连续操作具有连续操作和间歇操作的某些特征。有连续流动的物料，这点与连续操作相似；也有分批加入或卸出的物料，因而生产是间歇的，这反映了间歇操作的特点。由于这些原因，半连续反应器的反应物系组成必然既随时间而改变，也随反应器内的位置而改变。管式、釜式、塔式以及固定床反应器都有采用半连续操作的。

1.5 反应器设计的基本方程

反应器设计最基本的内容是：①选择合适的反应器型式；②确定最佳的操作条件；③针对所选定的反应器型式，根据所确定的操作条件，计算完成规定的生产任务所需的反应体积。所谓反应体积是指进行化学反应的空间，然后由此确定反应器的主要尺寸。这三个方面的内容正是化学反应工程的研究范围，只有充分运用这个学科的观点和方法，才能得到妥善的解决。但是，这三个方面不是各自孤立的，而是相互联系的，需要进行多方案的反复比较，才能作出合适的决定。譬如说，反应器型式简单，需要的反应体积往往就较大，这样，大与小，简单与复杂之间就需要作出合理的权衡。一般而言，其权衡的原则应是经济效益最大，指导思想应是整体优化，即反应器的优化应服从于整个生产过程的优化。

反应体积的确定是反应器设计的核心内容。那么，在反应器型式和操作条件已定的前提下，如何来确定反应体积呢？这种情况下反应体积的大小是由反应组分的消耗速率来决定，而反应组分的消耗速率又取决于反应物系的组成、压力和温度。但是，就大多数反应器而言，反应器内反应物系的组成、温度和压力总是随位置或时间而改变的，或随两者同时而变。所以，在反应器内化学反应是以变速进行的。为了确定反应体积，就需要找出这些物理量在反应器内变化的数学关系式，即反应器设计的基本方程。

反应器设计的基本方程共三类：①描述浓度变化的物料衡算式，或称连续方程；②描述温度变化的能量衡算式，或称能量方程；③描述压力变化的动量衡算式。建立这三类方程的依据分别是质量守恒定律、能量守恒定律和动量守恒定律。

应用三大定律来建立基本方程之前，首先需要确定变量，其次是确定控制体积。变量分因变量和自变量两种，前者又称状态变量。在反应器设计和分析中，建立物料衡算式时通常以关键组分的浓度 c_i 作因变量，根据需要也可采用关键组分的转化率 X_i 或收率 Y_i 以至分压 p_i 来作因变量。能量衡算式及动量衡算式则分别以反应物系的温度和压力作因变量。

至于自变量，有时间自变量和空间自变量两种。对于定态过程，由于状态变量与时间无关，因此在建立衡算式时，无须考虑时间变量，非定态过程则两种自变量均要考虑。空间自变量的数目取决于空间的维数，本书有关问题的数学处理只限于一维情况，即只考虑一个空间自变量，通常是以反应器的轴向距离为空间自变量。

所谓控制体积是指建立衡算式的空间范围，即在多大的空间范围内进行各种衡算。其选择原则是以能把化学反应速率视作定值的最大空间范围作为控制体积。例如，假定反应区内浓度均匀和温度均一的釜式反应器，就可取整个反应体积作为控制体积，因为此时反应体积内任何位置的化学反应速率都是一样的。如果这个假定不成立，则反应体积内各点的反应速率就未必相同，这时只能取微元体积而不是取整个反应体积作控制体积了。

变量和控制体积确定之后，即可着手建立各种衡算式。首先讨论物料衡算式，它是围绕控制体积对关键组分 i，根据质量守恒定律而建立的，其通式为：

$$\begin{pmatrix}关键组分\ i \\ 的输入速率\end{pmatrix} = \begin{pmatrix}关键组分\ i \\ 的输出速率\end{pmatrix} + \begin{pmatrix}关键组分\ i \\ 的消耗速率\end{pmatrix} + \begin{pmatrix}关键组分\ i \\ 的累积速率\end{pmatrix} \qquad (1.13)$$

上式是对关键组分 i 为反应物而言，如关键组分为反应产物，则式(1.13)右边第二项改为关键组分的生成速率并将它移至式子的左边。当反应器只进行一个反应时，关键组分的转化率或收率的改变，便已反映了化学反应的进程，其他非关键组分的浓度由此便能推算出来。

但若反应器中同时进行多个化学反应，这就需要根据具体情况，决定描述反应过程所需的关键组分的数目，然后选定合适的反应组分作为关键组分，分别对它们建立类似式(1.13)的物料衡算式。这就是说，对于复合反应系统，需建立多个物料衡算式。反应器中存在多相而各相间的差别又不能忽略时，应分别对各个相作物料衡算式，这样相应地增加了物料衡算式的数目，一般情况下，多一个物相，式子就增加一倍。

其次是建立能量衡算式。对于大多数反应器，常常可把位能、动能及功等略去，实质上只作热量衡算，所以直截了当地称这一基本方程为热量衡算式，通式为

$$\begin{pmatrix}单位时间内\\输入的热量\end{pmatrix}=\begin{pmatrix}单位时间内\\输出的热量\end{pmatrix}+\begin{pmatrix}单位时间\\的反应热\end{pmatrix}+\begin{pmatrix}单位时间内\\累积的热量\end{pmatrix} \tag{1.14}$$

与物料衡算式不同的是热量衡算式是对整个反应混合物列出的，而物料衡算式则是针对各关键组分分别列出。因此，一般情况下无论其中进行的化学反应数目多少，只有一个热量衡算式。但是，反应系统存在多相而各相温度又不相同时，则需分别对各相作热量衡算，而且要考虑到相间热量传递。式(1.14)右边第二项为所有化学反应热的代数和，吸热反应的热效应取正号，放热反应则取负号。

至于动量衡算式，与物料、热量衡算式类似，可写成如下的通式：

$$\begin{pmatrix}输入的\\动量\end{pmatrix}=\begin{pmatrix}输出的\\动量\end{pmatrix}+\begin{pmatrix}消耗的\\动量\end{pmatrix}+\begin{pmatrix}累积的\\动量\end{pmatrix} \tag{1.15}$$

此式系根据牛顿第二定律针对运动着的流体而建立。对于流动反应器的动量衡算，只需考虑压力降及摩擦力。压力降不大而作恒压反应处理时，动量衡算式可略去。通常许多常压反应器都可以这样处理。

综观上述三种衡算式，根据各自的守恒定律，都符合下列模式：

$$（输入）＝（输出）＋（消耗）＋（累积） \tag{1.16}$$

即各种衡算式都包括四大项，但根据不同的情况还可作简化，有些项可能不存在，有些大项也可以包括若干小项，这就要作具体分析了。

这三类基本方程都是偶联的，必须同时求解。为此还需要根据具体情况确定初始条件和边界条件。

具体到某个反应器，这三类方程的建立，除了对这个反应器的结构和性能有所了解之外，还必须具备化学动力学、热力学以及传递过程原理等方面的知识，掌握这些方面的数据，方能奏效。

上面对反应器基本方程建立的基本思路和依据作了概括性的介绍，然而由于反应过程极其错综复杂，要如实无遗地建立起反映整个反应过程所有方面的基本方程是困难的，甚至是不可能的。事实上也无必要这样做，只要基本方程能反映过程的实质就可以了，丢掉一些次要的东西并无损于大局。具体地说就是对过程作出合理的简化，抓住主要矛盾，建立起描述反应过程实质的物理模型。然后，以此物理模型为依据，建立各类基本方程，这也就是反应器的数学模型。在以后的各个章节里，将要介绍各式各样的模型，但其模型方程的建立仍共同遵循这里所阐明的基本思路与原则。

1.6 工业反应器的放大

一个新的化学产品从实验室研究成功到工业规模生产，一般都要经历几个阶段，即需进

行若干次不同规模的试验。显然，随着规模的增加，反应器也要相应地增大，但到底要增到多大才能达到所预期的效果，这便是工业反应器放大问题。这是一个十分重要而又困难的化学工程问题。化学加工过程不同于物理加工过程，前者规模的变化不仅仅是量变，同时还产生质变；而后者规模的改变往往只发生量变。对于只发生量变的过程，按比例放大在技术上不会发生什么问题，只不过是数量上的重复。

以相似理论和量纲分析为基础的相似放大法，在许多行业中的应用是卓有成效的，如造船、飞机制造和水坝建筑等。但是，这种方法用于反应器放大则无能为力。因为要保证反应器同时做到扩散相似、流体力学相似、热相似和化学相似是不可能的。例如，保持化学相似就必须保持反应器的长度与反应混合物线速度之比为定值。对于流体力学和扩散相似则要求反应器的长度与反应混合物线速度的乘积为定值。显然，要同时满足这两个条件是不可能的。还可以举出其他相似准则不相容的例子。所以，长期以来反应器放大采取的是逐级经验放大。

所谓逐级经验放大，就是通过小型反应器进行工艺试验，优选出操作条件和反应器型式，确定所能达到的技术经济指标。据此再设计和制造规模稍大一些的装置，进行所谓模型试验。根据模型试验的结果，再将规模增大，进行中间试验，由中间试验的结果，放大到工业规模的生产装置。如果放大倍数太大而无把握时，往往还要进行多次不同规模的中间试验，然后才能放大到所要求的工业规模。由此可见，逐级放大既费时又费钱，不是一种满意的放大方法。这种放大方法的主要依据是实验，是每种规模的宏观实验结果而没有深入到事物的内部，没有把握住规律性的东西，所以是经验性的，难以做到高倍数放大。

20世纪60年代发展起来的数学模型方法是一种比较理想的反应器放大方法。其实质是通过数学模型来设计反应器，预测不同规模的反应器工况，优化反应器操作条件。所建立的数学模型是否适用取决于对反应过程实质的认识，而认识又来源于实践，因此，实验仍然是数学模型法的主要依据。但是，这与逐级经验放大实验无论是方法或是目的却迥然不同。

数学模型法一般包括下列步骤：①实验室规模试验，这一步骤包括新产品的合成，新型催化剂的开发和反应动力学的研究等等。这一阶段的工作属于基础性的，着重过程的化学方面的问题。②小型试验。仍属于实验室规模，但要比上一步实验来得大，且反应器的结构大体上与将来工业装置要使用的相接近，例如，采用列管式固定床反应器时，就可采用单管试验。这一阶段的目的在于考察物理过程对化学反应的影响，工业原料的影响等等。③大型冷模试验，目的是探索传递过程的规律。前已指出，化学反应过程总是受到各种传递过程的干扰，而传递过程的影响往往又是随着设备规模而改变的。④中间试验，这一阶段的试验不但在于规模上的增大，而且在流程及设备型式上都与生产车间十分接近了。其目的一方面是对数学模型的检验与修正，提供设计大厂的有用信息；另一方面要对催化剂的寿命、使用过程中的活性变化进行考察，研究设备材料在使用过程中的腐蚀情况等等需要经过长时间考察的项目。⑤计算机试验，这一步贯穿在前述四步之中，对各步的试验结果进行综合与寻优，检验和修正数学模型，预测下一阶段的反应器性能，最终导致能够预测大型反应器工况的数学模型的建立，从而完成工业反应器的设计。

数学模型法的核心是数学模型的建立，而模型的建立并不是一蹴而就的。上述各阶段实验的最终目的也就为了获得可用于工业反应器设计的数学模型。图1.4为反应器模型实际建立的程序框图。由图可见，根据实验室试验所得到的信息和有关资料提出反应过程的化学模型和物理模型，然后进行综合和按上一节所述的原则建立反应器的数学模型。通过小型试验的验证，对模型进行修改和完善，构成了新的数学模型。这个新的模型再通过中间试验的考验，根据反馈的信息进一步对数学模型作修改和完善，最后获得设计大厂所需的数学模型。

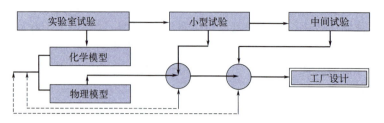

图 1.4　反应器模型的实际建立程序

数学模型法系建立在广泛的实验基础上的一种反应器放大方法，不实践就无法认识反应过程的本质；但更离不开反应工程理论的指导，否则将是盲目的实践；还有通过计算机进行大量的计算和评比，以去伪存真，择优舍劣。所以，反应器的数学模型应是理论、实验和计算三者的结晶。

前边提到的几个实验阶段，系就一般反应器而言。对于某些具体反应也许不需做这么多次试验。有过不经中试而由小试结果实现高倍数放大的报道，丙烯二聚制异戊二烯的反应器就是这样的例子，放大倍数高达 17000 倍。但这毕竟是凤毛麟角，而更普遍存在的情况是由于反应过程的极其错综复杂，纵使采用数学模型法放大也还会存在这样或那样的问题，甚至会以失败而告终。当然，这不能归罪于数学模型法，因为这个方法本身是建立在可靠的科学基础上的。

最后再次指出，工业反应器的设计应以经济效益和社会效益最大为前提。对反应器进行投入产出分析，建立经济衡算式，其形式仍可用式（1.16）表示，对投资、投资的回收、原料成本、操作费用、产品成本及利润等作核算。忽视社会效益而盲目地追求经济效益的设计是不允许的。对于化学品的生产，首要的社会效益问题是生产过程中产生的有害物质和噪声对环境的污染。设计过程中应采取有效的措施使排放的有害物质浓度完全符合卫生标准，所产生的噪声降低到允许的程度。此外，反应器的安全操作也是一个十分重要的问题。设计者需要妥善选择安全的操作条件，考虑各种防火和防爆措施。总之，实际反应器的设计所要考虑的问题是多种多样的，本书只侧重在技术方面的考虑。

1.7　反应工程的新进展

自 20 世纪中，O. A. Hougen 和 K. M. Watson 编写第一部反应工程论著《Chemical Process Principles：Kinetics and Catalysis》（John Wiley & Sons，1947）以来的半个多世纪里，反应工程历经三个重要的发展阶段。首先是建立了反应工程的基本原理，随后于 20 世纪 60～80 年代，恰逢石油工业的迅速发展，大型炼油装置的出现，巩固了反应器设计之不可或缺的地位，接下来到了 20 世纪 90 年代，计算机和计算技术迅速普及，实现了复杂过程的分析计算。时至今日，反应工程更加突出由宏观走向微观，由低效、分立的过程单元向强化和集成的方向转变，最终满足环境友好和可持续化的产品需求。

反应工程广泛应用在化工、能源、材料、制药和环境等行业，在促进科学和技术进步的同时，企业也对反应工程的研究内容提出了更高的要求。其中，反应器放大设计时，提高预测的精准性，同时确保能耗低、原料利用率高是两大要务。对反应过程的微观认识，以及对伴生的传递过程的强化，是实现预期目标的必要保障。

反应器放大设计需要三方面的知识储备：反应动力学、流体流动和相间接触的流体力学、反应器设计的原理和方法。

综合上述内容，反应工程的新进展体现在以下几个方面。

首先，将本征和宏观动力学的研究拓展到微观动力学，运用分子层面的分子动力学（MD）和密度泛函理论（DFT），结合原位和在线的实验方法，预测反应机理，建立微观反应动力学模型。

其次，针对非均相反应器中存在着各相浓度分布的不均匀性，甚至表现出随机行为的特点，将反应器分尺度和分层次地加以描述，利用不同层次和尺度下的视角，建立相应的模型化和统一化方法。此类描述更多地依赖于计算流体力学（CFD）的手段。

另一个重要进展则是过程的强化与集成，具体的方法包括微反应器，膜反应器，反应蒸馏，反应萃取，吸附增强反应，反应器的强制周期操作，以及吸、放热反应的偶合，超临界反应等。

随着数字化时代的发展，大数据和计算机新算法的涌现，反应工程原有的数学模型会逐渐退出历史舞台。取而代之的将是建立在大数据基础之上的算法，从此进入人工智能的新时代。

除此之外，反应工程的研究领域已不限于传统的热化学反应，在生物工程、环境工程、清洁能源等方向已经有了新的建树。

反应工程相比于化工单元操作，依然处在发展期。随着新问题的不断涌现，新发现的不断产生，新方法的不断提出，反应工程领域还会给我们更多的新惊喜。

 总结

经过本章的学习，应该了解反应工程在化学工程乃至物质转化学科中具有无可替代的关键地位和作用；熟知反应工程的研究内容包括反应动力学、反应器设计和操作，以及模型化的研究方法；量化反应进行程度的关键量包括反应量和反应进度、反应物的转化率、产物的收率和选择性，计算公式如下。

反应量 Δn_i 系反应组分 i 的物质的量的变化量，等于终止量减去起始量；即

$$\Delta n_i = n_i - n_{i0}$$

显然，反应物的反应量为负值，而产物的为正值。

反应进度 ξ 是一步反应中任何组分的反应量与其化学计量系数之比。如反应

$$\nu_A A + \nu_B B \longrightarrow \nu_R R$$

$$\xi = \frac{n_A - n_{A0}}{\nu_A} = \frac{n_B - n_{B0}}{\nu_B} = \frac{n_R - n_{R0}}{\nu_R}$$

上式的分子为某组分的反应量，分母为对应组分的化学计量系数。由此可知，反应物和产物的化学计量系数分别为负值和正值。

转化率 X_A 指反应物消耗的相对量，即

$$X_A = \frac{某一反应物 A 的反应量}{该反应物的完全反应量} = \frac{n_A - n_{A0}}{0 - n_{A0}} = \frac{n_{A0} - n_A}{n_{A0}} = \frac{-\nu_A \xi}{n_{A0}}$$

收率 Y_R 是产物相对反应物的生成量，即

$$Y_R = \frac{生成反应产物 R 所消耗关键反应物 A 的反应量}{关键反应物 A 的完全反应量} = \frac{-\nu_A}{\nu_R} \frac{n_R - n_{R0}}{n_{A0}}$$

选择性 S_R 指产物 R 的反应量折算成关键反应物 A 的反应量与该反应物实际反应量的比值，即

$$S_R = \frac{\text{生成目的产物 R 所消耗的关键反应物 A 的反应量}}{\text{关键反应物 A 的实际反应量}} = \frac{\nu_A}{\nu_R} \frac{n_R - n_{R0}}{n_A - n_{A0}}$$

转化率、选择性和收率三者的关系：

$$Y_R = S_R X_A$$

对于单一反应，$Y = X$，即 $S = 1$；复合反应则不然。

反应器的种类繁多，诸如管式反应器、釜式反应器、塔式反应器、固定床反应器、流化床反应器、移动床反应器和滴流床反应器等。

反应器的操作方式分为间歇操作、连续操作和半间歇（半连续）操作，以及等温和变温操作等。

反应器设计的基本方程包括质量衡算和能量衡算两大类，概括为：

$$\text{输入速率} = \text{输出速率} + \text{反应的转化速率} + \text{反应器中的累积速率}$$

<h2 style="text-align:center">习 题</h2>

1.1 在银催化剂上进行甲醇氧化为甲醛的反应

$$2CH_3OH + O_2 \longrightarrow 2HCHO + 2H_2O$$
$$2CH_3OH + 3O_2 \longrightarrow 2CO_2 + 4H_2O$$

进入反应器的原料中，甲醇：空气：水蒸气＝2：4：1.3（摩尔比），反应后甲醇的转化率达 72%，甲醛的收率为 69.2%。试计算：

（1）反应的选择性；

（2）反应器出口气体组成。

1.2 工业上采用铜锌铝催化剂由一氧化碳和氢合成甲醇，其主副反应如下：

$$CO + 2H_2 \Longrightarrow CH_3OH$$
$$2CO + 4H_2 \Longrightarrow (CH_3)_2O + H_2O$$
$$CO + 3H_2 \Longrightarrow CH_4 + H_2O$$
$$4CO + 8H_2 \Longrightarrow C_4H_9OH + 3H_2O$$
$$CO + H_2O \Longrightarrow CO_2 + H_2$$

由于化学平衡的限制，反应过程中一氧化碳不可能全部转化成甲醇。为了提高原料的利用率，生产上采用循环操作，即将反应后的气体冷却，可凝组分分离为液体即为粗甲醇，不凝组分如氢及一氧化碳等部分放空，大部分经循环压缩机压缩后与原料气混合返回合成塔中。下面是生产流程示意图。

原料气和冷凝分离后的气体中各组分的摩尔分数如下：

组成	原料气	冷凝分离后气体
CO	26.82	15.49
H_2	68.25	69.78
CO_2	1.46	0.82
CH_4	0.55	3.62
N_2	2.92	10.29

粗甲醇中各组分的质量分数分别为 CH_3OH 89.15%、$(CH_3)_2O$ 3.55%、C_4H_9OH 1.1%、H_2O 6.2%。在操作压力及温度下，其余组分均为不凝组分，但在冷却冷凝中可部分溶解于粗甲醇中，对 1kg 粗甲醇而言，其溶解量为 CO_2 9.82g，CO 9.38g，H_2 1.76g，CH_4 2.14g，N_2 5.38g。若循环气与原料气之比为 7.2（摩尔比），试计算：

(1) 一氧化碳的单程转化率和全程转化率；

(2) 甲醇的单程收率和全程收率。

1.3 某种汽车安全气囊的充气剂包含 NaN_3、KNO_3 和 SiO_2。当汽车遭遇撞击时，快速点火装置自动引燃如下反应，产生的 N_2 使气囊打开。

$$2NaN_3 \longrightarrow 2Na + 3N_2$$

$$10Na + 2KNO_3 \longrightarrow K_2O + 5Na_2O + N_2$$

生成的产物 K_2O、Na_2O 与 SiO_2 高温下结合成玻璃态物质。鉴于 NaN_3、Na 以及 KNO_3 的危险性，在处置事故气囊时，希望没有上述三种物质的剩余，请设计充气剂的添加比例。

2

反应动力学基础

 提要

本章将围绕反应器设计所需的反应动力学，进行以下内容的讲解：

1. 反应速率的定义
2. 组分与进度的反应速率
3. 温度对反应速率的影响
4. 基元反应与质量作用定律
5. 非基元反应与速率控制步骤
6. 复合反应及瞬时选择性
7. 变密度反应的浓度计算
8. 均相反应速率方程的建立与减变量推导
9. 多相催化反应速率方程的建立

　　化学反应工程的主要研究对象是工业反应器，即如何使化学反应在工业上有效地付诸实现。这就需要多方面的知识，其中化学反应动力学则是所需的最基本的知识之一。反应动力学模型将以一个或一组代数方程的形式，应用到后面各章的反应器设计方程中。本章将在物理化学的基础上，从反应工程学科的角度阐明某些常用的反应动力学概念和动力学问题的处理方法，其中包括均相反应动力学及多相催化反应动力学。

2.1　化学反应速率

　　任何化学反应都以一定速率进行，通常以单位时间内单位体积反应物系中某一反应组分的反应量来定义速率。反应

$$\nu_A A + \nu_B B \longrightarrow \nu_R R \tag{2.1}$$

的反应速率，根据上述定义可分别以反应组分 A、B 及 R 的反应量表示如下：

$$r_A = \frac{1}{V}\frac{dn_A}{dt} \quad r_B = \frac{1}{V}\frac{dn_B}{dt} \quad r_R = \frac{1}{V}\frac{dn_R}{dt} \tag{2.2}$$

由于 A 和 B 为反应物，其量总是随时间而减少的，故时间导数 $dn_A/dt < 0$，$dn_B/dt < 0$，R 为反应产物，情况则相反，$dn_R/dt > 0$。因此，按反应物反应量来计算反应速率时，反应物的消耗速率为负，而反应产物的生成速率为正。显然，按不同反应组分计算的反应速率数值上是不相等的，即 $r_A \neq r_B \neq r_R$，除非各反应组分的化学计量系数相等。所以在实际应用时，

必须注意是按哪一个反应组分计算的。数值上虽不相同，但说明的都是同一客观事实，只是表示方式不同而已。

将反应进度定义式(1.2)的差分用微分替换，则各组分的微分反应量之间的比例关系应符合

$$dn_A : dn_B : dn_R = \nu_A : \nu_B : \nu_R$$

因此

$$r_A : r_B : r_R = \nu_A : \nu_B : \nu_R$$

或

$$\frac{r_A}{\nu_A} = \frac{r_B}{\nu_B} = \frac{r_R}{\nu_R} = r \geqslant 0 \tag{2.3}$$

这说明无论按哪一个反应组分计算的反应速率，其与相应的化学计量系数之比恒为定值，等于反应进度的速率 r，或称为一步反应的速率，于是，这步反应的速率又可写成：

$$r = \frac{1}{\nu_i V} \frac{dn_i}{dt} \tag{2.4}$$

根据反应进度的定义，式(2.4)变为

$$r = \frac{1}{V} \frac{d\xi}{dt} \tag{2.5}$$

式(2.4)或式(2.5)是反应速率的普遍定义式，不受选取反应组分的限制。因 r 与反应进度有关，故被称为反应进度的速率，简称反应进度速率。r 知道后，乘以化学计量系数即得相应组分的反应速率。在复杂反应系统的动力学计算中，应用 r 的概念最为方便。但需注意，各反应 j 有自己的反应进度 ξ_j 和反应进度速率 r_j。

至此，定义了两种反应速率，其一是组分的反应速率 r_i，带有组分的下标 i，其数值有正、负之分；其二是反应进度的速率 r，不含有组分的下标，而且恒为正数。

因为

$$n_A = Vc_A$$

代入式(2.2)中的第一式则得

$$r_A = \frac{1}{V} \frac{d(c_A V)}{dt} = \frac{dc_A}{dt} + \frac{c_A}{V} \frac{dV}{dt} \tag{2.6}$$

对于恒密度反应过程，因质量守恒，V 为常数，因此也被称为恒容或等容反应，此时式(2.6)变成了如下的公式(2.7)：

$$r_A = \frac{dc_A}{dt} \tag{2.7}$$

事实上，式(2.7)不再是化学反应速率的定义式，而是恒密度间歇反应器的设计方程。对于变密度反应过程，又称变容过程，式(2.6)中右边第二项不为零，式(2.7)不成立，这种情况下组分浓度的变化不仅是由于化学反应的结果，也是由于反应混合物密度变化导致的体积改变而引起。

对于多相反应，也有用相界面积 a 代替反应体积 V 来定义反应速率的，此时，反应速率式表示为

$$r'_A = \frac{1}{a} \frac{dn_A}{dt} \tag{2.8}$$

当反应有固相参与时，特别是那些采用固体催化剂的反应，往往基于固体的质量 W 来定义反应速率，此时的表示式为

$$r''_A = \frac{1}{W} \frac{dn_A}{dt} \tag{2.9}$$

均相反应一般都是基于反应体积来表示其反应速率，多相反应则三种方式都有采用，所以在应用时必须注意。特别是采用反应体积表示时，应分清是指一个相的体积还是所有相的

体积之和。这三种方式表示的反应速率可以进行换算。例如，采用固体催化剂的反应，若 ρ_b 为堆密度，a_V 为比外表面积，则

$$r_A = a_V r_A' = \rho_b r_A'' \tag{2.10}$$

【例 2.1】 在 350℃ 等温恒密度下纯的丁二烯进行二聚反应，测得反应系统总压 p 与反应时间 t 的关系如下：

$t/\min$	0	6	12	26	38	60
p/kPa	66.7	62.3	58.9	53.5	50.4	46.7

试求时间为 26min 时的反应速率。

解： 以 A 和 R 分别代表丁二烯及其二聚物，则该二聚反应可写成：

$$2A \longrightarrow R$$

由于在恒温恒密度下进行反应，而反应前后物系的总物质的量改变，因此总压的变化可反映反应进行的程度。设 $t=0$ 时，丁二烯的浓度为 c_{A0}，时间为 t 时则为 c_A，由化学计量关系知二聚物的浓度相应为 $(c_{A0}-c_A)/2$。于是，单位体积内反应组分的总量为 $(c_{A0}+c_A)/2$。由理想气体定律得

$$\frac{c_{A0}}{(c_{A0}+c_A)/2} = \frac{p_0}{p} \tag{A}$$

p_0 为 $t=0$ 时物系的总压。式（A）又可写成

$$c_A = c_{A0}\left(\frac{2p}{p_0}-1\right) \tag{B}$$

由于是恒密度下反应，故可用式（2.7）表示反应速率，将式（B）代入式（2.7）化简后有

$$r_A = \frac{dc_A}{dt} = \frac{2c_{A0}}{p_0}\frac{dp}{dt} \tag{C}$$

由理想气体定律得

$$c_{A0} = \frac{p_0}{RT}$$

故式（C）可改写成 $\quad r_A = \dfrac{2}{RT}\dfrac{dp}{dt} \quad$ (D)

根据题给数据，以指数方程

$$p = a\exp\left(-\frac{t}{b}\right)+c \tag{E}$$

拟合实验点得到方程（E）的参数 $a=22.90$，$b=30.45$，$c=43.64$；并绘成如图 2A 所示的曲线。再将所得方程（E）中的 p 对时间 t 求导

$$\frac{dp}{dt} = -\frac{22.90}{30.45}\exp\left(-\frac{t}{30.45}\right) \tag{F}$$

在 $t=26\min$ 时，由方程（F）解得：

$$\frac{dp}{dt} = -0.32\mathrm{kPa/min} \tag{G}$$

将有关数据代入式（D），即得以丁二烯转化量表示的反应速率值

$$r_A = \frac{2\times(-0.32)}{8.314\times(350+273.15)}$$

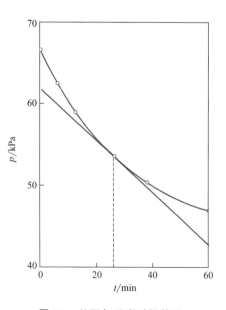

图 2A 总压与反应时间关系

$$=-1.24\times10^{-4}[\text{kmol}/(\text{m}^3\cdot\text{min})]$$

若计算二聚物的生成速率，则

$$r_R=-0.5r_A=6.18\times10^{-5}\text{kmol}/(\text{m}^3\cdot\text{min})$$

应该注意，关联实验数据选取的方程，会对计算结果产生偏差。选择满足实验点变化趋势的代数方程，以及避免使用高阶多项式，是减少拟合偏差的有效方法。

2.2 反应速率方程

影响化学反应速率的因素很多，主要的有温度、浓度、压力、溶剂以及催化剂的性质等。其中对任何化学反应的速率都发生影响的是温度和浓度这两个因素，溶剂和催化剂并不是任何化学反应都必须采用，反应压力也不是普遍发生影响的。所以，通常是在溶剂及催化剂（如果采用的话）和压力一定的情况下，定量描述反应速率与温度及浓度的关系，这一关系式叫做速率方程或动力学方程，即

$$r=f(\boldsymbol{c},T) \tag{2.11}$$

式中，$\boldsymbol{c}$ 为浓度向量，它表示影响反应速率的反应组分浓度不限于 1 个。速率方程随反应而异，纵使形式相同而参数值也不会完全相同。对于化学反应工程学，速率方程之所以重要，是因为它是进行反应器分析和设计的重要依据之一。

如果化学反应为基元反应，即反应的最基本单元，不能再细分出更多的反应步骤，则由质量作用定律不难写出其速率方程。如果反应 (2.1) 是基元反应，(2.1) 的速率方程为

$$-r_A=kc_A^{-\nu_A}c_B^{-\nu_B}=kc_A^{|\nu_A|}c_B^{|\nu_B|} \tag{2.12}$$

式中，k 为反应速率常数，是温度的函数；浓度 c_A、c_B 的指数项是化学计量系数的绝对值。值得注意的是：基元反应的化学计量系数的绝对值等同于参加反应的分子、原子或离子等的个数，因此，它们的数值是唯一确定的，且反应物的总个数通常不大于 3。事实上绝大多数反应都是非基元反应。因此，企图根据质量作用定律来确定某个反应的速率方程是不可能的。但是，非基元反应可以看成是若干基元反应的综合结果，即反应机理。由反应机理可以推导出该反应的速率方程。

设反应 $A \longrightarrow P+D$ 系由下列反应步骤组成：

$$A \Longleftrightarrow A^*+P \tag{2.13}$$

$$A^* \longrightarrow D \tag{2.14}$$

$$\overline{A \longrightarrow P+D} \tag{2.15}$$

式 (2.13) 及式 (2.14) 两个反应均为基元反应，其中 A^* 为反应过程的中间化合物。由反应机理推导速率方程常用的方法是假定其中一个步骤为速率控制步骤，其他各步则达到平衡。由于速率控制步骤为所有反应步骤中最慢的一步，因此它对反应速率起决定性作用。假定反应式 (2.14) 为速率控制步骤，由质量作用定律知该反应的速率为

$$-r_A=-r_{A^*}=k_2c_{A^*} \tag{2.16}$$

反应式 (2.13) 则达到平衡，所以

$$\frac{c_{A^*}c_P}{c_A}=K_1 \text{ 或 } c_{A^*}=K_1c_A/c_P$$

K_1 为平衡常数。代入式 (2.16) 得

$$-r_A = k_2 K_1 c_A / c_P = k c_A / c_P \tag{2.17}$$

由于 k_2 和 K_1 均为温度的函数，可合并为一新的常数 k，即该反应的反应速率常数。式（2.17）即为该反应的速率方程。由此可见非基元反应的速率方程不能简单地由质量作用定律写出。如按质量作用定律，该反应为单分子反应，即一级反应，但按所设反应机理导出的速率方程还取决于反应产物 P 的浓度。

然而是否也有这样的非基元反应，其速率方程符合质量作用定律的情况呢？回答是肯定的，例如，一氧化氮氧化反应 $2NO + O_2 \longrightarrow 2NO_2$ 的速率方程为

$$r = k c_{NO}^2 c_{O_2} \tag{2.18a}$$

形式与按质量作用定律得到的一样，但实际上此反应并不是基元反应。有人认为该反应系由下列两步组成

$$NO + NO \Longrightarrow (NO)_2$$
$$(NO)_2 + O_2 \longrightarrow 2NO_2$$

且第二步为速率控制步骤。因此

$$r = k_2 c_{(NO)_2} c_{O_2}$$

第一步达到平衡，则

$$c_{(NO)_2} = K_1 c_{NO}^2$$

代入前式得

$$r = k_2 K_1 c_{NO}^2 c_{O_2} = k c_{NO}^2 c_{O_2} \tag{2.18b}$$

由此可知，速率方程与由质量作用定律得到的形式相同，不能说明该反应一定是基元反应。但反过来说则是正确的，即基元反应的速率方程可用质量作用定律来表示。

另外，还应注意如果实验结果与由所设的反应机理推导得到的速率方程相符合，是否就可以说所设假定的反应机理是正确的呢？出现这种情况时，只能说这是一个可能的反应机理，而不能作肯定的回答。因为不同的反应机理完全可能推导出形式相同的速率方程。仍以一氧化氮的氧化反应为例，当反应机理为

$$NO + O_2 \Longrightarrow NO_3$$
$$NO_3 + NO \longrightarrow 2NO_2$$

且第二步为控制步骤时，推导得到的速率方程与前面由另一种反应机理推导得到的式（2.18b）完全一样。所以，动力学实验数据与速率方程相符合，仅是证明机理正确的必要条件，而不是充分必要条件。要判断一个反应机理是否正确，还需要通过其他实验手段来证实，例如，上述反应机理中分别假定有中间化合物 $(NO)_2$ 及 NO_3 存在，就需用实验方法予以证实，否则无论是哪一种机理，也仅仅是可能而已。

目前绝大多数化学反应的机理还未弄清，仍然是以实验为基础来确定化学反应的速率方程。对于幂函数型速率方程，往往用将浓度及温度对反应速率的影响分离开来的办法来表示速率方程，即

$$r = f_1(T) f_2(\boldsymbol{c})$$

对于一定的温度，则温度函数 $f_1(T)$ 为常数，以反应速率常数 k 表示，而浓度函数以各反应组分浓度的指数函数

$$f_2(\boldsymbol{c}) = c_A^{\alpha_A} c_B^{\alpha_B} \cdots$$

来表示，则

$$r = k c_A^{\alpha_A} c_B^{\alpha_B} \cdots = k \prod_{i=1}^N c_i^{\alpha_i} \tag{2.19}$$

此种类型的速率方程，称为幂函数型速率方程。α_A 及 α_B 分别为对组分 A 和 B 而言的反应级数，若为基元反应，则 α_A 和 α_B 就分别等于该组分的化学计量系数 ν_A 及 ν_B 的绝对值。k、α_A 和 α_B 等动力学参数需要由实验测定。需要注意的是，纵使是不可逆反应，反应产物

的浓度仍然可能影响反应速率，因此，式(2.19)中应包括所有反应组分浓度的影响，无论是反应物还是反应产物都包括在内。其有无影响或影响大小要由实验来判明。

严格地说所有化学反应都是可逆反应。可逆反应的反应速率等于正逆反应速率之差。一般所谓不可逆反应只是表明逆反应的反应速率甚小可忽略不计而已。可逆反应的速率方程可用幂函数表示如下

$$r = \vec{k} \prod_{i=1}^{N} c_i^{\alpha_i} - \overleftarrow{k} \prod_{i=1}^{N} c_i^{\beta_i} \tag{2.20}$$

式中，$\vec{k}$ 及 $\overleftarrow{k}$ 为正、逆反应的反应速率常数；α_i 及 β_i 则为正、逆反应对反应组分 i 的反应级数。α_i 及 β_i 之间，以及正逆反应速率常数 $\vec{k}$ 和 $\overleftarrow{k}$ 与化学平衡常数 K_C 之间都存在一定的关系，下面我们将讨论这些关系。

设可逆反应 $\nu_A A + \nu_B B \Longleftrightarrow \nu_R R$ 的速率方程为：

$$-r_A = \vec{k} c_A^{\alpha_A} c_B^{\alpha_B} c_R^{\alpha_R} - \overleftarrow{k} c_A^{\beta_A} c_B^{\beta_B} c_R^{\beta_R}$$

平衡时，$-r_A = 0$，故有
$$\vec{k} c_A^{\alpha_A} c_B^{\alpha_B} c_R^{\alpha_R} = \overleftarrow{k} c_A^{\beta_A} c_B^{\beta_B} c_R^{\beta_R}$$

或
$$\frac{c_R^{\beta_R - \alpha_R}}{c_A^{\alpha_A - \beta_A} c_B^{\alpha_B - \beta_B}} = \frac{\vec{k}}{\overleftarrow{k}} \tag{2.21}$$

当反应达到平衡时，由热力学可知
$$c_A^{\nu_A} c_B^{\nu_B} c_R^{\nu_R} = K_C \tag{2.22}$$

由于 A 和 B 为反应物，其化学计量系数 ν_A 和 ν_B 应取负值。

设 ν 为正数，上式可改成
$$c_A^{\nu_A/\nu} c_B^{\nu_B/\nu} c_R^{\nu_R/\nu} = K_C^{1/\nu} \tag{2.23}$$

式(2.21)～式(2.23)三个式子均是说明化学反应达到平衡这一事实，因此，它们应是一致的。比较这三个式子可得
$$\beta_A - \alpha_A = \nu_A/\nu$$
$$\beta_B - \alpha_B = \nu_B/\nu$$
$$\beta_R - \alpha_R = \nu_R/\nu$$

或
$$\frac{\beta_A - \alpha_A}{\nu_A} = \frac{\beta_B - \alpha_B}{\nu_B} = \frac{\beta_R - \alpha_R}{\nu_R} = \frac{1}{\nu} \tag{2.24}$$

及
$$\vec{k}/\overleftarrow{k} = K_C^{1/\nu} \tag{2.25}$$

式(2.24)表明正、逆反应的反应级数之差与相应的化学计量系数之比为一定值。这一结果可用以检验速率方程推导的正确性；另外，如果所有反应级数都是通过实验来决定，那么这一结果可使测定的参数数目减少。式(2.25)阐明了正、逆反应速率常数与化学平衡常数之间的关系。除非 ν 等于 1，否则化学平衡常数将不等于正反应速率常数与逆反应速率常数之比。

式(2.24)和式(2.25)都涉及常数 ν，那么，它的物理意义是什么？它是速率控制步骤出现的次数。例如，设反应 $2A + B \Longleftrightarrow R$ 的反应机理为

$$1. A \Longleftrightarrow A^*$$
$$2. A^* + B \Longleftrightarrow X$$
$$3. A^* + X \Longleftrightarrow R$$
$$\overline{\qquad\qquad\qquad\qquad}$$
$$2A + B \Longleftrightarrow R$$

A^* 及 X 为中间化合物。若要生成 1mol R，则第一步需要出现两次，其余两步各出现一次。若第一步为速率控制步骤，则 $\nu=2$。ν 叫化学计量数，但不要与化学计量系数相混淆。

【例 2.2】 等温间歇反应器中进行醋酸（A）和丁醇（B）的酯化反应：

$$CH_3COOH + C_4H_9OH \Longrightarrow CH_3COOC_4H_9 + H_2O$$

醋酸和丁醇的初始浓度分别为 0.2332kmol/m³ 和 1.16kmol/m³。测得不同时间下醋酸转化量如下：

时间/h	0	1	2	3	4	5	6	7	8
醋酸转化量/(kmol/m³)	0	0.01636	0.02732	0.03662	0.04525	0.05405	0.06086	0.06833	0.07398

试求该反应的速率方程。

解： 由于题给的数据均为醋酸转化率低的数据，且丁醇又大量过剩，可以忽略逆反应的影响。同时可不考虑丁醇浓度对反应速率的影响。所以，设正反应的速率方程为 $-r_A = kc_A^\alpha$。由式（2.7）

$$\frac{dc_A}{dt} = -kc_A^\alpha \quad\quad (A)$$

积分式（A）得 $\quad (\alpha-1)kt = \dfrac{1}{c_A^{\alpha-1}} - \dfrac{1}{c_{A0}^{\alpha-1}} \quad\quad (B)$

要由式（B）用作图法求 α 及 k，只能用试差法，即先假设 α 值再作图，根据所得的线性关系进行取舍。为此，设 $\alpha=2$，则式（B）化为

$$kt = \frac{1}{c_A} - \frac{1}{c_{A0}} \quad\quad (C)$$

醋酸的初始浓度减去题给的醋酸转化量等于 c_A，表 2A 中列出了计算结果。由式（C）可见，如以 $\dfrac{1}{c_A} - \dfrac{1}{c_{A0}}$ 对 t 作图得一直线，则说明所设的 α 值是正确的。图 2B 是根据表 2A 的数据而作出，由图可见线性关系良好，故该反应对醋酸为二级反应。但丁醇的浓度是否就没有影响，还需作进一步实验证明。

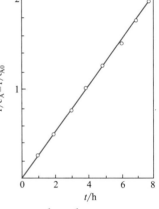

图 2B $\dfrac{1}{c_A} - \dfrac{1}{c_{A0}}$ 与 t 的关系

表 2A 不同时间下的醋酸浓度 c_A

t/h	0	1	2	3	4	5	6	7	8
c_A/(kmol/m³)	0.2332	0.2168	0.2059	0.1966	0.1879	0.1792	0.1723	0.1649	0.1592
$\dfrac{1}{c_A} - \dfrac{1}{c_{A0}}$	0	0.3244	0.5686	0.7983	1.0337	1.2922	1.5157	1.7761	1.9932

以上计算若不假设 $\alpha=2$，则可采用如下的 Python 代码，同时拟合表 2A 中 c_A-t 的数据，得到 k 和 α 的数值。

Python 代码：

```
import numpy as np
from scipy. integrate import odeint
from scipy. optimize import minimize
def model (c, t, k, a)：# Differential equation
return -k * c * * a
def objective (params, t _ data, c _ data)：# objective for optimization
    k, a = params
    c0 = c _ data [0]
    c _ pred = odeint (model, c0, t _ data, args = (k, a)) .T [0]
    return np. sum ((c _ pred - c _ data) * * 2)
t _ data = np. array ([0, 1, 2, 3, 4, 5, 6, 7, 8]) # Given data
c _ data = np. array ([0. 2332, 0. 2168, 0. 2059, 0. 1996, 0. 1879, 0. 1792, 0. 1723, 0. 1649, 0. 1592])
initial _ params = [1. 0, 1. 0] # Initial guesses
optimization = minimize (objective, initial _ params, args = (t _ data, c _ data), method = 'L-BFGS-
B', bounds = [(0, 1), (0, 2)])
k _ opt, a _ opt = optimization. x
objective = optimization. fun
print (f" k = {k _ opt：.4f} ")
print (f" a = {a _ opt：.4f} ")
print (f" objective value = {objective：.4e} ")
```

运行结果

k = 0. 2549

a = 2. 0000

objective value = 2. 2348e-05

当改变上述代码的初值（Initial guesses）时，会得到更多的解，例如，

k = 0. 5520

a = 2. 4800

objective value = 1. 81438e-06

两组解的计算结果和实验数据绘于图 2C。

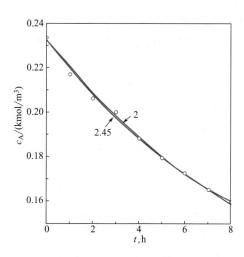

图 2C　拟合与实验结果对比

第二组解的目标函数更接近零，但反应级数偏高，若再考虑丁醇（B）的反应级数，总

级数有可能超过 3，故被舍弃。因此，反应速率方程为：
$$-r_A = 0.2549 c_A^2 [\text{kmol}/(\text{m}^3 \cdot \text{h})]$$

2.3 温度对反应速率的影响

在幂函数型速率方程中，以温度函数 $f_1(T)$ 来体现温度对反应速率的影响。对于一定的温度，$f_1(T)$ 为定值，以反应速率常数 k 表示。$f_1(T)$ 也就是 k 与温度的关系，通常用阿伦尼乌斯方程表示，即

$$k = A \exp[-E/(RT)] \tag{2.26}$$

式中，A 为指前因子，其量纲与 k 相同；E 为活化能；R 为气体常数。

反应速率常数 k 又称为比反应速率，其意义是所有反应组分的浓度均为 1（单位视具体浓度不同而异）时的反应速率。反应速率常数的量纲与反应速率的表示方式、速率方程的形式以及反应物系组成的表示方式有关。例如一级反应的反应速率以 $\text{kmol}/(\text{m}^3 \cdot \text{s})$ 表示，反应组成用浓度 kmol/m^3 表示，则 k 的单位为 s^{-1}；但若反应速率以 $\text{kmol}/(\text{kg} \cdot \text{s})$ 表示，则 k 的单位变为 $\text{m}^3/(\text{kg} \cdot \text{s})$。

对于气相反应，常用分压 p_i、浓度 c_i 和摩尔分数 y_i 来表示反应组成，若相应的反应速率常数分别为 k_p、k_c 和 k_y，则它们之间存在下列关系

$$k_c = (RT)^\alpha k_p = (RT/p)^\alpha k_y \tag{2.27}$$

式中，p 为总压；α 为总反应级数。显然这一关系只适用于理想气体，且反应的速率方程为幂函数型。

式(2.26) 两边取对数可得

$$\ln k = \ln A - E/(RT) \tag{2.28a}$$

由此可知以 $\ln k$ 对 $1/T$ 作图为一直线，由直线的斜率可确定反应的活化能。还应指出，阿伦尼乌斯方程式(2.26) 只能在一定的温度范围内适用，所以不能任意外推。虽说在大多数情况下，用阿伦尼乌斯方程能满意地表示反应速率常数与温度的关系，但在某些情况下 $\ln k$ 与 $1/T$ 并不成线性关系。这主要可能是由于采用的速率方程不合适，或者在所研究的温度范围内，反应机理发生了变化。外来的影响，如传质的影响使实际测得的反应速率不是真正的化学反应速率，自然 $\ln k$ 与 $1/T$ 就不呈线性关系。也有这样的反应，指前因子 A 与温度有关，$\ln k$ 与 $1/T$ 自然不成线性关系。

式(2.28a) 对 T 求导数后可写成

$$\frac{\mathrm{d}\ln k}{\mathrm{d}T} = \frac{E}{RT^2} \tag{2.28b}$$

如果可逆反应的正逆反应速率常数均符合阿伦尼乌斯方程，则有

$$\frac{\mathrm{d}\ln \vec{k}}{\mathrm{d}T} = \frac{\vec{E}}{RT^2} \quad \text{及} \quad \frac{\mathrm{d}\ln \overleftarrow{k}}{\mathrm{d}T} = \frac{\overleftarrow{E}}{RT^2} \tag{2.28c}$$

$\vec{E}$ 及 $\overleftarrow{E}$ 分别为正、逆反应的活化能。将式(2.25) 两边取对数得

$$\ln \vec{k} - \ln \overleftarrow{k} = \frac{1}{\nu} \ln K_p$$

再对温度求导则有
$$\frac{d\ln\vec{k}}{dT} - \frac{d\ln\overleftarrow{k}}{dT} = \frac{1}{\nu}\frac{d\ln K_p}{dT} \tag{2.29}$$

由热力学知，对于恒压过程
$$\frac{d\ln K_p}{dT} = \frac{\Delta H_r}{RT^2} \tag{2.30}$$

将式(2.30)及式(2.28c)代入式(2.29)，化简后有
$$\vec{E} - \overleftarrow{E} = \frac{1}{\nu}\Delta H_r \tag{2.31}$$

这就是正、逆反应活化能的关系式，对于吸热反应，$\Delta H_r > 0$，所以 $\vec{E} > \overleftarrow{E}$；若为放热反应则 $\Delta H_r < 0$，故 $\vec{E} < \overleftarrow{E}$。

由式(2.26)知，化学反应速率总是随温度的升高而增加（极少数者例外），而且呈强烈的非线性关系，即温度稍有改变，反应速率的改变甚为剧烈。所以，温度是影响化学反应速率的一个最敏感因素，在反应器设计和分析中必须予以足够的注意。在实际反应器的操作中，温度的调节是一个关键环节。

可逆反应的净反应速率等于正、逆反应速率之差，当温度升高时，毫无疑问正、逆反应的速率都要增加，但两者之差是否也增加呢？为了方便起见，将式(2.20)改写成如下形式
$$r = \vec{k}f(X_A) - \overleftarrow{k}g(X_A) \tag{2.32}$$

对于一定起始原料组成，当组分 A 的转化率为 X_A 时，其余组分的浓度均可变为 X_A 的函数。式(2.32)中的 $f(X_A)$ 即是正反应速率方程中的浓度函数变为转化率函数的结果，$g(X_A)$ 则为逆反应的浓度函数以转化率 X_A 的表示式。将式(2.32)对 T 求导
$$\left(\frac{\partial r}{\partial T}\right)_{X_A} = f(X_A)\frac{d\vec{k}}{dT} - g(X_A)\frac{d\overleftarrow{k}}{dT} \tag{2.33}$$

若正、逆反应速率常数与温度的关系符合阿伦尼乌斯方程，则有
$$\frac{d\vec{k}}{dT} = \frac{\vec{k}\vec{E}}{RT^2}$$

及
$$\frac{d\overleftarrow{k}}{dT} = \frac{\overleftarrow{k}\overleftarrow{E}}{RT^2}$$

式中，$\vec{E}$、$\overleftarrow{E}$ 分别为正、逆反应的活化能，将上两式代入式(2.33)得
$$\left(\frac{\partial r}{\partial T}\right)_{X_A} = \frac{\vec{E}}{RT^2}\vec{k}f(X_A) - \frac{\overleftarrow{E}}{RT^2}\overleftarrow{k}g(X_A) \tag{2.34}$$

因为 $r \geqslant 0$，所以 $\vec{k}f(X_A) \geqslant \overleftarrow{k}g(X_A)$，对于可逆吸热反应，$\vec{E} > \overleftarrow{E}$，从而由式(2.34)知
$$\frac{\vec{E}}{RT^2}\vec{k}f(X_A) > \frac{\overleftarrow{E}}{RT^2}\overleftarrow{k}g(X_A)$$

即
$$\left(\frac{\partial r}{\partial T}\right)_{X_A} > 0$$

这就是说可逆吸热反应的净速率总是随着温度的升高而增加。图 2.1 为可逆吸热反应的反应速率与温度及转化率的关系图。图中的曲线为等速率线，即曲线上所有点的反应速率相等。$r = 0$ 的曲线叫做平衡曲线，相应的转化率称为平衡转化率，是反应所能达到的极限。由于可逆吸热反应的平衡常数随温度的升高而增大，故平衡转化率也随温度升高而增加。处于平

衡曲线下方的其他曲线为非零的等速率线，其反应速率大小的次序是

$$r_4 > r_3 > r_2 > r_1$$

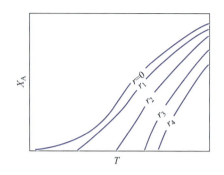

图 2.1　可逆吸热反应的反应速率与温度及转化率的关系

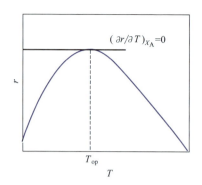

图 2.2　可逆放热反应的反应速率与温度的关系

由图可知，如果反应温度一定，则净反应速率随转化率的增加而下降；若转化率一定，则净反应速率随温度升高而增加。

至于可逆放热反应，由于 $\vec{E} < \overleftarrow{E}$，但 $\vec{k}f(X_A) > \overleftarrow{k}g(X_A)$，故由式（2.34）知

$$\left(\frac{\partial r}{\partial T}\right)_{X_A} \begin{array}{c} > \\ = \\ < \end{array} 0$$

即可逆放热反应的净速率随温度的升高既可能增加，又可能降低，其关系如图 2.2 所示。图中曲线是在一定转化率下作出的，也叫等转化率曲线。从图中可以看出，当温度较低时，净反应速率随温度的升高而加快，到达某一极大值后，随着温度的继续升高，净反应速率反而下降。这种现象可以解释为：当温度较低时，过程远离平衡，动力学影响是主要矛盾，其斜率表现为 $\left(\frac{\partial r}{\partial T}\right)_{X_A} > 0$。但在高温时，由于平衡常数下降，温度对反应速率的影响明显起来，随着温度的继续升高，平衡影响将成为主要矛盾，其斜率表现为 $\left(\frac{\partial r}{\partial T}\right)_{X_A} < 0$。曲线由上升到下降的转变点为反应速率的极大点，其斜率为零，即 $\left(\frac{\partial r}{\partial T}\right)_{X_A} = 0$。对应于极大点的温度叫做优化温度 T_{op}。

为了找到优化温度，可用求极值方法，令式（2.34）右边为零，得

$$\vec{E}\vec{k}f(X_A) - \overleftarrow{E}\overleftarrow{k}g(X_A) = 0$$

或

$$\frac{\vec{E}\vec{A}\exp[-\vec{E}/(RT_{\text{op}})]}{\overleftarrow{E}\overleftarrow{A}\exp[-\overleftarrow{E}/(RT_{\text{op}})]} = \frac{g(X_A)}{f(X_A)} \tag{2.35}$$

式中，$\vec{A}$ 及 $\overleftarrow{A}$ 分别为正、逆反应速率常数的指前因子。

当反应达到平衡时，$r = 0$，由式（2.32）可知

$$\frac{g(X_A)}{f(X_A)} = \frac{\vec{k}}{\overleftarrow{k}} = \frac{\vec{A}\exp[-[\vec{E}/(RT_e)]}{\overleftarrow{A}\exp[-\overleftarrow{E}/(RT_e)]} \tag{2.36}$$

式中，T_e 为对应于转化率 X_A 的平衡温度。将式（2.36）代入式（2.35）得

$$\frac{\vec{E}\vec{A}\exp[-\vec{E}/(RT_{op})]}{\overleftarrow{E}\overleftarrow{A}\exp[-\overleftarrow{E}/(RT_{op})]}=\frac{\vec{A}\exp[-\vec{E}/(RT_e)]}{\overleftarrow{A}\exp[-\overleftarrow{E}/(RT_e)]}$$

将上式化简后两边取对数，整理后得优化温度

$$T_{op}=\frac{T_e}{1+\dfrac{RT_e}{\overleftarrow{E}-\vec{E}}\ln\dfrac{\vec{E}}{\overleftarrow{E}}} \tag{2.37}$$

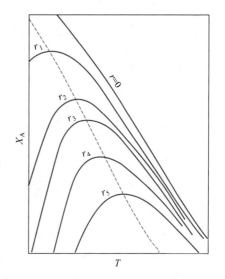

图 2.3　可逆放热反应的反应速率与
温度及转化率的关系

从式(2.37)中看不出转化率与优化温度 T_{op} 有什么关系，但平衡温度 T_e 却是转化率的函数，故 T_{op} 是转化率的隐函数。因此，对应于任一转化率 X_A，则必然有与其对应的平衡温度 T_e 和优化温度 T_{op}。

可逆放热反应的速率与温度及转化率的关系如图 2.3 所示，通常叫做 T-X_A 图。图中 $r=0$ 的曲线为平衡曲线，为反应的极限。其他曲线为等反应速率线，反应速率大小的次序如下

$$r_5>r_4>r_3>r_2>r_1$$

从图 2.3 中可以看出，对应于每一条等反应速率线，都有一个极点，即转化率最高，其相应的温度即优化温度。连接所有等速率线上的极值点所构成的曲线，叫优化温度曲线（图 2.3 上的虚线）。该曲线也就是式(2.37)的几何图示。对于可逆放热反应，如果过程自始至终按优化温度曲线操作，那么，整个过程将以最高的反应速率进行。但在工业生产中这是很难实现的，而尽可能接近优化温度曲线操作还是可以做到的。

总之，不论可逆反应还是不可逆的正常反应，反应速率总是随转化率的升高而降低；不可逆反应及可逆吸热反应，反应速率总是随着温度的升高而加快；至于可逆放热反应，反应温度按优化温度曲线操作，反应速率最大。

【例 2.3】　在实际生产中合成氨反应

$$0.5N_2+1.5H_2\Longleftrightarrow NH_3 \tag{A}$$

是在高温高压下采用熔融铁催化剂进行的。合成氨反应为可逆放热反应，故过程应尽可能按优化温度曲线进行。现拟计算下列条件下的优化温度：(1) 在 25.33MPa 下，以 3:1 的氢氮混合气进行反应，氨含量为 17%；(2) 其他条件同 (1)，但氨含量为 12%；(3) 把压力改为 32.42MPa，其他条件同 (1)。

已知该催化剂的正反应活化能为 58.618×10^3 J/mol，逆反应的活化能为 167.48×10^3 J/mol。平衡常数 K_p（MPa^{-1}）与温度 T（K）及总压 p（MPa）的关系如下

$$\lg K_p=(2172.26+19.6478p)/T-(4.2405+0.02149p) \tag{B}$$

解：(1) 首先求出氨含量为 17% 时混合气体组成，再利用平衡关系式算出 K_p 值，利用式(B) 求得平衡温度 T_e，最后代入式(2.37)，即为所求。

合成氨反应时氢氮的化学计量比为 3:1，而原料气中氢氮比也为 3:1，故当氨含量为 17% 时，混合气体组成为

$$NH_3\ 17\%,N_2\ \frac{1}{4}\times(1-0.17)=20.75\%,H_2\ \frac{3}{4}\times(1-0.17)=62.25\%$$

式 (A) 的平衡常数

$$K_p = \frac{p_{\text{NH}_3}}{p_{\text{H}_2}^{1.5} p_{\text{N}_2}^{0.5}} = \frac{0.17 \times 25.33}{(0.6225 \times 25.33)^{1.5} \times (0.2075 \times 25.33)^{0.5}} = 3.000 \times 10^{-2} (\text{MPa}^{-1})$$

将 K_p 值代入式(B)

$$\lg(3.000 \times 10^{-2}) = (2172.26 + 19.6478 \times 25.33)/T_e = (4.2405 + 0.02149 \times 25.33)$$

解得 $\qquad\qquad\qquad\qquad\qquad T_e = 818.5\text{K}$

将 T_e 值代入式(2.37)即得优化温度:

$$T_{\text{op}} = \frac{818.5}{1 + \dfrac{8.3144 \times 818.5}{(167.48 - 58.618) \times 10^3} \times \ln \dfrac{167.48 \times 10^3}{58.618 \times 10^3}} = 768(\text{K})$$

(2) 由于氨含量的改变,气体组成也改变,K_p 值亦变化,故引起 T_e 和 T_{op} 的变化,计算过程同(1),最后计算结果为 $T_e = 872.5\text{K}$,$T_{\text{op}} = 815.4\text{K}$。

(3) 虽然混合气体组成没有发生变化,但由于总压增加,K_p 值减少,最终结果为 $T_e = 849.8\text{K}$,$T_{\text{op}} = 795.6\text{K}$。

以上计算结果表明,随着氨含量的增加(即转化率增加),T_{op} 降低,符合一般规律(见图2.3)。如果反应系统的压力增加,而其他条件不变,T_{op} 则上升。

2.4 复合反应

在同一个反应物系中同时进行多于一个化学反应时,称为复合反应。实际的反应物系多属此类。由于存在着多个化学反应,物系中任一反应组分既可能只参与其中一个反应,也可能同时参与其中若干个反应。当某一组分同时参与数个反应时,既可能是某一反应的反应物,又可能是另一反应的反应产物。在这种情况下,反应进程中该组分的反应量是所参与的各个化学反应共同作用的结果。我们把单位时间内单位体积反应混合物中某一组分 i 的反应量叫做该组分的消耗速率(i 为反应物)或生成速率(i 为反应产物),并以符号 $\mathscr{R}_i$ 表示。下面先讨论 $\mathscr{R}_i$ 的计算,然后介绍复合反应的基本类型,最后简述一下有关反应网络问题。

2.4.1 反应组分的消耗速率和生成速率

根据上面对消耗速率或生成速率所作的定义得知,某一组分的反应量包含了所参与的所有反应的贡献。因此,$\mathscr{R}_i$ 应等于按组分 i 计算的各个反应的反应速率的代数和,即

$$\mathscr{R}_i = \sum_{j=1}^{M} r_{ij} = \sum_{j=1}^{M} \nu_{ij} r_j \qquad\qquad (2.38)$$

r_j 为第 j 个反应按式(2.4)定义的反应进度速率,乘以组分 i 在第 j 个反应中的化学计量系数 ν_{ij},则得组分 i 在第 j 个反应中的反应速率 r_{ij}。组分 i 在各个反应中可能是反应物,也可能是反应产物,若为反应物,ν_{ij} 取负值;反应产物,ν_{ij} 则取正值。这样计算的结果是 $\mathscr{R}_i$ 值可正可负,若为正,表示该组分在反应过程中是增加的,$\mathscr{R}_i$ 代表生成速率,若为负则情况相反,$\mathscr{R}_i$ 表示消耗速率。消耗速率或生成速率 $\mathscr{R}_i$ 与反应速率 r_i 的区别在于前者是针对若干反应,而后者则是对一个反应而言。显然,如果只进行一个反应,那么 $\mathscr{R}_i$ 与 r_i 就毫无区别,即 $r_i = \mathscr{R}_i$。

上面是已知各步反应中各组分的反应速率或反应进度速率求反应组分消耗速率或生成速

率的方法，但复合反应动力学实验测量得到的是各个反应的综合结果，即反应组分的生成速率或消耗速率。动力学研究最关心的是各个反应的反应速率，因此就存在一个如何由 R_i 求 r_j 的问题。这首先要明确系统中包含哪些反应，并分清其主次。忽略次要反应，只考虑起主要作用的反应。设所要考虑的反应数目为 M，则通过实验测定的反应组分消耗速率或生成速率，应不少于 M 个反应组分。将所测得的 M 个组分的消耗速率或生成速率 R_i 分别代入式(2.38)，共得到 M 个线性代数方程，解之即得各个反应的反应速率 r_j。但应注意，这 M 个反应必须是独立反应，否则得到的是一个不定方程组，无法求解。其次，独立反应为反应器中所有组分的质量衡算提供了最少的反应个数。所谓独立反应是指这些反应中任何一个反应都不可能由其余反应进行线性组合而得到。例如甲烷水蒸气重整反应：

$$CH_4 + H_2O \Longleftrightarrow CO + 3H_2 \tag{1}$$

$$CH_4 + 2H_2O \Longleftrightarrow CO_2 + 4H_2 \tag{2}$$

$$CO + H_2O \Longleftrightarrow CO_2 + H_2 \tag{3}$$

其中只有两个是独立反应，因为其中总有一个反应式可由其余两个进行线性组合得到，例如反应（2）式减去反应（1）式即得反应（3）式，同样反应（1）式与反应（3）式相加可得到反应（2）式。

独立反应数可以根据线性代数方程组初等变换的方法，通过计算化学反应式(1)～反应式(3)的化学计量系数矩阵或参与反应物种的原子数矩阵的秩而得到。

对于化学计量系数矩阵 A，其元素由全部 5 个反应组分在对应的 3 个化学反应式(1) ～反应式(3)中的化学计量系数构成。

$$A = \begin{matrix} & CH_4 & H_2 & H_2O & CO & CO_2 & \\ & \begin{pmatrix} -1 & 3 & -1 & 1 & 0 \\ -1 & 4 & -2 & 0 & 1 \\ 0 & 1 & -1 & -1 & 1 \end{pmatrix} & \begin{matrix} (1) \\ (2) \\ (3) \end{matrix} \end{matrix}$$

经初等变换后，求得矩阵 A 的秩 $R(A) = 2$，此时的独立反应数等于矩阵的秩。

在未知化学反应式的情况下，还可根据反应组分确定独立反应数。依然对上述反应，将 3 个反应式中所包含的全部元素，按分别出现在 5 个反应组分中的原子个数，写成原子系数矩阵 B。

$$B = \begin{matrix} & CH_4 & H_2 & H_2O & CO & CO_2 & \\ & \begin{pmatrix} 1 & 0 & 0 & 1 & 1 \\ 4 & 2 & 2 & 0 & 0 \\ 0 & 0 & 1 & 1 & 2 \end{pmatrix} & \begin{matrix} C \\ H \\ O \end{matrix} \end{matrix}$$

求矩阵 B 的秩 $R(B) = 3$，此时的独立反应数等于反应组分数 $- R(B) = 5 - 3 = 2$。与化学计量系数矩阵的计算结果相符。

使用独立反应数，在进行工艺计算时，可以简化物料衡算过程。但对涉及反应速率的各类方程，不能采用独立反应数的简化计算方法，因为各步的反应速率之间不存在线性叠加的关系。

2.4.2 复合反应的基本类型

复合反应包括三个基本类型，即并列反应、平行反应和连串反应。可逆反应为两个反应构成，亦应属于复合反应之列，但它可按单一反应的办法去处理，所以不将它包括在内。

(1) 并列反应 如果反应系统中各个反应的反应组分各不相同时，这类反应叫做并列反应。例如 A $\longrightarrow$ P 和 B $\longrightarrow$ Q，便属于并列反应。各个反应都可按单一反应来处理而得到相应的速率方程。若干个这样的反应同时进行时，任一个反应的反应速率不受其他反应的反应组分浓度的影响，但有些多相催化反应则除外。因此，各个反应独立进行是并列反应的动力学特点。当然，如果是变密度过程，一个反应进行的速率会受到另一个反应速率的影响，例如，同时进行气相反应 A $\longrightarrow$ P 和 2B $\longrightarrow$ Q，第二个反应的进行会改变反应物系的密度，从而改变 A 和 P 的浓度，因此影响第一个反应的反应速率。

（2）平行反应　反应物相同而反应产物不相同或不全相同的一类反应，称为平行反应。下列反应

$$A \longrightarrow P \qquad r_P = k_1 c_A^\alpha$$
$$\nu_A A \longrightarrow Q \qquad r_Q = k_2 c_A^\beta$$

便属于平行反应。由于反应物 A 既可能转化成 P，又可转化成 Q，所以这类反应又叫做竞争反应。如果我们的目的是生产 P，则 P 称为目的产物，第一个反应叫做主反应，第二个反应则为副反应。力图加快主反应的速率，降低副反应的速率，是处理一切复合反应问题的着眼点，以便获得尽可能多的目的产物。

通常是用瞬时选择性来评价主副反应速率的相对大小。设上述平行反应的第一个反应对反应组分 A 为 α 级，而第二个反应则为 β 级。由式（2.38）知 A 的消耗速率为

$$\mathcal{R}_A = -k_1 c_A^\alpha + \nu_A k_2 c_A^\beta \tag{2.39}$$

由于 $\nu_A < 0$，所以 $\mathcal{R}_A < 0$，说明 A 为反应物。根据第 1 章对反应选择性所下的定义，瞬时选择性可表示如下

$$S = \mu_{PA} \frac{\mathcal{R}_P}{\mathcal{R}_A} \tag{2.40}$$

式中，μ_{PA} 的绝对值为生成 1molP 所消耗 A 的物质的量，mol，用 A 和 P 的化学计量系数比值计算，即 ν_P / ν_A。由于 P 为产物，$\mathcal{R}_P$ 恒为正，而 $\mathcal{R}_A$ 和 μ_{PA} 为负，则瞬时选择性恒为正。因 $\mathcal{R}_P = r_P = k_1 c_A^\alpha$ 及 $\mu_{PA} = -1$，将它们及式（2.39）代入式（2.40）得

$$S = \frac{-k_1 c_A^\alpha}{-k_1 c_A^\alpha + \nu_A k_2 c_A^\beta} = \frac{1}{1 - \frac{k_2}{k_1} \nu_A c_A^{\beta - \alpha}} \tag{2.41}$$

据此可以分析浓度和温度对瞬时选择性的影响。若温度一定，则 k_1 和 k_2 为常数，反应物浓度 c_A 改变时，瞬时选择性的变化与主副反应的反应级数有关。当 $\alpha = \beta$ 时，式（2.41）化为

$$S = \frac{k_1}{k_1 - \nu_A k_2}$$

即瞬时选择性与浓度无关，仅为反应温度的函数。若主反应级数大于副反应级数，即 $\alpha > \beta$ 时，反应物浓度提高，则瞬时选择性增加。如果 $\beta > \alpha$，则情况相反，低浓度操作有利。

再看温度对平行反应瞬时选择性的影响。设主副反应的活化能分别为 E_1 及 E_2，且反应速率常数 k_1 和 k_2 与温度的关系符合阿伦尼乌斯公式，则式（2.41）可改写成

$$S = \frac{1}{1 - \frac{A_2}{A_1} \exp\left(\frac{E_1 - E_2}{RT}\right) \nu_A c_A^{\beta - \alpha}}$$

由此可见，当浓度一定时，温度对瞬时选择性的影响取决于主副反应活化能的相对大小。主反应的活化能 E_1 大于副反应的活化能 E_2 时，温度越高，反应的瞬时选择性越大。反之，

当 $E_2 > E_1$ 时，温度升高将使瞬时选择性降低。

除了正确选择反应物系的浓度和温度以提高反应选择性外，选择一种合适的催化剂是个好办法。催化剂的作用除了可加速反应外，还可使反应按预定的方向进行。利用催化剂的这种定向作用，可使主反应加速而抑制副反应。

以上虽然只是针对两个反应的系统进行分析讨论，但其基本原理完全可以推广到反应数目更多、结构更复杂的系统，亦即式（2.40）对任何反应系统是普遍适用的。为了更好地理解式（2.40）的意义，可将其写成

$$S_P = \mu_{PA} \frac{\text{目的产物 P 的生成速率}}{\text{关键反应物 A 的消耗速率}}$$

$$S_P = \mu_{PA} \frac{\mathscr{R}_P}{\mathscr{R}_A} = \mu_{PA} \frac{\sum\limits_j r_{Pj}}{\sum\limits_j r_{Aj}} = \mu_{PA} \frac{\sum\limits_j \nu_{Pj} r_j}{\sum\limits_j \nu_{Aj} r_j} \tag{2.40a}$$

可见与第 1 章对反应选择性所作定义没有本质上的区别，差别仅在于这里是基于消耗速率和生成速率来定义，而第 1 章则是根据生成量和消耗量。之所以要用瞬时选择性这个词，是要表明其值随反应物系的组成及温度而变，它是一个瞬时值。瞬时选择性也可叫做点选择性或微分选择性。之所以叫点选择性是因为在流动反应器中其值系随位置而变。

（3）连串反应 当一个反应的反应产物同时又是另一个反应的反应物时，这类反应称为连串反应。例如一氧化氮氧化生成二氧化氮，而二氧化氮又可进一步叠合生成四氧化二氮

$$2NO + O_2 \Longrightarrow 2NO_2$$
$$2NO_2 \Longrightarrow N_2O_4$$

又如甲烷氯化反应，可依次生成一氯甲烷、二氯甲烷、三氯甲烷以至四氯化碳

$$CH_4 \xrightarrow{Cl_2} CH_3Cl \xrightarrow{Cl_2} CH_2Cl_2 \xrightarrow{Cl_2} CHCl_3 \xrightarrow{Cl_2} CCl_4$$

都是属于连串反应。为了简化起见，研究下列连串反应

$$A \longrightarrow P \longrightarrow Q$$

无论目的产物是 P 还是 Q，提高反应物 A 的消耗速率总是有利的，这是连串反应的特点。Q 为目的产物时，加速这两个反应都是有利的。可采用高温高浓度的方法来实现。若目的产物为 P，则应使第二个反应的速率尽可能得慢，以获得更多的产品 P。由于 P 能进一步转化成 Q，因此，中间产物 P 必然存在一最大收率，反应进行应适可而止，不能过度，这是连串反应的另一特点。前面所举的甲烷氯化反应例子中，一氯甲烷、二氯甲烷及三氯甲烷均属中间产物，都存在最大收率。如要求生产一氯甲烷，反应时间就得短些，否则得到的都是多氯化物，甚至没有一氯甲烷。这个最大收率的数值与反应器的型式有关，下两章将作具体的分析讨论。

与平行反应一样，选择有利于第一个反应而抑制第二个反应的催化剂，是提高 P 的收率的有效方法。另外则从操作条件和反应器选型上作考虑。例如，若第一个反应的活化能大于第二个反应，高温有利于 P 的生成；反之则低温有利。

【例 2.4】 高温下将乙烷进行热裂解以生产乙烯，其反应及速率方程如下

$$C_2H_6 \Longrightarrow C_2H_4 + H_2 \qquad r_1 = \overrightarrow{k}_1 c_A - \overleftarrow{k}_1 c_E c_H$$
$$2C_2H_6 \longrightarrow C_3H_8 + CH_4 \qquad r_2 = k_2 c_A$$
$$C_3H_6 \Longrightarrow C_2H_2 + CH_4 \qquad r_3 = \overrightarrow{k}_3 c_P - \overleftarrow{k}_3 c_R c_M$$
$$C_2H_2 + C_2H_4 \longrightarrow C_4H_6 \qquad r_4 = k_4 c_R c_E$$

$$C_2H_4 + C_2H_6 \longrightarrow C_3H_6 + CH_4 \quad r_5 = k_5 c_E c_A$$

下标 A、R、E、P、M 和 H 分别代表 C_2H_6、C_2H_2、C_2H_4、C_3H_6、CH_4 和 H_2。试导出生成乙烯的瞬时选择性表达式。

解：由于乙烯为目的产物，乙烷为关键反应物，由式（2.38）知乙烷的消耗速率为

$$\mathscr{R}_A = -r_1 - 2r_2 - r_5 = -\overrightarrow{k}_1 c_A + \overleftarrow{k}_1 c_E c_H - 2k_2 c_A - k_5 c_E c_A = \overleftarrow{k}_1 c_E c_H - (\overrightarrow{k}_1 + 2k_2 + k_5 c_E) c_A$$

乙烯的生成速率则为

$$\mathscr{R}_E = r_1 - r_4 - r_5 = \overrightarrow{k}_1 c_A - \overleftarrow{k}_1 c_E c_H - k_4 c_R c_E - k_5 c_E c_A = \overrightarrow{k}_1 c_A - (\overleftarrow{k}_1 c_H + k_4 c_R + k_5 c_A) c_E$$

根据化学计量关系可知 $\mu_{EA} = -1$。将有关式子代入式（2.40a），即得生成乙烯的瞬时选择性为

$$S = \frac{\overrightarrow{k}_1 c_A - (\overleftarrow{k}_1 c_H + k_4 c_R + k_5 c_A) c_E}{(\overrightarrow{k}_1 + 2k_2 + k_5 c_E) c_A - \overleftarrow{k}_1 c_E c_H}$$

2.4.3 反应网络

前面介绍了复合反应的基本类型，各种类型有各自的特点、实际反应系统同时兼有这三种类型的也不少见，这样复杂的反应系统，往往构成一个网络，称之为反应网络。例如，在钒催化剂上萘的氧化可用下列反应网络表示

萘既可氧化成苯酐又可氧化成萘醌，即反应 1 和 2 具有平行反应性质，而萘醌还可进一步氧化成苯酐（反应 3），苯酐深度氧化成二氧化碳和水（反应 4）。因此反应 1、3 及 4 构成连串反应，同样反应 2 和反应 4 也具有连串反应的性质。

有些反应如环氧乙烷与水反应

$$H_2O + (CH_2)_2O \xrightarrow{1} CH_2OHCH_2OH$$

$$CH_2OHCH_2OH + (CH_2)_2O \xrightarrow{2} CH_2OHCH_2OCH_2CH_2OH$$

$$CH_2OHCH_2OCH_2CH_2OH + (CH_2)_2O \xrightarrow{3} CH_2OHCH_2OCH_2CH_2OCH_2CH_2OH$$

同样具有平行反应和连串反应的特征。为了简明起见，设 A、B、P、Q 及 R 分别表示环氧乙烷、水、乙二醇、二甘醇及三甘醇，上述三个反应可写成下列三种形式

形式（b）与平行反应相类似，形式（c）则为连串反应。确定此类反应系统的反应条件，其基本依据为哪一个产物为目的产物，原料中反应物的相对价值以及反应产物的分离费用等。对于环氧乙烷水合反应，乙二醇为目的产物时，环氧乙烷的起始浓度就不宜高，这样可提高反应的选择性。氨水与环氧乙烷、甲醇与环氧乙烷等反应系统均属于此种类型。

随着反应数目的增多，反应系统的动力学表征将变得越来越复杂，要模拟这样复杂的反应系统也就极其困难。解决的办法是将反应网络简化。虽然上面所举的萘氧化反应网络是已经简化过了的，但还可进一步简化，只保留反应 2 与反应 4，即以一连串反应来描述萘的氧化过程。这样的处理仍能反映过程的主要特征。能否这样处理，即一些次要反应是否可以忽略或合并，主要依靠正确的理论分析和实践的检验。

但是，原料组成复杂的反应过程，往往同时进行着许多的化学反应，经过简化处理后反应的数目仍然很多。例如，石油炼制工业中的重质油催化裂化反应、石脑油催化重整反应等都是十分复杂的反应过程，所处理的原料中含有的反应组分上百种，要一一列出所有反应，并求出各反应的速率方程，是很难办到的。解决的办法是将性质近似的反应组分进行合并，把它当作一个反应组分看待。然后研究这些合并后的虚拟组分间的动力学关系，这种处理方法，称为集总法，或集总动力学。最简单的催化裂化反应模型是如下的四组分模型

$$重质油 \longrightarrow 汽油 \longrightarrow 焦炭 + 轻质气体$$

这与上述的萘氧化反应网络相似，只不过是以虚拟的组分（混合物）来代替单一的化合物。此模型虽简单，尚能说明一些问题。

化学反应进行的同时，若反应组分的总物质的量保持不变，即恒摩尔反应，且在没有相变发生的情况下，可视为恒密度过程，此时，摩尔浓度的变化可以表示成 $c_A = c_{A0}(1 - X_A)$。但发生的是总物质的量变化的变摩尔反应，或有相变的恒摩尔反应时，则应考虑密度改变导致的体积变化对摩尔浓度的影响，尤其是对气相反应，这时 $c_A \neq c_{A0}(1 - X_A)$。本节将就其关系展开讨论。此外，温度和压力对流体密度的影响也是客观存在的，但它们与摩尔浓度的关系不在本节的讨论范畴之内。为了简化计算，液相反应通常被视为恒密度过程。

2.5 反应速率方程的减变量

前已指出，对于一定的反应系统，反应速率为温度及各反应组分浓度的函数，以速率方程表示这一函数关系。但是，在实际应用时会带来不便，因为纵使在等温情况下，各个反应组分浓度均是变量，幸好当原料配比一定时它们并不都是独立变量。所以可将其进行减量化，用一个反应变量来描述。前面也已讨论过：在化学反应进行中，各反应组分浓度的变化应符合化学计量关系，根据这一关系，用关键组分的转化率或目的产物的收率，可表示反应的进程。

2.5.1 单一反应

设气相反应 $\nu_A A + \nu_B B \longrightarrow \nu_P P$ 的速率方程为

$$-r_A = k c_A^{\alpha} c_B^{\beta} \tag{2.42}$$

反应开始时反应混合物中不含 P，组分 A 和 B 的浓度分别为 c_{A0} 和 c_{B0}，若反应是在等温下进行，则 k 为一常数。现要将式(2.42)变成组分 A 的转化率 X_A 的函数，这可分为两种情况进行讨论。

（1）恒密度情况 由浓度定义知

$$c_A = \frac{n_A}{V}$$

一般地讲反应过程中 n_A 和 V 均为变量，即两者都是转化率的函数，但对于恒密度过程，$\rho_0 = \dfrac{W_0}{V_0} = \rho = \dfrac{W}{V}$，由质量守恒 $W_0 = W$，故反应混合物的体积 V 为常量，因此只需考虑 n_A 随 X_A 的变化即可。由转化率的定义得

$$n_A = n_{A0}(1 - X_A) \tag{2.43}$$

所以
$$c_A = \frac{n_{A0}(1 - X_A)}{V} = c_{A0}(1 - X_A) \tag{2.44}$$

由化学计量关系知，转化 $1\nu_A$ mol 的 A，相应消耗 $1\nu_B$ mol 的 B，因而由反应进度的计算式可知

$$n_B = n_{B0} - \frac{\nu_B}{\nu_A} n_{A0} X_A$$

则
$$c_B = \frac{n_{B0} - \dfrac{\nu_B}{\nu_A} n_{A0} X_A}{V} = c_{B0} - \frac{\nu_B}{\nu_A} c_{A0} X_A \tag{2.45}$$

将式(2.44) 及式(2.45) 代入式(2.42) 得

$$-r_A = k c_{A0}^\alpha (1 - X_A)^\alpha \left(c_{B0} - \frac{\nu_B}{\nu_A} c_{A0} X_A \right)^\beta \tag{2.46}$$

这样式(2.42) 的右边便成为单一变量 X_A 的函数。

(2) 变密度情况　若反应不是在恒密度下进行，则在反应过程中反应混合物的密度随转化率而变。现将反应前后各反应组分的量列出如下：

组分	起始	转化率为 X_A 时	反应量
A	n_{A0}	$n_{A0} - n_{A0} X_A$	$-n_{A0} X_A$
B	n_{B0}	$n_{B0} - \dfrac{\nu_B}{\nu_A} n_{A0} X_A$	$-\dfrac{\nu_B}{\nu_A} n_{A0} X_A$
P	0	$0 - \dfrac{\nu_P}{\nu_A} n_{A0} X_A$	$-\dfrac{\nu_P}{\nu_A} n_{A0} X_A$
总计	$n_{t0} = n_{A0} + n_{B0}$	$n_t = n_{t0} + n_{A0} X_A \delta_A$	$-n_{A0} X_A \delta_A$

上表中
$$\delta_A = \sum \nu_i / (-\nu_A) \tag{2.47}$$

δ_A 的意义是转化 1mol A 时，反应混合物总物质的量的变化。$\sum \nu_i$ 为反应产物与反应物的化学计量系数之和。若 $\delta_A > 0$，表示反应过程中反应混合物的总物质的量增加，即 $n_t > n_{t0}$；反之，$\delta_A < 0$ 时则减少，即 $n_t < n_{t0}$。$\delta_A = 0$ 时不变。

如果该气体混合物为理想气体

$$\frac{V}{V_0} = \frac{n_t}{n_{t0}} \frac{p_0}{p} \frac{T}{T_0} \tag{2.48}$$

将上表中的 n_{t0} 和 n_t 代入式(2.48)

$$\frac{V}{V_0} = \frac{n_{t0} + n_{A0} X_A \delta_A}{n_{t0}} \frac{p_0 T}{p T_0}$$

或
$$V = V_0 (1 + y_{A0} X_A \delta_A) \frac{p_0 T}{p T_0} \tag{2.49}$$

在恒温恒压下，上式可改写成：
$$V = V_0 (1 + y_{A0} X_A \delta_A) \tag{2.50}$$

这就是转化率为 X_A 时反应混合物的体积 V 与反应开始时的体积 V_0 的关系，其中 y_{A0} 为组

分 A 的起始摩尔分数，等于 n_{A0}/n_{t0}。由式（2.50）可见，$\delta_A > 0$ 时，$V > V_0$；$\delta_A < 0$ 时，$V < V_0$；$\delta_A = 0$ 时，$V = V_0$。

将式（2.50）分别代入式（2.44）及式（2.45）可得

$$c_A = \frac{c_{A0} - c_{A0}X_A}{1 + y_{A0}X_A\delta_A}, \qquad c_B = \frac{c_{B0} - \frac{\nu_B}{\nu_A}c_{A0}X_A}{1 + y_{A0}X_A\delta_A}$$

再把上两式代入式（2.42）可得变密度情况下反应速率与转化率的关系式

$$-r_A = k\frac{c_{A0}^\alpha(1 - X_A)^\alpha\left(c_{B0} - \frac{\nu_B}{\nu_A}c_{A0}X_A\right)^\beta}{(1 + y_{A0}X_A\delta_A)^{\alpha+\beta}} \tag{2.51}$$

与恒密度情况不同之处就是多了一个体积校正因子 $(1 + y_{A0}X_A\delta_A)^m$，指数 m 由反应级数决定，对所讨论的反应，$m = \alpha + \beta$。若 $\delta_A = 0$，即反应前后反应混合物的总物质的量不变，则式（2.51）便可化为式（2.46）。

以上是以浓度表示反应物系组成时的减变量方法，概括起来为一个换算公式

$$c_i = \frac{c_{i0} - \frac{\nu_i}{\nu_A}c_{A0}X_A}{1 + y_{A0}\delta_A X_A} \tag{2.52}$$

此式对反应物和反应产物均适用。若考虑温度和压强的影响，又有

$$c_i = \frac{c_{i0} - \frac{\nu_i}{\nu_A}c_{A0}X_A}{1 + y_{A0}\delta_A X_A}\frac{T_0}{T}\frac{p}{p_0}$$

同理，用分压或摩尔分数表示反应气体组成时，不难导出其与转化率的关系式

$$p_i = \frac{p_{i0} - \frac{\nu_i}{\nu_A}p_{A0}X_A}{1 + y_{A0}\delta_A X_A}\frac{p}{p_0} \tag{2.53}$$

$$y_i = \frac{y_{i0} - \frac{\nu_i}{\nu_A}y_{A0}X_A}{1 + y_{A0}\delta_A X_A} \tag{2.54}$$

应该注意，以上有关变容过程的计算只适用于气相反应。至于液相反应一般都可按恒密度过程处理，无论总物质的量是否改变，都不会带来很大的误差。就反应器的操作方式而言，对于间歇操作，无论液相反应还是气相反应，通常总是一个恒密度过程；对于等温连续操作，除液相反应外，总物质的量不发生变化的等温气相反应过程，也属于恒密度过程。

必须指出，上面的推导是对原料起始组成一定而言的，原料组成改变，反应速率与转化率的函数关系也要改变。

【例 2.5】 已知在镍催化剂上进行苯气相加氢反应

$$\begin{array}{ccc}
C_6H_6 + 3H_2 & \longrightarrow & C_6H_{12} \\
(B) \quad (H) & & (C)
\end{array}$$

的动力学方程为

$$-r_B = \frac{kp_Bp_H^{0.5}}{1 + Kp_B} \tag{A}$$

式中，p_B 及 p_H 依次为苯及氢的分压，k 和 K 为常数。若反应气体的起始组成中不含环己烷，苯及氢的摩尔分数分别为 y_{B0} 和 y_{H0}。反应系统的总压为 p，试将式（A）变换为苯的转化率 X_B 的函数。

解：此反应为总物质的量减少的反应，所以

$$\delta_B = \frac{\nu_C + \nu_B + \nu_H}{-\nu_B} = \frac{1 - 1 - 3}{1} = -3$$

由式（2.54）得

$$y_B = \frac{y_{B0} - y_{B0} X_B}{1 - 3 y_{B0} X_B}, \quad y_H = \frac{y_{H0} - 3 y_{B0} X_B}{1 - 3 y_{B0} X_B}$$

又因 $p_B = p y_B$ 及 $p_H = p y_H$，故结合上两式代入式（A），化简后即得 r_B 与转化率 X_B 的关系式

$$-r_B = k \left(p \frac{y_{B0} - y_{B0} X_B}{1 - 3 y_{B0} X_B} \right) \left(p \frac{y_{H0} - 3 y_{B0} X_B}{1 - 3 y_{B0} X_B} \right)^{0.5} \Big/ \left(1 + K p \frac{y_{B0} - y_{B0} X_B}{1 - 3 y_{B0} X_B} \right)$$

$$= \frac{k p^{1.5} y_{B0} (1 - X_B)(y_{H0} - 3 y_{B0} X_B)^{0.5}}{(1 - 3 y_{B0} X_B)^{1.5} + K p y_{B0}(1 - X_B)(1 - 3 y_{B0} X_B)^{0.5}}$$

2.5.2 复合反应

反应系统中同时进行数个化学反应时，亦可仿照单一反应的处理方法对速率方程作减变量推导。对于每一个反应，相应要有一个反应变量，如转化率或收率，由于所选的反应变量的不同，推导后的速率方程的形式会有所不同，但实质保持不变。设气相反应系统中含有 N 个反应组分 A_1、A_2、$\cdots$、A_N，它们之间共进行 M 个化学反应，为了数学上的处理方便，将这些化学反应式写成代数式的形式：

$$\nu_{11} A_1 + \nu_{21} A_2 + \cdots + \nu_{N1} A_N = 0$$
$$\nu_{12} A_1 + \nu_{22} A_2 + \cdots + \nu_{N2} A_N = 0$$
$$\cdots\cdots$$
$$\nu_{1M} A_1 + \nu_{2M} A_2 + \cdots + \nu_{NM} A_N = 0$$

或
$$\sum_{i=1}^{N} \nu_{ij} A_i = 0 \qquad (j = 1, 2, \cdots, M) \tag{2.55}$$

关于复合反应速率方程的减变量，选各个反应的反应进度 ξ_j 作为反应变量最为方便。因为任一组分 i 的化学计量系数 ν_{ij} 乘以该反应的反应进度 ξ_j，等于组分 i 对该反应而言的反应量，$\nu_{ij} \xi_j$ 的正负，取决于组分 i 在该反应中所处的地位，若为反应物，该值为负，生成物则为正。将组分 i 在各个反应中的反应量相加，即得该组分的总反应量

$$n_i - n_{i0} = \sum_{j=1}^{M} \nu_{ij} \xi_j \tag{2.56}$$

将所有反应组分的反应量相加，则得整个反应系统的总物质的量变化，即

$$\sum_{i=1}^{N} (n_i - n_{i0}) = \sum_{i=1}^{N} \sum_{j=1}^{M} \nu_{ij} \xi_j$$

或
$$n_t - n_{t0} = \sum_{i=1}^{N} \sum_{j=1}^{M} \nu_{ij} \xi_j \tag{2.57}$$

n_{t0} 和 n_t 分别为起始及任何时间下反应物系的总物质的量。由式（2.48）可得

$$V = V_0 \left(1 + \frac{1}{n_{t0}} \sum_{i=1}^{N} \sum_{j=1}^{M} \nu_{ij} \xi_j \right) \frac{p_0}{p} \frac{T}{T_0} \tag{2.58}$$

$$n_i = n_{i0} + \sum_{j=1}^{M} \nu_{ij} \xi_j$$

所以
$$c_i = \frac{n_i}{V} = \frac{n_{i0} + \sum_{j=1}^{M} \nu_{ij}\xi_j}{V_0 \left(1 + \frac{1}{n_{t0}} \sum_{i=1}^{N} \sum_{j=1}^{M} \nu_{ij}\xi_j\right) \frac{p_0}{p} \frac{T}{T_0}} \qquad (2.59)$$

式（2.59）适用于理想气体反应系统的任何反应组分。不难看出，用于单一反应的式（2.52）仅为式（2.59）的特例。此时 $M=1$，$\nu_A\xi = -n_{A0}X_A$，利用这些关系及 δ_A 的定义，在等温和等压下，便可将式（2.59）化为式（2.52）。液相反应系统一般可作为恒密度系统处理。

复合反应各反应速率方程减变量后，所得的微分方程组通常需用数值法求解。

【例 2.6】 在常压和 898K 下进行乙苯催化脱氢反应：

(1) $C_6H_5C_2H_5 \Longleftrightarrow C_6H_5-CH=CH_2 + H_2$

(2) $C_6H_5C_2H_5 \longrightarrow C_6H_6 + C_2H_4$

(3) $C_6H_5C_2H_5 + H_2 \longrightarrow C_6H_5CH_3 + CH_4$

为简便起见，以 A、B、T、H 及 S 分别代表乙苯、苯、甲苯、氢及苯乙烯，在反应温度及压力下，上列各反应的速率方程为

$$r_1 = 0.1283 \, (p_A - p_S p_H / 0.04052)$$

$$r_2 = 5.745 \times 10^{-3} p_A$$

$$r_3 = 0.2904 p_A p_H$$

式中所有反应速率的单位均为 kmol/（kg·h），压力的单位用 MPa。进料中含乙苯 10% 和 H_2O 90%。当苯乙烯，苯及甲苯的收率分别为 60%、0.5% 及 1% 时，试计算乙苯的消耗速率。

解： 以 10kmol 乙苯进料为计算基准，进料中水蒸气的量为 90kmol。由于苯乙烯、苯及甲苯是分别由第（1）、（2）及（3）反应生成的，因此各反应的反应进度为 $\xi_1 = 6$kmol，$\xi_2 = 0.05$kmol，$\xi_3 = 0.1$kmol。该反应为变容反应，由式（2.59）计算反应物系组成。为此，列出各反应组分的反应量，见表 2B。

由于题给的速率方程均以分压表示反应物系组成，应把式（2.59）变成分压的计算式。由理想气体定律得

$$c_i = p_i/(RT) \quad \text{及} \quad V_0 = n_{t0}RT/p$$

代入式（2.59）整理后则有

$$p_i = \frac{\left(n_{i0} + \sum_j^{M} \nu_{ij}\xi_j\right)p}{n_{t0} + \sum_i^{N} \sum_j^{M} \nu_{ij}\xi_j} \qquad (A)$$

将表 2B 中有关数值代入式（A）即可求得 p_A、p_H 及 p_S。

$$p_A = \frac{(10-6.15) \times 0.1013}{100+6.05} = 3.678 \times 10^{-3} \; (\text{MPa})$$

$$p_H = \frac{5.9 \times 0.1013}{100+6.05} = 5.636 \times 10^{-3} \; (\text{MPa})$$

$$p_S = \frac{6 \times 0.1013}{100+6.05} = 5.731 \times 10^{-3} \; (\text{MPa})$$

表 2B   乙苯脱氢反应过程中各反应组分的反应量

组　　分	n_{i0}	ν_{i1}	ν_{i2}	ν_{i3}	$\nu_{i1}\xi_1$	$\nu_{i2}\xi_2$	$\nu_{i3}\xi_3$	$\sum\limits_{j}^{3}\nu_{ij}\xi_j$
乙　苯	10	−1	−1	−1	−6	−0.05	−0.1	−6.15
苯乙烯	0	1			6			6
甲　苯	0			1			0.1	0.1
苯	0		1			0.05		0.05
氢	0	1		−1	6		−0.1	5.9
甲　烷	0			1			0.1	0.1
乙　烯	0		1			0.05		0.05
水蒸气	90							
$\sum n_{i0}=100$					$\sum\limits_{i}^{7}\sum\limits_{j}^{3}\nu_{ij}\xi_j=6.05$			

乙苯的消耗速率

$$\mathscr{R}_A = -(r_1+r_2+r_3)$$

$$= -0.1283(p_A - p_S p_H/0.04052) - 5.745\times10^{-3}p_A - 0.2904 p_A p_H$$

$$= -0.1283\times(3.678\times10^{-3} - 5.731\times10^{-3}\times5.636\times10^{-3}/0.04052) - 5.745\times10^{-3}$$

$$\times3.678\times10^{-3} - 0.2904\times3.678\times10^{-3}\times5.636\times10^{-3}$$

$$= -3.968\times10^{-4}[\text{kmol}/(\text{kg}\cdot\text{h})]$$

由于进料大部分为水蒸气，而水蒸气在反应过程中不发生变化，乙苯脱氢虽属变容反应，但在此情况下，也可近似地按等密度计算，其误差约为 6%。

工业反应器中通常伴随着温度和压力的变化，只有将其体现在反应速率方程中，才能准确指导反应器的设计和操作。

【例 2.7】　环氧乙烷的工业生产是以乙烯为原料，经空气或纯氧的气固相催化氧化反应制得。反应式如下：

$$C_2H_4 + 0.5O_2 \longrightarrow \underset{\text{(C)}}{\underset{\text{CH}_2-\text{CH}_2}{\overset{O}{\overset{\diagdown\diagup}{}}}}$$
$$\underset{\text{(A)}}{} \quad \underset{\text{(B)}}{}$$

以分压表示的反应速率方程为

$$-r_A = k p_A^{1/3} p_B^{2/3} \quad [\text{mol}/(\text{g}\cdot\text{h})] \tag{A}$$

260℃时，$k=0.15\text{mol}/(\text{g}\cdot\text{h}\cdot\text{MPa})$。假定反应在绝热和变压的反应器中进行，且按化学计量比进料。试将反应速率写成乙烯转化率 X_A 和温度 T，以及压强 p 的函数。

解：由式（A）和理想气体状态方程，可以得到

$$-r_A = k p_A^{1/3} p_B^{2/3} = k(c_A RT)^{1/3}(c_B RT)^{2/3} = kRTc_A^{1/3}c_B^{2/3} \tag{B}$$

由式（2.59）可知

$$c_A = \frac{c_{A0}(1-X_A)}{1+y_{A0}\delta_A X_A} \times \frac{p}{p_0} \times \frac{T_0}{T} \tag{C}$$

$$c_B = \frac{0.5c_{A0}(1-X_A)}{1+y_{A0}\delta_A X_A} \times \frac{p}{p_0} \times \frac{T_0}{T} \tag{D}$$

上两式中，p 代表总压，下标 0 代表初始状态。将式（C）和式（D）代入式（B），则有

$$-r_A = kRT_0 \left[\frac{c_{A0}(1-X_A)}{1+y_{A0}\delta_A X_A}\right]^{1/3} \left[\frac{0.5c_{A0}(1-X_A)}{1+y_{A0}\delta_A X_A}\right]^{2/3} \frac{p}{p_0}$$

$$= 0.15\exp\left[-\frac{E}{R}\left(\frac{1}{T}-\frac{1}{260+273.15}\right)\right]RT_0 \left[\frac{c_{A0}(1-X_A)}{1+y_{A0}\delta_A X_A}\right]^{1/3} \left[\frac{0.5c_{A0}(1-X_A)}{1+y_{A0}\delta_A X_A}\right]^{2/3} \frac{p}{p_0}[\text{mol}/(\text{g}\cdot\text{h})]$$

2.6 多相催化与吸附

要使化学反应在工业上得以实现，大多数都要通过催化作用，不是使用均相催化就是采用多相催化的方式。后者的实质就是用固体催化剂来加速化学反应的进行，而反应是在催化剂的表面上发生的，因此研究反应组分在催化剂表面的吸附具有十分重要的意义。下面首先简要介绍多相催化作用，然后再讨论有关吸附问题。

2.6.1 多相催化作用

过渡状态理论认为化学反应速率决定于反应物和反应产物间形成过渡配合物的自由能。催化剂的存在正是使自由能减少，从而使催化反应的速率大于非催化反应。另外，对于复合反应，催化剂还起定向作用，即加速主反应，使目的产物的收率增加，改善了反应的选择性。例如，乙醇分解反应，采用酸催化剂如 γ-Al_2O_3 时，进行的是脱水反应

$$C_2H_5OH \longrightarrow C_2H_4 + H_2O$$

采用金属催化剂，如铜催化剂，得到的产物不再是乙烯，而是脱氢生成乙醛

$$C_2H_5OH \longrightarrow CH_3CHO + H_2$$

固体催化剂绝大多数为颗粒状，规则的或不规则的，其直径大至十多毫米，小至数十微米，根据具体的反应和反应器而定。一般情况下，固体催化剂系由三部分组成，即主催化剂、助催化剂和载体。主催化剂和助催化剂均匀分布在载体上。

由于反应是在表面上进行，使用载体的主要目的就是为了增大表面积。常用的载体多为氧化物，如氧化铝、二氧化硅等。通常要求单位体积的载体具有较大的表面积。因此载体多是多孔的，例如，γ-氧化铝的比表面积可高达 $100\sim300\text{m}^2/\text{g}$，而有些载体，如 α-Al_2O_3 的比表面积只有 $1\sim10\text{m}^2/\text{g}$，不同的反应对比表面有不同的要求。比表面大就意味着载体的孔半径小，从而增大了扩散阻力，这是一个十分重要的问题，在第 6 章中将作专门的论述。除了增大表面积外，载体还起到改善催化剂物理性能的作用，如提高催化剂机械强度，改善催化剂的导热性能，提高抗毒能力等。

起催化作用的是主催化剂。常用的主催化剂是金属和金属氧化物。金属催化剂大多数采用载体，如乙烯环氧化反应所用的银催化剂。也有不采用载体的，如氨氧化用铂铑催化剂则直接将铂铑合金作成丝状。某些绝缘体催化剂，如乙醇脱水用的 γ-Al_2O_3 和重质油催化裂化用的 SiO_2-Al_2O_3 催化剂，也不用载体。这些金属氧化物就是主催化剂。但有些金属氧化物催化剂则使用载体，如苯氧化用的五氧化二钒催化剂使用刚玉作载体。

助催化剂在催化剂中的含量一般很少。其作用主要是提高催化剂的催化活性、选择性和稳定性。助催化剂可分为两大类：一类是结构性的；另一类是调变性的。前者的作用在于增大活性表面，防止烧结和提高催化剂的结构稳定性。如合成氨用的铁催化剂中加入助催化剂 Al_2O_3，其目的就是防止铁的微晶长大而降低了活性表面。调变性助催化剂的作用是改变主催化剂的化学组成。合成氨用的铁催化剂中加入 K_2O 就是这个目的，由于 K_2O 的加入，提

高了铁的本征活性。由此可见，一种催化剂中所含的助催化剂可能不止一种，但助催化剂对反应是没有活性的，或者活性很小。

由于反应是在催化剂的活性表面上进行，所以，多相催化反应是由吸附、表面反应和脱附等步骤构成。设多相催化反应

$$A+B \Longrightarrow R \tag{2.60}$$

系由下列步骤所组成：

① 吸附 $\qquad\qquad A+\sigma \Longrightarrow A\sigma \tag{2.61a}$

② 吸附 $\qquad\qquad B+\sigma \Longrightarrow B\sigma \tag{2.61b}$

③ 反应 $\qquad\qquad A\sigma+B\sigma \Longrightarrow R\sigma+\sigma \tag{2.61c}$

④ 脱附 $\qquad\qquad R\sigma \Longrightarrow R+\sigma \tag{2.61d}$

式中，σ 表示吸附位，$A\sigma$、$B\sigma$ 及 $R\sigma$ 分别表示吸附态的 A、B 及 R。上面四个步骤构成了一个封闭循环，将其相加即得总反应式(2.60)。上述的反应步骤属于举例性质，不是每个反应都如此，同样的反应也可随催化剂而异。有些步骤也可能不存在。例如，第三步可以直接生成化合物 R，而不是先生成吸附态的 R，即 $R\sigma$，然后再经过第四步脱附而得到 R。两个反应物 A 及 B，可能只有一个吸附，另一个不吸附，则只有一个吸附步骤，第三步变成了吸附态的化合物与不吸附的化合物间的反应。但是，至少要有一个反应物被吸附，否则催化剂的作用就无从体现了。多相催化反应的反应步骤的确定，目前还是经验性的，还没有一个完善的处理办法。

2.6.2 吸附与脱附

由上面的分析可知，吸附是多相催化反应过程必不可少的步骤。这里首先阐明两种不同类型的吸附——物理吸附和化学吸附，然后讨论后者的平衡及速率问题。

(1) 物理吸附和化学吸附 气体在固体表面上的吸附可以分为物理吸附和化学吸附两种。

物理吸附的引力是分子引力，不论哪一种气体都可以被固体吸附。分子不同，引力不同，吸附量也不同。物理吸附一般在低温下进行，吸附量随着温度的升高而迅速减少。物理吸附是多层吸附，吸附速率较快，脱附也容易，是可逆的。同时，物理吸附的吸附热小，一般在 $8\sim25kJ/mol$，与相应的气体液化热相近，故吸附容易达到平衡。由于一般催化反应的温度较高（在物质的临界点以上），此时物理吸附已极微小，所以，物理吸附在催化反应过程中不起多大作用，可以忽略不计。

化学吸附是固体表面与吸附分子间的化学键力所造成，不是所有的气体都能被吸附，具有显著的选择性。化学吸附一般在高温下进行，吸附速率随温度的升高而增加。此外，化学吸附是单分子层吸附，且吸附热较大，与化学反应热同一数量级，通常在 $40\sim200kJ/mol$ 之间。由于化学吸附使被吸附的分子结构发生变化，降低了反应的活化能，从而加快了反应速率，起到催化作用。因此，研究固体表面的吸附是研究多相催化反应动力学的重要基础之一。

综合上述可知，在低温阶段，化学吸附速率很小，物理吸附占优势，很快达到平衡，且平衡吸附量随着温度的升高而下降。在高温时，物理吸附很微弱，化学吸附占优势，所以，化学吸附是多相催化反应的重要特征。由于化学吸附是单分子层，当活性表面吸满了气体分子时，吸附量就不能再提高了。

(2) 理想吸附 对固体表面上的化学吸附作定量处理时，需建立适当的吸附模型。最简单而又常用的吸附模型是理想吸附模型。该模型的基本假定是：① 吸附表面在能量上是均匀的，即各吸附位具有相同的能量；② 被吸附分子间的作用力可略去不计；③ 属单层吸

附。这样的吸附表面称为理想表面。理想吸附模型又称朗格缪尔模型。

由于气体分子的运动，不断地与催化剂表面相碰撞，但并不是所有碰撞分子都能被催化剂的活性位所吸附，只有那些具有足够能量的分子才被吸附。被吸附的分子也会脱附，形成一种动态平衡。气体分子在催化剂表面上的吸附速率与单位时间内碰撞到催化剂自由表面上的分子数目成正比，而碰撞的分子数目又与气相的分压成正比。所以，气体的吸附速率应与气体分压成正比，又因吸附系在自由表面上进行，故又与自由表面成正比。此即质量作用定律描述的基元反应速率。设气体 A 为催化剂的吸附位 σ 吸附

$$A + \sigma \underset{k_d}{\overset{k_a}{\rightleftharpoons}} A\sigma$$

上式中的反应组分包括：气相反应物 A、空余的催化吸附中心 σ 和吸附态的反应物 Aσ。它们的浓度可以分别表示为 p_A、θ_V 和 θ_A。根据基元步骤的质量作用定律，吸附速率方程为

$$r_a = k_a p_A \theta_V \tag{2.62}$$

式中，k_a 为吸附速率常数，它是温度的函数，可用指数函数来表示。由于化学吸附是单层的，θ_V 为未被吸附分子所占据的自由表面占总表面的分率，也叫表面未覆盖率，θ_A 为吸附分子 A 的覆盖率，两者的关系为 $\theta_V = 1 - \theta_A$。

脱附速率 r_d 与已吸附的分子数目成正比

$$r_d = k_d \theta_A \tag{2.63}$$

式中，k_d 为脱附速率常数，也是温度的函数，同样可用指数函数来表示。那么，吸附的净速率

$$r = k_a p_A (1 - \theta_A) - k_d \theta_A$$

当吸附达到平衡时，净速率为零，即 $r=0$，则有

$$k_a p_A (1 - \theta_A) = k_d \theta_A$$

或表示为

$$\theta_A = \frac{K_A p_A}{1 + K_A p_A} \tag{2.64}$$

式中，$K_A = k_a / k_d$，叫做吸附平衡常数。式(2.64)即为理想吸附等温方程，也叫朗格缪尔吸附等温式。吸附平衡常数的大小表示气体分子被吸附的强弱。对弱吸附，$K_A p_A \ll 1$，式(2.64)变为

$$\theta_A = K_A p_A \tag{2.65}$$

对强吸附，$K_A p_A \gg 1$，则式(2.64)变为 $\theta_A = 1$。

吸附平衡常数 K_A 与温度的关系为

$$K_A = K_{A0} \exp\left[q / (RT)\right] \tag{2.66}$$

式中，q 为吸附热。从式(2.66)可知，当温度升高时，K_A 值下降。也就是说，温度升高，覆盖率减少。

上面是单分子吸附的分析，下面讨论双分子同时被吸附的情况。设分子 A 和 B 同时吸附在催化剂表面上

$$A + B + 2\sigma \underset{k_d}{\overset{k_a}{\rightleftharpoons}} A\sigma + B\sigma$$

由于 A 和 B 分子同时被吸附，则未覆盖率应为 $\theta_V = 1 - \theta_A - \theta_B$。设分子 A 的吸附速率为 r_{aA}，脱附速率为 r_{dA}，则

$$-r_{aA} = k_{aA} p_A (1 - \theta_A - \theta_B) \tag{2.67}$$

$$-r_{dA} = k_{dA} \theta_A \tag{2.68}$$

同理，分子 B 的吸附速率和脱附速率分别为

$$-r_{aB} = k_{aB} p_B (1 - \theta_A - \theta_B) \tag{2.69}$$

$$-r_{dB} = k_{dB} \theta_B \tag{2.70}$$

当吸附达到平衡时，净速率为零

$$r_{aA} = r_{dA}, \quad r_{aB} = r_{dB} \tag{2.71}$$

联立求解式(2.67)~式(2.71)，可得

$$\theta_A = \frac{K_A p_A}{1 + K_A p_A + K_B p_B}, \quad \theta_B = \frac{K_B p_B}{1 + K_A p_A + K_B p_B}$$

未覆盖率为

$$\theta_V = 1 - \theta_A - \theta_B = \frac{1}{1 + K_A p_A + K_B p_B}$$

如果有 m 种不同分子同时被吸附，则分子 i 的覆盖率为

$$\theta_i = \frac{K_i p_i}{1 + \sum_{i=1}^{m} K_i p_i} \tag{2.72}$$

未覆盖率为

$$\theta_V = 1 - \sum_{i=1}^{m} \theta_i = \frac{1}{1 + \sum_{i=1}^{m} K_i p_i} \tag{2.73}$$

在吸附过程中，被吸附的分子发生解离现象时，即由分子解离成原子，这些原子各占据一个吸附位

$$A_2 + 2\sigma \underset{k_d}{\overset{k_a}{\rightleftharpoons}} 2A\sigma$$

其吸附速率和脱附速率可表示为

$$r_a = k_a p_A (1 - \theta_A)^2, \quad r_d = k_d \theta_A^2$$

净吸附速率

$$r = k_a p_A (1 - \theta_A)^2 - k_d \theta_A^2$$

达到平衡时，净速率为零，则有

$$\theta_A = \frac{\sqrt{K_A p_A}}{1 + \sqrt{K_A p_A}} \tag{2.74}$$

式(2.74)即为朗格缪尔解离吸附等温方程。

值得注意的是，在建立以上速率方程时，分别采用了反应进度速率 r_a 和 r_d，及反应组分速率 r_{aA}，r_{dA} 等，因此出现了正负号的差异。

(3) 真实吸附 除了理想吸附之外的其他吸附，称为真实吸附。实践证明，催化剂的表面是不均匀的，吸附能量也是有强有弱。开始吸附时，气体首先被吸附在表面活性最高的部位，属强吸附，放出的吸附热大。随着高活性表面的逐渐被覆盖，吸附越来越弱，放出的吸附热越来越小，而所需的活化能越来越大。因此，吸附速率也随覆盖率而变化。

另外，理想吸附假定被吸附的分子间不发生相互作用，这一假设也不是完全合理的。如果被吸附的分子间产生相互作用，也会产生上述现象。这种现象到底是由于表面能量分布不均匀而引起，还是由于被吸附分子间的相互作用而造成，是不易区别开来的。从实用的观点看，也无需作这种区分。只要考虑到表面的不均匀性就可以了。

由于这两种原因（或者其中之一），致使吸附及脱附的活化能 E_a 及 E_d 以及吸附热 q 均随吸附量的变化而改变，亦即随覆盖率而变，设其呈线性关系

$$E_a = E_a^0 + \alpha \theta_A \tag{2.75}$$

$$E_d = E_d^0 - \beta \theta_A \tag{2.76}$$

E_a^0 及 E_d^0 分别为覆盖率等于零时的吸附活化能和脱附活化能。α、β 为常数。由式(2.75)及式(2.76)可见，吸附活化能随覆盖率的增加而增加，而脱附活化能则随覆盖率的增加而减小。因为

$$q = E_d - E_a$$

所以，将式(2.75)及式(2.76)代入得

$$q = (E_d^0 - E_a^0) - (\alpha + \beta)\theta_A = q_0 - \gamma \theta_A \tag{2.77}$$

式中 $q_0 = E_d^0 - E_a^0$，$\gamma = \alpha + \beta$。此种情况下，可导出吸附及脱附速率方程为

$$r_a = k_{a0} p_A \exp[-\alpha \theta_A / (RT)]$$
$$r_d = k_{d0} \exp[\beta \theta_A / (RT)]$$

吸附达平衡时，$r_a - r_d = 0$，有

$$\theta_A = \frac{RT}{\alpha + \beta} \ln(K_0 p_A) \tag{2.78}$$

式中 $K_0 = k_{a0} / k_{d0}$。式(2.78)即为真实吸附等温方程，也叫做焦姆金吸附等温式。此式适用于中等覆盖率情况。

另一种真实吸附等温式为

$$\theta_A = K p_A^m \qquad (m < 1) \tag{2.79}$$

此式最初作为经验式而提出，后来假定吸附及脱附活化能与 $\ln \theta_A$ 呈线性关系，而从理论上推导出来。式(2.79)又称为弗列因特利希吸附等温式。无论是焦姆金等温式还是弗列因特利希等温式，都有其不足。对于前者，当 $p_A = 0$ 时，θ_A 却不等于零，这是不符合实际的，而后者则满足 $p_A = 0$，$\theta_A = 0$ 的要求。但当 p_A 增大时，后者所算出的 θ_A 值可能大于 1，显然这也是不合理的。

2.7 多相催化反应动力学

从反应工程的观点看，多相催化反应的动力学研究，其首要问题是找出反应速率方程。如前所述，多相催化反应是一个多步骤过程，包括吸附，脱附及表面反应等步骤。写出各步骤的速率方程并不困难，吸附及脱附的速率方程上一节已介绍过，表面反应步骤则属于基元反应，可以应用质量作用定律。问题是如何从所确定的反应步骤导出多相催化反应的总包速率方程。这就是本节的中心内容。

2.7.1 定态近似和速率控制步骤

要从各反应步骤的速率中导出总包速率方程，需要作出一些简化假定。广泛应用的是定态近似和速率控制步骤这两个假定。实际上这在前面我们已经应用过了。这里有必要再作进一步的讨论，以理解其确实的涵义。

若反应过程达到定态，中间化合物的浓度就不随时间而变化，即

$$\frac{dc_I}{dt} = 0 \qquad (I = 1, 2, \cdots, N) \tag{2.80}$$

式中，c_I 为中间化合物的浓度。这便是定态近似假设。也可换个提法，若达到定态，则串联进行的各反应步骤速率相等。下面用一个简单的例子说明这两种提法是一样的。设化学反应 A $\Longrightarrow$ R 由下列两个步骤所构成

$$A \mathop{\rightleftharpoons} A^*$$
$$A^* \mathop{\rightleftharpoons} R$$

这两个步骤的速率为
$$r_1 = \vec{k}_1 c_A - \overleftarrow{k}_1 c_{A^*}$$
$$r_2 = \vec{k}_2 c_{A^*} - \overleftarrow{k}_2 c_R$$

显然中间化合物 A^* 的浓度变化速率为

$$\frac{dc_{A^*}}{dt} = (\vec{k}_1 c_A - \overleftarrow{k}_1 c_{A^*}) - (\vec{k}_2 c_{A^*} - \overleftarrow{k}_2 c_R) = r_1 - r_2$$

当 $\dfrac{dc_{A^*}}{dt} = 0$ 时，则有

$$r_1 = r_2 \tag{2.81}$$

所以，定态近似的两种提法是相同的。

仍以上面所述的反应 $A \mathop{\rightleftharpoons} R$ 为例说明速率控制步骤的概念。各反应步骤均为可逆反应，其反应速率 r_i 可写成正反应速率 $\vec{r}_i$ 与逆反应速率 $\overleftarrow{r}_i$ 之差（其中 $i=1$, 2），于是

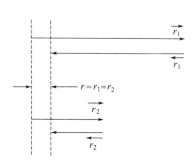

$$r_1 = \vec{r}_1 - \overleftarrow{r}_1 \quad , \quad r_2 = \vec{r}_2 - \overleftarrow{r}_2$$

式中，$\vec{r}_1 = \vec{k}_1 c_A$，$\overleftarrow{r}_1 = \overleftarrow{k}_1 c_{A^*}$，$\vec{r}_2 = \vec{k}_2 c_{A^*}$，$\overleftarrow{r}_2 = \overleftarrow{k}_2 c_R$。各反应速率的相对大小可用图 2.4 来表示。由图可见，各反应步骤的正逆反应速率是不相同的，但根据定态近似的假设，其净速率应相等，且等于反应 $A \mathop{\rightleftharpoons} R$ 的速率，即

图 2.4　各反应步骤正逆反应速率的相对大小

$$r_1 = r_2 = r$$

这两个反应步骤均为可逆反应，虽然其净速率相等，然而它们接近平衡的程度则是不相同的。以下两式分别表示这两个反应步骤接近平衡的程度

$$\frac{\vec{r}_1 - \overleftarrow{r}_1}{\vec{r}_1} \quad , \quad \frac{\vec{r}_2 - \overleftarrow{r}_2}{\vec{r}_2}$$

若其值等于零，表示反应达到平衡。由于 $\vec{r}_1 \gg \vec{r}_2$，而 $\vec{r}_1 - \overleftarrow{r}_1 = \vec{r}_2 - \overleftarrow{r}_2$，故第一个反应步骤接近平衡的程度，远较第二个步骤为大，此时第二个步骤便可视为速率控制步骤，其速率也就表示为由该反应步骤所构成的化学反应的反应速率。除速率控制步骤外的其余反应步骤则近似地按达到平衡处理。这种处理方法，实质上也是定态近似假设的体现。

关于速率控制步骤的定义，尚有另外的提法，将反应步骤中最慢的一步视为速率控制步骤。这一定义似与定态近似假设相违背，既然达到定态，各步骤的速率均为相等，自然谈不上快慢问题。那么，如何理解最慢的一步呢？依次进行的各个反应步骤，其速率是相互受到制约的，未达到定态前，各步骤的速率不一定相等，有快有慢，只有达到定态后各步的速率才相等，在此之前，最慢的一步就是速率控制步骤。也可以这样来理解，若各步骤的反应孤立地进行，不受其他反应步骤的限制，则各步的速率将有快有慢，也可能偶尔有相等的，最慢的那步就是速率控制步骤。无论是用接近平衡的程度，或是用快慢来定义速率控制步骤，表示的都是同一客观事实。

定态近似和速率控制步骤是推导化学反应速率方程时应用的两个重要概念。引入这两个概念后，使许多动力学方程的推导得以实现或简化。但是不存在速率控制步骤的反应步骤是可能的，这表明各步骤的速率相差不远，或接近平衡的程度差异不大。另外，反应过程中同

时存在两个速率控制步骤的情况也是有的。最后还应注意,速率控制步骤并不一定是一成不变的,而可能是由于条件的改变而发生变化,例如反应前期是这一步控制,而到了后期又变为另一步控制。

2.7.2　多相催化反应速率方程

根据定态近似和速率控制步骤的假定,便可由所设的反应步骤推导出反应速率方程。仍以反应 $A+B \rightleftharpoons R$ 及所假定的反应式(2.61a)～式(2.61d)为例,按不同的速率控制步骤作推导。

(1) 表面反应控制　此时第三步为速率控制步骤,该步的速率即等于反应速率,将质量作用定律应用于式(2.61c)所示的表面反应,得

$$r = \vec{k}_S \theta_A \theta_B - \overleftarrow{k}_S \theta_R \theta_V \qquad (2.82)$$

θ_V 为未覆盖率,等于 $1-\theta_A-\theta_B-\theta_R$。其余三步达到平衡,所以

$$k_{aA} p_A \theta_V - k_{dA} \theta_A = 0 \quad 或 \quad \theta_A = K_A p_A \theta_V \qquad (2.83)$$

$$k_{aB} p_B \theta_V - k_{dB} \theta_B = 0 \quad 或 \quad \theta_B = K_B p_B \theta_V \qquad (2.84)$$

$$k_{aR} p_R \theta_V - k_{dR} \theta_R = 0 \quad 或 \quad \theta_R = K_R p_R \theta_V \qquad (2.85)$$

式中,$K_A = k_{aA}/k_{dA}$,$K_B = k_{aB}/k_{dB}$,$K_R = k_{aR}/k_{dR}$。将式(2.83)～式(2.85)代入式(2.82)得

$$r = \vec{k}_S K_A p_A K_B p_B \theta_V^2 - \overleftarrow{k}_S K_R p_R \theta_V^2 \qquad (2.86)$$

因 $\theta_A + \theta_B + \theta_R + \theta_V = 1$,利用此关系并将式(2.83)～式(2.85)相加不难求得

$$\theta_V = \frac{1}{1 + K_A p_A + K_B p_B + K_R p_R}$$

再代入式(2.86)即得反应速率方程为

$$r = \frac{\vec{k}_S K_A K_B p_A p_B - \overleftarrow{k}_S K_R p_R}{(1 + K_A p_A + K_B p_B + K_R p_R)^2} = \frac{k(p_A p_B - p_R/K_p)}{(1 + K_A p_A + K_B p_B + K_R p_R)^2} \qquad (2.87)$$

式中,k 为该反应的正反应速率常数,等于 $\vec{k}_S K_A K_B$。$K_p = \vec{k}_S K_A K_B / (\overleftarrow{k}_S K_R)$,为该反应的化学平衡常数。当化学反应达到平衡时,$r=0$,由式(2.87)正好得到化学平衡常数的定义式,因为 $k \neq 0$,只能是分子中括号部分等于零。

(2) 组分 A 的吸附控制　此时第一步为速率控制步骤,反应速率等于 A 的吸附速率,由式(2.61a)得

$$r = k_{aA} p_A \theta_V - k_{dA} \theta_A \qquad (2.88)$$

其余三步达到平衡,第三步表面反应达到平衡时,由式(2.61c)有

$$\theta_R \theta_V / (\theta_A \theta_B) = \vec{k}_S / \overleftarrow{k}_S = K_S \qquad (2.89)$$

K_S 为表面反应平衡常数。上式中的 θ_B 及 θ_R 分别以式(2.84)及式(2.85)代入得

$$\theta_A = K_R p_R \theta_V / (K_S K_B p_B) \qquad (2.90)$$

代入式(2.88)则有　　　$$r = k_{aA} p_A \theta_V - k_{dA} K_R p_R \theta_V / (K_S K_B p_B) \qquad (2.91)$$

又因 $\theta_A + \theta_B + \theta_R + \theta_V = 1$,将式(2.84)、式(2.85)、式(2.90)代入此关系可得

$$\theta_V = \frac{1}{1 + K_R p_R / (K_S K_B p_B) + K_B p_B + K_R p_R}$$

于是式(2.91)化为

$$r = \frac{k_{aA} p_A - k_{dA} K_R p_R / (K_S K_B p_B)}{1 + K_R p_R / (K_S K_B p_B) + K_B p_B + K_R p_R} = \frac{k_{aA} [p_A - p_R / (K_p p_B)]}{1 + K_R p_R / (K_S K_B p_B) + K_B p_B + K_R p_R} \tag{2.92}$$

式中化学平衡常数 K_p 与各吸附平衡常数以及表面反应平衡常数之间的关系与式(2.87) 相同。

(3) 组分 R 的脱附控制　此时最后一步为速率控制步骤，故由式(2.61d)得反应速率为

$$r = k_{dR} \theta_R - k_{aR} p_R \theta_V \tag{2.93}$$

前三步达到平衡，故将式(2.83)、式(2.84)代入式(2.89)得

$$\theta_R = K_S K_A K_B p_A p_B \theta_V$$

根据 $\theta_A + \theta_B + \theta_R + \theta_V = 1$，所以

$$\theta_V = \frac{1}{1 + K_A p_A + K_B p_B + K_S K_A K_B p_A p_B}$$

将 θ_R 及 θ_V 代入式(2.93) 得脱附控制时反应速率方程：

$$r = \frac{k_{dR} K_S K_A K_B p_A p_B - k_{aR} p_R}{1 + K_A p_A + K_B p_B + K_S K_A K_B p_A p_B} = \frac{k(p_A p_B - p_R / K_p)}{1 + K_A p_A + K_B p_B + K_R K_p p_A p_B} \tag{2.94}$$

式中，$k = k_{dR} K_S K_A K_B$。式(2.94) 即为脱附控制时的反应速率方程。

以上对反应 $A + B \Longleftrightarrow R$ 根据所设的反应步骤推导了三种不同的速率控制步骤下该反应的速率方程。在推导过程中均未考虑惰性气体的存在。若反应物系中含惰性气体，它虽然不参与化学反应，但如能为催化剂所吸附，则会影响反应速率。此种情况下，在所推出的速率方程右边的分母中还应加入 $K_I p_I$ 项，p_I 为惰性气体的分压，K_I 为惰性气体的吸附平衡常数。例如，式(2.87) 变为

$$r = \frac{k(p_A p_B - p_R / K_p)}{(1 + K_A p_A + K_B p_B + K_R p_R + K_I p_I)^2} \tag{2.87a}$$

以上三个速率方程式(2.87)、式(2.92) 及式(2.94) 均是基于理想表面而导出的。这三个式子细节上有所不同，但从总体上都可概括成如下的形式

$$反应速率 = \frac{(动力学项)(推动力)}{(吸附项)^n}$$

动力学项指的是反应速率常数 k，它是温度的函数。如果是可逆反应，推动力项表示离平衡的远近，离平衡越远，推动力越大，反应速率也越大。这三个式中都包含 $(p_A p_B - p_R / K_p)$，这就是推动力项。若为不可逆反应，推动力再不是两项之差，仅包含反应物的分压，此时推动力表示反应进行的程度。吸附项则表明哪些组分被催化剂所吸附，以及各组分吸附的强弱。这类速率方程称为双曲型速率方程。其实只要是基于理想表面的假定，无论何种反应步骤，哪一种速率控制步骤，推出的速率方程都是这种类型。

通过上述三个速率方程的建立，可以归纳出推导多相催化反应速率方程的步骤如下：

① 假设该反应的反应步骤；

② 确定速率控制步骤，以该步的速率表示反应速率，并写出该步的速率方程；

③ 非速率控制步骤可认为是达到平衡，写出各步的平衡式，将各反应组分的覆盖率变为各反应组分分压的函数；

④ 根据覆盖率之和等于1，并结合由③得到的各反应组分的覆盖率表达式，可将未覆盖率变为各反应组分分压的函数；

⑤ 将③和④得到的各反应组分覆盖率以及未覆盖率的表达式代入②所列出的速率控制步骤速率方程，化简整理后即得该反应的速率方程。

前面所讨论的化学吸附只发生在一类吸附位上，也就是说，在催化剂表面上只存在一类吸附位，它既可以吸附反应物系的所有组分，也可吸附其中的一部分。有些催化剂表面上可能存在两类不同的吸附位，对于这种情况的速率方程推导可参看例2.8。

前面曾经指出，理想吸附情况是极其罕见的。然而文献上仍广泛地应用这种类型的速率方程来关联动力学数据。许多场合下关联得到的吸附平衡常数往往与单独由吸附实验得到的不一致，就这点而言，理想表面速率方程也是值得怀疑的。既然如此，为什么这种形式的模型还能较好地关联实验数据呢？主要原因是这种速率方程的数学形式适应性太强，属于多参数模型。方程中的各种常数成了可调参数，调整这些参数值总可以得到满意精度的速率方程。从这点看，再次说明了动力学数据与所设反应步骤推导出的速率方程相符合，并不能说明所设的反应步骤是该反应的真正反应机理。何况理想表面模型假定不同的反应步骤，可以得到同样形式的速率方程的情况也是存在的。

采用真实吸附模型来推导速率方程，其方法与使用理想吸附模型相同，即遵循前面所归纳的几个步骤，差别只在于吸附速率方程和吸附平衡等温式的不同。例2.9提供了用非理想吸附模型推导铁催化剂上合成氨反应速率方程的例子。采用非理想模型时，导出的速率方程往往是幂函数型，有的则为双曲型。

曾经对一些气固相催化反应的动力学数据分别用幂函数及双曲型速率方程进行关联，结果得到的两种速率方程，其精度都相差不大，很难说哪一种更为优越。纵使是从真实吸附模型导出的幂函数型速率方程，也不能说它更好些，除非有了足够的实验数据证实所设反应机理无误。因此，不要轻易采用机理模型这个词。然而从反应器设计和分析应用的角度看，最简单的速率方程仍是幂函数型速率方程，因为它不像双曲型速率方程那样含有许多为温度函数的常数，无论在实验数据关联上，还是实用上幂函数型速率方程要简单些。但是，在应用上必须注意不要超出实验操作条件。

【例 2.8】 环己烷是化工生产的重要原料，工业上用镍催化剂通过苯加氢而制得，其反应式为

$$C_6H_6 + 3H_2 \rightleftharpoons C_6H_{12}$$

反应温度在200℃以下，该反应可视为不可逆放热反应。假定在镍催化剂上有两类活性位：一类吸附苯和中间化合物；另一类只吸附氢，而环己烷则可认为不被吸附，其反应步骤为

(1) $H_2 + 2\sigma_2 \rightleftharpoons 2H\sigma_2$

(2) $C_6H_6 + \sigma_1 \rightleftharpoons C_6H_6\sigma_1$

(3) $C_6H_6\sigma_1 + H\sigma_2 \longrightarrow C_6H_7\sigma_1 + \sigma_2$

(4) $C_6H_7\sigma_1 + H\sigma_2 \rightleftharpoons C_6H_8\sigma_1 + \sigma_2$

(5) $C_6H_8\sigma_1 + H\sigma_2 \rightleftharpoons C_6H_9\sigma_1 + \sigma_2$

(6) $C_6H_9\sigma_1 + H\sigma_2 \rightleftharpoons C_6H_{10}\sigma_1 + \sigma_2$

(7) $C_6H_{10}\sigma_1 + H\sigma_2 \rightleftharpoons C_6H_{11}\sigma_1 + \sigma_2$

(8) $C_6H_{11}\sigma_1 + H\sigma_2 \rightleftharpoons C_6H_{12} + \sigma_1 + \sigma_2$

若第（3）步为速率控制步骤，假定除苯和氢外，其他中间化合物的吸附都很弱，试推导动力学方程。

解： 由于第（3）步是控制步骤，故定态下的反应速率

$$r = k_S \theta_{1B} \theta_{2H} \tag{A}$$

式中，θ_{1B} 和 θ_{2H} 分别为苯和氢的表面覆盖率。因为第1步及第2步达到平衡，且除苯和氢

外，其他中间化合物吸附都很弱，显然有

$$\theta_{1B} = \frac{K_B p_B}{1 + K_B p_B} \tag{B}$$

$$\theta_{2H} = \frac{(K_H p_H)^{0.5}}{1 + (K_H p_H)^{0.5}} \tag{C}$$

将式(B)及式(C)代入式(A)可得反应速率

$$r = k_S \frac{\sqrt{K_H} K_B \sqrt{p_H} p_B}{(1 + \sqrt{K_H p_H})(1 + K_B p_B)} \tag{D}$$

在 $90\sim180℃$ 温度范围内，$K_H p_H \ll 1$，故式(D)又可简化为

$$r = \frac{k p_B p_H^{0.5}}{1 + K_B p_B} \tag{E}$$

式中，$k = k_S K_B K_H^{0.5}$。

【例 2.9】 设合成氨反应 $N_2 + 3H_2 \rightleftharpoons 2NH_3$ 的反应步骤如下

(1) $N_2 + 2\sigma \rightleftharpoons 2N\sigma$ (4) $NH\sigma + H\sigma \rightleftharpoons NH_2\sigma + \sigma$

(2) $H_2 + 2\sigma \rightleftharpoons 2H\sigma$ (5) $NH_2\sigma + H\sigma \rightleftharpoons NH_3\sigma + \sigma$

(3) $N\sigma + H\sigma \rightleftharpoons NH\sigma + \sigma$ (6) $NH_3\sigma \rightleftharpoons NH_3 + \sigma$

氮的吸附为速率控制步骤，试根据焦姆金吸附模型推导反应速率方程。

解： 由于第（1）步为速率控制步骤，根据焦姆金吸附模型可写出该步的速率方程为

$$r = k_a p_N \exp\left(-\frac{\alpha \theta_N}{RT}\right) - k_d \exp\left(\frac{\beta \theta_N}{RT}\right) \tag{A}$$

其余各步达到平衡，为处理方便可将其合并，将反应式(2)乘3，反应式(3)至反应式(6)各分别乘2，然后相加可得

$$2N\sigma + 3H_2 \rightleftharpoons 2NH_3 + 2\sigma \tag{B}$$

题给的后五步达到平衡，也就是式(B)达到平衡，故有

$$K_p^2 = \frac{p_A^2}{p_H^3 p_N^*} \tag{C}$$

式中，p_A 和 p_H 分别为氨和氢的分压；p_N^* 不是气相中氮的分压，而是与 p_A 和 p_H 成平衡时氮的分压。由焦姆金吸附等温式(2.78) 知

$$\theta_N = \frac{RT}{\alpha + \beta} \ln(K_0 p_N^*)$$

将式(C)代入则有

$$\theta_N = \frac{RT}{\alpha + \beta} \ln\left(K_0 \frac{p_A^2}{p_H^3 K_p^2}\right)$$

将 θ_N 代入式(A)，整理后得合成氨反应速率方程

$$r = \vec{k} p_N \left(\frac{p_A^2}{p_H^3}\right)^{-a} - \overleftarrow{k} \left(\frac{p_A^2}{p_H^3}\right)^b \tag{D}$$

式中，$a = \alpha/(\alpha + \beta)$；$b = \beta/(\alpha + \beta)$，$\vec{k} = k_a (K_0/K_p^2)^{-a}$，$\overleftarrow{k} = k_d (K_0/K_p^2)^b$。由此可见，由真实吸附模型导出的速率方程为幂函数型，当然这并非普遍都是这样。对于铁催化剂，由实验测定得到 $a = b = 0.5$，所以，式(D) 变为

$$r = \vec{k} p_N \frac{p_H^{1.5}}{p_A} - \overleftarrow{k} \frac{p_A}{p_H^{1.5}}$$

【例 2.10】 异丁烷与 2-丁烯催化烷基化反应是增产汽油的重要手段。其主反应为

$$C_4H_{10} \quad + \quad C_4H_8 \quad \longrightarrow \quad C_8H_{18}$$
$$A \qquad\qquad B \qquad\qquad C \qquad\qquad\qquad (A)$$

此反应采用 USY 分子筛催化剂，在液相中进行。假定反应机理包括：

$$A + \sigma \Longrightarrow A\sigma \qquad\qquad\qquad (1)$$
$$B + \sigma \Longrightarrow B\sigma \qquad\qquad\qquad (2)$$
$$A\sigma + B\sigma \longrightarrow C\sigma \qquad\qquad\qquad (3)$$
$$C\sigma \Longrightarrow C + \sigma \qquad\qquad\qquad (4)$$

其中第（3）步为速率控制步骤，试推导反应速率方程。

解： 总的反应速率方程由第（3）步反应确定，即

$$r = k_S \theta_A \theta_B$$

其余步骤达到平衡，可得

$$\theta_A = K_A c_A \theta_V, \quad \theta_B = K_B c_B \theta_V, \quad \theta_C = K_C c_C \theta_V$$

且 $\theta_A + \theta_B + \theta_C + \theta_V = 1$，则

$$\theta_V = \frac{1}{1 + K_A c_A + K_B c_B + K_C c_C}$$

因此

$$r = \frac{k_S K_A c_A K_B c_B}{1 + K_A c_A + K_B c_B + K_C c_C}$$

为防止 2-丁烯聚合和催化剂快速失活，异丁烷的加入量远大于 2-丁烯，同时假定所有组分在催化剂表面的吸附很弱，所以

$$r = k c_B$$

2.8 建立速率方程的步骤

从反应工程学科的需要出发，研究反应动力学的主要目的之一是寻找化学反应的速率方程，而速率方程的建立则完全是建立在实验的基础上，目前尚不能由理论直接导出。如前所述，建立速率方程一般包括下列几个方面的工作：①设想各种反应机理，导出不同的速率方程；②进行反应动力学实验，测定所需的动力学数据；③根据所得的实验数据对所导出的可能的速率方程进行筛选和参数估值，确定出合适的速率方程。显然，这三部分工作是相互牵连的，必须反复地进行才能获得预期的结果。

对于任何反应系统的动力学研究，首先要弄清这个系统存在着哪些反应，其中哪些是主反应，哪些是副反应，它们之间的关系如何？比如说相互串联或相互并联等等。这除了根据已有的资料外，还要通过实验考察来判定。对此进行综合分析而提出各种可能的反应模型，并对不同反应模型设想种种可能的反应机理，然后由反应机理导出相应的速率方程。所导出的方程需要通过实验进行检验，筛选出能恰当地描述该反应系统的动力学性能的方程。是否合适要看对实验数据拟合误差的大小，还要看对所有动力学参数的估值是否合理，其变化规

律是否正常。例如，采用幂函数型速率方程时，由实验数据对反应级数估值，结果大于3，这就明显不合理，纵使实验拟合误差很小，也应放弃这种形式的速率方程。又如求出的反应速率常数和吸附平衡常数为负值也是不能接受的。

速率方程也就是用数学语言来描述的动力学模型，如上所述，模型筛选与识别以及参数估值均系以实验数据为基础。所以，实验测定是建立速率方程的核心步骤，只有取得足够的和准确的实验数据，才可获得正确的速率方程。在动力学实验设计上，这包括实验反应器的设计和实验条件的选择两个方面，必须保证实验测定结果能充分反映化学反应的特征，即获得本征动力学数据。要做到这点，就需要排除物理过程如传质与传热等对化学反应的干扰。另外，实验必须在等温下进行，考察浓度变化对反应速率的影响。由不同温度水平下的等温实验结果来考察温度对化学反应速率的影响。因为温度是影响反应过程最敏感的因素，所以，实验反应器的等温性能对实验测定精度起关键作用。通常以等温性能的优劣作为评价实验反应器的重要准则。有关实验反应器和动力学实验测定问题，以后有关章节中还要进一步讨论。

要确定一个反应系统的速率方程，往往要对数十种模型进行筛选才能获得满意的结果。当然也可能出现几个模型均能较好地拟合实验数据的情况，除了应用各种数理统计检验方法对模型进行识别外，更重要的方法是作实验检验，例如扩大实验范围，检验各种可能模型的适应性，又如改变某一影响因素观测实验结果的变化，考察各模型对此的适应程度等。总之，模型筛选、实验测定和参数估值三者是密切联系的，近十多年来发展起来的序贯实验设计法，就先做有限的几个实验，提供进行模型筛选的初步信息，然后通过计算机计算对模型作初步的筛选并对下一轮的实验条件作出安排，按此安排进行实验测定，又提供了新的信息，再对模型筛选，依次类推，直至获得满意的结果。对于模型参数估值，同样可用序贯法处理精估参数。序贯法可使工作效率提高，减少一些盲目性。

最后还应指出，就实际应用而言，速率方程的形式应力求简单，不求普遍，只要能够描述反应器操作条件变化范围内的动力学规律即可。这就是说，建立动力学模型要有针对性，要看使用的场合和应用的目的，不必包罗万象，否则得到的往往是形式复杂而不利于应用的模型。

 总结

通过本章知识的学习，应该掌握反应速率的定义，反应速率的主要推动力，如温度、浓度等，以及建立与之关联的速率方程的详细方法。具体内容包括：

组分 i 的反应速率 r_i：单位时间内单位体积反应物系中某一反应组分的反应量。定义为

$$r_i = \frac{1}{V} \frac{\mathrm{d}n_i}{\mathrm{d}t}$$

当组分 i 为反应物时，其反应速率为负值。对反应产物，则为正值。

反应进度速率 r：特指以反应进度定义的反应速率

$$r = \frac{r_i}{\nu_i} = \frac{1}{V} \frac{\mathrm{d}\xi}{\mathrm{d}t}$$

此速率恒为正值。

反应速率方程（动力学方程）：描述反应速率与温度、浓度等的关系的代数方程，如

$$r = f(\boldsymbol{c}, T)$$

其中，温度的作用可以用阿伦尼乌斯公式表示。浓度的计算则按反应器内流体密度是否变化加以划分，其通用的计算式为

$$c_i = \frac{n_i}{V}$$

当物质的量 n_i 和体积 V 发生变化时，则可由化学计量表确定浓度的具体计算式。

物质的量衡算表：描述反应进程中各组分化学计量关系的表格。对于间歇操作的反应器，用物质的量 n_i，mol 列表如下；而对连续操作的反应器，则用摩尔流量 F_i，mol/s 计算。

对于反应 $\nu_A A + \nu_B B \longrightarrow \nu_C C + \nu_D D$

组分	起始量/mol	反应量/mol	终止量/mol
A	n_{A0}	$-n_{A0}X_A$	$n_A = n_{A0} - n_{A0}X_A$
B	n_{B0}	$-\nu_B/\nu_A(n_{A0}X_A)$	$n_B = n_{B0} - \nu_B/\nu_A(n_{A0}X_A)$
C	n_{C0}	$-\nu_C/\nu_A(n_{A0}X_A)$	$n_C = n_{C0} - \nu_C/\nu_A(n_{A0}X_A)$
D	n_{D0}	$-\nu_D/\nu_A(n_{A0}X_A)$	$n_D = n_{D0} - \nu_D/\nu_A(n_{A0}X_A)$
I(惰性物)	n_{I0}	0	$n_I = n_{I0}$
总量	n_{t0}	$-(\nu_D/\nu_A + \nu_C/\nu_A + \nu_B/\nu_A + 1)n_{A0}X_A$	$n_t = n_{t0} - (\nu_D/\nu_A + \nu_C/\nu_A + \nu_B/\nu_A + 1)n_{A0}X_A$

由此得到计算摩尔浓度的通式：

$$c_i = \frac{c_{i0} - \dfrac{\nu_i}{\nu_A}c_{A0}X_A}{(1 + y_{A0}X_A\delta_A)\dfrac{p_0}{p}\dfrac{T}{T_0}}$$

式中

$$\delta_A = \frac{\sum \nu_i}{-\nu_A}$$

对于恒密度反应（又称恒容反应），通常是指液相反应，或恒物质的量、恒温和恒压的气相反应，可以将 δ_A 视为零。

基元反应：其反应进度的速率方程可由质量作用定律直接写出

$$r = kc_A^{-\nu_A}c_B^{-\nu_B}$$

非基元反应：其反应机理由若干基元反应步骤构成。根据定态近似和速率控制步骤的假定，利用质量作用定律，便可推导出非基元反应的总速率方程。

复合反应：同时发生多于一个的反应。此时，组分 i 的速率为

$$\mathscr{R}_i = \sum_{j=1}^{M} r_{ij} = \sum_{j=1}^{M} \nu_{ij} r_j$$

复合反应的瞬时选择性：定义为修正的反应速率比值，即

$$S_P = \mu_{PA}\frac{\mathscr{R}_P}{\mathscr{R}_A}$$

其中

$$\mu_{PA} = \frac{\nu_P}{\nu_A}$$

━━━ 习 题 ━━━

2.1 已知在 Fe-Mg 催化剂上水煤气变换反应的正反应动力学方程为

$$r = k_w y_{CO}^{0.85} y_{CO_2}^{-0.4} \quad [\text{kmol}/(\text{kg} \cdot \text{h})]$$

式中，y_{CO} 和 y_{CO_2} 为一氧化碳及二氧化碳的瞬时摩尔分数。0.1013MPa 及 700K 时反应速

率常数 $k_w = 0.0535 \text{kmol}/(\text{kg} \cdot \text{h})$。若催化剂的比表面积为 $30 \text{m}^2/\text{g}$，堆密度为 $1.13 \text{g}/\text{cm}^3$。试计算：

（1）以反应体积为基准的速率常数 k_V；

（2）以反应相界面积为基准的速率常数 k_S；

（3）以分压表示反应物系组成时的反应速率常数 k_p；

（4）以摩尔浓度表示反应物系组成时的反应速率常数 k_c。

2.2 在等温下进行液相反应 $A + B \longrightarrow C + D$，在该条件下的反应速率方程为

$$r_A = 0.8 c_A^{1.5} c_B^{0.5} \quad [\text{mol}/(\text{L} \cdot \text{min})]$$

若将 A 和 B 的初始浓度均为 $3 \text{mol}/\text{L}$ 的原料等体积混合后进行反应，求反应 4min 时 A 的转化率。

2.3 合成氨塔入口气体的摩尔分数为 $3.5\% \text{NH}_3$、$20.87\% \text{N}_2$、$62.6\% \text{H}_2$、$7.08\% \text{Ar}$ 及 $5.89\% \text{CH}_4$。该塔是在 30MPa 压力下操作。已知催化剂床层中某处的温度为 $490 ℃$，反应气体中氨摩尔分数为 10%，试计算该处的反应速率。在铁催化剂上氨合成反应速率式为

$$r = k_1 p_{\text{N}_2} \frac{p_{\text{H}_2}^{1.5}}{p_{\text{NH}_3}} - k_2 \frac{p_{\text{NH}_3}}{p_{\text{H}_2}^{1.5}} \quad [\text{kmol}/(\text{m}^3 \cdot \text{h})]$$

逆反应的活化能 $\overset{\leftarrow}{E} = 1.758 \times 10^5 \text{J}/\text{mol}$，$450℃$ 时，$k_2 = 1.02 \times 10^5 \text{kmol} \cdot \text{Pa}^{0.5}/(\text{m}^3 \cdot \text{h})$，且 $k_1/k_2 = K_p^2$，$490℃$ 时，K_p 可按下式计算

$$\lg K_p = \frac{2074.8}{T} - 2.4943 \lg T - 1.256 \times 10^{-4} T + 1.8564 \times 10^{-7} T^2 + 3.206 \quad (1/\text{MPa})$$

2.4 下面是两个反应的 $T\text{-}X$ 关系图，图中 AB 是平衡曲线；NP 是优化温度曲线；AM 是等温线；HB 是等转化率线。根据下面两图回答：

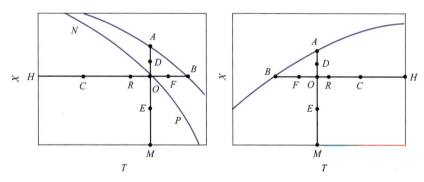

（1）是可逆反应还是不可逆反应？

（2）是放热反应还是吸热反应？

（3）在等温线上，A、D、O、E、M 点中，哪一点速率最大？哪一点速率最小？

（4）在等转化率线上，H、C、R、O、F 及 B 点中，哪一点速率最大？哪一点速率最小？

（5）在 C、R 两点中，谁的速率大？

（6）根据图中所给的十点，判断哪一点速率最大？

2.5 在进行一氧化碳变换反应动力学研究中，采用 B106 催化剂进行试验，测得正反应活化能为 $9.629 \times 10^4 \text{J}/\text{mol}$，如果不考虑逆反应，在反应物料组成相同的情况下，试问反应温度为 $550℃$ 时的速率比反应温度为 $200℃$ 时的反应速率大多少倍？

2.6 0.103MPa 压力下，在钒催化剂上进行 SO_2 氧化反应，原料气摩尔组成为 7%

SO_2、11％O_2 及 82％N_2。试计算转化率为 80％时的优化温度。二氧化硫在钒催化剂上氧化的正反应活化能为 $9.211 \times 10^4 J/mol$，化学计量数等于 $\frac{1}{2}$，反应式为：$SO_2 + \frac{1}{2} O_2 \rightleftharpoons SO_3$，它的平衡常数与温度的关系为：

$$\lg K_D = \frac{4905.5}{T} - 4.1455$$

该反应的热效应 $\Delta H_r = -9.629 \times 10^4 J/mol$。

2.7 于 0.1MPa 及 523K 下，在催化剂上进行三甲基苯的氢解反应

反应器进口原料摩尔组成为 66.67％H_2、33.33％三甲基苯。当反应器出口三甲基苯的转化率为 80％时，其混合气体中氢的摩尔分数为 20％。试求：

（1）此时反应器出口的气体组成。

（2）若这两个反应的速率方程为 $r_A = 6300 c_A c_B^{0.5}$ [kmol/($m^3 \cdot h$)]，$r_E = 3400 c_C c_B^{0.5}$ [kmol/($m^3 \cdot h$)]，则出口处二甲基苯的生成速率是多少？

2.8 在 210℃等温下进行亚硝酸乙酯的气相分解反应

$$C_2H_5NO_2 \longrightarrow NO + \frac{1}{2}CH_3CHO + \frac{1}{2}C_2H_5OH$$

该反应为一级不可逆反应，反应速率常数与温度的关系为 $k = 1.39 \times 10^{14} \exp(-18973/T)$，$s^{-1}$。若反应是在恒密度下进行，系统的起始总压为 0.1013MPa，采用的是纯亚硝酸乙酯，试计算亚硝酸乙酯的分解率为 80％时，亚硝酸乙酯的分解速率及乙醇的生成速率。

若采用恒压反应，乙醇的生成速率是多少？

2.9 甲烷与水蒸气在镍催化剂及 750℃等温下的转化反应为

$$CH_4 + 2H_2O \longrightarrow CO_2 + 4H_2$$

原料气中甲烷与水蒸气的摩尔比为 1:4，若这个反应对各反应物均为一级，已知 $k = 2 m^3/(kmol \cdot s)$。

（1）反应在恒密度下进行，系统起初总压为 0.1013MPa，当反应器出口处 CH_4 转化率为 80％时，CO_2 和 H_2 的生成速率是多少？

（2）反应在恒压下进行，其他条件同（1），CO_2 的生成速率又是多少？

2.10 在 473K 等温及常压下进行气相反应

$$A \longrightarrow 3R \qquad (r_R = 1.2 c_A)$$
$$A \longrightarrow 2S \qquad (r_S = 0.5 c_A)$$
$$A \longrightarrow T \qquad (r_T = 2.1 c_A)$$

式中，c_A 为反应物 A 的浓度，$kmol/m^3$。各反应速率的单位均为 kmol/($m^3 \cdot min$)。原料气中 A 和惰性气体各为一半（体积比），试求当 A 的转化率达 85％时，其消耗速率是多少？

2.11 在 Pt 催化剂上进行异丙苯分解反应

$$C_6H_5CH(CH_3)_2 \Longrightarrow C_6H_6 + C_3H_6$$

以 A、B 及 R 分别表示为异丙苯、苯及丙烯，反应步骤如下：$A+\sigma \Longrightarrow A\sigma$，$A\sigma \Longrightarrow B\sigma + R$，$B\sigma \Longrightarrow B+\sigma$。若表面反应为速率控制步骤，试推导异丙苯分解的速率方程。

2.12 在银催化剂上进行乙烯氧化反应

$$2C_2H_4 + O_2 \longrightarrow 2C_2H_4O$$
$$\text{(A)} \qquad \text{(B)} \qquad \text{(R)}$$

其反应步骤可假设如下：（1）$A+\sigma \Longrightarrow A\sigma$，（2）$B_2+2\sigma \Longrightarrow 2B\sigma$，（3）$A\sigma + B\sigma \Longrightarrow R\sigma + \sigma$，（4）$R\sigma \Longrightarrow R+\sigma$。若第（3）步是速率控制步骤，试推导动力学方程。

2.13 设有反应 $A \longrightarrow B+D$，其反应步骤如下：（1）$A+\sigma \Longrightarrow A\sigma$，（2）$A\sigma \longrightarrow B\sigma + D$，（3）$B\sigma \Longrightarrow B+\sigma$，若第（1）步是控制步骤，试推导其动力学方程。

2.14 一氧化碳变换反应

$$CO + H_2O \longrightarrow CO_2 + H_2$$
$$\text{(A)} \quad \text{(B)} \qquad \text{(C)} \quad \text{(D)}$$

在较低温度下，其动力学方程可表示为

$$r = \frac{k p_A p_B}{1 + K_A p_A + K_C p_C}$$

试拟定该反应的合适的反应步骤。

2.15 在铂催化剂上，乙烯深度氧化的动力学方程可表示为

$$r = \frac{k p_A p_B}{(1 + K_B p_B)^2}$$

式中，p_A、p_B 分别为乙烯及氧的分压。在 473K 等温下的实验数据如下表。

序号	$p_A \times 10^3/$ MPa	$p_B \times 10^3/$ MPa	$r \times 10^4/$ [mol/(g·min)]	序号	$p_A \times 10^3/$ MPa	$p_B \times 10^3/$ MPa	$r \times 10^4/$ [mol/(g·min)]
1	8.99	3.23	0.672	7	7.75	1.82	0.828
2	14.22	3.00	1.072	8	6.17	1.73	0.656
3	8.86	4.08	0.598	9	6.13	1.73	0.694
4	8.32	2.03	0.713	10	6.98	1.56	0.791
5	4.37	0.89	0.610	11	2.87	1.06	0.418
6	7.75	1.74	0.834				

试求该反应温度下的反应速率常数 k 和吸附平衡常数 K_B。

2.16 燃煤和燃油锅炉等产生的烟气中含有危害环境和人体健康的氮氧化物，简称 NO_x，可采用选择性催化还原（SCR）的方法加以处理。在矾钛氧化物催化剂上，进行如下反应：

$$4NO + 4NH_3 + O_2 \longrightarrow 4N_2 + 6H_2O$$

其反应步骤包括：

（1）$1/4O_2 + 1/2\sigma_1 \Longrightarrow 1/2O\sigma_1$

（2）$NO + O\sigma_1 \Longrightarrow [NO]O\sigma_1$

（3）$NH_3 + \sigma_2 \Longrightarrow NH_3\sigma_2$

（4）$NH_3\sigma_2 + O\sigma_1 \longrightarrow NH_2\sigma_2 + OH\sigma_1$

（5）$NH_2\sigma_2 + [NO]O\sigma_1 \longrightarrow \sigma_2 + O\sigma_1 + N_2 + H_2O$

（6）$OH\sigma_1 \Longrightarrow 1/2H_2O + 1/2O\sigma_1 + 1/2\sigma_1$

假定步骤（4）是反应速率的控制步骤，试推导反应速率的表达式。

3

釜式反应器

 提要

本章将着重介绍以下内容：
1. 反应器通用设计方程的建立
2. 全混流假定
3. 全混流釜式反应器的设计方程
4. 等温间歇釜式反应器设计
5. 等温连续釜式反应器设计
6. 变温釜式反应器设计
7. 连续釜式反应器的串联与并联
8. 连续釜式反应器的定态操作
9. 各类设计方程的求解

　　釜式反应器是工业上广泛应用的反应器之一，既可以用来进行液相为主的均相反应，又可用于多相反应，如气液、液固、液液及气液固等反应。在操作方式上，可以是连续操作，也可间歇或半间歇操作，其结构特点在第 1 章已做过介绍，本章主要介绍此类反应器的设计分析及有关优化等操作问题。

　　由于釜式反应器内设有搅拌装置，抑或外部设有强制循环装置，因此可以认为反应区内反应物料混合均匀，表现为浓度和温度等条件分别均一，这与大多数实验室反应器的实际情况比较一致，并以此作为简化处理釜式反应器问题的一个极其重要的假定。此时的釜式反应器已成为一种理想反应器，又称全混或全混流反应器，前者特指间歇操作，后者专指连续或半间歇操作的釜式反应器。但是，如果反应区内存在着两个或两个以上的相态，则各相的反应物料组成未必相同，温度也不一定相等，这时各相间就可能存在质量传递和热量传递，这是进行多相反应时所必须考虑的问题，将在第 6、7、8 章中讨论。此外，对于工业上使用的大型釜式反应器，则需要对本章的理想反应器模型予以修正，具体方法请参见第 5 章。本章只研究均相反应或者可按均相反应对待的多相反应问题。

3.1　反应器的设计方程

　　从本章开始，将着重阐述反应器的模型化设计方法，基本的设计原则在第 1 章已做介绍，现在将逐步建立各种理想反应器的设计方程，以及真实反应器的设计思路。

反应器的设计方程基于质量和能量两类衡算。首先从质量衡算开始推导设计方程。

对于如图 3.1 所示，反应体积为 V 的反应器中进行 M 个均相反应，描述该反应系统所需的关键组分数为 K，$K \leqslant M$。如果这 M 个反应是独立的，则 $K = M$，即 K 也是独立反应数。若 M 个反应不都是独立反应，关键组分数 K 小于 M。

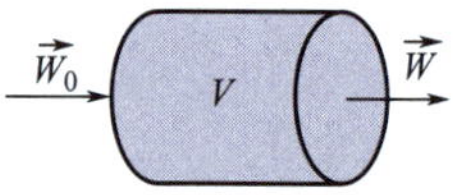

图 3.1 中，$\vec{W}_0$ 和 $\vec{W}$ 分别代表反应器进、出料的总质量流量。因质量守恒，故 $\vec{W}_0 = \vec{W}$，且

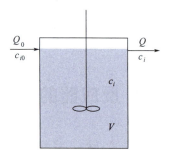

图 3.1 反应空间示意图

$$\vec{W}_0 = \sum \vec{W}_{i0}, \quad \vec{W} = \sum \vec{W}_i$$

由于化学反应，所有参与反应的组分均有各自的反应速率 r_i，因此，除惰性组分外，其余组分不满足 $\vec{W}_{i0} = \vec{W}_i$，而是符合

$$\vec{W}_{i0} - \vec{W}_i = -\int_0^z \int_0^y \int_0^x \mathcal{R}_i^{\text{W}} \, \mathrm{d}x \, \mathrm{d}y \, \mathrm{d}z + \frac{\mathrm{d}W_i}{\mathrm{d}t} \tag{3.1}$$

式(3.1) 左边的差值为进、出反应器组分 i 的质量变化，其是式(3.1) 右侧第一项化学转化量和第二项累积共同作用的结果，式(3.1) 中的 $\mathcal{R}_i^{\text{W}}$ 不同于第 2 章定义的反应速率，此处是以单位时间、单位体积内组分的质量变化为计算基准，故使用上标 W 加以区分。

式(3.1) 是由某一反应组分质量衡算所得，因此可以在该式的两侧同时除以这一组分的分子量，继而得到如式(3.2) 的摩尔衡算方程。

$$F_{i0} - F_i = -\int_0^z \int_0^y \int_0^x \mathcal{R}_i \, \mathrm{d}x \, \mathrm{d}y \, \mathrm{d}z + \frac{\mathrm{d}n_i}{\mathrm{d}t} \tag{3.2}$$

式(3.2) 的三重积分项所描述的 i 组分的反应量，是反应体积 V 内不同 x、y、z 位置处反应量的贡献之和。

式(3.1) 和式(3.2) 是反应器设计方程的基本形式，由于第 2 章的反应速率是以 $\mathcal{R}_i$ 定义的，所以使用式(3.2) 更为方便。

此外，对于连续定态操作，本书第 1、2 章中的转化率、收率和选择性定义时用的物质的量 n 可以用摩尔流量 F 替代，反应进度和反应量的计算也可同样处理。

3.2　釜式反应器的物料衡算式

前已假定反应器内反应物料浓度及温度处处相同，且与流出物料的相应值相等，即反应器内各点处的反应速率恒定，且为同一数值，因此，式(3.2) 中的 $\mathcal{R}_i$ 为常数，可以移到积分号外，便有

$$F_{i0} - F_i = -\mathcal{R}_i V + \frac{\mathrm{d}n_i}{\mathrm{d}t} \tag{3.3}$$

又因 $F = Qc$，所以如图 3.2 所示，反应器进出口的物料体积流量分别为 Q_0 和 Q，进出反应器关键组分 i 的摩尔流量分别为 $Q_0 c_{i0}$ 及 Qc_i，上式可改写成

$$Q_0 c_{i0} = Qc_i - \mathcal{R}_i V + \frac{\mathrm{d}n_i}{\mathrm{d}t} \quad (i = 1, 2, \cdots, K) \tag{3.4}$$

若 i 为反应物，$\mathcal{R}_i$ 为负；反应产物的 $\mathcal{R}_i$ 则为正。

这就是釜式反应器的物料衡算式，是一组常微分方程。

图 3.2 釜式反应器示意

组分 i 的消耗速率或生成速率 $\mathcal{R}_i$ 的计算，在第 2 章中已讨论过，可按下式求出

$$\mathcal{R}_i = \sum_{j=1}^{M} r_{ij} = \sum_{j=1}^{M} \nu_{ij} r_j \qquad (2.28)$$

此式所算得的 $\mathcal{R}_i$ 值，i 为反应物时为负，产物则为正。代入式(3.4) 得

$$Q_0 c_{i0} = Q c_i - V \sum_{j=1}^{M} \nu_{ij} r_j + \frac{\mathrm{d}n_i}{\mathrm{d}t} \qquad (i = 1, 2, \cdots, K) \qquad (3.5)$$

关键组分 i 在反应器内的累积速率 $\mathrm{d}n_i/\mathrm{d}t$ 可正可负，视具体情况而定。定态下操作的反应器，累积速率为零，式(3.5) 化为

$$Q_0 c_{i0} = Q c_i - V \sum_{j=1}^{M} \nu_{ij} r_j \qquad (i = 1, 2, \cdots, K) \qquad (3.6)$$

此为连续釜式反应器的物料衡算式，为一组代数方程。

如果采用间歇操作，无物料的输入与输出，即 $Q_0 = Q = 0$，式(3.5) 变为

$$-V \sum_{j=1}^{M} \nu_{ij} r_j + \frac{\mathrm{d}n_i}{\mathrm{d}t} = 0 \qquad (i = 1, 2, \cdots, K) \qquad (3.7)$$

此为间歇釜式反应器的物料衡算式，为一组常微分方程。由此可见，只有在非定态下操作的连续釜式反应器或半连续操作的釜式反应器，才需要应用普遍式(3.3) 或式(3.5)。当然，如果半间歇釜式反应器连续进料而分批出料，或者相反，式(3.5) 还可进一步简化。

再次强调，本教材提及的连续釜式反应器和间歇釜式反应器均特指理想反应器，又分别称为全混流反应器和全混式间歇反应器。

3.3 等温间歇釜式反应器的计算（单一反应）

间歇反应器的特点是分批装料和卸料，因此其操作条件较为灵活，可适用于不同品种和不同规格的产品生产，特别适用于多品种、小批量的化学品生产。因此，在医药、试剂、助剂、添加剂等精细化工部门中得到广泛的应用，而其他过程工业中，生产规模小或者反应时间长的反应也常常采用间歇反应器。

由于间歇反应器是分批操作，其操作时间系由两部分组成：一是反应时间，即反应开始至结束的时间；二是辅助时间，即装料、卸料及清洗等所需时间之和。设计间歇反应器的关键就在于确定每批所需时间，其中尤以反应时间的确定最为重要，而辅助时间主要根据经验来确定。下面将对不同类型的反应予以阐明。

3.3.1 反应时间及反应体积的计算

设反应器中进行化学反应 A+B ⟶ R，并以 A 为关键组分。若反应开始时关键组分的量为 n_{A0}，则

$$n_A = n_{A0}(1 - X_A)$$

代入式(3.7) 有

$$-V \mathcal{R}_A - n_{A0} \frac{\mathrm{d}X_A}{\mathrm{d}t} = 0 \qquad (3.8)$$

当 $t = 0$ 时，$X_A = 0$，积分上式即可求 A 的转化率达到 X_{Af} 时所需的反应时间

$$t = \int_0^{X_{Af}} \frac{n_{A0} \, \mathrm{d}X_A}{V(-\mathcal{R}_A)} \qquad (3.9)$$

式(3.9) 适用于任何间歇反应过程：多相或均相，等温或非等温。

间歇反应器可以是一个封闭系统，与环境没有物质的交换，如亦无功的交换，则间歇反应过程可认为是恒密度的，即反应体积 V 可视为常数。若为均相反应，则有 $n_{A0}/V = c_{A0}$，故式(3.9) 可改写成

$$t = c_{A0} \int_0^{X_{Af}} \frac{dX_A}{(-\mathscr{R}_A)} \tag{3.10}$$

对于单一反应，$\mathscr{R}_A = r_A$，所以只要反应的速率方程已知，代入式(3.10) 便可计算组分 A 的转化率达到 X_{Af} 时所需的反应时间。由式(3.10) 可知，对于单一反应，间歇反应器反应时间的求定是直接积分反应速率方程的结果。反应时间的长短取决于反应组分的初始浓度（一级反应除外）和所要求达到的最终转化率。当然，这是对反应温度一定而言，反应温度不同，反应时间当然也不一样，例如，在等温间歇反应器中进行 a 级不可逆反应，此时

$$\mathscr{R}_A = r_A = -kc_A^a$$

或

$$\mathscr{R}_A = -kc_{A0}^a(1-X_A)^a$$

代入式(3.10) 得

$$t = \frac{1}{kc_{A0}^{a-1}} \int_0^{X_{Af}} \frac{dX_A}{(1-X_A)^a} = \frac{(1-X_{Af})^{1-a}-1}{(a-1)kc_{A0}^{a-1}} \qquad (a \neq 1) \tag{3.11}$$

反应速率常数 k 为温度的函数，因为是在等温下反应，故 k 为常数可移至积分号之外。由式(3.11) 知，温度越高，k 越大，达到相同的转化率所需的反应时间也就越短。但若进行的是可逆放热反应，这一结论是否也成立？

进行一级不可逆反应时，按照同样的方法可得反应时间为

$$t = \frac{1}{k} \ln \frac{1}{1-X_{Af}} \tag{3.12}$$

对比式(3.12) 和式(3.11) 可知，一级反应与其他非一级反应有一个显著不同之处，就是反应时间与反应物料的起始浓度无关。

由间歇反应器的设计方程可得一个极为重要的结论：反应物达到一定的转化率所需的反应时间，只取决于过程的反应速率，也就是说取决于动力学因素，而与反应器的大小无关。反应器的大小是由反应物料的处理量决定的。由此可见，上述计算反应时间公式，既适用于小型设备，又可用于大型设备。所以，由实验室数据设计生产规模的间歇反应器时，只要保证两者的反应条件相同，便可达到同样的反应效果。但应注意，要使两个规模不同的间歇反应器具有完全相同的反应条件并非易事，以等温间歇反应器为例，实验室用的小反应器要做到等温操作比较容易，而大型反应器就很难做到；又如实验室反应器通过搅拌可使反应物料混合均匀，浓度均一，而大型反应器要做到这一点就比较困难。因此，生产规模的间歇反应器其反应效果与实验室反应器相比，或多或少地总是会有些差异。

间歇反应器的反应体积系根据单位时间的反应物料处理量 Q_0 及操作时间来决定。前者可由生产任务计算得到，而后者系由两部分组成：一是反应时间 t，这可按式(3.10) 求得；另一则是辅助时间 t_0；其值只能根据实际经验来决定。由此可得，间歇反应器的反应体积

$$V = Q_0(t+t_0) \tag{3.13}$$

显然，Q_0 应为单位时间内处理的反应物料的体积。

实际反应器的体积 V_r，要比反应体积 V 大，以保证反应物料上面有一定空间，通常由

下式确定

$$V_r = \frac{V}{f} \tag{3.14}$$

式中，f 为装填系数，等于 $0.4 \sim 0.85$，一般由经验确定，也可根据反应物料的性质不同而选择：对于沸腾或起泡沫的液体物料，可取小的系数，如 $0.4 \sim 0.6$；对于不起泡沫或不沸腾的液体可取 $0.5 \sim 0.7$。

【例 3.1】 用间歇反应器进行乙酸和乙醇的酯化反应，每天生产乙酸乙酯 12000 kg，其化学反应式为

$$CH_3COOH + C_2H_5OH \Longrightarrow CH_3COOC_2H_5 + H_2O$$
$$\quad\;(A) \qquad\qquad (B) \qquad\qquad\quad (R) \qquad\qquad (S)$$

原料中反应组分的质量比为：$A:B:S = 1:2:1.35$，反应液的密度为 $1020 kg/m^3$，并假定在反应过程中不变。每批装料、卸料及清洗等辅助操作时间为 1h。反应在 100℃ 下等温操作，其反应速率方程如下

$$-r_A = k_1(c_A c_B - c_R c_S / K)$$

100℃ 时，$k_1 = 4.76 \times 10^{-4} L/(mol \cdot min)$，平衡常数 $K = 2.92$。试计算乙酸转化 35% 时所需的反应体积。根据反应物料的特性，若反应器装填系数取 0.75，则反应器的实际体积是多少？

解：首先计算原料处理量 Q_0。根据题给的乙酸乙酯产量，可算出每小时的乙酸需用量为

$$\frac{12000}{88 \times 24 \times 0.35} = 16.23 (kmol/h)$$

式中，88 为乙酸乙酯的分子量。由原料液中乙酸：乙醇：水 $= 1:2:1.35$，所以 $1 + 2 + 1.35 = 4.35 (kg)$ 原料液中含 1kg 乙酸，由此可求单位时间的原料液量为

$$\frac{16.23 \times 60 \times 4.35}{1020} = 4.153 (m^3/h)$$

式中，60 为乙酸的分子量。原料液的起始组成如下

$$c_{A0} = \frac{16.23}{4.153} = 3.908 (mol/L)$$

乙醇及水的分子量分别为 46 和 18，通过乙酸的起始浓度和原料中各组分的质量比，可求出乙醇和水的起始浓度为

$$c_{B0} = \frac{3.908 \times 60 \times 2}{46} = 10.2 (mol/L)$$

$$c_{S0} = \frac{3.908 \times 60 \times 1.35}{18} = 17.59 (mol/L)$$

由式 (3.10) 可求反应时间，为此需将题给的速率方程变换成转化率的函数，因为

$$c_A = c_{A0}(1 - X_A), \quad c_B = c_{B0} - c_{A0}X_A$$
$$c_R = c_{A0}X_A, \qquad\qquad c_S = c_{S0} + c_{A0}X_A$$

代入速率方程，整理后得 $\qquad r_A = k_1(a + bX_A + cX_A^2)c_{A0}^2 \tag{A}$

式 (A) 中，$a = c_{B0}/c_{A0}$，$b = -(1 + c_{B0}/c_{A0} + c_{S0}/c_{A0}K)$，$c = 1 - 1/K$。

将式 (A) 代入式 (3.10) 得反应时间

$$t = \frac{1}{k_1 c_{A0}} \int_0^{X_{Af}} \frac{dX_A}{a + bX_A + cX_A^2} = \frac{1}{k_1 c_{A0}\sqrt{b^2-4ac}} \ln \frac{(b+\sqrt{b^2-4ac})X_{Af}+2a}{(b-\sqrt{b^2-4ac})X_{Af}+2a} \quad (B)$$

由 a、b 及 c 的定义式知

$$a = 10.2/3.908 = 2.61$$
$$b = -[1+10.2/3.908+17.59/(3.908\times2.92)] = -5.15$$
$$c = 1-1/2.92 = 0.6575$$
$$\sqrt{b^2-4ac} = \sqrt{(-5.15)^2-4\times2.61\times0.6575} = 4.434$$

将有关数值代入式(B) 得反应时间为

$$t = \frac{1}{4.76\times10^{-4}\times3.908\times4.434} \times \ln \frac{(-5.15+4.434)\times0.35+2\times2.61}{(-5.15-4.434)\times0.35+2\times2.61} = 118.8 \ (\text{min})$$

由式(3.13) 知，所需反应体积为

$$V = Q_0(t+t_0) = 4.153\times(118.8/60+1) = 12.38 (\text{m}^3)$$

反应器的实际体积 V_r 为

$$V_r = 12.38/0.75 = 16.51 \ (\text{m}^3)$$

3.3.2　优化反应时间

前已指出，间歇反应器每批物料的操作时间包括反应时间和辅助时间，对于一定的化学反应和反应器，辅助时间是一定值。反应物的浓度是随反应时间的增长而降低的，而反应产物的生成速率，则随反应物浓度的降低而降低。所以，随着时间的延长，无疑会使产品产量增多，但按单位操作时间计算的产品产量并不一定增加。因此，以单位操作时间的产品产量为目标函数，就必然存在一个最优反应时间，此时该函数值最大。

对于反应 $A \longrightarrow R$，若反应产物 R 的浓度为 c_R，则单位操作时间的产品产量为

$$F_R = \frac{Vc_R}{t+t_0} \tag{3.15}$$

将式(3.15) 对反应时间求导

$$\frac{dF_R}{dt} = \frac{V\left[(t+t_0)\dfrac{dc_R}{dt} - c_R\right]}{(t+t_0)^2} \tag{3.16}$$

令 $\dfrac{dF_R}{dt} = 0$，则由式(3.16) 得

$$\frac{dc_R}{dt} = \frac{c_R}{t+t_0} \tag{3.17}$$

式(3.17) 即为单位时间产物产量最大所必须满足的条件。

积分式(3.17) 得到的

$$\ln c_R \Big|_0^{c_R} = \ln(t+t_0)\Big|_0^t$$

但此式无解，所以需要结合间歇反应器的设计方程，求出最优反应时间。

【例 3.2】　在反应体积为 12.38m³ 的间歇釜式反应器中进行乙酸乙酯生产，反应动力学和反应条件同例 3.1，试求乙酸乙酯最大产量是多少？此时乙酸的转化率是多少？

解：例 3.1 已求出反应时间与乙酸转化率之间的关系，即

$$t = c_{A0} \int_0^{X_A} \frac{dX_A}{-r_A} = 121.239 \ln \frac{5.22 - 0.716 X_A}{5.22 - 9.584 X_A} \tag{A}$$

上式可改写为
$$X_A = 0.5447 - \frac{0.5040}{e^{0.008248t} - 0.0747} \tag{B}$$

求导得
$$\frac{dX_A}{dt} = \frac{0.004157 e^{0.008248t}}{(e^{0.008248t} - 0.0747)^2} \tag{C}$$

将式(B)、式(C)代入式(3.17)可得
$$\frac{0.004157 e^{0.008248t}}{(e^{0.008248t} - 0.0747)^2} = \frac{1}{t + t_0} \left(0.5447 - \frac{0.504}{e^{0.008248t} - 0.0747} \right) \tag{D}$$

上式即为乙酸乙酯产量最大时需满足的条件，求解可得最优反应时间 $t = 98.3 \text{min}$。代入式(B)可求得转化率 $X_A = 0.313$，此时的产量即为最大产量

$$F_R = \frac{V c_R}{t + t_0} = 5.739 (\text{kmol/h}) = 12121 \text{kg/d}$$

求解式(D)的 Python 代码如下：

```
from scipy import optimize
import math
def equation (t):
    return 0.004157 * math. exp (0.008248 * t) / (math. exp (0.008248 * t) -0.0747) * * 2 - 1/ (t
+ 60) * (0.5447-0.5040/ (math. exp (0.008248 * t) -0.0747))
initial _ t = 1.0
t = optimize. fsolve (equation, initial _ t)
print (" The t is", t [0]," min" )
```

计算结果显示为：The t is 98.29239802058399 min。

必须注意，这里所说的最优反应时间系就单位时间产品产量最大而言，如从单位产品所消耗的原料量最少着眼，则反应时间越长，原料单耗越少。优化的目标函数不同，结果自然不一样。若以生产费用最低为目标，并设单位时间内反应操作费用为 a，辅助操作费用为 a_0，而固定费用为 a_f，则单位质量产品的总费用为

$$A_T = \frac{at + a_0 t_0 + a_f}{V c_R} \tag{3.18}$$

为了使 A_T 最小，仍可采用上述求极值的方法，将式(3.18)对 t 求导得

$$\frac{dA_T}{dt} = \frac{1}{V c_R^2} \left[a c_R - (at + a_0 t_0 + a_f) \frac{dc_R}{dt} \right] = \frac{1}{V c_{A0}^2 X_A^2} \left[a c_{A0} X_A - (at + a_0 t_0 + a_f) c_{A0} \frac{dX_A}{dt} \right] \tag{3.19}$$

将例3.2中式(B)和式(C)代入上式，并令 $\frac{dA_T}{dt} = 0$，则有

$$\frac{dc_R}{dt} = \frac{c_R}{t + (a_0 t_0 + a_f)/a} \tag{3.20}$$

联立求解式(3.20)和反应器的设计方程即可求得优化反应时间，据此可求得相应的转化率与最低生产费用。计算过程类似于例3.2。

3.4 等温间歇釜式反应器的计算（复合反应）

3.4.1 平行反应

设在等温间歇釜式反应器中进行下列平行反应

$$A \longrightarrow P \qquad r_P = k_1 c_A$$

$$A \longrightarrow Q \qquad r_Q = k_2 c_A$$

P 为目的产物，即第一个反应为主反应，第二个反应为副反应。应用式(3.7)，可列出各反应组分的物料衡算式如下

$$V(k_1 + k_2)c_A + \frac{dn_A}{dt} = 0 \tag{3.21}$$

$$-Vk_1 c_A + \frac{dn_P}{dt} = 0 \tag{3.22}$$

$$-Vk_2 c_A + \frac{dn_Q}{dt} = 0 \tag{3.23}$$

由于系统中只进行两个反应，而且都是独立的，因此关键组分数为 2，式(3.21)～式(3.23)中只要任选两个就可以了。对于恒密度均相系统，这三个式子两边分别除以 V 后又可改写成

$$(k_1 + k_2)c_A + \frac{dc_A}{dt} = 0 \tag{3.24}$$

$$-k_1 c_A + \frac{dc_P}{dt} = 0 \tag{3.25}$$

$$-k_2 c_A + \frac{dc_Q}{dt} = 0 \tag{3.26}$$

设 $t = 0$ 时，$c_A = c_{A0}$，$c_P = 0$，$c_Q = 0$，显然，积分式(3.24) 可求出反应时间为

$$t = \frac{1}{k_1 + k_2} \ln \frac{c_{A0}}{c_A} \tag{3.27}$$

或

$$t = \frac{1}{k_1 + k_2} \ln \frac{1}{1 - X_A} \tag{3.28}$$

似乎只需一个衡算式即可确定所需反应时间，其余的衡算式则成为多余的了，如果仅从 A 转化多少去理解，这无疑是正确的，但是，这里进行化学反应的目的在于生产产品，最关心的是获得了多少产品，式(3.27) 或式(3.28) 并没有告诉这方面的信息，只有通过式(3.25) 才可以计算出目的产物 P 的收率。为此，将式(3.27) 改写成

$$c_A = c_{A0} \exp[-(k_1 + k_2)t] \tag{3.27a}$$

代入式(3.25) 积分后可得

$$c_P = \frac{k_1 c_{A0}}{k_1 + k_2} \{1 - \exp[-(k_1 + k_2)t]\} \tag{3.29}$$

此为在反应时间 t 时目的产物 P 的浓度，由 $c_Q = c_{A0} - c_A - c_P$ 得

$$c_Q = \frac{k_2 c_{A0}}{k_1 + k_2} \{1 - \exp[-(k_1 + k_2)t]\} \tag{3.30}$$

式(3.27a)、式(3.29)及式(3.30)表示平行反应物系的组成与反应时间的关系,可绘出示意图如图3.3所示。由图可见,反应物 A 的浓度总是随反应时间的增加而减少,而反应产物 P 和 Q 的浓度则随反应时间的增加而增高。将式(3.29)除以式(3.30)有

$$\frac{c_P}{c_Q} = \frac{k_1}{k_2}$$

即两种反应产物的浓度之比,在任何反应时间下均等于两个反应的速率常数之比,这个关系也可由式(3.25)和式(3.26)相除后积分得到。但要注意这个关系只有当各反应的速率方程形式相同时才成立。另外这里讨论的反应物系中各反应组分的化学计量系数均相等,若不相等,各反应组分的浓度与反应时间的关系式需作相应的修正,但函数形式不变,只是有关系数不同。

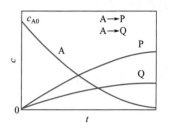

图 3.3　平行反应的物系组成与反应时间的关系示意

以上是同时进行两个一级反应的情况,不难将其推广到 M 个一级反应同时进行的场合。此时反应物 A 的浓度为

$$c_A = c_{A0} \exp\left(-t \sum_1^M k_i\right) \tag{3.31}$$

反应产物 c_i 的浓度为

$$c_i = \frac{k_i c_{A0}}{\sum\limits_1^M k_i} \left[1 - \exp\left(-t \sum_1^M k_i\right)\right] \qquad (i = 1, 2, \cdots, M) \tag{3.32}$$

反应时间确定后,即可确定必需的反应体积,方法与单一反应的情况相同。

【例 3.3】　在等温间歇釜式反应器中进行下列液相反应

$$A + B \longrightarrow P \qquad r_P = 2c_A [\text{kmol}/(\text{m}^3 \cdot \text{h})]$$
$$2A \longrightarrow Q \qquad r_Q = 0.5c_A^2 [\text{kmol}/(\text{m}^3 \cdot \text{h})]$$

反应开始时 A 和 B 的浓度均等于 $2\text{kmol}/\text{m}^3$,目的产物为 P,试计算反应时间为 3h 时 A 的转化率和 P 的收率。

解:因

$$\mathcal{R}_A = -r_P - 2r_Q = -2c_A - 2 \times 0.5c_A^2 = -2c_A - c_A^2 \tag{A}$$

由式(3.7)得

$$\frac{dn_A}{dt} - V\mathcal{R}_A = 0 \tag{B}$$

由于是等密度系统,将式(A)代入式(B)化简后得

$$\frac{dc_A}{dt} + 2c_A + c_A^2 = 0 \tag{C}$$

积分得

$$\int_0^t dt = \int_{c_{A0}}^{c_A} \frac{-dc_A}{2c_A + c_A^2}$$

$$t = \frac{1}{2} \ln \frac{c_{A0}(2 + c_A)}{c_A(2 + c_{A0})} \tag{D}$$

题给组分 A 的起始浓度 $c_{A0} = 2\text{kmol}/\text{m}^3$,反应时间 $t = 3\text{h}$,代入式(D)可求组分 A 的浓度 c_A

$$3 = \frac{1}{2} \ln \frac{2(2 + c_A)}{c_A(2 + 2)} = \frac{1}{2} \ln \frac{2 + c_A}{2c_A}$$

所以 $$c_A = 2.482 \times 10^{-3} \text{ kmol/m}^3$$

此即反应 3h 时 A 的浓度，因此，组分 A 的转化率为

$$X_A = \frac{2 - 2.482 \times 10^{-3}}{2} = 0.9988，即 99.88\%$$

只知道 A 的转化率尚不能确定 P 的生成量，因转化的 A 既可转化成 P 也可能转化成 Q。由题给的速率方程知

$$\frac{\mathrm{d}c_P}{\mathrm{d}t} = 2c_A \tag{E}$$

式（C）除以式（E）有

$$\frac{\mathrm{d}c_A}{\mathrm{d}c_P} = -1 - \frac{1}{2}c_A$$

所以

$$\int_0^{c_P} \mathrm{d}c_P = -\int_{c_{A0}}^{c_A} \frac{\mathrm{d}c_A}{1 + c_A/2}$$

$$c_P = 2\ln\frac{1 + c_{A0}/2}{1 + c_A/2} \tag{F}$$

将有关数值代入式（F）得

$$c_P = 2 \times \ln\frac{1 + 2/2}{1 + 2.482 \times 10^{-3}/2} = 1.3838 \text{ （kmol/m}^3) $$

P 的收率

$$Y_P = \frac{1.3838}{2} = 0.6919 \text{ 或 } 69.19\%$$

即 A 转化了 99.88%，而转化成 P 的只有 69.19%，余下（99.88−69.19）% = 30.69% 则转化成 Q。

3.4.2 连串反应

设在等温间歇反应器中进行下列一级不可逆连串反应

$$A \xrightarrow{k_1} P \xrightarrow{k_2} Q$$

由于同时进行两个独立反应，故需建立两个物料衡算式以描述其反应过程。现选 A 和 P 作为关键组分，仿照处理平行反应时所用的方法，应用式（3.7）不难得到以下两式

$$-\frac{\mathrm{d}c_A}{\mathrm{d}t} = k_1 c_A \tag{3.33}$$

$$\frac{\mathrm{d}c_P}{\mathrm{d}t} = k_1 c_A - k_2 c_P \tag{3.34}$$

若 $t = 0$ 时，$c_A = c_{A0}$，$c_P = 0$，$c_Q = 0$，积分式（3.33）有

$$c_A = c_{A0} e^{-k_1 t} \tag{3.35}$$

或

$$t = \frac{1}{k_1}\ln\frac{c_{A0}}{c_A} = \frac{1}{k_1}\ln\frac{1}{1 - X_A} \tag{3.36}$$

这跟平行反应类似，只根据一个物料衡算式便可求定达到一定转化率所需的反应时间，但同样是确定不了在此反应时间时 P 的浓度和收率。很显然式（3.36）只说明了第一个反应进行的程度，而说明不了第二个反应的进程。用于平行反应的式（3.27）则只表明两个反应总的结果，却反映不了各自的进程。

为了确定 P 的浓度，将式（3.35）代入式（3.34）得

$$\frac{dc_P}{dt} + k_2 c_P = k_1 c_{A0} e^{-k_1 t} \tag{3.37}$$

式(3.37) 是一阶线性非齐次常微分方程，代入通解公式

$$\frac{dy}{dx} + P(x)y = Q(x)$$

$$y = e^{-\int P(x)dx} \left(\int Q(x) e^{\int P(x)dx} dx + C \right)$$

结合上述初始条件确定积分常数后，可得

$$c_P = \frac{k_1 c_{A0}}{k_1 - k_2} \left(e^{-k_2 t} - e^{-k_1 t} \right) \tag{3.38}$$

因 $c_A + c_P + c_Q = c_{A0}$，所以

$$c_Q = c_{A0} - c_A - c_P = c_{A0} \left(1 + \frac{k_2 e^{-k_1 t} - k_1 e^{-k_2 t}}{k_1 - k_2} \right) \tag{3.39}$$

或者用变量替换的方法做如下计算。

式(3.34) 除以式(3.33) 可得

$$\frac{dc_P}{dc_A} = \frac{k_2 c_P}{k_1 c_A} - 1$$

令 $u = \dfrac{c_P}{c_A}$，则

$$\frac{dc_P}{dc_A} = \frac{d(u c_A)}{dc_A} = \frac{c_A du}{dc_A} + u = \frac{k_2 u}{k_1} - 1$$

将上式分离变量，可得

$$\frac{du}{\left(\dfrac{k_2}{k_1} - 1\right)u - 1} = \frac{dc_A}{c_A}$$

$$\frac{\dfrac{k_1}{k_2 - k_1} d\left[1 - \left(\dfrac{k_2}{k_1} - 1\right)u\right]}{1 - \left(\dfrac{k_2}{k_1} - 1\right)u} = \frac{dc_A}{c_A}$$

$$\frac{k_1}{k_2 - k_1} \ln\left[1 - \left(\dfrac{k_2}{k_1} - 1\right)u\right]\Bigg|_0^u = \ln(1 - X_A)\Big|_0^{X_A}$$

$$\ln\left[1 - \left(\dfrac{k_2}{k_1} - 1\right)u\right] = \ln(1 - X_A)^{\frac{k_2 - k_1}{k_1}}$$

$$1 - \left(\dfrac{k_2}{k_1} - 1\right)u = (1 - X_A)^{\frac{k_2 - k_1}{k_1}}$$

所以

$$u = \frac{c_P}{c_A} = \frac{(1 - X_A)^{\frac{k_2 - k_1}{k_1}} - 1}{1 - \dfrac{k_2}{k_1}}$$

将式(3.35) 代入上式，得到

$$c_P = \frac{\left[(e^{-k_1 t})^{-\frac{k_2 - k_1}{k_1}} - 1 \right] c_{A0} e^{-k_1 t}}{1 - \dfrac{k_2}{k_1}} = \frac{k_1 c_{A0} (e^{-k_2 t} - e^{-k_1 t})}{k_1 - k_2} \tag{3.38a}$$

式(3.35)、式(3.38)、式(3.39) 表示各反应组分浓度与反应时间的关系，根据这三个关系式以时间对浓度作图如图 3.4 所示。由图可见，反应物 A 的浓度随反应时间增加而降低，反应产物 Q 的浓度随反应时间增加而增加，而产物 P 的浓度先随时间增加而增加，后则随时间增加而降低，存在一最大值，这是连串反应的特点，与平行反应不同。P 的浓度之所以存在一极大值，是由于 P 是从 A 转化而来，而 P 又可以转化成 Q。反应时间短时，A 的消耗速率超过了 P 转化成 Q 的速率，因而 P 的浓度随时间而增加。但过了极大点之后情况相反，P 转化成 Q 的速率大于 A 转化成 P 的速率，从而 P 的浓度随时间的增加而降低。由此可见，当目的产物为 P 时，就需控制反应时间，以使 P 的收率最大。为此，可将式(3.38) 对 t 求导，然后令 $\mathrm{d}c_P/\mathrm{d}t = 0$ 可得最优反应时间

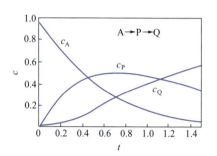

图 3.4　连串反应的组分浓度与反应时间的关系

$$t_{\mathrm{opt}} = \frac{\ln(k_1/k_2)}{k_1 - k_2} \tag{3.40}$$

将式(3.40) 代回式(3.38) 可求 P 的最大浓度。若目的产物为 Q，则反应时间越长，Q 的收率越大。

值得注意的是当 k_1 等于 k_2 时，式(3.38)～式(3.40) 均变成了不定式，这种情况下应如何来确定反应时间与 P 和 Q 的浓度间的关系？中间产物 P 的浓度变化曲线是否还存在极大点？

以上的讨论是针对包括两个一级反应的连串反应，其结论也可推广到更多反应时的场合，只要是中间产物，必存在极大浓度。对于非一级反应，可按上边的方法同样处理，只是大多数情况都很难获得解析解，需用数值解法。确定反应时间后，可根据式(3.13) 求反应体积。

【例 3.4】　在间歇釜式反应器中等温下进行下列反应

$$NH_3 + CH_3OH \xrightarrow{k_1} CH_3NH_2 + H_2O$$

$$CH_3NH_2 + CH_3OH \xrightarrow{k_2} (CH_3)_2NH + H_2O$$

这两个反应对各自的反应物均为一级，并已知反应温度下 $k_2/k_1 = 0.68$，试计算一甲胺的最大收率和与其相应的氨转化率。

解：由题意知这两个反应的速率方程为

$$r_1 = k_1 c_A c_M \tag{A}$$

$$r_2 = k_2 c_B c_M \tag{B}$$

式中，A、B 及 M 分别代表氨、一甲胺和醇。氨的消耗速率

$$\mathscr{R}_A = \nu_{A1} r_1 = -k_1 c_A c_M = \frac{\mathrm{d}c_A}{\mathrm{d}t}$$

一甲胺的生成速率 $\qquad \mathscr{R}_B = \nu_{B1} r_1 - \nu_{B2} r_2 = k_1 c_A c_M - k_2 c_B c_M = \dfrac{dc_B}{dt}$

两式相除得 $\qquad\qquad\qquad\qquad -\dfrac{dc_B}{dc_A} = 1 - \dfrac{k_2}{k_1}\dfrac{c_B}{c_A}$ $\qquad\qquad\qquad$ (C)

因 $c_A = c_{A0}(1 - X_A)$，$c_B = c_{A0} Y_B$，故式（C）又可写成

$$\dfrac{dY_B}{dX_A} = 1 - \dfrac{k_2 Y_B}{k_1(1 - X_A)} \qquad\qquad\qquad (D)$$

式（D）为一阶线性常微分方程，初值条件为 $X_A = 0$，$Y_B = 0$。式（D）的解为

$$Y_B = \exp\left[-\int \dfrac{k_2 dX_A}{k_1(1 - X_A)} \right] \left[\int \exp\left(\int \dfrac{k_2 dX_A}{k_1(1 - X_A)} \right) dX_A + c \right]$$

$$= \exp\left[\ln(1 - X_A)^{k_2/k_1} \right] \left\{ \int \exp\left[\ln(1 - X_A)^{-k_2/k_1} \right] dX_A + c \right\}$$

$$= (1 - X_A)^{k_2/k_1} \left[\int (1 - X_A)^{-k_2/k_1} dX_A + c \right]$$

$$= (1 - X_A)^{k_2/k_1} \left[\dfrac{-(1 - X_A)^{1 - k_2/k_1}}{1 - k_2/k_1} + c \right] \qquad (E)$$

式（E）中 c 为积分常数，将初值条件代入式（E）可得

$$c = 1/(1 - k_2/k_1)$$

再代回式（E）则有 $\qquad Y_B = \dfrac{1}{1 - k_2/k_1} \left[(1 - X_A)^{k_2/k_1} - (1 - X_A) \right] \qquad\qquad$ (F)

为了求一甲胺的最大收率，将式（F）对 X_A 求导得

$$\dfrac{dY_B}{dX_A} = \dfrac{1}{1 - k_2/k_1} \left[\dfrac{-k_2}{k_1}(1 - X_A)^{k_2/k_1 - 1} + 1 \right]$$

令 $dY_B/dX_A = 0$，则有 $\qquad\qquad \dfrac{k_2}{k_1}(1 - X_A)^{k_2/k_1 - 1} = 1$

所以 $\qquad\qquad\qquad\qquad X_A = 1 - (k_1/k_2)^{1/(k_2/k_1 - 1)} \qquad\qquad\qquad$ (G)

此即一甲胺收率最大时氨的转化率，已知 $k_2/k_1 = 0.68$，代入式（G）得

$$X_A = 1 - (1/0.68)^{1/(0.68 - 1)} = 0.7004$$

再代回式（F）可得一甲胺的最大收率为

$$Y_{B,\max} = \dfrac{1}{1 - 0.68} \times \left[(1 - 0.7004)^{0.68} - (1 - 0.7004) \right] = 0.4406, 或 44.06\%$$

实际上，第二个反应生成的二甲胺仍可和甲醇反应生成三甲胺

$$(CH_3)_2 NH + CH_3 OH \xrightarrow{k_3} (CH_3)_3 N + H_2 O$$

如果将这个反应也考虑在内，对上面所计算的一甲胺的最大收率是否产生影响？并请考虑一下是什么原因。

3.5　连续釜式反应器的反应体积

实际生产中的连续釜式反应器几乎都是在定态下操作，因此各股物流以及反应器的所有参数均不随时间而变，从而不存在时间自变量，以式（3.6）所示的代数方程式作为设计方

程。另外，这类反应器多用于在液相中进行的反应，反应过程中液体体积的变化不显著，完全可以认为是在等密度下进行反应。假定物料进出口的体积流量相等，对设计计算精确度带来的影响极其有限，这样式(3.6)可简化为

$$V = \frac{Q_0(c_i - c_{i0})}{\sum\limits_{j=1}^{M} \nu_{ij} r_j} \qquad (i = 1, 2, \cdots, K) \tag{3.41}$$

这就是连续釜式反应器反应体积的计算公式。只要原料的处理量及组成和反应速率方程已知，便可由式(3.41)计算满足输出要求时所需的反应体积。

如果以组分 A 为关键组分，则把式(3.41)写成如下形式更为简明

$$V = \frac{Q_0(c_{A0} - c_A)}{-\mathscr{R}_A} \tag{3.42}$$

式(3.42)也可写成转化率的函数，即

$$V = \frac{Q_0 c_{A0} X_{Af}}{(-\mathscr{R}_A)_{X_{Af}}} \tag{3.43}$$

定态下操作的连续釜式反应器系在等温、等浓度下进行反应，因而也是在等反应速率下反应，即式(3.41)～式(3.43)中的 $\mathscr{R}_A$ 或 r_j 在整个反应进程中均为常数，既不随空间而变，也不随时间而变。正因为这样，通过简单的代数运算便可确定釜式反应器的反应体积。等速操作是连续釜式反应器不同于其他反应器的一个显著特点。还需指出，$\mathscr{R}_A$ 或 r_j 均应按反应器内的反应物料组成计算，由于此组成与出口物料组成相同，也可以说是按出口物料组成计算。

当同时进行数个反应时，需求解代数方程组才可以计算一定反应体积下出口物料的组成，因为式(3.41)往往是偶联的。如果进出口物料组成及处理量已知，则无论同时进行多少个反应，只通过一个式子就可以求反应体积。

由上节讨论知，间歇反应器的反应体积是通过反应时间及物料处理量来确定的。定态操作的连续釜式反应器则是由物料衡算式直接计算反应体积。为了对连续反应器的生产能力作比较，往往引用空间时间（简称空时）这一概念，其定义为

$$\tau = \frac{V}{Q_0} = \frac{\text{反应体积}}{\text{进料体积流量}} \tag{3.44}$$

显然空时具有时间的量纲。空时越小，表示该反应器的处理物料量越大，空时大则相反。若在进出口物料组成相同的条件下比较两个连续反应器，空时小者，生产能力大，当然，两者的进料体积流量必须按相同的温度及压力计算。对于等密度均相反应过程，空时也等于物料在反应器内的平均停留时间。

空时 τ 的倒数为空速 SV，其意义是单位反应体积单位时间内所处理的物料量，量纲为[时间]$^{-1}$。空速越大，反应器的生产能力越大。为了便于比较，通常采用标准情况下的体积流量。对于使用固体催化剂的反应，往往以催化剂的质量多少表示反应体积的大小，因此有质量空速与体积空速之分；前者为单位质量催化剂单位时间内处理的物料量；后者则基于单位体积催化剂计算，且一般是指催化剂的堆体积。有时反应进料为液体，经汽化后进行气相反应，当进料流量按液体体积计算时所得的空速，称为液空速。此外还有指某一特定反应组分计算的空速，如碳空速、烃空速等。使用时必须注意，不要混淆。

【例 3.5】 按照例 3.1 所规定的要求和给定的数据，使用连续釜式反应器生产乙酸乙酯，试计算所需的反应体积。

解：单位时间处理的原料量及原料组成，在例 3.1 中已作了计算，即 $Q_0 = 4.153 \text{m}^3/\text{h}$，$c_{A0} = 3.908 \text{mol/L}$，$c_{B0} = 10.2 \text{mol/L}$，$c_{S0} = 17.59 \text{mol/L}$，$c_{R0} = 0$。且 $k_1 = 4.76 \times 10^{-4} \text{L/(mol} \cdot \text{min)}$，$K = 2.92$。

乙酸的消耗速率可由题给的反应速率方程求得，将其变换为转化率的函数有

$$-r_A = k_1 [(c_{A0} - c_{A0} X_A)(c_{B0} - c_{A0} X_A) - (c_{R0} + c_{A0} X_A)(c_{S0} + c_{A0} X_A)/K]$$

将初始组成及反应速率常数 k_1 及平衡常数 K 代入上式化简后得

$$-r_A = (18.97 - 37.44 X_A + 4.78 X_A^2) \times 10^{-3}$$

由于反应器内反应物料组成与流出液体组成相同，因此应按出口转化率来计算反应速率，把转化率值代入上式得

$$-r_A = (18.97 - 37.44 \times 0.35 + 4.78 \times 0.35^2) \times 10^{-3}$$
$$= 6.452 \times 10^{-3} [\text{mol/(L} \cdot \text{min)}] = 0.3871 \text{kmol/(m}^3 \cdot \text{h)}$$

根据式 (3.43) 即可算出所需反应体积为

$$V = \frac{4.153 \times 3.908 \times 0.35}{0.3871} = 14.67 \ (\text{m}^3)$$

由例 3.1 的计算结果知，采用间歇操作所需的反应体积为 12.38m^3 较之连续釜式反应器要小，其原因是间歇反应器是变速操作，开始时反应速率最大，终了时最小，而连续釜式反应器是等速操作，且恰恰是在相应于间歇反应器的最小反应速率下操作，反应体积自然就增大，从这个角度看连续釜式反应器不如间歇反应器。

【例 3.6】 采用连续釜式反应器来实现例 3.3 的反应，若保持其空时为 3h，则组分 A 的最终转化率是多少？P 的收率又是多少？

解：由式 (3.41) 可列出 A 的物料衡算式为

$$V = \frac{Q_0(c_{A0} - c_A)}{2c_A + c_A^2}$$

或

$$\tau = \frac{V}{Q_0} = \frac{c_{A0} - c_A}{2c_A + c_A^2} \tag{A}$$

同理得 P 的物料衡算式

$$\tau = \frac{c_P}{2c_A} \tag{B}$$

$\tau = 3\text{h}$，$c_{A0} = 2\text{kmol/m}^3$ 代入式 (A) 整理后有

$$3c_A^2 + 7c_A - 2 = 0$$

解此二次方程得反应器出口组分 A 的浓度

$$c_A = 0.2573 \ \text{kmol/m}^3$$

另一根为负根，舍去，故 A 的最终转化率为

$$X_{Af} = (2 - 0.2573)/2 = 0.8714$$

将 c_A 值代入式 (B) 得 P 的浓度

$$c_P = 2 \times 3 \times 0.2573 = 1.544 \ (\text{kmol/m}^3)$$

所以，P 的收率为
$$Y_P = 1.544/2 = 0.772$$

由此可见，当连续釜式反应器的空时与间歇釜的反应时间相同时，两者的转化率和收率都不相等，因此在进行反应器放大时，这点必须予以足够的注意。另外在本情况下连续操作时的收率大于间歇操作，这是由于 A 的浓度低有利于目的产物 P 的生成。

3.6 连续釜式反应器的串联与并联

工业生产中常同时使用数个釜式反应器进行同样的反应；反应器设计中也经常出现用一个大反应器好，还是用几个小反应器好的问题。同时使用几个反应器时，应该采用什么样的连接方式效果才最好，这样的反应器组应如何去设计计算，就是本节所要讨论的中心内容。

3.6.1 概述

前面介绍了釜式反应器反应体积的计算，例如进行单一反应的连续釜式反应器可用式（3.42）计算。下面利用图 3.5 进一步阐明该式的几何意义。根据反应速率方程，可将 X_A 对 $1/(-\mathcal{R}_A)$ 作图，如图 3.5 所示。一般情况下，消耗速率（$-\mathcal{R}_A$）总是随着 X_A 的增加而降低，即所谓正常动力学，而 $1/(-\mathcal{R}_A)$ 则随 X_A 的增加而升高，见图 3.5(a)；与此相反，则为反常动力学，反应级数为负数的反应，自催化反应等属此类，见图 3.5(b)。当用一个釜式反应器操作，使反应物 A 的转化率从 0 增至 X_{A2} 时，由式（3.43）知所需的反应体积为 $Q_0 c_{A0} X_{A2}/(-\mathcal{R}_{A2})$，而由图 3.5(a) 可看出，$X_{A2}/(-\mathcal{R}_A)$ 等于矩形 $OADK$ 的面积。所以，对于一定的进料条件而言，反应体积与此矩形面积成正比，比例系数为 $Q_0 c_{A0}$。

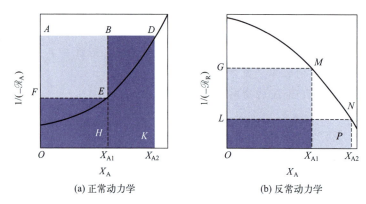

(a) 正常动力学   (b) 反常动力学

图 3.5 连续釜式反应器反应体积的几何图示

如果采用两个釜式反应器串联操作，如在第一釜中达到的转化率为 X_{A1}，然后再在第二釜反应最后达到与一个大釜操作时所达到的转化率 X_{A2}。由图 3.5(a) 知，第一釜的反应体积与矩形 $OFEH$ 的面积成正比，第二釜则与矩形 $BHDK$ 的面积成正比。因为两釜成串联，所以两釜的物料处理量相同，都为 Q_0。另外，转化率 X_{A1} 和 X_{A2} 都是以进入第一釜的原料为基准来定义的，即都是对 c_{A0} 而言的。此时，式（3.43）用于第二釜时要作相应的修正，将分子的 X_A 改为（$X_{A2} - X_{A1}$），因为式（3.43）只适用于进料的转化率为零的场合，而第二釜进料为第一釜的出料，转化率为 X_{A1}，故要作修正，（$X_{A2} - X_{A1}$）可理解为组分 A 在第二釜中的净转化率。

根据以上分析并结合图 3.5(a) 可知，单釜的反应体积与矩形 $OADK$ 的面积成正比，而两釜串联时总的反应体积与矩形 $OFEH$ 与 $HBDK$ 面积之和成正比。显然，面积 $OADK$＞（面积 $OFEH$＋面积 $HBDK$），可见在此情况下两釜串联所需总的反应体积要小于单釜，这一结论可推广到多釜串联，并且串联的釜数越多，所需总的反应体积越小。所以，对于正常动力学，使用多釜串联总是比单釜节省反应体积。

再看反常动力学的情况，两釜串联就不如单釜了，因前者所需的总反应体积大于单釜［见图3.5(b)］，所以，采用单釜操作有利。在釜式反应器中进行具有正常动力学的反应时，是在最小的反应速率操作的；而进行具有反常动力学的反应时，则在最大的反应速率下操作，故此两者在反应器连接方式的选择上迥然不同。

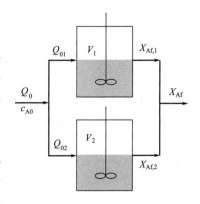

图3.6 釜式反应器的并联

当用单釜进行反应所需的反应体积过大而难以加工制造时，就需用若干个体积较小的反应釜。根据前面的分析，具有正常动力学的反应应采用串联方式，若为反常动力学，则应各釜单独操作，即采用并联方式，图3.6所示为两釜并联。这就产生一个如何分配各釜的进料量问题，其分配原则是保证各釜的空时相同，也就是说各釜的出口转化率相等，这样效果最佳。要做到这一点，需使各釜的进料量与各釜的反应体积成正比。

3.6.2 串联釜式反应器的计算

图3.7系由 N 个反应体积分别为 $V_1, V_2, \cdots, V_N$ 的釜组成的串联釜式反应器。如果问题是为了求此反应系统所达到的最终转化率 X_{iN} 或收率 Y_{iN}，这不难解决。此时对各釜分别作关键组分 i 的物料衡算得下列方程组

$$V_p = \frac{Q_0(c_{ip} - c_{ip-1})}{\left(\sum\limits_{j}^{M} \nu_{ij} r_j\right)_p} \qquad \begin{array}{l} p = 1, 2, \cdots, N \\ i = 1, 2, \cdots, K \\ j = 1, 2, \cdots, M \end{array} \qquad (3.45)$$

关键组分数为 K，故每个釜可列出 K 个方程，方程总数则为 KN。若进料量及组成、各釜的反应体积和温度已定，利用式(3.45)可求最后一釜的出口物料组成。计算可从第1釜开始，由于该釜的进口组成已知，由式(3.45)可求出口组成，这也就是第2釜的进口组成。依此类推，直至第 N 釜即为所求。如果所进行的反应不止一个，则需解代数方程组式(3.45)，才能求得出口物料组成，这种算法称为逐釜计算。

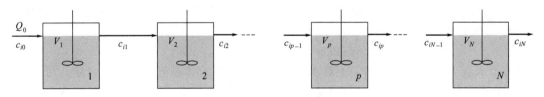

图3.7 串联釜式反应器

实际设计中往往是已知进料量和组成，确定达到规定的输出物料组成时所需的釜数和各釜的反应体积。对于正常动力学，串联釜数越多，总反应体积越小，从这点看，多用几个釜串联操作是有利的。但是，釜数多了，相应地管道阀门和控制仪表等也要增多，操作的复杂程度也随之增加，所以，应根据具体情况从经济的角度出发确定最佳的釜数。此外，各釜的操作温度及浓度的确定，即各釜的反应体积间的比例是一个优化问题，这将在后面讨论。一般把各釜做成相同的大小，是从机械加工制造方便的角度出发的。

为简便起见，下面只讨论单一反应的情况，并以反应物 A 为关键组分，这时式(3.45)变成

$$V_p = \frac{Q_0(c_{Ap-1} - c_{Ap})}{(-\mathscr{R}_{Ap})} \quad (p=1,2,\cdots,N) \tag{3.46}$$

或
$$V_p = \frac{Q_0 c_{A0}(X_{Ap} - X_{Ap-1})}{(-\mathscr{R}_{Ap})_{X_{Ap}}} \quad (p=1,2,\cdots,N) \tag{3.47}$$

对于一级不可逆反应有

$$V_p = \frac{Q_0(X_{Ap} - X_{Ap-1})}{k(1-X_{Ap})} \quad (p=1,2,\cdots,N) \tag{3.48}$$

假定各釜反应体积相等，则各釜的空时相等，设为 τ；又如各釜的操作温度相同，则各釜的反应速率常数相同并以 k 表示。根据空时的定义，式(3.48) 可变为如下的形式

$$\frac{1-X_{Ap-1}}{1-X_{Ap}} = 1 + k\tau \quad (p=1,2,\cdots,N) \tag{3.49}$$

将这 N 个方程相乘则有
$$\frac{1}{1-X_{AN}} = (1+k\tau)^N$$

或
$$\tau = \frac{1}{k}\left[\left(\frac{1}{1-X_{AN}}\right)^{1/N} - 1\right] \tag{3.50}$$

当釜数一定，由式(3.50) 即可算出达到最终转化率 X_{AN} 所需的空时 τ，从而不难算出所需的反应体积。但应注意这里的空时是对一个釜而言，总空时应为 $N\tau$，因而总反应体积为 $Q_0 N\tau$。

在各釜反应体积相等、操作温度相同的前提下，对于一级反应，不必进行逐釜计算便可由式(3.50) 求空时，从而求所需的反应体积。然而对于非一级反应，纵使具备了这两个前提，也还要作逐釜计算，通过试差才能求出达到规定的最终转化率所需的反应体积。例如，进行二级反应时

$$-r_A = k c_A^2 = k c_{A0}^2 (1-X_A)^2$$

代入式(3.47) 并化为空时得

$$\tau = \frac{X_{Ap} - X_{Ap-1}}{k c_{A0}(1-X_{Ap})^2} \quad (p=1,2,\cdots,N) \tag{3.51}$$

通过代数方程组式(3.51) 很难将中间转化率 X_{A1}，X_{A2}，$\cdots$，X_{AN-1} 等消去，得到像式(3.50) 那样的方程。因此，只能利用式(3.51) 作逐釜计算，由进口转化率求出口转化率。于是式(3.51) 可写成

$$k\tau c_{A0} X_{Ap}^2 - (2k\tau c_{A0}+1)X_{Ap} + k\tau c_{A0} + X_{Ap-1} = 0$$

这是关于 X_{Ap} 的一元二次方程，不难求解。若各釜的反应体积已知，即 τ 已定，可从第一釜开始，逐釜计算出口转化率，可确定达到规定的最终转化率 X_{AN} 所需的釜数 N。如釜数已规定，需要确定各釜的反应体积，则要假设 τ 值，然后按上法计算。若按规定的釜数计算的最终转化率 X_{AN} 与规定值不符，说明原设的 τ 值不合适，需重新假定再算，直至与规定的最终转化率相符为止。显然计算是很麻烦的，特别是釜数多时，如果不是二级反应，求解其他的非线性代数方程，更为麻烦。因此需要借助计算机计算。

【例 3.7】 与例 3.6 的要求相同，但改用三个等体积的釜式反应器串联，试求总反应体积。

解：根据式(3.47)，可分别写出三个釜的设计方程

$$V_1 = \frac{Q_0 c_{A0} X_{A1}}{(-\mathscr{R}_A)_{X_{A1}}}, \quad V_2 = \frac{Q_0 c_{A0}(X_{A2} - X_{A1})}{(-\mathscr{R}_A)_{X_{A2}}}, \quad V_3 = \frac{Q_0 c_{A0}(X_{A3} - X_{A2})}{(-\mathscr{R}_A)_{X_{A3}}}$$

因 $V_1 = V_2 = V_3$，由上三式两两相除可得

$$\frac{X_{A1}}{X_{A2} - X_{A1}} = \frac{(\mathscr{R}_A)_{X_{A1}}}{(\mathscr{R}_A)_{X_{A2}}} \qquad (A)$$

$$\frac{X_{A2} - X_{A1}}{X_{A3} - X_{A2}} = \frac{(\mathscr{R}_A)_{X_{A2}}}{(\mathscr{R}_A)_{X_{A3}}} \qquad (B)$$

$\mathscr{R}_A$ 与 X_A 的关系在例 3.6 中已求出，为

$$(-\mathscr{R}_A)_{X_A} = (18.97 - 37.44 X_A + 4.78 X_A^2) \times 10^{-3} \qquad (C)$$

$X_{A3} = 0.35$，代入式（C）得 $(-\mathscr{R}_A)_{X_{A3}} = 6.452 \times 10^{-3} \, \text{mol}/(\text{L} \cdot \text{min})$，与式（C）一起代入式（A）及式（B）则有

$$\frac{X_{A1}}{X_{A2} - X_{A1}} = \frac{18.97 - 37.44 X_{A1} + 4.78 X_{A1}^2}{18.97 - 37.44 X_{A2} + 4.78 X_{A2}^2} \qquad (D)$$

$$\frac{X_{A2} - X_{A1}}{0.35 - X_{A2}} = \frac{18.97 - 37.44 X_{A2} + 4.78 X_{A2}^2}{6.452} \qquad (E)$$

用如下的计算程序联立求解式（D）及式（E）得

$$X_{A1} = 0.1598, \quad X_{A2} = 0.2714$$

Python 程序：

```
from scipy. optimize import fsolve
def equations (variables):
    xA1, xA2 = variables
    eq1 = xA1/ (xA2-xA1) - (18.97-37.44 * xA1 + 4.78 * xA1 * * 2) / (18.97-37.44 * xA2 + 4.78 * xA2
* * 2)
    eq2 = (xA2-xA1) / (0.35-xA2) - (18.97-37.44 * xA2 + 4.78 * xA2 * * 2) /6.452
    return [eq1, eq2]
xA1, xA2 =  fsolve (equations, (0.5, 0.3) ) #0.5, 0.3 are initial values
print (" The values of xA1 and xA2 are:", xA1, xA2)
```

计算结果：

The values of xA1 and xA2 are: 0.15975309861298526 0.27138357151114356

因为是二元三次方程组，用上述简单程序计算时，合理的结果对初值具有依赖性。

将有关数值代入第一釜的物料衡算式得

$$V = \frac{4.153/60 \times 3.908 \times 0.1598}{(18.97 - 37.44 \times 0.1598) + 4.78 \times 0.1598^2) \times 10^{-3}} = 3.297 (\text{m}^3)$$

又因 $V_1 = V_2 = V_3 = 3.297 \text{m}^3$，故所需的总反应体积为 9.891m^3。

如果采用两个等体积釜串联操作，则 $X_{A2} = 0.35$，由式（A）即可求 X_{A1}，其值为 0.2202，仿照三釜串联时的方法，求得总反应体积为 10.88m^3。例 3.5 计算得到只用一个釜时所需的反应体积为 14.67m^3，由此可见，串联的釜数越多，所需的总反应体积越小。当然，当反应具有反常动力学时，此结论不成立。

【例 3.8】 工厂现有反应体积分别为 10m^3 和 20m^3 的釜式反应器各一个。若用它们连续生产例 2.10 的三甲基戊烷，并实现产品收率 80% 的目标。为保证反应组分为液相，反应器为浆态床，反应温度和压强分别控制在 50℃ 和 2.0MPa，且催化剂用量只允许占到进料总体积的 15%，异丁烷和 2-丁烯的原料摩尔比为 $15:1$，需计算原料 2-丁烯能达到的最大进

料量。

在 USY 分子筛催化剂晶粒上，该反应基于催化剂体积的速率方程为 $-r_B = kc_B$，mol/(m^3cat·s)。其中，速率常数的指前因子 $k_0 = 109853.74s^{-1}$，活化能 $E = 34.72kJ/mol$，反应温度 $T = 300K$。

假定反应液的密度 ρ 恒为 $450kg/m^3$。

解： 假定两个釜式反应器可以按全混流模型计算。两釜的使用可分为并联和串联，现分别计算如下：

（1）并联且达到 80% 的产品总收率

两釜并联的摩尔流量和转化率如图 3A 所示。

分别写出各釜的设计方程

$$V_1 = \frac{F_{B01} - F_{B1}}{-r_{B1}} = \frac{F_{B01}X_{B1}}{kc_{B0}(1-X_{B1})} \quad \text{(A)}$$

$$V_2 = \frac{F_{B02} - F_{B2}}{-r_{B2}} = \frac{F_{B02}X_{B2}}{kc_{B0}(1-X_{B2})} \quad \text{(B)}$$

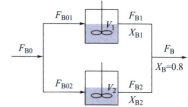

图 3A　两釜并联示意图

由 $F_{B0} = F_{B01} + F_{B02}$ 和 $F_B = F_{B1} + F_{B2}$，及 $F_{B1} = F_{B01}(1-X_{B1})$，$F_{B2} = F_{B02}(1-X_{B2})$ 和 $F_B = F_{B0}(1-X_B)$

可得

$$X_B = \frac{F_{B01}X_{B1} + F_{B02}X_{B2}}{F_{B0}} \quad \text{(C)}$$

将式（A）和式（B）与式（C）合并后得到

$$F_{B0} = \frac{F_{B01}X_{B1} + F_{B02}X_{B2}}{X_B} = \frac{kc_{B0}[V_1(1-X_{B1}) + V_2(1-X_{B2})]}{X_B} \quad \text{(D)}$$

再将由式（C）得到的 X_{B2} 代入到式（D）中

$$F_{B0} = \frac{kc_{B0}\left[V_1(1-X_{B1}) + V_2\left(1 - \dfrac{X_B F_{B0} - F_{B01}X_{B1}}{F_{B02}}\right)\right]}{X_B} \quad \text{(E)}$$

$$F_{B0} = \frac{kc_{B0}\left[V_1(1-X_{B1}) + V_2\left(1 + \dfrac{F_{B01}X_{B1}}{F_{B02}}\right)\right]}{X_B + \dfrac{X_B kc_{B0}V_2}{F_{B02}}}$$

$$\frac{\partial F_{B0}}{\partial X_{B1}} = \frac{kc_{B0}\left[-V_1 + \dfrac{F_{B01}}{F_{B02}}V_2\right]}{X_B\left(1 + \dfrac{kc_{B0}V_2}{F_{B02}}\right)} = 0$$

则

$$\frac{V_1}{V_2} = \frac{F_{B01}}{F_{B02}} \quad \text{(F)}$$

由式（F）可知，按反应体积比分配各自的进料量可以获得最大的总进料量，即式（A）/式（B）满足

$$\frac{X_{B1}(1-X_{B2})}{X_{B2}(1-X_{B1})} = 1$$

亦即，$X_{B2} = X_{B1} = X_B$

在此，按式（A）计算 F_{B01}，取催化剂用量的上限 15%，即

$$F_{B01} = kc_{B0}(1-X_{B1})(0.15V)/X_{B1} \tag{G}$$

$$k = k_0 \exp\left(-\frac{E}{RT}\right) = 109853.74 \times \exp\left(-\frac{34720}{8.314 \times 300}\right) = 0.0989(\text{s}^{-1})$$

$$c_{B0} = \rho \frac{F_{B0}M_B/M_B}{F_{B0}M_B + F_{A0}M_A}$$

式中，M_B，M_A 分别为 B 和 A 组分的分子量，又已知 $F_{B0}/F_{A0}=1/15$，所以

$$c_{B0} = 450000 \times \frac{56.107F_{B0}}{56.107F_{B0} + 15 \times 58.123F_{B0}} = 27208.47(\text{mol/m}^3)$$

代入式（G）得到

$$F_{B01} = 0.0989 \times 27.21 \times (1-0.8) \times 20 \times 0.15/0.8 = 2.02(\text{kmol/s})$$

$$F_{B0} = 1.5F_{B01} = 3.03(\text{kmol/s})$$

因此，2-丁烯的最大进料量为 3.03kmol/s。

（2）串联

串联可分为两种顺序，分别是大釜在前和在后，以前者为例

对两个反应器分别写设计方程

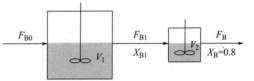

图 3B　两釜串联示意图

$$V_1 = \frac{F_{B0}X_{B1}}{kc_{B0}(1-X_{B1})} \tag{H}$$

$$V_2 = \frac{F_{B0}(X_B - X_{B1})}{kc_{B0}(1-X_B)} \tag{I}$$

$$V_1/V_2 = 2 = \frac{X_{B1}(1-X_B)}{(X_B - X_{B1})(1-X_{B1})} = \frac{X_{B1}(1-0.8)}{(0.8-X_{B1})(1-X_{B1})}$$

解得 $X_{B1}=0.63$，代入式（H）可得

$$F_{B0} = 0.15Vkc_{B0}(1-0.63)/0.63 = \frac{0.15 \times 20 \times 0.0989 \times 27.21 \times 0.37}{0.63} = 4.74(\text{kmol/s})$$

另一种排列顺序的计算留做课下的练习。

对比并联和串联两种方式的计算结果，可以明显看出串联的处理量更大。

上述计算以验证现有反应器利用价值为目的，因使用的催化剂活性高，使得现有反应器达到的产量过大，因此建议减少催化剂用量，或使用一台体积更小的反应器。

本例题将反应和反应器设计方程做了简化处理，实际设计时，还要考虑反应可逆性所允许达到的最大转化率，副反应和反应器的非理想性对收率的影响。

3.6.3　串联釜式反应器各釜的最佳反应体积比

在釜数及最终转化率已确定的情况下，为了使总的反应体积最小，各釜的反应体积存在一最佳的比例，这实质上也是各釜的出口转化率（最后一釜除外）维持在什么数值下最好的问题。现设所进行的为单一反应，则 N 个釜串联的总反应体积 V 为

$$V = V_1 + V_2 + \cdots + V_N = Q_0 c_{A0}\left(\frac{X_{A1}-X_{A0}}{-\mathcal{R}_{A1}} + \frac{X_{A2}-X_{A1}}{-\mathcal{R}_{A2}} + \cdots + \frac{X_{AN}-X_{AN-1}}{-\mathcal{R}_{AN}}\right)$$

$$\tag{3.52}$$

将上式分别对第 p 个釜的转化率 X_{Ap}（$p=1,2,\cdots,N-1$）求导得

$$\frac{\partial V}{\partial X_{Ap}}=Q_0 c_{A0}\left[\frac{1}{-\mathscr{R}_{Ap}}-\frac{1}{-\mathscr{R}_{Ap+1}}+(X_{Ap}-X_{Ap-1})\frac{\partial\frac{1}{-\mathscr{R}_{Ap}}}{\partial X_{Ap}}\right]\quad(p=1,2,\cdots,N-1)$$

令 $\partial V/\partial X_{Ap}=0$ 有

$$\frac{1}{-\mathscr{R}_{Ap+1}}-\frac{1}{-\mathscr{R}_{Ap}}=(X_{Ap}-X_{Ap-1})\frac{\partial\frac{1}{-\mathscr{R}_{Ap}}}{\partial X_{Ap}}\quad(p=1,2,\cdots,N-1)\qquad(3.53)$$

式(3.53)便是保证总反应体积最小所必须遵循的条件。求解方程组式(3.53)，可得各釜的出口转化率，从而求出各釜的反应体积，此时其总和为最小。例如，进行一级不可逆反应时，$-\mathscr{R}_A=kc_{A0}(1-X_A)$，所以

$$\frac{\partial[1/(-\mathscr{R}_{Ap})]}{\partial X_{Ap}}=\frac{1}{kc_{A0}(1-X_{Ap})^2}$$

若各釜温度相同，代入式(3.53)化简后得

$$\frac{X_{Ap+1}-X_{Ap}}{1-X_{Ap+1}}=\frac{X_{Ap}-X_{Ap-1}}{1-X_{Ap}}\quad(p=1,2,\cdots,N-1)$$

上式也可改写成

$$\frac{Q_0 c_{A0}\ (X_{Ap+1}-X_{Ap})}{kc_{A0}\ (1-X_{Ap+1})}=\frac{Q_0 c_{A0}\ (X_{Ap}-X_{Ap-1})}{kc_{A0}\ (1-X_{Ap})}\quad(p=1,2,\cdots,N-1)$$

显然上式左边及右边分别表示第 $(p+1)$ 釜和第 p 釜的反应体积 V_{p+1} 及 V_p，所以

$$V_{p+1}=V_p\quad(p=1,2,\cdots,N-1)$$

由此可见，串联釜式反应器进行一级不可逆反应时，各釜的反应体积相等，则总反应体积最小。

对于非一级反应，不能直接解析求得各釜反应体积间的最佳比例关系，需求解非线性代数方程组(3.53)得各釜出口转化率，然后再计算反应体积。也可用图解法确定各釜出口转化率。首先根据反应速率方程或实验测得的动力学数据，以 $1/(-\mathscr{R}_A)$ 对 X_A 作图，得动力学曲线如图 3.8 上的曲线 GAF 所示。由于第 p 釜的进口转化率 X_{Ap-1} 已知，为了使总反应体积最小，出口转化率 X_{Ap} 必须满足式(3.53)，然而 X_{Ap+1} 同样是未知，所以，需假定 X_{Ap} 的值，然后在图 3.8 上作直线 AB 垂直于横轴，交动力学曲线于 A，过 A 作曲线的切线 AC，其斜率为 $\partial[1/(-\mathscr{R}_{Ap})]/\partial X_{Ap}$，且有

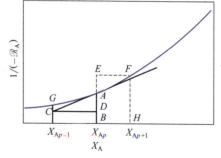

图 3.8　串联釜式反应器各釜出口转化率的优化

$$\frac{AD}{CD}=\frac{AD}{X_{Ap}-X_{Ap-1}}=\frac{\partial[1/(-\mathscr{R}_{Ap})]}{\partial X_{Ap}}$$

而

$$1/(-\mathscr{R}_{Ap})=AB\ ,\ 1/(-\mathscr{R}_{Ap+1})=FH$$

结合式(3.53)可知

$$FH-AB=AD$$

因此，将 AB 延长至 E，且令 $EA=AD$，则 $EB=FH$。过 E 作平行于横轴的直线 EF，由其与动力学曲线的交点 F 即可确定第 $(p+1)$ 釜的出口转化率。依此类推，直到第 N 釜为止，如算出的第 N 釜出口转化率与规定的 X_{AN} 值不符，说明原先假定的 X_{Ap} 值不对，

重新假定再作，达到要求时为止。各段转化率求定后，即可计算各自的反应体积。

一般说来，用串联釜式反应器进行 α 级反应时，若 $\alpha > 1$，沿着物流流动方向，各釜的体积依次增大，即小釜在前，大釜在后；若 $0 < \alpha < 1$，情况相反，各釜反应体积依次减小。这样，总反应体积可保持最小。$\alpha = 1$ 时，前已证明，以各釜体积相等为最佳；若 $\alpha = 0$，由于反应速率与浓度无关，无论釜数多少的串联釜式反应器的总反应体积与单一釜式反应器的反应体积相等，串联操作已无必要；若 $\alpha < 0$，前已指出，单釜操作优于串联操作，串联已成为多余的事。

3.7 釜式反应器中复合反应的收率与选择性

在反应器中进行复合反应时，目的产物的收率如何，是首先要考虑的事，因为它直接影响到产品的数量与质量；反应选择性也同样重要，它反映了原料利用的程度。反应器的型式、操作方式和操作条件与收率及选择性的大小密切相关。下面将针对釜式反应器对这些影响因素进行分析讨论。

3.7.1 总收率与总选择性

设生成 1mol 目的产物 P 所需反应物 A 的量为 $-\mu_{PA}$ mol，由第 2 章知，瞬时选择性为

$$S = \mu_{PA} \frac{\mathscr{R}_P}{\mathscr{R}_A} \tag{2.40}$$

根据反应速率的定义

$$\mathscr{R}_P = \frac{1}{V} \frac{dn_P}{dt}, \quad \mathscr{R}_A = \frac{1}{V} \frac{dn_A}{dt}$$

同时结合转化率和收率的定义

$$dX_A = -\frac{dn_A}{n_{A0}}, \quad dY_P = -\frac{\mu_{PA} dn_P}{n_{A0}}$$

可得
$$S = \mu_{PA} \frac{dn_P}{dn_A} = \frac{dY_P}{dX_A} \tag{3.54}$$

就间歇反应器而言，S、X_A 和 Y_P 均随时间而变；而对于定态下操作的连续反应器，三者均随位置而改变（连续釜式反应器例外）。

如果将式(3.54)改写成
$$dY_P = S dX_A$$

并积分之得
$$Y_P = \int_0^{X_A} S dX_A \tag{3.55}$$

此时 Y_P 依旧是式(1.7)定义的收率，X_A 同样符合式(1.5)的定义，由式(1.12)可知

$$Y_P = S_o X_A \tag{1.12}$$

为了与瞬时选择性 S 区分，式(1.12) 的总选择性改用 S_o 表示，总选择性是就整个反应器而言的选择性，是一个积分值，所以又叫做积分选择性。将式(3.55) 的 Y_P 代入式(1.12)，得到总选择性与瞬时选择性的关系为

$$S_o = \frac{1}{X_A} \int_0^{X_A} S dX_A \tag{3.56}$$

总选择性与转化率的关系取决于反应动力学、反应器型式和操作方式等，一般为一个很复杂的关系式。所以，同样是釜式反应器，由于操作方式不同，虽然最终转化率一样，但最终收率却是不一样的。下面用图 3.9 来加以阐明。

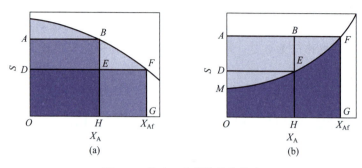

图 3.9　釜式反应器的最终收率

图 3.9(a) 中的曲线表示间歇反应器的瞬时选择性与转化率的关系，由式(3.55) 知，当最终转化率为 X_{Af} 时，曲线下粉色区域的面积应等于最终收率。若釜式反应器改为连续操作且过程达到定态并保持相同的最终转化率，则最终收率等于矩形 $ODFG$ 的面积。这是因为连续釜式反应器系在等温和等浓度（或等转化率）下操作，瞬时选择性为常数，此时式(3.55) 右边所表示的正是矩形 $ODFG$ 的面积。另外，从式(3.56) 知此时 $S_o = S$，即连续釜式反应器的瞬时选择性也等于总选择性，这是该类反应器的一个特征。显然，曲线下的面积要大于矩形 $ODFG$ 的面积，所以间歇操作的釜式反应器，其最终收率要大于连续操作，虽然两者的最终转化率相同。若改用两个连续釜式反应器串联操作，保持相同的最终转化率，则最终收率等于矩形 $OABH$ 及 $EFGH$ 的面积之和，较单釜操作高。不言而喻，串联的釜数越多，最终收率则越接近于间歇操作釜的最终收率。综上所述，不同操作方式的釜式反应器，相同的最终转化率下最终收率的大小次序如下

间歇釜＞多个连续釜串联＞单一连续釜

但是，这一顺序是针对瞬时选择性系随转化率的增加而单调下降的情况而言的，若瞬时选择性系随转化率的增加而单调上升，则最终收率大小的顺序正好与上列次序相反，图 3.9(b) 便属于这种情况。读者可仿照前边分析图 3.9（a）的办法去分析图 3.9（b），即可明了。

3.7.2　平行反应

设在釜式反应器中进行如下的平行反应

$$A+B \longrightarrow P \qquad r_P = k_1 c_A^{\alpha_1} c_B^{\beta_1}$$

$$A+B \longrightarrow Q \qquad r_Q = k_2 c_A^{\alpha_2} c_B^{\beta_2}$$

目的产物为 P。由式(2.40) 得瞬时选择性

$$S = \cfrac{1}{1 + \cfrac{k_2}{k_1} c_A^{\alpha_2 - \alpha_1} c_B^{\beta_2 - \beta_1}}$$

由此可见反应物系的浓度和温度是影响瞬时选择性的直接因素，这在第 2 章中已讨论过了。比较主、副反应的反应级数，便可判定是在高浓度下操作还是在低浓度下操作有利，抑或是一个反应物浓度高而另一个低更为有利。温度条件则看主、副反应活化能的相对大小。

设计反应器时就应尽可能满足这些有利的浓度和温度条件，以获得较好的产品收率。反应器的浓度条件与反应器的型式及操作方式、所采用的原料浓度及配比以及加料方式等有关。最直接的办法是控制原料浓度以满足所要求的浓度条件，例如要求低浓度，那么就可以采用较稀的原料浓度，但应注意，这会使物料处理量、操作费用以及产品分离费用增加，需从经济效益上加以权衡。下面针对釜式反应器从技术方面讨论如何满足所要求的浓度条件。

以上述平行反应为例，如要求 A 和 B 的浓度都高，采用间歇操作是有利的［图 3.10(a)］。如采用连续操作，则多釜串联为好，且组分 A 及 B 均从第一釜同时加入［图 3.10(b)］。采用不等体积的釜串联，且依次增大，也许会更好些［图 3.10(c)］，因为这可使前两釜在更高一点的浓度下操作。若要求组分 A 和 B 的浓度都低，采用如图 3.10(f) 所示的单釜连续操作有利，如需用多釜串联，则应做成不等体积的釜，且各釜体积依次减小，这样经过第一釜后反应物的浓度就可降得很低，见图 3.10(e)。若要求一个组分浓度高另一组分浓度低，图 3.10(d)（g）（h）均为可选择使用的方式。图 3.10(d) 属于半间歇操作，首先将全部 B 加入反应器内，然后根据反应的进行程度而连续地加入 A，A 的加入速率一般是由快变慢，因为开始时反应快，后期则变慢，即按反应过程中 A 的消耗来控制 A 的加入量，这样可始终保持在 A 浓度低的情况下操作，而 B 的浓度则相对较大。图 3.10(h) 则为连续操作，A 采取分釜加入的方式，而不与 B 同时在第一釜加入，结果可使 A 的浓度相应降低，而 B 的浓度则较高。调节原料中 A 与 B 的配比，使其符合反应要求，例如要求 A 的浓度高，而 B 的浓度低时，就可按 $c_{A0} > c_{B0}$ 配料，这时 A 的量在化学计量上往往是过量的，可采用图 3.10（g）的办法，将反应后的物料经分离装置分离出产品后，大部未反应的 A 和少量的 B 再循环回反应器中去。图 3.10 所示的方式只是一些典型例子，按照不同的具体反应还可以设计出其他的方式。

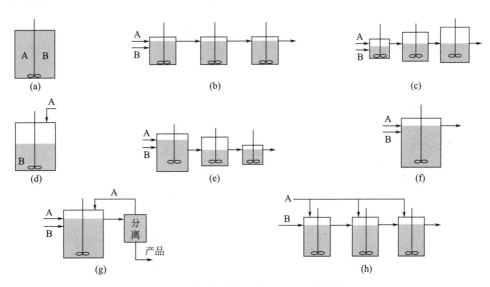

图 3.10　釜式反应器的操作方式与加料方式

前已指出，当转化率一定时，平行反应的瞬时选择性随温度的变化情况，与主副反应的活化能 E_1 和 E_2 的相对大小有关。虽然 $E_2 = E_1$ 时，反应的瞬时选择性与温度无关，但实际生产中仍以采用较高的温度为好，因为这可以提高反应器的生产强度。同样地，当 $E_2 >$ E_1 时，虽然温度低可得到较好的瞬时选择性，然而生产强度却不高。所以，这种情况存在一最佳温度，对于连续釜式反应器，在此温度下操作可使目的产物的产量最大；而间歇釜式反应器则存在优化温度程序，对于不同反应时间，应保持不同的操作温度。这种优化的出发点是使目的产物产量最大，没有从经济的角度考虑，实际上多以经济效益最大作为优化目标。

【例 3.9】 以纯 A 为原料在连续釜式反应器中生产产物 P，反应为

$$A \longrightarrow P \qquad r_P = k_1 c_A$$
$$A \longrightarrow U \qquad r_U = k_2 c_A$$

反应速率常数 k_1 及 k_2 与温度的关系符合阿伦尼乌斯方程，指前因子 $A_2 = 3.533 \times 10^{18} \mathrm{h}^{-1}$，$A_1 = 4.368 \times 10^5 \mathrm{h}^{-1}$，反应活化能 $E_1 = 41800 \mathrm{J/(mol \cdot K)}$、$E_2 = 141000 \mathrm{J/(mol \cdot K)}$。若空时为 1h，试问在什么温度下操作 P 的收率最大？

解： 按式(3.41) 可分别列出组分 A 和 P 的物料衡算式如下

$$\frac{V}{Q_0} = \frac{c_{A0} - c_A}{r_P + r_U} \tag{A}$$

$$\frac{V}{Q_0} = \frac{c_P}{r_P} \tag{B}$$

因 $V/Q_0 = \tau$，$c_A = c_{A0}(1 - X_A)$ 及 $c_P = c_{A0} Y_P$，把它们和速率方程一起分别代入式（A）及式(B) 得

$$\tau = \frac{X_A}{(k_1 + k_2)(1 - X_A)} \tag{C}$$

$$\tau = \frac{Y_P}{k_1(1 - X_A)} \tag{D}$$

由式（C）得

$$X_A = \frac{(k_1 + k_2)\tau}{1 + (k_1 + k_2)\tau} \tag{E}$$

代入式（D）化简后有

$$Y_P = \frac{k_1 \tau}{1 + (k_1 + k_2)\tau} \tag{F}$$

$$\frac{\mathrm{d}Y_P}{\mathrm{d}T} = \frac{\tau \left[(1 + k_2 \tau)\dfrac{\mathrm{d}k_1}{\mathrm{d}T} - k_1 \tau \dfrac{\mathrm{d}k_2}{\mathrm{d}T} \right]}{\left[1 + (k_1 + k_2)\tau \right]^2}$$

令 $\mathrm{d}Y_P/\mathrm{d}T = 0$，得

$$(1 + k_2 \tau)\frac{\mathrm{d}k_1}{\mathrm{d}T} - k_1 \tau \frac{\mathrm{d}k_2}{\mathrm{d}T} = 0 \tag{G}$$

此即为 P 的收率最大所要求的条件式，而

$$\frac{\mathrm{d}k_1}{\mathrm{d}T} = \frac{\mathrm{d}}{\mathrm{d}T} A_1 \exp\left(-\frac{E_1}{RT}\right) = \frac{k_1 E_1}{RT^2}$$

同理 $\dfrac{\mathrm{d}k_2}{\mathrm{d}T} = \dfrac{k_2 E_2}{RT^2}$，代入式（G）有

$$(1 + k_2 \tau)E_1 = k_2 E_2 \tau$$

将阿伦尼乌斯方程代入上式整理后得

$$\exp\left(-\frac{E_2}{RT}\right) = A_2 \tau \left(\frac{E_2}{E_1} - 1\right)$$

或

$$T = \frac{E_2}{R\ln\left[A_2 \tau \left(\dfrac{E_2}{E_1} - 1\right) \right]} \tag{H}$$

将有关数值代入式（H）即可求出产物 P 收率最大时的反应温度

$$T = \frac{141000}{8.314 \times \ln\left[3.533 \times 10^{18} \times 1 \times \left(\frac{141000}{41800} - 1\right)\right]} = 389.2 \text{ （K）}$$

但要注意这是对一定的空时而言的，此处空时为 1h，若空时改变，则最佳操作温度要相应改变。例如，当 $\tau = 0.5\text{h}$ 时，最佳操作温度为 395.6K。

3.7.3 连串反应

在等温间歇釜式反应器中进行一级不可逆连串反应

$$A \xrightarrow{k_1} P \xrightarrow{k_2} Q$$

反应物系组成与反应时间的关系前已导出，并发现目的产物 P 存在最高收率。若在连续釜式反应器中进行是否也存在最大收率？为了回答这个问题，按照式（3.41）可分别列出组分 A 及 P 的物料衡算式

$$V = \frac{Q_0(c_{A0} - c_A)}{k_1 c_A} \tag{3.57}$$

$$V = \frac{Q_0 c_P}{k_1 c_A - k_2 c_P} \tag{3.58}$$

由式（3.57）得

$$c_A = c_{A0}/(1 + k_1 \tau) \tag{3.59}$$

代入式（3.58）有

$$Y_{P,M} = \frac{c_P}{c_{A0}} = \frac{k_1 \tau}{(1 + k_1 \tau)(1 + k_2 \tau)} \tag{3.60}$$

组分 Q 的浓度不难由 $c_Q = c_{A0} - c_P - c_A$ 算出。式（3.59）及式（3.60）即为反应物系组成与空时的关系。将式（3.60）对 τ 求导，并令 $dY_P/d\tau = 0$，得

$$\tau_{op} = \frac{1}{\sqrt{k_1 k_2}} \tag{3.61}$$

式（3.61）是最佳空时，代回式（3.60）得 P 的最大收率为

$$(Y_{P,M})_{max} = \frac{k_1}{(\sqrt{k_1} + \sqrt{k_2})^2} \tag{3.62}$$

由此可见，在连续釜式反应器中进行连串反应，同样存在最大收率。为了进行比较，将式（3.40）代入式（3.38），并根据收率的定义可得间歇釜式反应器的最大收率为

$$(Y_{P,B})_{max} = (k_1/k_2)^{k_2/(k_2 - k_1)} \qquad (k_1 \neq k_2) \tag{3.63}$$

在相同的反应温度下，间歇釜式反应器 P 的最大收率 $(Y_{P,B})_{max}$ 总是大于连续釜式反应器 P 的最大收率 $(Y_{P,M})_{max}$ 的。

$k_1 = k_2$ 时，式（3.38）不适用，重解式（3.37）可得

$$Y_{P,B} = \frac{c_P}{c_{A0}} = k_1 t e^{-k_1 t} \qquad (k_1 = k_2) \tag{3.64}$$

求导后令 $dY_P/dt = 0$ 得 $t_{op} = 1/k_1$，再代回式（3.64）便是 $k_1 = k_2$ 时 P 的最大收率

$$(Y_{P,B})_{max} = 1/e = 0.368$$

由式（3.57）得

$$\tau = \frac{1 - c_A/c_{A0}}{k_1 c_A/c_{A0}} = \frac{X_A}{k_1(1 - X_A)}$$

代入式（3.60）可得连续釜式反应器的转化率与收率的关系式

$$Y_{P,M} = \frac{k_1 X_A (1-X_A)}{k_2 X_A + k_1 (1-X_A)} \tag{3.65}$$

将式(3.36)代入式(3.38)化简后则得间歇釜式反应器的转化率与收率的关系式

$$Y_{P,B} = \frac{k_1}{k_1-k_2}\left[(1-X_A)^{k_2/k_1} - (1-X_A)\right] \quad (k_1 \neq k_2) \tag{3.66}$$

若 $k_1 = k_2$，则将式(3.35)代入式(3.64)有

$$Y_{P,B} = (X_A - 1)\ln(1-X_A) \tag{3.67}$$

为了比较连续釜式反应器和间歇釜式反应器的收率与转化率，根据式(3.65)～式(3.67)，以收率 Y_P 对转化率作图如图 3.11 所示。图中的实线表示间歇反应釜的收率与转化率的关系，而虚线则表示连续反应釜。根据 $k_2/k_1 = 0.1$、1 及 10 三种情况分别作出转化率与收率的关系曲线。由图可以看出，无论 k_2/k_1 为何值，在相同的转化率下，间歇釜的收率总是大于连续釜的收率，而且随着 k_2/k_1 值的减小，这种差异越大；另外，每一曲线都存在一极大值，这在前面已做过数学处理了；图中曲线 ABC 为间歇釜最大收率的轨迹；而曲线 DEF 则为连续釜最大收率的轨迹，两者均为 k_2/k_1 的函数。

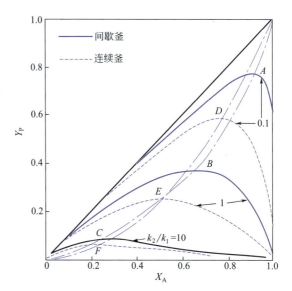

图 3.11　间歇及连续釜式反应器进行连串反应时的转化率和收率

由图 3.11 可知，无论是间歇操作还是连续操作，釜式反应器的收率总是随 k_2/k_1 的减小而增大的。然而 k_2/k_1 为温度的函数，若 k_1 和 k_2 与温度的关系均符合阿伦尼乌斯方程，则

$$\frac{k_2}{k_1} = \frac{A_2}{A_1}\exp\left(\frac{E_1-E_2}{RT}\right)$$

若 $E_1 > E_2$，温度越高，则比值 k_2/k_1 越小，因而收率越大；若 $E_1 < E_2$，情况正好相反，低温下操作可获得较大的收率，但是温度低必然导致反应速率下降，从而反应器的生产强度减小。总之，要根据主、副反应活化能相对大小以及其他具体情况决定适宜的操作温度。最后还需指出，如果主、副反应活化能相等，温度的变化已不能改变 k_2/k_1 值，但实际上仍以采用较高的温度操作为佳，因为这可提高反应器的生产强度。

改变 k_2/k_1 比值的另一有效办法是选择合适的催化剂。催化剂的一个显著特点是加快化学反应的速率，另一个特点是改变反应的途径，因此选择有利 P 的生成反应而不利 P 的转化反应的催化剂，亦即使 k_1 增大，k_2 变小，便可提高 P 的收率。

以上的讨论都是针对 P 为目的产物而言的。如果目的产物为 Q，问题好办些。对于间歇反应器，只要反应时间足够长，最终总可使 A 几乎全部转化为 Q，同样对于连续反应器只要空时足够大，也能使 Q 的收率接近 100%。由于同时存在两个反应，且是串联的，P 为目的产物时就需分清哪一个反应是主要矛盾，将重点放在这个反应上。

【例 3.10】 在连续釜式反应器中进行甲醇与氨的反应，动力学数据参见例 3.4，若反应温度与例 3.4 同，则一甲胺的最大收率是多少？相应氨的转化率又是多少？

解：仍以 A、B 及 M 分别代表氨、一甲胺及甲醇，分别作 A 及 B 的物料衡算可得

$$V = \frac{Q_0(c_{A0} - c_A)}{k_1 c_A c_M} \tag{A}$$

$$V = \frac{Q_0 c_B}{k_1 c_A c_M - k_2 c_B c_M} \tag{B}$$

两式相除则有

$$\frac{c_{A0} - c_A}{c_B}\left(1 - \frac{k_2 c_B}{k_1 c_A}\right) = 1$$

因 $c_A = c_{A0}(1 - X_A)$，$c_B = c_{A0} Y_B$，代入上式化简后得

$$Y_B = \frac{k_1 X_A(1 - X_A)}{k_2 X_A + k_1(1 - X_A)} \tag{C}$$

式（C）与对连串一级反应 A→P→Q 导出的式（3.65）一样，虽然氨与甲醇的反应为二级反应，但对各反应物均为一级，所以结果相同。为了求一甲胺的最大收率可将式（C）对 X_A 求导

$$\frac{\mathrm{d}Y_B}{\mathrm{d}X_A} = \frac{1 - 2X_A - (k_2/k_1 - 1)X_A^2}{[1 + (k_2/k_1 - 1)X_A]^2}$$

令 $\mathrm{d}Y_B/\mathrm{d}X_A = 0$，有 $\quad 1 - 2X_A - (k_2/k_1 - 1)X_A^2 = 0$

已知 $k_2/k_1 = 0.68$，代入上式，解此二次方程得 $X_A = 0.548$。再将此值代入式（C）求得一甲胺的最大收率为 $Y_B = 0.3004$，与例 3.4 的结果相比较可见，在此情况下，连续釜式反应器的最大收率小于间歇釜式反应器。

3.8 半间歇釜式反应器

前已指出，要求一种反应物的浓度高而另一种反应物的浓度低时，采用半间歇操作是有利的。某些强放热反应除了通过冷却介质移走热量外，采用半间歇操作还可以调节加料速度以控制所要求的反应温度。为了提高某些可逆反应的产品收率，办法之一是不断移走产物，与此同时还可提高反应过程速率。例如将反应与精馏结合进行，即所谓反应精馏就是从这一基本道理出发的。若全部反应物一次加入，过程中不断移走产物便属于半间歇操作。除了上述这些情况外，半间歇操作还可用于其他场合。

半间歇操作与间歇操作的共同点是反应物系的组成均随时间而变，因此包含时间变量，需要用式（3.3）进行简化以得到半间歇釜式反应器的设计方程。下面讨论式（3.3）的应用过程，设反应器内进行下列液相反应

$$A + B \longrightarrow R \quad r_A = -k' c_A c_B$$

对此反应，式（3.3）可改写成

$$Q_0 c_{A0} = Q c_A - \mathscr{R}_A V + \frac{\mathrm{d}(V c_A)}{\mathrm{d}t} \tag{3.68}$$

式中，V 为反应器中反应混合物的体积，其值随时间而变。假定操作开始时先向反应器中注入体积为 V_0 的 B，然后连续地输入 A，流量为 Q_0，浓度为 c_{A0}，且不连续导出物料，即 $Q = 0$，此时式（3.68）变为

$$Q_0 c_{A0} = -\mathscr{R}_A V + \frac{\mathrm{d}(V c_A)}{\mathrm{d}t} \tag{3.69}$$

又设 B 大量过剩，则该反应可按一级反应处理，即 $r_A = -k c_A$，代入式（3.69）有

$$\frac{\mathrm{d}(V c_A)}{\mathrm{d}t} + k V c_A = Q_0 c_{A0} \tag{3.70}$$

任意时间下反应混合物的体积 $\qquad V = V_0 + \int_0^t Q_0 \mathrm{d}t$

若为恒速加料，则 Q_0 为常数，所以 $\qquad V = V_0 + Q_0 t \tag{3.71}$

若将式（3.70）中的 $V c_A$ 视为变量，则该式为一阶线性微分方程，初始条件是 $t=0$，$V c_A = 0$。Q_0 为常数时，式（3.70）的解为

$$V c_A = \frac{Q_0 c_{A0}}{k} \left[1 - \exp(-kt) \right] \tag{3.72}$$

将式（3.71）代入可得 $\qquad \dfrac{c_A}{c_{A0}} = \dfrac{1 - \exp(-kt)}{k(t + V_0/Q_0)} \tag{3.73}$

这便是反应器内组分 A 的浓度与反应时间的关系，反应产物 R 的浓度与时间的关系则为

$$V c_R = Q_0 c_{A0} t - V c_A \tag{3.74}$$

将式（3.71）～式（3.73）代入式（3.74）有

$$\frac{c_R}{c_{A0}} = \frac{kt - \left[1 - \exp(-kt) \right]}{k(t + V_0/Q_0)} \tag{3.75}$$

利用式（3.73）及式（3.75）便可计算不同反应时间下组分 A 及 R 的浓度。图 3.12 为 $k = 0.2\mathrm{h}^{-1}$ 及 $V_0/Q_0 = 0.5\mathrm{h}$ 时的计算结果，由图可见反应物 A 的浓度与时间的关系曲线存在一极大值。如果不存在化学反应，由于 A 的连续加入，器内 A 的浓度应随时间而增加。有化学反应时，A 加入后要反应掉一部分，但开始时 A 的浓度低，反应速率慢，故此浓度随时间而上升。浓度增加，反应速率加快，当反应消耗的 A 超过了加入的 A 时，A 的浓度则随时间的增加而下降。反应产物 R 的浓度总是随反应时间的增加而增加，因为它是由于化学反应而生成的。

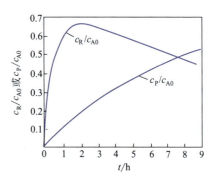

图 3.12　半间歇釜式反应器内反应组分浓度与时间的关系

以上是对 Q_0 为常数时的处理，若 Q_0 不为常数，需要知道 Q_0 与 t 的函数关系才能求解式（3.70）。如果 B 的浓度对反应速率的影响不能忽略，这时式（3.70）成了非线性微分方程，一般情况下得不到解析解，需用数值法求解。

【例 3.11】　为了提高目的产物的收率，将例 3.3 的釜式反应器改为半间歇操作，反应温度不变。先把 $1\mathrm{m}^3$ 浓度为 $4\mathrm{kmol/m}^3$ 的 B 放入釜内，然后将 $1\mathrm{m}^3$ 浓度为 $4\mathrm{kmol/m}^3$ 的 A 于 3h 内连续均匀地加入，使之与 B 反应。试问 A 加完时，组分 A 和 P 的浓度各为多少？并与例 3.3 的结果相比较。

解：　由题意知该半间歇反应器属于连续加料而间歇出料的情况，故可用式（3.69）来计算釜内组分 A 的浓度与时间的关系。由例 3.3 知 A 的消耗速率 $-\mathscr{R}_A = r_P + 2 r_Q = 2 c_A + c_A^2$，代入式（3.69）得

$$Q_0 c_{A0} = (2c_A + c_A^2)V + \frac{d(Vc_A)}{dt} \tag{A}$$

因为是匀速加料,且在 3h 内将 $1m^3$ 的 A 加完,所以,$Q_0 = 1/3m^3/h$。而釜内先加入 $1m^3$ 的 B,故起始反应体积 $V_0 = 1m^3$。任何时间 t 下的反应体积为

$$V = 1 + \frac{1}{3}t \tag{B}$$

式(A)可改写成

$$Q_0 c_{A0} = (2c_A + c_A^2)V + c_A \frac{dV}{dt} + V \frac{dc_A}{dt}$$

或

$$\frac{dc_A}{dt} = \frac{Q_0 c_{A0}}{V} - 2c_A - c_A^2 - \frac{c_A}{V}\frac{dV}{dt} \tag{C}$$

进料 A 的浓度 $c_{A0} = 4kmol/m^3$,把式(B)代入式(C),再将 Q_0 及 c_{A0} 值代入化简后可得

$$\frac{dc_A}{dt} = \frac{4 - c_A}{3 + t} - 2c_A - c_A^2 \tag{D}$$

为了求 P 的浓度,对釜作 P 的物料衡算可得

$$\frac{d(Vc_P)}{dt} = \mathscr{R}_P V \tag{E}$$

因为 $\dfrac{d(Vc_P)}{dt} = c_P \dfrac{dV}{dt} + V \dfrac{dc_P}{dt}$ 代入式(E)得

$$\frac{dc_P}{dt} = \mathscr{R}_A - \frac{c_P}{V}\frac{dV}{dt} \tag{F}$$

由例 3.3 知 $\mathscr{R}_P = r_P = 2c_A$,并与式(B)一起代入式(F),化简后有

$$\frac{dc_P}{dt} = 2c_A - \frac{c_P}{3 + t} \tag{G}$$

式(D)和式(G)组成了一阶非线性常微分方程组,初始条件为 $t = 0$ 时,$c_A = c_P = 0$。可用数值法求解,例如龙格-库塔法。图 3C 绘出了用计算机联立求解式(D)和式(G)的结果。由图可见,当 $t = 3h$ 时,釜内组分 A 的浓度为 $0.2886kmol/m^3$。相应的转化率 X_A 为

$$\frac{4 - 0.2886 \times 2}{4} = 0.8557 \text{ 或 } 85.57\%。$$

计算结果可知,反应 3h 后 P 的浓度为 $c_P = 1.46kmol/m^3$,因此目的产物 P 的收率为 $Y_P = 1.46/2 = 0.73$。

与例 3.3 相比较可见,在相同的反应时间下,半间歇操作的转化率为 85.57%,低于间歇操作的 99.88%,而目的产物 P 的收率 73% 则高于间歇操作的 69.19%。原因是半间歇操作是在 A 的浓度相对较低下操作,有利于目的产物的生成,但也降低了 A 的消耗速率。实际上往往追求目的产物收率高,所以在本题情况下,半间歇操作较为有利。

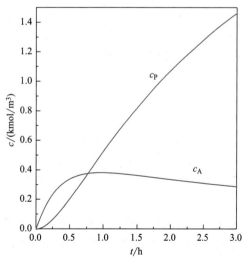

图 3C　釜内浓度与时间关系

3.9 变温间歇釜式反应器

前面有关釜式反应器的讨论均基于等温过程，对于间歇釜式反应器要做到绝对等温是极其困难的。当反应热效应不大时，近似等温则是可以办到的，但反应热效应大时就很难做到；另外，对于许多化学反应，等温操作的效果不如变温操作好，所以，研究变温操作具有很大的实际意义。

温度是影响反应器操作的敏感因素，它对转化率、收率、反应速率以及反应器的生产强度都有影响。温度不同，反应物系的物理性质也不同，从而影响到传热和传质速率及搅拌器的功率。因此，对间歇反应器而言，确定反应过程的温度与时间的关系十分必要，这是进行反应器设计或分析所必不可少的。

间歇反应过程温度与时间的关系可由能量守恒定律来确定，亦即式(1.14)的具体化。由于间歇釜式反应器是一封闭物系，如果不考虑搅拌器对反应物系所做的功，则由热力学第一定律可得

$$dq = dU \tag{3.76}$$

即反应物系与环境交换的热量等于内能的变化。事实上反应器中物料的内能变化和焓变 dH 并无显著的差别，特别是液相物系，所以，为了计算方便和实用的目的，用下式来代替式(3.76)。

$$dq = dH \tag{3.77}$$

根据釜式反应器的基本假定，可取整个反应体积作控制体积。由于间歇反应过程的物系参数随时间而变，因此以时间作自变量，此时式(3.77)中的 dq 和 dH 分别为时间间隔 dt 内反应物系与环境交换的热量和焓变。

设时间为 t 时，反应物系的温度为 T，时间变化 dt 时，反应物系的温度变化 dT。反应物系温度从 T 变至 $T+dT$，其焓变为 dH。由于焓变与途径无关，只取决于物系的初态与终态，所以可设计一便于计算的途径来求焓变。选定 T_r 为计算的基准温度，首先将反应物系的温度变化（升高或降低）到 T_r，相应的焓变为

$$\Delta H_1 = m_t \int_T^{T_r} C_{pt} dT \approx m_t \overline{C}_{pt}(T_r - T) \tag{3.78a}$$

式中，m_t 为反应物系的质量；C_{pt} 为反应物系的比热容。由于比热容为温度的函数，所以第二个等式是近似的。$\overline{C}_{pt}$ 为温度为 T 和 T_r 间反应物系的平均比热容。

其次是在基准温度 T_r 下进行化学反应，假定只进行一个反应，由于反应的结果，其焓变为

$$dH_2 = \Delta H_r(-r_A)V dt \tag{3.78b}$$

这里 ΔH_r 为基于反应物 A 变化的反应热，若为放热反应以负值代入，吸热反应则用正值。

最后是将反应后的物系温度从 T_r 改变到 $T+dT$，这一步焓变的计算与第一步同，即

$$\Delta H_3 \approx m_t \overline{C}_{pt}(T+dT-T_r) \tag{3.78c}$$

值得注意的是这一步的物系组成以及温度变化不同于第一步，严格地说两者的平均比热容是不相同的。但由于温度和组成都是微小的变化，把它看成相同还是可以的。上述由式(3.78a)～式(3.78c)计算的三步焓变之和等于时间从 t 变化到 $t+dt$ 时反应物系的焓变，即

$$dH = \Delta H_1 + dH_2 + \Delta H_3 = m_t \overline{C}_{pt} dT + \Delta H_r(-r_A)V dt \tag{3.79}$$

反应物系与环境交换的热量为

$$dq = UA_h(T_c - T)dt \qquad (3.80)$$

式中，U 为总传热系数；A_h 为传热面积；T_c 为环境的温度。

将式(3.79) 及式(3.80) 代入式(3.77)，并用复合反应速率表示，则有

$$m_t \overline{C}_{pt} \frac{dT}{dt} = UA_h(T_c - T) - \Delta H_r V(-\mathscr{R}_A) \qquad (3.81)$$

式(3.81) 便是间歇釜式反应器反应物料的温度与时间的关系。环境温度 T_c 亦即换热介质的温度，若为吸热反应，需向系统供热，所以 $T_c > T$；反之放热反应则需进行冷却，以从系统取走热量，这时 $T > T_c$。但在反应器开工时，纵使是放热反应，往往也需进行加热，使反应物系达到开始反应所需的温度。应用式(3.81) 时需注意，反应热 ΔH_r 应采用基准温度下的数值，相应地 $\overline{C}_{pt}$ 应为反应物系的平均比热容，温度区间视所选的途径而定。

若为等温过程，则 $dT = 0$，式(3.81) 化为

$$UA_h(T_c - T) = \Delta H_r(-\mathscr{R}_A)V$$

由此可见，要使反应在等温下进行，反应放出（或吸收）的热量必须等于物系与环境交换的热量，但要做到这一点是不容易的，因为反应速率随时间而变，从而反应放热或吸热速率也随时间而变，只有物系与环境的换热速率与之相适应时，才能做到等温。所以，工业间歇反应器常是变温过程，热效应大的反应更是如此。对于某些强放热反应过程，从安全操作的观点看，更应重视反应温度的控制，如反应热不能及时移走，以致反应物系温度急剧上升而会产生爆炸，苯的硝化反应就是这样的例子。

只根据物料衡算式以及相应的动力学数据，便可设计等温间歇反应器，前面已作过推导，得到了式(3.8)。

$$n_{A0} \frac{dX_A}{dt} = (-\mathscr{R}_A)V \qquad (3.8)$$

由于 $\mathscr{R}_A$ 为转化率和温度的函数，只有知道反应过程的温度随时间的变化，才能确定 $\mathscr{R}_A$。所以，变温间歇反应器的设计，必须联立求解物料衡算式(3.8) 和热量衡算式(3.81)。

若将式(3.8) 代入式(3.81) 可得反应过程的温度和转化率的关系式

$$m_t \overline{C}_{pt} \frac{dT}{dt} = UA_h(T_c - T) - n_{A0} \Delta H_r \frac{dX_A}{dt} \qquad (3.82)$$

由此可知，对一定的反应物系而言，温度与转化率的关系取决于物系与环境的换热速率。当反应在绝热条件下进行时，反应物系与环境无热交换，于是式(3.82) 变为

$$m_t \overline{C}_{pt} dT = n_{A0}(-\Delta H_r) dX_A \qquad (3.83)$$

若 $\overline{C}_{pt}$ 可视为常数，则积分式(3.83) 有

$$T - T_0 = \frac{n_{A0}(-\Delta H_r)}{m_t \overline{C}_{pt}} X_A \qquad (3.84)$$

T_0 为反应开始时的温度，开始时转化率为零。此时，ΔH_r 为基准温度 T_0 下的反应热，$\overline{C}_{pt}$ 则为 T_0 与 T 之间的平均比热容。由此可知，绝热反应过程的热量衡算式通过积分而变成反应温度与转化率关系的代数式，且这一关系为线性关系。利用这个关系可将 $\mathscr{R}_A$ 化为只含单一变量 X_A 的函数，代入式(3.8) 积分即得反应时间。

以上是针对单一反应讨论的，若同时有多个反应，则热量衡算式(3.81) 要作相应的修正，主要是反应热项应包括各个反应所作的贡献。此时式(3.81) 可改写为

$$m_t \overline{C}_{pt} \frac{dT}{dt} = UA_h(T_c - T) - V \sum_{j=1}^{M} (\Delta H_r)_j r_j \tag{3.85}$$

物料衡算式也需改用式(3.7)，同时求解式(3.85)及式(3.7)，即可求定间歇反应器中变温情况下进行多个反应时的反应时间。

【例 3.12】 顺丁烯二酸酐(A)与正己醇(B)反应可生产顺丁烯二酸己酯，反应如下

$$
\begin{array}{c}
HC—C=O \\
\| \qquad\qquad O \quad +C_6H_{13}OH \longrightarrow \quad HOOC—CH=CH—COO(C_6H_{13}) \\
HC—C=O
\end{array}
$$

该反应对顺丁烯二酸酐和正己醇均为一级，反应速率常数等于

$$k = 1.37 \times 10^{12} \exp(-12628/T) \quad [m^3/(kmol \cdot s)]$$

现拟在间歇釜式反应器中进行该反应，先将固体顺丁烯二酸酐加入釜内用蒸汽加热熔融，其熔点为 326K。全部熔融后迅速加入己醇，此液体混合物中顺丁烯二酸酐和己醇的浓度分别为 4.55kmol/m³ 及 5.34kmol/m³。

(1) 从 326K 开始在绝热条件下反应，当反应温度达到 373K 时保持等温反应，因为反应温度不得超过 373K，试计算 A 的转化率达 98% 时所需的反应时间。

(2) 若整个反应过程都在 373K 下等温反应，所需的反应时间是多少？

(3) 试比较 (1)、(2) 两种情况下的冷却水用量及蒸汽用量。假设冷却水使用前后的温度差为 7K，蒸汽为 0.405MPa 的饱和蒸汽。该反应的反应热为 -33.5kJ/mol，反应混合物的平均体积比热容可按 1980kJ/(m³·K) 计算。

解：(1) 绝热反应过程中转化率和温度的关系可由式(3.84)确定，但根据题给的数据需要对该式作适当的改写，若该式右端的分子和分母分别除反应混合物的体积，则式(3.84)变为

$$T - T_0 = \frac{c_{A0}(-\Delta H_r)}{\rho \overline{C}_{pt}} X_A \tag{A}$$

ρ 为反应混合物的密度，$\overline{C}_{pt}$ 为按单位质量计算的比热容，故两者的乘积正好是按单位体积计算的比热容，即题给的 1980kJ/(m³·K)。把有关数据代入式(A)得

$$T - 326 = \frac{4.55 \times 33.5 \times 10^3}{1980} X_A \quad 或 \quad T = 326 + 76.98 X_A \tag{B}$$

反应的速率方程为

$$-\mathscr{R}_A = -r_A = kc_A c_B = kc_{A0}(1 - X_A)(c_{B0} - c_{A0} X_A) \tag{C}$$

将式(C)代入式(3.10)即可计算反应时间

$$t = \int_0^{X_{Af}} \frac{dX_A}{k(1 - X_A)(c_{B0} - c_{A0} X_A)} \tag{D}$$

由于反应系在变温条件下进行，而 k 又是温度的函数，为此，必须把 k 变成转化率 X_A 的函数，式(D)才能积分。这可将式(B)代入题给的反应速率常数 k 与 T 的关系式，然后再代入式(D)即得：

$$t = \int_0^{X_{Af}} \frac{\exp[12628/(326 + 76.98 X_A)] dX_A}{1.37 \times 10^{12} (1 - X_A)(c_{B0} - c_{A0} X_A)} \tag{E}$$

因为反应温度不许超过 373K，与此温度对应的转化率由式(B)求得

$$373 = 326 + 76.98 X_A$$

$$X_A = 0.6105$$

所以，在绝热条件下反应至转化率为 61.05% 后，改为 373K 等温反应至转化率为 98%。将有关数值代入式（E）有

$$t = \int_0^{0.6105} \frac{\exp[12628/(326+76.98X_A)]dX_A}{1.37 \times 10^{12}(1-X_A)(5.34-4.55X_A)} \tag{F}$$

式（F）中积分值可用数值积分求得，例如辛普生法，由计算机算出式（F）的积分值为 1383s，即绝热阶段反应时间

$$t_1 = 1383s = 23.1min$$

此时温度已达 373K，维持等温反应，使转化率从 61.05% 增至 98%，所需反应时间可按式（D）计算，但积分上下限相应为 0.6105 和 0.98。由于 k 为常数，式（D）可解析积分。把式（D）改写成

$$t = \frac{1}{kc_{A0}(c_{B0}/c_{A0}-1)} \int_{X_{A0}}^{X_{Af}} \left(\frac{1}{1-X_A} - \frac{1}{c_{B0}/c_A - X_A} \right) dX_A$$

$$= \frac{1}{kc_{A0}(c_{B0}/c_{A0}-1)} \ln \frac{(1-X_{A0})(c_{B0}/c_{A0}-X_{Af})}{(1-X_{Af})(c_{B0}/c_{A0}-X_{A0})} \tag{G}$$

373K 时的反应速率常数

$$k = 1.37 \times 10^{12} \times \exp(-12628/373) = 2.714 \times 10^{-3} [m^3/(kmol \cdot s)]$$

将有关数值代入式（G）得等温阶段的反应时间为

$$t = \frac{\ln \frac{(1-0.6105) \times (5.34/4.55-0.98)}{(1-0.98) \times (5.34/4.55-0.6105)}}{2.714 \times 10^{-3} \times 4.55 \times (5.34/4.55-1)} = 886.9(s) = 14.78(min)$$

所以，总反应时间

$$t = t_1 + t_2 = 23.1 + 14.78 = 37.88 \ (min)$$

（2）自始至终在 373K 等温下反应，所需的反应时间亦可按式（G）计算，此时，$X_{A0}=0$，$X_{Af}=0.98$，代入式（G）得反应时间为

$$t = \frac{1}{2.714 \times 10^{-3} \times 4.55 \times (5.34/4.55-1)} \times \ln \frac{5.34/4.55-0.98}{(1-0.98) \times 5.34/4.55} = 984.2(s) = 16.4(min)$$

由此可见在 373K 下等温操作所需的反应时间较先绝热后等温操作要少，原因是反应温度越高，反应速率越快，而在绝热操作时反应温度均低于 373K。

（3）由于顺丁烯二酸酐酯化反应为放热反应，要保持等温反应，必须及时将反应放出的热量排走。第（1）种情况只是转化率从 61.05% 升至 98% 时为等温操作，对于 1m³ 反应物料而言，反应放热为

$$q = 1 \times 4.55 \times (0.98-0.6105) \times 33.5 \times 10^3 = 56321(kJ)$$

此为冷却水所带走的热量，冷却水的温升为 7K，则冷却水用量为

$$\frac{56321}{4.186 \times 7} = 1922(kg) = 1.922(m^3)$$

第（2）种情况是自始至终保持 373K 等温操作，故 1m³ 反应混合物反应放热为

$$1 \times 4.55 \times 0.98 \times 33.5 \times 10^3 = 149377(kJ)$$

相应所需冷却水量则为 $\frac{149377}{4.186 \times 7} = 5098(kg) = 5.098(m^3)$

由此可知第（2）种情况的冷却水用量约为第（1）种情况的两倍半。

将顺丁烯二酸酐熔融以及将己醇加热至 326K，两种情况所需的蒸汽量都是一样的。第

（1）种情况从 326K 起即绝热操作，而第（2）种情况尚需将反应混合物从 326K 加热至 373K，所需热量为

$$1 \times 1980 \times (373 - 326) = 93060 (\text{kJ})$$

所以，第（2）种情况多用的 0.405MPa 饱和蒸汽（潜热为 2136kJ/kg）量等于 93060/2136 ＝ 43.6(kg)。显然，虽然第（2）种情况的反应时间短，但蒸汽用量和冷却水用量却增加了。

3.10　连续釜式反应器的定态操作

连续釜式反应器内反应物料温度均匀一致，若为定态操作，反应是在等温下进行的。如为非定态操作，仍属变温过程，即反应温度系随时间而变，但不随空间而变。无论是定态操作还是非定态操作，反应过程的温度均需由反应器的热量衡算式和物料衡算式来决定。这会出现定态不唯一的问题，即同时存在多个定态，操作温度都能满足反应器的热量及物料衡算式。既然如此，自然会联想到哪一个定态在实际生产中是可行的，哪一个是不可实现的，这就是本节所要讨论的定态稳定性问题。由于问题较为复杂，这里只能介绍一些最基本的知识和概念。

3.10.1　连续釜式反应器的热量衡算式

连续釜式反应器为一敞开物系，根据热力学第一定律，其热量衡算式可表示成式 (3.77)。对于定态操作，无需考虑时间自变量，且以整个反应体积为控制体积时，式 (3.77) 可改写成

$$\Delta H = q \tag{3.86}$$

熔变 ΔH 可仿照推导间歇反应器热量衡算式时所用的办法计算。此处假设反应物料的密度 ρ 恒定，并以进料温度 T_0 为基准温度，则

$$\Delta H = Q_0 \rho \overline{C}_{pt}(T - T_0) + (\Delta H_r)_{T_0}(-\mathscr{R}_A)V$$

而物系与环境交换的热量 $\qquad q = UA_h(T_c - T)$

代入式 (3.86) 得

$$Q_0 \rho \overline{C}_{pt}(T - T_0) + (\Delta H_r)_{T_0}(-\mathscr{R}_A)V = UA_h(T_c - T) \tag{3.87}$$

这就是定态操作下连续釜式反应器的热量衡算式。使用该式时应注意到 ΔH_r 为进料温度下的反应热，而 $\overline{C}_{pt}$ 则为温度在 T 与 T_0 之间出料的平均定压比热容。若不选用进料温度 T_0 作为基准温度，则式 (3.87) 需作相应的改变。

将式 (3.43) 代入式 (3.87) 可得反应过程的温度与转化率的关系如下

$$Q_0 [\rho \overline{C}_{pt}(T - T_0) + c_{A0}X_A(\Delta H_r)_{T_0}] = UA_h(T_c - T) \tag{3.88}$$

进料在一定温度下反应，达到所规定的转化率时所需移走（放热反应）或供给（吸热反应）的热量，不难由式 (3.88) 算出，从而可确定必需的换热介质用量。

若在绝热条件下进行反应，式 (3.88) 简化成

$$T - T_0 = \frac{c_{A0}(-\Delta H_r)_{T_0}}{\rho \overline{C}_{pt}} X_A \tag{3.89}$$

这与绝热间歇反应器的式 (3.84)，无论形式上或实质上都是一样的，只是在符号使用上的不同。所以，不管间歇或连续，在釜式反应器中绝热条件下反应，反应温度与转化率的关系相

同。对于定态下操作的连续釜式反应器，虽然是在绝热条件下反应，但仍然是在等温下进行，由式(3.89)可以确定达到规定转化率时的绝热反应温度。但间歇反应器则不然，绝热条件下反应，反应温度是随时间而升高（放热反应）或降低（吸热反应）的。

只要把 $\overline{C}_{pt}$ 视为常数，式(3.89)或式(3.84)都可写成

$$T - T_0 = \lambda X_A \tag{3.90}$$

$$\lambda = \frac{c_{A0}(-\Delta H_r)}{\rho \overline{C}_{pt}}$$

λ 叫做绝热温升，其意义为当反应物系中的 A 全部转化时，物系温度升高（放热）或降低（吸热）的度数。$\overline{C}_{pt}$ 为常数时，λ 为常量，此时式(3.90)为线性关系式，否则 T 与 X_A 为非线性关系。

将式(3.87)的反应热项修正，便可将其推广到同时进行多个反应的场合，即

$$Q_0 \rho \overline{C}_{pt}(T - T_0) + V \sum_{j=1}^{M} r_j (\Delta H_r)_{j,T_0} = UA_h(T_c - T) \tag{3.91}$$

相应的物料衡算式为式(3.41)，与式(3.91)一起，构成了进行复合反应的连续釜式反应器设计方程。

3.10.2　连续釜式反应器的定态

定态下操作的连续釜式反应器，其操作温度和所达到的转化率应满足物料及热量衡算式。设所进行的反应为一级不可逆放热反应，则

$$-\mathscr{R}_A = -r_A = A\exp[-E/(RT)]c_A = A\exp[-E/(RT)]c_{A0}(1 - X_A)$$

代入式(3.43)及式(3.87)得

$$V = \frac{Q_0 X_A}{A\exp[-E/(RT)](1 - X_A)} \tag{3.92}$$

$$Q_0 \rho \overline{C}_{pt}(T - T_0) + V(\Delta H_r)_{T_0} A\exp[-E/(RT)]c_{A0}(1 - X_A) = UA_h(T_c - T) \tag{3.93}$$

联立求解式(3.92)、式(3.93)，便得定态操作温度及转化率。因 $\tau = V/Q_0$，由式(3.92)有

$$X_A = \frac{A\tau\exp[-E/(RT)]}{1 + A\tau\exp[-E/(RT)]}$$

代入式(3.93)得

$$Q_0 \rho \overline{C}_{pt}(T - T_0) + UA_h(T - T_c) = \frac{Vc_{A0}(-\Delta H_r)_{T_0} A\exp[-E/(RT)]}{1 + A\tau\exp[-E/(RT)]} \tag{3.94}$$

所进行的反应为放热反应，式(3.94)的左边为移热速率 q_r，它由两项热组成，第一项为使进料从温度 T_0 升高至操作温度 T 所需的热量；第二项则为冷却介质所带走的热量

$$q_r = Q_0 \rho \overline{C}_{pt}(T - T_0) + UA_h(T - T_c) \tag{3.95}$$

式(3.94)的右边则为反应的放热速率 q_g

$$q_g = \frac{Vc_{A0}(-\Delta H_r)_{T_0} A\exp[-E/(RT)]}{1 + A\tau\exp[-E/(RT)]} \tag{3.96}$$

式(3.94)系关于 T 的非线性代数方程，解此式即得定态操作温度。譬如说用作图法求解，分别以 q_r 及 q_g 对 T 作图，如图 3.13 所示。图中移热速率线 q_r 为一直线，这一点由式(3.95)不难看出，该直线的斜率为 $Q_0 \rho \overline{C}_{pt} + UA_h$。由式(3.96)知，放热速率曲线 q_g 为一 S 形曲线。曲线 q_g 与直线 q_r 的交点 G、C 及 D 所对应的温度即为定态操作温度，

因为只有两者的交点才能满足 $q_r = q_g$ 的要求，这种情况，便属于多定态。T_G、T_C 及 T_D 均满足物料及热量衡算式，显然，按 T_G 操作，转化率最低，而按 T_D 操作则转化率最高。

三个定态点除了温度和转化率不同之外，还具有另一种不同的特性，即稳定性问题。所谓稳定性，指的是反应器操作受到外来扰动后的自衡能力。例如进料温度波动，必然引起反应温度波动，从而偏离了原来的定态。当进料温度恢复正常后，如果反应温度能恢复到原来的定态温度，则称该定态点是稳定的定态点，否则为不稳定的定态点。

结合图 3.13 首先分析定态点 D，其温度为 T_D，由于外来的干扰，温度上升至 T_E，但由图可见，此时 $q_r > q_g$，即移热速率大于放热速率，当扰动消除后，反应物系必然降温恢复到 T_D。同样，如由于干扰而降温至 T_J，此处 $q_g > q_r$，扰动消除后，必定升温至 T_D。所以，定态点 D 是稳定的。对 G 点作同样的分析，也可得出 G 点也是稳定的结论。然而 C 点的情况就不一样了，当温度波动而上升至 T_J 时，由于 $q_g > q_r$，纵使扰动消失，温度仍会继续上升至 T_D 为止；如由于波动而使温度降至 T_K，因为 $q_g < q_r$，必然继续降低直至等于 T_G 为止，所以 C 点为不稳定的定态点。C 点仅仅是理论上的定态点，实际上是很难操作的，由于实际操作过程的条件不可能做到一点也不波动，哪怕是极其微小的一点波动，定态不是向 D 点移动就是向 G 移动。因此设计连续釜式反应器时，应选择在稳定的定态点操作，一般选择上定态点，即图 3.13 上的 D 点。G 点虽稳定，但转化率低，失去了实际价值。

当移热线 q_r 与放热线 q_g 相切于 A、B 两点时，用同样判断方法，可以确定 A 和 B 是不稳定的定态点。结合图 3.14 可知，当 A 点的温度稍有升高时，T_A 会跃迁到 T_E，同样当 B 点的温度稍有降低时，T_B 会突降到 T_F。在 BF 线以上和 AE 线以下的区域，则只有一个稳定的定态点，如 H 和 I 点。

由图 3.13 可见，在稳定的定态点 G 及 D 处，移热线的斜率大于放热曲线的斜率，即

$$\frac{\mathrm{d}q_r}{\mathrm{d}T} > \frac{\mathrm{d}q_g}{\mathrm{d}T} \tag{3.97}$$

这是定态操作稳定的必要条件，但不是充分条件，也就是说，如果满足式(3.97)，则定态可能是稳定的；若不满足该式，则定态一定是不稳定的，这个条件又称为斜率条件，再加上其他条件才构成定态稳定的充分必要条件。

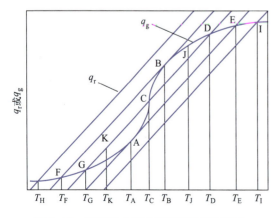

图 3.13　连续釜式反应器的定态操作温度

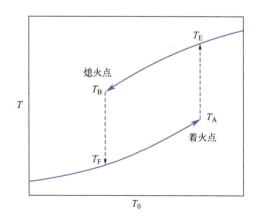

图 3.14　连续釜式反应器的着火点和熄火点

随着操作条件的改变，定态温度也随之而变。图 3.14 为进料温度 T_0 与定态温度 T 的关系示意图。图上 A 点称为着火点，B 点称为熄火点。着火与熄火现象对于反应器操作控制甚为重要，特别是开停工的时候。例如，若操作温度系在着火点附近，进料温度稍有改变，便会产生超温，从而破坏操作，可能出现烧坏催化剂或者可能产生爆炸等事故；在熄火点附近操作时，则易产生突然降温以致反应终止。

由图 3.13 可见，在 BF 和 AE 两条线之间的区域内存在多定态现象。在此区域之外，定态温度是唯一的。至于定态点数目的多少，取决于所进行的化学反应的特性和反应器的操作条件，如进料温度和流量，反应器与环境的换热情况等等。只有放热反应才可能出现多定态现象，而吸热反应的定态总是唯一的。

为了使反应器操作稳定，必须采取有效的措施，以满足稳定性条件，例如使用尽可能大的传热面积和尽可能小的传热温差等。至于釜式反应器，一般都是用来进行液相反应，而液体的热容量较大，温度变化较小，不易出现大起大落的情况，如果调节手段适当，未必非要在稳定的定态下操作。

【例 3.13】 温度为 326K 的顺丁烯二酸酐和己醇的混合液，以 $0.01\text{m}^3/\text{s}$ 的流量连续地通入反应体积为 2.65m^3 的绝热釜式反应器进行酯化反应，进料液中酐和醇的浓度分别为 4.55kmol/m^3 和 5.34kmol/m^3，试计算反应器出口转化率及温度。该反应的动力学数据和热化学数据见例 3.12。

解： 由于反应系在绝热条件下进行，将有关数值代入式（3.89）得反应温度和转化率的关系为

$$T - 326 = \frac{4.55 \times 33.5 \times 10^3}{1980} X_A$$

或
$$X_A = 0.01299T - 4.235 \tag{A}$$

将反应速率方程代入式（3.43）有

$$V = \frac{Q_0 c_{A0} X_{Af}}{k c_A c_B} = \frac{Q_0 X_{Af}}{1.37 \times 10^{12} \times \exp(-12628/T)(1 - X_{Af})(c_{B0} - c_{A0} X_{Af})} \tag{B}$$

利用式（A）和式（B）分别绘出图 3D 的直线和曲线，两者相交的三个点 A、B、C 为上述两式的联立解，即定态点。

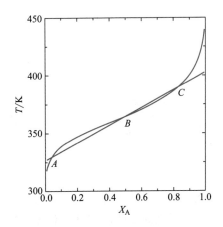

图 3D　定态计算结果

除从图上读取定态点的数值外，还可以用以下的 Python 程序进行计算。

Python 代码如下：

```
from scipy. optimize import fsolve
import numpy as np
def equations (Example)：
    XA, T = Example
    eq1 = XA - 0.01299 * T + 4.235
    eq2 = 2.65 - (0.01 * XA) / (1.37 * 10 ** 12 * np. exp (-12628/T) * (1 - XA) * (5.34 -
4.55 * XA) )
    return (eq1, eq2)
XA _ low, XA _ up, T _ low, T _ up = 0.001, 0.999, 100, 400 # variable constraints
def grid _ search _ solver (eq _ func, XA _ range, T _ range, resolution = 10)：
    solutions = []
    XA _ values = np. linspace (XA _ range [0], XA _ range [1], resolution) # initial guesses
    T _ values = np. linspace (T _ range [0], T _ range [1], resolution)
    for XA _ init in XA _ values：
        for T _ init in T _ values：
            try：
                XA _ sol, T _ sol = fsolve (eq _ func, (XA _ init, T _ init))
                if XA _ low < XA _ sol < XA _ up and T _ low < T _ sol < T _ up：# solution ranges
                    solutions. append ((XA _ sol, T _ sol))
            except：
                pass # skip if fsolve is not convergent
    # Return unique solutions based on rounding
    unique _ solutions = set ([(round (XA, 4), round (T, 2)) for XA, T in solutions])
    return unique _ solutions
solutions = grid _ search _ solver (equations, (XA _ low, XA _ up), (T _ low, T _ up), resolution = 3)
# Searching XA and T in ranges
print ("Potential Solutions：")
for sol in solutions：
    print (f"XA = {sol [0] }, T = {sol [1]}", "K" )
```

运算输出结果：

XA = 0.8301，T = 389.92K

XA = 0.0385，T = 328.99K

XA = 0.4989，T = 364.43K

无论何种方法，求解上述方程可得反应器操作温度为

$$T_A = 328.9K, \quad T_B = 364.4K, \quad T_C = 389.9K$$

这表明该系统具有三个定态点。将上述温度值代入式（A）得相应的反应器出口转化率为：

$$(X_{Af1})_A = 0.0385, \quad (X_{Af2})_B = 0.4989, \quad (X_{Af3})_C = 0.8300$$

可以证明，定态点 B 为不稳定的定态点，定态点 A、C 为稳定的定态点。

 总结

通过本章的学习，需要学会建立反应器设计方程的基本方法。熟知釜式反应器的间歇、连续、半间歇、等温和变温操作下所推导出的反应器设计方程，及相应的求解步骤；掌握瞬时选择性的定义，反应器设计和操作优化的基本原理。

釜式反应器设计的基本方程

$$Q_0 c_{i0} - Q c_i + V \mathscr{R}_i = \frac{\mathrm{d}n_i}{\mathrm{d}t} \qquad (i = 1, 2, \cdots, K)$$

而

$$\mathscr{R}_i = \sum_{j=1}^{M} r_{ij} = \sum_{j=1}^{M} \nu_{ij} r_j$$

瞬时选择性和总选择性的关系

$$S_o = \frac{1}{X_A} \int_0^{X_A} S \mathrm{d}X_A$$

理想釜式反应器的总选择性等于瞬时选择性。

釜式反应器的串、并联

对于正常动力学，串联操作的连续釜效果要优于空时相同的单个连续釜，且串联釜数越多，效果越佳。但对于反常动力学则情况相反。串联的各釜反应体积之间存在最佳比例，对于一级反应以各釜反应体积相等为最好。并联操作的连续釜保持各釜空时相同，效果最好。

根据各反应物浓度对反应速率的影响及其价格的相对高低，以及反应产物分离的难易与费用的多少，来确定原料配比和反应器的操作方式。由对各反应物浓度的不同要求来选择加料方式，同时加入或分批加入等，以获得满意的反应过程浓度条件。由于间歇釜是一次性进料和出料，其浓度条件只取决于起始原料配比。单个连续釜也是如此，只有串联操作的连续釜或半间歇釜才可采用不同的加料方式。

变温釜式反应器的设计

温度较之浓度对反应器操作的影响更为显著。定态下的连续釜总是在等温下操作。间歇釜就空间而言也是等温操作，对时间则可以是等温，也可以是变温。等温釜的最佳操作温度及变温釜的优化温度序列（温度与时间的关系），根据生产强度最大或目的产物的最终收率最大来决定。通过对反应釜作物料及热量衡算，检验是否已满足所要求的温度条件，不满足时需调整其他参数。

绝热操作的连续釜仍为等温操作；而绝热间歇釜则为变温操作，且多数情况下转化率与温度近似成线性关系。

连续釜式反应器的定态并不总是唯一的，在某些操作条件范围内会出现多个定态。定态有稳定的与不稳定的之分，通常总是选择在稳定的定态下操作。

习　题

3.1 在等温间歇反应器中进行乙酸乙酯皂化反应

$$CH_3COOC_2H_5 + NaOH \longrightarrow CH_3COONa + C_2H_5OH$$

该反应对乙酸乙酯和氢氧化钠均为一级。反应开始时乙酸乙酯及氢氧化钠的浓度均为 $0.02\mathrm{mol/L}$，反应速率常数等于 $5.6\mathrm{L/(mol \cdot min)}$，要求最终转化率达到 95%。试问：

（1）当反应器的反应体积为 $1\mathrm{m}^3$ 时，需要多长的反应时间？

（2）若反应器的反应体积为 $2\mathrm{m}^3$，所需的反应时间又是多少？

3.2 拟在等温间歇反应器进行氯乙醇的皂化反应

$$\begin{array}{c} CH_2\!\!-\!\!CH_2 \\ | \quad\quad | \\ Cl \quad\ OH \end{array} + NaHCO_3 \longrightarrow \begin{array}{c} CH_2\!\!-\!\!CH_2 \\ | \quad\quad | \\ OH \quad OH \end{array} + NaCl + CO_2$$

以生产乙二醇，产量为 $20\mathrm{kg/h}$。使用 15%（质量分数）的 $NaHCO_3$ 水溶液及 30%（质量分数）的氯乙醇水溶液作原料，反应器装料中氯乙醇和碳酸氢钠的摩尔比为 $1:1$，混合液的相对密度为 1.02。该反应对氯乙醇和碳酸氢钠均为一级，在反应温度下反应速率常数等于 $5.2L/(mol \cdot h)$。要求转化率达到 95%。

（1）若辅助时间为 0.5h，试计算反应器的有效体积。

（2）若装填系数取 0.75，试计算反应器的实际体积。

3.3 丙酸钠与盐酸的反应

$$C_2H_5COONa + HCl \Longleftrightarrow C_2H_5COOH + NaCl$$

为二级可逆反应（对丙酸钠及盐酸均为一级），在实验室中用间歇反应器于 50℃ 等温下进行该反应的试验。反应开始时两反应物的摩尔比为 1。为了确定反应进行的程度，在不同的反应时间下取出 10ml 反应液用 0.515mol/L 的 NaOH 溶液滴定，以确定未反应的盐酸浓度。不同反应时间下，NaOH 溶液用量如下表所示。

时间/min	0	10	20	30	50	∞
NaOH 用量/ml	52.5	32.1	23.5	18.9	14.4	10.5

现拟用与实验室反应条件相同的间歇反应器生产丙酸，产量为 500kg/h，且丙酸钠的转化率要达到平衡转化率的 90%。试计算反应器的反应体积。假定：（1）原料装入以及加热至反应温度（50℃）所需时间为 20min，且在加热过程中不进行反应；（2）卸料及清洗时间为 10min；（3）反应过程中反应物料密度恒定。

3.4 在间歇反应器中，在绝热条件下进行液相反应

$$A + B \longrightarrow R$$

其反应速率方程为 $-r_A = 1.1 \times 10^{14} \exp\left(-\dfrac{11000}{T}\right) c_A c_B$ $[kmol/(m^3 \cdot h)]$

式中组分 A 及 B 的浓度 c_A 及 c_B 以 $kmol/m^3$ 为单位，温度 T 的单位为 K。该反应的热效应等于 $-4000J/mol$，反应开始时溶液中不含 R，组分 A 和 B 的浓度均等于 $0.04kmol/m^3$。反应混合物的平均体积比热容可按 $4.102kJ/(m^3 \cdot K)$ 计算。反应开始时反应混合物的温度为 50℃。

（1）试计算 A 的转化率达 85% 时所需的反应时间及此时的反应温度。

（2）如果要求全部反应物都转变为产物 R，是否可能？为什么？

3.5 在间歇反应器中进行液相反应

$$A + B \longrightarrow C \qquad -r_A = k_1 c_A c_B$$
$$C + B \longrightarrow D \qquad r_D = k_2 c_C c_B$$

A 的初始浓度为 $0.1kmol/m^3$，C、D 的初始浓度为零，B 过量，反应时间为 t_1 时，$c_A = 0.055kmol/m^3$，$c_C = 0.038kmol/m^3$，而反应时间为 t_2 时，$c_A = 0.01kmol/m^3$，$c_C = 0.042kmol/m^3$，试求：

（1）k_2/k_1；

（2）产物 C 的最大浓度；

（3）对应 C 的最大浓度时 A 的转化率。

3.6 在等温间歇反应器中进行液相反应

$$A_1 \underset{k_2}{\overset{k_1}{\Longleftrightarrow}} A_2 \overset{k_3}{\longrightarrow} A_3$$

这三个反应均为一级反应，起初的反应物料中不含 A_2 和 A_3，A_1 的浓度为 2mol/L。在反应温度下 $k_1=4.0min^{-1}$，$k_2=3.6min^{-1}$，$k_3=1.5min^{-1}$。试求：

(1) 反应时间为 1.0min 时，反应物系的组成；

(2) 反应时间无限延长时，反应物系的组成；

(3) 将上述反应改为

$$A_1 \xrightarrow{k_1} A_2 \underset{k_3}{\overset{k_2}{\rightleftharpoons}} A_3$$

反应时间无限延长时，反应物系的组成。

3.7 拟设计一反应装置等温进行下列液相反应

$$A+2B \longrightarrow R \qquad r_R=k_1 c_A c_B^2$$
$$2A+B \longrightarrow S \qquad r_S=k_2 c_A^2 c_B$$

目的产物为 R，B 的价格远较 A 为高且又不易回收。试问：

(1) 如何选择原料配比？

(2) 若采用多段全混反应器串联，何种加料方式最好？

(3) 若用半间歇反应器，加料方式又如何？

3.8 在一个体积为 300L 的反应器中，86℃等温下将浓度为 3.2kmol/m^3 的过氧化氢异丙苯溶液分解

以生产苯酚和丙酮。该反应为一级反应，反应温度下反应速率常数等于 0.08s^{-1}。最终转化率达 98.9%，试计算苯酚的产量。

(1) 如果这反应器是间歇操作反应器，并设辅助操作时间为 15min；

(2) 如果是全混流反应器；

(3) 试比较 (1)、(2) 问题的计算结果；

(4) 若过氧化氢异丙苯浓度增加一倍，其他条件不变，结果怎样？

3.9 在间歇反应器中等温进行下列液相均相反应：

$$A+B \longrightarrow R \qquad r_R=1.6c_A \quad [kmol/(m^3 \cdot h)]$$
$$2A \longrightarrow D \qquad r_D=8.2c_A^2 \quad [kmol/(m^3 \cdot h)]$$

r_D 及 r_R 分别为产物 D 及 R 的生成速率。反应用的原料为 A 与 B 的混合液，其中 A 的浓度等于 2kmol/m^3。

(1) 计算 A 的转化率达 95% 时所需的反应时间；

(2) A 的转化率为 95% 时，R 的收率是多少？

(3) 若反应温度不变，要求 D 的收率达 70%，能否办到？

(4) 改用全混反应器操作，反应温度与原料组成均不改变，保持空时与 (1) 的反应时间相等，A 的转化率是否可达到 95%？

(5) 在全混反应器操作时，A 的转化率如仍要求达到 95%，其他条件不变，R 的收率是多少？

(6) 若采用半间歇操作，B 先放入反应器内，A 按 (1) 计算的时间匀速加入反应器内进行反应。假定 B 的量为 1m^3，A 为 0.4m^3。试计算 A 加完时，组分 A 所能达到的转化率及 R 的收率。

3.10 在两个全混反应器串联的系统中等温进行液相反应

$$2A \longrightarrow B \qquad -r_A = 68c_A^2 \quad [kmol/(m^3 \cdot h)]$$

$$B \longrightarrow R \qquad r_R = 14c_B \quad [kmol/(m^3 \cdot h)]$$

进料中组分 A 的浓度为 $0.2kmol/m^3$，流量为 $4m^3/h$，要求 A 的最终转化率为 90%，试问：

（1）总反应体积的最小值是多少？

（2）此时目的产物 B 的收率是多少？

（3）如优化目标函数改为 B 的收率最大，试讨论最终转化率为多少？此时总反应体积最小值是多少？

3.11 生物柴油是一种可再生能源，其化学成分为长链脂肪酸甲酯或乙酯，通常采用动植物油脂在酸或碱催化剂下酯交换后制得。现采用棉籽油（脂肪酸甘油三酯，TG）与甲醇（ME）酯交换制备满足欧盟标准的生物柴油（脂肪酸甲酯，BD），反应方程式如下：

$$TG + ME \xrightarrow{k_1} DG + BD$$

$$DG + ME \xrightarrow{k_2} MG + BD$$

$$MG + ME \underset{k_{3-}}{\overset{k_{3+}}{\rightleftharpoons}} GL + BD$$

式中，DG、MG 和 GL 分别为甘油二酯、甘油单酯和甘油。反应温度下上述反应的速率方程为：

$$r_1 = 0.112c_{TG}^{1.2}c_{ME}^{0.58} \qquad (A)$$

$$r_2 = 0.189c_{DG}^{1.25}c_{ME}^{0.69} \qquad (B)$$

$$r_3 = 2.5c_{MG}^{1.55}c_{ME}^{0.44} - 0.0012c_{GL}^{1.1}c_{BD}^{0.79} \qquad (C)$$

上式中浓度单位为 mol/L，反应速率单位为 $kmol/(m^3 \cdot s)$。已知 TG、DG、MG 和 BD 的平均分子量分别为 885、621、357 和 296；原料棉籽油与甲醇混合物密度为 $850kg/m^3$。

为达到欧盟生物柴油标准，要求反应产物中各组分质量含量 $TG/(TG+DG+MG+BD) < 0.8\%$，$DG/(TG+DG+MG+BD) < 0.4\%$，$MG/(TG+DG+MG+BD) < 0.4\%$。试问：

（1）原料中甲醇与棉籽油最小摩尔比为多少？

（2）若甲醇与棉籽油摩尔比为最小摩尔比的 1.5 倍，试问为达到欧盟生物柴油的标准，反应时间最少为多少？

（3）现采用反应体积为 $10m^3$ 的间歇釜式反应器进行生物柴油生产，已知反应辅助操作时间为 1h，试问每天最多可处理多少吨棉籽油。

3.12 在反应体积为 $490cm^3$ 的连续釜中进行氨与甲醛生成乌洛托品的反应

$$\underset{(A)}{4NH_3} + \underset{(B)}{6HCHO} \longrightarrow (CH_2)_6N_4 + 6H_2O$$

反应速率方程为 $\qquad -r_A = kc_Ac_B^2 \quad [mol/(L \cdot s)]$

式中，$k = 1.42 \times 10^3 \exp(-3090/T)$。

氨水和甲醛水溶液的浓度分别为 4.06mol/L 和 6.32mol/L，各自以 $1.50cm^3/s$ 的流量进入反应器，反应温度可取为 36℃，假设该系统密度恒定，试求氨的转化率及反应器出口物料中氨和甲醛的浓度 c_A 及 c_B。

3.13 在一多釜串联系统中 2.2kg/h 的乙醇和 1.8kg/h 的醋酸进行可逆反应。每个反应釜的反应体积均为 $0.01m^3$，反应温度为 100℃，酯化反应的速率常数为 $4.76 \times 10^{-4}L/(mol \cdot min)$，逆反应（酯的水解）的速率常数为 $1.63 \times 10^{-4}L/(mol \cdot min)$。反应混合物

的密度为 $864kg/m^3$，欲使醋酸的转化率达 60%，求此串联系统釜的数目。

3.14 以硫酸为催化剂，由醋酸和丁醇反应可制得醋酸丁酯。仓库里闲置着两台反应釜，一台的反应体积为 $3m^3$，另一台则为 $1m^3$。现拟将它们用来生产醋酸丁酯，初步决定采用等温连续操作，原料中醋酸的浓度为 $0.15kmol/m^3$，丁醇则大量过剩，该反应对醋酸为二级，在反应温度下反应速率常数等于 $1.2L/(mol \cdot h)$，要求醋酸的最终转化率不小于 50%，你认为采用什么样的连接方式醋酸丁酯的产量最大？为什么？试计算你所选用的方案得到的醋酸丁酯产量。如果进行的反应是一级反应，这两台反应釜的连接方式又应如何？

3.15 等温下进行 1.5 级液相不可逆反应

$$A \longrightarrow B+C$$

反应速率常数等于 $5m^{1.5}/(kmol^{0.5} \cdot h)$，A 的浓度为 $2kmol/m^3$ 的溶液进入反应装置的流量为 $1.5m^3/h$。试分别计算下列情况下 A 的转化率达 95% 时所需的反应体积：（1）一个连续釜；（2）两个等体积的连续釜串联；（3）保证总反应体积最小的前提下，两个连续釜并联。

3.16 原料以 $0.5m^3/min$ 的流量连续通入反应体积为 $20m^3$ 的釜式反应器中进行液相反应

$$A \longrightarrow R \qquad -r_A = k_1 c_A$$

$$2R \longrightarrow D \qquad r_D = k_2 c_R^2$$

c_A 和 c_R 为组分 A 及 R 的浓度。r_A 为组分 A 的消耗速率，r_D 为 D 的生成速率。原料中 A 的浓度等于 $0.1kmol/m^3$。反应温度下，k_1 等于 $0.1min^{-1}$，k_2 等于 $1.25L/(mol \cdot min)$，试计算反应器出口处 A 的转化率及 R 的收率。

3.17 在连续釜式反应器中等温进行下列液相反应

$$2A \underset{k_2}{\overset{k_1}{\rightleftharpoons}} B \qquad r_B = k_1 c_A^2 - k_2 c_B$$

$$A+C \xrightarrow{k_3} D \qquad r_D = k_3 c_A c_C$$

进料速率为 $360L/h$，其中含 25% A、5% C（均按质量分数计算），料液密度等于 $0.69g/cm^3$。若出料中 A 的转化率为 92%，试计算：

（1）所需的反应体积；

（2）B 及 D 的收率。

已知操作温度下，$k_1 = 6.85 \times 10^{-5} L/(mol \cdot s)$；$k_2 = 1.296 \times 10^{-9} s^{-1}$；$k_3 = 1.173 \times 10^{-5} L/(mol \cdot s)$；B 的分子量为 140；D 的分子量为 140。

3.18 在连续釜中 $55℃$ 等温下进行下述反应

$$C_6H_6 + Cl_2 \xrightarrow{k_1} C_6H_5Cl + HCl$$

$$C_6H_5Cl + Cl_2 \xrightarrow{k_2} C_6H_4Cl_2 + HCl$$

$$C_6H_4Cl_2 + Cl_2 \xrightarrow{k_3} C_6H_3Cl_3 + HCl$$

这三个反应对各自的反应物均为一级。$55℃$ 时，$k_1/k_2 = 8$，$k_2/k_3 = 30$。进入反应器中的液体物料中苯的浓度为 $10kmol/m^3$，反应过程中液相内氯与苯的浓度比等于 1.4。若保持 $k_1\tau = 1L/mol$，试计算反应器出口的液相中苯、一氯苯、二氯苯及三氯苯的浓度。

3.19 根据例 3.13 中规定的条件和给定数据，试用图解法分析此反应条件下是否存在多定态点？如果为了提高顺丁烯二酸酐的转化率，使原料以 $0.001m^3/s$ 的流速连续进入反应器，其他条件不变，试讨论定态问题，在什么情况下出现三个定态点？

3.20 根据习题 3.3 所规定的反应及给定数据，现拟把间歇操作改为连续操作。试问：

(1) 在操作条件均不变时，丙酸的产量是增加还是减少？为什么？

(2) 若丙酸钠的转化率及丙酸产量不变，所需空时为多少？能否直接应用习题 3.3 中的动力学数据直接估算所需空时？

(3) 若把单釜连续操作改为三釜串联，每釜平均停留时间为 (2) 中单釜操作时平均停留时间的三分之一，试预测所能达到的转化率。

3.21 根据习题 3.8 所规定的反应和数据，在单个连续釜式反应器中转化率为 98.9%，如果再有一个相同大小的反应釜进行串联或并联，要求达到同样的转化率时，生产能力各增加多少？

3.22 在反应体积为 $0.75m^3$ 的连续釜式反应器中进行醋酐水解反应，进料体积流量为 $0.05m^3/min$，醋酐浓度为 $0.22kmol/m^3$，温度为 25℃。出料温度为 36℃，该反应为一级不可逆放热反应，反应热效应等于 $-209kJ/mol$（醋酐），反应速率常数与温度的关系如下

$$k = 1.8 \times 10^7 \exp(-5526/T) \quad (1/min)$$

反应物料的密度为常数，等于 $1050kg/m^3$，比热容可按 $2.94kJ/(kg \cdot K)$ 计算。该反应器没有安装换热器，仅通过反应器的器壁向大气散热。试计算：

(1) 反应器出口物料中醋酐的浓度；

(2) 单位时间内反应器向大气散出的热量。

3.23 在反应体积为 $1m^3$ 的釜式反应器中，环氧丙烷的甲醇溶液与水反应生成 1,2-丙二醇

该反应对环氧丙烷为一级，反应温度下反应速率常数等于 $0.98h^{-1}$。原料液中环氧丙烷的浓度为 $2.1kmol/m^3$。环氧丙烷的最终转化率为 90%。

(1) 若采用间歇操作，辅助时间为 0.65h，则 1,2-丙二醇的日产量是多少？

(2) 有人建议改在定态下连续操作，其他条件不变，则 1,2-丙二醇的日产量又是多少？

(3) 为什么这两种操作方式的产量不同？

3.24 根据习题 3.12 所规定的反应和数据，并假定反应过程中溶液密度恒定且等于 $1.02g/cm^3$，平均比热容为 $4.186kJ/(kg \cdot K)$，忽略反应热随温度的变化，且为 $-2231kJ/kg$（乌洛托品），反应物料入口温度为 25℃。问：

(1) 绝热温升是多少？若采用绝热操作能否使转化率达到 80%？操作温度为多少？

(2) 若在 100℃下等温操作，转化率达到多少？移热速率为多少？

3.25 某车间采用连续釜式反应器进行己二酸和己二醇的缩聚反应，以生产醇酸树脂。在正常操作条件下（反应温度、进出口流量等），己二酸的转化率可达 80%。某班从分析知，转化率下降到 70%，检查发现釜底料液出口法兰处漏料，经修好后，温度流量仍保持正常操作条件。但转化率仍不能提高，试分析其可能原因。如何使其转化率提到 80%？

4

管式反应器

 提要

本章将着重介绍以下内容:

1. 活塞流假定
2. 活塞流反应器设计方程的建立
3. 等温管式反应器设计
4. 变温管式反应器设计
5. 循环管式反应器设计
6. 各类设计方程的求解
7. 管式反应器的操作优化
8. 管式与釜式反应器的比较及优选方案

　　长度远大于其直径的一类反应器,统称管式反应器,而釜式反应器的高度与其直径则近似相等或稍大。管式反应器可用于均相反应,也可用于多相反应。例如,由石脑油裂解生产乙烯的裂解炉管,便属于管式反应器;广泛用于气固相催化反应的固定床反应器,也可看作是管式反应器,如乙烯催化氧化制环氧乙烷的反应器。所以,这里所说的管式反应器是广义的,而介绍模型时,只针对特定的活塞流反应器。管式反应器多数采用连续操作,少数采用半间歇操作,使用间歇操作的极罕见,本章只讨论第一种情况,目的在于提供此类反应器设计和分析的基本方法。

4.1　活塞流假设

　　流体在连续反应器中的流动存在极其复杂的物理现象,其直接影响到器内化学反应进行的速率和程度,考察一下器内流体的流速分布,便可以察觉到这一影响。众所周知,流体在管内的径向流速分布是不均匀的,以中心处的流速最大,靠壁处最小;流体呈层流时,其径向流速分布为抛物面状,如图 4.1(a) 所示,而呈湍流时则随湍动的程度不同流速分布变得扁平[见图 4.1(b)]。显然,中心部分的流体运动速度快、停留时间短,靠近管壁处的流体停留时间则长。停留时间不同,反应程度自然就不一样。除了流速分布外,器内的流体混合也是一个极其重要因素。因为流体混合的形式和程度直接影响到器内各处流体的浓度和温度,而两者又是决定反应速率的因素。正因为这种流动现象错综复杂,互为因果,就有必要对其作出合理的简化,不失真地建立起描述管内流动状况的物理模型,即流动模型。

活塞流模型是最简单的一种流动模型。其基本假定是径向流速分布均匀，如图 4.1(c) 所示，即所有流体粒子均以相同速度从进口向出口运动，就像一个活塞一样有序地向前移动，故称之为活塞流。另外还假定在垂直于流体流动方向的任何横截面上，浓度均匀，温度均匀，即径向混合均匀；并假设在流体流动方向即轴向上不存在流体的混合，这种混合叫做轴向混合，又称逆向混合，或简称返混。虽然不存在返混，但由于流体的主体流动和发生化学反应的结果，各个横截面上反应物料的浓度和温度则可以是各不相同的。所谓逆向混合指的是时间概念上的逆向，即不同停留时间的流体粒子之间的混

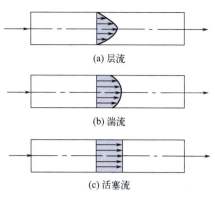

图 4.1　径向流速分布

合。既然径向流速分布均匀，那么在同一横截面上所有流体粒子的停留时间必然相同，自然不存在逆向混合。就整个反应器而言，如符合活塞流假设，则同一时刻进入反应器的流体粒子必定在另一时刻里同时离开，即所有流体粒子在反应器内的停留时间相同。由此不难想象，符合活塞流假定的反应器与间歇反应器应具有相同的效果，即当停留时间相同时，两者所达到的最终转化率及最终收率应一样。

上一章对连续釜式反应器问题的处理虽未涉及流动模型，但假定反应区内反应物料浓度均一正是另一种流动模型的必然结果，这种流动模型叫做完全混合流模型，简称全混流模型，其基本假定是无论径向混合还是轴向混合都达到最大。最大的径向混合保证了同一横截面上物系参数如温度、浓度等的均一，而最大的轴向混合，则消除了各个横截面间温度及浓度的差异，从而达到整个反应器内反应物料的浓度均一、温度均一。由此可见，活塞流和全混流的根本差别是，前者无返混存在，后者的返混程度则达到最大，以致反应物料间不存在浓度差，也不存在温度差。

活塞流和全混流都属于理想化了的流动，所以这两种模型又称为理想流动模型。如上所述，从返混程度看这又属于两种理想状态情况，一是无返混，另一则返混最大。在下一章里还要对这两种流动模型作进一步的讨论。

凡是能用活塞流模型来描述其流动状况的反应器，不论其结构如何，均称为活塞流反应器；同样，凡是符合全混流假定的反应器则称为全混流反应器。事实上，与这两个模型的假定丝毫不差的反应器在现实生活中是不存在的。只要大体上接近就可以了，因为模型总是近似的，如果与原型一模一样，那就无所谓模型。正是因为原型的极其复杂，才提出模型。模型只能反映原型的主要方面，而忽略次要方面，更不可能反映全部。

4.2　等温管式反应器设计

本章只讨论能用活塞流模型描述其流动状况的那些管式反应器，而且仅限于定态操作情况。本节先从等温反应器着手，以后再扩展到变温反应器。反应器设计的首要任务之一是根据原料的处理量及组成，计算达到规定的转化率所需的反应体积，然后以此为依据作进一步的设计。与釜式反应器的设计一样，第一步是要建立适宜的设计方程。

4.2.1 单一反应

等温下建立设计方程的依据仍然是质量守恒定律。根据公式(3.2) 对于如图 4.2(a) 的方管反应器，由定态下的活塞流的假定，某一 z 坐标处，x 和 y 方向上达到完全混合，则式(3-2) 可以化简为，

$$F_{i0} - F_i = -xy \int_0^z \mathscr{R}_i \, dz = -A_r \int_0^z \mathscr{R}_i \, dz \tag{4.1a}$$

同理，将式(3-2) 用于图 4.2(b) 的圆管反应器，改用柱坐标系，则为

$$F_{i0} - F_i = -\int_0^z \int_0^{2\pi} \int_0^r \mathscr{R}_i r \, dr \, d\theta \, dz = -\pi r^2 \int_0^z \mathscr{R}_i \, dz = -A_r \int_0^z \mathscr{R}_i \, dz \tag{4.1b}$$

式(4.1a) 和式(4.1b) 对积分上限求导，可得

$$\frac{dF_i}{dz} = A_r \mathscr{R}_i \tag{4.1c}$$

式(4.1a) 和式(4.1b) 中的 A_r 表示管截面积，改写后有

$$\frac{dF_i}{dV} = \mathscr{R}_i \tag{4.2}$$

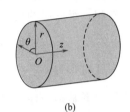

图 4.2　方管 (a) 和圆管 (b) 反应器示意图

式(4.2) 是基于活塞流模型的管式反应器设计方程，是一个常用而又极其重要的方程，从这个方程出发可以解决许多问题。这里组分 i 是任意的，可以是反应物，也可以是反应产物。若为反应物，则 $\mathscr{R}_i$ 为负，表明该组分的摩尔流量随反应体积的增加而减小；如果是反应产物，情况则相反。对于单一反应，只要对一个反应组分即关键组分作物料衡算就够了。通常系选择不过量的反应物为关键组分，比如组分 A，其物料衡算式为

$$\frac{dF_A}{dV} = r_A$$

为了计算反应体积，将 F_A 与 $\mathscr{R}_A$ 变为转化率的函数较为方便。因 $F_A = F_{A0}(1 - X_A)$，代入有

$$F_{A0} \frac{dX_A}{dV} = (-\mathscr{R}_A)_{X_A} \tag{4.3}$$

又因 $F_{A0} = Q_0 c_{A0}$，故式(4.3) 又可写成

$$Q_0 c_{A0} \frac{dX_A}{dV} = (-\mathscr{R}_A)_{X_A} \tag{4.4}$$

式(4.2)~式(4.4) 均为管式反应器的设计方程，形式虽不同，但实质不变，实际应用时可根据具体情况选定。

积分式(4.4) 可得反应体积

$$V = Q_0 c_{A0} \int_0^{X_{Af}} \frac{dX_A}{(-\mathscr{R}_A)_{X_A}} \tag{4.5}$$

如果反应系以等速率进行，则 $\mathscr{R}_A$ 为常数，式(4.5) 可化为

$$V = \frac{Q_0 c_{A0} X_{Af}}{(-\mathscr{R}_A)_{X_{Af}}} \tag{3.43}$$

式(3.43)是釜式反应器的设计方程，可见它是式(4.5)的一个特例。

根据空时的定义，式(4.5)两边除以 Q_0 后化为

$$\tau = c_{A0} \int_0^{X_{Af}} \frac{dX_A}{(-\mathcal{R}_A)_{X_A}} \tag{4.6}$$

上一章导出的间歇釜式反应器的反应时间为

$$t = c_{A0} \int_0^{X_{Af}} \frac{dX_A}{(-\mathcal{R}_A)_{X_A}} \tag{3.10}$$

式(4.6)和式(3.10)两式的右边形式完全一样，但未必可以得出 $\tau = t$ 的结论，因为形式相同，实质未必一样，要准确回答这个问题，主要是看 $\mathcal{R}_A$ 与 X_A 的函数关系两者是否一样。间歇釜式反应器一般在等密度下进行，而管式反应器则不一定。如果都是在等密度下反应，两者的 $\mathcal{R}_A$ 是一样的，此时 $\tau = t$；若管式反应器系在变密度下反应，则 $\tau \neq t$。例如，等密度下气相一级反应的反应速率为

$$-r_A = kc_{A0}(1-X_A)$$

变密度时则为

$$-r_A = \frac{kc_{A0}(1-X_A)}{1+y_{A0}\delta_A X_A}$$

可见两者是不一样的。由此可知，管式反应器在等密度下反应达到一定的转化率所需的空时，与相同温度下间歇釜式反应器达到相同的转化率所需的时间相等，但对变密度下的管式反应器，此结论不成立。虽然 $\tau = t$ 的结论只局限于等密度过程，但很有用，因为它沟通了连续反应与间歇反应间的关系。在此情况下，间歇反应所得到的结论亦适用活塞流反应器。

设 u_0 为反应器进口处流体的流速，则式(4.4)可改写成转化率与轴向距离 Z 的关系式

$$u_0 c_{A0} \frac{dX_A}{dZ} = (-\mathcal{R}_A)_{X_A} \tag{4.7}$$

若为等密度过程，可把式(4.7)写成轴向浓度分布方程

$$u_0 \frac{dc_A}{dZ} = \mathcal{R}_A \tag{4.8}$$

而式(3.8)又可写为

$$\frac{dc_A}{dt} = \mathcal{R}_A \tag{4.9}$$

由式(4.8)可看出，对于定态操作的活塞流反应器，反应物系的浓度系随轴向距离而变，与时间无关；式(4.9)则说明间歇釜式反应器反应物系的浓度则随时间而变，与位置无关。这是两者的基本差别。

【例 4.1】 根据例 3.1 所规定的条件和给定数据，改用活塞流管式反应器生产乙酸乙酯，试计算所需的反应体积。

解：由于乙酸与乙醇的反应为液相反应，故可认为是等密度过程。此时，等密度下活塞流反应器的空时与条件相同的间歇反应器反应时间相等，在例 3.1 里求出达到题给要求所需的反应时间为 $t = 118.8\text{min}$。改用活塞流反应器连续操作，要达到同样要求就应使空时 $\tau = t = 118.8\text{min}$。原料处理量为 $Q_0 = 4.153\text{m}^3/\text{h}$，因此，反应体积为

$$V = 4.153 \times (118.8/60) = 8.223(\text{m}^3)$$

而例 3.1 算得间歇反应器所需的反应体积为 12.38m³，大于活塞流反应器，其原因是间歇操作还需考虑装料、卸料及清洗等辅助时间的缘故，如不考虑这些，两者的反应体积应相等。从这点看，连续操作要比间歇操作优越。

【例 4.2】 在活塞流反应器中，于923K等温下进行丁烯脱氢反应以生产丁二烯

$$C_4H_8 \longrightarrow C_4H_6 + H_2$$
$$\text{(A)} \qquad \text{(B)} \quad \text{(C)}$$

反应速率方程为

$$-r_A = kp_A \quad [\text{kmol}/(\text{m}^3 \cdot \text{h})]$$

原料气为丁烯与水蒸气的混合气，丁烯的摩尔分数为10%。操作压力为 10^5Pa。923K 时，$k = 1.079 \times 10^{-4} \text{kmol}/(\text{h} \cdot \text{m}^3 \cdot \text{Pa})$。若要求丁烯的转化率达35%，空时为多少？

解： 将速率方程代入式(4.6)即可求空时

$$\tau = c_{A0} \int_0^{0.35} \frac{\mathrm{d}X_A}{kp_A} \tag{A}$$

积分式(A)需先将 p_A 变成转化率 X_A 的函数。由理想气体定律得

$$p_A = c_A RT \tag{B}$$

而丁烯脱氢反应为变容过程，由化学计量关系知 $\delta_A = (1+1-1)/1 = 1$，所以

$$c_A = \frac{c_{A0}(1-X_A)}{1+y_{A0}\delta_A X_A} = \frac{c_{A0}(1-X_A)}{1+0.1X_A} \tag{C}$$

把式(C)代入式(B)后，再将其代入式(A)则有

$$\tau = \int_0^{0.35} \frac{(1+0.1X_A)}{kRT(1-X_A)}\mathrm{d}X_A = \frac{1}{kRT}\int_0^{0.35}\left(\frac{1.1}{1-X_A}-0.1\right)\mathrm{d}X_A = \frac{1}{kRT}\left(1.1\ln\frac{1}{1-X_A}-0.1X_A\right)\Big|_0^{0.35}$$

将有关数据代入上式可得空时为

$$\tau = \frac{1}{1.079\times10^{-4}\times8.314\times10^3\times923}\times\left(1.1\times\ln\frac{1}{1-0.35}-0.1\times0.35\right) = 5.30\times10^{-4} \text{ (h)} = 1.908\text{s}$$

此处的空时系基于反应器进口温度及压力计算的原料气体积流量而求得。由于该反应为变容反应，此时，空时不等于气体在反应器内的平均停留时间。因为在反应过程中反应气体的体积不断增大，从而造成流体的流速越来越大，以致气体在反应器内的平均停留时间要小于1.933s。

如按恒密度过程计算，则

$$\tau = \frac{1}{kRT}\int_0^{X_A}\frac{\mathrm{d}X_A}{1-X_A} = \frac{1}{kRT}\ln\frac{1}{1-X_A}$$

将有关数据代入上式求出 $\tau = 1.898$s，较之按变容计算来得短，这就是说反应体积可以小些，实际上这将达不到35%的转化率。原因是没有计及由于体积膨胀而引起的停留时间变化。如果是体积缩小的反应，请推测一下按等容计算的结果将是如何并叙述其原因。

4.2.2 复合反应

当反应器同时进行数个反应时，一个反应变量的变化已不足以描述整个反应过程。与釜式反应器一样，需分别对各关键组分作物料衡算，以获得管式反应器的设计方程组。做法与单一反应的情况完全一样，只是方程数目增加而已，即把式(4.2)分别用于各个关键组分

$$\frac{\mathrm{d}F_i}{\mathrm{d}V} = \mathscr{R}_i \qquad (i=1,2,\cdots,K) \tag{4.1}$$

K 为关键组分数。上式也可写成

$$\frac{\mathrm{d}F_i}{\mathrm{d}V} = \sum_{j=1}^{M} r_{ij} = \sum_{j=1}^{M} \nu_{ij}r_j \qquad (i=1,2,\cdots,K) \tag{4.10}$$

M 为反应物系中反应的总数。

在等温管式反应器中进行单一反应时，既可以将 F_i 和 $\mathcal{R}_i$ 通过第 2 章介绍的减变量方法变为转化率的函数，然后将式(4.2)积分，参见式(4.5)，求反应体积。也可以用式(4.11)将 F_i 和 $\mathcal{R}_i$ 用 F_i 或 c_i 表示，再进行求解。

$$F_i = Qc_i \tag{4.11}$$

但进行多个反应时，则需求解常微分方程组式(4.10)，这属于常微分方程初值问题。初值条件为

$$V=0, \quad F_i = F_{i0} \quad (i=1,2,\cdots,K)$$

求解该方程组时，需首先选定反应变量，这可选择关键组分的转化率或收率，或选各关键反应的反应进度 ξ_j，然后将 F_i 和 r_j 变为反应变量的函数，即可对式(4.10)求解，一般需用数值法。也可以直接以 F_i 为反应变量，此时只需将 r_j 变为 F_i 的函数。

对于等密度过程，可选择任何形式的反应变量，但变容过程则以选 F_i 作为反应变量较为方便。由于反应速率方程通常以浓度函数的形式表示，即 $r_j = f(c)$，所以，若选 F_i 作反应变量，需将 c_i 变为 $F_i(i=1,2,\cdots,N)$ 的函数，其中 N 为反应物系中的反应组分数。

对理想气体，式(4.11)的关系可以变换成

$$c_i = \frac{p_i}{RT} = \frac{py_i}{RT} = \frac{F_i p}{RT \sum_{i=1}^{N} F_i} \tag{4.12}$$

利用式(4.12)即可将浓度变为摩尔流量的函数。由于 N 个反应组分并非都是关键组分，这就需将非关键组分的摩尔流量变为关键组分摩尔流量的函数，其根据是各反应的化学计量关系，具体算法可参看例 4.3。若反应前后物系的总物质的量不发生变化，则

$$\sum_{i=1}^{N} F_i = F_{t0}$$

即任何时候反应混合物的摩尔流量为定值，等于反应进口处物料的总流量 F_{t0}。此时如果反应系在等温等压下进行，必然也是一个等密度过程。

若以浓度为变量，由式(4.11)，式(4.10)可改写成

$$\frac{d(Qc_i)}{dV} = \sum_{j=1}^{M} \nu_{ij} r_j \quad (i=1,2,\cdots,K) \tag{4.13}$$

又因 $dV = A_r dZ$，设计方程可写成反应组分浓度的轴向分布方程，即

$$\frac{d(uc_i)}{dZ} = \sum_{j=1}^{M} \nu_{ij} r_j \quad (i=1,2,\cdots,K) \tag{4.14}$$

若为等容过程，则 $Q=Q_0=$ 常量，$u=u_0=$ 常量，式(4.13)、式(4.14)化为

$$Q_0 \frac{dc_i}{dV} = \sum_{j=1}^{M} \nu_{ij} r_j \quad (i=1,2,\cdots,K) \tag{4.15a}$$

或

$$u_0 \frac{dc_i}{dZ} = \sum_{j=1}^{M} \nu_{ij} r_j \quad (i=1,2,\cdots,K) \tag{4.15b}$$

对于等容过程，应用式(4.15a)或式(4.15b)可能要方便些。

【例 4.3】 气体 A_1 与 A_2 在等温活塞流反应器中等压下进行下列气相反应

$$2A_1 + A_2 \longrightarrow A_3 \qquad r_1 = k_1 c_{A1}^2 c_{A2}$$

$$A_3 + A_2 \longrightarrow A_4 \qquad r_2 = k_2 c_{A3} c_{A2}$$

$$2A_4 \longrightarrow A_5 \qquad r_3 = k_3 c_{A4}^2$$

c_{Ai} 为组分 A_i 的浓度（$i=1$，2，3，4），k_j 为反应 j 的反应速率常数（$j=1$，2，3）。试以 F_{Ai} 及 V 为变量，列出反应器的设计方程。假定进料中不含反应产物。

解：（1）确定关键组分。题给的反应数为3，且均为独立反应，因此关键组分数也是3。选择关键组分时必须保证每个反应至少含有一个关键组分，例如选 A_1、A_2 和 A_3，则不符合这个要求，因为它们中任何一个都不在第三个反应中出现。现选 A_1、A_2 及 A_5 为关键组分，并设其摩尔流量分别为 F_{A1}、F_{A2} 和 F_{A5}，反应器入口处的流量则为 F_{A10} 和 F_{A20}，由题意知 $F_{30}=F_{A40}=F_{A50}=0$。

（2）将非关键组分 A_3 和 A_4 的摩尔流量 F_{A3} 和 F_{A4} 表示成关键组分流量的函数这可以应用式（2.56），若以单位时间为基准，则该式可改写成

$$F_{Ai} = F_{Ai0} + \sum_{j=1}^{M} \nu_{Aij} \xi_j \tag{A}$$

注意这里的 ξ_j 相应为第 j 个反应单位时间内的反应进度，即用摩尔流量 F 替代物质的量 n 计算的反应进度。式（A）对任何反应组分均适用，因此有

$$F_{A1} = F_{A10} - 2\xi_1 \tag{B}$$

$$F_{A2} = F_{A20} - \xi_1 - \xi_2 \tag{C}$$

$$F_{A3} = \xi_1 - \xi_2 \tag{D}$$

$$F_{A4} = \xi_2 - 2\xi_3 \tag{E}$$

$$F_{A5} = \xi_3 \tag{F}$$

（D）$-$（C）$+$（B）得
$$F_{A3} = F_{A10} - F_{A20} - F_{A1} + F_{A2} \tag{G}$$

（C）$+$（E）$+$（F）-0.5（B）有
$$F_{A4} = F_{A20} - 0.5F_{A10} + 0.5F_{A1} - F_{A2} - 2F_{A5} \tag{H}$$

（3）利用式（4.12）将反应组分的浓度变为关键组分摩尔流量的函数。

（4）列出设计方程。由式（4.10）得

$$\frac{dF_{A1}}{dV} = -2r_1 = -2k_1 c_{A1}^2 c_{A2} \tag{I}$$

$$\frac{dF_{A2}}{dV} = -r_1 - r_2 = -(k_1 c_{A1}^2 + k_2 c_{A3}) c_{A2} \tag{J}$$

$$\frac{dF_{A5}}{dV} = r_3 = k_3 c_{A4}^2 \tag{K}$$

（I）、（J）、（K）三式中 c_{A1}、c_{A2}、c_{A3} 及 c_{A4} 以式（4.12）代入，且 F_{A3} 和 F_{A4} 分别以式（G）和式（H）表示，则

$$\frac{dF_{A1}}{dV} = -2\psi^3 k_1 F_{A1}^2 F_{A2} \tag{L}$$

$$\frac{dF_{A2}}{dV} = -\psi^2 F_2 [\psi k_1 F_{A1}^2 + k_2 (F_{A10} - F_{A20} - F_{A1} + F_{A2})] \tag{M}$$

$$\frac{dF_{A5}}{dV} = \psi^2 k_3 (F_{A20} - 0.5F_{A10} + 0.5F_{A1} - F_{A2} - 2F_{A5})^2 \tag{N}$$

式中
$$\psi = p / (RT \sum_1^5 F_{Ai})$$

而
$$\sum_1^5 F_{Ai} = F_{A1} + F_{A2} + F_{A3} + F_{A4} + F_{A5} = 0.5F_{A10} + 0.5F_{A1} + F_{A2} - F_{A5}$$

式（L）、式（M）和式（N）即为所求的设计方程。由此可见，设计进行多个反应的管式反应器时，

需首先确定独立反应数，选定关键组分，然后将反应组分的浓度变为关键组分摩尔流量的函数，最后列出设计方程。

【例 4.4】 在管式反应器中于 4.05MPa 及 936K 等温下进行三甲基萘脱烷基反应

这三个反应的速率如下：$r_1 = k_1 c_T c_H^{0.5}$，$r_2 = k_2 c_D c_H^{0.5}$，$r_3 = \vec{k}_3[c_M c_H^{0.5} - c_N c_G/(c_H^{0.5}K)]$。下标 T、D、M、H、G 及 N 分别代表三甲基萘、二甲基萘、一甲基萘、氢、甲烷及萘。各反应的速率单位均为 $kmol/(m^3 \cdot s)$，K 为第三个反应的平衡常数。反应温度下，$K = 5$，$k_1 = 5.66 \times 10^{-6} m^{1.5}/(mol^{0.5} \cdot s)$，$k_2 = 5.866 \times 10^{-6} m^{1.5}/(mol^{0.5} \cdot s)$，$\vec{k}_3 = 2.052 \times 10^{-6} m^{1.5}/(mol^{0.5} \cdot s)$。原料气组成的摩尔分数，三甲基萘为 25%，氢 75%，在操作温度及压力下，以 0.1m/s 的流速送入反应器，要求三甲基萘的转化率达 80%，试计算：

(1) 所需的反应器长度；

(2) 二甲基萘、一甲基萘及萘的收率。

解： 同时进行的三个反应都是独立反应，故关键组分为三个，现选定三甲基萘、二甲基萘及一甲基萘为关键组分。由于是等容过程，故可用式(4.15a)表示这三个组分的物料衡算式，即

$$-Q_0 \frac{dc_T}{dV} = k_1 c_T c_H^{0.5} \tag{A}$$

$$Q_0 \frac{dc_D}{dV} = k_1 c_T c_H^{0.5} - k_2 c_D c_H^{0.5} \tag{B}$$

$$Q_0 \frac{dc_M}{dV} = k_2 c_D c_H^{0.5} - \vec{k}_3[c_M c_H^{0.5} - c_N c_G/(K c_H^{0.5})] \tag{C}$$

为了求解这三个方程，需将所有浓度换算成三个反应变量（三甲基萘的转化率 X_T、二甲基萘的收率 Y_D 及一甲基萘的收率 Y_M）的函数

$$c_T = c_{T0}(1 - X_T), c_D = c_{T0} Y_D, c_M = c_{T0} Y_M$$
$$c_H = c_{H0} - [c_{T0} X_T + c_{T0}(X_T - Y_D) + c_{T0}(X_T - Y_D - Y_M)]$$
$$= c_{H0} - c_{T0}(3X_T - 2Y_D - Y_M)$$

萘的收率 Y_N 应等于 $X_T - Y_D - Y_M$，故 $c_N = c_{T0}(X_T - Y_D - Y_M)$，甲烷的生成量应与氢的反应量相等，所以

$$c_G = c_{T0}(3X_T - 2Y_D - Y_M)$$

由于 $\tau = V/Q_0$，利用上述的浓度与转化率及收率的关系，式(A)、式(B)、式(C) 三式可写成

$$\frac{\mathrm{d}X_T}{\mathrm{d}\tau} = k_1(1-X_T)H \tag{D}$$

$$\frac{\mathrm{d}Y_D}{\mathrm{d}\tau} = [k_1(1-X_T) - k_2 Y_D]H \tag{E}$$

$$\frac{\mathrm{d}Y_M}{\mathrm{d}\tau} = k_2 Y_D H - \vec{k}_3 \left[Y_M H - \frac{c_{T0}(X_T - Y_D - Y_M)(3X_T - 2Y_D - Y_M)}{KH} \right] \tag{F}$$

$$H = [c_{H0} - c_{T0}(3X_T - 2Y_D - Y_M)]^{1/2} \tag{G}$$

由题给的原料气组成及温度、压力可求出进口三甲基萘及氢的初始浓度如下

$$c_{T0} = \frac{p_T}{RT} = \frac{4050000 \times 0.25}{8.314 \times 10^3 \times 936} = 0.1301 (\mathrm{kmol/m^3})$$

$$c_{H0} = \frac{4050000 \times 0.75}{8.314 \times 10^3 \times 936} = 0.3903 (\mathrm{kmol/m^3})$$

把有关数值代入式(D)、式(E)、式(F) 及式(G) 可得

$$\frac{\mathrm{d}X_T}{\mathrm{d}\tau} = 1.79 \times 10^{-4}(1-X_T)H \tag{H}$$

$$\frac{\mathrm{d}Y_D}{\mathrm{d}\tau} = [1.79 \times 10^{-4}(1-X_T) - 1.855 \times 10^{-4} Y_D]H \tag{I}$$

$$\frac{\mathrm{d}Y_M}{\mathrm{d}\tau} = 1.855 \times 10^{-4} Y_D H - 6.49 \times 10^{-4} [Y_M H -$$

$$0.1301(X_T - Y_D - Y_M)(3X_T - 2Y_D - Y_M)/(5H)] \tag{J}$$

$$H = [0.3903 - 0.1301(3X_T - 2Y_D - Y_M)]^{1/2} \tag{K}$$

上列方程组的初值为 $\tau = 0$，$X_T = 0$，$Y_D = 0$，$Y_M = 0$。用龙格-库塔-吉尔法进行数值求解，计算结果列于表 4A 中，其中萘的收率 $Y_N = X_T - Y_D - Y_M$。

根据表 4A 的数据，分别以 X_T、Y_D、Y_M 及 Y_N 对 τ 作图，如图 4A 所示，由图可见，中间产物二甲基萘存在一最大收率，同理一甲基萘也应存在一最大收率，但在所计算的空时范围内，Y_M 是上升的；若再增加空时将会出现下降趋势。

表 4A　三甲基萘脱烷基反应的产物分布

$\tau \times 10^{-3}/\mathrm{s}$	X_T	Y_D	Y_M	Y_N	$\tau \times 10^{-3}/\mathrm{s}$	X_T	Y_D	Y_M	Y_N
0	0	0	0	0	11	0.6660	0.3591	0.1086	0.1983
1	0.1049	0.0990	0.0052	0.0007	12	0.6936	0.3548	0.1146	0.2242
2	0.1972	0.1756	0.0167	0.0049	13	0.7184	0.3488	0.1205	0.2491
3	0.2783	0.2340	0.0304	0.0139	14	0.7407	0.3416	0.1263	0.2728
4	0.3498	0.2777	0.0443	0.0278	15	0.7607	0.3335	0.1322	0.2950
5	0.4129	0.3097	0.0573	0.0460	16	0.7788	0.3247	0.1383	0.3158
6	0.4686	0.3322	0.0687	0.0677	17	0.7952	0.3156	0.1446	0.3350
7	0.5179	0.3471	0.0788	0.0920	18	0.8101	0.3062	0.1511	0.3528
8	0.5617	0.3562	0.0876	0.1179	19	0.8236	0.2966	0.1579	0.3691
9	0.6005	0.3605	0.0953	0.1447	20	0.8359	0.2870	0.1649	0.3840
10	0.6351	0.3612	0.1022	0.1717					

通过对表 4A 中的数据进行线性内插可知，达到 80% 转化率所需的空时为 17042s，相应要求的反应器长度为

$$17042 \times 0.1 = 1704.2 \text{(m)}$$

显然,气体流过这样长的管道,压力降将不可忽略,而上述的计算是基于等压情况按等容过程处理的。较准确的计算应按变容过程处理,此时式(4.15a)不适用,应采用式(4.10)或式(4.13),还应再加上一个动量衡算式,即压力分布方程,然后联立求解。压力的影响主要体现在各反应组分浓度以及混合气体的体积流量上。

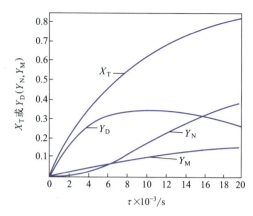

图 4A 三甲基萘脱烷基反应产物分布图

由于反应器太长而改用多管并联的办法是可取的,这样可使压力降大为减少。例如,将长度为 3.55m 的管子 480 根并联,其总长度为 480×3.55=1704m,约与上面的计算值相等,这样做若能保证管内气体仍呈活塞流,其产物分布情况应与表 4A 的计算结果相同。值得注意的是采用并联后,气体的流速降低了,采用 480 根管子时的流速为 0.1/480=2.08×10^{-4}m/s,这样低的流速是否符合活塞流的假定就需要考虑了,这个问题将在下一章讨论。

当 $\tau=17042$s 时一甲基萘、二甲基萘及萘的收率,同样可以由表 4A 中的数据作线性内插求得,结果为 $Y_D=0.3152$,$Y_M=0.1449$,$Y_N=0.3358$。

4.2.3　拟均相一维模型

多相催化反应过程中,化学反应系在固体催化剂的表面上发生,流体相中的反应物需向固体催化剂表面上传递,生成的反应产物又需作反方向传递。与化学反应进行的同时必然产生一定的热效应,于是固体催化剂与流体间还存在着热量传递。那么,固体催化剂上反应组分的浓度与流体相将是不同的;固体催化剂的温度也与流体的温度不同。如果两者间的传质和传热的速率很大,则两者的浓度及温度的差异将很小。虽为多相催化反应,若忽略这些差异,则在动力学表征上与均相反应并无两样。所以,根据这种简化假定而建立的模型称为拟均相模型。

在管式反应器中进行多相催化反应时,如果符合拟均相假定,则前面所导出的各种式子同样适用。但应注意,反应体积 V 对均相反应而言指的是进行化学反应的空间,对多相催化反应则为催化剂的床层体积,又称堆体积,即催化剂颗粒本身的体积加上颗粒与颗粒间的空隙体积。若基于催化剂的质量来表示反应速率,则式(4.10)变为

$$\frac{\mathrm{d}F_i}{\mathrm{d}V} = \rho_b \sum_{j=1}^{M} r_{ij} = \rho_b \sum_{j=1}^{M} \nu_{ij} r_j \qquad (i=1,2,\cdots,k) \tag{4.16}$$

式中,ρ_b 为催化剂的堆密度。上式又可改写成

$$\frac{\mathrm{d}F_i}{\mathrm{d}W} = \sum_{j=1}^{M} \nu_{ij} r_j \qquad (i=1,2,\cdots,k) \tag{4.17}$$

【例 4.5】　在 0.12MPa 及 898K 等温下进行乙苯的催化脱氢反应

$$C_6H_5-C_2H_5 \Longleftrightarrow C_6H_5-CH=CH_2 + H_2$$

该反应的速率方程为　$-r_A = k(p_A - p_S p_H / K_p)$　[kmol/(kg·s)] 　　　(A)

式中,p 为分压,下标 A、S 及 H 分别代表乙苯、苯乙烯及氢。反应温度下,$k=1.684\times$

$10^{-10}\,\text{kmol}/\,(\text{kg}\cdot\text{s}\cdot\text{Pa})$，平衡常数 $K_p=3.727\times10^4\,\text{Pa}$。若在活塞流反应器中进行该反应，进料为乙苯与水蒸气的混合物，其摩尔比为 $1:20$，试计算当乙苯的进料量为 $1.7\times10^{-3}\,\text{kmol/s}$，最终转化率达 60% 时的催化剂用量。

解：假设可按拟均相反应处理，且可忽略副反应的影响。该反应为变摩尔反应

$$\delta_A=(1+1-1)/1=1$$

将各反应组分的分压变成转化率的函数

$$p_A=p_{A0}(1-X_A)/(1+y_{A0}\delta_A X_A) \tag{B}$$

$$p_S=p_{A0}X_A/(1+y_{A0}\delta_A X_A) \tag{C}$$

$$p_H=p_{A0}X_A/(1+y_{A0}\delta_A X_A)$$

而

$$y_{A0}=1/(1+20)=1/21$$

$$p_{A0}=py_{A0}=1.2\times10^5\times(1/21)$$

代入式(B)及式(C)得

$$p_A=1.2\times10^5\times(1/21)(1-X_A)/(1+X_A/21)=1.2\times10^5(1-X_A)/(21+X_A) \tag{D}$$

$$p_S=p_H=1.2\times10^5\times(1/21)X_A/(1+X_A/21)=1.2\times10^5 X_A/(21+X_A) \tag{E}$$

将式(D)及式(E)和 k 值代入式(A)有

$$-r_A=1.684\times10^{-10}\left[\frac{1.2\times10^5(1-X_A)}{21+X_A}-\frac{(1.2\times10^5 X_A)^2}{3.727\times10^4(21+X_A)^2}\right]$$

$$=2.02\times10^{-5}\frac{21-20X_A-4.22X_A^2}{441+42X_A+X_A^2} \tag{F}$$

已知 $Q_0 c_{A0}=1.7\times10^{-3}\,\text{kmol/s}$，将它及式(F)代入式(4.5)即可求催化剂量

$$W=\frac{1.7\times10^{-3}}{2.02\times10^{-5}}\int_0^{0.6}\frac{441+42X_A+X_A^2}{21-20X_A-4.22X_A^2}\mathrm{d}X_A$$

此式可解析求积分，也可用数值法，此处用辛普生法求得此积分值等于 20.5，所以

$$W=\frac{1.7\times10^{-3}\times20.5}{2.02\times10^{-5}}=1725(\text{kg})$$

由于反应速率基于催化剂的质量计算，所以所求得的催化剂量为质量而不是体积。

4.3 管式与釜式反应器反应体积的比较

在原料处理量及组成、反应温度以及最终转化率均相同的情况下，比较管式与釜式反应器所需的反应体积。前边曾对用以生产乙酸乙酯的反应器进行了计算（见例3.5、例3.7及例4.1），型式不同反应器所需的反应体积汇总于表4.1中。由表中可见，以管式反应器所需的反应体积最小，而单釜为最大。多釜串联则介于两者之间，且串联的釜数越多，所需的反应体积越小。这仅仅是从一个具体问题的计算结果作出的结论，是否有普遍意义？单釜与多釜串联的比较在3.6节中已作了普遍性的讨论。这里着重在与管式反应器的比较。

表 4.1　型式不同的反应器的反应体积

反应器类型	管　式	釜　式		
		单　釜	两釜串联	三釜串联
反应体积/m³	8.223	14.67	10.88	9.891

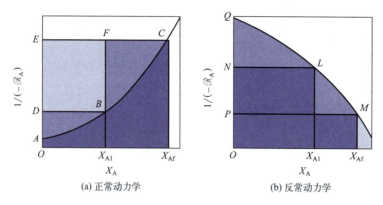

图 4.3　连续反应器反应体积的比较

以 $[1/(-\mathscr{R}_A)]$ 对 X_A 作图，如图 4.3 所示。图 4.3（a）属于正常动力学的情况，反应速率随 X_A 的增大而减小。由式（4.5）知，图上曲线 ABC 下的面积（以垂线表示的面积）应为该式右边的积分值。而矩形 $OECX_{Af}$ 的面积等于 $X_{Af}/(-\mathscr{R}_{Af})$。将式（4.5）与式（3.43）相除得

$$\frac{V_P}{V_M} = \frac{\displaystyle\int_0^{X_{Af}} \frac{dX_A}{(-\mathscr{R}_A)}}{X_{Af}/(-\mathscr{R}_{Af})} < 1 \tag{4.18}$$

显然，面积 $OABCX_{Af}$ 小于矩形 $OECX_{Af}$ 的面积，所以，式（4.18）右边小于 1，即釜式反应器的反应体积 V_M 大于管式反应器的 V_P。两釜串联时的总反应体积 V_{M-2} 与面积 $ODBFCX_{Af}$ [图 4.3(a) 上带斜线的面积] 成正比，所以

$$V_M > V_{M-2} > V_P$$

如果串联的釜数更多，则相应的总反应体积更少，这不难从图上作面积比较而得以确认。可以推论，当无限多个釜串联时，总的反应体积应与管式反应器的反应体积相等。下面以一级不可逆反应为例来说明。

在管式反应器中进行一级不可逆反应时，式（4.5）不难求出反应体积为

$$V_P = \frac{Q_0}{k} \ln \frac{1}{1 - X_{Af}} \tag{4.19}$$

然而用 N 个等体积釜串联时所需的总反应体积 V_{M-N}，由式（3.50）知应为

$$V_{M-N} = \frac{Q_0 N}{k} \left[\left(\frac{1}{1 - X_{Af}} \right)^{1/N} - 1 \right] \tag{4.20}$$

式（4.19）除以式（4.20）得

$$\frac{V_P}{V_{M-N}} = \frac{1}{N} \left[\left(\frac{1}{1 - X_{Af}} \right)^{1/N} - 1 \right]^{-1} \ln \frac{1}{1 - X_{Af}} \tag{4.21}$$

当 $N \to \infty$ 时，式（4.21）右边的极限为 1，故此时 $V_{M-N} = V_P$。

综上所述，对于正常动力学，管式反应器要优于釜式反应器，完成同样生产任务所需反应体积较小，亦即效率较高或生产强度较大。但对于反常动力学，情况则相反，仿照上面的分析方法参照图 4.3(b) 可得出如下的结论

$$V_P > V_{M-3} > V_{M-2} > V_M$$

但是这种情况实际上毕竟是少数，否则就不称之为反常了。

图 4.4 是另一种特殊的 X_A 和 $[1/(-\mathscr{R}_A)]$ 关系曲线，即反应速率与转化率的关系存在一极大值。要比较此种情况下管式和釜式反应器的反应体积大小，要看所要求的最终转化率高低。若最终转化率小于与最大反应速率相对应的转化率 X_{Am}，这与图 4.3(b) 的情况一样，$V_P > V_M$。如最终转化率大于 X_{Am}，V_P 可能大于也可能小于 V_M，如图 4.4 上所示的 X_{Af} 值，显然 $V_P < V_M$。若最终转化率为 X'_{Af}，则由图 4.3 可见，$V_P > V_M$。在这种特殊情况下，最好的办法是采用两个反应器串联，先采用一个釜式反应器进行反应，使其转化率达到 X_{Am}，然后再送入一管式反应器继续反应至最终转化率 X_{Af}，这种办法所需的反应体积最小。

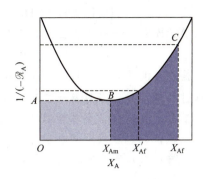

图 4.4 具有极小值的 X_A-$[1/(-\mathscr{R}_A)]$ 曲线

以上是针对单一反应进行比较，达到一定的转化率时管式或釜式反应器所需的反应体积孰大孰小的问题。当然也可以说反应体积相同时，哪一种反应器达到的最终转化率大。

至于多个反应，第 3 章中曾对连续和间歇操作的釜式反应器作了比较，间歇釜式反应器的性能与等容下的管式反应器相同所以比较的结果也适用于管式反应器。管式与釜式反应器的比较，主要是看在相同的最终转化率下，哪一个的目的产物最终收率大。瞬时选择性与转化率的关系如图 3.9 所示，有两种情况，一种是 S 随 X_A 的增加而降低 [图 3.9(a)]，另一种则是 S 随 X_A 的增加而增加 [图 3.9(b)]。由于管式反应器的转化率是沿轴向而增大的，而釜式反应器则始终保持在最终转化率下操作。由式(3.55) 知，图 3.9(a)、(b) 中的矩形面积应等于釜式反应器的最终收率，而曲线下的面积则等于管式反应器的最终收率。由图 3.9(a) 可见，管式反应器的最终收率大于釜式反应器，图 3.9(b) 的情况则相反。所以，关键是瞬时选择性与 X_A 的关系。

从图 3.9(a)、(b) 还可以看出，多釜串联的最终收率介于单釜与管式之间。

瞬时选择性与转化率的关系，实质上也是与反应组分浓度的关系。如果要求反应物的浓度低，以获得高的选择性，显然，对于此种情况釜式反应器优于管式。若要求反应物浓度高，则管式要好于釜式。根据对反应物浓度的不同要求，可以对管式反应器采用不同的加料方式。设 A 和 B 为反应物，当要求 A 和 B 的浓度都高时，可将两者同时在反应器的一端加入，见图 4.5(a)。如要求 A 的浓度高，而 B 的浓度低，除了可以使进料中 A 大量过剩外，也可采用图 4.5(b) 的加料方式。即 A 全部由反应器一端加入，而 B 则沿反应器的轴向分段加入。这样的加料方式较之采用 A 大量过剩的加法，其好处是

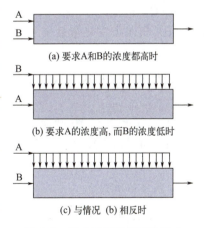

(a) 要求A和B的浓度都高时

(b) 要求A的浓度高，而B的浓度低时

(c) 与情况 (b) 相反时

图 4.5 管式反应器的加料方式

减少了产品分离的耗费。同理，要求 A 的浓度低，B 的浓度高时亦可仿照此法处理，见图 4.5(c)。

【例 4.6】 等温下进行盐酸与辛醇和十二醇混合液的反应

$$HCl + CH_3(CH_2)_6CH_2OH \longrightarrow CH_3(CH_2)_6CH_2Cl + H_2O$$

$$HCl + CH_3(CH_2)_{10}CH_2OH \longrightarrow CH_3(CH_2)_{10}CH_2Cl + H_2O$$

以 A、B 及 C 分别代表盐酸、辛醇及十二醇，这两个反应的速率方程分别为

$$-r_B = k_1 c_A c_B \quad , \quad -r_C = k_2 c_A c_C$$

在操作温度下，$k_1 = 1.6 \times 10^{-6} \, \text{m}^3/(\text{mol} \cdot \text{min})$，$k_2 = 1.92 \times 10^{-6} \, \text{m}^3/(\text{mol} \cdot \text{min})$。反应器进料中盐酸、辛醇及十二醇的浓度分别为 2.3kmol/m^3、2.2kmol/m^3 及 2kmol/m^3。进料量等于 $2 \text{m}^3/\text{h}$，要求辛醇的转化率达 30%，试计算反应体积，若该反应器为（1）管式反应器；（2）连续釜式反应器。

解：（1）若为管式反应器，将辛醇消耗速率方程代入式(4.5) 即可求反应体积

$$V = Q_0 c_{B0} \int_0^{0.3} \frac{dX_B}{k_1 c_A c_B} \tag{A}$$

把 c_A 及 c_B 变成转化率 X_B 的函数，式（A）才可积分

$$c_B = c_{B0}(1 - X_B) \tag{B}$$

由于盐酸同时参与两个反应，根据题给的两个反应的化学计量关系，应有

$$c_{A0} - c_A = (c_{B0} - c_B) + (c_{C0} - c_C) \tag{C}$$

即盐酸的转化量应等于辛醇转化量与十二醇转化量之和。为了确定 c_B 与 c_C 的关系，将题给的两个速率方程相除得

$$\frac{dc_B/d\tau}{dc_C/d\tau} = \frac{k_1 c_A c_B}{k_2 c_A c_C}$$

或

$$\frac{dc_B}{dc_C} = \frac{k_1 c_B}{k_2 c_C}$$

积分之，得

$$\int_{c_{B0}}^{c_B} \frac{dc_B}{c_B} = \frac{k_1}{k_2} \int_{c_{C0}}^{c_C} \frac{dc_C}{c_C}$$

或

$$c_C = c_{C0}(c_B/c_{B0})^{k_2/k_1} \tag{D}$$

代入式（C）得

$$c_A = c_{A0} - (c_{B0} + c_{C0}) + c_B + c_{C0}(c_B/c_{B0})^{k_2/k_1}$$

将式（B）代入上式化简后有

$$c_A = c_{A0} - c_{C0} - c_{B0} X_B + c_{C0}(1 - X_B)^{k_2/k_1} \tag{E}$$

把式（B）及式（E）代入式（A）得

$$V = Q_0 c_{B0} \int_0^{0.3} \frac{dX_B}{k_1 c_{B0}(1 - X_B)\left[c_{A0} - c_{C0} - c_{B0} X_B + c_{C0}(1 - X_B)^{k_2/k_1}\right]}$$

根据题给数据，$Q_0 = 2 \text{m}^3/\text{h} = 0.0333 \text{m}^3/\text{min}$，$c_{B0} = 2.2 \text{kmol/m}^3$，$c_{A0} = 2.3 \text{kmol/m}^3$，$c_{C0} = 2 \text{kmol/m}^3$，$k_1 = 1.6 \times 10^{-6} \text{m}^3/(\text{mol} \cdot \text{min})$，$k_2 = 1.92 \times 10^{-6} \text{m}^3/(\text{mol} \cdot \text{min})$，代入上式化简后有

$$V = 20.83 \int_0^{0.3} \frac{dX_B}{(1 - X_B)\left[0.3 - 2.2 X_B + 2(1 - X_B)^{1.2}\right]} = 5.024 (\text{m}^3)$$

（2）采用连续釜式反应器时，反应体积可由式(3.43) 计算，将辛醇消耗速率代入得

$$V = \frac{Q_0 c_{B0} X_B}{k_1 c_A c_B} \tag{F}$$

由对物系组分 B 和 C 的物料衡算得

$$\frac{c_{B0} - c_B}{k_1 c_A c_B} = \frac{c_{C0} - c_C}{k_2 c_A c_C}$$

将式（B）代入上式化简后有 $\qquad c_C = \dfrac{k_1 c_{C0}(1-X_B)}{k_1(1-X_B)+k_2 X_B}$

再将其代入式（C）得

$$c_A = (c_{A0} - c_{B0} - c_{C0}) + c_{B0}(1-X_B) + \dfrac{k_1 c_{C0}(1-X_B)}{k_1(1-X_B)+k_2 X_B} \qquad \text{（G）}$$

将式（B）及式（G）代入式（F）有

$$V = \dfrac{Q_0 c_{B0} X_B}{k_1 c_{B0}(1-X_B)\left[c_{A0}-c_{C0}-c_{B0}X_B+\dfrac{k_1 c_{C0}(1-X_B)}{k_1(1-X_B)+k_2 X_B}\right]}$$

$$= (2/60)\times 0.3 \times \left\{1.6\times 10^{-3}\times(1-0.3)\times\left[2.3-2-2.2\times 0.3+\dfrac{2\times(1-0.3)}{(1-0.3)+1.92\times 0.3/1.6}\right]\right\}^{-1}$$

$$= 9.293 \, (\text{m}^3)$$

比较两种反应器的计算结果可知，在本题情况，连续釜式反应器的反应体积大于管式反应器。两种情况都保证辛醇的转化率达到 30%，但是两种情况下十二醇的转化率则是不相同的，请考虑一下这是什么原因。

【例 4.7】 在不改变反应条件和要求的前提下，改用内径为 100mm 的管式反应器，进行例 3.8 的反应。已知液相体积空时 $\tau = 140\text{s}$，2-丁烯进料的体积流量 $Q_{B0} = 0.01\text{m}^3/\text{h}$，流体动力黏度为 $\mu = 7.82\times 10^{-5}\,\text{Pa·s}$，计算反应器出口 2-丁烯的转化率。

解：首先计算 Re，以判断与活塞流接近的程度。

假定各组分的密度和黏度相同，当 2-丁烯的体积流量 Q_{B0} 为 $0.01\text{m}^3/\text{h}$ 时，流体进料的表观流速为

$$u_0 = \dfrac{0.01\times(1+15)}{\pi\times 0.1^2\times 3600} = 1.42\times 10^{-3}\,(\text{m/s})$$

$$Re = \dfrac{d u_0 \rho}{\mu} = \dfrac{0.1\times 1.42\times 10^{-3}\times 450}{7.82\times 10^{-5}} = 817$$

由此可知圆管中的流型为层流，因此将此反应器视为厚度为 $\text{d}r$ 的圆筒活塞流反应器的并联。如图 4B 所示。

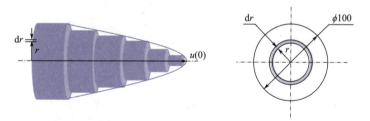

图 4B　层流微元示意图

由层流的径向速度分布 $u(r)$

$$u(r) = 2u_0\left[1-\left(\dfrac{r}{R}\right)^2\right] = \dfrac{2Q_0}{\pi R^2}\left[1-\left(\dfrac{r}{R}\right)^2\right] \qquad \text{（A）}$$

且

$$t(r) = \dfrac{L}{u(r)} = \dfrac{\pi R^2 L}{2Q_0\left[1-\left(\dfrac{r}{R}\right)^2\right]} = \dfrac{\tau}{2\left[1-\left(\dfrac{r}{R}\right)^2\right]} \qquad \text{（B）}$$

式中，Q_0 为流体进料的总体积流量；L 和 R 分别表示管长和管径。

从 dr 微元流出反应器的体积流量 Q 可用下式计算。

$$dQ = u(r) \times 2\pi r \, dr \tag{C}$$

对式(B) 求全微分可得

$$dt(r) = \frac{\tau}{2R^2} \frac{2r\,dr}{\left[1 - \left(\frac{r}{R}\right)^2\right]^2} = \frac{4}{\tau R^2} \left[\frac{\frac{\tau}{2}}{1 - \left(\frac{r}{R}\right)^2}\right]^2 r\,dr \tag{D}$$

将式(B)与式(D)合并后可得

$$dt(r) = \frac{4[t(r)]^2}{\tau R^2} r\,dr \tag{E}$$

对图 4B 中的 dr 微元写出活塞流反应器的设计方程

$$\frac{dc_B(r)}{dt(r)} = -0.15 k c_B(r) \tag{F}$$

式中的 0.15 表示催化剂所占体积分率

求解式(F) 得到

$$c_B(r) = c_{B0} e^{-0.15kt(r)} \tag{G}$$

因 $dF_B = c_B(r)dQ = c_B(r)u(r) \times 2\pi r\,dr = c_{B0} e^{-0.15kt(r)} \dfrac{2\pi \times 2Q_0}{\pi R^2} \left[1 - \left(\dfrac{r}{R}\right)^2\right] \times \dfrac{\tau R^2}{4[t(r)]^2} dt(r)$

$$\tag{H}$$

积分式(H)，得反应器出口的 F_B

$$F_B = Q_0 c_{B0} \tau \int_{0.5\tau}^{\infty} e^{-0.15kt(r)} \times \frac{1 - \left(\dfrac{r}{R}\right)^2}{[t(r)]^2} dt(r)$$

又因 $Q_0 c_{B0} = F_{B0}$

所以 $1 - X_B = \tau \displaystyle\int_{0.5\tau}^{\infty} e^{-0.0989 \times 0.15 t(r)} \frac{\tau\,dt(r)}{2[t(r)]^3} = 0.5 \times 140^2 \displaystyle\int_{0.5\times140}^{\infty} e^{-0.0989 \times 0.15 t(r)} \frac{dt(r)}{[t(r)]^3}$

用所附 Python 程序进行数值积分后得到

$$1 - X_B = 0.21 \quad , \quad X_B = 0.79$$

如果误按活塞流反应器设计，则有

$$c_B = c_{B0} e^{-k\tau}$$
$$1 - X_B = e^{-0.0989 \times 0.15 \times 140} = 0.13$$
$$X_B = 0.87$$

由此产生的计算差异，会使实际操作的反应器无法达到设计要求。

Python 程序：

```
from scipy. integrate import quad
import numpy as np
def integrand (t):
     return np. exp (- 0.0989 * 0.15 * t) /t * * 3 * 0.5 * 140 * * 2
# Provide the limits of integration, here a and b.
# For an improper integral, you can use np. inf or -np. inf as
one of (or both) your limits.
a = 0.5 * 140 # lower limit
```

```
b = np.inf # upper limit
integral, error = quad (integrand, a, b)
print (" The integral is:", integral)
print (" The absolute error is:", error)
```

计算结果：

The integral is：0.20828212851729913

The absolute error is：3.66054598175715e-11

4.4 循环反应器

工业上有些反应过程，如合成氨、合成甲醇以及乙烯水合生产乙醇等，由于化学平衡的限制以至单程转化率不高，为了提高原料的利用率，通常是将反应器流出的物料中的产品分离后再循环至反应器的入口，与新鲜原料一道进入反应器再行反应，这类反应器叫做循环反应器。

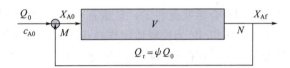

图 4.6 循环反应器

图 4.6 为循环反应器的示意图。设该反应器符合活塞流的假定，则该反应器的反应体积可按式(4.5) 计算，但是需首先解决两个问题，一是反应器的物料处理量，另一是反应器的入口转化率 X_{A0}，这是不同于不循环的反应器的。物料不循环的反应器原料的处理量也是反应器的物料处理量，反应器入口处的转化率 X_{A0} 根据原料的组成即可决定。循环反应器的物料处理量与物料的循环量有关。设循环物料量 Q_r 与新鲜原料量 Q_0 之比为 ψ，则 $Q_r = \psi Q_0$，ψ 称为循环比。因此，反应器物料处理量为

$$Q_0 + Q_r = (1+\psi)Q_0 \tag{4.22}$$

对 M 点作 A 的物料衡算得

$$Q_0 c_{A0} + \psi Q_0 c_{A0}(1-X_{Af}) = (1+\psi)Q_0 c_{A0}(1-X_{A0})$$

化简之则有

$$X_{A0} = \frac{\psi X_{Af}}{1+\psi} \tag{4.23}$$

式(4.5) 中的 Q_0 为反应器的物料处理量，对于循环反应器则应以式(4.22) 来代替，与式(4.23) 一起代入式(4.5) 即得循环反应器的反应体积计算式

$$V = (1+\psi)Q_0 c_{A0} \int_{\frac{\psi X_{Af}}{1+\psi}}^{X_{Af}} \frac{dX_A}{(-\mathscr{R}_A)} \tag{4.24}$$

当 $\psi \to 0$ 时，由式(4.23) 知 $X_{A0}=0$，式(4.24) 化为式(4.5)；而 $\psi \to \infty$ 时，由式(4.23) 知 $X_{A0} \to X_{Af}$，此相当于在恒定转化率 X_{Af} 下操作的釜式反应器。实际上，只要 ψ 足够大时，譬如说 $\psi = 25$ 时，即可认为是等浓度操作。大循环比操作的反应器对在实验室中研究化学反应动力学甚为重要，因为这可使动力学数据的处理大为简化，且可使反应器保持较好的等温状态。

4.5 变温管式反应器

在工业生产中绝大多数的化学反应过程是在变温条件下进行。这一方面由于化学反应过程都伴随着热效应，有些热效应还相当大，即使采用各种换热方式移走热量（放热反应）或者输入热量（吸热反应），对于工业反应器都难以维持等温。特别是气固相固定床催化反应器，要想达到等温更为困难。另一方面许多反应过程等温操作的效果并不好，而要求有一优化温度分布。如工业上进行合成氨、合成甲醇之类的可逆放热反应，便属于这种情况。再者，对于一些复杂反应，其主、副反应的活化能大小不同，温度的高低对主、副反应速率的影响也不同。所以，可通过改变温度的方法来改变产物的分布，使目的产物的收率最大。总之，由于上述种种原因，工业反应器极少情况下是等温的，绝大多数都是在变温条件下操作。

本节主要介绍变温管式反应器设计的基本原理，且从建立管式反应器的热量衡算式入手。有关变温管式反应器的设计与分析问题，在第 7 章中还要作较为深入的讨论。

4.5.1 管式反应器的热量衡算式

设管式反应器内流体的流动符合活塞流假定，且垂直于流动方向的任何截面上温度均匀，仅随轴向位置而变。取微元反应体积 dV 为控制体积作热量衡算，即得管式反应器的热量衡算式。若忽略动能和位能的变化而又不存在轴功时，由热力学第一定律知，对于等压过程有

$$dH = dq \tag{4.25}$$

设反应流体的质量速度为 G，管式反应器的直径为 d_t，则 $dV = (\pi/4)d_t^2 dZ$。若反应流体在微元反应体积中的温度变化为 dT，定态下的焓变为

$$dH = [(-\mathscr{R}_A)(\Delta H_r)_{T_r} dZ + GC_{pt} dT](\pi/4)d_t^2$$

式中，T_r 为基准温度；A 为反应物；ΔH_r 为基于 A 的焓变。该微元体积与环境交换的热量为

$$dq = U(T_c - T)\pi d_t dZ$$

式中，T_c 为换热介质的温度。将 dH 及 dq 代入式(4.25) 整理后得

$$GC_{pt}\frac{dT}{dZ} = (-\mathscr{R}_A)(-\Delta H_r)_{T_r} - 4U(T-T_c)/d_t \tag{4.26}$$

这便是管式反应器的轴向温度分布方程，这与间歇釜式反应器的热量衡算式(3.81) 的形式甚为相似，差别在于自变量的不同，间歇反应器以时间为自变量，定态操作的管式反应器则用轴向距离；另一个差别是间歇釜式反应器是对全釜物料作衡算，而管式反应器则是针对微元反应体积。

因为
$$Q_0 c_{A0} = \frac{G(\pi d_t^2/4)w_{A0}}{M_A} \quad , \quad dV = \frac{\pi}{4}d_t^2 dZ$$

w_{A0} 为组分 A 的初始质量分数，M_A 为 A 的分子量，所以式(4.4) 可改写成

$$\frac{Gw_{A0}}{M_A}\frac{dX_A}{dZ} = -\mathscr{R}_A(X_A) \tag{4.27}$$

代入式(4.26) 得反应过程的温度与转化率的关系式

$$GC_{pt}\frac{dT}{dZ} = \frac{Gw_{A0}(-\Delta H_r)_{T_r}}{M_A}\frac{dX_A}{dZ} - \frac{4U}{d_t}(T-T_c) \tag{4.28}$$

以上是对单一反应建立的热量衡算式，只需稍加修正即可推广至多个反应的场合。式(4.26)右边第一项为反应热，对于多个反应，应包括各个反应的热效应

$$GC_{pt} \frac{dT}{dZ} = \sum_{j=1}^{M} (-\Delta H_r)_j r_j - \frac{4U}{d_t}(T - T_c)\qquad(4.29)$$

式(4.29)的反应热仍应为基准温度下的数值，这里下标 T_r 略去了；M 为反应数。

对于单一反应，联立求解式(4.26)及式(4.27)，即可进行变温管式反应器的设计。若为多个反应，则求解式(4.14)及式(4.29)。

4.5.2 绝热管式反应器

若反应系在绝热条件下进行，式(4.28)简化为

$$dT = \frac{w_{A0}(-\Delta H_r)_{T_r}}{M_A C_{pt}} dX_A$$

如果不考虑比热容随物料组成及温度而变，当入口处 $T = T_0$，$X_A = 0$，且 $T_r = T_0$，$C_{pt} = \overline{C}_{pt}$ 为 T_0 与 T 之间的反应物系平均比热容，积分上式得

$$T - T_0 = \lambda X_A\qquad(4.30)$$

$$\lambda = w_{A0}(-\Delta H_r)_{T_r} / (\overline{C}_{pt} M_A)$$

不难看出，式(4.30)与对釜式反应器导出的式(3.89)完全一样，两者均反映了绝热反应过程中温度与转化率的关系。与由间歇式反应器导出的式(3.84)也完全一样，所以绝热方程式(4.30)可适用于各类反应器。以转化率 X_A 对温度 T 作图可得一直线，如图4.7所示。该直线的斜率为 $1/\lambda$。若为放热反应，$\lambda > 0$。直线的斜角小于90°；吸热反应则 $\lambda < 0$，斜角大于90°。等温反应时，$\lambda = 0$，斜角等于90°。值得注意的是，虽然式(4.30)反映了这三类反应器在绝热条件下操作温度与转化率的关系，但在本质上仍然是有区别的。用于管式反应器时，它反映了不同的轴向位置上温度与转化率的关系。用于间歇式反应器时则反映不同时间下反应物料的转化率与温度的关系。而连续釜式反应器无论是否与环境进行热交换，均为等温操作，所以，绝热方程式(4.30)反映的是绝热条件下与连续釜式反应器出口转化率相对应的操作温度。

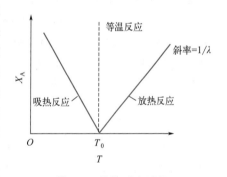

图 4.7 绝热反应过程
转化率与温度的关系

由图4.7可见，绝热条件下进行吸热反应时，反应温度随转化率的增加而下降，进行不可逆放热反应时则相反，反应温度随转化率的增加而升高。所以，对于绝热管式反应器，一般情况下选择较高的进料温度是有利的。然而，对于可逆放热反应还需作具体分析。图4.8为可逆放热反应的转化率和温度的关系图，图中 AD、BE 和 CF 分别系管式反应器进料温度为 T_A、T_B 和 T_C 时的绝热操作线。对于一定的转化率，当反应温度低于优化温度时，反应速率总是随温度的升高而增加，高于优化温度时则随温度的升高而降低。按 BE 线操作，其平均反应速率要大于 AD 线操作，但是再提高进料温度至 T_C，按 CF 线操作并不见得比 BE 线好，因为反应后期太接近平衡了，所以存在着一最佳的进料温度，所需的反应体积最小。图4.9为反应体积与进料温度的关系示意图，图中每条曲线是对一定的最终转化率而作出的。最终转化率越高，则最佳进料温度越低，即 $X''_{Af} >$

$X'_{Af} > X_{Af}$，而相应的最佳进料温度则为 $T''_0 < T'_0 < T_0$。若绝热管式反应器中进行的是多个反应，则热量衡算式(4.29) 可简化为

$$GC_{pt}\frac{\mathrm{d}T}{\mathrm{d}Z} = \sum_{j=1}^{M}(-\Delta H_{\mathrm{r}})_j r_j \tag{4.31}$$

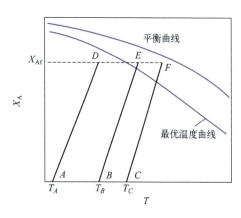

图 4.8　可逆放热反应的转化率与温度的关系

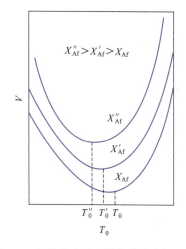

图 4.9　绝热管式反应器的最佳进料温度

【例 4.8】　在内径为 1.22m 的绝热管式反应器中进行乙苯催化脱氢反应。进料温度为 898K，其余数据和要求同例 4.5。反应速率常数与温度的关系为

$$k = 3.452\times10^{-5}\exp(-10983/T)\,[\mathrm{kmol/(s\cdot kg\cdot Pa)}]$$

不同温度下的化学平衡常数值可根据下列近似式估算

$$K = 3.96\times10^{11}\exp(-14520/T)\,(\mathrm{Pa})$$

反应混合物的平均比热容为 2.177kJ/(kg·K)，反应热等于 1.39×10^5 J/mol。催化剂床层的堆密度为 1440kg/m^3。试计算：(1) 催化剂用量；(2) 反应器的轴向温度及转化率分布。

解：例 4.5 已将乙苯消耗速率变成转化率的函数，结果为

$$-r_{\mathrm{A}} = k\left[\frac{1.2\times10^5(1-X_{\mathrm{A}})}{21+X_{\mathrm{A}}} - \frac{(1.2\times10^5 X_{\mathrm{A}})^2}{K(21+X_{\mathrm{A}})^2}\right] \tag{A}$$

例 4.5 为等温操作，故 K 和 k 为常数，而本题为绝热操作，属变温情况，需将题给的 k 及 K 与温度的关系代入式(A)

$$-r_{\mathrm{A}} = 3.452\times10^{-5}\exp(-10983/T)\times1440\times1.2\times10^5\times$$

$$\left[\frac{1-X_{\mathrm{A}}}{21+X_{\mathrm{A}}} - \frac{1.2\times10^5 X_{\mathrm{A}}^2}{3.96\times10^{11}\exp(-14520/T)(21+X_{\mathrm{A}})^2}\right] \tag{B}$$

题给的速率方程系基于催化剂的质量计算，故式(B)乘以催化剂的堆密度 1440 换算为按催化剂的体积计算。

进料中乙苯与水蒸气的摩尔比为 1/20，所以

$$y_{\mathrm{A0}} = 1/(20+1) = 1/21$$

绝热温升为（注意，这里忽略反应过程中总物质的量的变化。若不忽略，此式如何呢？）

$$\lambda = \frac{y_{\mathrm{A0}}(-\Delta H_{\mathrm{r}})}{\overline{C}_{pt}} = \frac{-1.39\times10^5}{21\times2.177\times22.19} = -137\,(\mathrm{K})$$

式中，22.19 为反应混合物的平均分子量。将 λ 值代入式(4.30) 即得反应过程的温度与转化率的关系

$$T = 898 - 137 X_A \tag{C}$$

式(4.27) 中左边的 $G w_{A0}/M_A$ 实际上等于单位时间单位反应器截面上流过的乙苯物质的量，因此

$$G w_{A0}/M_A = 1.7 \times 10^{-3}/(\pi \times 1.22^2/4) = 1.454 \times 10^{-3} [\text{kmol}/(\text{m}^2 \cdot \text{s})]$$

将此值及式(B)、式(C) 两式代入式(4.27) 即得轴向转化率分布方程

$$\frac{dX_A}{dZ} = \frac{4.104 \times 10^6}{21 + X_A} \exp\left(-\frac{10983}{898 - 137 X_A}\right) \times \left[1 - X_A - \frac{3.03 \times 10^{-7} X_A^2}{21 + X_A} \exp\left(\frac{14520}{898 - 137 X_A}\right)\right]$$

$$\tag{D}$$

式(D) 的初值条件为 $Z = 0$ 时，$X_A = 0$。积分式(D) 即可求转化率的轴向分布，即不同反应器高度所能达到的转化率，从而求出反应体积。由于式(D) 可以分离变量，可用辛普生法进行数值积分，也可按其他数值法求解式(D)。这里用龙格-库塔-吉尔法，用计算机求解的结果列于表 4B 中。由于绝热反应过程的温度与转化率成线性关系，由式(C) 便可算出给定转化率下的温度，表 4B 中为列出的相应的计算结果。根据表 4B 中的数据，分别以 X_A 对 Z 及以 T 对 Z 作图，如图 4C 所示。图中的两条曲线即为轴向温度分布曲线及轴向转化率分布曲线。

表 4B　乙苯脱氢反应器轴向转化率及温度分布

Z/m	0.0	0.2	0.4	0.6	0.8	1.0	1.2	1.4	1.6	1.8	2.0	2.2	2.4	2.6	2.8	3.0	3.2
T/K	898	877.3	863.5	853.5	845.6	839.7	834.8	830.9	827.6	824.8	822.6	820.6	819.0	817.6	816.5	815.5	814.7
X_A	0	0.1510	0.2517	0.3250	0.3811	0.4235	0.4610	0.4900	0.5140	0.5340	0.5507	0.5647	0.5766	0.5866	0.5951	0.6023	0.6084

由表 4B 及图 4C 可见，反应初期反应速率甚快，反应气体通过 1m 高的床层后，转化率即达到 42.53%，而反应后期在 1m 高的床层内乙苯的净转化率只有 $0.6084 - 0.5647 = 0.0437$ 或 4.37%，反应速率要比反应前期慢得多。其原因一是反应物浓度减小而反应产物浓度增加，另一则是反应温度降低了，这两者均使反应速率大幅度地下降。由于乙苯脱氢反应为吸热反应，绝热反应必然使反应温度不断降低，从这一点看，绝热反应器是不可取的。但是，反应器的操作条件并不是由一个因素决定的，需要从多方面去考虑，作出合理的决策。

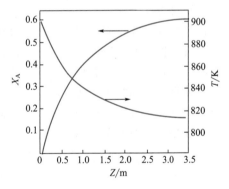

图 4C　乙苯脱氢反应器的轴向
温度及转化率分布

为了求出转化率达 60% 所需的催化剂量，需要决定相应的床层高度。但是，表 4B 没有转化率刚好等于 60% 的计算结果，根据与 60% 相接近的数据进行线性内插，不会带来大的误差。于是，转化率达 60% 时的床层高度为

$$L = 2.8 + \frac{3.0 - 2.8}{0.6023 - 0.5951} \times (0.6 - 0.5951)$$

$$= 2.94 \text{(m)}$$

催化剂用量　$V = \dfrac{\pi}{4} \times 1.22^2 \times 2.94 = 3.437$ （m³）

$$W = 3.437 \times 1440 = 4949 \text{ （kg）}$$

在 898K 等温下操作达到相同的转化率时，例 4.5 计算所需的催化剂量为 1725kg，约为绝热操作的 1/3。原因很明显，就是因为绝热反应器除了在入口处外，其他地方的操作温度都低于 898K，催化剂用量相应要增多是不言而喻的。

4.5.3 非绝热变温管式反应器

当化学反应的热效应很大时，无论是放热的还是吸热的，采用绝热操作将会使反应器进出口的反应物料的温差太大。对于放热反应，反应温度沿轴向而升高，这对于不可逆反应来说，问题不大，但由于其他原因反应温度一定要控制在一定范围内时，绝热反应器的应用就会受到限制；如果反应是可逆的，温度升高则平衡转化率降低，应用绝热反应器就不可能得到较高的转化率。在绝热反应器中进行吸热反应时，无论是可逆还是不可逆的，反应温度总是沿轴向而降低，使反应速率越来越慢，若反应是可逆的，还使平衡转化率下降，从而不可能获得高的转化率。上面所说的这些情况，在化学反应进行的同时必须与环境进行热交换，若为放热反应需要将反应器冷却，吸热反应则要加热，使反应过程的温度控制在要求的范围内，以获得较好的转化率和安全的操作，特别是那些温度过高会发生爆炸，或者会损坏催化剂或设备的反应更为重要。

反应器所用的换热介质根据反应温度的高低而选定。高温换热介质多用燃烧液体或气体燃料产生的烟道气、熔盐和高压蒸汽等；常用的低温换热介质为水和空气。反应原料也可用作换热介质，既冷却了反应器又预热了原料。

非绝热变温管式反应器，由于化学反应与传热同时进行，这就需保证有一定的传热面积，通常是采用列管式反应器以达到此目的。即将许多直径较小的管式反应器并联操作，这一方面可以保证所需的传热面积，另一方面则可使各个管式反应器的横截面不致太大，以免径向温差过大。

设计多管并联反应器时，一般可以认为各管的情况相同，所以只对一根管作考察即能反映整个反应器工况。设计此类反应器同样是从物料衡算式和热量衡算出发，与绝热反应器不同之处是热量衡算式，需把与外界交换的热量考虑在内。通过改变管径及与换热介质的换热速率，使反应器内维持在所要求的温度水平上。例如苯氧化反应是一强放热反应，但用以冷却反应器的却是温度高达 300 多度的熔盐，其目的就是使反应器内外的温度差不致太大，以免传热速率过快而使温度急剧下降。

【例 4.9】 采用 144 根直径为 0.101m 的反应管并联操作，以代替例 4.8 中直径为 1.22m 的绝热管式反应器进行乙苯催化脱氢反应。这些反应管外用温度恒定为 1100K 的烟道气加热，烟道气与反应管内反应气体间的总传热系数为 2.85W/（$m^2 \cdot K$）。其他条件和要求同例 4.8，试计算反应器的轴向转化率及温度分布，以及乙苯转化率达 60% 时所需的催化剂量。

解： 由题意知此反应器为非绝热变温管式反应器。144 根反应管并联，只考察一根反应管即可。因为 144 根并联反应管的总横截面积正好与例 4.8 中直径为 1.22m 的绝热反应器的横截面积相等，所以两者都是在同一质量速度下操作，且进料组成又相同，因而例 4.8 由物料衡算所建立的轴向转化率分布方程式（D）亦适用于本题。差别只在于反应温度 T 与转化率 X_A 不再成线性关系，可将该式改写成

$$\frac{dX_A}{dZ} = \frac{4.104 \times 10^6}{21 + X_A} \exp\left(-\frac{10983}{T}\right) \left[1 - X_A - \frac{3.03 \times 10^{-7} X_A^2}{21 + X_A} \exp\left(\frac{-14520}{T}\right)\right] \qquad (A)$$

乙苯的进料量为 1.7×10^{-3} kmol/s，而乙苯与水蒸气的摩尔比为 1/20，则水蒸气的加入量为 3.4×10^{2} kmol/s，因此反应物料的质量速度

$$G=\frac{1.7\times10^{-3}\times106+3.4\times10^{-2}\times18}{144\times\pi\times(0.1016)^{2}/4}=0.678[\mathrm{kg/(m^{2}\cdot s)}]$$

在例 4.8 中已求出 $Gw_{A0}/M_A=1.454\times10^{-3}$ kmol/$(\mathrm{m^{2}\cdot s})$，将式（4.28）两边除以 GC_{pt}，并将有关数值代入得

$$\frac{\mathrm{d}T}{\mathrm{d}Z}=\frac{-1.39\times10^{5}\times1.545\times10^{-3}}{0.678\times2.177}\frac{\mathrm{d}X_A}{\mathrm{d}Z}+\frac{4\times2.85\times10^{3}(1100-T)}{0.678\times2.177\times0.1016}$$

$$=0.07605(1100-T)-137\frac{\mathrm{d}X_A}{\mathrm{d}Z} \tag{B}$$

此为轴向温度分布方程。式（A）、式（B）两式均为一阶微分方程，其初值条件为 $Z=0$，$X_A=0$，$T=898\mathrm{K}$。此方程组只能用数值法求解，这里采用龙格-库塔-吉尔法，用计算机计算所得的结果列于表 4C 中。根据表 4C 中的数据，分别以转化率 X_A 和温度 T 对轴向距离 Z 作图，得管式反应器的轴向转化率分布和轴向温度分布曲线如图 4D 所示。为了便于比较，将在相同条件下操作的绝热管式反应器的轴向转化率及温度分布曲线也绘于图 4D 上（根据例 4.6 的计算结果），即图中以虚线表示的那两条曲线。

表 4C 乙苯催化脱氢反应器的轴向转化率及温度分布

Z/m	0	0.2	0.4	0.6	0.8	1.0	1.2	1.4	1.6	1.8
X_A	0.0	0.1533	0.2593	0.3391	0.4022	0.4537	0.4967	0.5333	0.5647	0.5922
T/K	898	880.2	869.1	861.8	856.8	853.5	851.3	850.1	849.6	849.7
Z/m	2.0	2.2	2.4	2.6	2.8	3.0	3.2	3.4	3.6	3.8
X_A	0.6164	0.6379	0.6571	0.6746	0.6904	0.7050	0.7184	0.7308	0.7424	0.7533
T/K	850.2	851.0	852.1	853.5	855.1	856.8	858.6	860.6	862.7	864.7

由图 4D 可见，在反应器的任何轴向位置上，非绝热变温操作的转化率均大于绝热操作，其原因是在相同的轴向位置上，前者的温度都高于后者的缘故，理由很明显：前者的环境不断向反应器提供热量，而后者则否。正是这个缘故，绝热操作的吸热反应器轴向温度分布曲线是单调下降的（见图 4D 中的曲线 D）。非绝热变温操作时，反应温度是先下降，达一极小值后又开始上升（见图 4D 中的曲线 C），这是由于反应前期反应速率快，环境向反应器提供的热量小于反应消耗的热量，因而温度降低，反应后期反应速率慢消耗热量少，而环境向反应器提供的热量多，以致反应物料温度持续上升。但要注意，轴向温度分布曲线的极小点不

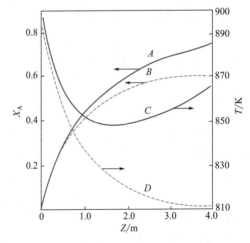

图 4D 绝热和非绝热变温条件下乙苯脱氢反应器的转化率及温度

是任何情况下都存在的。纵使和环境有热交换，只要供热速率永远大于反应耗热速率，则轴向温度是单调上升的，反之则单调下降。

达到 60% 转化率时所需的催化剂量，可按例 4.8 所用的方法，即线性内插法来确定床高后即可定。根据表 4C 的数据可求得床高为

$$L=1.8+\frac{2.0-1.8}{0.6164-0.5922}\times(0.6-0.5922)=1.864(\text{m})$$

因此催化剂用量为

$$V=144\times(\pi/4)\times(0.1016)^2\times1.864=2.176(\text{m}^3)$$

$$W=2.176\times1440=3133(\text{kg})$$

与例 4.8 的结果相比较可知，非绝热变温操作的催化剂用量较绝热操作少，这是可以预料的，因为外界供热使反应温度普遍地高于绝热操作，比较图 4D 中的曲线 C 与 D 也就清楚了。只要两者的进料组成和温度以及质量速度相同，这一结论普遍成立，除非该反应的速率与温度的关系反常。

4.6 管式反应器的优化温度序列

正确选择操作温度是管式反应器设计的一个十分重要的内容。对于单一反应，通常是根据生产强度最大来确定操作温度，所谓生产强度是指单位时间单位反应体积的产品产量。而对于复合反应往往还以目的产物的收率最大为目标。下面分别按这两种类型来进行讨论。

4.6.1 单一反应

先从等温管式反应器着手，考察在什么温度下操作，生产强度最大。对于不可逆反应或可逆吸热反应，温度越高，反应速率越快，显然，温度越高，反应器的生产强度也越大。因此，高温操作有利。实际上能够采用多高的操作温度，还受到反应器的构成材料、能源、催化剂的耐热性能等方面的限制，需要结合这些因素来考虑。

至于可逆放热反应，就不是操作温度越高，反应器的生产强度越大了。设反应 A ⟶ P 为一级可逆放热反应，其速率方程为

$$-r_A=\vec{k}c_{A0}[(1-X_A)-X_A/K]$$

式中，K 为化学平衡常数，代入式(4.5) 得

$$V=\frac{Q_0}{\vec{k}}\int_0^{X_{Af}}\frac{\mathrm{d}X_A}{1-(1+1/K)X_A}=\frac{Q_0}{\vec{k}(1+1/K)}\ln\frac{1}{1-(1+1/K)X_{Af}} \quad (4.32)$$

因为反应速率常数 $\vec{k}$ 和化学平衡常数 K 均为温度的函数，对于一定的物料处理量 Q_0 及一定的最终转化率 X_{Af}，当温度升高时，$\vec{k}$ 增加而 K 减小，上式右边的对数值增大，但该对数前面的因子值则减小。因此，两者的乘积即所需的反应体积 V 随着反应温度的升高可能增大，也可能减小。从而可知必存在一最佳操作温度，此时所需反应体积最小，或者说当反应体积及处理物料量一定时，达到的最终转化率最大。

也可以从另一角度来分析这个问题。反应初期及中期，提高反应温度可以加快反应速率，然而可逆放热反应的后期，温度越高，越接近于平衡，则反应的净速率越小。故此存在最佳操作温度，使反应过程以最大的平均反应速率进行。如果反应的速率方程以及反应速率常数和化学平衡常数与温度的关系已知，则不难求出 V 与 T 的关系式，例如式(4.32)，只需将此关系式对 T 求导，并令 $\mathrm{d}V/\mathrm{d}T=0$，即可求出最佳操作温度。

以上是针对等温情况进行讨论，实际上大多数管式反应器均属变温操作，这就需要确定最佳操作温度序列，即反应器的最佳轴向温度分布。对于不可逆反应和可逆吸热反应，其最

佳操作温度序列应遵循先低后高这一原则，也就是说管式反应器的反应温度从进口到出口逐渐升高，这是因为反应过程中由于反应物浓度逐渐降低而导致反应速率下降，如果保持反应过程的温度逐渐上升，则可补偿由于浓度降低而引起的反应速率减小，这样可使过程的平均反应速率最大，自然就能获得较大的生产强度。另外，从可逆吸热反应的情况看，只有保持反应器出口的温度较高，才有可能获得较大的平衡转化率，否则最终转化率将受到化学平衡的约束而不能提高。

如果管式反应器中进行的是可逆放热反应，其优化操作温度序列则是由高温到低温，与上述情况正好相反。由第 2 章知，可逆放热反应存在最佳温度，此温度系随转化率的增加而降低。按此关系来控制管式反应器的反应温度，将可保证其生产强度最大。因为反应器内每一点都以最大的反应速率进行，总的结果也必然最大。当然，要完全按优化温度曲线操作，实行起来会困难不少，但应力图接近。在第 7 章还要对这个问题作进一步的分析。

绝热管式反应器由于其自身的特点反应温度总是单调地改变。对于放热反应，反应温度单调上升，吸热反应则单调下降。显然，除不可逆放热反应外，这与上述的最佳操作温度序列的要求相反，就这一点而言，绝热管式反应器对这些类型的反应是不合适的。但要注意，反应器的型式及操作条件需要通过多方案计算和评比之后方能确定，而不能根据个别的不足而全盘否定。另外，绝热管式反应器的反应温度序列系随进入反应器的物料温度而改变，因此，正确选定进口温度是获得适宜的反应温度条件的关键。对于可逆放热反应，上一节已作了较详细的分析。

4.6.2 复合反应

上面关于单一反应优化温度序列的讨论，是以生产强度最大为出发点。前已指出，对于复合反应，除此以外还可以目的产物收率最大作为目标。目标函数不同，优化温度对策往往也不同。下面以平行反应

$$A+B \xrightarrow{1} P$$

$$A+B \xrightarrow{2} Q$$

为例加以说明。设 P 为目的产物且第一个反应的活化能 E_1 小于第二个反应的活化能 E_2。如从生产强度最大的观点看，应先低温后高温。原因是低温有利于 P 的生成，反应前期采用低温可以生成更多的 P，后期由于反应物浓度下降而导致反应速率降低，采用高温则可以抵偿而不致反应速率太慢。当然副产物 Q 的量相应也增加了。这是使单位时间单位反应体积目的产物 P 的产量最大所采用的对策。但从 P 的收率最大来考虑，则应使整个反应过程在较低的温度下进行，以减少 Q 的生成。这样必然使所需的反应体积增大，生产强度下降，但总选择性提高。这两种出发点到底哪一种可取，视原料、目的产物及副产物的价格高低以及反应器的造价而定，归根到底是取决于经济因素。

上一章里研究了在等温间歇反应器中进行连串反应

$$A \xrightarrow{k_1} P \xrightarrow{k_2} Q$$

的问题，若 P 为目的产物，则存在最优反应时间［见式(3.40)］，可使 P 的收率最大。这一结论同样适用于活塞流反应器，控制空时使之与最佳反应时间相等便能达到同样的目的。对于等温反应，从收率最大的观点出发，不存在最佳操作温度问题，若 P 为目的产物，$E_1 < E_2$ 时反应温度越低越好；$E_1 > E_2$ 时则反应温度越高越好。但是，若为非等温操作，$E_1 < E_2$ 时应采取先高后低呈下降型的操作温度序列，先高温是为了加快第一个反应，促使 P 的

生成，待 P 累积到一定的量后，降低温度以减少副产物 Q 的生成。

再看更复杂一点的例子

$$A+B \xrightarrow{\quad 1 \quad} P \begin{cases} \xrightarrow{\ 2\ } Q \\ \\ \xrightarrow{\ 3\ } X \end{cases}$$

设 P 为目的产物，且 $E_2 < E_1 < E_3$。就第 1 与第 2 个反应而言，高温有利于 P 的生成；但对第 1 与第 3 个反应而言，则低温有利，因为温度高有利于 P 转化成副产物 X。所以，温度不宜太高也不宜太低，应来个折中方能使 P 的收率最大，这就是优化温度。

下面是一个著名的化学反应工程优化问题

$$A+B \xrightarrow{\ 1\ } Q \xrightarrow{\ 3\ } P$$
$$\downarrow 2 \qquad\quad \downarrow 4$$
$$X \qquad\qquad Y$$

设 P 为目的产物，且 $E_1 < E_2$，$E_3 > E_4$。为了获得更多的 P，必须生成更多的 Q。由于 $E_1 < E_2$，低温有利于生成 Q 而不利于生成 X，但是因为 $E_3 > E_4$，低温只有利于 Q 转化为副产品 Y 而不利于转化为 P，所以低温操作并达不到提高 P 的收率的目的。高温操作只能使反应物转化为更多的副产物 X，却不利于 Q 的生成，自然也就不可能获得更多的 P。由此可知，采用等温操作无论选定什么温度、P 的收率都不会高。在管式反应器中只有保持由低到高的温度序列，才能获得较高的目的产物收率。这样做是先创造多生成 Q 的条件，然后提高温度使 Q 更多地向 P 转化。若各反应的活化能相对大小改变，最佳操作温度序列也相应改变。仿照上面的方法进行分析，不难得出下列结论：若 $E_1 > E_2$ 及 $E_3 > E_4$，整个反应过程应保持高温；而 $E_1 < E_2$ 及 $E_3 < E_4$ 时，则保持低温操作；$E_1 > E_2$ 及 $E_3 < E_4$ 时，采用由高到低的温度序列。

以上对管式反应器的优化温度序列作了定性的讨论，但仅仅是针对一些相对来说比较简单的情况。定量处理则需要应用适当的优化方法。一些较复杂的反应过程连作定性的分析也很困难，往往要通过复杂的计算后才能知道其优化温度序列。

【例 4. 10】 在等温管式反应器中进行例 3.9 所示的平行反应，原料为纯 A，空时为 1h。试问在什么温度下操作 P 的收率最大？其值为多少？并与例 3.9 的结果相比较。反应动力学数据同例 3.9，且设管式反应器内流体呈活塞流。

解： 题给的主、副反应均为一级不可逆反应，所以
$$-\mathscr{R}_A = (k_1 + k_2)c_A = (k_1 + k_2)c_{A0}(1 - X_A)$$

代入式(4.6) 得
$$\tau = \int_0^{X_{Af}} \frac{dX_A}{(k_1 + k_2)(1 - X_A)} = \frac{1}{k_1 + k_2} \ln \frac{1}{1 - X_{Af}}$$

或
$$X_{Af} = 1 - \exp[-(k_1 + k_2)\tau] \tag{A}$$

根据瞬时选择性的定义得
$$S = \frac{k_1}{k_1 + k_2} \tag{B}$$

由于瞬时选择性与浓度无关，且因反应又系在等温下进行，所以总选择性 S_o 应与瞬时选择性相等。因而目的产物 P 的最终收率
$$Y_{Pf} = S_o X_{Af} = \frac{k_1 X_{Af}}{k_1 + k_2}$$

将式（A）代入则有
$$Y_{Pf} = \frac{k_1\{1 - \exp[-(k_1 + k_2)\tau]\}}{k_1 + k_2}$$
(C)

已知
$$k_1 = A_1\exp[-E_1/(RT)], \quad k_2 = A_2\exp[-E_2/(RT)]$$
(D)

结合式（D），将式（C）对 T 求导，并令 $dY_{Pf}/dT = 0$，有

$$E_2 - E_1 = \left[\tau(k_1 E_1 + k_2 E_2)\left(1 + \frac{k_1}{k_2}\right) + E_2 - E_1\right]e^{-(k_1 + k_2)\tau}$$
(E)

将式（D）代入式（E），并把题给 $A_1 = 4.368 \times 10^5 h^{-1}$，$E_1 = 41800 J/(mol \cdot K)$，$A_2 = 3.533 \times 10^{18} h^{-1}$，$E_2 = 141000 J/(mol \cdot K)$ 代入，解之即得最佳操作温度为 390.1K。

$T = 390.1K$ 时，
$$k_1 = 4.368 \times 10^5 \times \exp[-41800/(8.314 \times 390.1)] = 1.104(h^{-1})$$
$$k_2 = 3.533 \times 10^{18} \times \exp[-141000/(8.314 \times 390.1)] = 0.4650(h^{-1})$$

代入式（A）得
$$X_{Af} = 1 - \exp[-(1.104 + 0.4650) \times 1] = 0.7917$$

由式（C）可算出 P 的收率
$$Y_{Pf} = \frac{1.104 \times 0.7917}{1.104 + 0.4650} = 0.5571$$

例 3.9 系采用连续釜式反应器，求出的最佳操作温度为 389.2K，据此可算出 $k_1 = 1.074h^{-1}$，$k_2 = 0.4231h^{-1}$，代入例 3.9 的式（F）可求得 P 的最终收率为

$$Y_{Pf} = \frac{1.074 \times 1}{1 + (1.074 + 0.4231) \times 1} = 0.4301$$

由例 3.9 式（E）可算出相应的转化率为

$$X_{Af} = \frac{(1.074 + 0.4231) \times 1}{1 + (1.074 + 0.4231) \times 1} = 0.5995$$

比较上述计算结果可知，在相同的空时下，管式反应器的最佳操作温度、转化率及目的产物的收率都较连续釜式反应器的相应值高。但是，管式反应器的总选择性 $S_0 = 0.5571/0.7917 = 0.7038$ 却较连续釜式反应器的值 $0.4301/0.5995 = 0.7174$ 低，其原因是前者的操作温度高于后者。必须注意这里所说的仅仅是两种情况的差异，而不是普遍结论。

4.7 动力学参数的确定

当第 2 章讲述的反应速率方程建立以后，需要在能够确定设计方程的反应器中，进行反应动力学实验，以获得反应动力学参数。所谓动力学参数是指速率方程中所包含的参数，如吸附平衡常数、反应速率常数以及反应级数等。由于前两者又是温度的函数，且一般都可表示成阿伦尼乌斯方程的形式，其中所包含的常数为活化能、指前因子以及吸附热等亦属动力学参数之列，只要不同温度下的反应速率常数和吸附平衡常数求定后，这些常数不难确定。因此，对于双曲型动力学模型，关键问题在于确定反应速率常数和吸附平衡常数；而对于幂函数动力学模型，则为反应级数和反应速率常数。

无论哪一种动力学参数，都需要根据动力学实验数据来求定。实验所选用的反应器，决定了数据处理的方法。显然可见，参数估值是否准确，其前提是实验数据是否准确。速率方程的形式确定之后，由实验数据求定动力学参数的方法多种多样。在此，仅介绍积分法和微分法。这两种方法用于处理从设计方程为微分方程形式的反应器中获取的实验数据，如间歇

釜式反应器和管式反应器。对于连续或半间歇釜式反应器，则分别采用代数方程和微分方程参数估值的方法拟合实验数据。

4.7.1 积分法

积分法是将速率方程积分后，再对实验数据进行处理。例如，在间歇反应器中，进行恒密度反应，速率方程为幂函数型。此时，反应器的设计方程为

$$-r_A = -\frac{dc_A}{dt} = kc_A^\alpha \qquad (4.33)$$

应用积分法求定反应级数 α 及反应速率常数 k 时，首先需将式(4.33) 积分，结果为

$$\frac{1}{c_A^{\alpha-1}} - \frac{1}{c_{A0}^{\alpha-1}} = (\alpha-1)kt \qquad (\alpha \neq 1) \qquad (4.34)$$

式中，c_{A0} 为组分 A 的初始浓度。由式(4.34) 知，以时间 t 对 $1/c_A^{\alpha-1}$ 作图应得一直线（见图 4.10 并参看例 2.2），其斜率为 $k(\alpha-1)$，截距为 $1/c_{A0}^{\alpha-1}$，但是 k 和 α 均是所要求的参数，都是未知值。因此，需要先假定 α 的值，根据实验测得的不同时间 t 时组分浓度 c_A 的数据，按上述方法作图，若得

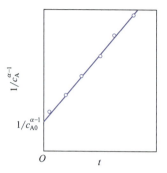

图 4.10 积分法求反应级数及反应速率常数

一直线，表明所设 α 值正确，否则需重新假定 α 值再作，直至获得满意的 α 值为止。还需指出，实验必须在等温下进行，这样才能保持 k 为常数，否则式(4.34) 不成立。

又如速率方程

$$-r_A = \frac{kK_A p_A}{1+K_A p_A} \qquad (4.35a)$$

要用积分法求定参数 k 和 K_A，需先将该式积分，但需首先确定反应速率 r_A 的表示方式。若为气固相催化固定床反应器，则采用式(4.17) 的设计方程来表示，所以

$$-\frac{dF_A}{dW} = \frac{kK_A p_A}{1+K_A p_A} \qquad (4.35b)$$

要积分上式，首先要把 F_A 和 p_A 变成转化率 X_A 的函数。设 F_{A0} 为组分 A 的起始摩尔流量，组分 A 的起始摩尔分数为 y_{A0}，若为恒密度过程，则有

$$F_A = F_{A0}(1-X_A), \quad p_A = p y_{A0}(1-X_A)$$

式中，p 为总压。将上两式代入式(4.35b) 化简后有

$$F_{A0}\frac{dX_A}{dW} = \frac{kK_A p y_{A0}(1-X_A)}{1+K_A p y_{A0}(1-X_A)}$$

积分之

$$\int_0^W \frac{dW}{F_{A0}} = \int_0^{X_A} \frac{1+K_A p y_{A0}(1-X_A)}{kK_A p y_{A0}(1-X_A)} dX_A$$

得到

$$\frac{W}{F_{A0}} = \frac{X_A}{k} - \frac{\ln(1-X_A)}{kK_A p y_{A0}} \quad , \quad \frac{W}{F_{A0}X_A} = \frac{1}{k} - \frac{\ln(1-X_A)}{kK_A p y_{A0}X_A}$$

由此式可知，当压力、温度、起始气体组成以及催化剂用量一定的情况下，改变 F_{A0} 进行实验，分别测定相应的转化率，根据所得数据，以 $\ln(1-X_A)/X_A$ 对 $W/(F_{A0}X_A)$ 作图，可得一直线，直线的斜率为 $1/(kK_A p y_{A0})$，截距为 $1/k$，据此亦可算出参数 k 和 K_A。

以上两例均是用图解法求定参数值。只要待定的参数数目不超过两个，一般情况下这种方法都能奏效。

但是，当待定的参数数目多于两个时，除非在实验条件上作出一些规定，否则难于用图

解法求定参数。例如，幂函数型速率方程

$$-r_A = kc_A^\alpha c_B^\beta$$

待定的参数为三个（k、α 及 β）。如果进行实验时，使开始时组分 B 的浓度远大于组分 A，这时，组分 B 的浓度可近似认为是常数，而与 k 合并作为一个新的常数处理。作此规定后，便可和处理式（4.33）的方法一样求 A 的反应级数 α。反过来，当组分 A 大量过剩时，则可求组分 B 的反应级数 β 及反应速率常数 k。

然而在大多数情况下，由于实验上的限制以及速率方程所具有的形式等原因，很难做类似上述的处理。无论参数数目多少，都可用优化方法进行参数估值，这将在下面进行讨论。

4.7.2 微分法

微分法是根据不同实验条件下测得的反应速率，直接由速率方程估计参数值。仍以式（4.33）为例，两边取对数则有

$$\ln(-r_A) = \alpha \ln c_A + \ln k$$

显然，根据实验数据，以 $\ln c_A$ 对 $\ln r_A$ 作图，应得一直线，直线的斜率等于 α，截距等于 $\ln k$。这样便可将参数值估计出来。又如式（4.35a）可改写成

$$\frac{p_A}{-r_A} = \frac{1}{k} p_A + \frac{1}{kK_A} \tag{4.35c}$$

以 $p_A/(-r_A)$ 对 p_A 作图，得一直线，斜率为 $1/k$，截距为 $1/(kK_A)$。于是动力学参数 k 和 K_A 即可求定。原则上讲，只要参数数目不超过两个，而速率方程又可直线化，都可用图解法求定参数值。

当参数数目超过两个时，与积分法一样，微分法也不能用图解法进行参数估值，除非在某些特殊情况下对实验条件作出适当的安排。因此，无论是用积分法还是用微分法处理动力学实验数据，最常用又最可靠的参数估值方法是根据统计学的原理对实验数据进行回归，这既不受参数数目多少的限制，又不受动力学方程的形式及实验方法的约束，具有普遍适用性。下面将讨论这种方法的基本原理。

从理论上讲，有多少参数需要求定，就要有多少组不同实验条件下的实验数据。以式（4.35a）为例，待定参数有两个，即 k 和 K_A。如果由实验分别测得组分 A 的分压为 p_{A1} 及 p_{A2} 下的反应速率 r_{A1} 及 r_{A2}，将这两组实验数据分别代入式（4.35a），得到关于 k 和 K_A 的方程组，解此方程组即可求 k 和 K_A。但是，由于实验存在误差，这种做法是靠不住的。实际上实验数据的组数要多于要确定的参数数目，实验数据的组数越多，则参数估值的结果越可靠。这样就会出现方程的数目多于未知数的情况，如何处理呢？常用的办法就是最小二乘法。

最小二乘法的原则是使残差的平方和最小，所谓残差就是实验测定值 η 和模型计算值 $\hat{\eta}$ 之差。所以，残差平方和

$$\Phi = \sum_{i=1}^{M} (\eta_i - \hat{\eta}_i)^2 = \min \tag{4.36}$$

式中，M 为实验数据组数。选择什么样的物理量来代表 η，应是任意的。例如，采用微分法求定参数，多以反应速率来表示，此时式（4.36）变为

$$\Phi = \sum_{i=1}^{M} (r_i - \hat{r}_i)^2 = \min \tag{4.37}$$

即实验测得的反应速率 r_i 与由速率方程计算所得的反应速率 $\hat{r}_i$ 之差的平方和，应保证最小。具体到式（4.35a），上式又可写成

$$\Phi = \sum_{i=1}^{M} \left((-r_i) - \frac{kK_A p_{Ai}}{1 + K_A p_{Ai}} \right)^2 = \min \tag{4.38}$$

式中，p_{Ai} 表示第 i 次实验时组分 A 的分压，r_i 则为对应此分压下的反应速率测定值。此时，残差平方和 Φ 就变成了 k 和 K_A 的函数。问题就在于 k 和 K_A 等于什么值时 Φ 值为最小。这可以按一般求极值的办法处理。将式(4.38)分别对 k 及 K_A 求导，再令 $\partial\Phi/\partial k = 0$ 及 $\partial\Phi/\partial K_A = 0$，得两个方程，解之即得参数 k 和 K_A 的值。参数数目多时亦按同法处理，只不过要求的方程数目增多而已。

综上所述，用最小二乘法进行动力学参数估值，可归结为求解如下的方程组

$$\frac{\partial\Phi}{\partial k_i} = 0 \qquad (i = 1, 2, \cdots, N)$$

k_i 为动力学参数；N 为动力学参数的数目。这是一个代数方程组，由于大多数情况下动力学方程是非线性的，因此所得的方程组也是非线性代数方程组。这种方法叫做非线性最小二乘法或非线性回归。

求解非线性代数方程组是比较困难的，特别是方程的数目多时。所以，如果能将速率方程进行直线化，在数学处理上会带来方便。例如，式(4.35a)经直线化变成式(4.35c)，并令 $p_A/(-r_A) = \eta$，$1/k = \alpha$，$1/(kK_A) = \beta$，则式(4.35a)可改写成

$$\eta = \alpha p_A + \beta \tag{4.35d}$$

经变换后残差平方和变为 $\quad \Phi = \sum_{i=1}^{M} (\eta_i - \alpha p_{Ai} - \beta)^2 = \min$

分别对 α 及 β 求导，再令其等于零，可得一关于 α 及 β 的线性代数方程组，求解后得 α 和 β 值，然后按各自的定义反算出 k 和 K_A。经直线化后进行回归的方法，叫线性回归法或线性最小二乘法。最后求解的是线性代数方程组，显然这较解非线性代数方程组要来得方便而又简单。但应注意，由于作了变量变换。估值的结果可能产生某些误差，有关参数估值问题内容十分丰富，这里只能介绍一些最基本的知识。

当前普遍应用的动力学参数估值方法是微分法，积分法由于常常遇到积分上的困难而较少应用，如用数值积分再由最小二乘法估算参数，其计算工作量之大是可以想象的。随着电子计算机应用普及，这个问题也是可以解决的。

【例 4.11】 在工业镍催化剂上气相苯加氢反应，在例 2.8 中已推导得速率方程为

$$-r_B = \frac{k p_B p_H^{0.5}}{1 + K_B p_B}$$

式中，p_B 和 p_H 分别为苯及氢的分压；k 为反应速率常数；K_B 为苯的吸附平衡常数。在实验室中测定了 423K 时反应速率与气相组成的关系如表 4D 所示。试求反应速率常数及苯的吸附平衡常数。

解：首先将题给的速率方程进行线性化，该式可改写成：

$$\frac{p_B p_H^{0.5}}{-r_B} = \frac{1}{k} + \frac{K_B}{k} p_B \tag{A}$$

由此可知以 $p_B p_H^{0.5}/r_B$ 对 p_B 作图可得一直线，由直线的斜率及截距即可求 k 及 K_B。为了方便起见，令 $p_B p_H^{0.5}/(-r_B) = y$，$1/k = b$，$K_B/k = a$，式(A)可写成

$$y = a p_B + b \tag{B}$$

根据表 4D 中的数据可算出 y 值，列于表 4E 中。

反应组分的分压 $p_i \times 10^3$/MPa			反应速率 $-r_B \times 10^3$ /[mol/(g·h)]
苯	氢	环己烷	
2.13	93.0	4.29	18.1
2.42	85.5	11.50	19.0
3.81	78.0	17.20	27.0
5.02	86.8	7.65	30.9
5.80	79.6	13.90	35.2
13.9	84.0	1.92	42.4
10.7	80.6	7.47	39.6
9.58	89.3	1.93	40.8
9.02	88.1	2.78	36.5
7.95	86.9	4.24	35.7
6.46	86.3	6.48	33.8
4.73	92.4	4.76	30.4
4.01	92.5	2.34	29.7
3.30	92.2	3.20	26.3

$p_B \times 10^3$	$y \times 10^2$	$p_B^2 \times 10^6$	$yp_B \times 10^5$
2.13	3.589	4.537	7.645
2.42	3.742	5.856	9.012
3.81	3.941	14.52	15.015
5.02	4.786	25.20	24.026
5.80	4.649	33.64	26.964
13.90	9.592	193.20	133.329
10.70	7.671	114.50	82.080
9.58	7.017	91.78	67.223
9.02	7.335	81.36	66.162
7.95	6.565	63.20	52.192
5.46	5.615	41.73	36.273
4.73	4.730	22.37	22.273
4.01	4.106	19.08	16.465
3.30	3.810	10.89	12.573
Σ　0.08883	0.7713	7.189×10^{-4}	5.713×10^{-3}

按表 4E 中所列出的数据，以 y 对 p_B 作图得一直线，如图 4E 所示。该直线的斜率为 4.763，截距等于 0.0215，所以

$$b = 0.0215 = \frac{1}{k} \quad , \quad k = 46.51 \, \mathrm{mol/(g \cdot h \cdot MPa^{1.5})}$$

$$a = 4.763 = K_B/k \quad , \quad K_B = 4.763 \times 46.51 = 221.5 \, (\mathrm{MPa^{-1}})$$

为了进行比较，下面用线性最小二乘法估计 a 与 b 的值。根据残差平方和最小可导出二元回归系数的计算公式为

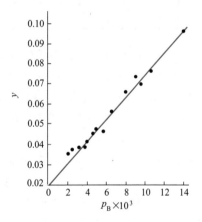

图 4E　y 和 p_B 的关系

$$a = \frac{\sum^M p_B \sum^M y - M \sum^M p_B y}{(\sum^M p_B)^2 - M \sum^M p_B^2} \tag{C}$$

$$b = \frac{1}{M}(\sum^M y - a \sum^M p_B) \tag{D}$$

式中，M 为实验点数，本题 $M = 14$。由式（C）及式（D）求 a 及 b 时，需要计算 p_B^2 及 $p_B y$，然后求和，计算结果已列于表 4E 中，将求和结果代入式（C）及式（D）可得

$$a = \frac{0.08883 \times 0.7713 - 14 \times 5.713 \times 10^{-3}}{0.08883^2 - 14 \times 7.189 \times 10^{-4}} = 5.2752$$

$$b = (0.7713 - 5.2752 \times 0.08883)/14 = 0.02162$$

所以

$$k = \frac{1}{b} = 46.25 \, \mathrm{mol/(g \cdot h \cdot MPa^{1.5})}$$

$$K_B = ak = 5.2752 \times 46.25 = 244.0 \, (\mathrm{MPa^{-1}})$$

由此可见两种方法的估值结果相接近，但是线性最小二乘法要精确些。

【例 4.12】 由实验测得镍催化剂上苯气相加氢反应的反应速率常数 k 及苯的吸附平衡常数 K_B 与温度的关系如下表所示

T/K	363	393	423	453
$k/[\text{mol}/(\text{g}\cdot\text{h}\cdot\text{MPa}^{1.5})]$	14.52	25.96	45.07	66.03
$K_B/(1/\text{MPa})$	1495	537.3	237.9	99.41

试求该反应的活化能及苯的吸附热。

解: 反应速率常数及苯的吸附平衡常数与温度的关系分别为

$$k = A\exp[-E/(RT)] \tag{A}$$

$$K_B = K_{B0}\exp[q_B/(RT)] \tag{B}$$

式(A)与式(B)两边分别取对数则有

$$\ln k = \ln A - E/(RT) \tag{C}$$

$$\ln K_B = \ln K_{B0} + q_B/(RT) \tag{D}$$

由此可见,以 $\ln k$ 对 $1/T$ 及 $\ln K_B$ 对 $1/T$ 作图,即可求活化能 E 及苯的吸附热 q_B。按题给数据分别算出 $1/T$, $\ln k$ 及 $\ln K_B$ 值如下:

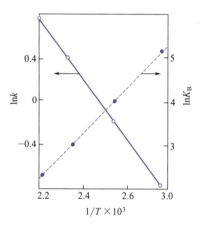

图 4F　$\ln k$ 及 $\ln K_B$ 与 $1/T$ 的关系

$1/T\times10^3$	2.755	2.545	2.364	2.208
$\ln k$	-0.759	-0.178	0.374	0.756
$\ln K_B$	5.02	3.99	3.18	2.31

按上列数据作图如图 4F 所示,图中的实线表示 $\ln k$ 与 $1/T$ 的关系,虚线则表示 $\ln K_B$ 与 $1/T$ 的关系。这两条直线的斜率分别为 -2.84×10^3 及 5.3×10^3,由式(C)知,直线的斜率应等于 $-E/R$,所以

$$E = 2.84\times10^3\times8.314 = 2.36\times10^4\,(\text{J/mol})$$

由式(D)知虚线的斜率应等于 q_B/R,则

$$q_B = 5.3\times10^3\times8.314 = 4.41\times10^4\,(\text{J/mol})$$

由于 $\ln k$ 及 $\ln K_B$ 与 $1/T$ 均呈线性关系,用线性最小二乘法估计 E 及 q_B 值,结果会精确些,这样可避免人为的误差。

 总结

本章学习的核心在于:了解活塞流假定及其物理意义;掌握建立活塞流反应器设计方程的基本方法;熟知等温、变温和循环活塞流反应器的设计方程;学会求解设计方程的数学计算过程;了解活塞流反应器的优化操作思路。具体内容包括:

活塞流假定: 径向流速分布均匀,使得垂直于流体运动方向的任一横截面上浓度和温度均匀。亦即流体在轴向不存在混合。

活塞流反应器的设计方程:

摩尔衡算方程
$$\frac{dF_i}{dV} = \mathscr{R}_i \qquad (i = 1, 2, \cdots, K)$$

热量衡算方程
$$GC_{pt}\frac{dT}{dZ} = \sum_{j=1}^{M}(-\Delta H_r)_j r_j - \frac{4U}{d_t}(T - T_c)$$

绝热操作方程
$$dT = \frac{w_{A0}(-\Delta H_r)_{T_r}}{M_A C_{pt}}dX_A$$

简化后的绝热操作线性方程 $T - T_0 = \lambda X_A$

绝热温升 $\lambda = w_{A0}(-\Delta H_r)_{T_r}/(M_A \overline{C}_{pt})$

循环反应器的设计方程 $V = (1+\psi)Q_0 c_{A0} \int_{\frac{\psi X_{Af}}{1+\psi}}^{X_{Af}} \frac{dX_A}{-\mathscr{R}_A}$

活塞流反应器设计方程的求解：

变量转换用以减少变量的个数，可部分参见 2.5 节。此外，还有反应速率方程中摩尔浓度的计算公式。

摩尔浓度	间歇反应器中	连续反应器中
c_i	$\dfrac{n_i}{V}$	$\dfrac{F_i}{Q}$

求解方法包括得到常微分方程或积分方程的解析解或数值解。

习 题

4.1 在常压及 800℃ 等温下在活塞流反应器中进行下列气相均相反应

$$C_6H_5CH_3 + H_2 \longrightarrow C_6H_6 + CH_4$$

在反应条件下该反应的速率方程为 $r = 1.5 c_T c_H^{0.5}$ [mol/(L·s)]

式中，c_T 及 c_H 依次为甲苯和氢的浓度，mol/L。原料气处理量为 2kmol/h，其中甲苯与氢的摩尔比等于 1。若反应器的直径为 50mm，试计算甲苯最终转化率为 95% 时的反应器长度。

4.2 根据习题 3.2 所规定的条件和给定数据，改用活塞流管式反应器生产乙二醇。试计算所需的反应体积，并与间歇釜式反应器进行比较。

4.3 1.013×10^5 Pa 及 20℃ 下在反应体积为 0.5m³ 的活塞流反应器中进行一氧化氮氧化反应

$$2NO + O_2 \longrightarrow 2NO_2$$

$$-r_{NO} = 1.4 \times 10^4 c_{NO}^2 c_{O_2} \quad [\text{kmol/(m}^3 \cdot \text{s)}]$$

式中的浓度单位为 kmol/m³。进气组成为 10%NO，1%NO₂，9%O₂，80%N₂。若进气量（标准状况下）为 0.6m³/h，试计算反应器出口的气体组成。

4.4 在内径为 76.2mm 的活塞流反应器中将乙烷热裂解以生产乙烯

$$C_2H_6 \rightleftharpoons C_2H_4 + H_2$$

反应压力及温度分别为 2.026×10^5 Pa 及 815℃。进料含 50%（摩尔分数）C₂H₆，其余为水蒸气。进气量等于 0.178kg/s。反应速率方程如下

$$-r_A = kp_A/(RT)$$

式中，p_A 为乙烷的分压。在 815℃ 时，速率常数 $k = 1.0\text{s}^{-1}$，平衡常数 $K_p = 7.49 \times 10^4$ Pa，假定其他副反应可忽略，试求：(1) 此条件下的平衡转化率；(2) 乙烷的转化率为平衡转化率的 50% 时，所需的反应管长。

4.5 于 277℃、1.013×10^5 Pa 压力下在活塞流反应器中进行气固相催化反应

$$\underset{(A)}{C_2H_5OH} + \underset{(B)}{CH_3COOH} \longrightarrow \underset{(P)}{CH_3COOC_2H_5} + \underset{(Q)}{H_2O}$$

催化剂的堆密度为 700kg/m³。在 277℃ 时，B 的消耗速率为

$$-r_B = \frac{4.096 \times 10^{-7}(0.3 + 8.885 \times 10^{-6} p_Q)(p_B - p_P p_Q/9.8 p_A)}{3600(1 + 1.515 \times 10^{-4} p_P)} \quad [\text{kmol/(kg·s)}]$$

式中的分压以 Pa 表示，假定气固两相间的传递阻力可忽略不计。加料组成为 23％B，46％A，31％Q（质量分数），加料中不含酯，当 $X_B = 35\%$ 时，所需的催化剂量为多少？反应体积是多少？乙酸乙酯产量为 2083kg/h。

4.6 二氟一氯甲烷分解反应为一级反应

$$2CHClF_2(g) \longrightarrow C_2F_4(g) + 2HCl(g)$$

流量为 2kmol/h 的纯 $CHClF_2$ 气体先在预热器中预热至 700℃，然后在一活塞流反应器中 700℃ 等温下反应。在预热器中 $CHClF_2$ 已部分转化，转化率为 20％。若反应器入口处反应气体的线速度为 20m/s，当出口处 $CHClF_2$ 的转化率为 40.8％ 时，出口的气体线速度是多少？反应器的长度是多少？整个系统的压力均为 $1.013 \times 10^5 Pa$，700℃ 时反应速率常数等于 $0.97s^{-1}$。若流量提高一倍，其他条件不变则反应器长度是多少？

4.7 拟设计一等温反应器进行下列液相反应

$$A + B \longrightarrow R \qquad r_R = k_1 c_A c_B$$

$$2A \longrightarrow S \qquad r_S = k_2 c_A^2$$

目的产物为 R，且 R 与 B 极难分离。试问：

（1）在原料配比上有何要求？

（2）若采用活塞流反应器，应采用什么样的加料方式？

（3）如用半间歇反应器，又应用什么样的加料方式？

4.8 在管式反应器中 400℃ 等温下进行气相均相不可逆吸热反应，该反应的活化能等于 39.77kJ/mol。现拟在反应器大小、原料组成和出口转化率均保持不变的前提下（采用等温操作），增产 35％，请拟定一具体措施（定量说明）。设气体在反应器内呈活塞流。

4.9 根据习题 3.8 所给定的条件和数据，改用活塞流反应器，试计算苯酚的产量，并比较不同类型反应器的计算结果。

4.10 根据习题 3.9 所给定的条件和数据，改用活塞流反应器，反应温度和原料组成均保持不变，而空时与习题 3.9（1）的反应时间相同，A 的转化率是否可达到 95％？R 的收率是多少？

4.11 根据习题 3.15 所给定的条件和数据，改用活塞流反应器，试计算：

（1）所需反应体积；

（2）若用两个活塞流反应器串联，总反应体积为多少？

4.12 在管式反应器中进行气相基元反应

$$A + B \longrightarrow C$$

加入物料 A 为气相，B 为液体，产物 C 为气体。B 在管的下部，且可忽略 B 所占的体积（如图所示），B 气化至气相，气相为 B 所饱和，反应在气相中进行。

已知操作压力为 $1.013 \times 10^5 Pa$，B 的饱和蒸气压为 $2.532 \times 10^4 Pa$，反应温度 340℃，反应速率常数为 $10^2 m^3/(mol \cdot min)$，计算 A 的转化率达 50％ 时，A 的消耗速率。如 A 的流量为 $0.1m^3/min$，反应体积为多少？

4.13 在一活塞流反应器中进行下列反应

$$A \xrightarrow{k_1} P \xrightarrow{k_2} Q$$

两反应均为一级，反应温度下，$k_1 = 0.30min^{-1}$，$k_2 = 0.10min^{-1}$。A 的进料流量为 $3m^3/h$，其中不含 P 与 Q。试计算 P 的最高收率和总选择性以及达到最大收率时所需的反应体积。

4.14 液相平行反应

$$A+B \longrightarrow P \qquad r_P=c_A c_B^{0.3} \quad [kmol/(m^3 \cdot min)]$$

$$a(A+B) \longrightarrow Q \qquad r_Q=c_A^{0.5} c_B^{1.3} \quad [kmol/(m^3 \cdot min)]$$

式中，a 为化学计量系数。目的产物为 P。

(1) 写出瞬时选择性计算式；

(2) 若 $a=1$，试求下列情况下的总选择性；

(a) 活塞流反应器，$c_{A0}=c_{B0}=10kmol/m^3$，$c_{Af}=c_{Bf}=1kmol/m^3$；

(b) 连续釜式反应器，浓度条件同 (a)；

(c) 活塞流反应器，反应物 A 和 B 的加入方式如下图所示。反应物 A 从反应器的一端连续地加入，而

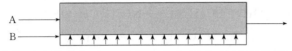

B 则从不同轴向位置处分别连续地加入，使得器内各处 B 的浓度均等于 $1kmol/m^3$。反应器进出口处 A 的浓度分别为 $19kmol/m^3$ 和 $1kmol/m^3$。

4.15 在活塞流反应器中等温等压（$5.065 \times 10^4 Pa$）下进行气相反应

$$A \longrightarrow P \qquad r_P=5.923 \times 10^{-6} p_A \quad [kmol/(m^3 \cdot min)]$$

$$A \longrightarrow 2Q \qquad r_Q=1.777 \times 10^{-5} p_A \quad [kmol/(m^3 \cdot min)]$$

$$A \longrightarrow 3R \qquad r_R=2.961 \times 10^{-6} p_A \quad [kmol/(m^3 \cdot min)]$$

式中，p_A 为 A 的分压，Pa。原料气含 A10%（摩尔分数），其余为惰性气。若原料气处理量（标准状况）为 $1800m^3/h$，要求 A 的转化率达 90%，计算所需的反应体积及反应产物 Q 的收率。

4.16 在充填钒催化剂的活塞流反应器中进行苯（B）氧化反应以生产顺丁烯二酸酐（MA）

$$B \xrightarrow{k_1} MA \xrightarrow{k_2} CO, CO_2, H_2O$$

$$\underset{k_3}{\xrightarrow{\hspace{4cm}}}$$

这三个反应均为一级反应，反应活化能（kJ/kmol）分别为 $E_1=70800$，$E_2=193000$，$E_3=124800$；指前因子 $[kmol/(kg \cdot h \cdot Pa)]$ 分别为 $A_1=0.2171$，$A_2=1.372 \times 10^8$，$A_3=470.8$。

反应在 $1.013 \times 10^5 Pa$ 和 704K 等温下进行。原料气为苯蒸气与空气的混合气，其中含苯 1.8%（摩尔分数）。现拟生产顺丁烯二酸酐 1000kg/h，要求其最终收率为 42%。假设 (1) 可按等密度过程处理；(2) 可采用拟均相模型。试计算：(1) 苯的最终转化率；(2) 原料气需用量；(3) 所需的催化剂量。

4.17 (1) 写出绝热管式反应器反应物料温度与转化率关系的微分方程。

(2) 在什么情况下该方程可化为线性代数方程，并写出方程；回答问题 (1)、(2) 时必须说明所使用的符号意义。

(3) 计算甲苯氢解反应 $C_6H_5CH_3 + H_2 \longrightarrow C_6H_6 + CH_4$ 的绝热温升。原料气温度 873K，氢与甲苯的摩尔比为 5。反应热 $\Delta H_{298}=-49974J/mol$。摩尔比热容单位 J/(mol·K) 数据如下：

$$H_2 \qquad C_p = 20.786$$
$$CH_4 \qquad C_p = 0.04414T + 27.87$$
$$C_6H_6 \qquad C_p = 0.1067T + 103.18$$
$$C_6H_5CH_3 \qquad C_p = 0.03535T + 124.85$$

（4）在（3）的条件下，如甲苯最终转化率达到 70%，试计算绝热反应器的出口温度。

4.18 氨水（A）与环氧乙烷（B）反应可以生产一乙醇胺（M）、二乙醇胺（D）及三乙醇胺，反应如下

$$NH_3 + C_2H_4O \xrightarrow{k_1} H_2NCH_2CH_2OH$$

$$H_2NCH_2CH_2OH + C_2H_4O \xrightarrow{k_2} HN(CH_2CH_2OH)_2$$

$$HN(CH_2CH_2OH)_2 + C_2H_4O \xrightarrow{k_3} N(CH_2CH_2OH)_3$$

反应速率方程为 $r_1 = k_1 c_A c_B$，$r_2 = k_2 c_M c_B$，$r_3 = k_3 c_D c_B$。该反应系在等温下进行，目的产物为一乙醇胺。

（1）请提出原料配比的原则，并说明理由；

（2）选定一种合适的反应器型式和操作方式；

（3）根据（2）的结果，说明原料加入方式；

（4）反应时间是否有所限制？请说明原因。

4.19 现有反应体积为 $1m^3$ 的活塞流反应器两个，拟用来分解浓度为 $3.2kmol/m^3$ 的过氧化氢异丙苯溶液以生产苯酚和丙酮。该反应为一级不可逆反应，并在 86℃ 等温下进行，此时反应速率常数等于 $0.08s^{-1}$。过氧化氢异丙苯溶液处理量为 $2.4m^3/min$。试计算下列各种情况下过氧化氢异丙苯的转化率。

（1）两个反应器串联操作；

（2）两个反应器并联操作，且保持两个反应器的原料处理量相同，即均等于 $1.2m^3/min$；

（3）两个反应器并联操作，但两者原料处理量之比为 1:2，即一个为 $0.8m^3/min$，而另一个则为 $1.6m^3/min$；

（4）用一个反应体积为 $2m^3$ 的活塞流反应器替代；

（5）若将过氧化氢异丙苯的浓度提高到 $4kmol/m^3$，其他条件保持不变，上列各种情况的计算结果是否改变？相应的苯酚产量是否改变？

（6）比较上列各项的计算结果并讨论之，从中可以得到哪些结论？

4.20 在活塞流反应器中绝热进行丁二烯和乙烯合成环己烯反应

$$\begin{array}{ccc} C_4H_6 + C_2H_4 & \longrightarrow & C_6H_{10} \\ (A) \qquad (B) & & (R) \end{array}$$

该反应为气相反应，反应速率方程为 $-r_A = k\, c_A c_B$，$k = 3.16 \times 10^7 \exp(-13840/T)$，L/(mol·s)。

进料为丁二烯与乙烯的等摩尔混合物，温度为 440℃。操作压力 $1.013 \times 10^5 Pa$。该反应的热效应等于 $-1.256 \times 10^5 J/mol$。假定各气体的摩尔比热容为常数，且 $C_{pA} = 154$，$C_{pB} = 85.6$，$C_{pR} = 249$，单位均为 J/(mol·K)。要求丁二烯的转化率达 12%，试计算：（1）空时、平均停留时间及出口温度；（2）若改在 440℃ 下等温反应，重复（1）的计算；（3）440℃ 下等温反应时所需移走的热量。

4.21 环氧乙烷与水反应生成乙二醇，副产二甘醇

$$C_2H_4O + H_2O \xrightarrow{k_1} CH_2OHCH_2OH$$

$$C_2H_4O + CH_2OHCH_2OH \xrightarrow{k_2} (CH_2CH_2OH)_2O$$

这两个反应对各自的反应物均为一级,速率常数比 k_2/k_1 为 2,原料中水与环氧乙烷的摩尔比为 20,且不含产物。

(1) 选择何种型式的反应器好?

(2) 欲使乙二醇的收率最大,转化率为多少?

(3) 有人认为采用活塞流反应器好,乙二醇收率高但环氧乙烷转化率低,故建议采用循环反应器以提高总转化率,你认为这种建议是否可行?如果循环比 $\psi = 25$,并使空时与第 (2) 问的空时相等,则此时总转化率及乙二醇的收率是提高还是降低?

4.22 有一自催化液相反应 A $\longrightarrow$ P,其速率方程为 $-r_A = kc_A c_P$ [kmol/(m^3·min)],反应温度下,$k = 1 \text{m}^3/(\text{kmol·min})$,$c_{A0} = 2 \text{kmol/m}^3$,每小时处理 1000mol 原料,其中 A 占 99%(摩尔分数),其余为 P。要求最终转化率为 90%。

(1) 为使所需反应体积最小,采用何种型式反应器好?并算出所选用的反应体积。

(2) 如果采用循环反应器,请确定最佳循环比及反应体积。

(3) 当循环比 $\psi = \infty$ 时,反应体积为多少?

(4) 当循环比 $\psi = 0$ 时,反应体积为多少?

4.23 在常压和高温下在管式反应器中进行纯度为 90% 的甲烷高温热裂解反应

$$\underset{\text{(A)}}{CH_4} \xrightarrow{k_1} \underset{\text{(B)}}{C_2H_4} \xrightarrow{k_2} \underset{\text{(D)}}{C_2H_2} \xrightarrow{k_3} C_2H_2$$

其设计方程为
$$\frac{-dc_A}{d\tau} = k_1 c_A \quad, \quad \frac{dc_B}{d\tau} = \frac{1}{2}k_1 c_A - k_2 c_B \quad, \quad \frac{dc_D}{d\tau} = k_2 c_B - k_3 c_D$$

其速率常数为
$$k_1 = 4.5 \times 10^{13} \exp(-45800/T) \quad (1/\text{s})$$
$$k_2 = 2.6 \times 10^{8} \exp(-20100/T) \quad (1/\text{s})$$
$$k_3 = 1.7 \times 10^{6} \exp(-15100/T) \quad (1/\text{s})$$

试问:

(1) 若以 C_2H_4 为目的产物,忽略第三步反应,C_2H_4 的最大收率为多少?

(2) 若考虑第三步反应,C_2H_4 最大收率是否改变?

(3) 用图表示各组分浓度随空时的变化关系;

(4) 若改变甲烷的进料浓度,产物分布曲线是否改变?

(5) 若改变反应温度,产物分布曲线是否改变?若提高反应温度,C_2H_4 收率是增加还是减少?乙炔的收率是增加还是减少?

4.24 温度为 1000K 的纯丙酮蒸气以 8kg/s 的流量流入内径为 26mm 的活塞流反应器,在其中裂解为乙烯酮和甲烷

$$CH_3COCH_3 \longrightarrow CH_2CO + CH_4$$

该反应为一级反应,反应速率常数与温度的关系为 $\ln k = 34.34 - 34222/T$,k 的单位为 1/s。操作压力 162kPa。反应器用温度为 1300K 的恒温热源供热,热源与反应气体间的传热系数等于 110W/(m^2·K),要求丙酮的转化率达 20%。

各反应组分的摩尔比热容 J/(mol·K) 与温度(K)的关系如下:

$$CH_3COCH_3 \quad C_p = 26.63 + 0.183T - 45.86 \times 10^{-6}T^2$$

$$CH_2CO \qquad C_p = 20.04 + 0.0945T - 30.95 \times 10^{-6} T^2$$
$$CH_4 \qquad C_p = 13.39 + 0.077T - 18.71 \times 10^{-6} T^2$$

298K 时的反应热等于 80.77kJ/mol。

(1) 计算所需的反应体积；

(2) 绘制轴向温度分布及轴向丙酮浓度分布图。

4.25 在等温活塞流反应器中进行一级可逆反应，正逆反应的反应速率常数 $\vec{k}$ 和 $\overleftarrow{k}$ 与温度的关系如下

$$\vec{k} = 2 \times 10^6 \exp\left(-\frac{5000}{T}\right) \quad , \quad \overleftarrow{k} = 3.5 \times 10^9 \exp\left(-\frac{9000}{T}\right)$$

要求最终转化率为 90%，试问在什么温度下操作所需的反应体积最小？

4.26 在一体积为 4L 的恒密度间歇釜式反应器中进行 A 的水解反应，反应前 A 的含量为 12.32%（质量分数），混合物的密度为 1g/ml，反应物 A 的分子量为 88。在等温常压下不断取样分析，测得 A 随时间变化的浓度数据如下

反应时间/h	1.0	2.0	3.0	4.0	5.0	6.0	7.0	8.0	9.0
c_A/(mol/L)	0.9	0.61	0.42	0.28	0.17	0.12	0.08	0.045	0.03

试求反应时间为 3.5h 时 A 的水解速率。

4.27 在一管式固定床反应器中常压 300℃等温下进行甲烷化反应：

$$CO + 3H_2 \xrightarrow{Ni} CH_4 + H_2O$$

催化剂体积为 10ml，原料气中 CO 的摩尔分数为 3%，其余为 N_2、H_2 气体，改变进口原料气流量 Q_0 进行实验，测得出口 CO 的转化率为

Q_0/(cm³/min)	83.3	67.6	50.0	38.5	29.4	22.2
X/% ·	20	30	40	50	60	70

试求当进口原料气体积流量为 50cm³/min 时 CO 的消耗速率。

4.28 在一恒密度间歇釜式反应器中进行下列液相反应：

$$A + B \longrightarrow R \qquad (r_R = 1.6c_A)$$
$$2A \longrightarrow D \qquad (r_D = 8.2c_A^2)$$

式中，r_R、r_D 分别表示产物 R 及 D 的生成速率，其单位均为 kmol/（m³·h），反应用的原料为 A 与 B 的混合物，其中 A 的浓度为 2kmol/m³，试计算 A 的转化率达 95% 时所需要的反应时间。

4.29 利用习题 4.26 的数据，试用积分法和微分法求其动力学方程的参数。

4.30 在管式固定床镍催化剂上进行甲烷化反应

$$CO + 3H_2 \longrightarrow CH_4 + H_2O$$

由实验测得 200℃时甲烷的生成速率 $\mathscr{R}_{CH_4}$ 与 CO 和 H_2 的分压（p_{CO} 及 p_{H_2}）的关系如下表。

p_{CO}/MPa	0.1013	0.1823	0.4133	0.7294	1.063
p_{H_2}/MPa	0.1013	0.1013	0.1013	0.1013	0.1013
$\mathscr{R}_{CH_4} \times 10^3$/[mol/(g·min)]	7.33	13.2	30.0	52.8	77

若该反应的动力学方程可用幂函数型方程表示，试求一氧化碳的反应级数及正反应速率常数。

5

停留时间分布与连续反应器模型

 提要

本章将着重介绍以下内容：

1. 反应器的流体停留时间及其分布
2. 停留时间分布的统计函数
3. 停留时间分布的实验测定和数据处理方法
4. 停留时间分布统计特征值的计算
5. 理想反应器的停留时间分布特性
6. 非理想流动现象
7. 各种非理想反应器模型的建立
8. 统计特征值与非理想反应器模型参数的关系
9. 非理想反应器模型方程的求解
10. 反应器中流体混合的类型
11. 混合早晚对反应程度的影响

在第 3 章及第 4 章中讨论了两种不同类型的理想反应器——连续操作的釜式反应器和管式反应器。在相同的情况下，两者的操作效果有很大的差别，究其原因是反应物料在反应器内的流动状况不同，即停留时间分布不同。本章将对此作进一步讨论，阐明流动系统的停留时间分布的定量描述及其实验测定方法。

前面关于连续釜式反应器的设计系基于反应区内物料浓度均一的全混假定，处理管式反应器问题时则使用了活塞流的假定；如果不符合这两种假定，就需要建立另外的流动模型，以便对反应器进行设计与分析。流动模型的建立是基于停留时间分布，这是本章所要讨论的另一主要内容。此外，还要在所建立模型的基础上，说明该类反应器的性能和设计计算。

化学反应器中流体的混合直接影响到化学反应的进行，本章最后还要简单地介绍有关流动反应器内流体混合问题，阐明几个基本概念。

5.1　停留时间分布

5.1.1　概述

化学反应进行的完全程度与反应物料在反应器内停留时间的长短有关，时间越长，反应进行得越完全，可见，研究反应物料在反应器内的停留时间问题具有十分重要的意义。对于间歇反应器，这个问题比较简单，因为反应物料是一次装入，所以在任何时刻下反应器内所有物料在其中的停留时间都是一样的，不存在任何停留时间分布问题，间歇反应器反应物料停留时间的测量与控制是轻而易举的事。

对于流动系统，情况就不同了，由于流体连续不断流入系统而又连续地由系统流出，流体的停留时间问题比较复杂，通常所说的停留时间是指流体从进入系统时算起，到其离开系统时为止，在系统内总共经历的时间，即流体从系统的进口至出口所耗费的时间。这里自然会提出这样的一个问题，同时进入系统的流体，是否也同时离开系统？由于流体是连续的，而流体分子的运动又是无序的，所有分子都遵循同一的途径向前移动是不可能的，完全是一个随机过程。正因为这样，不能对单个分子考察其停留时间，而是对一堆分子进行研究。这一堆分子所组成的流体，称为流体粒子或微团。流体粒子的体积比起系统的体积小到可以忽略不计，但其所包含的分子又足够多，具有确切的统计平均性质。那么，同时进入系统的流体粒子是否也同时离开呢？亦即它们在系统中的停留时间会不会相同呢？现实生活中很难找到这样的系统，但是并不排除会存在大体相等的情况，第 4 章对管式反应器所作的活塞流假定就是基于这一情况。

由于流体在系统中流速分布的不均匀，流体的分子扩散和湍流扩散，搅拌而引起的强制对流，以及由于设备设计或安装不良而产生的死区（滞流区）、沟流和短路等原因，流体粒子在系统中的停留时间有长有短，有些很快地便离开了系统，有些则经历很长的一段时间后才离开，从而形成停留时间分布。

有两种不同的停留时间分布，一种是寿命分布，另一种是年龄分布。前者指的是流体粒子从进入系统起到离开系统止，在系统内停留的时间，即前面所定义的；后者则是对存留在系统中的流体粒子而言，从进入系统算起在系统中停留的时间。寿命与年龄是两个不同的概念，其区别是前者是系统出口处的流体粒子的停留时间；后者则是对系统中的流体粒子而言的停留时间。实际测定得到的且应用价值又较大的是寿命分布，所以通常所说的停留时间分布指的是寿命分布。但应注意，有些文献把这里所说的寿命分布叫做年龄分布，而这里所说的年龄分布则叫做内部年龄分布，应用时不要混淆。

本书所讨论的停留时间分布只限于仅有一个进口和一个出口的闭式系统，如图 5.1 所示。流体连续地通过导管由系统的一端输入，而在另一端流出。所谓闭式系统，其基本假定是流体粒子一旦进入系统再也不返回到输入流体的导管中，而由输出管流出的流体粒子也再不返回到系统中，简言之就是在系统进口处流体粒子有进无出，而在系统出口处则有出无进。闭式系统的假定，是符合绝大多数的实际情况的。

停留时间分布理论不仅是化学反应工程学科的重要组成部分，而且还广泛地应用于吸收、萃取、蒸馏及结晶等分离过程与设备的设计及模拟，以及其他涉及流动系统的领域。停留时间分布的应用主要是两个方面，一方面是对已有的操作设备进行停留时间分布的测定，以分析其工况，

图 5.1　闭式系统示意图

提供改进操作性能的有用信息。这方面的应用是诊断性的，对操作性能不佳的设备可能提供某些改进方向和措施，例如可通过停留时间分布的测定，来检查填料塔或固定床反应器是否存在死区或短路现象。另一方面的应用则是反应器或其他设备的设计与分析，通过停留时间分布建立合适的流动模型，作为进行物料、热量以及动量衡算的基础。

5.1.2 停留时间分布的定量描述

为了简单起见，这里研究作定常流动的如图 5.1 所示的闭式系统。并假定流体在流动过程中密度保持恒定，且无化学反应发生。设流入系统的流体是无色的。当流动已达定态的情况下，于某一时刻（记为 $t=0$）极快地向入口流中加入 100 个红色粒子，同时在系统出口处记下不同时间间隔内流出的红色粒子数。根据观察结果，以出口流中的红色粒子数对时间作图，得到如图 5.2 所示的停留时间分布直方图。由图可见，从加入红色粒子时算起，第 5min 至第 6min 间，出口流中红色粒子的数目为 18，因此可以说 100 个红色粒子中有 18%在系统中的停留时间介于 5min 至 6min 之间。如果假定红色粒子和主流体之间除了颜色的差别以外，其他所有性质都完全相同，那么，就可以认为主流体在系统中的停留时间，也是 18%介于 5min 至 6min 之间。

为了方便描述，将红色粒子视为由恒定流量 Q 的流体带入被测系统。N_i 表示第 i 个时间段 Δt_i 流出系统的单位流体体积中红色粒子的个数，而粒子的总个数 $N_t = 100$。据此，列出图 5.2 所对应的各时间间隔内红色粒子所占分率之和，即

$$\sum_{i=0}^{\infty} \frac{QN_i}{N_t} \Delta t_i = \frac{1}{N_t} \sum_{i=0}^{\infty} QN_i \Delta t_i$$

当时间趋于无限长时，所有的红色粒子将全部离开系统，此时

$$\sum_{i=0}^{\infty} QN_i \Delta t_i = N_t$$

当 $\Delta t_i \rightarrow 0$ 时

$$\frac{QN_i}{N_t} = E(t)$$

此即所谓示踪响应技术，是下一节将要介绍的停留时间分布实验测定的基本依据，所用的红色粒子称为示踪剂。显然 $E(t)$ 的单位是 [时间$^{-1}$]。

上面以红色粒子作示踪剂，通过观察出口流中的红色粒子数得到的是离散的停留时间分布。假如改用红色流体作示踪剂，连续检测出口流中红色流体的浓度，这样就可以将观测的时间间隔缩到非常之小，得到的将是一条连续的停留时间分布曲线，如图 5.3 所示。其中斜线所示的面积 $E(t)dt$ 表示在 t 和 $t+dt$ 之间离开系统的粒子占 $t=0$ 时进入系统的流体粒子的分率。或者根据概率论可知，$E(t)dt$ 表示流体粒子在系统内的停留时间介于 t 到 $t+dt$ 之间的概率。由此可见 $E(t)$ 是停留时间的函数，和系统的性质有关。$E(t)$ 叫做停留时间分布密度函数，其量纲是 [时间]$^{-1}$。在实际应用中，与其把 $E(t)$ 作为概率密度，还不如把 $E(t)dt$ 当作概率，意义更加直接。

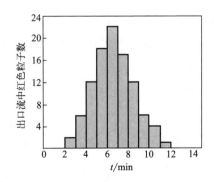

图 5.2 停留时间分布的直方图

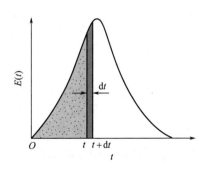

图 5.3 停留时间分布密度函数

根据 $E(t)$ 的性质，显然下列各式成立

$$E(t) = 0 \qquad (t < 0) \tag{5.1}$$

$$E(t) \geqslant 0 \qquad (t \geqslant 0) \tag{5.2}$$

$$\int_0^\infty E(t)\,\mathrm{d}t = 1 \tag{5.3}$$

式(5.3)叫做归一化条件。既然 $E(t)\mathrm{d}t$ 表示停留时间在 t 到 $t+\mathrm{d}t$ 之间的流体粒子所占的分率，所以其总和应等于 1。

如果将 $E(t)$ 对 t 从 0 积分至 t，可得

$$\int_0^t E(t)\,\mathrm{d}t = F(t) \tag{5.4}$$

图 5.3 中带黑点的面积等于积分值 $F(t)$。由于该积分值包括了所有停留时间小于 t 的流体粒子的贡献，不难理解 $F(t)$ 的意义是停留时间小于 t 的流体粒子所占的分数，为一无量纲量，$F(t)$ 叫做停留时间分布函数。或者从概率论的角度，$F(t)$ 表示流体粒子的停留时间小于 t 的概率。图 5.4 为一典型的 $F(t)$ 图，$F(t)$ 线不同于 $E(t)$ 曲线，它是一条单调递增的曲线，其最大值为 1，或者可以写成 $F(\infty)=1$；而最小值则为零，或 $F(t)=0$（$t \leqslant 0$ 时）。总之，$F(t)$ 永远为正值。既然 $F(t)$ 为停留时间小于 t 的流体粒子所占的分数，那么，$1-F(t)$ 则为停留时间大于 t 的流体粒子所占的分数。

式(5.4)可以改写成
$$E(t) = \frac{\mathrm{d}F(t)}{\mathrm{d}t} \tag{5.5}$$

由此可知，当 $F(t)$ 曲线已知时，在线上的一点作切线，如图 5.4 所示的直线 AP，该直线的斜率即等于相应的 $E(t)$ 值。反之，若 $E(t)$ 曲线已知，将其进行积分即得相应的 $F(t)$ 值。所以，停留时间分布的两种不同方式，只要知道其中的一种即可求出另一种。

有时为了应用上方便，常常使用无量纲停留时间 θ，其定义为

$$\theta = \frac{t}{\bar{t}} \tag{5.6}$$

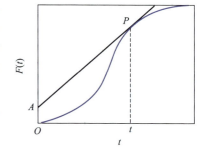

图 5.4　停留时间分布函数

式中，$\bar{t}$ 为平均停留时间，对于在闭式系统中流动的流体，当流体密度维持不变时，其平均停留时间等于

$$\bar{t} = \frac{V}{Q} \tag{5.7}$$

如果一个流体粒子的停留时间介于区间 $(t, t+\mathrm{d}t)$ 内，则它的无量纲停留时间也一定介于区间 $(\theta, \theta+\mathrm{d}\theta)$ 内。这是因为所指的是同一事件，所以 t 和 θ 介于这些区间的概率一定相等，于是有

$$E(t)\mathrm{d}t = E(\theta)\mathrm{d}\theta$$

将式(5.6)代入上式，化简后得 $E(\theta)$ 与 $E(t)$ 的关系为

$$E(\theta) = \bar{t}E(t) \tag{5.8}$$

由于 $F(t)$ 本身是一累积概率，而 θ 是 t 的确定性函数，根据随机变量的确定性函数的概率应与随机变量的概率相等的原则，有

$$F(\theta) = F(t) \tag{5.9}$$

显然，式(5.3)～式(5.5)亦可用无量纲停留时间表示如下

$$\int_0^\infty E(\theta)\,\mathrm{d}\theta = 1 \tag{5.10}$$

$$\int_0^\theta E(\theta)\,\mathrm{d}\theta = F(\theta) \tag{5.11}$$

$$E(\theta) = \frac{\mathrm{d}F(\theta)}{\mathrm{d}\theta} \tag{5.12}$$

以上介绍了停留时间分布的定量表示方法，由于它是一个随机过程，停留时间是一个随机变量，所以用概率分布密度或分布函数去描述停留时间分布。即使对概率论不够熟悉，对这样的表示方式也是不难理解的。

5.2 停留时间分布的实验测定

前已指出，普遍适用的停留时间分布实验测定方法是示踪响应法，通过用示踪剂来跟踪流体在系统内的停留时间。根据示踪剂加入方式的不同，又可分为脉冲法、阶跃法及周期输入法三种。这里仅讨论前两种方法。

5.2.1 脉冲法

脉冲法的实质是在极短的时间内、在系统入口处向流进系统的流体加入一定量的示踪剂，图 5.5 为脉冲法测定停留时间分布的示意图。所以要强调极快地将示踪剂输入，是为了把全部示踪剂看成是在同一时间内加入系统的，并把输入时间定为 $t=0$，这样才可以比较准确地确定停留时间；这样的脉冲称为理想脉冲，如图 5.5 左下方的 $c_0(t)$-t 图所示。在数学上可用 δ 函数来表示这种输入信号，δ 函数是处理集中于一点的物理问题常用的数学工具。

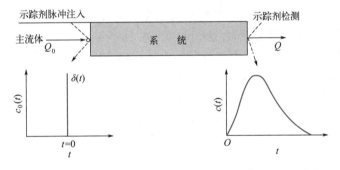

图 5.5　脉冲法测定停留时间分布

输入示踪剂后，立刻检测系统出口处流体中示踪剂浓度 $c(t)$ 随时间的变化，图 5.5 右下方的曲线为其示意图。这种检测应是连续的，否则得到的将是离散的结果。对于气体系统，常用的检测方法是导热分析。电解质溶液系统则多用电导率分析。当然还可采用其他方法，如放射性物质的放射速率等。总之，是通过某些物理性质的变化来确定其浓度变化。

出口流中示踪剂浓度 $c(t)$ 与时间 t 的关系曲线叫做响应曲线，由响应曲线即可计算停留时间分布曲线。根据 $E(t)$ 的定义得

$$Qc(t)\mathrm{d}t = mE(t)\mathrm{d}t$$

所以

$$E(t) = \frac{Qc(t)}{m} \tag{5.13}$$

式中，m 为示踪剂的加入量。由式(5.13) 即可根据响应曲线求停留时间分布密度函数 $E(t)$。由此可见由脉冲法直接测得的是 $E(t)$，至于 $F(t)$，如果需要，可按式(5.4) 由 $E(t)$ 求得。

示踪剂的输入量 m 有时不能准确地知道，可通过下式计算

$$m = \int_0^\infty Q c(t) \mathrm{d}t \qquad (5.14)$$

若 Q 为常量，则响应曲线下的面积乘以主流体的体积流量 Q 应等于示踪剂的加入量，并将式(5.14) 代入式(5.13) 可得

$$E(t) = \frac{c(t)}{\int_0^\infty c(t)\mathrm{d}t} \qquad (5.15)$$

如果系统出口检测的不是示踪剂的浓度而是其他物理量，由式(5.15)可知，只要这些物理量与浓度成线性关系，就可直接将响应测定值代入式(5.15) 求 $E(t)$，无须换算成浓度后再代入。还需指出，如果所得的响应曲线拖尾甚长，亦即有小部分流体的停留时间很长时，式(5.15) 右边分母的积分值就不易准确计算，此情况下，应尽量使输入的示踪剂量已知，以避免由于积分值计算所带来的误差。

【例 5.1】 流化床催化裂化装置中的再生器，其作用系用空气燃烧硅铝催化剂上的积炭使之再生。进入再生器的空气流量为 $0.84\mathrm{kmol/s}$。现用氦气作示踪剂，采用脉冲法测定气体在再生器中的停留时间分布，氦的注入量为 $8.84 \times 10^{-3}\mathrm{kmol}$。测得再生器出口气体中用氦与其他气体的摩尔比表示氦的浓度 c 和时间的关系如下：

t/s	0	9.6	15.1	20.6	25.3	30.7	41.8	46.8	51.8
$c \times 10^6$	0	0	143	378	286	202	116	73.5	57.7

试求 $t = 35\mathrm{s}$ 时的停留时间分布密度和停留时间分布函数。

解： 用式(5.13) 即可求 $E(t)$。题给的流量为进口的空气流量，式(5.13)中的 Q 为出口气体流量，但由于烧炭过程中消耗 1kmol 氧生成 1kmol 二氧化碳，故气体的摩尔流量不变，出口流量仍为 $0.84\mathrm{kmol/s}$。$t = 15.1\mathrm{s}$ 时，$c = 1.43 \times 10^{-4}$ 代入式(5.13) 得

$$E(t) = 0.84 \times 1.43 \times 10^{-4} / (8.84 \times 10^{-3}) = 0.0136(\mathrm{s}^{-1})$$

同理可算出其他时间下的 $E(t)$，结果列于表 5A 中。

表 5A $E(t)$ 与 t 的关系

t/s	0	9.6	15.1	20.6	25.3	30.7	41.8	46.8	51.8
$E(t) \times 10^3 / \mathrm{s}^{-1}$	0	0	13.6	35.9	27.2	19.2	11.0	6.98	5.48

根据表 5A 中的数据以 $E(t)$ 对 t 作图如图 5A 所示。由图上可读出 $t = 35\mathrm{s}$ 时，$E(t)$ 值等于 $15.5 \times 10^{-3}(1/\mathrm{s})$。也可以这样来求解，即以题给的 c-t 关系作图，然后在图上读出 $t = 35\mathrm{s}$ 的 c 值代入式(5.13) 即得相应的 $E(t)$ 值。这样的解法要省事些，但由于还要求 $t = 35\mathrm{s}$ 时的 $F(t)$ 值，从式(5.4) 可知，这要对 $E(t)$ 进行积分求得，所以需要算出不同时间下的 $E(t)$ 值。由式(5.4) 得

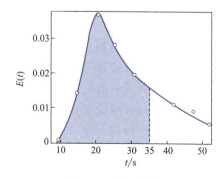

图 5A $E(t)$ 曲线

$$F(35) = \int_0^{35} E(t) \, \mathrm{d}t$$

右边的积分值应等于图 5A 中带斜线的面积，其值为 0.523，此即 $t = 35\mathrm{s}$ 时的停留时间分布函数值。

5.2.2　阶跃法

阶跃法的实质是将在系统中作定常流动的流体切换为流量相同的含有示踪剂的流体，或者相反。前一种做法称为升阶法（或称正阶跃法），后一种则叫降阶法（或称负阶跃法）。阶跃法与脉冲法的区别是前者连续向系统加入示踪剂，后者则在极短的时间内一次加入全部示踪剂。

图 5.6 为阶跃法测定停留时间分布的示意图。该图中的(a)和(b)分别代表升阶法的输入信号及输出响应曲线。设 $c(\infty)$ 为含示踪剂的流体中示踪剂的浓度，在整个输入阶段均保持不变，并把开始切换含示踪剂的流体的时间定为 $t = 0$，因此，输入的阶跃函数可表示为

$$c_0(t) = 0 \qquad\qquad (t < 0)$$
$$c_0(t) = c(\infty) = 常数 \qquad (t \geqslant 0) \tag{5.16}$$

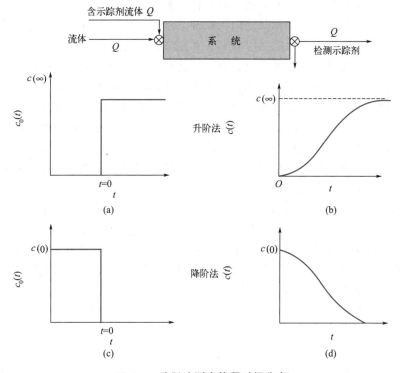

图 5.6　阶跃法测定停留时间分布

无论是升阶法还是降阶法，切换前后进入系统的流体流量必须相等。升阶法的出口流体中示踪剂从无到有，其浓度随时间而单调地递增 ［见图 5.6(b)］，最终达到与输入的示踪剂浓度 $c(\infty)$ 相等。在时刻 $(t - \mathrm{d}t)$ 到 t 的时间间隔内，从系统流出的示踪剂量为 $Qc(t)\mathrm{d}t$，这部分示踪剂在系统内的停留时间必定小于或等于 t，而在相应的时间间隔内输入的示踪剂量为 $Qc(\infty)\mathrm{d}t$，所以，由 $F(t)$ 的定义可得

$$F(t) = \frac{Qc(t)dt}{Qc(\infty)dt} = \frac{c(t)}{c(\infty)} \qquad (5.17)$$

由此可见，由阶跃响应曲线直接求得的是停留时间分布函数，而由脉冲响应曲线求得的则是停留时间分布密度。

降阶法是以不含示踪剂的流体切换含示踪剂的流体，其输入函数为

$$c_0(t) = c(0) = 常数 \qquad (t < 0)$$
$$c_0(t) = 0 \qquad\qquad\quad (t \geqslant 0) \qquad (5.18)$$

图 5.6(c) 为其几何图示。相应的输出响应曲线如图 5.6(d) 所示，示踪剂浓度 $c(t)$ 从 $c(0)$ 随时间单调地递减至零。因为是用无示踪剂的流体来置换含示踪剂的流体，所以在时刻 t 与 $t+dt$ 间检测到的示踪剂在系统中的停留时间必然大于或等于 t，所以，比值 $c(t)/c(0)$ 应为停留时间大于 t 的物料所占的分数，从而有

$$1 - F(t) = c(t)/c(0) \qquad (5.19)$$

利用式(5.19) 可由降阶响应曲线计算停留时间分布函数。

前面是以含有和不含示踪剂的流体相互切换来实现停留时间分布的测定，也可以直接向主流体连续加入示踪剂的办法来完成，只要示踪剂的流量连续和稳定，且其流量远小于主流体流量，所得的结果与相互切换的办法完全一样，都属于阶跃法。

无论是脉冲法还是阶跃法，都要使用示踪剂，示踪剂除了不与主流体发生反应外，其选择一般还应遵循下列原则：①示踪剂应当易于和主流体融为（或混为）一体，除了显著区别于主流体的某一可检测性质外，两者应具有尽可能相同的物理性质；②示踪剂浓度很低时也能够容易进行检测，这样可使示踪剂用量减少而不致影响主流体的流动；③示踪剂的浓度与要检测的物理量的关系应有较宽的线性范围，以便直接利用实验测定数据进行计算而不必再作校正和变换；④用于多相系统的示踪剂不发生从一相转移到另一相的情况，例如，气相示踪剂不能被液体所吸收，而液相示踪剂也不能挥发到气相中去；⑤示踪剂本身应具有或易于转变为电信号或光信号的特点，从而能在实验中直接使用现代仪器和计算机采集数据作实时分析，以提高实验的速度和数据的精度。

脉冲法的优点是由实测数据可直接求出 $E(t)$，实际应用最多的是 $E(t)$ 而不是 $F(t)$。另外，脉冲法简单且示踪剂耗量少，其最大的困难是如何使示踪剂的输入时间缩到最短，这对于平均停留时间短的流动系统难度更大。阶跃法相对来说要容易些，但示踪剂用量较多。升阶法和降阶法可交替进行，按降阶法的数据来处理可能要好些。由阶跃法直接测得的是 $F(t)$，这不同于脉冲法。在实际应用时，无论采用哪一种测定方法，都必须保证住示踪剂输入点与系统入口截面之间不产生返混现象，也就是说使被测系统为闭式系统，这样才可获得准确的停留时间分布数据。

5.3 停留时间分布的统计特征值

与其他统计分布一样，为了比较不同的停留时间分布，通常是比较其统计特征值。常用的统计特征值有两个，一个是数学期望，另一个是方差。

数学期望也就是均值，对停留时间分布而言即平均停留时间 $\bar{t}$。均值为对原点的一阶矩，因此，根据一阶矩的定义，得平均停留时间为

$$\bar{t} = \mu_1 = \frac{\int_0^\infty tE(t)\,\mathrm{d}t}{\int_0^\infty E(t)\,\mathrm{d}t} = \int_0^\infty tE(t)\,\mathrm{d}t \qquad (5.20)$$

方差为对均值的二阶矩。由矩的定义得停留时间分布的方差为

$$\sigma_t^2 = \mu_2' = \int_0^\infty (t-\bar{t})^2 E(t)\,\mathrm{d}t = \int_0^\infty t^2 E(t)\,\mathrm{d}t - \bar{t}^2 \qquad (5.21)$$

方差表示对均值的离散程度，方差越大，则分布越宽，对于停留时间分布，也就是说停留时间长短不一参差不齐的程度越大。因此，光靠平均停留时间的对比，还不足以比较不同的停留时间分布，必须再比较其方差才能给出较确切的结论。

若采用无量纲时间，将其定义式(5.6)分别代入式(5.20)和式(5.21)，可得无量纲平均停留时间 $\bar{\theta}$ 及无量纲方差 σ_θ^2

$$\bar{\theta} = \int_0^\infty \theta E(\theta)\,\mathrm{d}\theta \qquad (5.22)$$

$$\sigma_\theta^2 = \frac{\sigma_t^2}{\bar{t}^2} = \int_0^\infty \theta^2 E(\theta)\,\mathrm{d}\theta - 1 \qquad (5.23)$$

【例5.2】 用 (1) 脉冲法；(2) 升阶法；(3) 降阶法分别测得一流动系统的响应曲线 $c(t)$，试推导平均停留时间 $\bar{t}$ 及方差 σ_t^2 与 $c(t)$ 的关系式。

解：(1) 脉冲法 将式(5.15)分别代入式(5.20)及式(5.21)，即得所求的关系式

$$\bar{t} = \frac{\int_0^\infty tc(t)\,\mathrm{d}t}{\int_0^\infty c(t)\,\mathrm{d}t} \quad , \quad \sigma_t^2 = \frac{\int_0^\infty t^2 c(t)\,\mathrm{d}t}{\int_0^\infty c(t)\,\mathrm{d}t} - \bar{t}^2$$

由此可见通过响应曲线即可求平均停留时间及方差。

(2) 升阶法 将式(5.5)代入式(5.20)得

$$\bar{t} = \int_0^1 t\,\mathrm{d}F(t) \qquad (A)$$

设阶跃输入的示踪剂浓度为 $c(\infty)$，式(5.17)知 $\mathrm{d}F(t) = \mathrm{d}c(t)/c(\infty)$，代入式(A)得

$$\bar{t} = \frac{1}{c(\infty)}\int_0^{c(\infty)} t\,\mathrm{d}c(t) \qquad (B)$$

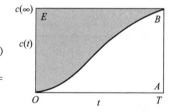

图5B 阶跃响应曲线

图5B为升阶法的示踪响应曲线，图中带斜线部分的面积应与式(B)右边的积分值相等。由图可见，此带斜线的面积等于矩形 $OABE$ 的面积减去面积 OAB，故有

$$\int_0^{c(\infty)} t\,\mathrm{d}c(t) = \int_0^T c(\infty)\,\mathrm{d}t - \int_0^T c(t)\,\mathrm{d}t \qquad (C)$$

式中，T 为出口流中示踪剂的浓度等于 $c(\infty)$ 时的时间。将式(C)代入式(B)则得

$$\bar{t} = \int_0^T [1 - c(t)/c(\infty)]\,\mathrm{d}t \qquad (D)$$

采用与导出式(D)相同的方法，将式(5.5)代入式(5.21)后，再将式(5.17)代入则有

$$\sigma_t^2 = \frac{1}{c(\infty)}\int_0^{c(\infty)} t^2\,\mathrm{d}c(t) - \bar{t}^2 \qquad (E)$$

由分部积分可将上式改写为

$$\sigma_t^2 = \frac{2}{c(\infty)}\left[\int_0^T tc(\infty)\mathrm{d}t - \int_0^T tc(t)\mathrm{d}t\right] - \bar{t}^2 = 2\int_0^T t\left[1 - c(t)/c(\infty)\right]\mathrm{d}t - \bar{t}^2 \qquad (\mathrm{F})$$

于是方差 σ_t^2 也可根据响应曲线由式(E) 或式(F) 算出。

（3）降阶法 可仿照升阶法所用的方法导出，结果如下

$$\bar{t} = \int_0^T \frac{c(t)}{c(0)}\mathrm{d}t \quad , \quad \sigma_t^2 = 2\int_0^T \frac{tc(t)}{c(0)}\mathrm{d}t - \bar{t}^2$$

式中，T 为出口流中示踪剂浓度等于零时的时间。

【例 5.3】 用脉冲法测定一流动反应器的停留时间分布，得到出口流中示踪剂的浓度 $c(t)$ 与时间 t 的关系如下

t/min	0	2	4	6	8	10	12	14	16	18	20	22	24
$c(t)/(\mathrm{g/min})$	0	1	4	7	9	8	5	2	1.5	1	0.6	0.2	0

试求平均停留时间及方差。

解： 根据题给数据求得 $E(t)$，然后分别按式(5.20)和式(5.21)算出平均停留时间和方差。但由例 5.2 知，可直接用响应曲线 $c(t)$-t 求平均停留时间和方差，即按下列两式计算

$$\bar{t} = \frac{\displaystyle\int_0^\infty tc(t)\mathrm{d}t}{\displaystyle\int_0^\infty c(t)\mathrm{d}t} \qquad (\mathrm{A}) \qquad\qquad \sigma_t^2 = \frac{\displaystyle\int_0^\infty t^2 c(t)\mathrm{d}t}{\displaystyle\int_0^\infty c(t)\mathrm{d}t} - \bar{t}^2 \qquad (\mathrm{B})$$

为了计算 $\bar{t}$ 和 σ_t^2，需求三个定积分值，为此可算出不同时间下的被积函数，列于表 5B 中。

表 5B 不同时间下的 $tc(t)$ 及 $t^2 c(t)$ 值

t/min	$c(t)/(\mathrm{g/m^3})$	$tc(t)/$ $(\mathrm{min \cdot g/m^3})$	$t^2 c(t)/$ $(\mathrm{min^2 \cdot g/m^3})$	t/min	$c(t)/(\mathrm{g/m^3})$	$tc(t)/$ $(\mathrm{min \cdot g/m^3})$	$t^2 c(t)/$ $(\mathrm{min^2 \cdot g/m^3})$
0	0	0	0	14	2	28	392
2	1	2	4	16	1.5	24	384
4	4	16	64	18	1	18	324
6	7	42	252	20	0.6	12	240
8	9	72	576	22	0.2	4.4	96.8
10	8	80	800	24	0	0	0
12	5	60	720				

根据表 5B 中的数据可用图解法求式(A) 及式(B) 中的三个积分值，也可采用其他的近似计算公式。这里应用下式

$$\int_{x_0}^{x_n} f(x)\mathrm{d}x = \frac{h}{3}(f_0 + 4f_1 + 2f_2 + 4f_3 + 2f_4 + \cdots + 4f_{n-1} + f_n) \qquad (\mathrm{C})$$

式中，$h = (x_n - x_0)/n$，n 为偶数，因此式(C) 只能用于数据点为奇数时的计算，且数据的取值是等间距的。表 5B 中的数据完全符合这些要求。

$$h = (24 - 0)/12 = 2(\mathrm{min})$$

$$\int_0^\infty c(t)\mathrm{d}t = \int_0^{24} c(t)\mathrm{d}t = \frac{2}{3} \times (0 + 4\times 1 + 2\times 4 + 4\times 7 + 2\times 9 + 4\times 8 + 2\times 5 +$$

$$4\times 2 + 2\times 1.5 + 4\times 1 + 2\times 0.6 + 4\times 0.2 + 0)$$

$$= 78(\mathrm{min \cdot g/m^3})$$

$$\int_0^\infty tc(t)\mathrm{d}t = \int_0^{24} tc(t)\mathrm{d}t = \frac{2}{3} \times (0 + 4 \times 2 + 2 \times 16 + 4 \times 42 + 2 \times 72 + 4 \times 80 + 2 \times 60 +$$

$$4 \times 28 + 2 \times 24 + 4 \times 18 + 2 \times 12 + 4 \times 4.4 + 0)$$

$$= 710.4 (\mathrm{min}^2 \cdot \mathrm{g/m}^3)$$

$$\int_0^\infty t^2 c(t)\mathrm{d}t = \int_0^{24} t^2 c(t)\mathrm{d}t = \frac{2}{3} \times (0 + 4 \times 4 + 2 \times 64 + 4 \times 252 + 2 \times 576 + 4 \times 800 +$$

$$2 \times 720 + 4 \times 392 + 2 \times 384 + 4 \times 324 + 2 \times 240 + 4 \times 96.8 + 0)$$

$$= 7628.8 (\mathrm{min}^3 \cdot \mathrm{g/m}^3)$$

把这些积分值分别代入式（A）及式（B）即可得平均停留时间及方差

$$\bar{t} = \frac{710.4}{78} = 9.11 (\mathrm{min})$$

$$\sigma_t^2 = \frac{7628.8}{78} - 9.11^2 = 14.81 (\mathrm{min}^2)$$

5.4 理想反应器的停留时间分布

前两章关于管式反应器和连续釜式反应器所作的两个假定——活塞流和全混流，从停留时间分布的角度看系属于两种极端情况，或者说是两种理想情况。因此，能以活塞流或全混流来描述其流动状况的反应器，均称为理想反应器。本节将要对这两种理想流动模型的实质作进一步的讨论，并阐明其停留时间分布的数学描述。由于实际反应器的流动状况均介于这两种极端情况之间，而且理想流动模型又是建立非理想流动模型的基础，所以，弄清这两种理想流动模型甚为必要。

5.4.1 活塞流模型

第 4 章中已阐明了活塞流模型的物理实质，从停留时间分布的概念来分析，所谓活塞流，就是垂直于流体流动方向的横截面上所有的流体粒子的年龄相同。因此，不存在不同年龄的流体粒子之间的混合，或者说不存在不同停留时间的流体粒子之间的混合，这种混合是宏观尺度的，所以又称宏观混合。这种混合的程度系用停留时间分布来表示。虽然同一横截面上流体粒子年龄相同，但这一截面与另一截面上的流体粒子，其年龄则是不相同的。所以，通常说活塞流不存在轴向混合，或者说返混为零。显然，活塞流是一种极端的流动状况。

总之，活塞流模型的停留时间特征就是同时进入系统的流体粒子也同时离开系统，亦即系统出口的流体粒子具有相同的寿命。显然，若在 $t=0$ 时向活塞流反应器的进口以 δ 函数的形式脉冲输入示踪剂时，则其出口流体中示踪剂的浓度也呈 δ 函数的形式，如图 5.7 所示。虽然脉冲示踪响应曲线表示的是示踪剂浓度分布曲线，但由式（5.13）或式（5.15）可知，$E(t)$ 曲线与脉冲响应曲线形状相同，所以，图 5.7 直接表示成 $E(t)$ 曲线的形式，而不以 $c(t)$ 作纵坐标。于是，活塞流模型的停留时间分布

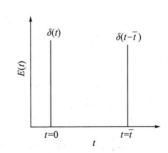

图 5.7 活塞流反应器的 $E(t)$ 图

密度函数为
$$E(t) = \delta(t - \bar{t}) \tag{5.24}$$
应用无量纲时间时则为
$$E(\theta) = \delta(\theta - 1) \tag{5.25}$$

利用 $\delta(t)$ 函数的性质，可由式(5.22)及式(5.23)求出活塞流反应器的无量纲平均停留时间 $\bar{\theta}$ 及方差 σ_θ^2 为

$$\bar{\theta} = \int_0^\infty \theta\, \delta(\theta - 1)\mathrm{d}\theta = \theta\,|_1 = 1 \tag{5.26}$$

$$\sigma_\theta^2 = \int_0^\infty \theta^2 \delta(\theta - 1)\mathrm{d}\theta - 1 = \theta^2\,|_1 - 1 = 0 \tag{5.27}$$

由式(5.27)知，活塞流反应器停留时间分布的无量纲方差 σ_θ^2 为零，表明所有的流体粒子在反应器的停留时间相同。方差越小，说明分布越集中，分布曲线就越窄。停留时间分布方差等于零这一特征说明系统内不存在返混。正因为这样，当活塞流反应器的停留时间与间歇反应器相同时，两者的反应效果相同。

图 5.8 为活塞流反应器的停留时间分布函数 $F(t)$ 图。该函数为一阶跃函数，其数学表达式为

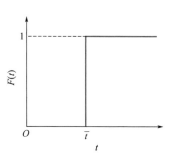

图 5.8　活塞流反应器的 $F(t)$ 图

$$F(t) = \begin{cases} 0 & t < \bar{t} \\ 1 & t \geqslant \bar{t} \end{cases} \tag{5.28a}$$

采用无量纲时间则为
$$F(\theta) = \begin{cases} 0 & \theta < 1 \\ 1 & \theta \geqslant 1 \end{cases} \tag{5.28b}$$

对这个图形不难理解，因为活塞流反应器的停留时间均一，均等于 $\bar{t}$，不可能有小于 $\bar{t}$ 的流体粒子，因此 $t < \bar{t}$ 时，自然 $F(t)$ 等于零；$t = \bar{t}$ 时，全部流体粒子的停留时间均为 $\bar{t}$，所以 $F(t)$ 等于 1。从实验测定的角度也会明白这一结果，由于 $F(t)$ 的测定是由阶跃输入示踪剂而得，既然系统不存在返混，输入为阶跃函数，其输出也必然是阶跃函数。

5.4.2　全混流模型

前面处理连续釜式反应器的设计问题时，曾经假定反应器内物料浓度均一、温度均一，这实质上是全混流模型的直观结果，这种均一是由于强烈的搅拌作用所致。现在则从停留时间分布理论去分析这种流动模型。

流体由于受搅拌作用，则进入反应器的流体粒子可能有一部分立即从出口流出，以致停留时间甚短，也可能有些粒子到了出口附近，刚要离开又被搅了回来，致使这些粒子在系统中的停留时间极长。所以，流体粒子在连续釜式反应器中的停留时间将是参差不齐的，有长有短。于是就存在程度不同的返混，即不同停留时间的流体粒子之间的混合。这种参差不齐的程度与搅拌作用有关，搅拌越强烈，这种参差不齐的程度越大，也就是说返混越严重。当返混程度达到最大时，则反应器内的物料浓度处处相同，不同停留时间的流体粒子间达到最大的混合，或者说完全混合，这就是全混流模型。

设连续进入全混流反应器的流体中示踪剂的浓度为 c_0，则单位时间内流入反应器及从反应器流出的示踪剂量分别为 Qc_0 和 Qc。由于反应器内示踪剂的浓度均一且等于出口流中的示踪剂浓度，所以，单位时间内反应器内示踪剂的累积量为 $V\mathrm{d}c/\mathrm{d}t$，于是对反应器作示踪剂的物料衡算得

$$V \frac{\mathrm{d}c}{\mathrm{d}t} = Qc_0 - Qc$$

由于 $V/Q = \tau$，所以上式又可写成

$$\frac{\mathrm{d}c}{\mathrm{d}t} + \frac{1}{\tau}c = \frac{1}{\tau}c_0 \qquad (5.29)$$

此即全混流模型的数学表达式。其初值条件为 $t=0$，$c=0$，积分式(5.29)得

$$\int_0^c \frac{\mathrm{d}c}{c_0 - c} = \frac{1}{\tau} \int_0^t \mathrm{d}t$$

即

$$\ln \frac{c_0 - c}{c_0} = -\frac{t}{\tau} \qquad (5.30)$$

或

$$1 - \frac{c}{c_0} = \mathrm{e}^{-t/\tau}$$

根据 $F(t)$ 的定义，上式变为

$$F(t) = 1 - \mathrm{e}^{-t/\tau} \qquad (5.31)$$

将式(5.31)对 t 求导得

$$E(t) = \frac{1}{\tau} \mathrm{e}^{-t/\tau} \qquad (5.32)$$

式(5.31)及式(5.32)便是全混流反应器停留时间分布函数及分布密度的数学表达式。若采用无量纲时间，则

$$F(\theta) = 1 - \mathrm{e}^{-\theta} \qquad (5.33)$$

$$E(\theta) = \mathrm{e}^{-\theta} \qquad (5.34)$$

图5.9和图5.10为全混反应器的 $E(t)$ 及 $F(t)$ 图，系分别由式(5.32)及式(5.31)绘出。一般流动系统的停留时间分布密度 $E(t)$ 曲线都呈如图5.3所示的形式，成山峰形，或者说两头低中间高。然而全混流反应器的 $E(t)$ 曲线却随时间增加而单调下降，且当 $t \to \infty$ 时，$E(t) \to 0$。这说明流体粒子在全混反应器中的停留时间极度参差不齐，从零到无限大，应有尽有。返混程度达到最大，是宏观混合的另一极端情况。图5.10所示的全混反应器的 $F(t)$ 曲线，与通常的流动系统的 $F(t)$ 线形式相同，都是随时间而递增的曲线，差别只在于前者曲线的斜率系随时间的增加而减少，后者则存在最大的斜率。

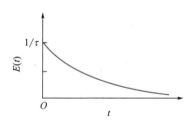

图5.9 全混反应器的 $E(t)$ 图

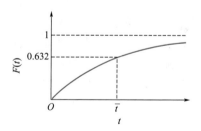

图5.10 全混反应器的 $F(t)$ 图

将式(5.34)分别代入式(5.22)及式(5.23)，可得全混流停留时间分布的平均停留时间和方差为

$$\bar{\theta} = \int_0^\infty \theta \mathrm{e}^{-\theta} \mathrm{d}\theta = 1 \qquad (5.35)$$

$$\sigma_\theta^2 = \int_0^\infty \theta^2 \mathrm{e}^{-\theta} \mathrm{d}\theta - 1 = 1 \qquad (5.36)$$

由此可见，返混程度达到最大时，停留时间分布的无量纲方差 σ_θ^2 为1，而前已算出无返混

时的方差 σ_θ^2 则为零，因此，一般情况下停留时间分布的方差应介于零到 1 之间，其值越大则停留时间分布越分散。

前一章里已对活塞流反应器和全混流反应器作了比较，结论是对于正常反应动力学，活塞流反应器优于全混流反应器，并从两者的设计方程出发，比较两者的反应物浓度变化来证实这个结论。现从停留时间分布的不同作进一步的说明。设两个反应器进行的反应相同，且平均停留时间相等。对于活塞流反应器，所有流体粒子的停留时间相等，且都等于平均停留时间。然而全混流反应器并非如此，由式（5.31）知，停留时间小于平均停留时间的流体粒子占全部流体的分率为 $F(\bar{t})=1-e^{-1}=0.632$，这部分流体的转化率小于活塞流反应器是毫无疑义的。其余 36.8% 的反应物料，其停留时间大于平均停留时间，转化率可大于活塞流反应器，但却抵偿不了由于停留时间短而损失的转化率。所以活塞流反应器的转化率要高于全混流反应器。由此可见，使停留时间分布集中，可以提高反应器的生产强度。当然，这里只是从流体的停留时间长短去分析，转化率的高低还与流体分子间的混合，即所谓微观混合有关。本章的最后部分将讨论这个问题。

【**例 5.4**】 动力学测定中常用的内循环式无梯度反应器实质上是一个全混流反应器，使用前需检验其是否达到全混流。现以氮作主流体、氢为示踪剂，并呈正阶跃输入，输入浓度为 c_0，用热导分析测定出口气中氢的浓度 c，结果如下表

t/min	0	4	9	14	24	34	44
c/c_0	0	0.333	0.597	0.757	0.908	0.963	0.986

试问该反应器的流动状况是否为全混流？

解： 由于采用正阶跃输入，若为全混流，由式（5.30）知响应时间与示踪剂输出浓度间的关系为

$$-\ln\left(1-\frac{c}{c_0}\right)=\frac{t}{\tau} \tag{5.30a}$$

流量一定时，τ 为常数。所以，若为全混流，则 $\ln(1-c/c_0)$ 与 t 应成线性关系。根据题给的数据作图如图 5C 所示。由图可见，线性关系良好，说明在题给条件下该反应器的流动状况完全符合全混流的要求。应当注意，这种检验是在一定的操作条件下进行的，如果条件改变，则流动状况也会改变。所以，必须考虑到在整个实验条件范围内是否都符合全混流要求。

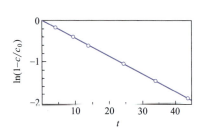

图 5C t 与 $\ln(1-c/c_0)$ 图

5.5 非理想流动现象

前面讨论了两种理想流动状况——活塞流和全混流，然而实际反应器的流动状况均介于这两者之间，有些与其相接近，有些则偏离较大。凡不符合于理想流动状况的流动，均称为非理想流动。实际反应器流动状况偏离理想流动状况的原因可归结为下列几个方面。

（1）滞留区的存在 所谓滞留区是指反应器中流体流动极慢以至于几乎不流动的区域，所以滞留区也叫做死区。滞留区的存在使得一部分流体的停留时间极长，其停留时间分布密

度函数 $E(t)$ 图的特征是拖尾很长。图 5.11 是一固定床反应器停留时间分布实际测定曲线。一般情况下固定床反应器的流型比较接近于活塞流，但该实测结果却拖尾很长，有些流体的停留时间为平均停留时间的 1.8 倍。其原因可能就是在反应器内有滞留区存在。

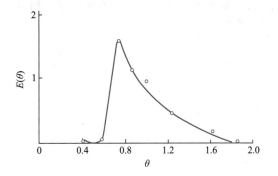
图 5.11　固定床反应器的实测 $E(\theta)$ 图

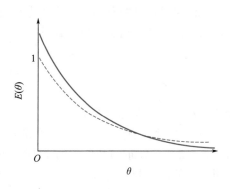
图 5.12　有滞留区存在的釜式反应器 $E(\theta)$ 图

连续釜式反应器的流型应与全混流相接近，但当存在滞留区时其停留时间分布就会出现如图 5.12 所示的情况。图中虚线表示全混反应器的 $E(\theta)$ 曲线，而实线则为有滞留区的连续釜式反应器的 $E(\theta)$ 曲线。由全混流的停留时间分布密度 $E(\theta)=\mathrm{e}^{-\theta}$ 知，当 $\theta=0$ 时，$E(\theta)=1$，而当有滞留区存在，$\theta=0$ 时，$E(\theta)>1$。

滞留区主要产生于设备的死角中，如设备两端，挡板与设备壁的交接处以及设备设有其他障碍物时，最易产生死角。滞留区的减少主要靠设计来保证。至于现有的设备，则可通过停留时间分布的测定来检查是否有滞留区存在。

(2) 存在沟流与短路　在固定床反应器、填料塔以及滴流床反应器中，由于催化剂颗粒或填料装填不匀，从而造成一低阻力的通道，使得部分流体快速地从此通道流过，而形成沟流。图 5.13(a) 为流动系统中存在沟流时的停留时间分布图，其特征为 $E(t)$ 曲线存在双峰，如沟流不太严重，则第一个峰可能不太明显。设备设计不良时会产生流体短路现象，即流体在设备内的停留时间极短，例如，当设备的进出口离得太近时就会出现短路。图 5.13(b) 为存在短路时的停留时间分布图。若流动系统中产生沟流或短路，则由实测的停留时间分布计算得到的平均停留时间要小于 V/Q；有滞流区而无沟流或短路时，情况则相反，$\bar{t}>V/Q$。

(3) 循环流　在实际的釜式反应器、鼓泡塔和流化床中都存在着流体循环运动。近年来人们还有意识地在反应器内设置导流筒，以气提或喷射等驱动方式来达到强化或控制循环流的目的。图 5.14 为存在循环流时的停留时间分布曲线，其特征是存在多峰现象。

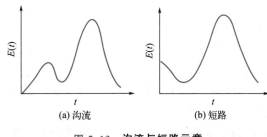
(a) 沟流　　　　　　(b) 短路
图 5.13　沟流与短路示意

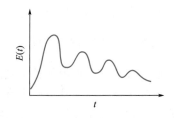
图 5.14　存在循环流时的 $E(t)$ 图

(4) 流体流速分布的不均匀 由于流体在反应器内的径向流速分布得不均匀，从而造成流体在反应器内的停留时间有长有短，这个问题在第 4 章中已讨论过。活塞流模型假定径向流速分布均匀，若流体在反应器呈层流流动，其与活塞流的偏离是十分明显的。层流时流体的径向流速成抛物线分布，如果不考虑分子扩散，又无滞留区，且不存在沟流和短路，则可由径向流速分布导出层流反应器的停留时间分布密度函数为

$$E(\theta) = \begin{cases} 0 & (\theta < 0.5) \\ \dfrac{1}{2\theta^3} & (\theta \geqslant 0.5) \end{cases} \tag{5.37}$$

式(5.37)的推导参见例 5.7。

图 5.15 系根据式(5.37)计算得到的层流反应器的 $E(\theta)$ 图。该分布的特征是停留时间小于平均停留时间一半的流体粒子为零。流体在反应器中作湍流流动时，径向流速分布较为平坦，但毕竟满足不了活塞流的假定，只不过是比较接近而已。

(5) 分散 由于分子运动而造成了流体粒子之间的混合，使停留时间分布偏离理想流动状况，这对于活塞流的偏离更为明显。

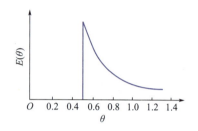

图 5.15 层流反应器的停留时间分布

以上讨论的是关于形成非理想流动的原因，对于一个流动系统可能全部存在，也可能只存在其中几种。就拿图 5.11 所示的固定床反应器实测停留时间分布来说，由于 $E(\theta)$ 曲线的拖尾，说明可能存在滞留区。但从该曲线的形状看，与图 5.15 所示的层流反应器的 $E(\theta)$ 曲线则极其相似，那么，该实测结果也可能是因为操作流速过低而形成层流所致。另外，平均停留时间 $\bar{\theta}$ 应等于 1，但从实测曲线计算的结果只有 0.7，这也就不能排除存在沟流或短路的可能性。由此可见，停留时间分布是由多种原因造成的，从分布曲线去判明其原因有时并不那么容易。

5.6 非理想流动模型

通过上面的讨论可知，不是所有的连续釜式反应器都具有全混流的特性，也不是所有的管式反应器都符合活塞流的假设。要测算非理想反应器的转化率及收率，需要对其流动状况建立适宜的流动模型，建立流动模型的依据是该反应器的停留时间分布，普遍应用的技巧是对理想流动模型进行修正，或者是将理想流动模型与滞留区、沟流和短路等作不同的组合。所建立的数学模型应便于数学处理，模型参数不应超过两个，且要能正确反映模拟对象的物理实质。下面介绍三种非理想流动模型。

5.6.1 离析流模型

假如反应器内的流体粒子之间不存在任何形式的物质交换，或者说它们之间不发生微观混合，那么流体粒子就像一个有边界的个体，从反应器的进口向出口运动，这样的流动叫做离析流。由于每个流体粒子与其周围不发生任何关系，就像一个间歇反应器一样进行反应。

离析流模型可用图 5.16 表示。图中的 BR 被假定成随流体运动的由反应组分粒子群构成的间歇反应器，因此就有了如图 5.16 的连续流动反应器中"漂浮"间歇反应器的情景。

由间歇反应器的设计方程可知，反应时间决定反应进行的程度，而每个间歇反应器的反应时间取决于它们在连续流动反应器中的停留时间。

设反应器进口的流体中反应物 A 的浓度为 c_{A0}，当反应时间为 t 时其浓度为 $c_A(t)$。根据反应器的停留时间分布知，停留时间在 t 到 $t+dt$ 间的流体粒子所占的分率为 $E(t)dt$，则这部分流体对反应器出口流体中 A 的浓度 $\bar{c}_A$ 的贡献应为 $c_A(t)E(t)dt$，将所有这些贡献相加即得反应器出口处 A 的平均浓度 $\bar{c}_A$，即

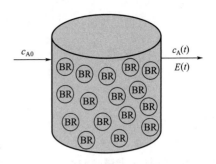

图 5.16　离析流模型示意

$$\bar{c}_A = \int_0^\infty c_A(t)E(t)dt \tag{5.38}$$

这里之所以采用平均浓度这个词，是因为不同停留时间的流体粒子，其 c_A 值不同，而反应器出口处 A 的浓度实质上是一个平均的结果；$c_A(t)$ 可通过积分反应速率方程求得。由此可见，只要反应器的停留时间分布和反应速率方程已知，便可预测反应器所能达到的转化率，当然，其前提是必须符合离析流的假定。式(5.38)即为离析流模型方程，因为是直接利用停留时间分布来计算反应器，所以有人也把离析流模型称为停留时间分布模型。

根据转化率的定义，式(5.38)可改写成

$$1 - \overline{X}_A = \int_0^\infty [1 - X_A(t)]E(t)dt = \int_0^\infty E(t)dt - \int_0^\infty X_A(t)E(t)dt$$

所以

$$\overline{X}_A = \int_0^\infty X_A(t)E(t)dt \tag{5.39}$$

由于离析流模型是将停留时间分布密度函数直接引入数学模型方程中，所以它不存在模型参数；如果是对已知的停留时间分布作数学模拟，则有模型参数。

应用式(5.38)计算不可逆反应时，需注意积分上限的使用。这个式子中的积分上限应为完全反应时间 t^*，即 $c_A = 0$ 时所需的时间。例如，半级反应的速率方程为

$$-\frac{dc_A}{dt} = kc_A^{1/2}$$

积分之可得

$$\sqrt{c_A} - \sqrt{c_{A0}} = -kt/2$$

完全转化时，$c_A = 0$，所以，完全反应时间为

$$t^* = 2\sqrt{c_{A0}}/k$$

因为流体粒子的停留时间如果大于 t^*，c_A 仍为零，毫无贡献，所以积分应到完全反应时间时为止。当然，有些反应如一级反应，只有当时间为无限时，c_A 才为零，这样，积分上限为无穷大则是正确的。最后还需指出，上面的讨论都是针对等温情况的。

【例 5.5】　等温下在反应体积为 $4.55m^3$ 的流动反应器中进行液相反应 $2A \longrightarrow R+P$，该反应为二级反应，反应温度下的反应速率常数等于 $2.4 \times 10^{-3} m^3/(mol \cdot min)$。进料流量为 $0.5m^3/min$，A 的浓度等于 $1.6kmol/m^3$。该反应器的停留时间分布与例 5.3 相同。试计算反应器出口处 A 的转化率：(1) 用离析流模型；(2) 用活塞流模型。

解：(1) 采用离析流模型时可按式(5.38)计算反应器出口处 A 的浓度。为此，需先求出 c_A 与时间 t 的关系，这可积分二级反应速率方程得到

$$-\frac{dc_A}{dt} = kc_A^2$$

积分得

$$-\int_{c_{A0}}^{c_A} \frac{dc_A}{c_A^2} = \int_0^t k\,dt$$

或

$$c_A = \frac{c_{A0}}{1 + kc_{A0}t} \qquad (A)$$

由式（A）可知，$t \to \infty$ 时，c_A 等于零。所以，反应时间为无限长时才能反应完全，从而式 (5.38) 的积分上限应取 ∞，应用式 (5.38) 时，还需知道 $E(t)$，根据题意可由例 5.3 给出的实测数据按下式求定

$$E(t) = \frac{c(t)}{\int_0^\infty c(t)\,dt} \qquad (B)$$

而式（B）分母中的积分值已在例 5.3 计算得到，其值为 $78\text{min} \cdot \text{g/m}^3$。$E(t)$ 的计算结果列于表 5C 中，表中第一及第二列的数据系示踪测定的结果，系例 5.3 所给出，$c(t)$ 为示踪剂浓度。表 5C 中第四列的数值系由式（A）计算得到。由式 (5.38) 知

表 5C　不同时刻下的 $E(t)$ 及 c_A 值

t/min	$c(t)/(\text{g/m}^3)$	$E(t) \times 10^3/\text{min}^{-1}$	$c_A \times 10^2/(\text{kmol/m}^3)$	$c_A E(t) \times 10^5/$ $[\text{kmol}/(\text{m}^3 \cdot \text{min})]$
0	0	0	160	0
2	1	12.82	18.43	236.3
4	4	51.28	9.78	501.5
6	7	89.74	6.656	597.3
8	9	115.4	5.044	582.1
10	8	102.6	4.061	416.7
12	5	64.1	3.398	217.8
14	2	25.64	2.922	74.92
16	1.5	19.23	2.562	49.27
18	1	12.82	2.281	29.24
20	0.6	7.692	2.057	15.82
22	0.2	2.564	1.872	4.8
24	0	0	0	0

$$\overline{c}_A = \int_0^\infty c_A E(t)\,dt = \int_0^\infty \frac{c_{A0} E(t)}{1 + kc_{A0}t}\,dt$$

利用表 5C 中第五列的数据，由辛普生法即可求出该积分值等于 0.05447kmol/m^3，此即为反应器出口处 A 的浓度。因此，转化率为

$$\overline{X}_A = \frac{1.6 - 0.05447}{1.6} = 0.966 \text{ 或 } 96.6\%$$

当然也可以直接用式 (5.39) 计算反应器出口转化率，但需将式（A）中的 c_A 变为转化率的函数。

（2）按活塞流模型计算。由题给数据可求空时 $\tau = 4.55/0.5 = 9.1(\text{min})$。对于活塞流反应器，其反应效果和反应时间与空时相等的间歇釜式反应器一样。因此，将 τ 值代入式（A）即可求出反应器出口处 A 的浓度

$$\overline{c}_A = \frac{1.6}{1+2.4\times1.6\times9.1} = 0.04451(kmol/m^3)$$

所以，出口转化率为 $\qquad \overline{X}_A = \frac{1.6-0.04451}{1.6} = 0.9722$ 或 97.22%

也可以将活塞流的停留时间分布密度 $E(t)=\delta(t-9.11)$ 以及式（A）代入式(5.38) 求反应器出口处 A 的浓度，结果与上面完全相同。

由此可见，本题按离析流模型计算与按活塞流模型计算，两者结果甚相近，其原因是该反应器的停留时间分布与活塞流偏离不算太大的缘故，否则将相差较大。

【例 5.6】 水煤气制造属于流固相非催化反应，反应方程式为

$$C(s) + H_2O(g) \longrightarrow CO(g) + H_2(g)$$

假定反应在等温下进行，水蒸气过量加入，且忽略其他反应。则碳的转化率 $\overline{X}_A$ 与反应时间 $t(min)$ 的关系符合

$$X_A = 1-(1-t)^2$$

试计算在全混流反应器中，平均停留时间为 0.5min 时碳的转化率。

解：每个碳颗粒可视为间歇反应器，采用离析流模型

$$\overline{X}_A = \int_0^\infty X_A(t)E(t)\,dt \qquad (A)$$

当 $X_A=1$ 时的完全反应时间 t^* 为

$$1-(1-t^*)^2 = 1$$
$$t^* = 1.0min$$

将全混流反应器的停留时间密度函数及转化率随时间的变化关系代入式(A)，得

$$\overline{X}_A = \int_0^\infty [1-(1-t)^2]\frac{1}{0.5}e^{-t/0.5}\,dt = \int_0^1 [1-(1-t)^2]\frac{1}{0.5}e^{-t/0.5}\,dt + \int_1^\infty \frac{1}{0.5}e^{-t/0.5}\,dt$$

$$= \int_0^\infty \frac{1}{0.5}e^{-t/0.5}\,dt - \int_0^1 (1-t)^2\frac{1}{0.5}e^{-t/0.5}\,dt$$

$$= 1 + [(1-t)^2 e^{-t/0.5}]\Big|_0^1 - [(1-t)e^{-t/0.5}]\Big|_0^1 + 0.5e^{-t/0.5}\Big|_0^1$$

$$= 1-0.432 = 0.568$$

【例 5.7】 采用离析流模型计算例 4.7。

解：根据停留时间分布密度函数的定义可知，在图 4B 中，处在 dr 微元中的流体具有 Q 和 $Q+dQ$ 的体积流量，其停留时间为如图 5D 所示的 t 和 $t+dt$，则

$$E(t)dt = \frac{dQ}{Q_0} \qquad (A)$$

由例 4.7 的式(C) 可得

$$\frac{dQ}{Q_0} = \frac{u(r)\times2\pi r\,dr}{Q_0} \qquad (B)$$

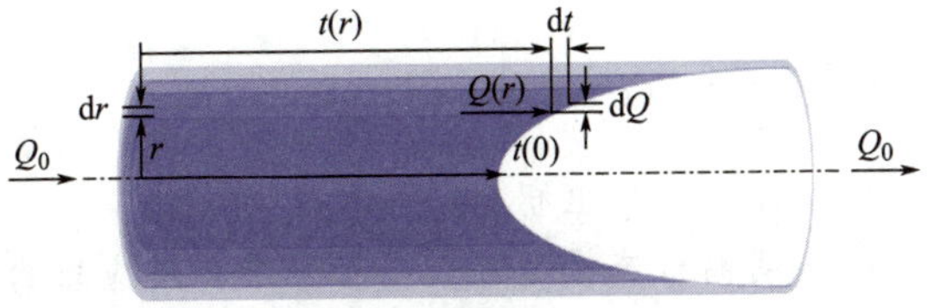

图 5D 圆管内层流的停留时间分布

再将例 4.7 中的式(E)与式(B)合并，得到

$$\frac{\mathrm{d}Q}{Q_0} = \frac{L}{t(r)}\left(\frac{2\pi r\,\mathrm{d}r}{Q_0}\right) = \frac{L}{t(r)} \cdot \frac{2\pi}{Q_0} \cdot \frac{\tau R^2}{4[t(r)]^2}\mathrm{d}t = \frac{\tau^2}{2[t(r)]^3}\mathrm{d}t \tag{C}$$

对比式(A)和式(C)，可知

$$E(t) = \frac{[\tau(r)]^2}{2[t(r)]^3} \tag{D}$$

又因圆管中心处的流体停留时间最短，且为 0.5 倍的总空时，所以层流反应器的停留时间分布密度函数为

$$E(t) = \begin{cases} \dfrac{[\tau(r)]^2}{2[t(r)]^3} & (t \geqslant 0.5\tau) \\ 0 & (t < 0.5\tau) \end{cases} \tag{E}$$

同时

$$F(t) = \int_0^t E(t)\mathrm{d}t = 0 + \int_{0.5\tau}^t \frac{\tau^2}{2[t(r)]^3}\mathrm{d}t(r) = 1 - \frac{\tau^2}{4[t(r)]^2} \tag{F}$$

平均停留时间 $\bar{t}$ 可由下式计算

$$\bar{t} = \int_{0.5\tau}^\infty t(r)E(t)\mathrm{d}t = \frac{\tau^2}{2}\int_{0.5\tau}^\infty \frac{\mathrm{d}t}{[t(r)]^2} = \tau \tag{G}$$

用无量纲的时间 θ 表示的 $E(\theta)$ 和 $F(\theta)$ 如下，

$$E(\theta) = \begin{cases} \dfrac{1}{2\theta^3} & (\theta \geqslant 0.5) \\ 0 & (\theta < 0.5) \end{cases} \tag{H}$$

$$F(\theta) = \begin{cases} 1 - \dfrac{1}{4\theta^2} & (\theta \geqslant 0.5) \\ 0 & (\theta < 0.5) \end{cases} \tag{I}$$

根据离析流模型

$$\overline{X}_\mathrm{B} = \int_{0.5\tau}^\infty x_\mathrm{B}(t)E(t)\mathrm{d}t \tag{J}$$

式中，$x_\mathrm{B}(t)$ 由间歇反应器的设计方程求解得到，即

$$-\frac{\mathrm{d}c_\mathrm{B}}{\mathrm{d}t} = kc_\mathrm{B}$$

$$\frac{c_\mathrm{B}}{c_\mathrm{B0}} = 1 - X_\mathrm{B} = \mathrm{e}^{-kt}$$

$$X_\mathrm{B}(t) = 1 - \mathrm{e}^{-kt} \tag{K}$$

将式(K)代入式(J)，可得

$$\overline{x}_\mathrm{B} = \int_{0.5\tau}^\infty (1 - \mathrm{e}^{-kt}) \times \frac{\tau^2}{2t^3}\mathrm{d}t = \int_{0.5\times140}^\infty (1 - \mathrm{e}^{-0.0989\times0.15t})\frac{140^2}{2t^3}\mathrm{d}t = 0.79$$

所得结果采用了如下的程序进行数值积分。

此结果和例 4.7 相同，表明离析流模型可以用于该层流反应器的计算。

Python 程序：

```
from scipy. integrate import quad
import numpy as np
def integrand (t):
return (1 - np. exp ( - 0. 0989 * 0. 15 * t ) ) /t * * 3 * 0. 5 * 140 * * 2
# Provide the limits of integration, here a and b.
# For an improper integral, you can use np. inf or - np. inf as
one of (or both) your limits.
a = 0. 5 * 140 # lower limit
b = np. inf # upper limit
integral, error = quad (integrand, a, b)
print (" The integral is:", integral)
print (" The absolute error is:", error)
```

计算结果:

The integral is: 0. 791717871482598

The absolute error is: 1. 3092274639758278e-09

5.6.2 多釜串联模型

在 3.5 节中曾经比较了单个全混反应器、活塞流反应器和多个全混流反应器串联时的反应效果,发现后者的性能介乎前二者之间,并且串联的釜数越多,其性能越接近于活塞流,当釜数为无限多时,其效果与活塞流一样。因此,可以用 N 个全混釜串联来模拟一个实际的反应器。N 为模型参数,$N=1$ 时为全混流;$N=\infty$ 则为活塞流。N 的取值不同就反映了实际反应器的不同返混程度,其具体数值由停留时间分布确定。

为此,首先求定多釜串联时的停留时间分布。设 N 个反应体积为 V 的全混釜串联操作,且釜间无任何返混,并忽略流体流过釜间连接管线所需的时间。图 5.17 为多釜串联模型示意图。图中 Q 为流体的流量,c 表示示踪剂的浓度。

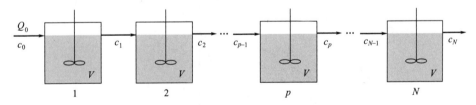

图 5.17　多釜串联模型示意

假定各釜温度相同,对第 p 釜作示踪剂的物料衡算得

$$Q c_{p-1}(t) - Q c_p(t) = V \frac{\mathrm{d}c_p(t)}{\mathrm{d}t} \tag{5.40}$$

或

$$\frac{\mathrm{d}c_p(t)}{\mathrm{d}t} = \frac{1}{\tau}[c_{p-1}(t) - c_p(t)] \tag{5.41}$$

式中,τ 为流体在一个釜中的平均停留时间,等于 V/Q。

若示踪剂呈阶跃输入,且浓度为 c_0,则式(5.41)的初始条件为

$$t = 0 \quad c_p(0) = 0 \quad (p = 1, 2, \cdots, N)$$

当 $p = 1$ 时,式(5.41)可写成

$$\frac{\mathrm{d}c_1(t)}{\mathrm{d}t} = \frac{1}{\tau}[c_0(t) - c_1(t)]$$

此即第 1 釜的物料衡算式，即前面的式(5.29)，且已求出其解为

$$c_1(t) = c_0(1 - e^{-t/\tau}) \tag{5.42}$$

对于第 2 釜，由式(5.41)得

$$\frac{dc_2(t)}{dt} = \frac{1}{\tau}\left[c_1(t) - c_2(t)\right]$$

把式(5.42)代入则有

$$\frac{dc_2(t)}{dt} + \frac{c_2(t)}{\tau} = \frac{c_0}{\tau}(1 - e^{-t/\tau}) \tag{5.43}$$

解此一阶线性微分方程得

$$\frac{c_2(t)}{c_0} = 1 - \left(1 + \frac{t}{\tau}\right)e^{-t/\tau} \tag{5.44}$$

依次对其他各釜求解，并由数学归纳法可得第 N 个釜的结果为

$$F(t) = \frac{c_N(t)}{c_0} = 1 - e^{-t/\tau} \sum_{p=1}^{N} \frac{(t/\tau)^{p-1}}{(p-1)!} \tag{5.45}$$

此即多釜串联系统的停留时间分布函数式。若以系统的总平均停留时间 $\tau_t = N\tau$ 代入式(5.45)则有

$$F(t) = 1 - e^{-Nt/\tau_t} \sum_{p=1}^{N} \frac{(Nt/\tau_t)^{p-1}}{(p-1)!} \tag{5.46}$$

也可以写成无量纲形式

$$F(\theta) = 1 - e^{-N\theta} \sum_{p=1}^{N} \frac{(N\theta)^{p-1}}{(p-1)!} \tag{5.47}$$

要注意这里的 $\theta = t/\tau_t$，即根据系统的总平均停留时间 τ_t 来定义，而不是每釜的平均停留时间 τ。由式(5.47)计算了不同釜数串联的停留时间分布函数，结果如图 5.18 所示。由图可见，釜数越多，其停留时间分布越接近于活塞流。

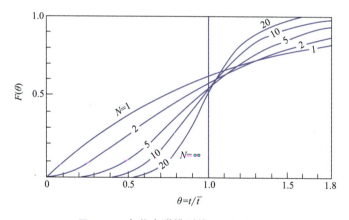

图 5.18　多釜串联模型的 $F(\theta)$ 图

将式(5.47)对 θ 求导，可得多釜串联模型的停留时间分布密度

$$E(\theta) = \frac{N^N}{(N-1)!}\theta^{N-1}e^{-N\theta} \tag{5.48}$$

图 5.19 系根据式(5.48)对不同的 N 值计算的结果，该图表明不同的 N 值模拟不同的停留时间分布，N 值增加，停留时间分布变窄。将式(5.48)代入式(5.22)，可得多釜串联模型的平均停留时间为

$$\bar{\theta} = \int_0^{\infty} \frac{N^N \theta^N e^{-N\theta}}{(N-1)!} d\theta = 1 \tag{5.49}$$

把式(5.48)代入式(5.23)则得方差

$$\sigma_\theta^2 = \int_0^\infty \frac{N^N \theta^{N+1} \mathrm{e}^{-N\theta}}{(N-1)!} \mathrm{d}\theta - 1 = \frac{N+1}{N} - 1 = \frac{1}{N} \tag{5.50}$$

显然，由式(5.50)知，当 $N=1$ 时，$\sigma_\theta^2=1$，与全混流模型一致；而当 $N \to \infty$ 时，$\sigma_\theta^2=0$，则与活塞流模型相一致。所以，当 N 为任何正数时，其方差应介于 0 与 1 之间。对 N 的不同取值便可模拟不同的停留时间分布。

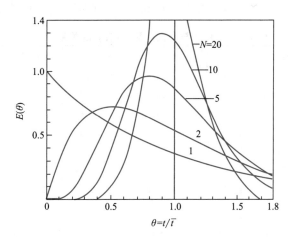

图 5.19　多釜串联模型的 $E(\theta)$ 图

应用多釜串联模型来模拟一个实际反应器的流动状况时，首先要测定该反应器的停留时间分布，然后求出该分布的方差，将其代入式(5.50)便可算出模型参数 N。也就是说该反应器的停留时间分布与 N 个等体积全混釜串联时的停留时间分布相当，两者的平均停留时间相等、方差相等，但绝不能说两个分布相等。采用上述方法来估计模型参数 N 的值时，可能出现 N 为非整数的情况，用四舍五入的办法圆整成整数是一个粗略的近似处理方法，精确些的办法是把小数部分视作一个体积较小的釜。

【例 5.8】　以苯甲酸为示踪剂，用脉冲法测定一反应体积为 $1735\mathrm{cm}^3$ 的液相反应器的停留时间分布。液体流量为 $40.2\mathrm{cm}^3/\mathrm{min}$，示踪剂用量 4.95g。不同时刻下出口液体中示踪物的浓度 $c(t)$ 如下表所示。若用多釜串联模型来模拟该反应器，试求模型参数 N。

t/min	10	15	20	25	30	35	40	45	50	55	60
$c(t)\times10^3/(\mathrm{g/cm}^3)$	0	0.113	0.863	2.210	3.340	3.720	3.520	2.840	2.270	1.735	1.276
t/min	65	70	75	80	85	90	95	100	105	110	
$c(t)\times10^3/(\mathrm{g/cm}^3)$	0.910	0.619	0.413	0.300	0.207	0.131	0.094	0.075	0.001	0	

解：将式(5.13)分别代入式(5.20)及式(5.21)，可得平均停留时间及方差为

$$\bar{t} = \frac{Q}{m} \int_0^\infty t c(t) \mathrm{d}t \tag{A}$$

$$\sigma_t^2 = \frac{Q}{m} \int_0^\infty t^2 c(t) \mathrm{d}t - \bar{t}^2 \tag{B}$$

为了计算式（A）及式(B)的积分值，根据题给的 $c(t)$-t 关系，算出不同时刻下的 $tc(t)$ 及 $t^2 c(t)$ 值，结果列于表 5D 中。

根据表 5D 的计算结果，由辛普生法则得

$$\int_0^\infty tc(t)\mathrm{d}t = \frac{5}{3} \times [0+4\times(1.695+55.26+130.2+\cdots+0.11)+2\times(17.26+100.2+$$
$$140.8+\cdots+7.5)+0]\times 10^{-3}=5.297$$

将有关数值代入式（A）有 $\qquad \overline{t}=\dfrac{40.2}{4.95}\times 5.297=43.02(\mathrm{min})$

与按 $\overline{t}=V/Q$ 计算的值 1735/40.2＝43.16（min）甚相接近。同理可得方差为

表 5D　t 与 $tc(t)$ 及 $t^2c(t)$ 的关系

t/min	$tc(t)\times 10^3$	$t^2c(t)\times 10^3$	t/min	$tc(t)\times 10^3$	$t^2c(t)\times 10^3$	t/min	$tc(t)\times 10^3$	$t^2c(t)\times 10^3$
10	0	0	45	127.8	5751	80	24.00	1920
15	1.695	25.43	50	113.5	5675	85	17.60	1496
20	17.26	345.2	55	95.43	5248	90	11.79	1061
25	55.25	1381	60	76.56	4594	95	8.93	848.4
30	100.2	3006	65	59.15	3845	100	7.50	750
35	130.2	4557	70	43.33	3033	105	0.11	11.03
40	140.8	5632	75	30.98	2323	110	0	0

$$\sigma_t^2 = \frac{40.2}{4.95}\times\frac{5}{3}\times[0+4\times(25.43+1381+4557+\cdots+750)+2\times(345.2+3006+$$
$$5632+\cdots+11.03)+0]\times 10^{-3}-43.02^2=233.4(\mathrm{min}^2)$$
$$\sigma_\theta^2 = \sigma_t^2/\overline{t}^2 = 233.4/43.02^2 = 0.1261$$

由式(5.50)得模型参数为

$$N=1/0.1261=7.93\approx 8$$

由此可见该反应器的停留时间分布近似地可用八个等体积的全混釜串联来模拟。

5.6.3 轴向分散模型

由于分子运动以及流速分布的不均匀等原因，而使流动状况偏离理想流动时，可用轴向分散模型来模拟，这对于管式反应器尤为合适。该模型假定：①流体以恒定的流速 u 通过系统；②在垂直于流体运动方向的横截面上径向浓度分布均一，即径向混合达到最大；③由于湍流等流速分布产生的分散，仅发生在流动方向，即轴向，并以轴向分散系数 D_a 表示这些因素的综合作用，且用费克定律加以描述。

$$J=-D_a\frac{\partial c}{\partial Z} \tag{5.51}$$

同时假定在同一反应器内轴向分散系数不随时间及位置而变，其数值大小与反应器的结构、操作条件及流体性质有关。

根据上述假设，可建立轴向分散模型的数学模型方程。由于这样的系统为一分布参数系统，所以取微元体积 $\mathrm{d}V_r$ 作控制体积。因为通常反应器均为圆柱形，若其横截面积为 A_r，则 $\mathrm{d}V_r=A_r\mathrm{d}Z$（参见图 5.20）。对此微元体积作示踪剂的物料衡算即得模型方程。输入应包括两项，一是通过对流，另一是通过分散。因此，输入项

$$uA_rc-D_aA_r\frac{\partial c}{\partial Z}$$

第一项表示对流，第二项表示分散。同样输出也应包括两项，即

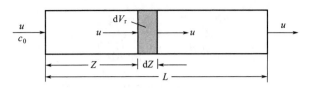

图 5.20 轴向分散模型

$$uA_r\left(c+\frac{\partial c}{\partial Z}dZ\right)-D_aA_r\frac{\partial}{\partial Z}\left(c+\frac{\partial c}{\partial Z}dZ\right)$$

累积项则为

$$\frac{\partial c}{\partial t}A_rdZ$$

假定系统内不发生化学反应，则根据输入＝输出＋累积，将上列各项代入整理后可得

$$\frac{\partial c}{\partial t}=D_a\frac{\partial^2 c}{\partial Z^2}-u\frac{\partial c}{\partial Z} \tag{5.52}$$

此即轴向分散模型方程。这里共有两个自变量，一是时间自变量 t，另一为空间自变量，即轴向距离 Z，所以模型方程为一偏微分方程。由式（5.52）可见，轴向分散模型实质上是活塞流模型再叠加一分散项，即式（5.52）右边第一项。通过此项反映系统内返混的大小。若 $D_a=0$，则式（5.52）化为活塞流模型方程

$$\frac{\partial c}{\partial t}=-u\frac{\partial c}{\partial Z} \tag{5.53}$$

通过 D_a 值的大小不同，轴向分散模型可以模拟从活塞流至全混流间的任何非理想流动，但实际经验表明，只有返混程度不太大时才是合适的。

通常将式（5.52）化为无量纲形式，这样使用起来比较方便。为此，引入下列各无量纲量

$$\theta=\frac{tu}{L_r} \quad , \quad \psi=\frac{c}{c_0} \quad , \quad \zeta=\frac{Z}{L_r} \quad , \quad Pe=\frac{uL_r}{D_a}$$

代入式（5.52）则得轴向分散模型无量纲方程为

$$\frac{\partial\psi}{\partial\theta}=\frac{1}{Pe}\frac{\partial^2\psi}{\partial\zeta^2}-\frac{\partial\psi}{\partial\zeta} \tag{5.54}$$

Pe 为贝克莱数，其物理意义可由其定义式看出

$$Pe=\frac{uL_r}{D_a}=\frac{对流传递速率}{分散传递速率}$$

即表示对流流动和分散传递的相对大小，反映了返混的程度。值得注意的是在文献中对贝克莱数有不同的定义，其差别是特征长度的不同，例如，固定床反应器常用的特征长度是所充填的固体颗粒的直径 d_p，此时，$Pe=ud_p/D_a$。也可以反应器的直径 d_t 作为特征长度来定义贝克莱数，即 $Pe=ud_t/D_a$。因此，应用时必须谨慎。但无论哪一种定义式，其意义都是相同的，都反映了返混的程度。贝克莱数的倒数 $D_a/(uL)$，有人管它叫做分散数。

当 $Pe\to0$ 时，对流传递速率较之分散传递速率要慢得多，此属于全混流情况。反之，当 $Pe\to\infty$ 时，即 $D_a=0$，这就变为活塞流情况，此时分散传递与对流传递相比，可略去不计。由此可见，Pe 越大，返混程度越小。贝克莱数 Pe 也就是轴向分散模型的模型参数。轴向分散模型与多釜串联模型一样，都属于单参数模型。

式（5.54）的初始条件及边界条件，随着示踪剂的输入方式而异，对于闭式系统和降阶

的阶跃输入时

$$\psi(0,\zeta)=1 \qquad (0<\zeta<1) \tag{5.55}$$

$$0=\psi(\theta,0^+)-\frac{1}{Pe}\left(\frac{\partial\psi}{\partial\zeta}\right)_{0^+} \tag{5.56}$$

$$\left(\frac{\partial\psi}{\partial\zeta}\right)_{1^-}=0 \tag{5.57}$$

可用分离变量法求解式(5.54)～式(5.57)，即将 $\psi(\theta,\zeta)=f(\theta)g(\zeta)\exp(\zeta Pe/2)$ 代入式 (5.54)，把其化为一对常微分方程求解，再根据停留时间分布函数的定义可得

$$F(\theta)=1-e^{Pe/2}\sum_{n=1}^{\infty}\frac{8\omega_n\sin\omega_n\exp[-(Pe^2+4\omega_n)\theta/(4Pe)]}{Pe^2+4Pe+4\omega_n^2} \tag{5.58}$$

式中，ω_n 为下列方程的正根

$$\tan\omega_n=\frac{4\omega_n Pe}{4\omega_n^2-Pe^2} \tag{5.59}$$

将式(5.58)对 θ 求导可得停留时间分布密度

$$E(\theta)=e^{Pe/2}\sum_{n=1}^{\infty}\frac{(-1)^{n+1}8\omega_n^2\exp[-(Pe^2+4\omega_n^2)\theta/(4Pe)]}{Pe^2+4Pe+4\omega_n^2} \tag{5.60}$$

按照式(5.58)及式(5.60)分别以 $F(\theta)$ 和 $E(\theta)$ 对 θ 作图，得图 5.21 和图 5.22 所示的 $F(\theta)$ 曲线和 $E(\theta)$ 曲线。由图可见，随着模型参数 Pe 的倒数的减小，停留时间分布变窄。平均停留时间与方差为

$$\overline{\theta}=1$$

$$\sigma_\theta^2=\frac{2}{Pe}-\frac{2}{Pe^2}(1-e^{-Pe}) \tag{5.61}$$

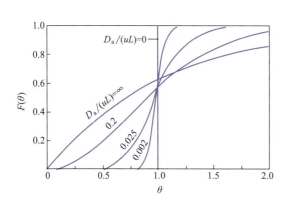

图 5.21 轴向分散模型的 $F(\theta)$ 图

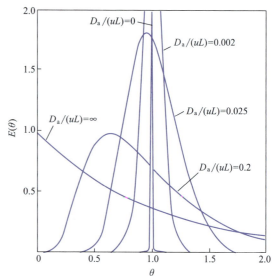

图 5.22 轴向分散模型的 $E(\theta)$ 图

　　如果实际系统的停留时间分布已知，则可求出该分布的方差，代入式(5.61)试差即可求出模型参数 Pe。也可用曲线拟合法，采用最小二乘法来确定模型参数 Pe，即按式(5.60)计算的 $\hat{E}(t)$ 值与实测的 $E(t)$ 值之差的平方和最小来确定，亦即

$$\int_0^\infty[\hat{E}(t)-E(t)]^2\mathrm{d}t=最小$$

这样确定的 Pe 值要精确些，但计算工作量则较大。

设计反应器时，停留时间分布未知，这可根据有关关联式来估算 Pe。例如，对于空管反应器

$$\frac{1}{Pe} = \frac{1}{Sc \cdot Re} + \frac{Re \cdot Sc}{192} \tag{5.62}$$

上式的 Pe 数是按管径定义的，施密特数 $Sc = \mu/(\rho D)$。式（5.62）的适用范围是 $1 < Re < 2000$，$0.23 < Sc < 1000$。若为湍流，则用下式

$$Pe = Re^{0.125} \tag{5.63}$$

最后还需指出，轴向分散模型方程的解随初值及边界条件的不同而有所改变，但返混程度不大时，结果都相差不多。

【例 5.9】 用轴向分散模型来模拟例 5.8 的停留时间分布，试求模型参数。

解：例 5.8 已算出给定的停留时间分布的方差等于 0.1261，将其代入式（5.61）则有

$$0.1261 = \frac{2}{Pe} - \frac{2}{Pe^2}(1 - e^{-Pe}) \tag{A}$$

用试差法解上式得 $\qquad Pe = 14.78$

此即所求的模型参数值。若返混程度不大，则可近似将式（A）写成

$$\sigma_\theta^2 \approx \frac{2}{Pe} \tag{B}$$

若按式（B）计算，则 $\qquad Pe = 2/\sigma_\theta^2 = 2/0.1261 = 15.86$

与精确值的偏差为 7% 左右。如方差 $\sigma_\theta^2 < 0.1$，可用式（B）近似求模型参数值。

5.7 非理想反应器的计算

非理想反应器的计算基础是流动模型，应用离析流模型来计算转化率，上一节已经讨论过。采用多釜串联模型时，当釜数确定后，可按 3.6.2 节所述的方法计算。如 N 不为整数，最后一釜用一较小的釜代替。所以，这里只讨论应用轴向分散模型的计算方法。

定态操作的反应器应用轴向分散模型来模拟时，关键组分 A 的物料衡算式即为模型方程，其建立方法与式（5.52）相同。由于是定态操作，$\partial c_A/\partial t = 0$，故无时间变量。此外，因为有化学反应存在，模型方程中应加上由于化学反应而消耗的组分 A 量这一项。经过这两项修正，便得模型方程为

$$D_a \frac{d^2 c_A}{dZ^2} - u \frac{dc_A}{dZ} + \mathscr{R}_A = 0 \tag{5.64}$$

边界条件如下 $\qquad Z = 0，\quad uc_{A0} = uc_A - D_a \frac{dc_A}{dZ}\bigg|_{0^+} \tag{5.65}$

$$Z = L_r，\quad \frac{dc_A}{dZ}\bigg|_{L_r^-} = 0 \tag{5.66}$$

若在反应器中等温下进行一级不可逆反应，则 $-r_A = kc_A$，代入式（5.64）有

$$D_a \frac{d^2 c_A}{dZ^2} - u \frac{dc_A}{dZ} - kc_A = 0 \tag{5.67}$$

此为二阶线性常微分方程，可解析求解。结合边界条件式（5.65）和式（5.66），所得的解为

$$\frac{c_A}{c_{A0}} = \frac{4\alpha}{(1+\alpha)^2 \exp\left[-\dfrac{Pe}{2}(1-\alpha)\right] - (1-\alpha)^2 \exp\left[-\dfrac{Pe}{2}(1+\alpha)\right]} \tag{5.68}$$

式中，$\alpha = (1+4k\tau/Pe)^{1/2}$。当 $Pe \to \infty$ 时，$\alpha \to 1$，因此可将 α 展开成

$$\alpha = 1 + \frac{1}{2}\left(\frac{4k\tau}{Pe}\right) - \frac{1}{8}\left(\frac{4k\tau}{Pe}\right)^2 + \cdots \tag{5.69}$$

把式(5.69) 代入式(5.68)，整理后有

$$c_A/c_{A0} = \exp(-k\tau) \tag{5.70}$$

显然，式(5.70) 为用活塞流模型对一级反应进行计算的结果。这也说明轴向分散模型只不过是在活塞流模型的基础上叠加一轴向分散项。

当 $Pe \to 0$ 时，将 $\exp[-Pe(1-\alpha)/2]$ 作级数展开，略去高次项后代入式(5.68)可得

$$\frac{c_A}{c_{A0}} = \frac{4\alpha}{(1+\alpha)^2\left(1-\dfrac{Pe}{2}+\alpha\dfrac{Pe}{2}\right) - (1-\alpha)^2\left(1-\dfrac{Pe}{2}-\alpha\dfrac{Pe}{2}\right)} = \frac{4\alpha}{4\alpha - \alpha Pe + \alpha^3 Pe} = \frac{1}{1+k\tau}$$

$$\tag{5.71}$$

这与第 3 章中连续釜式反应器进行一级反应时的计算式一样。

综上所述，具有闭式边界条件的轴向分散模型，根据模型参数 Pe 的取值不同，可以体现从活塞流到全混流之间的任何返混情况。现以 $\dfrac{D_a}{uL}$ 为参数，按式(5.68) 以 c_A/c_{A0} 对 $k\tau$ 作图，如图 5.23 所示。由图可见，实际反应器的转化率随 Pe 倒数的减小而增加。空时越大，流动状况偏离理想流动的影响也越大。

对于非一级反应，式(5.64) 为非线性二阶常微分方程，一般难以解析求解，可用数值法求解。图 5.24 是对二级不可逆反应进行数值计算的结果。

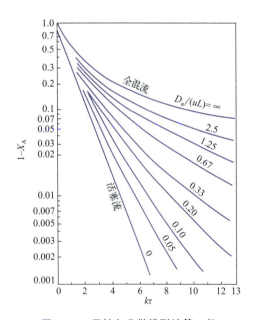

图 5.23　用轴向分散模型计算一级反应的转化率

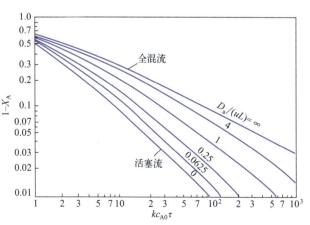

图 5.24　用轴向分散模型计算二级不可逆反应的转化率

比较图 5.23 及图 5.24 可知，在其他条件相同的情况下，二级反应的转化率受返混的影响比一级反应大。一般而言，反应级数越高，返混对反应结果的影响越大。

【例 5.10】 在实验室中用一全混反应器等温下进行液相反应 A $\longrightarrow$ P，当空时为 43.02min 时，A 的转化率达 82%。将反应器放大进行中试，反应器型式为管式，其停留时间分布的实测结果如例 5.8 所示。在与小试相同的温度及空时下操作，试预测反应器出口 A 的转化率（1）用多釜串联模型；（2）用轴向分散模型。

解： 首先根据实验室结果求出操作温度下的反应速率常数值。因为

$$-\mathscr{R}_A = -r_A = kc_A = kc_{A0}(1-X_A)$$

代入式(3.43)可得

$$V = \frac{Q_0 c_{A0} X_A}{kc_{A0}(1-X_A)}$$

或

$$\tau = \frac{V}{Q_0} = \frac{X_A}{k(1-X_A)}$$

将题给数据代入上式有

$$43.02 = \frac{0.82}{k(1-0.82)}$$

解得

$$k = 0.1059 \text{ min}^{-1}$$

（1）用多釜串联模型　在例 5.8 中已确定用多釜串联模型模拟该反应器的停留时间分布时，模型参数 N 等于 8，因此，可按 8 个等体积釜串联计算转化率。应用式(3.50) 即可

$$\tau = \frac{1}{k}\left[\left(\frac{1}{1-X_{AN}}\right)^{1/N} - 1\right] \tag{3.50}$$

将 k、N 及 $\tau = 43.02/8$ 代入有

$$\frac{43.02}{8} = \frac{1}{0.1059}\left[\left(\frac{1}{1-X_{AN}}\right)^{1/8} - 1\right]$$

所以，出口转化率

$$X_{AN} = 0.9728$$

（2）用轴向分散模型　例 5.9 已确定模型参数 Pe 等于 15.35，所以

$$\alpha = (1+4k\tau/Pe)^{1/2} = (1+4\times0.1059\times43.02/15.35)^{1/2} = 1.479$$

代入式(5.68)得

$$\frac{c_A}{c_{A0}} = 4\times1.479\times\{(1+1.479)^2\times\exp[-15.35\times(1-1.479)/2] -$$
$$(1-1.479)^2\times\exp[-15.35\times(1+1.479)/2]\}^{-1}$$
$$= 0.02437$$

因此，出口转化率为

$$X_A = 1 - \frac{c_A}{c_{A0}} = 1 - 0.02437 = 0.9756$$

由此可见，用这两种模型模拟计算的结果甚为一致。但与实验室实验的结果却有较大的差别，虽然中试与小试的反应温度及空时均相同。其原因是流动型式不同的缘故。小试是在全混流条件下操作，而中试则在返混程度较小的情况下进行，自然其转化率相对较高。一般情况下，反应器放大后，由于种种原因，其转化率总是要降低的，本题则属于例外。

5.8 反应器中流体的混合

在 5.6 节中提出了离析流模型，其基本假定是流体粒子从进入反应器起到离开反应器止，粒子之间不发生任何物质交换，或者说粒子之间不产生混合，这种状态称为完全离析，

即各个粒子都是孤立的，各不相干的。如果粒子之间发生混合又是分子尺度的，则这种混合称为微观混合。当反应器不存在离析的流体粒子时，微观混合达到最大，这种混合状态称为完全微观混合或最大微观混合。这就说明了两种极端的混合状态，一种是不存在微观混合，即完全离析，这种流体称为宏观流体；另一种是不存在离析，即完全微观混合，相应的流体叫做微观流体。介乎两者之间则称为部分离析或部分微观混合，即两者并存。

混合状态的不同，将对化学反应产生不同的影响。设浓度分别为 c_{A1} 和 c_{A2} 而体积相等的两个流体粒子，在其中进行 α 级不可逆反应。如果这两个粒子是完全离析的，则其各自的反应速率应为 $-r_{A1}=kc_{A1}^{\alpha}$ 及 $-r_{A2}=kc_{A2}^{\alpha}$，其平均反应速率则为

$$\langle -r_A \rangle = \frac{1}{2}(-r_{A1}-r_{A2}) = \frac{k}{2}(c_{A1}^{\alpha}+c_{A2}^{\alpha})$$

假如这两个粒子间存在微观混合，且混合程度达到最大，则混合后 A 的浓度为 $(c_{A1}+c_{A2})/2$，自然反应也是在此浓度下进行，因此此种情况的平均反应速率应为

$$\langle -r_A' \rangle = k[(c_{A1}+c_{A2})/2]^{\alpha}$$

这就说明了微观混合程度不同将会对化学反应的速率发生影响。微观混合为零即完全离析时的平均反应速率为 $\langle -r_A \rangle$，而微观混合最大时则为 $\langle -r_A' \rangle$，两者孰大，与 α 值有关。显然对于一级反应，由上两式可知 $\langle -r_A \rangle = \langle -r_A' \rangle$。由于反应速率与浓度成线性关系，因此其平均结果相同。若 $\alpha>1$，$\langle -r_A \rangle$ 与 c_A 的关系曲线为凹曲线；$\alpha<1$ 时则为凸曲线，如图 5.25 所示。由图可见，$\alpha>1$ 时，完全微观混合下的平均反应速率

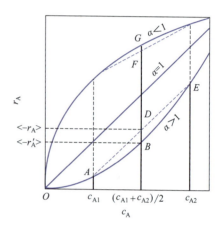

图 5.25　流体混合对反应速率的影响

$\langle -r_A' \rangle$ 相应于 B 点的纵坐标，而完全离析时的平均反应速率应等于 D 点的纵坐标，这不难通过平面几何的办法加以证明。所以，当反应级数大于 1 时，$\langle -r_A \rangle > \langle -r_A' \rangle$，即微观混合使平均反应速率下降。同理可知 $\alpha<1$ 时，$\langle -r_A \rangle < \langle -r_A' \rangle$，即微观混合的存在使平均反应速率加快。

以上是讨论流体的混合对反应速率的影响，其基点是流体粒子的浓度不同。现在考察流体混合对反应器工况的影响，先看间歇反应器，任何时刻下，间歇反应器中所有流体粒子均具有相同的停留时间，因而其组成亦应相同。所以微观混合的程度不影响反应器的工况。再看活塞流反应器，因为同一横截面上所有流体粒子停留时间相同，组成自然也相同，所以，微观混合的程度对活塞流反应器的工况不产生影响。全混流反应器的情况就不同了，由于同一横截面上流体粒子的停留时间不同，其组成也就不同，于是，除一级反应外，微观混合的程度将影响反应器的工况。这种影响随着停留时间分布的不同而不同，返混程度越严重，微观混合程度的影响越大。

通过对全混流反应器进行单一反应的计算结果证明，完全离析时所达到的转化率与微观混合最大时相差不大，多数情况只有百分之几，而且随着停留时间分布的变窄，这种差别还要缩小。因此，在大多数情况下可以忽略微观混合的影响。当然，如果同时进行多个反应，微观混合对产物的分布影响可能就较大。对于某些快速反应，多相反应等，微观混合的影响往往也不能忽略。

值得注意的是如果两个反应器的停留时间分布相同，微观混合的程度也相同，是否两者的工况也相同呢？为了回答这个问题，研究图 5.26 所示的两个反应系统，图 5.26 中（a）与（b）两种情况均为活塞流反应器和全混流反应器相串联，其差别仅在顺序的不同，显然

两者的停留时间分布应该是一样的；图 5.27 为其示意图，图中 $\bar{t}$ 为流体流过系统的平均停留时间，若两个反应器的反应体积相等，则在活塞流反应器内流体的平均停留时间应为 $\bar{t}/2$，故在 $t=\bar{t}/2$ 处分布曲线出现跳跃。如果这两个系统的微观混合程度也相同，比如说都达到了完全微观混合，那么，在相同的空时和反应温度下进行相同的化学反应，两者所达到的转化率是否也相同？计算结果表明（参见例 5.11）除一级反应外，两者的转化率是不一样的，其原因是混合早晚的缘故：图 5.26(a) 属于晚混合，而图 5.26(b) 则为早混合；前者是在浓度水平低的情况下进行混合，反之后者则是在高浓度水平下的混合，故此虽然混合程度相同，但由于混合后的浓度不同，反应速率的变化自然不一样，结果两者的最终转化率也就有所差异。

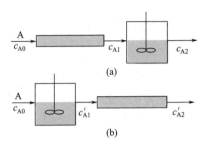

图 5.26　活塞流反应器和
全混流反应器的串联

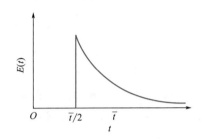

图 5.27　活塞流系统与全混流系统串联
时的停留时间分布

　　总之，流动反应器的工况不仅与所进行的反应的动力学及停留时间分布有关，而且还与流体的混合有关，这包括微观混合的程度（或离析程度）和混合的早晚两个方面。混合的早晚实际上也就是混合时的浓度水平。

　　【例 5.11】　如图 5.26 所示的两个串联反应器系统，在相同的温度及空时下进行同样的反应。若相串联的全混流反应器和活塞流反应器的空时均等于 1min，进口流体中 $c_{A0}=1\text{kmol/m}^3$，试分别计算这两种串联情况所达到的转化率。假设所进行的反应为（1）一级反应；（2）二级反应，反应温度下两者的反应速率常数分别为 1min^{-1} 及 $1\times10^{-3}\text{m}^3/(\text{mol}\cdot\text{min})$。

　　解：（1）一级反应　活塞流反应器的计算式为

$$c_A = c_{A0}e^{-k\tau} \tag{A}$$

将有关数据代入得图 5.26(a) 情况下活塞流反应器出口流体中 A 的浓度为

$$c_{A1} = 1\times e^{-1\times1} = 0.368(\text{kmol/m}^3)$$

全混流反应器的计算式为

$$c_{A2} = \frac{c_{A1}}{1+k\tau} \tag{B}$$

因此，图 5.26(a) 情况的出口流体中 A 的浓度为

$$c_{A2} = \frac{0.368}{1+1\times1} = 0.184(\text{kmol/m}^3)$$

从而可算出所达到的转化率为 $1-0.184/1=0.816$，即 81.6%。

　　同理利用式(A) 及式(B) 可对图 5.26(b) 情况作计算

$$c'_{A1} = \frac{1}{1+1\times1} = 0.5(\text{kmol/m}^3)$$

$$c'_{A2} = 0.5\times e^{-1\times1} = 0.184(\text{kmol/m}^3)$$

出口浓度与图 5.26(a) 情况相同，所以转化率也为 81.6%，可见混合早晚对于一级反应不发生影响。

（2）二级反应　活塞流反应器的计算式为

$$c_{A1} = \frac{c_{A0}}{1 + k\tau c_{A0}} \tag{C}$$

将有关数值代入得图 5.26(a) 情况活塞流反应器出口 A 的浓度为

$$c_{A1} = \frac{1}{1 + 1 \times 1 \times 1} = 0.5(\text{kmol/m}^3)$$

全混流反应器的计算式为

$$c_{A2} = \frac{1}{2k\tau}(-1 + \sqrt{1 + 4k\tau c_{A1}}) \tag{D}$$

所以，图 5.26(a) 情况的出口浓度

$$c_{A2} = \frac{1}{2 \times 1 \times 1} \times (-1 + \sqrt{1 + 4 \times 1 \times 1 \times 0.5}) = 0.366(\text{kmol/m}^3)$$

故最终转化率为 $1 - 0.366/1 = 0.634$ 或 63.4%。

同理可对图 5-26(b) 情况进行计算，由式（D）求得 $c'_{A1} = 0.618\text{kmol/m}^3$，由式（C）求得 $c'_{A2} = 0.382(\text{kmol/m}^3)$。因此最终转化率为 $(1 - 0.382)/1 = 0.618$ 或 61.8%。由此可见，混合的早晚对二级反应有影响，晚混合对二级反应有利。显然，这种影响并不是很大的。

 总结

本章作为由理想反应器向真实反应器跨越的必经之路，通过学习，应该掌握流经反应器的流体停留时间及其描述方法，包括停留时间分布密度函数和停留时间分布函数；停留时间分布的实验测定方法，以获得前述两种函数表达式的数据处理过程；停留时间分布统计特征值的计算公式和求解过程；理想反应器停留时间分布的定量描述公式；由非理想流动现象推导非理想反应器设计方程的基本思路，以及离析流模型、多釜串联模型和轴向分散模型在非理想反应器设计中的应用。同时，了解反应器中流体混合存在宏观混合和微观混合两种类型，混合早与晚的顺序，及其对反应影响的程度。具体内容包括：

活塞流假定：径向流速分布均匀、垂直于流体的任一横截面上浓度均匀、温度均匀；流体在轴向不存在混合。

停留时间分布：停留时间分布有年龄分布和寿命分布之分，本章仅研究寿命分布。

停留时间分布的测定：通过反应器入口处的激励，考察反应器出口处的响应变化，进而获得描述反应器内流体流动与混合的信息。

示踪法	直接获得的函数
脉冲法	$E(t) = c(t)/\int_0^\infty c(t)\text{d}t$
阶跃法	$F(t) = c(t)/c(\infty)$ $F(t) = 1 - c(t)/c(0)$
周期输入	$F(t)$

停留时间分布的两种函数：停留时间分布密度函数和停留时间分布函数。

停留时间分布密度函数

$$\begin{cases} E(t) = 0 & (t < 0) \\ E(t) \geqslant 0 & (t \geqslant 0) \end{cases}$$

$$\int_0^\infty E(t)\text{d}t = 1$$

停留时间分布函数

$$F(t) = \begin{cases} 0 & (t \leqslant 0) \\ 0 \sim 1 & (t > 0) \\ 1 & (t \to \infty) \end{cases}$$

且

$$\int_0^t E(t)\mathrm{d}t = F(t)$$

$$E(t) = \mathrm{d}F(t)/\mathrm{d}t$$

无量纲时间 $\theta = \dfrac{t}{\bar{t}}$，无量纲的停留时间分布

$$E(\theta) = \bar{t}E(t) \quad , \quad F(\theta) = F(t)$$

且满足

$$\int_0^\infty E(\theta)\mathrm{d}\theta = 1 \quad , \quad \int_0^\theta E(\theta)\mathrm{d}\theta = F(\theta)$$

停留时间分布的统计特征值：平均停留时间和方差。

平均停留时间（数学期望）

$$\bar{t} = \frac{\displaystyle\int_0^\infty tE(t)\mathrm{d}t}{\displaystyle\int_0^\infty E(t)\mathrm{d}t} = \int_0^\infty tE(t)\mathrm{d}t$$

方差

$$\sigma_t^2 = \int_0^\infty (t - \bar{t})^2 E(t)\mathrm{d}t = \int_0^\infty t^2 E(t)\mathrm{d}t - \bar{t}^2$$

$$\bar{\theta} = \int_0^\infty \theta E(\theta)\mathrm{d}\theta$$

$$\sigma_\theta^2 = \frac{\sigma_t^2}{\bar{t}^2} = \int_0^\infty \theta^2 E(\theta)\mathrm{d}\theta - 1$$

非理想流动模型：着重讲述了离析流模型、多釜串联模型和轴向分散模型，以例题的方式介绍了层流模型。

离析流模型

$$\bar{c}_A = \int_0^\infty c_A(t)E(t)\mathrm{d}t \quad , \quad \overline{X}_A = \int_0^\infty X_A(t)E(t)\mathrm{d}t$$

上两式中的 $c_A(t)$ 和 $X_A(t)$ 是按间歇反应器计算的反应物浓度和转化率变化。

多釜串联模型

$$\bar{\theta} = 1$$

$$\sigma_\theta^2 = \frac{1}{N}$$

轴向分散模型

$$\frac{\partial c}{\partial t} = D_a \frac{\partial^2 c}{\partial Z^2} - u \frac{\partial c}{\partial Z}$$

$$\frac{\partial \psi}{\partial \theta} = \frac{1}{Pe} \frac{\partial^2 \psi}{\partial \zeta^2} - \frac{\partial \psi}{\partial \zeta}$$

$$\sigma_\theta^2 = \frac{2}{Pe} - \frac{2}{Pe^2}(1 - e^{-Pe})$$

非理想流动模型参数的确定：除下表的零参数模型外，其余模型参数需要由无量纲方差加以计算。

模型	离析流	多釜串联	轴（径）向分散	层流
参数个数	0	1	1～2	0

非理想流动模型的求解：离析流模型需求解积分方程，多釜串联模型是求解代数方程，轴（径）向分散模型要求解微分方程。层流模型的无量纲方差为无穷大，所以不能用多釜串联模型或轴（径）向分散模型计算，建议使用多管并联模型或离析流模型计算。

反应器中流体的混合：由反应器内不同停留时间粒子的混合引出了返混概念。返混是在反应器空间尺度上的混合，活塞流反应器（PFR）的返混为零，全混流反应器（CSTR）的返混为无限大。任何真实反应器的返混应介于两者之间。

在反应尺度上的混合分为完全宏观混合及完全微观混合或介于两者之间的混合。完全宏观混合的流体又称为离析流或宏观流体，完全微观混合的流体又称为微观流体。

此外，混合早晚对含有微观混合的非一级反应也存在一定程度的影响。

习 题

5.1 设 $F(\theta)$ 及 $E(\theta)$ 分别为闭式流动反应器的停留时间分布函数及停留时间分布密度，θ 为对比时间。

(1) 若该反应器为活塞流反应器，试求：

(a) $F(1)$；(b) $E(1)$；(c) $F(0.8)$；(d) $E(0.8)$；(e) $E(1.2)$。

(2) 若该反应器为全混流反应器，试求：

(a) $F(1)$；(b) $E(1)$；(c) $F(0.8)$；(d) $E(0.8)$；(e) $E(1.2)$。

(3) 若该反应器为一个非理想流动反应器，试求：

(a) $F(\infty)$；(b) $F(0)$；(c) $E(\infty)$；(d) $E(0)$；(e) $\int_0^\infty E(\theta)\mathrm{d}\theta$；(f) $\int_0^\infty \theta E(\theta)\mathrm{d}\theta$。

5.2 用阶跃法测定某一闭式流动反应器的停留时间分布，得到离开反应器的示踪物浓度与时间的关系如下。

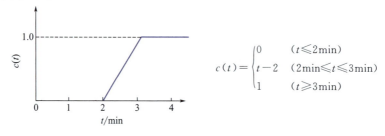

$$c(t) = \begin{cases} 0 & (t \leqslant 2\mathrm{min}) \\ t - 2 & (2\mathrm{min} \leqslant t \leqslant 3\mathrm{min}) \\ 1 & (t \geqslant 3\mathrm{min}) \end{cases}$$

试求：

(1) 该反应器的停留时间分布函数 $F(\theta)$ 及分布密度 $E(\theta)$。

(2) 数学期望 $\overline{\theta}$ 及方差 σ_θ^2。

(3) 若用多釜串联模型来模拟该反应器，则模型参数是多少？

(4) 若用轴向分散模型来模拟该反应器，则模型参数是多少？

(5) 若在此反应器内进行一级不可逆反应，反应速率常数 $k = 1\mathrm{min}^{-1}$，且无副反应，试求反应器出口转化率。

5.3 用阶跃法测定某一闭式流动反应器的停留时间分布，得到离开反应器的示踪物浓度与时间关系如下：

t/s	0	15	25	35	45	55	65	75	90	100
$c(t)/(g/cm^3)$	0	0.5	1.0	2.0	4.0	5.5	6.5	7.0	7.7	7.7

（1）试求该反应器的停留时间分布及平均停留时间；

（2）若在该反应器内的物料为微观流体，且进行一级不可逆反应，反应速率常数 $k = 0.05(1/s)$，预计反应器出口处的转化率；

（3）若反应器内的物料为宏观流体，其他条件均不变，试问反应器出口处的转化率又为多少？

5.4 为了测定一个闭式流动反应器的停留时间分布，采用脉冲示踪法，测得反应器出口物料中示踪物浓度如下：

t/min	0	1	2	3	4	5	6	7	8	9	10
$c(t)/(g/L)$	0	0	3	5	6	6	4.5	3	2	1	0

试计算：

（1）反应物料在该反应器中的平均停留时间 $\bar{t}$ 和方差 σ_θ^2；

（2）停留时间小于 4.0min 的物料所占的分数。

5.5 已知一等温闭式液相反应器的停留时间分布密度函数 $E(t) = 16t\exp(-4t)$，min^{-1}，试求：

（1）平均停留时间；（2）空时；（3）空速；（4）停留时间小于1min的物料所占的分率；（5）停留时间大于1min的物料所占的分率；（6）若用多釜串联模型拟合，该反应器相当于几个等体积的全混釜串联？（7）若用轴向分散模型拟合，则模型参数 Pe 为多少？（8）若反应物料为微观流体，且进行一级不可逆反应，其反应速率常数为 $6min^{-1}$，$c_{A0} = 1mol/L$，试分别采用轴向分散模型和多釜串联模型计算反应器出口转化率，并加以比较；（9）若反应物料改为宏观流体，其他条件均与上述相同，试估计反应器出口转化率，并与微观流体的结果加以比较。

5.6 微观流体在全长为 10m 的等温管式非理想流动反应器中进行二级不可逆液相反应，其反应速率常数 k 为 $0.266L/(mol \cdot s)$，进料浓度 c_{A0} 为 1.6mol/L，物料在反应器内的线速度为 $0.25m/s$，实验测定反应器出口转化率为 80%，为了减小返混的影响，现将反应器长度改为 40m，其他条件不变，试估计延长后的反应器出口转化率将为多少？

5.7 在一个全混流釜式反应器中等温进行零级反应 $A \longrightarrow B$，反应速率 $r_A = 9mol/(min \cdot L)$，进料浓度 c_{A0} 为 10mol/L，流体在反应器内的平均停留时间 $\bar{t}$ 为 1min，请按下述情况分别计算反应器出口转化率：（1）若反应物料为微观流体；（2）若反应物料为宏观流体。并将上述计算结果加以比较，结合习题5.5进行讨论。

5.8 在具有如下停留时间分布的反应器中，等温进行一级不可逆反应 $A \longrightarrow P$，其反应速率常数为 $2min^{-1}$。

$$E(t) = \begin{cases} 0 & (t < 1min) \\ \exp(1-t) & (t \geqslant 1min) \end{cases}$$

试分别用轴向分散模型及离析流模型计算该反应器出口的转化率，并对计算结果进行比较。

6

多相反应中的传递现象

 提要

本章将着重介绍以下内容：

1. 多孔催化剂的颗粒和孔道性质

2. 多孔催化剂上传质与反应的基本步骤

3. 催化剂颗粒外表面与主流体间的传递速率

4. 单颗粒催化剂内的反应扩散方程

5. 外扩散有效因子

6. 内扩散有效因子

7. 总有效因子

8. 内扩散对复合反应选择性的影响

9. 本征和宏观反应动力学

10. 消除内、外扩散影响的实验及判据

实际生产中，多数化学反应系在多相系统中进行，如合成氨、乙烯氧化为环氧乙烷、乙炔与氯化氢合成氯乙烯、苯氯化、正丁烷氧化为顺丁烯二酸酐等均属此类。顾名思义，多相系统的特征是系统中同时存在两个或两个以上的相态，所以，发生化学反应的同时，必然伴随着相间和相内的传递现象，这主要是质量传递和热量传递。如果这些传递现象不存在，那么就不可能发生化学反应。

在第 1 章中已提到过多相系统中的化学反应，按其相态的不同可分为气固、气液、液固、固固以及气液固等反应；按其是否使用催化剂又可分为催化反应与非催化反应两大类。虽然多相系统中的反应是多种多样的，但根据化学反应进行的部分可概括为三种基本类型：①在两相界面处进行反应，所有气固相催化或非催化反应都属于这一类型；②在一个相内进行反应，大多数气液反应均属于这种情况，即反应都是在液相中进行的，进行反应的相叫做反应相；③在两个相内同时发生反应，某些液液反应属于这种情况。以上的划分是粗略的，目的在于研究方便。两种情况兼而有之的例子也是有的，例如反应在相界面上进行的同时，也在一个相内发生。本书只讨论前两种较为简单而又十分典型的情况。

由于气固相催化反应在工业生产中应用广泛，相对来说研究得也比较成熟，将把它作为第一种类型的代表在本章中作较为详细的讨论。第二种类型的多相系统则以气液反应为代表在第 8 章中阐明。在这两章里着重阐明传递现象对化学反应过程的影响，并讨论定量处理的方法。

6.1 多相催化反应过程步骤

多相催化反应是在固体催化剂的表面上进行的，因此，流体相主体中的反应物必须传递到催化剂表面上，然后进行反应，反应产物也不断地从催化剂表面传递到流体相主体。为了弄清这些传递和反应步骤，首先需要对固体催化剂颗粒的宏观结构和性质有所了解。

6.1.1 固体催化剂的宏观结构及性质

绝大多数固体催化剂颗粒为多孔结构，即颗粒内部系由许许多多形状不规则互相连通的孔道所组成，形成一几何形状复杂的网络结构。正是由于这种网状结构的存在，使催化剂颗粒内部存在着巨大的表面，化学反应便是在这些表面上发生的。通常以单位质量催化剂颗粒所具有的表面积，即比表面来衡量催化剂表面的大小，以 m^2/g 为单位。比表面系由实验测定得到，常用的方法是 BET 法或色谱法。固体催化剂的比表面可高达 $200\sim300m^2/g$。

多孔催化剂的比表面显然与孔道的大小有关，孔道越细，则比表面越大。然而催化剂颗粒内的孔道又是粗细不一的，通常用孔径分布来描述，孔径分布则是通过由实验测定的孔体积分布计算得到。孔体积是指单位质量催化剂颗粒所具有的孔的体积，常以 cm^3/g 为单位，如果是大孔，例如大于 100×10^{-10} m，可以用压汞仪来测定不同大小的孔的体积，不同的压力相应于不同粗细的孔道；如果是介孔和微孔，则可以用 N_2 吸附的 BET 方法测定。如果不需要分别测定不同大小的孔体积，可用四氯化碳法测定催化剂的孔体积，这时测得的孔体积包括所有孔的体积，或称总孔体积，通常所说的孔体积指的就是总孔体积。

为了定量比较和计算上的方便，常用平均孔半径 $\langle r_a \rangle$ 来表示催化剂孔的大小。如果不同孔径 r_a 的孔体积分布已知，平均孔径 $\langle r_a \rangle$ 不难由下式算出

$$\langle r_a \rangle = \frac{1}{V_g} \int_0^{V_g} r_a \mathrm{d}V \tag{6.1}$$

式(6.1)中 V 为半径为 r_a 的孔的体积，按单位质量催化剂计算，V_g 为催化剂的总孔体积。缺乏孔体积分布数据时，只要催化剂的比表面 S_g 及总孔体积 V_g 已知，也可按下列办法估算平均孔径。

假设催化剂颗粒内部的孔道是彼此不相交的圆柱，其平均半径为 $\langle r_a \rangle$，平均长度为 $\overline{L}$，如果单位质量催化剂中含有 n 个这样的圆柱形孔道，则

$$S_g = n(2\pi \langle r_a \rangle \overline{L})$$
$$V_g = n(\pi \langle r_a \rangle^2 \overline{L})$$

两式相除得
$$\langle r_a \rangle = 2V_g/S_g \tag{6.2}$$

由式(6.1)和式(6.2)分别计算得到的平均孔径值会不一致，式(6.1)的结果要准确些，而式(6.2)只不过是一个粗略的估计，因为孔道既不是直的，也不是互不相交的，而且形状也是各不相同的。

除了用孔体积来表示催化剂颗粒的孔体积外，还可用孔隙率（或简称孔率）ε_p 来表示。孔隙率等于孔隙体积与催化剂颗粒体积（固体体积与孔隙体积之和）之比，显然 $\varepsilon_p < 1$。孔隙率与孔体积的差别在于前者按单位颗粒体积，而后者则是按单位质量催化剂计算的孔体积。两者的关系为

$$\varepsilon_p = V_g \rho_p \qquad (6.3)$$

式(6.3)中 ρ_p 为颗粒密度，或称表观密度。除了颗粒密度之外，还有所谓真密度 ρ_t 和堆密度 ρ_b，它们的定义可分别表示如下

$$\rho_p = \frac{固体的质量}{颗粒的体积} \quad , \quad \rho_t = \frac{固体的质量}{固体的体积} \quad , \quad \rho_b = \frac{固体的质量}{床层的体积}$$

由此可见三者指的都是单位体积的固体质量，差别只在于体积计算的不同。ρ_p 按颗粒体积（固体体积与孔体积之和）计算，而 ρ_t 则只按固体体积计算，显然，$\rho_t > \rho_p$。堆密度 ρ_b 按床层体积计算，所谓床层体积（也叫做堆体积）包括颗粒体积和颗粒与颗粒间的空隙体积两个部分，正因为这样，颗粒密度、真密度与堆密度之间，以堆密度为最小，而以真密度为最大。

要注意将床层空隙率 ε 与前面所说的颗粒孔隙率 ε_p 区分开来。床层空隙率是对一堆颗粒而言，其意义为颗粒间的空隙体积与床层体积之比，即颗粒间的空隙体积占床层体积的分率；孔隙率则对单一颗粒而言，是颗粒内部的孔体积占颗粒体积的分率。

对于固体颗粒，尤其是形状不规则而又较细的颗粒，往往通过筛分来确定其粒度，例如 $40 \sim 60$ 目的颗粒，意指这些颗粒能通过 40 目筛，而不能通过 60 目筛。同时以这两种筛的筛孔净宽的算术平均值来表示颗粒的线性尺寸。

在实际设计计算中，往往以与颗粒相当的球体直径来表示颗粒的粒度，具体做法有三：①以与颗粒体积相等的球体直径表示；②以与颗粒外表面积相等的球体直径表示；③以与颗粒的比外表面积相等的球体直径表示，所谓比外表面积是指单位颗粒体积所具有的外表面积。这三种表示方法文献上都有采用，因此实际应用时必须特别小心，要弄清是用哪一种表示方法，尤其是对那些含有颗粒直径的关联式更应注意，以免引起错误，因为对于同一非球颗粒，用不同的方法表示其相当直径，其数值显然是不相同的。

对于固体颗粒，还要介绍另一个常用的概念——形状系数 ψ_a，其意义为和颗粒体积相同的球体的外表面积 a_s 与颗粒的外表面积 a_p 之比，即

$$\psi_a = a_s / a_p \qquad (6.4)$$

由于体积相同的几何体中以球体的外表面积为最小，所以 $a_s < a_p$，$\psi_a < 1$。$\psi_a = 1$ 表明颗粒为球形。ψ_a 表示颗粒外形与球形相接近的程度，又称圆球度。

【例 6.1】 已知一催化剂颗粒的质量为 1.083g，体积为 1.033cm^3，测得孔体积为 $0.255\text{cm}^3/\text{g}$，比表面为 $100\text{m}^2/\text{g}$，试求这粒催化剂的 ρ_p、ε_p 及 $\langle r_a \rangle$。

解：由前边给的 ρ_p 和 ε_p 的定义得

$$\rho_p = 1.083/1.033 = 1.048(\text{g/cm}^3)$$
$$\varepsilon_p = 0.255/(1/1.048) = 0.267$$

由式(6.2)

$$\langle r_a \rangle = 2V_g/S_g = 2 \times 0.255/(100 \times 10^4) = 50.1 \times 10^{-8}(\text{cm}) = 50.1 \times 10^{-10}(\text{m})$$

6.1.2 过程步骤

前面已简单介绍了多孔固体颗粒的宏观结构和某些描述其宏观结构的物理量，下面将以在多孔催化剂颗粒上进行不可逆反应 $A(g) \longrightarrow B(g)$ 为例，阐明反应过程进行的步骤。图 6.1 为描述各过程步骤的示意图。

颗粒内部为纵横交错的孔道，其外表面则为一气体层流边界层所包围，是气相主体与催

化剂颗粒外表面间的传递作用的阻力所在。由于化学反应系发生在催化剂表面上，因此反应物 A 必须从气相主体向催化剂表面传递，反之在催化剂表面上生成的产物 B 又必须从表面向气相主体扩散，其具体步骤可按图 6.1 中的标号与下列序号顺序叙述如下：

①反应物 A 由气相主体扩散到颗粒外表面；

②反应物 A 由外表面向孔内扩散，到达可进行吸附/反应的活性中心；

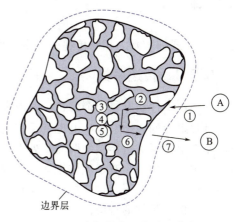

图 6.1　多相催化反应过程步骤

③～⑤依次进行 A 的吸附，A 在表面上反应生成 B，产物 B 自表面解吸，这总称为表面反应过程，其反应历程就决定了该催化反应的本征动力学；

⑥产物 B 由内表面扩散到外表面；

⑦B 由颗粒外表面扩散到气相主体。

步骤①、⑦属外扩散；步骤②、⑥属孔内扩散过程，简称内扩散；步骤③～⑤属表面反应过程，已在第 2 章中做过描述。在这些步骤中，内扩散和表面反应发生于催化剂颗粒内部，且两者是同时进行的，属于并联过程，而组成表面反应过程的③～⑤三步则是串联的。外扩散发生于流体相与催化剂颗粒外表面之间，属于相间传递过程。外扩散与催化剂颗粒内的扩散和反应也是串联进行的。对于串联过程，存在着速率控制步骤，定态下各步的速率相等，且等于控制步骤的速率，这在第 2 章就讨论过了。对于并联步骤则不存在速率控制步骤。

由于扩散的影响，流体主体、催化剂外表面上及催化剂颗粒中心反应物的浓度 c_{AG}、c_{AS} 和 c_{AC} 将是不一样的，且 $c_{AG} > c_{AS} > c_{AC} > c_{Ae}$，$c_{Ae}$ 为反应物 A 的平衡浓度。对于反应产物，其浓度高低顺序相反。

6.2　流体与催化剂颗粒外表面间的传质与传热

前已指出，多相催化反应过程的第一步是反应物向催化剂颗粒外表面传递，这一步骤的速率可用下式来表示

$$N_A = k_G a_m (c_{AG} - c_{AS}) \tag{6.5}$$

式(6.5)中 a_m 为单位质量催化剂颗粒的外表面积，k_G 为传质系数。浓度差（$c_{AG} - c_{AS}$）为传质过程推动力。对于定态过程，这一传质速率应等于反应物 A 的消耗速率（$-\mathscr{R}_A$），即 $N_A = (-\mathscr{R}_A)$。

由于化学反应进行时总是伴随着一定的热效应，放热或吸热，因而在反应物向催化剂颗粒外表面传递的同时，必然产生流体与颗粒外表面间的热量传递，进行放热反应时，热量从催化剂外表面向流体主体传递，吸热反应则相反，此传热速率可用下式表示

$$q = h_s a_m (T_S - T_G) \tag{6.6}$$

式(6.6)中 h_s 为流体与颗粒外表面间的传热系数；T_S 及 T_G 则分别表示颗粒外表面和流体主体的温度，此温度差为传热推动力。过程达到定态时传热量应等于反应放出（或吸收）的

热量，即

$$q = (-\mathscr{R}_A)(-\Delta H_r) \tag{6.7}$$

式(6.5)~式(6.7)为相间传递的基本方程。

6.2.1 传递系数

上述两个传递方程中都包含传递系数，即传质系数 k_G 和传热系数 h_s。传递系数反映了传递过程阻力的大小，实质上也就是围绕催化剂颗粒外表面上层流边界层的厚薄。温度差和浓度差产生于层流边界层的两侧。处理实际的相间传递问题时，通常假设颗粒外表面上温度均一，浓度也均一。对于流体主体，其温度和浓度也做均一的假定。这实质上是假定层流边界层的厚度处处相等，这样的假设将相间传递问题作为一维问题来处理，使复杂的问题大为简化而又保持足够的近似。

传递阻力的大小对于传递速率的影响至关重要，阻力越大，则传递系数越小。流体与固体颗粒间的传质系数与颗粒的几何形状及尺寸、流体力学条件以及流体的物理性质有关。影响流体与颗粒间传热系数的因素同样是这些。由传热和传质的类比关系知，用 j 因子的办法来关联气固传质和传热实验数据最为合适。传质 j 因子 j_D 和传热 j 因子 j_H 的定义为

$$j_D = \frac{k_G \rho}{G}(Sc)^{2/3} \tag{6.8}$$

及

$$j_H = \frac{h_s}{GC_p}(Pr)^{2/3} \tag{6.9}$$

式中，Sc 和 Pr 分别为施密特数和普朗特数。

$$Sc = \mu/(\rho D) \quad, \quad Pr = C_p \mu/\lambda_h$$

无论 j_D 还是 j_H，均是雷诺数的函数，其函数形式与床层结构有关。例如，对于固定床

$$\varepsilon j_D = 0.357/Re^{0.359} \tag{6.10}$$

上式应用范围为 $3 \leqslant Re \leqslant 1000$，$0.6 \leqslant Sc \leqslant 5.4$。

$$\varepsilon j_H = 0.395/Re^{0.36} \tag{6.11}$$

应用范围 $0.6 \leqslant Pr \leqslant 3000$，$30 \leqslant Re \leqslant 10^5$。上两式中的雷诺数均系按颗粒的直径来定义，即

$$Re = d_p G/\mu$$

根据传热与传质的类比原理有 $\qquad j_D = j_H \tag{6.12}$

对比式(6.10)和式(6.11)可知，对于固定床，式(6.12)的关系亦近似成立。正因为这样，用 j 因子来关联传质和传热数据就显出其优越性，即可以由传热系数推算出传质系数，反之亦然。特别是前者更为重要，因为气固相间的传热实验测定较之传质实验要来得准确，相对来说也较为容易。但是也有些文献报道固定床的 j_D 和 j_H 相差颇大。

由 j_D 与 Re 的关联式(6.10)可知，传质系数 k_G 将随质量速度 G 的增长而变大，从而也就加快了外扩散传质速率；反之，质量速度下降，外扩散传质阻力变大，甚至会成为过程的控制步骤。

实际生产中，在条件允许的前提下，力求用较大的质量速度以提高设备的生产强度，故属于外扩散控制的气固催化反应过程不多。硝酸生产中的铂网催化剂上的氨氧化反应属于外扩散控制，造成此种情况的原因有两个：一是反应温度高达 $800 \sim 900$℃，本征反应速率很快，所谓本征反应速率是指不存在内外扩散影响时的多相催化反应速率；二是加大氨空气混合气的质量速度会招致铂网的机械摩擦损失增加。在气固非催化反应中，例如炭的燃烧，则由于在高温下的燃烧反应速率很快，常常是属于外扩散控制。

6.2.2　流体与颗粒外表面间的浓度差和温度差

为了确定定态下流体与颗粒外表面间的浓度差和温度差，将式(6.5)～式(6.7)合并可得

$$k_G a_m (c_{AG} - c_{AS})(-\Delta H_r) = h_s a_m (T_S - T_G)$$

并以式(6.8)、式(6.9)代入，整理后则有

$$T_S - T_G = (c_{AG} - c_{AS}) \frac{(-\Delta H_r)}{\rho C_p} \left(\frac{Pr}{Sc}\right)^{2/3} \left(\frac{j_D}{j_H}\right) \tag{6.13}$$

就多数气体而言，$Pr/Sc \approx 1$，对于固定床，j_D 与 j_H 近似相等，于是式(6.13) 可简化为

$$T_S - T_G = \frac{(-\Delta H_r)}{\rho C_p}(c_{AG} - c_{AS}) \tag{6.14}$$

由此可见，催化剂外表面与流体主体的温度差 $\Delta T = T_S - T_G$ 和浓度差 $\Delta c = c_{AG} - c_{AS}$ 成线性关系。对于热效应 ΔH_r 不很大的反应，只有 Δc 比较大时，ΔT 才较显著。而热效应大的反应，即使 Δc 不很大，ΔT 依然可能相当大，无论放热反应还是吸热反应均如此。但是放热反应更值得注意，因为实测温度往往是流体相的温度 T_G，而此种情况下 T_S 又大于 T_G，ΔT 太大就会造成催化剂由于超温而损坏。

设想在绝热条件下反应，流体相的浓度从 c_{AG} 降至 c_{AS} 时，由热量衡算知流体的温度变化为

$$(\Delta T)_{ad} = \frac{(-\Delta H_r)}{\rho C_p}(c_{AG} - c_{AS}) \tag{6.15}$$

对比式(6.14) 与式(6.15) 知 $\Delta T = (\Delta T)_{ad}$，前提是流体主体和催化剂外表面间的浓度差，与绝热条件下反应时流体相的浓度变化相等。

【例6.2】 为除去 H_2 气中少量 O_2 杂质，用装有 Pt/Al_2O_3 催化剂的脱氧器进行以下反应

$$2H_2 + O_2 \longrightarrow 2H_2O$$

O_2（A）的反应速率可按下式计算

$$-r_A = 3.09 \times 10^{-5} \exp[-2.19 \times 10^4/(RT)] p_A^{0.804} \quad [mol/(g \cdot s)]$$

式中 p_A 为 O_2 分压，Pa。脱氧器催化剂床层空隙率 $\varepsilon = 0.35$，气体质量速度 $G = 1250$ kg/($m^2 \cdot h$)，催化剂的颗粒直径 $d_p = 1.86 cm$，外表面积 $a_m = 0.5434 m^2/g$。

现测得脱氧器内某处气相压力为 0.1135MPa，温度 373K，各气体体积分数为 H_2 96%，O_2 4.0%，试判断在该处条件下，相间的传质、传热阻力可否忽略不计(不考虑内扩散阻力)？

在本题条件下 O_2 的扩散系数为 0.414m^2/h，混合气体黏度 0.03708Pa·s，密度 0.117kg/m^3，反应热 2.424×10^5J/mol，相间传热系数 2.424×10^6J/($m^2 \cdot h \cdot K$)。

解：首先求

$$Re = d_p G/\mu = 1.86 \times 10^{-2} \times 1250/0.03708 = 627$$

$$Sc = \mu/(\rho D) = 0.03708/(0.117 \times 0.414) = 0.7655$$

$$Sc^{2/3} = 0.8368$$

按式(6.10)　　　　$j_D = 0.357/(0.35 \times 627^{0.359}) = 0.101$

因为反应是在催化剂表面上进行，该处的温度 T_S 与 O_2 浓度 c_{AS}，其数值暂时还不知道，为此可按下述试差法求解。

（1）先假设 $c_{AS}=c_{AG}=p_{AG}/(RT)$

$$=0.1135\times0.04/(0.008314\times373)=1.464\times10^{-3}(\text{mol/L})$$

$$T_S=T_G=373\text{K}$$

$$p_{AS}=p_{AG}=0.1135\times0.04=0.00454(\text{MPa})$$

按此 T_S，p_{AS} 的值，求出 $(-\mathscr{R}_A)$

$$-\mathscr{R}_A=3.09\times10^{-5}\times\exp[-2.19\times10^4/(8.314\times373)]\times4540^{0.804}$$

$$=2.308\times10^{-5}[\text{mol/(g·s)}]$$

由式(6.5)、式(6.8) 得式(A)，由式(6.6)、式(6.7) 及式(6.9) 得式(B)

$$c_{AG}-c_{AS}=\frac{(-\mathscr{R}_A)}{j_D G a_m}\frac{\rho}{}(Sc)^{2/3} \tag{A}$$

$$T_S-T_G=(-\mathscr{R}_A)(-\Delta H_r)/(h_s a_m) \tag{B}$$

将上边算得的 $-\mathscr{R}_A$ 及有关常数代入式(A) 和式(B) 得

$$c_{AG}-c_{AS}=\frac{2.308\times10^{-5}\times0.117\times3600\times0.8368}{0.101\times1250\times10^3\times0.5434\times10^{-3}}=1.1858\times10^{-4}(\text{mol/L})$$

由上得第一次修正的 c_{AS} 和 T_S 值

$$(c_{AS})_1=c_{AG}-1.1858\times10^{-4}=1.464\times10^{-3}-1.1858\times10^{-4}=1.3454\times10^{-3}(\text{mol/L})$$

$$(T_S)_1=T_G+(-\mathscr{R}_A)(-\Delta H_r)/(h_s a_m)$$

$$=373+2.038\times10^{-5}\times3600\times2.424\times10^5/(2.424\times10^6\times0.5434\times10^{-3})$$

$$=373+15.29=388.29(\text{K})$$

$$(p_{AS})_1=(c_{AS})_1 R(T_S)_1=0.004343\text{MPa}$$

（2）用 $(c_{AS})_1$、$(T_S)_1$ 再求 $(-\mathscr{R}_A)$

$$-\mathscr{R}_A=3.09\times10^{-5}\times\exp[-2.19\times10^4/(8.314\times388.29)]\times4343^{0.804}$$

$$=2.941\times10^{-5}[\text{mol/(g·s)}]$$

将 $-\mathscr{R}_A$ 及有关常数再代入式(A) 及式(B) 得

$$(c_{AS})_2=1.3130\times10^{-3}\text{mol/L}\quad,\quad(T_S)_2=392.46\text{K}\quad,\quad(p_{AS})_2=0.004284\text{MPa}$$

（3）同上方法依次计算得

$$(c_{AS})_3=1.3034\times10^{-3}\text{mol/L},\ (T_S)_3=393.71\text{K}$$

$$(c_{AS})_4=1.3005\times10^{-3}\text{mol/L},\ (T_S)_4=394.09\text{K}$$

$$(c_{AS})_5=1.2996\times10^{-3}\text{mol/L},\ (T_S)_5=394.20\text{K}$$

$$(c_{AS})_6=1.2993\times10^{-3}\text{mol/L},\ (T_S)_6=394.24\text{K}$$

可以看出 $(c_{AS})_6$ 与 $(c_{AS})_5$，$(T_S)_6$ 与 $(T_S)_5$ 已十分接近，因此最后结果是

$$c_{AG}-c_{AS}=1.464\times10^{-3}-1.2993\times10^{-3}=0.165\times10^{-3}(\text{mol/L})$$

$$(c_{AG}-c_{AS})/c_{AG}=0.165/1.464=11.2\%$$

$$T_S-T_G=394.24-373=21.24(\text{K})$$

上边计算结果表明在本题给定的条件下，相间浓差和温差是不可忽略的。

6.2.3 外扩散对多相催化反应的影响

(1) 单一反应 为了说明外扩散对多相催化反应的影响，引用外扩散有效因子 η_X，其定义为

$$\eta_X = \frac{\text{外扩散有影响时颗粒外表面处的反应速率}}{\text{外扩散无影响时颗粒外表面处的反应速率}} \qquad (6.16)$$

显然，颗粒外表面上的反应物浓度 c_{AS} 总是低于气相主体的浓度 c_{AG}，因此，只要反应级数为正，则 $\eta_X \leq 1$；反应级数为负时，则恰相反，$\eta_X \geq 1$。

下面只讨论颗粒外表面与气相主体间不存在温度差且粒内也不存在内扩散阻力时的情况，即只考虑相间传质，而不考虑相间传热和内扩散的影响。先讨论一级不可逆反应，无外扩散影响时反应速率为 $k_W c_{AG}$，有影响时则为 $k_W c_{AS}$，故由式(6.16)得外扩散有效因子为

$$\eta_X = \frac{k_W c_{AS}}{k_W c_{AG}} = \frac{c_{AS}}{c_{AG}} \qquad (6.17)$$

对于定态过程 $\qquad\qquad k_G a_m (c_{AG} - c_{AS}) = k_W c_{AS} \qquad (6.18)$

解上式得 $\qquad\qquad\qquad c_{AS} = c_{AG}/(1 + Da) \qquad\qquad (6.19)$

$$Da = k_W/(k_G a_m) \qquad\qquad (6.20)$$

代入式(6.17)则得一级不可逆反应的外扩散有效因子

$$\eta_X = 1/(1 + Da) \qquad\qquad (6.21)$$

这里 Da 称丹克莱尔数，是化学反应速率与外扩散速率之比，当 k_W 一定时，此值越小，$k_G a_m$ 越大，即外扩散影响越小。

若为 α 级不可逆反应，其丹克莱尔数的定义是

$$Da = k_W c_{AG}^{\alpha-1}/(k_G a_m) \qquad\qquad (6.22)$$

仿照推导式(6.21)的方法，可导出不同反应级数时的 η_X 值为

$$\alpha = 2, \qquad \eta_X = \frac{1}{4Da^2}(\sqrt{1 + 4Da} - 1)^2 \qquad\qquad (6.23)$$

$$\alpha = \frac{1}{2}, \qquad \eta_X = \left[\frac{2 + Da^2}{2}\left(1 - \sqrt{1 - \frac{4}{(2 + Da^2)^2}}\right)\right]^{1/2} \qquad (6.24)$$

$$\alpha = -1, \quad \eta_X = 2/(1 + \sqrt{1 - 4Da}) \qquad\qquad (6.25)$$

根据上述 η_X 及 Da 各公式，可作出图6.2，由图可知：除反应级数为负外，外扩散有效因子总是随丹克莱尔数的增加而降低；且 α 越大 η_X 随 Da 增加而下降得越明显；无论 α 为何值：Da 趋于零时，η_X 总是趋于1。这就告诉人们：反应级数越高，采取措施降低外扩散阻力，以提高外扩散有效因子，就显得越有必要。

(2) 复合反应 先讨论颗粒外表面与气相主体温度相同时的情况。

$$A \begin{array}{c} \nearrow B \\ \searrow D \end{array}$$

生成目的产物 B 的反应为 α 级，生成 D 的反应为 β 级，则有

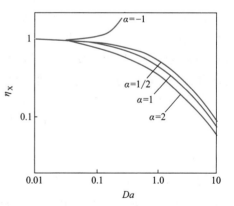

图 6.2　等温外扩散有效因子

$$r_B = k_1 c_{AS}^{\alpha}, \qquad r_D = k_2 c_{AS}^{\beta}$$

由反应瞬时选择性的定义可写出

$$S = r_B/(r_B + r_D) = 1/(1 + k_2 c_{AS}^{\beta-\alpha}/k_1) \qquad\qquad (6.26)$$

如外扩散阻力甚小以致对过程无明显影响，则 $c_{AS}=c_{AG}$，此时的瞬时选择性为

$$S'=1/(1+k_2 c_{AG}^{\beta-\alpha}/k_1) \tag{6.27}$$

比较以上两式可知，外扩散对于平行反应选择性的影响，取决于 $(\beta-\alpha)$ 是正还是负，若 $\alpha>\beta$，则 $S<S'$，即外扩散影响的存在，使生成目的产物 B 的选择性降低，这是因为，外扩散阻力的存在，使得 $c_{AS}<c_{AG}$，当生成目的产物 B 的反应级数 α 大于副反应的反应级数 β 时，外扩散阻力对主反应的影响程度大于对副反应的影响，故生成 B 的选择性下降；反之，若 $\alpha<\beta$，则 $S>S'$。

对一级不可逆连串反应 $\quad A \xrightarrow{k_1} B \xrightarrow{k_2} D$

B 为目的产物，假设 A、B 和 D 的传质系数均相等，当过程为定态时可写出

$$k_G a_m(c_{AG}-c_{AS})=k_1 c_{AS} \tag{6.28}$$

$$k_G a_m(c_{BS}-c_{BG})=k_1 c_{AS}-k_2 c_{BS} \tag{6.29}$$

$$k_G a_m(c_{DS}-c_{DG})=k_2 c_{BS} \tag{6.30}$$

由以上各式可得

$$c_{AS}=c_{AG}/(1+Da_1) \tag{6.31}$$

$$c_{BS}=\frac{Da_1 c_{AG}}{(1+Da_1)(1+Da_2)}+\left(\frac{c_{BG}}{1+Da_2}\right) \tag{6.32}$$

式中

$$Da_1=k_1/(k_G a_m) \quad , \quad Da_2=k_2/(k_G a_m)$$

反应的瞬时选择性

$$S=(k_1 c_{AS}-k_2 c_{BS})/(k_1 c_{AS})=1-\frac{k_2 Da_1}{k_1(1+Da_2)}-\frac{k_2 c_{BG}(1+Da_1)}{k_1 c_{AG}(1+Da_2)} \tag{6.33}$$

由 Da_1 与 Da_2 的表达式可知 $Da_2=k_2 Da_1/k_1$，将此式代入式 (6.33) 可得

$$S=\frac{1}{1+Da_2}-\frac{k_2 c_{BG}(1+Da_1)}{k_1 c_{AG}(1+Da_2)} \tag{6.34}$$

当 $Da_1=Da_2=0$，即外扩散对过程没有影响时，上式变为

$$S'=1-k_2 c_{BG}/(k_1 c_{AG}) \tag{6.35}$$

比较式 (6.34)、式 (6.35) 可知，外扩散阻力的存在，使连串反应的选择性降低，虽然主反应与副反应的反应级数相同，这是与平行反应不同之处。因此，对于连串反应，需设法降低外扩散阻力，以提高反应的选择性。例如萘氧化制苯酐、苯氧化制顺酐等氧化反应，需力求降低外扩散阻力，以避免深度氧化，从而增加目的产物的收率。

若颗粒外表面与气相主体间，由于传热阻力而存在温度差，如前所述，对于放热反应一般是 $T_S>T_G$，这时，对复合反应选择性的影响决定于各反应的活化能，今举例说明如下。

【例 6.3】 $A \xrightarrow{k_1} B \xrightarrow{k_2} D$ 为一级不可逆放热连串反应，已知 $T_G=450K$，$c_{BG}/c_{AG}=0.5$，$T_S-T_G=10K$，$(k_G a_m)_A=(k_G a_m)_B=40 cm^3/(g \cdot s)$，$k_1=6.0 \times 10^8 \exp[-E_1/(RT)]$ $[cm^3/(g \cdot s)]$，$k_2=1.2 \times 10^6 \exp[-E_2/(RT)]$ $[cm^3/(g \cdot s)]$，$E_1=80.0 kJ/mol$，$E_2=60.0 kJ/mol$。试求反应选择性。

解：（1）先只考虑浓度差不考虑温度差，认为 $T_S=T_G=450K$，可算得 $k_1=0.310$ $cm^3/(g \cdot s)$，$k_2=0.130 cm^3/(g \cdot s)$，$Da_1=0.310/40=7.75 \times 10^{-3}$，$Da_2=0.130/40=3.25 \times 10^{-3}$，代入式 (6.34) 得考虑外扩散影响时的选择性为

$$S=\frac{1}{1+3.25 \times 10^{-3}}-\frac{0.130 \times (1+7.75 \times 10^{-3}) \times 0.5}{0.310 \times (1+3.25 \times 10^{-3})}=0.786$$

若不考虑外扩散的影响，则由式(6.35)得选择性为

$$S'=1-0.130\times0.5/0.310=0.790$$

（2）同时考虑气相与颗粒外表面的浓度差和温度差，则有 $T_S=460K$，$k_1=0.494mol/(g\cdot s)$，$k_2=0.184mol/(g\cdot s)$，$Da_1=0.01235$，$Da_2=0.0046$。代入式(6.34)得选择性为

$$S=\frac{1}{1+0.0046}-\frac{0.184\times1.01235\times0.5}{0.494\times1.0046}=0.8077$$

（3）若只考虑颗粒表面温度差，而不考虑浓度差则由式(6.35)可得选择性为

$$S''=1-0.184\times0.5/0.494=0.8138$$

比较以上结果可知：当 $T_S=T_G$ 时，外扩散阻力的影响，总是使连串反应的选择性降低；对于放热反应，由于传热阻力使 $T_S>T_G$，对于主反应活化能比副反应活化能高的情况，其选择性 S 虽比 S'' 小，却比 S' 大。请考虑一下如副反应的活化能高于主反应，则结果又如何？

6.3 气体在催化剂颗粒内的扩散

多相催化反应过程中，化学反应主要是在催化剂颗粒的内表面上进行，因此，由气相主体传递至颗粒外表面的反应物分子，要通过孔道继续向催化剂颗粒内部扩散。下面先讨论在单一孔道的扩散问题，然后再讨论在多孔催化剂颗粒内的扩散。

6.3.1 孔扩散

当孔内外不存在压力差，因而也就不存在由于压力差造成的层流流动时，流体中的某一组分靠扩散才可能进入孔内。因孔半径 r_a 和分子运动平均自由程 λ_f 的相对大小的不同，孔扩散分为以下两种形式。

当 $\lambda_f/(2r_a)\leqslant10^{-2}$ 时，孔内扩散属正常扩散，这时的孔内扩散与通常的气体分子扩散完全相同。扩散速率主要受分子间相互碰撞的影响，与孔半径尺寸无关。对两组分气体 A、B 间的正常扩散系数 $\mathscr{D}_{AB}$，宜尽可能采用有关手册上的实验数据，缺乏实验数据时，或自己用实验测定，或用有关经验式估算。

两组分气体分子扩散系数可按下式估算

$$D_{AB}=\frac{0.001T^{1.75}\sqrt{\dfrac{1}{M_A}+\dfrac{1}{M_B}}}{p\left[(\Sigma V)_A^{1/3}+(\Sigma V)_B^{1/3}\right]^2} \tag{6.36}$$

式中，p 为总压，atm；T 为热力学温度，K；M_A 和 M_B 分别为组分 A 和 B 的分子量；$(\Sigma V)_A$ 和 $(\Sigma V)_B$ 分别为组分 A 及 B 的扩散体积。由上式计算得到的扩散系数，单位为 cm^2/s。由于该式为经验式，各有关数值的单位必须按规定使用。一些简单原子和分子的扩散体积可以从物理化学手册中查取，对于手册中没有的一些复杂分子，其扩散体积可按照组成该分子的原子扩散体积进行加和得到。

这里只介绍了一种估算两组分扩散系数的方法，除此以外还有其他方法。当然，这只有在缺乏实测数据时才才使用。在化学反应过程中，经常遇到的是多组分扩散，在多组分流动物系中组分的扩散系数与物系组成有关，且各组分的扩散系数与扩散通量有一定的关系，此时组分 A 的扩散系数 D_{1m} 可由下式计算

$$\frac{1}{D_{1m}} = \sum_{j=2}^{n} \frac{y_j - y_1 N_j / N_1}{D_{1j}} \tag{6.37}$$

式（6.37）称为 Stefan-Maxwell 方程。如果系统中无化学反应发生，系统中各组分扩散通量之比与其分子量之比存在如下关系

$$N_A / N_B = \sqrt{M_B / M_A} \tag{6.38}$$

对于存在化学反应的系统，各组分的扩散通量与其化学计量系数成正比。存在化学反应的多组分系统中惰性组分 I 的扩散通量 $N_1 = 0$。如果混合物系只有 A_1 组分扩散，其他组分均为不流动组分，则组分 A_1 向其余 $n-1$ 个组分构成的混合物扩散，其扩散系数 D_{1m} 可用下式计算

$$\frac{1}{D_{1m}} = \frac{1}{1 - y_1} \sum_{j=2}^{n} \frac{y_j}{D_{1j}} \tag{6.39}$$

式中，y_j 为组分 A_j 的摩尔分数；D_{1j} 为组分 A_1 与组分 A_j 所组成的两组分系统的扩散系数。

当 $\lambda_f / (2r_a) \geqslant 10$ 时，孔内扩散为努森扩散，这时主要是气体分子与孔壁的碰撞、而分子之间的相互碰撞则影响甚微，故分子在孔内的努森扩散系数 D_K 只与孔半径 r_a 有关，与系统中共存的其他气体无关。D_K 可按下式估算

$$D_K = 9.7 \times 10^3 r_a \sqrt{T/M} \tag{6.40}$$

式（6.40）中孔径 r_a 的单位用 cm，D_K 的单位是 cm^2/s。

不同压力下，气体分子的平均自由程 λ_f 可用下式估算

$$\lambda_f = 1.013/p \, (\text{cm}) \tag{6.41}$$

式（6.41）中 p 的单位为 Pa。

当气体分子的平均自由程与颗粒孔半径的关系介于上述两种情况之间时，则两种扩散均起作用，称为过渡区扩散。这时应使用复合扩散系数 D，对两组分扩散有

$$D_A = \frac{1}{1/(D_K)_A + (1 - by_A)/D_{AB}} \tag{6.42}$$

$$b = 1 + N_B / N_A \tag{6.43}$$

式中，N_A、N_B 为气体 A 和 B 的扩散通量；y_A 为气体 A 的摩尔分数；D_A 为 A 气体的复合扩散系数；$(D_K)_A$ 为气体 A 的努森扩散系数。上式中含有 b 与 y_A，而 b 又与 N_A、N_B 有关，使用起来不方便。若为等摩尔两组分逆向扩散，则 $N_A = -N_B$，式（6.42）可简化为

$$D_A = \frac{1}{1/(D_K)_A + 1/D_{AB}} \tag{6.44}$$

6.3.2 多孔颗粒内的扩散

上面讨论的是单一孔道中的扩散，在多孔催化剂或多孔固体颗粒中，组分 i 的摩尔扩散通量为

$$N_i = -\frac{p}{RT} D_{ei} \frac{\mathrm{d}y_i}{\mathrm{d}Z} = -D_{ei} \frac{\mathrm{d}c_i}{\mathrm{d}Z} \tag{6.45}$$

式（6.45）中 D_{ei} 为组分 i 在催化剂中的有效扩散系数；Z 为气体组分 i 的扩散距离。当催化剂粒内孔道是任意取向，而颗粒的孔隙率为 ε_p 时，对颗粒的单位外表面而言，微孔开口所占的分率也是 ε_p。孔道间会有相互交叉，各孔道的形状和每根孔道的不同部位的截面积也会有差异，由于这些因素，使得在颗粒中的扩散距离与在圆柱形孔道中的扩散距离有所不

同，通常是引入一校正参数 τ_m，称为曲节因子。校正后的扩散距离为 $\tau_m Z$，由上可得催化剂颗粒的有效扩散系数为

$$D_{ei} = \varepsilon_p D_i / \tau_m \qquad (6.46)$$

τ_m 的数值，因催化剂颗粒的孔结构而变化，一般需由实验测定，其数值范围多在 $3 \sim 5$ 之间。

气体在催化剂颗粒中的扩散，除努森扩散之外，还可能有表面扩散，即被吸附在孔壁上的气体分子沿着孔壁的移动，其移动方向也是顺着其表面吸附层的浓度梯度的方向，而这个浓度梯度是与孔内气相中该组分的浓度梯度相一致的。

【例 6.4】 噻吩 (C_4H_4S) 在氢气中于 600K、3.04MPa 时，在催化剂颗粒中进行扩散。用 BET 法测得催化剂的比表面为 $180m^2/g$，孔隙率为 0.4，颗粒密度为 $1.4g/cm^3$，而且测知其孔径分布相当集中，试计算噻吩在上述条件下于该催化剂中的有效扩散系数。已知 $\tau_m = 3.0$，噻吩与氢两组分分子扩散系数等于 $0.0457cm^2/s$。

解： 令 A 代表噻吩，B 代表氢。

(1) 求 $(D_K)_A$。由式(6.3) 知 $V_g = \varepsilon_p / \rho_p$，将其代入式(6.2) 则有

$$\langle r_a \rangle = 2\varepsilon_p / (S_g \rho_p) = 2 \times 0.4 / (180 \times 1.4 \times 10^4) = 31.7 \times 10^{-8} (cm)$$

由式(6.40) $(D_K)_A = 9.7 \times 10^3 \times 31.7 \times 10^{-8} \times \sqrt{600/84} = 8.22 \times 10^{-3} (cm^2/s)$

(2) 求复合扩散系数。由式(6.44)

$$D_A = \frac{1}{1/(D_K)_A + 1/D_{AB}} = \frac{1}{1000/8.22 + 1/0.0457} = 6.97 \times 10^{-3} (cm^2/s)$$

(3) 求有效扩散系数。由式(6.46)

$$D_{eA} = D_A \varepsilon_p / \tau_m = 6.97 \times 10^{-3} \times 0.4/3.0 = 9.29 \times 10^{-4} (cm^2/s)$$

6.4 多孔催化剂内的扩散与反应

在多相催化反应中，反应物分子从气相主体穿过颗粒外表面的层流边界层，到达催化剂外表面后，一部分反应物即开始反应。由于固体催化剂的多孔性，由颗粒内部孔道壁面所构成的内表面要比颗粒外表面大得多。例如比表面为 $150m^2/g$、颗粒密度为 $1.2g/cm^3$、直径 0.3cm 的球形催化剂，其外表面只有 $16.7cm^2/g$，在 $150m^2/g$ 的比表面中占的比例是微不足道的。所以，绝大多数反应物分子要沿着孔道向颗粒内部扩散，即所谓内扩散。它与外扩散不同的是，外扩散时反应物要先扩散到颗粒外表面才可发生反应，而内扩散是与反应并行进行的，即反应物沿着孔道空间向粒内深处扩散的同时，就有反应物分子在孔壁面上发生催化反应。随着扩散的进行，由于克服扩散阻力以及反应消耗，反应物的浓度逐渐下降，反应速率也相应地降低，到颗粒中心时反应物浓度最低，反应速率也最小。如果反应速率较慢，而反应组分的有效扩散系数又较大，则孔道内外只需很小的浓度差，便能供给孔内表面反应所消耗的反应物，孔壁各处所接触的反应物浓度几乎都等于孔口处的浓度，通常认为这时整个颗粒的内表面都得到了充分的利用。反之，若反应速率相当快，反应物进入孔道内不长的距离即已反应完全或达到化学平衡，为了供给孔内表面反应消耗的反应物，孔内外需有相当大的浓度梯度，且反应大部分是在颗粒表层的一定厚度的壳层中进行，其余部分由于反应物浓度甚小，它对反应的贡献就甚微，这时颗粒内表面没有得到充分的利用。

6.4.1 多孔催化剂内反应组分的浓度分布

如前所述，多孔催化剂内反应组分的浓度分布是不均匀的，对于反应物，催化剂外表面处浓度最高，而中心处则最低，形成一由外向里逐渐降低的浓度分布。对于反应产物而言，情况正好相反。温度一定时，浓度的高低直接影响反应速率的大小。所以，确定催化剂颗粒内反应组分的浓度分布就十分必要。

考察如图 6.3 所示的薄片催化剂，其厚度为 $2L$，在其上进行一级不可逆反应。设该催化剂颗粒是等温的，且其孔隙结构均匀，各向同性。为了确定颗粒内反应物 A 的浓度分布，需先建立描述此过程的反应——扩散微分方程。为此，可在颗粒内取一厚度为 dZ 的微元，对此微元作反应物 A 的物料衡算即可。假设该薄片催化剂的厚度远较其长度和宽度为小，则反应物 A 从颗粒外表面向颗粒内部的扩散可按一维扩散问题处理，即只考虑与长方体两个大的侧面相垂直的方向（图 6.3 所示的 Z 方向）上的扩散，而忽略其他四个侧面方向上的扩散。对于定态过程，由质量守恒定律得

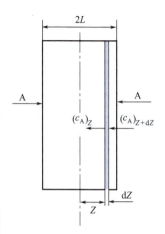

图 6.3 薄片催化剂

$$\begin{pmatrix} 单位时间内扩散进 \\ 入微元的组分 A 量 \end{pmatrix} - \begin{pmatrix} 单位时间内由微元 \\ 扩散出的组分 A 量 \end{pmatrix} = \begin{pmatrix} 在微元内反应 \\ 掉的组分 A 量 \end{pmatrix}$$

设有效扩散系数 D_e 为常数，扩散面积为 a，则上式可写成

$$D_e a \left(\frac{dc_A}{dZ}\right)_{Z+dZ} - D_e a \left(\frac{dc_A}{dZ}\right)_Z = k_p c_A a \, dZ \tag{6.47}$$

式(6.47)中 k_p 系以催化剂颗粒体积为基准的反应速率常数。因

$$\left(\frac{dc_A}{dZ}\right)_{Z+dZ} = \left(\frac{dc_A}{dZ}\right)_Z + \frac{d}{dZ}\left(\frac{dc_A}{dZ}\right)dZ$$

代入式(6.47) 化简后可得

$$\frac{d^2 c_A}{dZ^2} = \frac{k_p}{D_e} c_A \tag{6.48}$$

式(6.48) 就是薄片催化剂上进行一级不可逆反应时的反应扩散方程，其边界条件为

$$Z = L，c_A = c_{AS} \tag{6.49}$$
$$Z = 0，dc_A/dZ = 0 \tag{6.50}$$

解式(6.48)~式(6.50) 即得催化剂颗粒内反应物的浓度分布。引入下列无量纲量

$$\xi = c_A/c_{AS}，\quad \zeta = Z/L，\quad \phi^2 = L^2 \frac{k_p}{D_e}$$

将式(6.48)~式(6.50) 无量纲化得

$$\frac{d^2 \xi}{d\zeta^2} = \phi^2 \xi \tag{6.51}$$

$$\zeta = 1，\xi = 1 \tag{6.52}$$

$$\zeta = 0，d\xi/d\zeta = 0 \tag{6.53}$$

式(6.51) 为二阶常系数线性齐次微分方程，其通解为

$$\xi = A e^{\phi \zeta} + B e^{-\phi \zeta} \tag{6.54}$$

结合边界条件式(6.52) 及式(6.53)，可求得积分常数 A 及 B 为

$$A = B = 1/(e^{\phi} + e^{-\phi})$$

代回式（6.54）得
$$\xi = \frac{e^{\phi\zeta} + e^{-\phi\zeta}}{e^{\phi} + e^{-\phi}} = \frac{\cosh(\phi\zeta)}{\cosh(\phi)} \tag{6.55}$$

或
$$\frac{c_A}{c_{AS}} = \frac{\cosh(\phi Z/L)}{\cosh(\phi)} \tag{6.56}$$

式（6.56）便是薄片催化剂内反应物的浓度分布方程，为了直观地考察其变化规律，以 ϕ 为参数，根据式（6.55）以 ζ 对 ξ 作图，如图 6.4 所示。由图可见，无论 ϕ 为何值，无量纲浓度 ξ 总是随无量纲距离 ζ 的减小而降低，即从颗粒外表面到颗粒中心处反应物 A 的浓度逐渐降低。值得注意的是 ϕ 值不同，其降低的程度也不同：ϕ 值越大，反应物的浓度变化越急剧，例如，当 $\phi = 10$ 时，浓度下降得很快，在 $\zeta = 0.5$ 处反应物的浓度已接近为零；随着 ϕ 值的减小，浓度分布变得平坦，如 $\phi = 0.5$ 时，催化剂颗粒内反应物的浓度几乎与外表面处相等。颗粒内的浓度分布是反应物的扩散与反应综合作用的结果，而无量纲参数 ϕ 值的大小又反映了浓度分布的特征，从 ϕ 值可以判断内扩

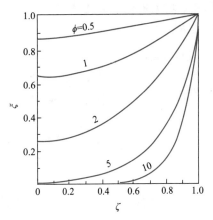

图 6.4　薄片催化剂内
反应物的浓度分布

散对反应过程的影响程度。无量纲参数 ϕ 叫做梯尔模数，是处理扩散与反应问题的一个极其重要的特征参数。

根据前面对梯尔模数所下的定义，可以进一步了解其物理意义。由定义并作适当的改写可得

$$\phi^2 = L^2 \frac{k_p}{D_e} = \frac{aLk_p c_{AS}}{D_e a(c_{AS} - 0)/L} = \frac{表面反应速率}{内扩散速率}$$

由此可知梯尔模数表示表面反应速率与内扩散速率的相对大小。ϕ 值越大，表明表面反应速率大而内扩散速率小，说明内扩散阻力对反应过程的影响大，反之则影响小。

6.4.2　内扩散有效因子

为了计算催化剂颗粒上的反应速率，引用内扩散有效因子 η，其定义如下

$$\eta = \frac{内扩散对过程有影响时的反应速率}{内扩散对过程无影响时的反应速率} \tag{6.57}$$

如前所述，内扩散有影响时催化剂颗粒内的浓度是不均匀的，需要求出此时的平均反应速率

$$\langle -r_A \rangle = \frac{1}{L} \int_0^L k_p c_A \, dZ$$

将式（6.56）代入上式可得

$$\langle -r_A \rangle = \frac{k_p c_{AS}}{L \cosh\phi} \int_0^L \cosh(\phi Z/L) \, dZ = \frac{k_p c_{AS} \tanh(\phi)}{\phi}$$

这即为内扩散有影响时的反应速率，而内扩散没有影响时，颗粒内部处的浓度均与外表面上的浓度 c_{AS} 相等，因此，相应的反应速率为 $k_p c_{AS}$，把这两个反应速率代入式（6.57），化简后可得

$$\eta = \tanh(\phi)/\phi \tag{6.58}$$

式（6.58）便是在薄片催化剂上进行一级不可逆反应时，内扩散有效因子的计算公式，由此

式可知，η 为 ϕ 的函数，为了了解其变化规律，以 η 对 ϕ 作图如图 6.5 上最上方的曲线所示，η 值总是随 ϕ 值的增大而单调地下降，也就是说 ϕ 值越大，内扩散的影响也越大。在实际生产中，要提高多相催化反应的反应速率，以强化反应器的生产强度，办法之一就是使内扩散有效因子值增大。从 ϕ 的定义可知，减小催化剂颗粒的尺寸，ϕ 值减小，η 值可增大。此外，增大催化剂的孔体积和孔半径，可提高有效扩散系数 D_e 的值，从而使 ϕ 值减小，η 值增大。

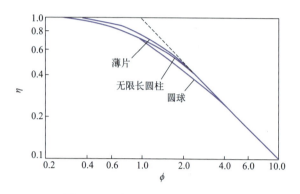

图 6.5　催化剂的内扩散有效因子

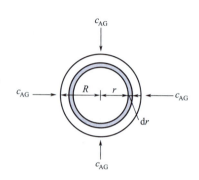

图 6.6　球形催化剂

综上所述，内扩散有效因子计算式的推导可概括为如下几步：①建立催化剂颗粒内反应物浓度分布的微分方程，即扩散反应方程，确定相应的边界条件；解此微分方程而求得浓度分布；②根据浓度分布而求得颗粒内的平均反应速率；③由内扩散有效因子的定义即可导出其计算式。按此步骤可导出其他几何形状的催化剂颗粒的内扩散有效因子计算式。

对于半径为 R_p 的球形催化剂粒子，在粒内进行等温一级不可逆反应，取任一半径 r 处厚度为 dr 的壳层，对组分 A 作物料衡算。其示意图见图 6.6。其扩散反应方程为

$$\frac{d^2 c_A}{dr^2} + \frac{2}{r}\frac{dc_A}{dr} = \frac{k_p}{D_e}c_A \tag{6.59}$$

对于半径为 R_p 的无限长圆柱或两端面无孔的有限长圆柱，其扩散反应方程为

$$\frac{d^2 c_A}{dr^2} + \frac{1}{r}\frac{dc_A}{dr} = \frac{k_p}{D_e}c_A \tag{6.60}$$

无论式（6.59）还是式（6.60），都可采用下列边界条件

$$\begin{cases} r = R_p, & c_A = c_{AS} \\ r = 0, & dc_A/dr = 0 \end{cases}$$

这两个微分方程均为变系数常微分方程，对于式（6.59），需作变量变换方能求解，令 $c_A r = u$，将其变为二阶常系数线性齐次微分方程便可求解。式（6.60）则为零阶变型贝塞尔方程，有通用的解法。结合给定的边界条件，这两个方程的解分别为

圆球：
$$\frac{c_A}{c_{AS}} = \frac{R_p \sinh(3\phi r/R_p)}{r \sinh(3\phi)} \tag{6.61}$$

圆柱：
$$\frac{c_A}{c_{AS}} = \frac{I_0(2\phi r/R_p)}{I_0(2\phi)} \tag{6.62}$$

式（6.62）中 I_0 为零阶一类变型贝塞尔函数。ϕ 为适用于不同几何形状的催化剂颗粒的梯尔模数

$$\phi = \frac{V_p}{a_p} \sqrt{\frac{k_p}{D_e}} \tag{6.63}$$

式（6.63）中 V_p 和 a_p 分别为颗粒的体积与外表面积，式（6.63）与前面对薄片催化剂而定义的梯尔模数完全一致。

根据浓度分布式（6.61）及式（6.62）分别求出粒内平均反应速率，再用定义式（6.57），即可导出圆球及圆柱的内扩散有效因子计算式如下

圆球：
$$\eta = \frac{1}{\phi}\left[\frac{1}{\tanh(3\phi)} - \frac{1}{3\phi}\right] \tag{6.64}$$

圆柱：
$$\eta = I_1(2\phi)/[\phi I_0(2\phi)] \tag{6.65}$$

式（6.65）中，I_1 为一阶一类变型贝塞尔函数，其值可从贝塞尔函数表中查得。

为了比较不同几何形状的催化剂颗粒的内扩散有效因子，分别按式（6.64）及式（6.65），以 η 对 ϕ 作图如图 6.5 所示。图上三条曲线几乎重合为一，特别是 ϕ 值较小或 ϕ 值较大时更为明显，只有当 $0.4 < \phi < 3$ 时，三者才有较明显的差别。纵使在这一区域内，它们之间相差只不过 $10\% \sim 20\%$。所以，只要按式（6.63）来计算 ϕ，用式（6.58）、式（6.64）或式（6.65）来计算 η 都可以。也就是说，对任何几何形状的催化剂颗粒，均可按这些式子计算而得到可接受的内扩散有效因子值。

由图 6.5 还可看出，无论是何种形状的催化剂颗粒，当 $\phi < 0.4$ 时，$\eta \approx 1$，即内扩散的影响可忽略。而当 $\phi > 3.0$ 时，即内扩散影响严重时，三条曲线与其渐近线（图中的虚线）相重合，此时

$$\eta = 1/\phi \tag{6.66}$$

在此情况下，对于任何形状的催化剂颗粒，都可用此式来估算内扩散有效因子。

最后需要再次指出，以上的讨论只适用于等温下进行一级不可逆反应的情况，至于非一级反应将在下节讨论。

【例 6.5】 在铬铝催化剂上进行丁烷脱氢反应，其反应速率方程为
$$-r_A = k_W c_A \, [\text{mol}/(\text{g} \cdot \text{s})]$$

0.1013MPa 及 773K 时，$k_W = 0.92 \text{cm}^3/(\text{g} \cdot \text{s})$。若在该温度下采用厚度为 8mm 的薄片催化剂进行反应，催化剂的平均孔半径为 48×10^{-10} m，孔体积为 $0.35 \text{cm}^3/\text{g}$，曲节因子等于 2.5。试计算内扩散有效因子。

解：由式（6.41）知，0.1013MPa 下气体分子的平均自由程近似等于 10^{-5} cm，而
$$\frac{\lambda_f}{2r_a} = \frac{10^{-5}}{2 \times 48 \times 10^{-8}} = 10.4 > 10$$

因此，气体在催化剂颗粒内的扩散属于努森扩散，其扩散系数可用式（6.40）求得
$$D_K = 9700 \times 48 \times 10^{-8} \times (773/58)^{1/2} = 1.70 \times 10^{-2} \, (\text{cm}^2/\text{s})$$

式中，58 为丁烷的分子量。将式（6.3）代入式（6.46）得有效扩散系数
$$D_{eA} = V_g \rho_p D_K / \tau_m = 0.35 \times 1.70 \times 10^{-2} \rho_p / 2.5 = 2.38 \times 10^{-3} \rho_p \, (\text{cm}^2/\text{s})$$

题给的反应速率常数 k_W 系以催化剂的质量为基准，需将其换算为以颗粒体积为基准。
$$k_p = k_W \rho_p = 0.92 \rho_p \, (\text{s}^{-1})$$

将有关数值代入式（6.63）可得梯尔模数
$$\phi = \frac{0.8}{2}\left(\frac{0.92\rho_p}{2.38 \times 10^{-3}\rho_p}\right)^{1/2} = 7.86$$

代入式(6.58) 可算出内扩散有效因子为

$$\eta = \tanh(7.86)/7.86 = 0.127$$

由于 $\phi = 7.86 > 3$，内扩散影响相当严重，用简化式(6.66) 计算 η 所得的值与用精确式 (6.58) 计算完全一致。

【例 6.6】 在等温球形催化剂上进行一级可逆反应 $A \rightleftharpoons B$，试推导内扩散有效因子计算式。

解： 一级可逆反应的速率方程为

$$-r_A = \vec{k} c_A - \overleftarrow{k} c_B$$

若 c_{A0} 为组分 A 的初始浓度，则 $c_B = c_{A0} - c_A$，上式又可写成

$$-r_A = (\vec{k} + \overleftarrow{k}) c_A - \overleftarrow{k} c_{A0} \tag{A}$$

设 c_{Ae} 为组分 A 的平衡浓度，反应达平衡时，$r_A = 0$，故有

$$(\vec{k} + \overleftarrow{k}) c_{Ae} - \overleftarrow{k} c_{A0} = 0$$

所以，式(A) 可改写为

$$-r_A = (\vec{k} + \overleftarrow{k})(c_A - c_{Ae}) \tag{B}$$

这是一级可逆反应速率的另一表达方式。为了求内扩散有效因子，首先需建立扩散反应方程，显然方程的形式与用于不可逆反应的式(6.59) 一样，差别只在于反应速率项，即

$$\frac{d^2 c_A}{dr^2} + \frac{2}{r} \frac{dc_A}{dr} = \frac{\vec{k} + \overleftarrow{k}}{D_e}(c_A - c_{Ae}) \tag{C}$$

其边界条件也和式(6.59) 的完全一样。设 $u = c_A - c_{Ae}$ 及

$$\phi = \frac{R_p}{3}\left(\frac{\vec{k} + \overleftarrow{k}}{D_e}\right)^{\frac{1}{2}} \tag{D}$$

则式(C) 变为

$$\frac{d^2 u}{dr^2} + \frac{2}{r} \frac{du}{dr} = \frac{9\phi^2}{R_p^2} u$$

相应的边界条件改写为

$$r = R_p, \quad u = u_S = c_{AS} - c_{Ae}$$
$$r = 0, \quad du/dr = 0$$

作这样的变换后，除了符号的差别外，与式(6.59) 就没有什么不同了，显然其解也应相同，即式(6.61)

$$\frac{u}{u_S} = \frac{c_A - c_{Ae}}{c_{AS} - c_{Ae}} = \frac{R_p \sinh(3\phi r/R_p)}{r \sinh(3\phi)} \tag{E}$$

既然如此，导出的内扩散有效因子计算式，其形式也必然与不可逆反应一样，即

$$\eta = \frac{1}{\phi}\left[\frac{1}{\tanh(3\phi)} - \frac{1}{3\phi}\right] \tag{F}$$

但是 ϕ 的定义却不同，以式(D) 代替式(6.63)，即以 $(\vec{k} + \overleftarrow{k})$ 替换 k_p，当然 $\vec{k}$ 和 $\overleftarrow{k}$ 仍为以催化剂颗粒体积为基准的速率常数。

上述描述内扩散对反应影响的方法，同样适用于液固相催化反应，只是孔内的扩散系数可以近似按液体的分子扩散计算。

【例 6.7】 基于例 2.10 的异丁烷和 2-丁烯烷基化反应，例 3.8 给出了在 USY 分子筛催化剂晶粒上的反应速率方程及动力学常数的数值。该动力学只适用于含极细催化剂颗粒的浆态床反应器。若改用固定床反应器，球形催化剂粒径将增大到 1.6mm，需确定此时的反应速率方程及动力学常数。

解：由于所用分子筛催化剂受内扩散的严重影响，首先需要根据式(6.64)计算内扩散有效因子。

$$\eta = \frac{1}{\phi}\left(\frac{1}{\tanh(3\phi)} - \frac{1}{3\phi}\right)$$

式中的梯尔模数用式(6.63)计算

$$\phi = \frac{d_p}{6}\sqrt{\frac{k}{D_{eB}}}$$

此处的有效扩散系数 D_{eB} 参考了 Simpson 等使用的 $10^{-10}\,\mathrm{m^2/s}$

$$\phi = \frac{1.6\times 10^{-3}}{6}\times\sqrt{\frac{109853.74\times\exp(-34720/(8.314\times 300))}{10^{-10}}} = 8.39 > 3$$

所以

$$\eta \approx \frac{1}{\phi} = \frac{6}{d_p}\sqrt{\frac{D_{eB}}{k}}$$

$$k_a = \eta k$$

式中，k_a 表示表观的速率常数，对此表观速率

$$k_a = \frac{6k}{d_p}\sqrt{\frac{D_{eB}}{k}} = \frac{6\sqrt{D_{eB}k_0}}{d_p}\exp\left(-\frac{E}{2RT}\right)$$

$$k_{ao} = \frac{6\sqrt{D_{eB}k_0}}{d_p} = \frac{6\times\sqrt{10^{-10}\times 109853.74}}{1.6\times 10^{-3}} = 12.43(\mathrm{s^{-1}})$$

$$E_a = \frac{E}{2} = \frac{34720}{2} = 17360(\mathrm{J/mol})$$

速率方程为 $-r_B = 12.43\exp\left(-\dfrac{17360}{RT}\right)c_B\,[\mathrm{mol/(m^3 cat \cdot s)}]$

6.4.3　非一级反应的内扩散有效因子

上一节有关扩散反应问题的讨论都是针对一级反应，然而实际上大多数反应均属非一级反应，而且速率方程的形式甚为复杂。处理非一级反应的扩散反应问题，原则上，上一节所采用的方法与步骤完全适用，只是在数学处理上比较烦琐。

设在等温薄片催化剂上进行某一化学反应，其速率方程为

$$-r_A = k_p f(c_A)$$

并设有效扩散系数 D_e 为常数，则可仿照式(6.48)的建立方法，得扩散反应方程为

$$\frac{\mathrm{d}^2 c_A}{\mathrm{d}Z^2} = \frac{k_p}{D_e}f(c_A) \tag{6.67}$$

因

$$\frac{\mathrm{d}^2 c_A}{\mathrm{d}Z^2} = \frac{\mathrm{d}c_A}{\mathrm{d}Z}\left[\frac{\mathrm{d}}{\mathrm{d}c_A}\left(\frac{\mathrm{d}c_A}{\mathrm{d}Z}\right)\right]$$

并设 $p = \mathrm{d}c_A/\mathrm{d}Z$，则式(6.67)变为

$$p\frac{\mathrm{d}p}{\mathrm{d}c_A} = \frac{k_p}{D_e}f(c_A) \tag{6.68}$$

$$Z = L, c_A = c_{AS}, p = p_S = (\mathrm{d}c_A/\mathrm{d}Z)_S$$
$$Z = 0, c_A = c_{AC}, p = \mathrm{d}c_A/\mathrm{d}Z = 0$$

其中 c_{AC} 为颗粒中心处组分 A 的浓度；$(dc_A/dZ)_S$ 为颗粒外表面处的浓度梯度。积分式 (6.68) 得

$$p_S = \left(\frac{dc_A}{dZ}\right)_S = \left[\frac{2k_p}{D_e}\int_{c_{AC}}^{c_{AS}} f(c_A)dc_A\right]^{1/2}$$

于是扩散进入催化剂颗粒的组分 A 量为

$$D_e a_p \left(\frac{dc_A}{dZ}\right)_S = D_e a_p \left[\frac{2k_p}{D_e}\int_{c_{AC}}^{c_{AS}} f(c_A)dc_A\right]^{1/2}$$

对于定态过程，这也等于在颗粒内起反应的组分 A 量。如果内扩散没有影响，则催化剂颗粒内组分 A 的浓度与外表面处的浓度 c_{AS} 相等，相应起反应的组分 A 量应为 $La_p k_p f(c_{AS})$。将这两个量代入式(6.57) 整理后可得内扩散有效因子为

$$\eta = \frac{\sqrt{2D_e}}{L\sqrt{k_p}f(c_{AS})}\left[\int_{c_{AC}}^{c_{AS}} f(c_A)dc_A\right]^{1/2} \qquad (6.69)$$

用此式来计算 η，最大的困难是催化剂中心浓度 c_{AC} 未知，也难以用实验测定。似乎该式就用场不大，其实不然。因为当内扩散影响大时，对于不可逆反应，颗粒中心浓度 $c_{AC} \approx 0$；对于可逆反应，则 $c_{AC} \simeq c_{Ae}$，而 c_{Ae} 是可以计算出来的。按照这样的办法用式(6.69) 计算 η 对于内扩散影响大的过程是足够精确的，内扩散影响小时则仅为一个近似的估计。由式 (6.69) 不难导出用于一级不可逆反应的精确式(6.58)。值得注意的是非一级反应的内扩散有效因子与颗粒外表面的浓度 c_{AS} 有关，而一级反应则与此无关。

因 $L = V_p/a_p$，代入式(6.69) 得

$$\eta = \frac{a_p\sqrt{2D_e}}{V_p\sqrt{k_p}f(c_{AS})}\left[\int_{c_{AC}}^{c_{AS}} f(c_A)dc_A\right]^{1/2} \qquad (6.70)$$

这是一个更普遍一些的式子，由于内扩散有效因子与催化剂颗粒几何形状的关系可通过 V_p/a_p 值来反映，故此式(6.70)可用于其他几何形状的催化剂颗粒。

【例 6.8】 在直径为 8mm 的球形催化剂上等温进行甲苯氢解反应

$$\underset{(A)}{C_6H_5CH_3} + \underset{(B)}{H_2} \longrightarrow C_6H_6 + CH_4$$

反应温度下反应速率方程为

$$-r_A = 0.32c_A c_B^{0.5}\,[\text{kmol}/(\text{s}\cdot\text{m}^3\ \text{颗粒})]$$

原料气中甲苯和氢的浓度分别为 0.1kmol/m³ 及 0.48kmol/m³，试计算甲苯转化率等于 10% 时的内扩散有效因子。假定外扩散阻力可忽略，甲苯在催化剂中的有效扩散系数等于 $8.42 \times 10^{-8}\ \text{m}^2/\text{s}$。

解：由于是非一级反应，可用式(6.70)计算内扩散有效因子。当甲苯的浓度为 c_A 时，则氢的浓度为 $c_{B0} - (c_{A0} - c_A) = (c_{B0} - c_{A0}) + c_A$，所以，由题给条件知

$$f(c_A) = c_A c_B^{0.5} = c_A[(c_{B0} - c_{A0}) + c_A]^{0.5} = c_A(0.48 - 0.1 + c_A)^{0.5} = c_A(0.38 + c_A)^{0.5}$$

由积分表可查出下列积分

$$\int_0^{c_{AS}} c_A(0.38 + c_A)^{0.5}dc_A = \frac{4 \times 0.38^{2.5}}{15} - \frac{2(2 \times 0.38 - 3c_{AS})(0.38 + c_{AS})^{3/2}}{15}$$

由于外扩散阻力可忽略，因此气相主体浓度也就等于催化剂外表面上的浓度，当转化率为 10% 时，甲苯的浓度为

$$c_{AS} = 0.1 - 0.1 \times 0.1 = 0.09\,(\text{kmol}/\text{m}^3)$$

代入上式可求得该积分值为

$$\int_0^{0.09} c_A (0.38 + c_A)^{0.5} \mathrm{d}c_A = 2.686 \times 10^{-3}$$

将有关数值代入式(6.70)得

$$\eta = \frac{4\pi \times 0.004^2 \times \sqrt{2 \times 8.42 \times 10^{-8} \times 2.686 \times 10^{-3}}}{\frac{4}{3}\pi \times 0.004^3 \times 0.09\sqrt{0.32 \times (0.38 + 0.09)}} = 0.4570$$

6.4.4 内外扩散都有影响时的总有效因子

前面分别介绍了外扩散有效因子 η_X 和内扩散有效因子 η，若反应过程中内、外扩散都有影响、则定义总有效因子 η_0 为

$$\eta_0 = \frac{\text{内外扩散都有影响时的反应速率}}{\text{无扩散影响时的反应速率}}$$

根据前边已讨论过的内容，定态下，对一级反应可以写出

$$-\mathscr{R}_A = k_G a_m (c_{AG} - c_{AS}) = \eta k_W c_{AS} = \eta_0 k_W c_{AG} \tag{6.71}$$

式(6.71)的三个等式是等效的，第一式表示反应速率与外扩散速率相等；第二式是以内扩散有效因子表示的反应速率，式中的 c_{AS} 已暗含着外扩散的影响；第三式是以总有效因子表示的反应速率。由此可导出

$$c_{AS} = c_{AG} \Big/ \left(1 + \frac{k_W}{k_G a_m}\eta\right) \tag{6.72}$$

及

$$-\mathscr{R}_A = \eta k_W c_{AG} \Big/ \left(1 + \frac{k_W}{k_G a_m}\eta\right) = \left(\frac{\eta}{1 + \eta Da}\right) k_W c_{AG} \tag{6.73}$$

式(6.73)与式(6.71)对比可知

$$\eta_0 = \eta / (1 + \eta Da) \tag{6.74}$$

若只有外扩散影响，内扩散阻力可不计，即 $\eta = 1$，则式(6.74)简化为

$$\eta_0 = 1 / (1 + Da) \tag{6.75}$$

将式(6.75)与前边式(6.21)相比较，此时的 η_0 恰与外扩散有效因子 η_X 相等，显然这是合理的，因为在内扩散影响可不计时，总有效因子就只是由外扩散影响所造成，自然就应该 $\eta_0 = \eta_X$ 了。

当只有内扩散影响，外扩散阻力可不计，即 $c_{AG} = c_{AS}$，$Da = 0$，则式(6.74)简化为

$$\eta_0 = \eta \tag{6.76}$$

将薄片催化剂上进行一级不可逆反应时内扩散有效因子的计算式(6.58)及丹克莱尔数 Da 的定义式(6.20)代入式(6.74)得

$$\eta_0 = \frac{\tanh(\phi)}{\phi\left[1 + \dfrac{k_W}{k_G a_m \phi}\tanh(\phi)\right]} \tag{6.77}$$

但

$$\frac{k_W}{k_G a_m \phi} = \frac{k_W \phi}{k_G a_m \phi^2} = \frac{k_W \phi D_e}{k_G a_m L^2 k_p}$$

因 $k_W = a_m L k_p$，所以

$$\frac{k_W}{k_G a_m \phi} = \frac{\phi D_e}{k_G L} = \frac{\phi}{Bi_m}$$

代入式(6.77) 得
$$\eta_0 = \frac{\tanh(\phi)}{\phi\left[1 + \frac{\phi\tanh(\phi)}{Bi_m}\right]} \tag{6.78}$$

其中 $Bi_m = k_G L / D_e$，称为传质的拜俄特数，它表示内外扩散阻力的相对大小。$Bi_m \to \infty$ 时，外扩散阻力可不计，于是式(6.78) 化为
$$\eta_0 = \tanh(\phi)/\phi = \eta$$

当 $Bi_m \to 0$ 时，内扩散阻力可忽略，此时，$\tanh(\phi)/\phi = 1$，由式(6.77) 知
$$\eta_0 = \frac{1}{1 + k_w/(k_G a_m)} = \frac{1}{1 + Da} = \eta_X$$

以上比较详细地讨论了多相催化反应过程中的扩散与反应问题，引入了有效因子这一极其重要的概念，使复杂的扩散反应问题的处理得以简化。特别是内扩散有效因子这一概念更为有用，它表征了多相催化反应过程催化剂内表面利用的程度，对催化剂的生产和应用均起到指导作用。使反应器的设计计算得以简化。

【例 6.9】 在 0.1013MPa、773K 下进行丁烷脱氢制备丁烯的等温气固相催化反应
$$C_4H_{10} \xrightarrow{\text{Cat}} C_4H_8 + H_2$$

反应为针对丁烷的一级反应，反应速率方程为
$$-r_A = k_w c_A, \quad \text{mol}/(g \cdot s), \quad k_w = 0.92 \text{cm}^3/(g \cdot s)$$

催化剂外表面对气相的传质系数为 $k_G a_m = 0.23 \text{cm}^3/(g \cdot s)$，进料流量为 $2\text{m}^3/\text{min}$，进料为纯丁烷。若采用厚度为 2mm 的薄片催化剂，催化剂的比表面积为 $150\text{m}^2/g$，孔体积为 $0.36\text{cm}^3/g$，曲节因子为 2.5，试计算内、外扩散均有影响时的总有效因子。

解：首先计算内扩散有效因子。

平均自由程
$$\lambda_f = \frac{1.013}{p} = \frac{1.013}{0.1013 \times 10^6} = 10^{-5}(\text{cm})$$

催化剂的平均孔半径
$$\langle r_a \rangle = \frac{2V_g}{S_g} = \frac{2 \times 0.36}{150 \times 10^4} = 4.8 \times 10^{-7}(\text{cm})$$

$$\frac{\lambda_f}{2\langle r_a \rangle} = \frac{10^{-5}}{2 \times 4.8 \times 10^{-7}} = 10.4 > 10$$

故气体在催化剂内的扩散可按照努森扩散处理。

扩散系数
$$D_K = 9700 \times 4.8 \times 10^{-7} \times \sqrt{\frac{773}{58}} = 1.70 \times 10^{-2}(\text{cm}^2/s)$$

气体在催化剂内的有效扩散系数
$$D_{eA} = \frac{\varepsilon_p D_K}{\tau} = \frac{V_p \rho_p D_K}{\tau} = \frac{0.36 \times 1.70 \times 10^{-2}}{2.5} \rho_p = 2.448 \times 10^{-3} \rho_p$$

再将反应速率常数换算为以催化剂颗粒体积为基准
$$k_p = k_w \rho_p = 0.92 \rho_p$$

则薄片催化剂的 Thiele 模数为
$$\phi = \frac{L}{2}\sqrt{\frac{k_p}{D_{eA}}} = \frac{0.2}{2}\sqrt{\frac{0.92 \rho_p}{2.448 \times 10^{-3} \rho_p}} = 1.94$$

内扩散有效因子为
$$\eta = \frac{\tanh(\phi)}{\phi} = \frac{\tanh(1.94)}{1.94} = 0.4946$$

对于一级不可逆反应的外扩散过程　　　　$Da = \dfrac{k_W}{k_G a_m} = \dfrac{0.92}{0.23} = 4$

因此，该过程的总有效因子为　　　　$\eta_0 = \dfrac{\eta}{1+\eta Da} = \dfrac{0.4946}{1+0.4946 \times 4} = 0.166$

前面有关内扩散与反应问题的讨论只限于等温情况，即假定催化剂颗粒温度均一。如果颗粒温度不均匀，则除了要建立颗粒内浓度分布方程以外，还要建立温度分布微分方程，两者同时求解才能求得内扩散有效因子，显然这要较等温情况复杂得多。好在大多数的情况下，气体主体与催化剂颗粒内部的传递过程中，传热阻力主要存在于颗粒外表面周围的层流边界层，而传质阻力则主要存在于颗粒内部。因此除少数例外，按等温情况来处理颗粒内的扩散与反应问题是不会带来太大的误差的。

6.5　内扩散对复合反应选择性的影响

上一节讨论的是在催化剂颗粒内进行单一反应时的扩散反应问题，内扩散的存在使颗粒内反应物浓度降低，从而反应速率变慢。如果在催化剂颗粒内同时进行多个反应，内扩散对反应选择性的影响又如何呢？首先考察下列平行反应

$$A \xrightarrow{k_1} B \qquad (r_B = k_1 c_A^\alpha,\ \alpha > 0)$$

$$A \xrightarrow{k_2} D \qquad (r_D = k_2 c_A^\beta,\ \beta > 0)$$

若内扩散对反应过程无影响，则催化剂颗粒内反应物浓度与外表面处的浓度 c_{AS} 相等，若 B 为目的产物，由瞬时选择性定义得

$$S' = \frac{\mathscr{R}_B}{-\mathscr{R}_A} = \frac{r_B}{r_B + r_D} = \frac{k_1 c_{AS}^\alpha}{k_1 c_{AS}^\alpha + k_2 c_{AS}^\beta} = \frac{1}{1 + \dfrac{k_2}{k_1} c_{AS}^{\beta-\alpha}} \qquad (6.79)$$

内扩散有影响时，催化剂颗粒内反应物 A 的平均浓度为 $\langle c_A \rangle$，则相应的瞬时选择性为

$$S = \frac{1}{1 + \dfrac{k_2}{k_1} \langle c_A \rangle^{\beta-\alpha}} \qquad (6.80)$$

显然，$c_{AS} > \langle c_A \rangle$，$S$ 与 S' 的大小就看两个反应的反应级数之差了。对比式（6.79）与式（6.80）知：$\alpha = \beta$ 时，$S' = S$；$\alpha > \beta$ 时，$S < S'$；$\alpha < \beta$ 时，$S > S'$。

由此可见，当两反应的反应级数相等时，内扩散对反应选择性无影响；主反应的反应级数大于副反应时，内扩散使反应选择性降低；主反应的反应级数小于副反应时，则内扩散会使反应选择性增加。

其次考察内扩散对连串反应

$$A \xrightarrow{k_1} B \xrightarrow{k_2} D$$

的选择性的影响。设这两个反应均为一级反应。定态下，组分 A 的消耗速率应等于组分 A 从外表面向催化剂颗粒内部扩散的速率，同样组分 B 的生成速率应等于组分 B 从催化剂颗粒内部向外表面扩散的速率。因此，可按照处理简单反应的方法分别对反应组分 A 和 B 列出催化剂颗粒内浓度分布的微分方程，并结合边界条件得到组分 A 和 B 在催化剂颗粒内的浓度分布及浓度梯度。对于主、副反应均为一级不可逆反应，在内扩散阻力大的情况下，假

设 A 和 B 的有效扩散系数相等，即 $D_{eA}=D_{eB}$，则可导出瞬时选择性为

$$S = \frac{\mathscr{R}_B^*}{-\mathscr{R}_A^*} = \frac{1}{1+\sqrt{k_2/k_1}} - \sqrt{\frac{k_2}{k_1}} \times \frac{c_{BS}}{c_{AS}} \qquad (6.81)$$

如果内扩散不发生影响，则反应的瞬时选择性为

$$S' = \frac{\mathscr{R}_B}{-\mathscr{R}_A} = \frac{k_1 c_{AS} - k_2 c_{BS}}{k_1 c_{AS}} = 1 - \frac{k_2}{k_1} \times \frac{c_{BS}}{c_{AS}} \qquad (6.82)$$

比较式(6.81) 和式(6.82) 可知，由于内扩散的影响，使反应的瞬时选择性降低。

以上讨论的是内扩散对平行反应及连串反应的瞬时选择性的影响问题。现在则讨论内扩散对目的产物的收率的影响，且只就连串反应作一简要的说明。仍以上面所列的一级连串反应为例，并设目的产物为 B。在第 3 章中曾对均相一级连串反应导出过目的产物收率与转化率的关系式(3.66)，至于多相催化反应，如果内扩散的影响可不考虑，则此关系式仍适用。图 6.7 上方的曲线便是对 $k_1/k_2=4$ 时按该式计算绘出的，由图可见，目的产物存在一最大收率。至于内扩散有影

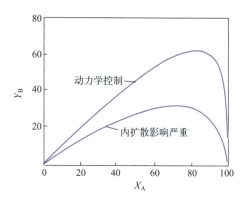

图 6.7　内扩散对连串反应收率的影响

响时，Y_B 与 X_A 的定量关系这里不作详细的推导，只将结果描绘在图 6.7 上，即图中下方的曲线，该曲线同样是对 $k_1/k_2=4$ 并设 $D_{eA}=D_{eB}=1$ 作出的，其形状与动力学控制时的曲线相类似，目的产物 B 也存在一最大收率。比较这两条曲线可知，内扩散的存在，使目的产物 B 的收率降低，且内扩散的影响越严重，收率降低得越多。值得注意的是，由于内扩散的影响，使目的产物的收率竟减小一半以上。这说明必须采取措施使内扩散对过程的影响减到最小，同时也再次说明了研究多相过程反应与传递的相互关系的重要性。

以上关于内扩散对复合反应选择性影响的讨论，虽然是针对一些具体例子进行，但所得的定性结论对大多数反应过程都是适用的，定量结果则对具体问题要作具体的分析。

6.6　多相催化反应过程中消除扩散影响的判定

前已述及多相催化反应的步骤，并按照反应条件下从气流主体到颗粒中心反应物的浓度分布，可将反应过程的速率区分为不同的控制步骤。当进行多相催化动力学研究，选定实验条件时，应首先弄清反应是在什么控制区进行。若目的是获得本征反应速率方程，则所选的条件应保证反应是在动力学控制区进行，即应消除内、外扩散对反应速率的影响。进行生产用的反应器设计时，既需要有反应的本征动力学方程，又需要知道与所用催化剂粒度和生产操作条件相适应的内、外扩散有效因子。

由上可知，无论实验室中进行多相催化动力学研究，还是催化反应器的工程设计，都希望有一些方法来帮助判断内、外扩散阻力在反应过程中的影响程度。

6.6.1　消除外扩散影响的判定

由前讨论知，通过床层的流体质量速度 G，对外扩散有显著影响，G 增大时，传质系数

k_G 增加，外扩散速率变快，而 G 的变化对内扩散并无影响。依据这个关系，保证在其他条件（如温度、反应物浓度、空时）相同的前提下，改变 G 以观察其对多相催化反应的影响。具体方法是：选用一管式反应器，装入催化剂的体积为 V_1，输入原料流量 Q_1，可计算得流体质量速度为 G_1，空速为 Q_1/V_1。在所选定的条件下进行实验，测得出口转化率为 X_1。在同一反应器中依次改变催化剂的装量为 $V_2,V_3,\cdots$，输入原料流量为 $Q_2,Q_3,\cdots$，计算得流体质量速度分别为 $G_2,G_3,\cdots$。但需保持各次实验的空速均等于 Q_1/V_1。将每次实验测得的出口转化率 X 与流体质量速度 G 作图，如图 6.8 所示。

图 6.8 上的实验曲线表明，当流体质量速度超过某一数值 G_0 时，G 值再增加，出口转化率不再改变，这说明 $G \geqslant G_0$ 时，外扩散对反应过程已无影响。相反，$G < G_0$ 时，转化率随流体质量速度增加而增大，表明外扩散对过程有影响，也可能为外扩散控制。

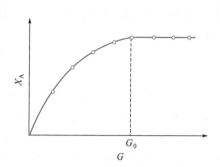

图 6.8　流体质量速度
对转化率的影响

应指出，各次实验均需保持反应器中为同一流动状态，例如管式反应器中应保持为活塞流。不然，各次实验流动状态不同，返混程度不同，那么出口转化率的变化有多少是由外扩散影响造成，又有多少是由返混造成就不好分辨了。

此外，同一催化剂，所用的反应温度越高，消除外扩散影响所需的流体质量速度越大；对同一反应，所用的催化剂活性越好，消除外扩散影响所需的流体质量速度也越大。

以上是通过改变流体的质量速度以考察外扩散对过程的影响，是多相催化反应动力学研究所采用的常规方法。实际生产的反应器就难以采用这样的方法。若能测得表观反应速率 $\mathscr{R}_A^*$，所进行的为 α 级反应时，则可用下列判据来判定气相主体与催化剂外表面的浓度差是否可以忽略不计

$$\frac{-\mathscr{R}_A^* L}{c_{AG} k_G} < \frac{0.15}{\alpha} \tag{6.83}$$

气相与催化剂外表面间的温度差则可按下列判据来判断是否可以忽略

$$\frac{-\mathscr{R}_A^* L(-\Delta H_r)}{h_s T_G} < 0.15 \frac{R T_G}{E} \tag{6.84}$$

如符合上式，忽略相间温度差而造成反应速率的偏差不会大于 5%。比较式(6.83) 和式(6.84) 可知，前者容易满足，这就是说要使相间的浓度差降到可以忽略的地步比较容易，而要忽略相间温度差相对说来则较为困难。当然这只是两者相比较而言，并不是说不能办到。

6.6.2　消除内扩散影响的判定

对内扩散影响的实验研究，最好把实验条件选择在消除了外扩散影响的前提下，此时 $c_{AS} = c_{AG}$，$T_S = T_G$。而且，由于流体与催化剂颗粒的传热阻力主要在气膜，若能保持 $T_S = T_G$，则颗粒内部可近似视为等温而不会引起太大的误差。

内扩散对多相催化反应的影响程度，可以用内扩散有效因子的数值大小来衡量。

有效因子是梯尔模数 ϕ 的函数，当催化剂的组成和成型方法，以及反应的温度和反应物系的组成均一定时，ϕ 仅取决于催化剂的颗粒粒度，因此，改变粒度进行实验，可以检验内扩散的影响程度。

设所进行的是 α 级不可逆反应，当外扩散影响已消除时，则其宏观反应速率可表示为

$$-\mathscr{R}_A^* = -\frac{1}{W}\frac{dN_A}{dt} = k_w\eta c_{AG}^{\alpha}$$

现有颗粒半径分别为 R_1、R_2 两种尺寸的同种催化剂床层，其反应条件维持相同，则反应速率之比为

$$\frac{\mathscr{R}_{A1}^*}{\mathscr{R}_{A2}^*} = \frac{k_w\eta_1 c_{AG}^{\alpha}}{k_w\eta_2 c_{AG}^{\alpha}} = \frac{\eta_1}{\eta_2}$$

不存在内扩散影响时，$\eta_1 = \eta_2 = 1$，故 $\mathscr{R}_{A1} = \mathscr{R}_{A2}$，即反应速率不随颗粒尺寸而改变。内扩散影响严重时

$$\frac{\mathscr{R}_{A1}^*}{\mathscr{R}_{A2}^*} = \frac{\eta_1}{\eta_2} = \frac{\phi_2}{\phi_1} = \frac{R_2}{R_1}$$

即反应速率与颗粒半径成反比。一般情况下，反应速率总是随颗粒尺寸的增大而减小的，依此原理，在催化剂床层中装填同样形状但粒度不同的同一种催化剂，通入反应气体，在相同反应条件下测定其反应速率，结果如图 6.9 所示。由于内扩散阻力的影响随粒度的减小而降低，故反应速率将随粒度减小而增加。当粒度减小到某一尺寸 R_C 后，再减小粒度对反应速率即不再有影响，那么说对 $R \leqslant R_C$ 的催化剂颗粒，内扩散阻力对反应过程可以认为没有影响。这时测得的反应速率，若外扩散阻力也已证明是没有影响的话，则可视之为本征反应速率。用这个本征反应速率可以计算大颗粒催化剂的有效因子。

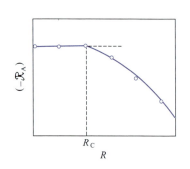

图 6.9　催化剂半径对反应速率的影响

需要指出，内扩散不发生影响的粒度，与温度有关，也与浓度有关（一级反应例外）。反应温度越高，消除内扩散影响所要求的粒度越小。对于 α 级反应，$f(c_A) = c_A^{\alpha}$，代入式 (6.69) 有

$$\eta = \frac{\sqrt{2D_e}}{L\sqrt{k_p c_{AS}^{\alpha}}}\left[\int_0^{c_{AS}} c_A^{\alpha}dc_A\right]^{1/2} = \frac{1}{L}\sqrt{\frac{2D_e}{(\alpha+1)k_p c_{AS}^{\alpha-1}}} \tag{6.85}$$

由此可见，为了要保持相同的 η 值，当浓度 c_{AS} 增加时，催化剂的粒度 L 必须减小。

由上讨论可知，若在高温、高反应物浓度下，已判明消除了内、外扩散的影响。那么，可以保证在低温、低反应物浓度时也不会有内、外扩散的影响，反应物的级数为负数时为例外。

只有一种粒度的催化剂的实验数据时，也可用以估计内扩散的影响是否已消除。设所进行的反应为一级不可逆反应，且外扩散影响已排除，实验测定得到的表观反应速率为 $\mathscr{R}_A^*$，则

$$-\mathscr{R}_A^* = \eta k_p c_{AG}$$

如果 k_p 已知，显然可由上式求 η，通过 η 值的大小来判断内扩散的影响程度。但是，k_p 往往是未知的，上述办法也就行不通，需另想办法。由梯尔模数的定义可得

$$k_p = D_e\phi^2/L^2$$

代入前式有
$$-\mathscr{R}_A^* = D_e\phi^2\eta c_{AG}/L^2$$

令 $\mathscr{R}_A^*L^2/(D_e c_{AG}) = \phi_S$，则上式变为
$$\phi_S = \phi^2\eta \tag{6.86}$$

由于 ϕ_S 为由实验测定值所构成的一个特征数,所以可由测定结果算出 ϕ_S 值。由前面的讨论知,当 $\phi \ll 1$ 时,$\eta \approx 1$,因而只要

$$\phi_S \ll 1 \qquad\qquad (6.87)$$

则内扩散对过程无影响。

式(6.87)系对一级反应导出的,亦可用于非一级反应,但 ϕ_S 的定义要修改。对于非一级反应

$$-\mathscr{R}_A^* = \eta k_p f(c_A) \qquad\qquad (6.88)$$

根据式(6.69)可定义一普遍化梯尔模数

$$\phi^2 = \frac{L^2 k_p [f(c_{AG})]^2}{2 D_e \int_{c_{AC}}^{c_{AG}} f(c_A) \mathrm{d} c_A} \qquad\qquad (6.89)$$

式(6.88)与式(6.89)相除,整理后有

$$\phi_S = \frac{\mathscr{R}_A^* L^2 f(c_{AG})}{2 D_e \int_{c_{AC}}^{c_{AG}} f(c_A) \mathrm{d} c_A} = \eta \phi^2 \ll 1 \qquad\qquad (6.90)$$

满足式(6.90)时,表明内扩散对过程的影响已排除。

6.7 扩散干扰下的动力学假象

在进行多相催化反应的动力学实验时,需要排除内、外扩散的影响,以获得反映化学现象本质的信息,如反应级数和反应活化能等。如在扩散干扰下作实验测定,将得不到这些动力学参数的本征值。

若在处于外扩散控制的条件下进行多相催化反应的动力学实验测定,无论该反应的本征速率方程是何种形式,根据实验所得的反应速率数据与反应物浓度相关联的结果均成线性关系。这就是说处于外扩散控制区的任何反应表观上都变成了一级反应。通过式(6.5)不难理解这种动力学假象的存在。因此,若不注意外扩散影响的排除,就有可能得出某一反应为一级反应的错误结论。特别是做实验室规模的实验测定时更应格外小心,因为实验室反应器所用的流体质量速度往往较低,从而相间传递的影响可能相当显著。

外扩散阻力可以忽略时,α 级不可逆反应的反应速率可表示为

$$-\mathscr{R}_A^* = \eta k_p c_{AG}^{\alpha} \qquad\qquad (6.91)$$

或

$$\ln(-\mathscr{R}_A^*) = \ln \eta + \ln k_p + \alpha \ln c_{AG} \qquad\qquad (6.92)$$

等温下对上式求导得

$$\frac{\mathrm{dln}(-\mathscr{R}_A^*)}{\mathrm{dln} c_{AG}} = \alpha + \frac{\mathrm{dln} \eta}{\mathrm{dln} c_{AG}} \qquad\qquad (6.93)$$

在内扩散有影响而外扩散无影响的条件下,测定同一反应的反应速率,然后进行关联,得到如下的速率方程

$$-\mathscr{R}_A^* = k_a c_{AG}^{\alpha_a} \qquad\qquad (6.94)$$

按理说式(6.91)与式(6.94)是等同的,但反应级数不同,式(6.91)中的 α 称为本征反应级数,而式(6.94)中的 α_a 则叫做表观反应级数。α 是该反应所固有的性质,是一个定值;而 α_a 则随内扩散影响程度的不同而改变。下面将要说明 α 和 α_a 两者之间的关系。

将式(6.94)两边取对数,然后求导可得

$$\mathrm{dln}(-\mathscr{R}_A^*)/\mathrm{dln}c_{AG}=\alpha_a$$

与式（6.93）合并则有
$$\alpha_a=\alpha+\frac{\mathrm{dln}\eta}{\mathrm{dln}c_{AG}}=\alpha+\frac{\mathrm{dln}\eta}{\mathrm{dln}\phi}\frac{\mathrm{dln}\phi}{\mathrm{dln}c_{AG}} \tag{6.95}$$

若催化剂为薄片形，α 级反应的梯尔模数 ϕ 可由式（6.89）求出为

$$\phi=L\sqrt{\frac{k_p}{2D_e}}\ \frac{c_{AG}^{\alpha}}{\left[\displaystyle\int_0^{c_{AG}}c_A^{\alpha}dc_A\right]^{1/2}}=L\left[\frac{(\alpha+1)k_p}{2D_e}\right]^{1/2}c_{AG}^{(\alpha-1)/2} \tag{6.96}$$

两边取对数，然后求导得
$$\mathrm{dln}\phi/\mathrm{dln}c_{AG}=(\alpha-1)/2$$

代入式（6.95）有
$$\alpha_a=\alpha+\frac{(\alpha-1)}{2}\times\frac{\mathrm{dln}\eta}{\mathrm{dln}\phi} \tag{6.97}$$

由此可知，当内扩散影响不存在时，$\eta=1$，因而 $\alpha_a=\alpha$，表观反应级数等于本征值。若内扩散的影响严重，则 $\eta=1/\phi$，因而有 $\mathrm{dln}\eta/\mathrm{dln}\phi=-1$，代入式（6.97）得

$$\alpha_a=(\alpha+1)/2 \tag{6.98}$$

可以看出本征反应级数为 0、1 及 2 时，表观反应级数分别为 0.5，1 及 1.5。只有一级反应两者的值相同，其原因是内扩散对一级反应的影响与浓度无关。其他反应则随着内扩散干扰程度的不同，反应级数从 $(\alpha+1)/2$ 至 α 的范围内改变。

下面讨论扩散对反应活化能的影响。设表观反应速率常数 k_a 与温度的关系符合阿伦尼乌斯方程，且表观活化能为 E_a，则将式（6.94）两边取对数，并对 $1/T$ 求导可得

$$\frac{\mathrm{dln}(-\mathscr{R}_A^*)}{\mathrm{d}(1/T)}=\frac{\mathrm{dln}k_a}{\mathrm{d}(1/T)}=-\frac{E_a}{R} \tag{6.99}$$

若本征反应速率常数 k_p 与温度的关系亦可用阿伦尼乌斯方程表示，则将式（6.92）对 $1/T$ 求导可有

$$\frac{\mathrm{dln}(-\mathscr{R}_A^*)}{\mathrm{d}(1/T)}=\frac{\mathrm{dln}k_p}{\mathrm{d}(1/T)}+\frac{\mathrm{dln}\eta}{\mathrm{d}(1/T)}=\frac{-E}{R}+\frac{\mathrm{dln}\eta}{\mathrm{d}(1/T)} \tag{6.100}$$

式中，E 为本征活化能。合并式（6.99）及式（6.100）并作适当的改写得

$$E_a=E-R\frac{\mathrm{dln}\eta}{\mathrm{dln}\phi}\times\frac{\mathrm{dln}\phi}{\mathrm{d}(1/T)} \tag{6.101}$$

式（6.96）两边取对数，然后对 $1/T$ 求导，忽略温度对 D_e 的影响时有

$$\frac{\mathrm{dln}\phi}{\mathrm{d}(1/T)}=\frac{1}{2}\frac{\mathrm{dln}k_p}{\mathrm{d}(1/T)}=-\frac{E}{2R}$$

代入式（6.101）可得

$$E_a=E+\frac{E}{2}\times\frac{\mathrm{dln}\eta}{\mathrm{dln}\phi} \tag{6.102}$$

这便是表观活化能与本征活化能的关系式。由此式可知，表观活化能系随着内扩散干扰的程度不同而改变。图 6.10 表明了这一变化，该图为在硅铝催化剂上异丙苯裂解反应的实验测定结果。图中列出了在相同的温度范围内，用不同粒度的催化剂测得的反应速率。由于催化剂粒度的不同，因而内扩散的影响也不相同。对于同一粒度的实验点均能落在同一条直线上。根据直线的斜率便可确定反应活化能。由图可见，催化剂的粒度越小，直线的斜率越大。所以，反应的表观活化能系随催化剂粒度的增加而减小，亦即随内扩散影响的增大而减小。

ϕ 值甚小时，$\eta\approx1$，由式（6.102）知此时表观活化能就等于本征活化能。ϕ 值甚大，即内扩散影响严重时，前已指出此时 $\mathrm{dln}\eta/\mathrm{dln}\phi=-1$，因而式（6.102）化为

$$E_a = E/2 \qquad (6.103)$$

即内扩散影响严重时，表观活化能仅为本征活化能值的一半。

图 6.11 为 $\ln(-\mathscr{R}_A^*)$ 与 $1/T$ 的关系示意图。通过这个图可以说明扩散对多相催化反应活化能的影响。根据温度范围的不同，图中划分五个具有不同特征的区域。

Ⅰ区为高温区，此时过程为外扩散控制，$\ln(-\mathscr{R}_A^*)$ 与 $1/T$ 的关系用一斜率为 E_a/R 的直线表示。相应的反应活化能 E_a 值几乎为零，一般 $E_a = 4 \sim 12 kJ/mol$，为活化能最小的区域。图 6.11 的下方还分别绘出了与各个区域相对应的反应物 A 的浓度分布示意图。纵坐标为浓度，横坐标为距离。R 以左表示催化剂，O 为颗粒中心，R 以右为流体，虚线与实垂线间的范围为层流边界层。

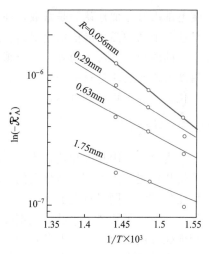

图 6.10　内扩散对反应活化能的影响

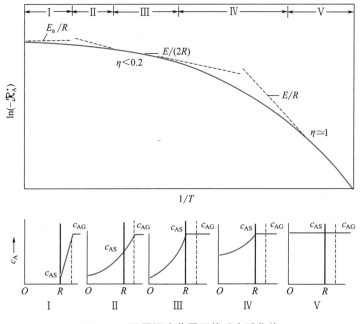

图 6.11　不同温度范围下的反应活化能

Ⅱ区为内外扩散的过渡区，此区内两种扩散的作用均不可忽略。反应活化能随温度而改变。与本征活化能的关系如式（6.102）所示。Ⅳ区也是一个过渡区，具有与Ⅱ区相同的特性，但反应活化能随温度的变化较之Ⅱ区更为显著。该区为内扩散动力学过渡区。

Ⅲ区为强内扩散区，与Ⅱ区的区别是前者的外扩散阻力可忽略不计。强内扩散区内反应活化能近于常数，上面已导出其值为本征活化能之半。Ⅲ区与Ⅳ区的区别是催化剂颗粒中心处反应组分浓度的不同，前者接近于平衡浓度。强内扩散区的有效因子很小，一般 $\eta < 0.2$。

Ⅴ区为动力学控制区，属低温区，有效因子接近 1，处于此区内，内外扩散的影响已消除，由图上所确定的活化能为本征活化能，体现了化学现象的本性，其值不再随温度而变。

总而言之，多相催化反应的活化能严格说来并非定值，而是温度的函数。只有在某些温度范围内可近似地认为是常数，即当反应处于外扩散控制区、强内扩散区或动力学控制时，且这三个区的活化能值依次增高。这种差别的存在，是因为温度对化学反应和传质过程的影响不同的缘故，对于前者十分敏感，对后者则缓和得多。图 6.11 还说明，就一个反应而言，温度的改变会使过程从一个区转到另一个区，随着温度的降低，扩散影响趋于减弱。这些都是化学反应工程中的基本概念，十分有用。

 总结

本章以气固相催化反应为例，讲述了单颗粒催化剂上的传递对化学的影响，并对此给予了量化描述，为由第 2 章建立的本征反应速率方程推导出宏观（表观）反应速率方程提供模型化的方法，同时将前面章节介绍的均相反应器设计方法引申到多相反应系统。通过本章的学习，应该了解描述多孔催化剂颗粒和孔道的基本参数及获取方法；熟悉多孔催化剂上气固相催化反应必要步骤，及各步速率的计算方法；掌握建立本征和宏观反应速率方程之间联系的各类扩散有效因子的获取和计算方法；学会利用传递现象提高目的产物的收率；能够设计排除内、外扩散影响的实验，并获取本征反应动力学的实验数据。具体内容包括：

本征和宏观反应动力学

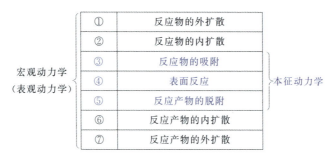

平均孔半径 $\langle r_a \rangle$

$$\langle r_a \rangle = \frac{1}{V_g} \int_0^{V_g} r_a \mathrm{d}V, \quad \langle r_a \rangle = \frac{2V_g}{S_g}$$

多孔固体密度

颗粒密度	真密度	堆密度
ρ_p	ρ_t	ρ_b

催化剂颗粒的孔隙率 ε_p

$$\varepsilon_p = V_g \rho_p$$

流体与催化剂颗粒外表面间的传质和传热计算

$$j_D = \frac{k_G \rho}{G}(Sc)^{2/3}, \quad j_H = \frac{h_s}{GC_p}(Pr)^{2/3}, \quad j_D = j_H$$

外扩散有效因子

$$\eta_X = \frac{外扩散有影响时颗粒外表面处的反应速率}{外扩散无影响时颗粒外表面处的反应速率}$$

反应扩散方程

$$\frac{1}{Z^m} \frac{\mathrm{d}}{\mathrm{d}Z}\left(D_{ei} Z^m \frac{\mathrm{d}c_i}{\mathrm{d}Z}\right) = -\nu_i r$$

当 D_{ei} 按常数处理时

无限大薄板 $\quad\quad\quad\quad\quad m=0, \; D_{ei}\dfrac{\mathrm{d}^2 c_i}{\mathrm{d}Z^2}$

无限长圆柱 $\quad\quad\quad\quad m=1, \; D_{ei}\left(\dfrac{\mathrm{d}^2 c_i}{\mathrm{d}Z^2}+\dfrac{1}{Z}\dfrac{\mathrm{d}c_i}{\mathrm{d}Z}\right)\Bigg\}=-\nu_i r$

圆球 $\quad\quad\quad\quad\quad\quad\quad m=2, \; D_{ei}\left(\dfrac{\mathrm{d}^2 c_i}{\mathrm{d}Z^2}+\dfrac{2}{Z}\dfrac{\mathrm{d}c_i}{\mathrm{d}Z}\right)$

内扩散有效因子

$$\eta = \dfrac{\text{内扩散对过程有影响时的反应速率}}{\text{内扩散对过程无影响时的反应速率}}$$

一级不可逆反应	普遍化的梯尔模数		$\phi = \dfrac{V_p}{a_p}\sqrt{\dfrac{k_p}{D_e}}$
	内扩散有效因子 η	球	$\eta = \dfrac{1}{\phi}\left[\dfrac{1}{\tanh(3\phi)}-\dfrac{1}{3\phi}\right]$
		长圆柱	$\eta = \dfrac{I_1(2\phi)}{\phi I_0(2\phi)}$
		薄板	$\eta = \dfrac{\tanh\phi}{\phi}$

总有效因子

$$\eta_0 = \dfrac{\text{内外扩散都有影响时的反应速率}}{\text{无扩散影响时的反应速率(本征速率)}}$$

习 题

6.1 在半径为 R 的球形催化剂上,等温进行气相反应 $A \rightleftharpoons B$。试以产物 B 的浓度 c_B 为纵坐标、径向距离 r 为横坐标,针对下列三种情况分别绘出产物 B 的浓度分布示意图。

(1) 化学动力学控制。(2) 外扩散控制。(3) 内、外扩散的影响均不能忽略。

图中要示出 c_{BG}、c_{BS}、c_{BC} 及 c_{Be} 的相对位置,c_{BG}、c_{BS}、c_{BC} 分别为气相主体、催化剂外表面、催化剂颗粒中心处 B 的浓度,c_{Be} 是 B 的平衡浓度。

6.2 已知催化剂颗粒外表面的气膜传热系数为 $421\text{kJ/(m}^2 \cdot \text{h} \cdot \text{K)}$,气体的密度和比热容分别为 0.8kg/m^3 和 $2.4\text{kJ/(kg} \cdot \text{K)}$,试估算气膜的传质系数。

6.3 某催化剂,其真密度为 3.60g/cm^3,颗粒密度为 1.65g/cm^3,比表面积为 $100\text{m}^2/\text{g}$。试求该催化剂的孔体积、孔隙率及平均孔半径。

6.4 已知铁催化剂的堆密度为 2.7g/cm^3,颗粒密度为 3.8g/cm^3,比表面积为 $16.0\text{m}^2/\text{g}$,试求每毫升颗粒和每毫升床层的催化剂表面积。

6.5 试推导二级反应和半级反应的外扩散有效因子表达式(6.23) 和式(6.24)。

6.6 在充填 $ZnO\text{-}Fe_2O_3$ 催化剂的固定床反应器中，进行乙炔水合反应

$$2C_2H_2 + 3H_2O \longrightarrow CH_3COCH_3 + CO_2 + 2H_2$$

已知床层某处的压力和温度分别为 $0.101MPa$ 和 $400°C$，气相中 C_2H_2 摩尔分数为 3%。该反应速率方程为 $r = kc_A$。

式中，c_A 为 C_2H_2 的浓度，速率常数 $k = 7.06 \times 10^7 \exp\left[-61570/(RT)\right]$，$s^{-1}$。试求该处的外扩散有效因子。

数据：催化剂颗粒直径 $0.5cm$，颗粒密度 $1.6g/cm^3$，C_2H_2 的扩散系数 $7.3 \times 10^{-5} m^2/s$，气体黏度 $2.35 \times 10^{-5} Pa \cdot s$，床层中气体的质量速度 $0.24 kg/(m^2 \cdot s)$，床层的空隙率为 0.35。

6.7 实验室管式反应器的内径 $2.1cm$，长 $80cm$，内装直径 $6.35mm$ 的银催化剂，进行乙烯氧化反应，原料气中乙烯的摩尔分数为 2.25%，其余为空气，在反应器内某处测得 $p = 1.06 \times 10^5 Pa$，$T_G = 470K$，乙烯转化率 35.7%，环氧乙烷收率 23.2%，已知

$$C_2H_4 + \frac{1}{2}O_2 \longrightarrow C_2H_4O \qquad \Delta H_1 = -9.61 \times 10^4 \text{ J/mol } C_2H_4$$

$$C_2H_4 + 3O_2 \longrightarrow 2CO_2 + 2H_2O \qquad \Delta H_2 = -1.25 \times 10^6 \text{ J/mol } C_2H_4$$

颗粒外表面对气相主体的传热系数为 $210 kJ/(m^2 \cdot h \cdot K)$，颗粒密度为 $1.89g/cm^3$。设乙烯氧化的反应速率为 $1.02 \times 10^{-2} kmol/(kg \cdot h)$，试求该处催化剂外表面与气流主体间的温度差。

6.8 一级连串反应

$$A \xrightarrow{\text{1}} B \xrightarrow{\text{2}} C$$

在 $0.101MPa$ 及 $360°C$ 下进行，已知 $k_1 = 4.368 s^{-1}$，$k_2 = 0.4173 s^{-1}$，催化剂颗粒密度为 $1.3g/cm^3$，$(k_G a_m)_A$ 和 $(k_G a_m)_B$ 均为 $20 cm^3/(g \cdot s)$。试求当 $c_{BG}/c_{AG} = 0.4$ 时目的产物 B 的瞬时选择性和外扩散不发生影响时的瞬时选择性。

6.9 在 Pt/Al_2O_3 催化剂上于 $200°C$ 用空气进行微量一氧化碳的氧化反应，已知催化剂的孔体积为 $0.3cm^3/g$、比表面 $200 m^2/g$、颗粒密度为 $1.2g/cm^3$、曲节因子为 3.7。CO-空气二元系统中 CO 的正常扩散系数为 $0.192cm^2/s$。试求 CO 在该催化剂颗粒中的有效扩散系数。

6.10 试推导球形催化剂颗粒的内扩散有效因子表达式(6.64)。

6.11 在球形催化剂上进行气体 A 的分解反应，该反应为一级不可逆放热反应。已知颗粒直径为 $0.3cm$，气体在颗粒中有效扩散系数为 $4.5 \times 10^{-5} m^2/h$。颗粒外表面气膜传热系数为 $161 kJ/(m^2 \cdot h \cdot K)$，气膜传质系数为 $310 m/h$，反应热效应 $-162 kJ/mol$，气相主体 A 的浓度为 $0.20 mol/L$，实验测得 A 的表观反应速率为 $1.67 mol/(L \cdot min)$，试估算：(1) 外扩散阻力对反应速率的影响；(2) 内扩散阻力对反应速率的影响；(3) 外表面与气相主体间的温度差。

6.12 在固体催化剂上进行一级不可逆反应

$$A \longrightarrow B \qquad\qquad\qquad (A)$$

已知反应速率常数为 k，催化剂外表面对气相的传质系数为 $k_G a_m$，内扩散有效因子为 η。c_{AG} 为气相主体中组分 A 的浓度。

(1) 试推导

$$-\mathscr{R}_A = \frac{c_{AG}}{\dfrac{1}{k\eta} + \dfrac{1}{k_G a_m}} \qquad\qquad\qquad (B)$$

(2) 若反应式(A)改为一级可逆反应，则相应的式(B)如何？

6.13 在150℃，用粒径100μm的镍催化剂进行气相苯加氢反应，由于原料气中氢大量过剩，可将该反应按一级（对苯）反应处理，在内、外扩散影响已消除的情况下，测得反应速率常数$k_p = 5\text{min}^{-1}$，苯在催化剂颗粒中有效扩散系数为$0.2 \times 10^{-3}\text{cm}^2/\text{s}$，试问：

（1）在0.101MPa下，要使$\eta = 0.80$，催化剂颗粒的最大直径是多少？

（2）改在2.02MPa下操作，并假定苯的有效扩散系数与压力成反比，重复上问的计算。

（3）改为液相苯加氢反应，液态苯在催化剂颗粒中的有效扩散系数为$10^{-6}\text{cm}^2/\text{s}$。而反应速率常数保持不变，要使$\eta = 0.80$，求催化剂颗粒的最大直径。

6.14 一级不可逆气相反应

$$A \longrightarrow B$$

在装有球形催化剂的微分固定床反应器中进行，温度为400℃等温，测得反应物浓度为0.05kmol/m^{3}时的反应速率为2.5kmol/(m^{3}床层·min)，该温度下以单位体积床层计的本征速率常数为$k_V = 50(1/\text{s})$，床层空隙率为0.3，A的有效扩散系数为0.03cm^2/s，假设外扩散阻力可不计，试求：

（1）反应条件下催化剂的内扩散有效因子；

（2）反应器中所装催化剂颗粒的半径。

6.15 在0.101MPa、530℃进行丁烷脱氢反应，采用直径5mm的球形铬铝催化剂，此催化剂的物理性质为：比表面120m^2/g，孔体积0.35cm^3/g，颗粒密度1.2g/cm^3，曲节因子3.4。在上述反应条件下该反应可按一级不可逆反应处理，本征反应速率常数为0.94cm^3/(g·s)。外扩散阻力可忽略，试求内扩散有效因子。

6.16 在固定床反应器中等温进行一级不可逆反应，床内填充直径为6mm的球形催化剂，反应组分在其中的有效扩散系数为0.02cm^2/s，在操作温度下，反应速率常数k_p等于0.1min^{-1}，有人建议改用3mm的球形催化剂以提高产量，问采用此建议能否增产？增产幅度有多大？假定催化剂的物理性质及化学性质均不随颗粒大小而改变，并且改换粒度后仍保持同一温度操作。

6.17 在V$_2$O$_5$/SiO$_2$催化剂上进行萘氧化制苯酐的反应，反应在1.013×10^5Pa和350℃下进行，萘-空气混合气体中萘的摩尔分数为0.10%，反应速率式为

$$-r_A = 3.821 \times 10^5 p_A^{0.38} \exp\left(-\frac{135360}{RT}\right) \quad [\text{kmol/(kg·h)}]$$

式中，p_A为萘的分压，Pa。

已知催化剂颗粒密度为1.3g/cm^3，颗粒直径为0.5cm，试计算萘氧化率为80%时萘的消耗速率（假设外扩散阻力可忽略），有效扩散系数等于$3 \times 10^{-3}\text{cm}^2/\text{s}$。

6.18 乙苯脱氢反应在直径为0.4cm的球形催化剂上进行，反应条件是0.101MPa、600℃，原料气为乙苯和水蒸气的混合物，二者摩尔比为1∶9，假定该反应可按拟一级反应处理$r = kp_{EB}$。

式中，p_{EB}为乙苯的分压，Pa。$k = 0.1244\exp\left(-\frac{9.13 \times 10^4}{RT}\right)$，kmol苯乙烯/(kg·h·Pa)。

试计算：

（1）当催化剂的孔径足够大，孔内扩散属于正常扩散，扩散系数$D = 1.5 \times 10^{-5}\text{m}^2/\text{s}$，试计算内扩散有效因子；

（2）当催化剂的平均孔半径为100×10^{-10}m时，重新计算内扩散有效因子。

已知：催化剂颗粒密度为1.45g/cm^3，孔隙率为0.35，曲节因子为3.0。

6.19 苯（B）在钒催化剂上部分氧化成顺酐（MA），反应为

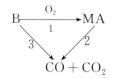

这三个反应均为一级反应。实验测得反应器内某处气相中苯和顺酐的摩尔分数分别为 1.27％和 0.55％，催化剂外表面温度为 623K。此温度下，$k_1 = 0.0196s^{-1}$，$k_2 = 0.0158s^{-1}$，$k_3 = 1.98 \times 10^{-3} s^{-1}$，苯与顺酐的 $k_G a_m$ 均为 $1.0 \times 10^{-4} m^3/(s \cdot kg)$。催化剂的颗粒密度为 $1500 kg/m^3$。试计算反应的瞬时选择性并与外扩散无影响时的瞬时选择性相比较。

6.20 在一微型固定床实验反应器中，于常压、713K 等温条件下进行气体 A 的分解反应，反应为一级不可逆，已知床层体积为 $5 cm^3$，床层空隙率为 0.4，催化剂颗粒直径 2.4mm，气体 A 的有效扩散系数为 $1.2 \times 10^{-2} cm^2/s$，实验测得反应器出口处 A 的气相浓度为 $1.68 \times 10^{-5} mol/cm^3$，A 的反应速率为 $1.04 \times 10^{-5} mol/(cm^3$ 床层 $\cdot s)$，试求催化剂的内扩散有效因子。

7

多相催化反应器的设计与分析

 提要

本章将着重介绍以下内容:

1. 固定床反应器的压降计算
2. 固定床反应器的传质和传热的计算
3. 固定床非均相催化反应器的设计方程
4. 绝热固定床非均相催化反应器的设计方程
5. 换热固定床非均相催化反应器的设计方程
6. 固定床催化反应器的操作参数敏感性分析
7. 实验室常用反应器及其模型方程
8. 流化床催化反应器简介

工业生产中许多重要的化学产品如氨、硫酸、硝酸、甲醇、甲醛、氯乙烯及丙烯腈等,都是通过多相催化反应而合成得到的。石油炼制和其他能源工业进行产品深度加工的主要方法,也是通过多相催化,如催化裂化、催化重整等。当今环境保护问题日趋严重,工业废气的污染广泛为人们所关注,多相催化为处理工业废气的方法之一,典型的例子是汽车尾气净化器。总之,催化反应广泛用于各个工业部门和环境保护,据统计工业化学反应约有 80% 属于催化反应。

本章的目的是讨论催化反应器的设计与分析,且只限于采用固体催化剂的反应过程。根据固体催化剂是处于静止状态还是运动状态,反应器又可分为两大类,属于静止状态的有固定床反应器和滴流床反应器,催化剂处于运动状态的有流化床反应器、移动床反应器和浆态反应器等,这些反应器的结构原理在第 1 章中已做过简要的介绍。本章的主要研究对象是固定床反应器,流化床反应器则作简要的阐述,滴流床反应器和浆态反应器则在第 8 章中讨论。

7.1 固定床内的传递现象

上一章讨论了催化剂颗粒与流体间的扩散反应问题,是从单颗粒催化剂出发的,包括了相间以及颗粒内的传质与传热两个方面。固定床床层是由许许多多固体催化剂颗粒所组成,固然包含上述这些传递现象,但就床层的整体而言,还存在其他的传递现象,如床层内的轴向和径向分散,床层的径向和轴向传热等等。下面先阐明固定床的流体流动,然后再介绍床层内的其他传递现象。

7.1.1 固定床内的流体流动

表征床层结构的主要参数为床层空隙率，床层空隙率的大小与颗粒形状、粒度分布、颗粒直径与床直径之比以及颗粒的充填方法等有关。

固定床中同一横截面上的空隙率是不均匀的，对于粒度均一的颗粒所构成的固定床，在与器壁的距离为1～2倍颗粒直径处，空隙率最大，而床层中心较小，这可由图7.1看出，图中 r 表示由壁算起的径向距离，器壁的这种影响，叫做壁效应。在非球颗粒充填的床层中，同一截面上的 ε 值，除壁效应影响所及的范围外，都是均匀的。但球形或圆柱形颗粒充填的床层，在同一横截面上的 ε 值，除壁效应影响所及的范围外，还在一平均值上下波动，这些情况示于图7.1中。由于壁效应的影响，显然，床层直径与颗粒直径之比越大，床层空隙率的分布越均匀。通常所说的床层空隙率指的是平均空隙率。

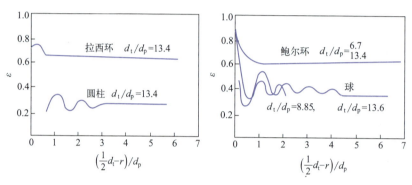

图 7.1　固定床空隙率的径向分布

在固定床反应器中，流体通过分布板均布后，在床层内的孔道中流动，这些孔道相互交错联通，而且是弯弯曲曲的，各个孔道的几何形状相差甚大，其横截面积既不规则也不相等。床层各个横截面上孔道的数目并不一定相同。理论证明床层横截面上自由面积的分率应等于床层的空隙率。上面已提到床层空隙的径向分布是不均匀的，因而自由面积分率的径向分布同样是不均匀的。由此可知，流过床层的流体，其径向流速分布也是不均匀的。从床层中心处算起，随着径向位置的增大，流速增加，在离器壁的距离等于1～2倍颗粒直径处，流速最大，然后随径向位置的增大而降低，至壁面处为零。床层直径与颗粒直径之比越小，径向流速分布越不均匀。

在空管中流体的流动状态由层流转入湍流时是突然改变的，转折非常明显。在固定床中流体的流动状态由层流转入湍流是一个逐渐过渡的过程，这是由于各孔道的截面积不同，在相同的体积流量下，某一部分孔道内流体处于层流状态，而另一部分孔道内流体则已转入湍流状态。

流体流过固定床时所产生的压力损失主要来自两方面：一方面是由于颗粒的黏滞曳力，即流体与颗粒表面间的摩擦；另一方面是由于流体流动过程中孔道截面积突然扩大和收缩，以及流体对颗粒的撞击及流体的再分布而产生。当流体处于层流时，前者起主要作用；在高流速及薄床层中流动时，起主要作用的是后者。

流体在固定床中的流动，与空管中的流体流动相似，只是流道不规则而已。故此可将空管中流体流动的压力降计算公式修正后用于固定床。下式为常用的固定床压力降计算公式

$$\Delta p = f\,\frac{L_r u_0^2 \rho (1-\varepsilon)}{d_s \varepsilon^3} \tag{7.1}$$

式(7.1)中颗粒直径 d_s 按与颗粒比外表面积（单位颗粒体积所具有的外表面积）相等的球

体的直径计算。摩擦系数 f 与雷诺数的关系如下

$$f=\frac{150}{Re}+1.75 \qquad (7.2)$$

而

$$Re=\frac{d_s u_0 \rho}{\mu}\times\frac{1}{1-\varepsilon}$$

当 $Re<10$ 时，流体在床层中呈层流流动，式(7.2) 右边第二项比第一项小得多，可略去不计，此时

$$f=\frac{150}{Re}$$

当 $Re>1000$ 时，流体在床层中呈湍流流动，式(7.2) 右边第一项远小于第二项，这时 f 可认为是常数，等于1.75。

由式(7.1) 可见，对床层压力降影响最大的是床层的空隙率和流体的流速，两者稍有增加，都可使压力降产生较大的变化。所以，想方设法使床层的空隙增大至关重要，比如说采用粒度较大的颗粒。降低流速也可使压力降减小，然而这可招致相间的传质和传热变差，需作综合考虑，选择一最佳流速。

由公式计算得到的压力降一般是对新催化剂的预期压力降。在催化剂使用过程中会发生破损和粉化现象，使粒度减小，空隙率降低，从而使床层阻力增加。这一情况在设计上做动力消耗估算和压缩机选型时应引起注意，即在压缩机的风压和供电容量上应留有足够的裕量。

【例7.1】 在充填直径为 9mm、高为 7mm 的圆柱形铁铬催化剂的固定床反应器中，0.6865MPa 下进行水煤气变换反应。反应气体的平均分子量为 18.96，质量速度（按空床计算）为 $0.936\mathrm{kg/(s\cdot m^2)}$。设床层的平均温度为 689K，反应气体的黏度等于 $2.5\times10^{-5}\mathrm{Pa\cdot s}$。已知催化剂的颗粒密度和床层的堆密度分别为 $2000\mathrm{kg/m^3}$ 及 $1400\mathrm{kg/m^3}$。试计算单位床层高度的压力降。

解：可按式(7.1) 计算。由题意知 $L_r=1\mathrm{m}$

$$d_s=6\frac{V_p}{a_p}=6\times\frac{0.785\times0.009^2\times0.007}{2\times0.785\times0.009^2+\pi\times0.009\times0.007}=8.217\times10^{-3}(\mathrm{m})$$

床层空隙率

$$\varepsilon=1-\rho_b/\rho_p=1-1400/2000=0.30$$

$$\rho=\frac{18.96}{22.4\times(689/273)\times(0.1013/0.6865)}=2.273(\mathrm{kg/m^3})$$

$$u_0=\frac{G}{\rho}=\frac{0.936}{2.273}=0.4118(\mathrm{m/s})$$

$$Re=\frac{d_s G}{\mu(1-\varepsilon)}=\frac{8.217\times10^{-3}\times0.936}{2.5\times10^{-5}\times(1-0.30)}=439.5$$

代入式(7.2) 得

$$f=\frac{150}{439.5}+1.75=2.091$$

再将有关数值代入式(7.1) 即得单位床层高度的压力降为

$$\Delta p=\frac{2.091\times2.273\times0.4118^2\times(1-0.30)}{8.217\times10^{-3}\times0.30^3}=2543.00[\mathrm{kg/(s^2\cdot m^2)}]=2543.00\mathrm{Pa/m}$$

7.1.2 质量和热量的轴向分散

流动反应器内单相流体的轴向分散问题在第 5 章中已作过较详细的论述。由轴向混合效

应而引起质量的轴向分散，即返混。在固定床反应器中，由于固体颗粒的存在，对于流体的轴向混合会带来影响。显然，颗粒的粒度是一个影响因素。对于均相系统，前面曾用贝克莱数来描述反应器内的轴向分散，这里同样采用这个特征数，但定性长度是以颗粒直径 d_p 而不是以床层高度 L_r 来定义。轴向分散的贝克莱数为

$$(Pe_a)_m = \frac{d_p u}{D_a}$$

轴向热扩散的贝克莱数则为 $(Pe_a)_h = d_p u \rho C_p / \lambda_{ea}$，其中 λ'_{ea} 为床层的轴向有效热导率。关于有效热导率的概念将在后面阐明。

理论推导和实验测定均证明，当气体流过固定床且保持雷诺数 $Re = d_p u \rho / \mu > 10$ 时，轴向质扩散的贝克莱数 $(Pe_a)_m = 2$。对于液体，$(Pe_a)_m = 0.3 \sim 1$。

设床高为 L_r 的固定床内流体的轴向混合情况与 N 个等体积全混釜串联相当，定义轴向混合（或轴向分散）距离为 l，则 $l = L_r / N$。扩散时间 t_D 与轴向分散系数 D_a 及轴向混合距离 l 间有如下关系

$$t_D = \frac{l^2}{2D_a} \tag{7.3}$$

而

$$t_D = \frac{l}{u}$$

所以

$$l = \frac{2D_a}{u} = \frac{L_r}{N}$$

或

$$N = \frac{uL_r}{2D_a} = \frac{L_r}{2d_p} \times \frac{d_p u}{D_a} = \frac{L_r}{2d_p} (Pe_a)_m \tag{7.4}$$

前已指出，气体流过固定床时，$(Pe_a)_m = 2$，故由式(7.4) 知

$$N = \frac{L_r}{d_p} \tag{7.5}$$

由此可见，固定床内气体的流动状况用 N 个等体积的全混釜串联来描述的，N 是一个十分大的数，等于 50 或者更大。N 值越大越接近于活塞流。对于工业固定床反应器，大多数 L_r / d_p 值远大于 50，所以，采用活塞流模型表示固定床内气体的流动状况是足够精确的。当然，如果床层太薄将会带来较大的误差，这时轴向分散的影响不能忽略。

上面的讨论系对等温情况而言。若为非等温，则热扩散问题需考虑。固定床的热扩散轴向贝克莱数 $(Pe_a)_h$ 约等于 0.6，由于实验测定技术上的困难，至今还缺乏合适的关联式。均相系统的质扩散轴向贝克莱数可认为与热扩散轴向贝克莱数相等，如果质扩散和热扩散的机理相同的话，这种假定一般认为是合理的，然而对于两相系统就不合适了。因为质扩散只在颗粒间空隙内的流体内发生，而热扩散不仅产生于流体内部，也产生于颗粒之间。因此，对于非等温固定床，判定能否采用活塞流模型，以 $L_r / d_p > 150$ 作为准则比较稳妥。显然，绝大多数的工业固定床反应器都能满足这一要求。但实验室用的固定床反应器往往难于符合这个要求，这在实验设计时应予以充分的注意，否则在处理实验数据时将会带来很大的困难。

7.1.3 径向传质与传热

在固定床中除存在轴向传递现象外，也存在径向传递现象。与流体流动方向相垂直的横截面上流体的浓度分布是不均匀的，同样，床层的径向温度分布也是不均匀的。图 7.2 为固

定床反应器内进行邻二甲苯氧化反应时的床层径向温度分布图。此图为床层进口处反应气体温度等于 357℃ 时的结果，纵坐标为床层温度与进口温度之差，横坐标则为无量纲径向位置，即径向距离与床层半径之比。图中的曲线相应于不同床层高度处的横截面径向温度分布。由于该反应为放热反应，床层外壁用冷却剂冷却，通过器壁以移走反应热。显然，床层中心处温度最高，床层外沿温度最低。如果是吸热反应则情况相反，热量是从器壁外的载热体向床层传递。图 7.2 中虚线与曲线的交点表示相应床层截面的平均温度。

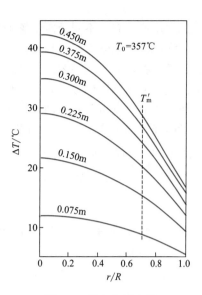

图 7.2　固定床反应器
的径向温度分布

　　固定床径向传热的热阻通常可看成是由两部分组成，一是床层本身，另一是器壁上的层流边界层。对于前者，把它看作是一个假想的固体，用径向有效热导率（导热系数）λ_{hr} 来表示其热阻大小，但其传热方式则是多种多样的。当床层内的流体处于静止状态，热量一方面通过空隙中的流体以传导和辐射的方式向外传递，另一方面又通过固体颗粒向外传递，其中包括下列几种方式：①颗粒接触面处的传导；②相邻颗粒周围的边界层的传导；③颗粒间的辐射；④颗粒内的传导。将这两方面的贡献合并起来用一有效导热系数来表示。但是，实际上固定床反应器中的流体都是流动的，因此还需加上流动对传热的贡献，与上述两方面贡献一起，用径向有效导热系数 λ_{hr} 来表示。已有若干关于计算 λ_{hr} 的关联式发表。除在高真空下，颗粒接触面间的热传导可不考虑；除非温度很高，热辐射亦可忽略。

　　床层外沿与床层容器内壁间的传热，其热阻集中在内壁上的层流边界层上。从床层的径向流速分布可知，内壁处的流速为零，这一层流边界层的存在是显然的。可用壁膜传热系数 h_w 来描述其热阻。遗憾的是已发表的 h_w 实测数据极其分散，不同作者的实验结果相差甚大，因此，还没有一个公认比较满意的关联式。此外，传热的实验研究大多数都是在没有化学反应的情况下进行的，然而曾有人在化学反应存在的时候做实验测定，结果发现与无化学反应时相差甚远，这个问题值得注意。

　　将床层热阻和壁膜热阻合并作为一个热阻来考虑，用床层的传热系数 h_t 来表示，以简化计算。但应指出，h_t 不能用以计算床层的径向温度分布。下面推荐两个计算 h_t 的关联式，对于球形颗粒

$$\frac{h_t d_t}{\lambda_h} = 2.03 Re^{0.8} \exp(-6d_p/d_t) \tag{7.6}$$

此式的适用条件为 $20 < Re < 7600$ 及 $0.05 < d_p/d_t < 0.3$。式中，λ_h 为流体的导热系数。若颗粒为圆柱形，则

$$\frac{h_t d_t}{\lambda_h} = 1.26 Re^{0.95} \exp(-6d_p/d_t) \tag{7.7}$$

应用范围是 $20 < Re < 800$，$0.03 < d_p/d_t < 0.2$。式中的颗粒直径 d_p 应根据与圆柱的比外表面积相等的球体直径计算。这两个式子是根据已发表的实验数据重新关联得到的。一般情况下，h_t 值大致为 $61.2 \sim 320$kJ/(m²·h·K)。

　　以上说的是径向传热问题，下面将讨论径向传质。由于固定床反应器存在径向温度分布

和径向流速分布，不同径向位置的化学反应速率自然也不相同，因而径向浓度分布也必然存在。纵使没有化学反应，与轴向分散一样，径向分散依然存在，可用径向贝克莱数 $Pe_r = d_p u / D_r$ 来描述。D_r 为径向分散系数。固定床内流体径向扩散的存在是由于向上或向下运动的流体撞击到固体颗粒时产生再分散和为了躲开固体颗粒而改变流向所致。当流体撞击到固体颗粒时，既可向右运动，又可能向左运动，因此可以认为径向分散距离 l_r 近似等于颗粒的半径，即 $l_r \approx d_p / 2$。径向分散时间则可近似按流体流过一层颗粒所需的时间计算，即 $t_D \approx d_p / u$。将这两个值代入式(7.3)，并以径向分散系数 D_r 代替 D_a，整理后可得固定床径向贝克莱数

$$Pe_r = \frac{d_p u}{D_r} = 8$$

这是一个粗略的估计，实验测定的结果是当 $Re > 20$ 时，$Pe_r = 10$。

对于直径为 d_t 的固定床层，若用 N 个全混釜串联来模拟其径向混合情况，则

$$N = \frac{d_t}{l_r} \tag{7.8}$$

由式(7.3)知径向分散时间为

$$t_D = \frac{l_r^2}{2D_r} = \frac{l_r}{u}$$

所以

$$l_r = 2D_r / u$$

代入式(7.8)整理后得

$$N = \frac{u d_t}{2 D_r} = \frac{d_t}{2 d_p} \left(\frac{u d_p}{D_r} \right) = \frac{d_t}{2 d_p} (Pe_r)$$

若 $Pe_r = 10$，上式变为

$$N = 5 \frac{d_t}{d_p}$$

因此，N 不可能等于1，床层横截面上浓度也就不可能均一，径向浓度梯度总是存在的，只不过是随着 d_t / d_p 的减小而降低罢了。但当 d_t / d_p 减小到5以下，则床层内流体的流动将极不均匀，浓度分布或温度分布曲线不再是光滑的，但从统计的角度去看，仍体现其变化的趋势；另外，d_t / d_p 减小后容易造成流体的短路。总之，只要 L_r / d_p 足够大，固定床的轴向返混是可以忽略的，但要改变 d_t / d_p 使径向浓度分布均匀则是困难的。如果是绝热式固定床反应器，完全可以不考虑径向的传热和传质。

7.2 固定床反应器的数学模型

固定床反应器与均相管式反应器不同之处在于器内充填有固体催化剂颗粒，由于多了一个固相，于是就产生了第6章所讨论的相间传递问题以及在多孔催化剂颗粒内的传递问题，这些在均相系统是不存在的。另外，床层内的轴向传递和径向传递，和均相系统也不一样。建立固定床反应器的数学模型时，如将所有这些传递现象都考虑在内，得到的是一组非线性偏微分方程。化学反应速率与温度的高度非线性关系，使得这组方程的求解非常困难。即使是使用高速大型电子计算机，也不是一件容易办到的事，需要作合理的简化。

绝大多数固定床反应器均呈圆柱形，空间变量为两个：一个是径向变量，另一个则为轴向变量。描述这两个方向上的浓度和温度变化需用偏微分方程，前提是浓度和温度分布是连续且光滑的。流体在床层作轴向运动的同时还伴有化学反应，轴向浓度和温度梯度必然存在，由上一节知，固定床的径向温度和浓度分布也十分明显。若用径向的平均温度和平均浓

度分别代替径向温度分布和径向浓度分布，则可将这个典型的二维问题简化为一维问题，于是可用常微分方程来描述。

前已指出，流体在固定床内的流动状况与活塞流十分接近，因此可采用活塞流模型。相间传质与传热以及颗粒内的传递，按第 6 章的办法处理，用有效因子 η_0 去体现。设进入床层的流体质量速度为 G，关键组分 A 的质量分数为 w_{A0}，取床层高度为 dZ 的微元作组分 A 的物料衡算可得

$$\frac{Gw_{A0}}{M_A} \times \frac{dX_A}{dZ} = \eta_0 \rho_b (-\mathcal{R}_A) \tag{7.9}$$

式(7.9) 中 $\mathcal{R}_A$ 为以单位质量催化剂计算的组分 A 的消耗速率，由于系以微元床层体积或催化剂的堆体积作衡算，因此需乘以催化剂的堆密度 ρ_b 进行换算。对比用于均相反应的式(4.27) 知，式(7.9) 与之形式一样，差别只在于多了一个考虑内外扩散影响的有效因子 η_0。大多数工业多相催化反应，相间传递并不显著，因而可以用 η 代替 η_0，即只考虑内扩散的影响。

需要指出，式(7.9) 与第 4 章导出的一维拟均相模型方程形式虽然相同，但有质的区别。所谓拟均相模型是忽略两相间的浓度和温度的差别，例如，对于多相催化反应，认为流体相中反应组分的浓度与催化剂颗粒内反应组分的浓度相等，流体相的温度与催化剂颗粒的温度相同。式(7.9) 恰恰是考虑了这些差别，所以，不能说式(7.9) 是一维拟均相模型方程。

如果不考虑轴向热分散，对此微元体积作热量衡算则有

$$GC_{pt} \frac{dT}{dZ} = \eta_0 \rho_b (-\mathcal{R}_A)(-\Delta H_r) - \frac{4U}{d_t}(T - T_c) \tag{7.10}$$

该式的推导方法与式(4.26) 完全一样，形式也相似，差别只在于反应热项，即右边第一项，其理由前面已说过了。

流体流过床层时压力变化太大的话，还需建立一动量衡算式，即压力分布方程

$$-\frac{dp}{dZ} = \frac{fG^2(1-\varepsilon)}{\rho d_p \varepsilon^3} \tag{7.11}$$

式(7.9)～式(7.11) 的初值条件为

$$Z = 0, \ X_A = 0, \ T = T_0, \ p = p_0 \tag{7.12}$$

式(7.10) 中的冷却介质温度 T_c 如果不能视作常数，则还需多加一个冷却介质温度的轴向分布方程

$$G_c C_{pc} \frac{dT_c}{dZ} = \frac{4U}{d_t}(T - T_c) \tag{7.13}$$

相应地增加初值条件 $\qquad\qquad Z = 0, \ T_c = T_{c0} \tag{7.14}$

式(7.14) 中 G_c 为按空床截面积计算的冷却介质的质量速度，C_{pc} 为冷却介质的定压比热容。

式(7.9)～式(7.14) 为常微分方程初值问题，进行数值计算是比较容易的。通过求解这些式子，便可回答固定床反应器设计中的一个最重要的问题，即达到规定的转化率需要多高的催化剂床层，通过模拟计算可以了解反应器的工况，进行多方案的比较，选择最佳的操作方案。当然，最佳方案的决定是以最大效益为前提，既包括经济效益，又包含社会效益。关于这个问题的深入讨论已超出本书的范围。

前面这些式子中最基本的是物料衡算式(7.9) 和热量衡算式(7.10)。除非是在高压下反

应且压力降又较大时，才需应用式(7.11)，一般情况下都可不考虑。此外，还可根据不同的具体情况作进一步的简化。例如，等温下反应，则式(7.10)可取消。

式(7.9)及式(7.10)是对单一反应而导出的，若为多个反应，需作适当的改写。设在床层内进行的反应共有 M 个，关键组分数为 k，则关键组分 A_i 的物料衡算式为

$$\frac{d(u_0 c_i)}{dZ} = \rho_b \sum_{j=1}^{M} \eta_j \nu_{ij} r_j \qquad (i=1,2,\cdots,k) \tag{7.15}$$

式中，η_j 为第 j 个反应的有效因子；r_j 为基于单位质量催化剂的第 j 个反应的普遍化反应速率。

热量衡算式相应改写成

$$u_0 C_{pt} \rho_f \frac{dT}{dZ} = \rho_b \sum_{j=1}^{k} \eta_j r_j (-\Delta H_r)_j - \frac{4U}{d_t}(T - T_c) \tag{7.16}$$

相应的初值条件为 $\qquad Z=0, \; T=T_0, \; c_i = c_{i0} \qquad (i=1,2,\cdots,k) \tag{7.17}$

其余式子均不需改变，只有牵涉到反应速率的项才需改写。两个式子中用 u_0 而不用 G，这没有本质上的差别。

上一节中指出，固定床床层太薄时，活塞流的假定不成立。此时需考虑返混的影响，可仿照第 5 章推导轴向分散模型方程的方法，导出恒密度情况下进行单一反应时固定床反应器的模型方程为

$$\varepsilon D_a \frac{d^2 c_A}{dZ^2} - u_0 \frac{dc_A}{dZ} - \eta_0 \rho_b (-\mathcal{R}_A) = 0 \tag{7.18}$$

热量衡算式则为 $\quad \lambda_{ea} \frac{d^2 T}{dZ^2} - \rho_f u_0 C_{pt} \frac{dT}{dZ} + \eta_0 \rho_b (-\mathcal{R}_A)(-\Delta H_r) - \frac{4U}{d_t}(T - T_c) = 0 \tag{7.19}$

相应的边界条件为 $\qquad Z=0, u_0(c_{A0} - c_A) = -\varepsilon D_a \frac{dc_A}{dZ} \tag{7.20a}$

$$u_0 \rho_f C_{pt}(T_0 - T) = \lambda_{ea} \frac{dT}{dZ} \tag{7.20b}$$

$$Z=L, \quad \frac{dc_A}{dZ} = \frac{dT}{dZ} = 0 \tag{7.20c}$$

模型方程变为二阶常微分方程，即在活塞流模型方程的基础上叠加一轴向分散项。显然，对属于正常动力学的反应，返混的存在将会使转化率降低。考虑热、质轴向分散时，数学模型为常微分方程的边值问题，在模拟计算上要较初值问题困难。对于多个反应，亦需作相应的改写，这里不一一列出。

上述模型方程的应用，需要具备三类基础数据。①反应动力学数据，即反应速率方程，反应速率方程系随反应而异，同一多相催化反应还随催化剂的不同而具有不同的速率方程。在文献上往往查不到所需的动力学数据，只能进行实验测定。②热力学数据，如反应热、比热容、化学平衡常数等等，一般可从文献上查到，且有行之有效的计算和预测方法。③传递速率数据，包括流体的传递性质，如黏度、扩散系数和热导率等。还应收集催化剂的宏观结构数据，如孔分布、颗粒密度、堆密度和比表面等。根据这些数据和操作条件通过各种关联式估计传热系数和传质系数等。当然，如有由实验测定得到的传递速率系数，则可靠性会更高。

式(7.9)~式(7.11)所表示的固定床反应器数学模型，是广泛使用的一种，而最基本的方程是式(7.9)与式(7.10)两式，式(7.11)往往可不用。本章以后各节，将以一维非均相

活塞流模型为基础，对固定床反应器的有关问题进行分析讨论。

【例7.2】 将例6.7的球形催化剂用于固定床反应器，床层的空隙率 $\varepsilon=0.4$。计算当达到和例4.7相同转化率时的空时。

解：首先依然采用例4.7的管径，按照层流反应器计算。例4.7已经推导出下式。

$$1-X_B=\tau\int_{0.5\tau}^{\infty}e^{-k_a(1-\varepsilon)t(r)}\frac{\tau\mathrm{d}t(r)}{2[t(r)]^3}$$

$$X_B=1-\tau\int_{0.5\tau}^{\infty}e^{-k_a(1-\varepsilon)t(r)}\times\frac{\tau\mathrm{d}t(r)}{2[t(r)]^3}$$

式中，

$$k_a=k_{ao}\exp\left(-\frac{E_a}{RT}\right)=12.34\times\exp\left(\frac{-17360}{8.314\times300}\right)$$
$$=0.0117(s^{-1})$$

$$X_B=1-\frac{\tau^2}{2}\int_{0.5\tau}^{\infty}\frac{e^{-0.0117\times(1-0.4)t(r)}}{t(r)^3}\mathrm{d}t(r)\quad（A）$$

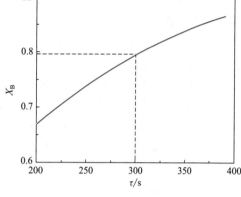

然后由下列Python程序求解式（A），得到图7A的结果。由图可以找到当空时 $\tau=300s$ 时的2-丁烯的转化率0.79。

由于内扩散的影响，该反应的速率减慢，所以空时延长。

图7A 数值计算结果

Python程序：

```
from scipy. integrate import quad
import matplotlib. pyplot as plt
import numpy as np
def integrand (t):
    return (1. 0-np. exp (-0. 0117 * 0. 6 * t)) /t * * 3 * 0. 5
# Provide the limits of integration, here a and b.
# For an improper integral, you can use np. inf or -np. inf as one of (or both) your limits.
tao = [ ]      # space time
x = [ ]        # conversion of 2-butene
i = 0
while i < 200:
    a = 0. 5 * (200 + i)     # lower limit
    b = np. inf   # upper limit
    integral, error = quad (integrand, a, b)
    print (200 + i, integral * (200 + i) * * 2)
    tao. append (200 + i)
    x. append (integral * (200 + i) * * 2)
    i + = 10
plt. figure ()
plt. plot (tao, x, '-', linewidth = 2, label = '')
plt. xlabel ('tao')
plt. ylabel ('x')
plt. legend ()
plt. show ()
```

7.3 绝热式固定床反应器

从反应器的分析与设计角度看，对固定床催化反应器按催化剂床是否与外界进行热量交换来分类是合适的。据此，固定床催化反应器可以分为两大类：一类是反应过程中催化剂床与外界没有热量交换，叫做绝热反应器；另一类则与外界有热量交换，称为换热式反应器。

7.3.1 绝热反应器的类型

固定床绝热反应器有单段与多段之分。所谓单段绝热反应器，是指反应物料在绝热情况下只反应一次；而多段则是多次在绝热条件下进行反应，反应一次之后经过换热以满足所需的温度条件，再进行下一次的绝热反应。每反应一次，称为一段，一个反应器可做成一段，也可以将数段合并在一起组成一个多段反应器。

单段绝热反应器结构简单，空间利用率高，造价低，是其优点。但是，对于一些热效应大的反应，由于温升过大，反应器出口温度可能会超过允许的温度。对于可逆放热反应，反应器的轴向温度分布会远离优化温度分布，从而造成反应器的生产能力降低，甚至会由于化学平衡的限制而使反应器出口达不到所要求的转化率。因此，单段绝热反应器的使用受到了一些限制，单段绝热反应器适用于下列场合：

① 反应热效应较小的反应；

② 温度对目的产物收率影响不大的反应；

③ 虽然反应热效应大，但单程转化率较低的反应或者有大量惰性物料存在，使反应过程中温升小的反应，例如乙烯直接水合制乙醇的工业反应器，由于反应的热效应较小（298K 时反应热为 44.16kJ/mol），单程转化率亦不高（一般为 4%～5%），因此常采用单段绝热固定床反应器。

多段绝热固定床反应器多用以进行放热反应，如合成氨、合成甲醇、SO_2 氧化等。多段绝热反应器，按段间换热方式的不同，可分为三类：①间接换热式；②原料气冷激式；③非原料气冷激式。后两类又可总称为直接换热式。这些类型的反应器示意图如图 7.3 所示。

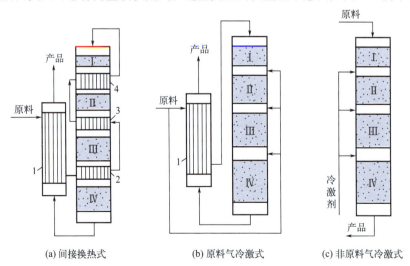

(a) 间接换热式   (b) 原料气冷激式   (c) 非原料气冷激式

图 7.3 多段固定床绝热反应器

图 7.3(a) 为四段间接换热式催化反应器的示意图。原料气经第 1、2、3、4 换热器预热后，进入第Ⅰ段反应。由于反应是放热的，经第Ⅰ段反应后，反应物料温度升高，至于升高多少，这与原料组成及转化率有关。所以，第Ⅰ段出来的物料经第 4 换热器冷却后，再进入第Ⅱ段反应。冷却介质就是原料气，这一方面可使反应后的气体冷却；另一方面又可将原料预热，以达到催化剂所要求的反应温度。第Ⅱ段出来的物料，经换热后进入第Ⅲ段。第Ⅲ段出来经过换热的物料，最后进入第Ⅳ段反应。产品经换热器 1 回收热量，送入下一工序。总之，反应一次，换热一次，反应与换热交替进行，这就是多段绝热反应器的特点。这种型式的反应器，在二氧化硫氧化、水煤气变换等生产上采用得较普遍。

直接换热式（或称冷激式）反应器与间接换热式不同之处在于换热方式。前者系利用补加冷物料的方法使反应后的物料温度降低；后者则使用换热器。图 7.3(b) 为原料气冷激式反应器，共四段，所用的冷激剂为冷原料气，亦即原料气只有一部分经换热器 1 预热至反应温度，其余部分冷的原料气则作冷激用。经预热的原料气进入第Ⅰ段反应，反应后的气体与冷原料气相混合而使其温度降低，再进入第Ⅱ段反应，依次类推。第Ⅳ段出来的最终产物经预热器回收热量后送至下一工序。如果来自上一工序的原料气温度本来已很高，这种类型的反应器显然不适用。对于这种情况，若能选择合适的冷激剂，则可考虑采用非原料气冷激式。

图 7.3(c) 为非原料气冷激式，其道理与原料气冷激式相同，只是采用的冷激剂不同而已。非原料气冷激式所用的冷激剂，通常是原料气中的某一反应组分。例如，水煤气变换反应中，水蒸气是反应物，采用非原料气冷激式反应器时，段与段之间就可通过喷水或水蒸气来降低上段出来的气体温度。同时，还可使水蒸气分压逐段升高，对反应有利。又如二氧化硫氧化也有采用这种型式反应器的，以空气为冷激剂，反应气体中氧的分压逐段提高，这对反应平衡和速率都是有利的。

冷激式与间接换热式相比较，其优点之一是减少了换热器的数目。此外，各段的温度调节比较简单灵活，只需控制冷气的补加量就可以了，流程相对简单。但催化剂用量与间接换热式相比要多，是其缺点。对于非原料气冷激还受到是否有合适的冷激剂这一限制，而原料气冷激式又受到原料气温度及反应温度范围的限制。间接换热式的限制条件较少，应用灵活，有利于热量回收，与冷激式相比，催化剂用量较少，但流程复杂，操作控制较麻烦，换热器数目多，以致基建投资大，是其缺点。

实际生产中还有将间接换热式与冷激式联合使用的，即第Ⅰ段与第Ⅱ段之间采用原料气冷激，其他各段间则用换热器换热，例如在钒催化剂上进行二氧化硫氧化反应，工业上就有采用此种形式的。

7.3.2　固定床绝热反应器的催化剂用量

确定催化反应器为完成一定的生产任务所需的催化剂量，是反应器设计的基本内容之一。如反应器截面积已定，也就是确定催化剂床层高度。设反应器系在恒压下进行单一反应，则式(7.11) 可略去，联立求解式(7.9)、式(7.10) 及式(7.12)，便可确定达到规定的最终转化率时所需的床层高度。由于是绝热反应，床层与外界没有热交换，式(7.10) 右边第二项为零，故可简化为

$$GC_{pt}\frac{dT}{dZ} = \eta_0 \rho_b (-\mathscr{R}_A)(-\Delta H_r)_T \tag{7.21}$$

式(7.9) 与式(7.21) 相除得

$$\frac{dT}{dX_A} = \frac{w_{A0}(-\Delta H_r)_T}{M_A C_{pt}} \tag{7.22}$$

C_{pt} 为反应混合物的定压比热容，为温度及组成的函数，其他物理量为常量。若以平均温度及平均组成下的比热容 $\overline{C}_{pt}$ 代替 C_{pt}，则式(7.22) 右边为常数，积分之有

$$T - T_0 = \lambda X_A \tag{7.23}$$

$$\lambda = \frac{w_{A0}(-\Delta H_r)_{T_0}}{M_A C_{pt}}$$

式(7.23) 在第 3 章及第 4 章均已推导和应用过，绝热温升 λ 的表示形式上稍有不同，但其实质不变，物理意义完全一样。计算时需注意各物理量所用的单位，反应热的单位应为 J/mol，混合气的平均比热容则为 kJ/(kg·K)。

积分式(7.9) 得

$$L = \frac{G w_{A0}}{M_A \rho_b} \int_{X_{A0}}^{X_{AL}} \frac{dX_A}{\eta_0(X_A,T)[-\mathscr{R}_A(X_A,T)]} \tag{7.24}$$

无论是有效因子还是消耗速率均随温度和反应物系组成而变，利用式(7.23) 可把它们变成单一变量 X_A 的函数，便可进行积分。式(7.24) 两边分别乘以反应器的横截面积，则得催化剂体积为

$$V = \frac{F_{A0}}{\rho_b} \int_{X_{A0}}^{X_{AL}} \frac{dX_A}{\eta_0(X_A,T)[-\mathscr{R}_A(X_A,T)]} \tag{7.25}$$

式(7.25) 中 F_{A0} 为反应器进口处的关键组分 A 的摩尔流量。

如果反应过程中反应混合物的比热容随温度及组成的改变变化很大，使用平均温度下平均组成的比热容 $\overline{C}_{pt}$ 计算，将导致很大的误差。这时温度与转化率不成线性关系，即式(7.23) 不能用。若求催化剂用量，只能用数值法联立求解式(7.9) 及式(7.22)。

【例 7.3】 工业生产中的含酚废液及废气可用催化法将酚烧成二氧化碳和水，使其符合排放标准。现拟设计一固定床绝热反应器在 0.1013MPa 下燃烧含酚气体中的苯酚。标准状态下含酚气体处理量为 1200m³/h，苯酚摩尔分数为 0.0008，于 473K 下进入反应器，要求燃烧后气体中苯酚摩尔分数为 0.0001。采用直径为 8mm 以氧化铝为载体的氧化铜球形催化剂，在该催化剂上苯酚燃烧反应为一级不可逆反应，反应速率常数与温度的关系为

$$k = 7.03 \times 10^6 \exp(-5000/T), \quad \text{min}^{-1}$$

试计算催化剂用量（可忽略外扩散阻力）。

数据：催化剂比表面 = 140m²/g；颗粒密度 = 0.9g/cm³；孔体积 = 0.42cm³/g；曲节因子 = 3；床层空隙率 = 0.38。

反应气体的定压摩尔比热容为 30J/(mol·K)，反应热等于 −2990kJ/mol。

解：可根据式(7.25) 计算催化剂用量。由第 6 章知球形催化剂上进行一级不可逆反应时的有效因子为

$$\eta = \frac{1}{\phi}\left[\frac{1}{\tanh(3\phi)} - \frac{1}{3\phi}\right] \tag{A}$$

梯尔模数

$$\phi = \frac{R}{3}\sqrt{\frac{k_p}{D_e}} \tag{B}$$

题给的反应速率常数 k 系以床层体积为基准，与 k_p 的关系是 $k_p = k/(1-\varepsilon)$，而 $\varepsilon = 0.38$，所以

$$k_p = 7.03 \times 10^6 \exp(-5000/T)/(1-0.38) = 1.134 \times 10^7 \exp(-5000/T), \text{min}^{-1} \tag{C}$$

为了计算有效扩散系数 D_e，先求催化剂的平均孔半径

$$\langle r_a \rangle = 2V_g/S_g = 2 \times 0.42/(140 \times 10^4) = 6 \times 10^{-7} \text{(cm)}$$

由此可知，在催化剂内的扩散主要为努森扩散，故

$$D_K = 9700 \times 6 \times 10^{-7} \sqrt{T/94} = 6.003 \times 10^{-4} \sqrt{T}, \text{ cm}^2/\text{s}$$

式中，94 为苯酚的分子量。催化剂的孔隙率等于 $\varepsilon_p = V_g \rho_p = 0.42 \times 0.9 = 0.378$，因而

$$D_e = \frac{\varepsilon_p}{\tau_m} D_K = \frac{0.378}{3} \times 6.003 \times 10^{-4} \sqrt{T} = 7.564 \times 10^{-5} \sqrt{T}, \text{ cm}^2/\text{s} \tag{D}$$

由于是变温过程，所以 η 不是常数。因苯酚在废气中浓度很低，整个反应过程可认为物质的量不发生变化，绝热温升

$$\lambda = \frac{(-\Delta H_r)y_{A0}}{\overline{C}_{pt}} = \frac{2990 \times 0.0008}{30/1000} = 79.73 \text{(K)}$$

代入式(7.23)得反应过程的温度与转化率的关系为

$$T = 473 + 79.73X_A \tag{E}$$

将式(E)分别代入式(C)及式(D)，然后再将式(C)、式(D)两式代入式(B)，并将 $R_p = 0.4$mm 代入化简后则有

$$\phi = 51626(473 + 79.73X_A)^{-1/4} \exp[-2500/(473 + 79.73X_A)] \tag{F}$$

由式(F)求得 $X_A = 0$ 时，$\phi = 56.07$，而 $X_A = 1$ 时，$\phi = 115.6$，故可用下式代替式(A)

$$\eta = 1/\phi \tag{G}$$

而 $\quad -\mathscr{R}_A = 7.03 \times 10^6 \exp(-5000/T)c_A = 7.03 \times 10^6 \exp(-5000/T)c_{A0}(1-X_A)\dfrac{273}{T}$

把式(E)代入化简后有

$$-\mathscr{R}_A = 1.919 \times 10^9 \frac{c_{A0}(1-X_A)}{473 + 79.73X_A} \exp\left(-\frac{5000}{473 + 79.73X_A}\right) \tag{H}$$

又因 $\quad\quad F_{A0} = 1200c_{A0}/60 = 20c_{A0} \quad \text{(kmol/min)} \tag{I}$

要求反应器出口气体中苯酚摩尔分数为 0.0001，所以

$$X_{AL} = \frac{0.0008 - 0.0001}{0.0008} = 0.875$$

将式(G)、式(H)、式(I)三式及有关数值代入式(7.25)化简后得

$$V = \int_0^{0.875} \frac{5.38 \times 10^{-4}(473 + 79.73X_A)^{3/4}dX_A}{(1-X_A)\exp[-2500/(473 + 79.73X_A)]} \tag{J}$$

用辛普生法求此积分值，得催化剂用量 $V = 15.3\text{m}^3$。需要指出，题给的反应速率是基于床层体积计算，因此，在应用式(7.25)时就无需再作换算，即其右边除以堆密度 ρ_b。

值得注意的是：若将最终转化率提高，比如说燃烧后气体中苯酚摩尔分数降至 0.00001，相当于转化率为 98.75%，由式(J)算出 $V = 28.7\text{m}^3$，即最终转化率提高 11.25%，催化剂用量近似翻一番。

7.3.3 多段绝热式固定床反应器

前已指出，多段绝热式固定床反应器有三种类型，这里只讨论间接换热式多段反应器的设计问题。图 7.4 为此类反应器进行可逆放热反应时的 T-X_A 图，图中的虚线为优化温度曲线，若反应器床层的轴向温度分布能控制到与此曲线一样，则效果最佳，整个反应过程将以最大的速率进行。实曲线为化学平衡曲线，为操作的极限，即反应器内任何一点的转化率

和温度，只能落在此曲线的下方。直线 AB、CD 及 EF 为各段的操作线，表示各段的转化率与温度的关系。操作线方程为式(7.23)，若各段的绝热温升 λ 相同，则 $AB\,/\!/\,CD\,/\!/\,EF$。BC、DE 及 FG 为冷却线，表示各换热器中反应气体温度的变化，由于换热过程中物料组成不发生变化，因此 X_A 为定值，冷却线为水平线。

图 7.4 是三段绝热反应器的 T-X_A 图，仿此不难给出不同段数的 T-X_A 图，也可以想象，段数越多，操作条件就越接近于优化温度曲线，若段数为无限多，则与之相重合。虽然段数越多，效率越高，但实际生产中，段数最多也只有 5～6 段，原因是段数多了，相应的管线、阀门、仪表也要增加，操作控制的复杂程度相应增加，而反应效果的提高却有限，所以，段数不宜过多。

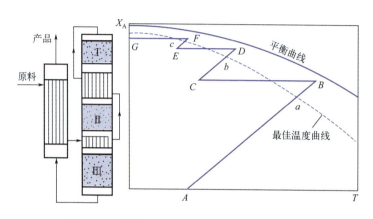

图 7.4　间接换热式三段绝热反应器的 T-X_A 图

当段数及原料组成一定时，要达到规定的最终转化率，除第一段的进口转化率和最后一段的出口转化率外，各段进、出口的转化率和温度可以有无限多种分配方案。这就需要作一最佳的选择。所谓最佳是相对的，从这个角度看某一方案最好，而从另一角度看则不然。因此，需要确定一目标函数，对于反应器设计，可以选用催化剂用量最少，产品成本最低，产量最大等等作为目标函数。下面以催化剂用量最少为目标，在段数、进料量和组成及最终转化率一定的前提下，讨论如何确定各段进出口的温度和转化率。这是一个优化问题，可用多种优化方法解决，下面采用经典的微分法。

设 X_{Ai} 及 X'_{Ai} 分别为第 i 段的进、出口转化率，而 T_i 及 T'_i 则为第 i 段进、出口物料的温度。若第 i 段的催化剂量为 V_i，那么，催化剂总用量为

$$V=\sum_{i=1}^{N}V_i=V_{\min} \tag{7.26}$$

为简化计，令 $\eta_0(X_A,T)[-\mathscr{R}_A(X_A,T)]=\mathscr{R}_A^*(X_A,T)$，将式(7.25)代入式(7.26)有

$$V=\frac{F_{A0}}{\rho_b}\left[\int_{X_{A1}}^{X'_{A1}}\frac{\mathrm{d}X_A}{\mathscr{R}_A^*(X_A,T)}+\int_{X_{A2}}^{X'_{A2}}\frac{\mathrm{d}X_A}{\mathscr{R}_A^*(X_A,T)}+\cdots+\int_{X_{AN}}^{X'_{AN}}\frac{\mathrm{d}X_A}{\mathscr{R}_A^*(X_A,T)}\right] \tag{7.27}$$

对于 N 段反应器，各段进出口的温度及转化率共有 $4N$ 个，但因最终转化率及进第一段的转化率（因组成已知）已经规定，故需确定的变量数应为（$4N-2$）个。又因任一段的出口转化率等于下段的进口转化率，即 $X_{Ai+1}=X'_{Ai}$，故变量数目相应减少（$N-1$）个。各段进出口的转化率和温度应符合式(7.23)的关系，四个变量中有一个是不独立的，相应变量总数又减少了 N 个。所以，独立变量总数应为（$4N-2$）$-(N-1)-N=2N-1$

个。选择各段的进口温度 T_i 和除第一段外各段的进口转化率 X_{Ai} 作为控制变量，总数恰好也是 $(2N-1)$。

将式(7.27)对 X_{Ai} 求偏导数，并令其等于零可得

$$\mathscr{R}_A^*(X_{Ai}, T'_{i-1}) = \mathscr{R}_A^*(X_{Ai}, T_i) \qquad (i = 2,3,\cdots,N) \tag{7.28}$$

同理，式(7.27)对 T_i 求偏导数，并令其为零，则有

$$\frac{\partial}{\partial T_i} \int_{X_{Ai}}^{X_{Ai+1}} \frac{\mathrm{d}X_A}{\mathscr{R}_A^*(X_A, T)} = 0 \qquad (i = 1,2\cdots,N) \tag{7.29}$$

式(7.28)及式(7.29)共包含 $(2N-1)$ 个方程，求解此方程组即可确定各段进出口转化率和温度的最佳值。

式(7.28)的意义是保证催化剂总用量最少，任何一段出口的消耗速率应等于下一段进口的消耗速率。式(7.29)的意义为对于任何一段，在规定的进出口转化率下，存在一最佳的进口温度，使该段的催化剂用量最少。显然，每段的催化剂用量都保证最少，那么催化剂总用量必定也最少。绝热反应器存在最佳入口温度问题在 4.6 节中已论证过，这里不再赘述。

任何一段的反应过程中，任何一处的温度与进口温度 T_i 成线性关系，从而式(7.29)又可改写成

$$\int_{X_{Ai}}^{X_{Ai+1}} \left[\frac{\partial \left(\dfrac{1}{\mathscr{R}_A^*(X_A, T)} \right)}{\partial T} \right]_{X_A} \mathrm{d}X_A = 0 \qquad (i = 1,2,\cdots,N) \tag{7.30}$$

应用式(7.30)进行计算较为方便。

不可能用解析法求解式(7.28)及式(7.30)，只能借助于电子计算机，用数值法求解。算法步骤如下：①假定第一段的出口转化率，根据式(7.30)可确定第一段的进口温度，从而由式(7.23)求第一段出口温度，并算出第一段的出口消耗速率；②由式(7.28)求第二段的进口温度；③由式(7.30)确定第二段出口转化率，再用式(7.23)求第二段出口温度并算出第二段出口的消耗速率；依此类推，直到第 N 段为止。如果求得的第 N 段出口转化率（即最终转化率）与要求不符，说明原先假定的第一段出口转化率不合适，需重新假定，然后重复以上各步的计算，直到最终转化率符合要求时结束计算。具体的计算步骤和方法见例 7.4。

一般催化剂的使用都有一个允许的操作温度范围，各段的操作温度不能低于允许的最低操作温度，亦不能超过最大的允许值。上述优化方法未将其考虑在内，如将温度约束条件引入，则成了有约束的优化问题，需用另外的办法解决，可参阅有关文献。

【例 7.4】 拟采用两段间接换热式固定床反应器在常压下进行水煤气变换反应。原料气中 CO、H_2O、CO_2 和 H_2 的摩尔分数分别为 0.1267、0.5833、0.0394 和 0.1575，其他为惰性气体。使用直径和高分别为 8.9mm 及 7.67mm 的圆柱形铁铬催化剂。规定进第一段的原料气温度为 633K，一氧化碳的最终转化率为 91.8%。为保证催化剂总用量最少，第一段出口的转化率和第二段的进口温度应控制为多少？

数据：在给定的催化剂上，已计入扩散影响的水煤气变换反应的速率方程为

$$-\mathscr{R}_A = k p_A (1 - \beta), \qquad \beta = p_C p_D / (p_A p_B K_p)$$

式中 p_A、p_B、p_C 及 p_D 分别为一氧化碳、水蒸气、二氧化碳和氢的分压，化学平衡常数 K_p 与温度的关系为

$$K_p = 0.0165 \exp(4408/T) \tag{A}$$

表观反应速率常数 k 与温度的关系则为

$$k = 2.172 \times 10^{-4} \exp(-6542/T) \quad [\text{mol}/(\text{g} \cdot \text{min} \cdot \text{Pa})] \tag{B}$$

假定各段的绝热温升均等于 155.2K。

解：设第一段的出口转化率为 0.85，由于第一段的入口温度已规定，无须再算。由式 (7.23) 得第一段的操作线方程为

$$T = 633 + 155.2 X_A$$

因此第一段出口温度为 $\qquad T_1' = 633 + 155.2 \times 0.85 = 765(\text{K})$

因 $p_A = 1.283 \times 10^4 (1 - X_A)$，$p_B = 5.909 \times 10^4 - 1.283 \times 10^4 X_A$，$p_C = 3.991 \times 10^3 + 1.283 \times 10^4 X_A$，$p_D = 1.595 \times 10^4 + 1.283 \times 10^4 X_A$，所以

$$\beta = \frac{(3.991 \times 10^3 + 1.283 \times 10^4 X_A)(1.595 \times 10^4 + 1.283 \times 10^4 X_A)}{1.283 \times 10^4 (1 - X_A)(5.909 \times 10^4 - 1.283 \times 10^4 X_A) K_p} \tag{C}$$

由第一段的出口温度按式 (A) 及式 (B) 可求得

$$K_p = 0.0165 \times \exp(4408/765) = 5.247$$

$$k = 2.172 \times 10^{-4} \times \exp(-6542/765) = 4.197 \times 10^{-8} [\text{mol}/(\text{g} \cdot \text{min} \cdot \text{Pa})]$$

所以，$X_A = 0.85$ 时

$$\beta = (3.991 \times 10^3 + 1.283 \times 10^4 \times 0.85) \times (1.595 \times 10^4 + 1.283 \times 10^4 \times 0.85) \times (1.283 \times 10^4)^{-1}$$
$$(1 - 0.85)^{-1} \times (5.909 \times 10^4 - 1.283 \times 10^4 \times 0.85)^{-1}/5.247 = 0.8222$$

将题给的速率方程换算为转化率的函数

$$-\mathscr{R}_A = k p_{A0} (1 - X_A)(1 - \beta) \tag{D}$$

从而第一段出口的消耗速率为

$$-\mathscr{R}_A = 4.197 \times 10^{-8} \times 1.283 \times 10^4 \times (1 - 0.85) \times (1 - 0.8222) = 1.436 \times 10^{-5} [\text{mol}/(\text{g} \cdot \text{min})]$$

由于题给的速率方程已包括了内扩散的影响，而工业变换反应器的外扩散阻力一般都可忽略不计，因此，不需要求有效因子。

根据式 (7.28) 知，第二段进口的消耗速率亦应为此值，但第二段进口的温度要低于第一段出口，而转化率则相等。设第二段进口温度为 663K，代入式 (A)、式 (B) 及式 (C) 可算得 $K_p = 12.73$，$\beta = 0.339$，$k = 1.126 \times 10^{-8} \text{mol}/(\text{g} \cdot \text{min} \cdot \text{Pa})$，故第二段出口的消耗速率由式 (D) 求得为

$$-\mathscr{R}_A = 1.126 \times 10^{-8} \times 1.283 \times 10^4 \times (1 - 0.85) \times (1 - 0.339) = 1.433 \times 10^{-5} [\text{mol}/(\text{g} \cdot \text{min})]$$

与前面算出的第一段出口消耗速率极相接近，完全可以认为是相等，说明假设第二段进口温度为 663K 是完全正确的。

由式 (7.30) 可求第二段的出口转化率，令 $\beta = g(X_A)/K_p$，速率方程式 (D) 可写成

$$-\mathscr{R}_A = p_{A0}(1 - X_A)[k - k g(X_A)/K_p]$$

$$\left[\frac{\partial(-\mathscr{R}_A)}{\partial T} \right]_{X_A} = p_{A0}(1 - X_A) \left[(1 - \beta)\frac{\partial k}{\partial T} + \frac{k g(X_A)}{K_p^2} \frac{\partial K_p}{\partial T} \right] \tag{E}$$

将式 (B)、式 (A) 分别对 T 求导得

$$\frac{\partial k}{\partial T} = \frac{6542 k}{T^2}, \quad \frac{\partial K_p}{\partial T} = -\frac{4408 K_p}{T^2}$$

代入式 (E) 化简后有 $\left[\dfrac{\partial(-\mathscr{R}_A)}{\partial T} \right]_{X_A} = 6542 k p_{A0}(1 - X_A)(1 - 1.674\beta)\dfrac{1}{T^2}$ $\tag{F}$

而
$$\left[\frac{\partial(1/(-\mathscr{R}_A))}{\partial T}\right]_{X_A} = -\frac{1}{(-\mathscr{R}_A)^2}\left[\frac{\partial(-\mathscr{R}_A)}{\partial T}\right]_{X_A}$$

将式（D）及式（F）代入整理后得

$$\left[\frac{\partial(1/(-\mathscr{R}_A))}{\partial T}\right]_{X_A} = \frac{6542(1.674\beta-1)}{kp_{A0}(1-X_A)(1-\beta)^2 T^2} \tag{G}$$

由式（7.23）知第二段的操作线方程为

$$T = 663 + 155.2(X_A - 0.85) = 531 + 155.2X_A \tag{H}$$

将式（B）代入式（G），利用式（H）将其变为转化率的函数后再代入式（7.30）则有

$$\int_{0.85}^{X'_{A2}} \frac{0.09744(1.674\beta-1)\exp[42.15/(3.421+X_A)]}{(1-X_A)(3.421+X_A)^2(1-\beta)^2} \mathrm{d}X_A = 0 \tag{I}$$

式中，β 亦为 X_A 的函数，可将式（A）代入式（C），然后再将式（H）代入即得

$$\beta = \frac{478.3(0.0394+0.1267X_A)(0.1575+0.1267X_A)}{(1-X_A)(0.5833-0.1267X_A)\exp[28.4/(3.421+X_A)]} \tag{J}$$

结合式（J）解式（I）即可求出第二段出口转化率 X'_{A2}。这只能采用试差法，设 $X'_{A2} = 0.918$，用辛普生法求得式（I）左边的积分值等于 0.3654，而 $X'_{A2} = 0.9179$ 时，该积分值则为 -0.1702，因此积分值等于零时的 X'_{A2} 值必介于 0.9179 和 0.918 之间。这两个值已经十分接近了，没有必要再进一步作更准确的计算。可以认为第二段的出口转化率就等于 0.918，即与规定的最终转化率相符，可见原假设第一段出口转化率等于 0.85 是正确的。

题目规定进第一段的气体温度为 633K 是为了减少计算工作量。如不规定，应怎样来确定第一段的进气温度？此时，第一段的出口转化率是否仍为 0.85？请读者考虑一下。

7.4 换热式固定床反应器

这类反应器的特点是在催化剂床层进行化学反应的同时，床层还通过器壁与外界进行热交换。工业生产中普遍使用此类反应器，如乙烯环氧化制环氧乙烷、由乙炔与氯化氢生产氯乙烯、乙苯脱氢制苯乙烯、烃类水蒸气重整制合成气以及氨的合成等等。

7.4.1 引言

换热式反应器又称非绝热变温反应器，其结构大部分类似于壳管式换热器。催化剂可以放在管内，也可放在管间，但后者较不多见。图 7.5 为换热式固定床反应器的示意图。原料气自反应器顶部向下流入催化剂床层，在底部流出。实际生产中，大多数是采用自上而下的流动方式，少数为自下而上流动；载热体则在管间流动，其流向可以与反应气体成逆流，也可以成并流，应根据不同反应的具体要求来进行选择。若进行的是吸热反应，则载热体为化学反应的热源。对于放热反应、载热体为冷却介质，移走由反应所产生的热量。换热强度应满足反应过程所要求的温度条件。

对于换热式列管反应器，载热体的合理选择，往往是控制反应温度和保持反应器操作条件稳定的关键。载热体的温度与床层反应温度之间的温度差宜小，但又必须能将反应放出的热量带走。这就要求在传热面积一定的情况下，有较大的传热系数。由于反应过程要求的温

度高低、反应热效应的大小和反应对温度波动敏感程度的不同，所选用的载热体也不同。一般反应温度在 473K 左右时，宜采用加压热水为载热体；反应温度在 523～573K 可采用挥发性低的有机物，如矿物油、联苯与联苯醚的混合物等；反应温度在 573K 以上可采用无机熔盐，如硝酸钾、硝酸钠及亚硝酸钠的混合物；对于 873K 以上的反应，可用烟道气作载热体。载热体在壳方的流动循环方式有沸腾式、外加循环泵的强制循环式和内部循环等几种形式。

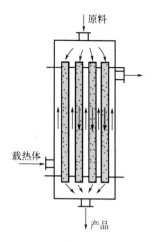

图 7.5　换热式固定床
反应器示意

换热式固定床反应器中的反应管直径一般都比较小，多为 20～35mm。这一方面是为了减小催化剂床层的径向温度差，另一方面也是为了使单位床层体积具有较大的换热面积。由于机械加工制造以及机械强度等原因，过去一个换热式固定床反应器只能安装 3500 根管子，大致可以充填 6～7m³ 催化剂，这对于大型厂以至中型厂生产某些化学产品时，不得不将数个换热式固定床反应器并联使用。近年来已能制造出多达 20000 根管子的固定床反应器，而且解决了反应器的运输以及安装问题。单机容量的提高，必将对操作控制和产品质量的改善以及产品成本的降低，起着积极的作用，此外，劳动生产率也将得到提高。

换热式固定床反应器可用于放热反应，也可用于吸热反应，对于后者更为常见。如果反应过程中催化剂很快就失活，以致催化剂的再生或更换十分频繁时，固定床反应器无论是绝热式还是换热式都不宜采用。催化剂失活不算太快且可以再生的话，应用换热式固定床反应器还是可以的，但需建立两套相同的反应装置，一套进行反应，另一套则进行再生，两者交替地进行。

换热式固定床反应器与绝热式相比，床层轴向温度分布相对来说比较均匀，特别是强放热反应，更宜选用这种反应器。与流化床相比，具有催化剂磨损小、返混小和催化剂生产能力较高的优点，且这种反应器也便于放大。通过单管实验掌握其规律，当生产规模加大时，只要增加单管数量，基本上可以进行反应器放大；它的缺点是结构比绝热反应器复杂，催化剂的装卸也不方便。

7.4.2　进行单一反应时的分析

在换热式固定床反应器中进行单一反应时，反应过程中转化率和温度是如何变化的？两者之间有何关系？前已指出绝热反应过程温度与转化率可近似地认为以线性关系存在。将式（7.10）与式（7.9）相除，整理后可得换热式固定床反应器中温度与转化率的关系式如下

$$\frac{\mathrm{d}T}{\mathrm{d}X_A}=\frac{w_{A0}(-\Delta H_r)}{M_A C_{pt}}-\frac{4Uw_{A0}(T-T_c)}{d_t M_A C_{pt}\eta_0\rho_b(-\mathcal{R}_A)} \tag{7.31}$$

若以 $\overline{C}_{pt}$ 代替 C_{pt}，则上式又可写成

$$\frac{\mathrm{d}T}{\mathrm{d}X_A}=\lambda-\frac{4Uw_{A0}(T-T_c)}{d_t M_A \overline{C}_{pt}\eta_0\rho_b(-\mathcal{R}_A)} \tag{7.32}$$

显然，对于绝热反应，上式右边第二项为零，式（7.32）化为式（7.23）。

反应温度的控制是反应器操作中最重要的一环，因为温度对化学反应速率的影响极为敏感。可逆吸热反应和不可逆的吸热或放热反应，维持在尽可能高的温度下操作是有利的，因此力图做到催化剂床层温度均匀最可取。至于可逆放热反应，在第 2 章中已指出保持优化温

度可使反应速率最大。因此，在换热式固定床反
应器进行可逆放热反应时，应使转化率与温度的
关系尽可能地接近优化温度曲线，图 7.6 为反应
过程中温度与转化率的关系图。图中 DMN 为
化学平衡曲线，曲线 PBQ 则为优化温度曲线；
H 点所对应的温度为冷却介质的温度，平行于
纵轴的直线 HD 与平衡曲线 DMN 的交点 D 所
对应的转化率为可能达到的最大转化率，实际上
都要低于此值，除非将冷却介质的温度降低。

当反应物料的进口温度分别为 T_A、T_E 和
T_G 时，反应过程的温度与转化率的关系依次以

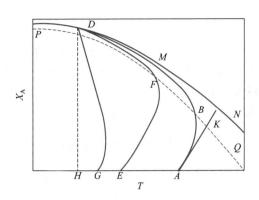

图 7.6　换热式固定床反应器的 T-X_A 图

曲线 ABD、EFD 和 GD 来表示。先看 ABD 曲线，温度先随转化率的增加而升高，
$dT/dX_A > 0$，达到一极大值后则随转化率的增加而降低，$dT/dX_A < 0$。实际上这也反映了
床层轴向温度分布的变化情况，因

$$\frac{dT}{dX_A} = \frac{dT}{dZ}\left(\frac{dX_A}{dZ}\right)^{-1} \tag{7.33}$$

转化率总是随床高的增加而增加，即 $dX_A/dZ > 0$，所以 dT/dZ 与 dT/dX_A 同号，两者变
化规律相同。反应初期远离平衡，反应速率大，以致反应放热速率大于冷却介质移热速率，
因而温度随转化率的增加而升高。反应后期则相反，移热速率大于放热速率，温度随转化率
的增加而降低。在极大值处，$dT/dX_A = 0$，由式（7.33）知，dT/dZ 亦应等于零。这一最
高温度称为热点温度。在实际生产中，热点的位置及其温度的高低是反应器操作控制的一个
极为重要的依据，借此可判断反应器运转的情况。只要热点温度不超过允许温度，床层的其
他部位也绝不会超过。

图 7.6 上的直线 AK 表示进口温度为 T_A 时绝热条件下反应的 T-X_A 线，显然，换热条
件下的 T-X_A 曲线 ABD 应处于其左方，由于移走热量，转化率相同时，床层温度要低于相
应的绝热床温度。

进料温度降至 T_E，反应过程的 T-X_A 曲线为 EFD，其变化规律与 ABD 同，且相应于
同一转化率下的温度，前者要低于后者。当然，这是对两者的传热状况相同而言的，若不相
同，前者的温度并不一定低于后者，进料温度再降低至 T_G 时，由于移热速率太大，以致整
个反应过程的温度单调下降，床层内不出现热点。

比较这几条曲线可知，它们接近优化温度曲线的程度是不同的，差别的存在是进料温度
不同的结果。进料温度太高或过低都会偏离优化温度曲线太远，因此存在一最佳进料温度。
图 7.6 中以 E 点的温度进料为最优，但这只是定性的粗略比较结果。设计反应器时尚需作
多方案详细计算比较后才能确定。

值得注意的是图 7.6 中的曲线无论哪一条在反应初期都偏离优化温度曲线甚远，但这对
整个反应过程来说，并不会产生很大的影响。反应初期的反应速率要远大于反应后期，因而
反应温度偏离最佳值所带来的影响远小于中后期。所以，评价 T-X_A 曲线的优劣主要是看
反应中后期接近优化温度曲线的程度。从这点出发，不难看出曲线 EFD 较曲线 ABD 要好。

要使换热式固定床反应器床层轴向温度分布均匀，即 $dT/dZ = 0$ 或 $dT/dX_A = 0$，由式
（7.10）知应满足下列条件

$$\eta_0 \rho_b (-\mathscr{R}_A)(-\Delta H_r) = \frac{4U}{d_t}(T - T_c) \tag{7.34}$$

这就是说床层内任一点的放热速率必须等于冷却介质的移热速率。床层处处都满足式(7.34)极其困难。因为床层的传热强度，即单位体积床层传递的热量是不均匀的，沿着床层内流体的流动方向形成一分布，开始时需传递的热量大，沿轴向而减少，前后相差甚大。这是由于床层内化学反应速率的轴向分布所造成。

7.4.3 进行复合反应时的分析

在换热式固定床反应器内进行复合反应时，由于副反应的存在而使问题变得复杂。下面以邻二甲苯氧化生产邻苯二甲酸酐（简称苯酐）为例进行讨论。在钒催化剂上邻二甲苯氧化反应为

（1）　邻二甲苯 $+ 3O_2 \longrightarrow$ 苯酐 $+ 3H_2O$

（2）　邻二甲苯 $+ \dfrac{15}{2}O_2 \longrightarrow$ 顺丁烯二酸酐 $+ 4CO_2 + 4H_2O$

（3）　邻二甲苯 $+ 3O_2 \longrightarrow$ 苯甲酸 $+ CO_2 + 2H_2O$

（4）　邻二甲苯 $+ \dfrac{21}{2}O_2 \longrightarrow 8CO_2 + 5H_2O$

（5）　邻二甲苯 $+ \dfrac{13}{2}O_2 \longrightarrow 8CO + 5H_2O$

由此可见邻二甲苯催化氧化可得到五种不同的产物，即第（1）个反应生成的苯酐，第（2）个反应生成的顺丁烯二酸酐（简称顺酐），第（3）个反应生成的苯甲酸以及后四个反应生成的一氧化碳和二氧化碳。目的是生产苯酐，所以第（1）个反应为主反应，其他则为副反应。邻二甲苯氧化时除上述五个反应外，还可能发生其他化学反应，如产物苯酐、顺酐及苯甲酸等进一步深度氧化生成一氧化碳和二氧化碳。

要把所有反应都包括在内进行分析，将使问题变得十分复杂，而且也无此必要。通常略去那些次要的反应，例如顺酐和苯甲酸实际上生成量有限，因而第（2）与第（3）个反应可以忽略。另外，还需加入苯酐深度氧化反应，并将整个反应过程简化成如下的反应网络

邻二甲苯(A) $\xrightarrow{\ k_1\ }$ 苯酐(B)

$$\downarrow k_3 \qquad\qquad \downarrow k_2$$

$$8(CO_2, CO)$$
$$(C)$$

这三个反应的速率方程为

$$r_1 = k_1 p_A p_0, \quad k_1 = 0.04017 \exp\left(-\frac{13500}{T}\right) \tag{7.35}$$

$$r_2 = k_2 p_B p_0, \quad k_2 = 0.1175 \exp\left(-\frac{15500}{T}\right) \tag{7.36}$$

$$r_3 = k_3 p_A p_0, \quad k_3 = 0.01688 \exp\left(-\frac{14300}{T}\right) \tag{7.37}$$

上列各式的压力单位用 Pa，反应速率的单位均为 kmol/(kg·h)，即以每小时每千克催化剂转化的邻二甲苯量来表示。原料气为空气与邻二甲苯的混合物，通常为了生产安全，邻二甲苯的浓度保持在爆炸范围以外，约为 1%。因此，反应过程中氧的浓度基本上可视为常量，所有反应可按拟一级反应处理。虽然所有这些反应均为变摩尔反应，但由于惰性气的大量存在，按恒密度过程处理是允许的。

所考察的三个反应只有两个是独立的。建立反应器的数学模型时，需有两个物料衡算式和一个热量衡算式。采用拟均相模型，选择苯酐的收率 Y_B、一氧化碳和二氧化碳的总收率 Y_C 以及温度 T 为状态变量，轴向距离 Z 为控制变量，数学模型方程如下

$$\frac{Gy_{A0}}{M_m}\frac{dY_B}{dZ}=\rho_b\mathscr{R}_B \tag{7.38}$$

$$8\frac{Gy_{A0}}{M_m}\frac{dY_C}{dZ}=\rho_b\mathscr{R}_C \tag{7.39}$$

$$GC_{pt}\frac{dT}{dZ}=\rho_b\mathscr{R}_B(-\Delta H_r)_B+\rho_b\mathscr{R}_C(-\Delta H_r)_C-\frac{4U}{d_t}(T-T_c) \tag{7.40}$$

$\mathscr{R}_B$ 为苯酐的生成速率，$\mathscr{R}_B=r_1-r_2$，将式(7.35) 及式(7.36) 代入可得

$$\mathscr{R}_B=p_0(k_1p_A-k_2p_B) \tag{7.41}$$

设氧的起始摩尔分数为 $(y_0)_0$，若把 p_0 视为常数，则 $p_0=p(y_0)_0$。$p_A=py_{A0}(1-Y_B-Y_C)$，$p_B=py_{A0}Y_B$，代入式(7.41)化简后有

$$\mathscr{R}_B=y_{A0}(y_0)_0p^2[k_1(1-Y_B-Y_C)-k_2Y_B] \tag{7.42}$$

需要注意 Y_C 的确切含意，它是把一氧化碳和二氧化碳合在一起计算的收率，同时是以转化成一氧化碳和二氧化碳的邻二甲苯物质的量和邻二甲苯的起始物质的量之比来表示的收率。因此，由 Y_C 计算一氧化碳和二氧化碳的生成量时，得到的结果乘以 8 才是其实际的生成量，因 1mol 的邻二甲苯可生成 8mol $(CO+CO_2)$。

同理可得一氧化碳和二氧化碳的生成速率

$$\mathscr{R}_C=8(r_2+r_3)=y_{A0}(y_0)_0p^2[k_3(1-Y_B-Y_C)+k_2Y_B] \tag{7.43}$$

把式(7.42) 及式(7.43) 分别代入式(7.38)～式(7.40) 式整理后可得

$$\frac{dY_B}{dZ}=\frac{M_m\rho_b}{G}(y_0)_0p^2[k_1(1-Y_B-Y_C)-k_2Y_B] \tag{7.44}$$

$$\frac{dY_C}{dZ}=\frac{M_m\rho_b}{G}(y_0)_0p^2[k_3(1-Y_B-Y_C)+k_2Y_B] \tag{7.45}$$

$$\frac{dT}{dZ}=\frac{\rho_by_{A0}(y_0)_0p^2}{GC_{pt}}\{[k_1(1-Y_B-Y_C)-k_2Y_B](-\Delta H_r)_B+$$

$$[k_3(1-Y_B-Y_C)+k_2Y_B](-\Delta H_r)_C\}-\frac{4U(T-T_c)}{d_tGC_{pt}} \tag{7.46}$$

初值条件为

$$Z=0,\ Y_B=0,\ Y_C=0,\ T=T_0 \tag{7.47}$$

以上模型方程没有考虑扩散的影响，因为邻二甲苯氧化所用的催化剂系将五氧化二钒和钛的化合物喷涂上瓷球的外表面上而制得，外表面上催化活性组分极薄，完全可以忽略内扩散的影响。实际生产中，气体的质量速度较大，气流主体与催化剂外表面间的浓度差和温度差是不大的，对邻二甲苯氧化反应的计算表明，前者完全可以忽略，后者也可不计，带来的误差只有百分之几。

求解式(7.44)～式(7.47)，即可对邻二甲苯催化氧化反应器进行模拟。现选定进反应器

的原料气中邻二甲苯的摩尔分数为 0.8432%，氧为 20.33%，混合气的平均分子量 M_m＝29.29。反应管内径 $d_t=26mm$。操作压力 $p=1.274\times10^5 Pa$。反应管外用熔盐冷却并作强制循环，可认为熔盐温度恒定且与进入床层的原料气温度相等，即 $T_c=T_0$。床层与熔盐间的总传热系数 $U=508kJ/(m^2\cdot h\cdot K)$。床层内气体的质量速度 $G=2.948kg/(m^2\cdot s)$。床层的堆密度 $\rho_b=1300kg/m^3$。热力学数据如下：$C_{pt}=1.059kJ/(kg\cdot K)$，$(-\Delta H_r)_B=1285kJ/mol$，$(-\Delta H_r)_C=4561kJ/mol$。将上列数据代入式(7.44)～式(7.46)后，再将式(7.35)～式(7.37)代入，简化后可得

$$\frac{dY_B}{dZ}=4.748\times10^8\left[(1-Y_B-Y_C)\exp\left(-\frac{13500}{T}\right)-2.781Y_B\exp\left(-\frac{15500}{T}\right)\right] \tag{7.48}$$

$$\frac{dY_C}{dZ}=1.995\times10^8\left[(1-Y_B-Y_C)\exp\left(-\frac{14300}{T}\right)+6.621Y_B\exp\left(-\frac{15500}{T}\right)\right] \tag{7.49}$$

$$\frac{dT}{dZ}=1.661\times10^{11}\left[(1-Y_B-Y_C)\exp\left(-\frac{13500}{T}\right)-2.781Y_B\exp\left(-\frac{15500}{T}\right)\right]+$$

$$2.477\times10^{11}\left[(1-Y_B-Y_C)\exp\left(-\frac{14300}{T}\right)+6.619Y_B\exp\left(-\frac{15500}{T}\right)\right]-7.232(T-T_c)$$

$$\tag{7.50}$$

初值条件：$Z=0$，$Y_B=0$，$Y_C=0$，$T=T_0=T_c$。式(7.48)～式(7.50) 为常微分方程初值问题，现对不同的进料温度，用龙格-库塔法进行求解。图 7.7 及图 7.8 便是在进料温度分别为 628K、633K、635K 等时的计算结果。图 7.7 为床层的轴向温度分布。由图可见，当 $T_0=628\sim635K$ 时，轴向温度分布曲线都存在极大，即热点。热点温度与进料温度相差达数十度，而且进料温度越高，相差越大，热点位置越向后移。比较 $T_0=633K$ 和 635K 两条温度分布曲线知，进料温度仅相差 2K，而热点温度相差竟达 20 多度。更令人惊奇的是进料温度为 636K 时，其热点温度已升得十分高，以致反应器操作遭到破坏。进气温度 1K 之差竟造成如此严重的后果，这种现象称为飞温，也就是后面还要讨论到的参数敏感性问题。这个计算结果证明，进料温度是一个敏感因素，这种反应器的操作，必须十分小心，稍有不慎，将会由于温度的急剧增高而烧坏催化剂。同时也证明了前面曾经提到的，床层温度的控制，特别是热点温度，十分重要。

图 7.8 为收率的轴向分布图。实曲线为苯酐收率 Y_B 的轴向分布，而虚曲线则为一氧化

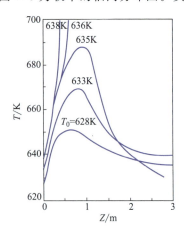

图 7.7　邻二甲苯氧化反应器
床层的轴向温度分布

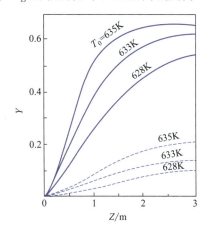

图 7.8　邻二甲苯氧化反应器
收率的轴向分布

碳和二氧化碳的收率 Y_C 的轴向分布。由图可见，无论 Y_B 还是 Y_C 均随床层高度的增加而增加。当进料温度提高时，只要不出现飞温，苯酐收率和（$CO+CO_2$）的收率也都增加。由于苯酐为目的产物，其收率的增加将会增加产量，从这点看，采用较高的进料温度是有利的。但是，Y_C 也增加了，亦即增加了原料转化成无用产品的量。所以，必须比较两者增加的程度，如 Y_B 增加得多，Y_C 增加得少，当然是有利的，反之则不一定合算。这也就是要考察反应选择性问题。根据计算知，628K 时的选择性为 83.4%，而 633K 时则降至80.5%，即反应选择性系随进料温度的增加而降低的。反应选择性低意味着生成单位质量苯酐所消耗的邻二甲苯量多，即原料利用率低。进料温度的选择必须兼顾收率与反应选择性这两个方面。

7.5　自热式固定床反应器

自热式固定床反应器是换热式固定床反应器的一种特例，以原料气作为冷却剂来冷却床层，而将其预热至反应所要求的温度，然后进入床层反应。显然，它只适用于放热反应，而且是原料气必须预热的系统。

7.5.1　反应物料的流向

换热式固定床催化反应器中，反应物料和换热介质的流向对过程的换热起重要的作用，然而上一节讨论的是换热介质温度恒定的情况，则与流向无关。这里以自热式反应器为例，讨论流向的影响。

图 7.9 为不同流向的自热式固定床反应器的轴向温度分布示意图。图 7.9(a) 为逆流情况，原料气进入反应器后，在管间与管内催化剂层的气体成逆流流动。由于原料气在管间系单纯地预热，其温度从入口处的 T_{cLr}，单调上升至 T_{c0}，然后进入催化剂床层中反应，此时反应与换热同时进行。反应气体的温度从 T_0 上升至热点温度后而逐渐降低，见图 7.9(a)上方的曲线。

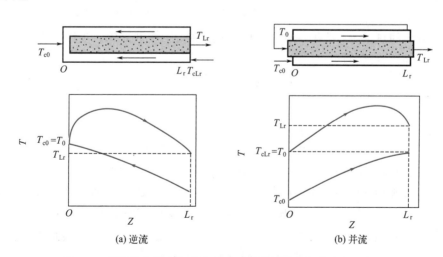

图 7.9　不同流向的自热式固定床反应器的轴向温度分布示意图

图 7.9(b) 为并流情况，其轴向温度分布乍看起来与逆流时并无多大区别，但仔细比较

这两张图可以发现，逆流式床层内气体温度很快就升高至热点温度，且反应后期反应温度下降的速度较快，并流式正好与其相反。这可用传热温度差和床层不同部位放热速率不同来解释。无论逆流还是并流，反应前期，或者说床层入口处附近的区域，放热速率最大，这是因为该处反应物浓度高，离化学平衡远从而反应速率大的缘故。与此区域相对应的管外气体温度，随着流向的不同而有较大的差别，逆流时此处气体温度较高，而并流时则是刚进入反应器的冷原料气，温度较低，所以，前者传热温度差小，管内气体温度上升得快；后者则相反，床层内气体升温速度慢。反应后期，单位体积床层放热量小，要求相应减慢换热速率，使床层温度不致太低。逆流式恰恰做不到这一点，因此时与床层换热的正是刚进入反应器的冷原料气，传热温度差太大，以致容易出现过冷现象。并流式则较好，原因是传热温度差较小。总之，逆流的优点是原料气进入床层后能较快地升温而接近优化温度，缺点是反应后期易于过冷。并流的优点是后期降温较慢，而前期升温较慢则是其不足。如能将两者的优点都体现在一种反应器上，则可最优化。有些并流式催化反应器中设置一绝热床，经预热后的原料气先进入绝热床中反应，使反应气体迅速升温，然后再进入与原料气进行换热的催化剂管中反应。这样做既保留并流式后期降温速度慢的优点，又克服了原料气进入床层后升温速度慢的缺点。

7.5.2　数学模拟

模型方程式(7.9)、式(7.10)原则上也可用于自热式固定床反应器，由于以原料气作为冷却介质，具体应用时需对热量衡算式作些改写。前面指出，原料气在预热过程中，其轴向温度也形成一分布，但它并不是一个独立的变量，只要床层内气体的温度和转化率一定，与之对应的冷却介质（即预热过程的原料气，下同）温度也就可以确定。下面阐明它们之间的关系。

设床层进口截面处的反应气体及冷却介质的温度分别为 T_0 及 T_{c0}，而床层任意截面处反应气体的温度和转化率分别为 T 和 X_A，相应的冷却介质温度为 T_c。若 G 和 G_c 依次为按床层截面计算的反应气体和冷却介质的质量速度，则对这两个截面间的区域作热量衡算可得

$$\frac{G w_{A0}}{M_A}(-\Delta H_r)X_A = G\overline{C}_{pt}(T-T_0)+G_c\overline{C}_{pc}(T_c-T_{c0}) \tag{7.51}$$

左边为反应放出的热量，右边第一项为床层内气体的显热变化，第二项则为冷却介质所获得的显热。式(7.51)可改写成

$$T_c = T_{c0}+\frac{G\overline{C}_{pt}}{G_c\overline{C}_{pc}}\left[\frac{w_{A0}(-\Delta H_r)}{M_A\overline{C}_{pt}}X_A-(T-T_0)\right] \tag{7.52}$$

因 $w_{A0}(-\Delta H_r)/(M_A\overline{C}_{pt})=\lambda$，令　　$G\overline{C}_{pt}/(G_c\overline{C}_{pc})=\beta$

则式(7.52)变为　　　　　　　$T_c = T_{c0}+\beta(\lambda X_A-T+T_0)$ $\tag{7.53}$

式(7.53)是反应器任何截面处冷却介质温度与床层内反应气体的温度及转化率的关系式。这一关系式对各种型式的换热式反应器都适用，有一定的普遍性。通过 β 值的不同来反映不同的情况。若 $\beta=0$，则 $T_c = T_{c0}$，相当于冷却介质温度恒定的情况。如 $\beta\rightarrow\infty$，则 $G_c=0$，属于绝热反应。$\beta=1$，则 $G\overline{C}_{pt}=G_c\overline{C}_{pc}$，即原料气为冷却介质，为自热反应器。此时

$$T_c = T_{c0}\pm(\lambda X_A-T+T_0) \tag{7.54}$$

并流时取正号，逆流时取负号。

将式(7.54)（取正号）代入式(7.10)得并流式自热反应器床层轴向温度分布微分

方程为

$$GC_{pt}\frac{\mathrm{d}T}{\mathrm{d}Z}=(-\Delta H_r)(-\mathscr{R}_A)\rho_b-\frac{4U}{d_t}[2T-\lambda X_A-(T_{c0}+T_0)] \qquad (7.55)$$

若式(7.54)取负号代入式(7.10)则得逆流式自热反应器床层轴向温度分布微分方程为

$$GC_{pt}\frac{\mathrm{d}T}{\mathrm{d}Z}=(-\Delta H_r)(-\mathscr{R}_A)\rho_b-\frac{4U}{d_t}[\lambda X_A-(T_{c0}-T_0)] \qquad (7.56)$$

对于逆流自热式有 $T_0=T_{c0}$，故式(7.56)可化简成

$$GC_{pt}\frac{\mathrm{d}T}{\mathrm{d}Z}=(-\Delta H_r)\rho_b(-\mathscr{R}_A)-\frac{4U\lambda X_A}{d_t} \qquad (7.57)$$

由式(7.55)或式(7.57)结合物料衡算式(7.9)，即可对自热式反应器作模拟计算，如果压力降太大，还需加上式(7.11)。

选定自热反应器进出口条件时应注意，进入反应器的原料温度 T_{c0}，由反应器流出的物料温度 T_{Lr} 及最终转化率 X_{ALr} 间，存在下列关系

$$T_{Lr}=T_{c0}+\lambda X_{ALr} \qquad (7.58)$$

对整个反应器作热量衡算可导出此式。表明三者间只能自由选定两个量，另一个由该式确定。

7.6 参数敏感性

绝热式、换热式或自热式固定床反应器进行放热反应时，床层内部存在温度最高之点，即所谓热点。毫无疑问绝热反应器的热点位于床层出口，而换热式和自热式的热点位置则与许多因素有关。进行吸热反应时则存在最低温度之点，不妨称之为冷点，但其重要性远不如热点。所以进行深入研究的多是有关热点问题。

热点温度 T_m 的值应介于进入床层的反应气体温度 T_0 和（$T_0+\lambda$）之间，其具体数值与反应热效应以及床层的传热强度有关。反应温度过高会使副反应增多和加强，导致目的产物收率降低，催化剂失活，甚至还可能发生爆炸。所以，只要 T_m 不超过允许值，床层其他地方也就不会超过。在7.4.3节中对邻二甲苯催化氧化反应器的计算发现，进料温度提高1K，热点温度 T_m 增加得很多，进料温度超过一定值时，床层操作会出现失控现象。因此，了解操作变量、反应混合物的性质以及反应器的传热能力对热点温度的影响，是十分必要的。这就是参数敏感性问题。

在热点处，$\mathrm{d}T/\mathrm{d}Z=0$，由式(7.10)得

$$\eta_0\rho_b(-\mathscr{R}_A)(-\Delta H_r)-\frac{4U}{d_t}(T_m-T_c)=0$$

或

$$T_m-T_c=\frac{\eta_0\rho_b(-\mathscr{R}_A)(-\Delta H_r)d_t}{4U} \qquad (7.59)$$

式中 $(-\mathscr{R}_A)$ 和 η_0 应根据热点温度 T_m 和热点处的反应混合物组成计算，显然，用式(7.59)来计算热点温度是不现实的，除非热点处的物料组成已知，然而它与从进入床层起到热点处止所经历的变化有关，经历不同，组成自然也不一样。虽然如此，用式(7.59)还是能够阐明一些问题的。由该式知，只要冷却介质温度 T_c 选得较低，传热强度 U/d_t 较大，热点温度就可保持在一规定值以下，不致产生飞温现象。但是，冷却介质的温度太低，将导致反应速率太慢使得催化剂用量增多，反应器体积变得很大。这也说明了前面所讨论的邻二

甲苯氧化反应器为什么要采用熔盐作为冷却介质。提高传热强度 U/d_t 的可行办法之一是使 d_t 变小，当然，d_t 小了压力降会增加，应综合考虑。前面也已提到过，管径小，床层径向温度分布较为均匀。

如果能预知哪些是敏感性参数，并且知道其敏感范围，那对反应器设计参数的选择将有很大好处。但这只有通过对反应器作大量的模拟计算才能知晓。由式（7.32）知，控制参数 w_{A0}、T_c、T_0 以及 U/d_t 都可能是敏感性参数，其微小的变化都有可能引起反应器失控。其中最值得注意的是冷却介质温度、进料温度及浓度。但目前尚无普遍适用和行之有效的固定床反应器失控判据。

对于一级不可逆放热反应，$(-\mathscr{R}_A)=A\exp[-E/(RT)]c_A$ 代入式（7.59）得热点处组分 A 的浓度

$$c_{Am}=\frac{4U(T_m-T_c)}{A\exp[-E/(RT)]\rho_b(-\Delta H_r)d_t} \tag{7.60}$$

这里假设 $\eta_0=1$。若冷却介质的温度 T_C 恒定且等于进入床层的物料温度 T_0，将上式对 T_m 求导并令 $dc_{Am}/dT_m=0$ 则有

$$\frac{E}{RT_{max}^2}(T_{max}-T_c)=1 \tag{7.61}$$

T_{max} 为热点处 A 的浓度最大时的温度。式（7.61）中的温度差实质上也是床层内外最大的温度差，如实际温差大于此值则可安全操作。故将式（7.61）改写成

$$\frac{RT_{max}}{E}=\frac{1}{2}\left(1-\sqrt{1-\frac{4RT_c}{E}}\right) \tag{7.62}$$

根据上式可确定冷却介质的温度 T_c，只要实际值低于由此而得的 T_c 值，就不会产生失控。

另一个经验判据为

$$\frac{\lambda}{T_{max}-T_c}\leqslant 1+\sqrt{\frac{N_c}{e}}+\frac{N_c}{e} \tag{7.63}$$

式中 $N_c=4U/(\rho C_{pt}d_t k_c)$，$k_c$ 为按冷却介质温度计算的反应速率常数，ρ 为反应气体的密度。利用式（7.63）可以确定反应器进料浓度。

【例 7.5】 在换热式固定床反应器中进行一级放热反应，反应速率常数 $k=7.4\times10^8\exp(-13600/T)$，1/s。$U=100J/(m^2\cdot s\cdot K)$，$\rho C_{pt}=1300J/(m\cdot K)$ 及 $-\Delta H_r=1300kJ/mol$。设 $T_0=T_c=635K$。

（1）若反应管径 $d_t=25mm$，则床层最高温度是多少？允许最大的进料浓度是多少？

（2）若进料浓度为 $0.001kmol/m^3$，则允许反应器直径做到多大？

解：（1）床层最高温度 T_{max} 可由式（7.62）确定

$$T_{max}=\frac{1}{2}\times13600\times\left(1-\sqrt{1-\frac{4\times635}{13600}}\right)=667.8(K)$$

最大的进料浓度可由式（7.63）求得。因为

$$k_c=7.4\times10^8\exp(-13600/635)=0.37(1/s)$$

所以

$$N_c=\frac{4U}{\rho C_{pt}d_t k_c}=\frac{4\times100}{1300\times0.025\times0.37}=33.3$$

代入式（7.63）有

$$\lambda=(667.8-635)\times\left(1+\sqrt{\frac{33.3}{e}}+\frac{33.3}{e}\right)=549(K)$$

又因
$$\lambda = \frac{(-\Delta H_r)w_{A0}}{M_A C_{pt}} = \frac{(-\Delta H_r)c_{A0}}{\rho C_{pt}}$$

故
$$c_{A0} = \frac{\lambda \rho C_{pt}}{(-\Delta H_r)} = \frac{549 \times 1300}{1300 \times 10^6} = 0.55 \times 10^{-3} (\text{kmol/m}^3)$$

由此可见进料浓度只要低于 $5.5 \times 10^{-4} \text{kmol/m}^3$，则床层温度不会超过 667.8K。

(2) 由 (1) 已算出 $T_{max} = 667.8\text{K}$。若进料浓度为 $1 \times 10^{-3} \text{kmol/m}^3$，高于 (1) 所算出的允许浓度，仍要保持 $T_{max} = 667.8\text{K}$ 的话，只有改变管径。进料浓度改变，相应绝热温升也改变。此时

$$\lambda = \frac{1300 \times 10^6 \times 1 \times 10^{-3}}{1300} = 1000(\text{K})$$

由式(7.63)得
$$\frac{1000}{667.8 - 635} = 1 + \sqrt{\frac{N_c}{e}} + \frac{N_c}{e}$$

解得
$$N_c = 66.7$$

再由 N_c 的定义式可算出管径

$$d_t = \frac{4U}{\rho C_{pt} k_c N_c} = \frac{4 \times 100}{1300 \times 0.37 \times 66.7} = 12.5 \times 10^{-3} (\text{m})$$

亦即当进料浓度提高到 $1 \times 10^{-3} \text{kmol/m}^3$ 时，必须将管子直径缩小到 12.5mm 以下，才能保证床层温度不超过 667.8K。这实质上是为了提高床层的传热强度，使单位体积床层的传热面积加大。

7.7 流化床反应器

流化床反应器是工业上较广泛应用的一类反应器，适用于催化或非催化的气固、液固和气液固反应系统，由于论题的内容广泛而且复杂，这里只能对气固系统的一些最基本的概念作一简要的介绍。

7.7.1 流态化

当流体自下而上地流过颗粒物料层时，随着流速的增加，流体的压力降将发生变化。图 7.10 描述了这种变化规律。在低流速范围内，压力降随着流速的增大而增加，床层内的颗粒处于静止状态，属于固定床范围。但当流速增大到与点 M 相对应的值时，床层内颗粒开始松动，流速再增加，床层膨胀，床层空隙率增大，以致在点 M 以后的一个小的流速范围内，压力降随流速的增加而减小。此后，再加大流速，颗粒则处于运动状态，床层继续膨

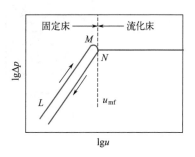

图 7.10　流体流过颗粒物料层时
流速与压力降的关系

胀，空隙率增加，在相当宽的流速范围内，压力降几乎保持为一定值。超出此范围，流速增加时，床层内的颗粒开始为流体所带走而离开床层，流速越大，带走的颗粒越多，流速提高到一定数值时将会将床层内全部颗粒带走，而变成空床，相应的流速叫做终端速度或带走速度。

颗粒处于运动状态而容器内床层又具有明显的界面，称为流化床。此时固体颗粒具有像流体一样的流动性质，故称流态化。若将流化床的流体速度降低直至点 N 所相应的值，压力降基本保持不变，流速再减小，则压力降相应也下降，此时床层已变为固定床。由图7.10可见，流速由大变小，压力降没有经历一先升高然后再降低的过程，其原因是从流化床转变为固定床时，后者的颗粒处于最松排列状态直至流体的流速变为零，因而相应的压力降也小于原先由紧密固定床转变为流化床时的测定结果（图7.10中的线段 LM）。点 N 称为临界流化点，所对应的流速叫做最小流化速度 u_{mf}。

流化床的压力降可按下式计算

$$\Delta p = L_{mf}(1-\varepsilon_{mf})(\rho_s - \rho_f)g \tag{7.64}$$

式(7.64)中 L_{mf} 及 ε_{mf} 为床层颗粒开始流化时的床层高度和空隙率，ρ_s 及 ρ_f 则分别为固体和流体的密度。由于临界流化点为固定床与流化床的交界点，因此式(7.1)的右边的 ε 及 L_r 分别以 ε_{mf} 及 L_{mf} 代入，然后令其与式(7.64)右边相等，得计算最小流化速度 u_{mf} 的公式。

流化介质的密度与固体颗粒的密度相差越大，所形成的流化床越不均匀。用液体将颗粒流化，称为散式流化，颗粒在床层中分散得较均匀。用气体作流化介质时，属于不均匀流化或称聚式流化。也可按弗鲁特数 $Fr = u^2/(gd_p)$ 的大小来划分，$Fr<1$ 为均匀流化，$Fr>1$ 则为不均匀流化或聚式流化。

在气固流化床中，气速大于临界流化速度时，部分气体以气泡的形式通过床层，犹如气体成泡状通过液体层一样。气泡外的区域固体颗粒浓度高，称为乳相。图7.11(a)为气固流化床的示意图，图7.11(b)则为气泡放大示意图。气泡中几乎不含固体颗粒，气泡相所含颗粒的总量约为全床层颗粒总量的千分之二到四。气泡的顶部成球形，底部则向里凹。气泡底部压力较周围略低，以致吸入部分颗粒，形成局部涡流，此区域称为尾涡。气泡周围为循环气体所渗透的区域，叫做泡晕。泡晕与尾涡一起随气泡向上升，气泡在上升过程中不断长大，最后在床层顶部破裂而离开。

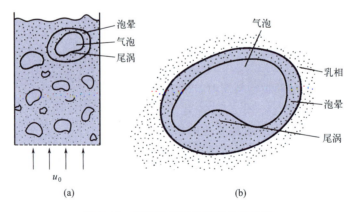

图 7.11　气固流化床及气泡放大示意

床层直径小而气速又不高时，床层大部分颗粒作向上运动，近壁处则向下运动，从而构成颗粒的循环运动。床层直径大，气速又大时，则在床层中可存在多个颗粒循环运动区。乳相中的气体主要是向上和向下运动。向上的速度等于临界流化速度。由于气体的扩散、向下流动的颗粒的夹带以及气体在颗粒上的吸附，使得部分气体又向下流动。定态下，在同一床层横截面上向上流的气量与向下流动的气量大致是恒定的。气速增大时，向下流的气量增多，$11 > u/u_{mf} > 6$ 时，向下流的气量超过上流气量，净结果是乳相中的气体是向下流动的。但在乳相中的气体毕竟是小部分，大部分气体是以气泡形式通过床层的。

正是由于床层内气体和颗粒的剧烈运动，使床层内温度均匀，这是流化床的一个主要特点，明显地不同于固定床。流化床传热效果也要优于固定床，传热系数比后者大得多。

7.7.2 流化床催化反应器

流化床催化反应器的型式很多，传统流化床一般都包括下列几个组成部分：壳体、气体分布装置、换热装置、气固分离装置、内部构件以及催化剂颗粒的加入和卸出装置等。图 7.12 为一种典型的流化床催化反应器示意图。壳体 1 一般做成圆柱形，也有做成圆锥形的。反应气体从流化气体入口 4 进入反应器，经气体分布板 8 进入床层。顾名思义气体分布板的作用是为了使气体分布均匀，分布板的设计必须保证不漏料也不堵塞，且安装方便。床层设置内部构件（可以是挡板或挡网）的目的在于打碎气泡，改善气固接触和减小返混，如图 7.12 中所示的挡板 11。流化床反应器的换热装置，可以将换热器装在床层内，也可以在床层周围装设夹套，视热负荷大小而定。图 7.12 中 9 及 10 分别表示冷却水进出口，床层内的换热管与总管相连接。催化剂颗粒从入口 6 加入，由排出口 7 排出。

气体离开床层时总是要带走部分细小的颗粒，为此，将反应器上部的直径增大，做成一扩大段，使气流速度降低，从而部分较大的颗粒可以沉降下来，落回床层中去。较细的颗粒则通过反应器上部的旋风分离器 3 分离出来返回床层。反应后的气体由顶部排出。

实际生产中，有些催化反应过程所使用的催化剂很快就失活，需要连续进行再生。这样的过程应用固定床反应器来实现几乎是不可能的。流化床反应器由于固体颗粒能够流动，对于这种反应过程是最合适不过的了。石油炼制工业中将重质油进行催化裂化以获得更多的轻油，正是采

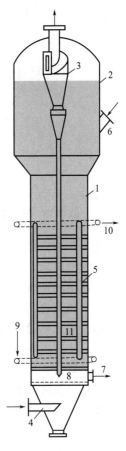

图 7.12 流化床催化反应器
1—壳体；2—扩大管；3—旋风分离器；4—流化气体入口；5—换热管；6—催化剂入口；7—催化剂排出口；8—气体分布板；9—冷却水进口；10—冷却水排出口；11—挡板

用了流化床反应器而取得突破性的成果。随着技术的进步，早期的双流化床反应器已经被提升管反应器所取代，生产效率得以提升。图 7.13 为典型的提升管式催化裂化装置示意图，它是由反应器和再生器组成的反再系统，两者均为提升管式反应器，只是作用不同罢了。催化裂化所用的催化剂为硅铝分子筛，重质油在其上裂化成轻质油及少量小分子气态烃，与此同时还发生结焦反应，沉积在催化剂上的焦炭使催化活性丧失，因此需要再生。再生的方法是用空气将沉积在催化剂上的焦炭燃烧，恢复催化活性。所以在再生器中进行的是烧焦反应。裂化反应为吸热反应，而烧焦反应则是放热反应，将反应器与再生器连接在一起，不仅实现了催化裂化和催化剂再生的循环，而且可以通过再生后的催化剂将再生器所产生的热量带入反应器，以提供裂化反应所需的热量。这一巧妙的双流化床设计经过不断优化已升级为提升管催化裂化反应器和催化床再生器。

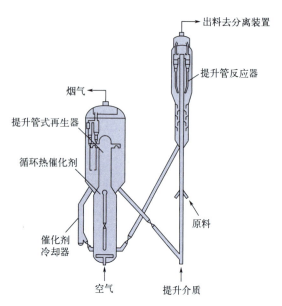

图 7.13　流化床催化裂化装置

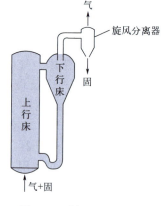

图 7.14　循环流化床示意

　　前述的为低速流化床，即固体颗粒不被气体带出，颗粒在反应器内循环，类似于液体沸腾，故亦称为沸腾床。近年来随着流态化技术的发展，流化床倾向在高气速下操作，此时气速大于固体颗粒的带出速度，固体颗粒被带出经分离后再循环进入反应器，这种称为循环流化床，亦称快速流化床，如图 7.14 所示。为提高粉煤气化流化床的碳转化率和处理能力，在上行床部分采用喷动式流化床，将较大颗粒的煤粉部分气化，形成细颗粒的煤粉，循环至下行流化床，使其进一步反应。顶部的旋风分离器用于将细小的灰分残渣与烟气分离，排出反应器外。必要时，反应器的底部增设排渣口。

　　由于流化现象极其复杂，至今尚未为人们所充分认识，以致流化床反应器的放大困难重重。如前所述，气体进入床层后，部分通过乳相流动，其余则以气泡形式通过床层。毫无疑问，乳相中的气体与催化剂颗粒接触良好，而气泡中的气体与催化剂颗粒的接触就差，因为气泡中几乎不含催化剂颗粒，仅靠与相界面处的和尾涡中的颗粒相接触。另外，气体在床层流动过程中，还发生气泡与乳相间气体的交换以及气泡合并和破裂的现象，使得床内气固接触问题变得更为复杂。固定床内的流动为单相流体流动，而流化床内的流动为两相流动。流化床反应器模型的建立，其最大的困难就是还没有找出合适的流动模型，以定量地关联各种流体力学因素，如气体分布，气泡大小及停留时间，相间交换等的影响。除了流体力学因素外，影响流化床反应器工况的是化学因素，如反应动力学、化学计量学等，但这是化学反应和所采用的催化剂的固有性质，与反应器的结构无关。

　　流化床催化反应器的主要优点是可以使用小粒度的催化剂，因而内扩散的影响完全可以忽略，提高了催化剂的利用率。再有是温度均匀，完全可以实现等温操作，这对于某些反应温度范围要求很窄的催化反应过程十分合宜。如果催化剂需要连续再生，前面已说过，流化床反应器则最合适不过，催化剂的加入和卸出都十分方便，压力降不随气速而变化也可以说是其优点。流化床反应器最主要的缺点是由于磨损和气体带走而造成催化剂损失大，这点对于贵金属催化剂是难以承受的，返混严重也是其主要缺点；而气体以气泡形式通过床层而造成气固接触不良也是其不足之处。采用循环流化床能较好地解决以上这两个缺点。总之，是否采用流化床反应器，要结合具体的反应过程来作出决策，不能一概而论。

7.8 实验室催化反应器

实验室用的催化反应器的共同特点是规模小；催化剂用量少到只有数克以至数百毫克；但由于用途的不同对反应器的要求以及操作条件等也有所不同。这里只针对进行动力学测定这一目的来阐明对实验室催化反应器的基本要求及其主要类型。

7.8.1 基本要求

多相催化反应动力学的研究目的，主要是测得不同温度、压力和反应物系组成等条件下的反应速率数据，再将众多的反应速率数据与其有关的影响因素相关联，整理出反应速率方程。

当催化剂确定之后，影响反应速率的主要因素是温度和反应物系的组成。在均相系统，可以直接测得反应进行部位的温度和浓度。在气固催化反应系统，一般实验测得的是气相主体的温度和浓度，而反应进行的部位则在催化剂外表面和内孔表面。但催化剂外表面及内部的浓度和温度，与气相主体的浓度和温度可能是不相同的（见第 6 章），即存在相间浓度差和温度差以及催化剂颗粒内反应组分的浓度分布和温度分布。由于要得到的是反应速率与进行化学反应部位的温度及反应组分浓度间的关系式，即本征速率方程，这些浓度梯度及温度梯度的存在，将会给实验测定带来麻烦，甚至不可能。

除了催化剂颗粒内和颗粒与气流之间存在梯度以外，就整个反应器而言还存在轴向及径向浓度和温度梯度。这同样会影响到动力学实验测定的精度，特别是径向梯度的影响更为严重。

综上所述，反应器内浓度和温度各有四种不同的梯度，如果能够使这八种梯度均等于零，这样的反应器叫做无梯度反应器。由于不存在梯度，化学反应实际上是在等温和等浓度的条件下进行。这样不仅可将实验测定精度提高，而且还可使数据的处理大为简化。所以，无梯度反应器将是进行动力学研究的理想工具。

如何消除这些梯度，或者更准确地说如何把它们的影响降低到可以忽略的地步，可运用第 6 章以及本章一开头所讨论过的有关传递过程原理去解决。催化剂粒度越小，有效因子越大，有效因子等于 1 时，颗粒内就不存在浓度和温度梯度。只要对不同粒度的催化剂进行实验，便可找出不存在浓度及温度梯度的粒度，再用此粒度的催化剂改变反应气体的质量速度做实验，以确定相间梯度不存在时的最小质量速度。总之，通过选择催化剂粒度以及反应气体的质量速度，便可保证气相和催化剂颗粒内部温度相等，反应物系组成也相同。

至于反应器内的轴向和径向梯度与 d_t/d_p，L_r/d_p 以及流体力学条件和反应物系的物理性质有关。简单地说是与反应器内气体的流动型式有关。如果呈全混流，显然，轴向和径向梯度将不复存在，成为无梯度反应器，当然这以催化剂粒度和气体质量速度满足要求为前提。达到全混流的根本措施是加大气体的循环量，将在下面讨论。达不到全混流，轴向和径向梯度必然存在，这种情况下，应保证呈活塞流，做到等温操作，唯一存在的是轴向浓度梯度。只有这样才便于对实验数据的进一步处理。对 d_t/d_p，L_r/d_p 选择得当，反应管的直径不太大，加热装置设计合理，实现等温活塞流操作是可以办到的。

总之，实验室催化反应器两点最基本的要求是：①等温操作；②反应气体保持理想流型。特别要注意第一个要求，因为温度对化学反应速率特别敏感，稍有改变，反应速率将相差很大。不但在温度测定上要求有一定的精度，还要检验反应器内不同部位的温度是否相同，反应热太大时，往往采用惰性物料以稀释催化剂或原料气，使放热或吸热强度降低。另外，在实验室内进行化学反应时，无论是放热反应还是吸热反应，一般总得对反应器进行加热，才能维持反应所要求的温度条件。因此，能够找到一个恒温热源最为理想，如用电炉加热则应把反应器内催化剂床层处于恒温区。要满足上述两点基本要求，就需正确设计反应器和选择合适的操作条件。

7.8.2 主要类型

实验室中用以进行动力学研究的催化反应器主要有下列几种类型，而且都属于固定床反应器：①积分反应器；②微分反应器；③外循环反应器；④内循环反应器。

(1) 积分反应器 用直径为 1cm 或更小些的金属管或硬质玻璃管制作而成，内装合适粒度的催化剂颗粒，为了更好地保证等温操作，往往用粒度相同的惰性物料将其稀释。床层不能太高，过高就难以保证等温。床层安设有热电偶以测定温度。反应气体一般自上而下流过反应器，在进入催化剂床层之前需预热至反应温度，而且催化剂床层上部往往放上一层惰性物料，使气体分布均匀，同时又可确保气体在进入催化剂床层之前与床层等温。反应器置于适当的热源中，如油浴、熔融盐浴和流化床砂浴等。

动力学实验测定的目的是获得不同温度及浓度条件的反应速率数据。以单一反应为例，按拟均相一维模型，即满足活塞流假定，对关键组分 A 写出固定床反应器的设计方程为

$$-r_A = F_{A0} \frac{dX_A}{dW} \tag{7.65}$$

F_{A0} 为反应器入口处关键组分 A 的摩尔流量，这可由进口气体流量和组成计算得到。然而积分反应器的床层存在轴向浓度分布，测得的是反应后的气体组成，是积分结果而不是微分变化，或者说是许许多多的微分结果之和。采用积分反应器作实验，就需根据积分结果反过来求导数，以获得反应速率值。为此，将式(7.65) 改写成

$$-r_A = \frac{dX_A}{d(W/F_{A0})} \tag{7.66}$$

由于反应器内的催化剂装量 W 为定值，因此改变 W/F_{A0} 实质上是改变 F_{A0} 值。为了求反应速率，需改变 F_{A0} 值进行实验，测定与之相应的反应后气体组成，从而求出转化率。通过一系列实验后，即得 W/F_{A0} 与 X_A 的关系。由此关系用图解微分法或曲线拟合法便求得反应速率。进行实验时，除 F_{A0} 外，其他条件如反应温度、进气组成等必须保持不变。

(2) 微分反应器 结构与积分反应器相同，唯一的差别可能是催化剂床层高度较低。本质上的差别是微分反应器进出口组成相差不大，即关键组分 A 的净转化率很小，一般要小于 5%；而积分反应器则无此限制，净转化率可以很高。微分反应器之所以这样操作，是为了当 W/F_{A0} 作微小变化时，X_A 成线性改变。于是

$$-r_A = F_{A0} \frac{dX_A}{dW} = F_{A0} \frac{\Delta X_A}{\Delta W} = \frac{F_{A0}(X_A - X_{A0})}{W} \tag{7.67}$$

只要 ΔX_A 取得相当小，式(7.67) 总是成立的，即为全混流釜式反应器的设计方程。利用式(7.67) 便可计算反应速率，它是平均转化率 $\overline{X_A} = (X_{A0} + X_A)/2$ 下的反应速率值。

由于微分反应器进出口气体组成相差不大，因此要求分析精度高，否则不能得到准确的反应速率值。此外，为测得不同物系组成下的反应速率，需要配制不同组成的进口气体，比较方便的办法是将积分反应器与微分反应器串联使用，以积分反应器出口气体作为微分反应

器的原料，只要控制积分反应器的转化率，便可获得不同组成的气体。由此可见，微分反应器实质上相当于在积分反应器中取一很薄的床层并分析其进出口组成，之后根据式(7.67)计算反应速率。微分反应器的优点是由于净转化率小，因而反应热效应小，便于达到等温操作，实验数据处理也简单。最大的缺点是前面说过的分析精度要求高。

(3) 外循环反应器 前述两种实验室反应器都存在着轴向浓度梯度，而外循环反应器轴向上浓度梯度则为零，或近于零。外循环反应器的结构与微分反应器基本相同，只是外加一根循环管，将反应器出来的气体通过循环机再循环至入口，由于大量气体的再循环而达到等浓度操作的目的。有关循环反应器的问题在第 4 章中已介绍过，并导出下列方程

$$X_{A0} = \frac{\psi X_{Af}}{1+\psi} \tag{4.23}$$

式中，ψ 为循环比，等于循环气与新鲜气的体积之比。由式(4.23) 可见，当 $\psi \to \infty$ 时，进反应器的气体转化率 X_{A0} 与出口转化率 X_{Af} 相等。事实上，只要 $\psi = 25 \sim 30$ 左右，两者就十分接近了，即达到了等浓度操作的目的。此时，反应速率可按下式计算

$$-r_A = \frac{F_{A0}(X_{Af} - X'_{A0})}{W} \tag{7.68}$$

注意 X'_{A0} 为新鲜气或原料气的转化率而不是反应器入口处气体的转化率。新鲜气中不含产物则 $X'_{A0} = 0$。这时只需分析反应器的出口组成，即可计算反应速率。比起积分反应器和微分反应器要简单方便。如催化反应过程中均相反应作用显著，或者反应气体在循环过程中由于温度降低而出现液相时，使用外循环反应器会有困难。

(4) 内循环反应器 是一种无梯度反应器，但与外循环反应器不同，不是将反应后的气体循环至进口而达到无梯度，而是在反应器内设置一高速机械搅拌器而达到浓度均一和温度均一。这实质上就是全混流反应器，之所以称它为内循环反应器是因为它是借助于机械搅拌的作用而进行循环的，且循环流动是在反应器内形成。显然，搅拌器的转速必须很高，一般为每分钟 1000 多到数千转。具体数值与反应器的结构以及操作条件有关。

内循环反应器的结构有两种主要型式，一是转篮式内循环反应器，如图 7.15 所示，催化剂颗粒放在转篮中，随转轴一起转动；图 7.16 则是另一种形式，催化剂置于反应器壁与中心管所构成的环隙中，由于涡轮搅拌器中心处压力低，从中心管吸入气体，然后又从叶桨端部甩出而进入催化剂层，自催化剂层顶部流出返回中心管，造成气体在反应器内强烈地循环流动。无论哪一种型式，全混流的形成全有赖于机械搅拌器的作用。

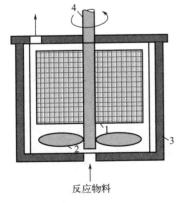

图 7.15 转篮式内循环反应器
1—催化剂篮；2—搅拌桨；3—挡板；4—搅拌轴

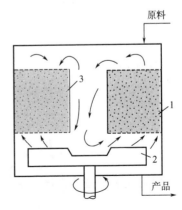

图 7.16 催化剂固定式内循环反应器
1—催化剂层；2—离心叶轮；3—中心管

由于是无梯度反应器，可以认为满足全混流假定，反应速率同样可用式（7.68）计算，但此时 X'_{A0} 既是原料气的转化率也是反应器进口气体的转化率。因为内循环反应器的原料气是直接进入反应器的，而外循环反应器则是与循环气混合后再进入反应器。

综观上述四种不同类型的实验室催化反应器，以内循环反应器为最佳。无论是等温性能还是等浓度性能都优于其他，可以获得较满意的实验测定结果。在实验数据的处理上也简单。若反应温度和压力较高，内循环反应器的应用将受到限制。

 总结

本章将第 4 章、第 5 章和第 6 章的内容相结合，着重建立了气固相固定床催化反应器的非均相模型，增加了床层压降的计算公式。需要掌握混合池模型计算固定床传质和传热速率的方法；非均相的活塞流和轴向分散模型设计固定床催化反应器的过程；自热式固定床反应器的设计方程；多段绝热式固定床反应器的优化设计方案。了解换热式固定床反应器存在的参数敏感性问题；流化床反应器和实验室反应器的适用模型。具体内容包括：

固定床的压降

$$\Delta p = f\,\frac{L_r u_0^2 \rho(1-\varepsilon)}{d_s \varepsilon^3}$$

非均相一维活塞流模型

质量衡算
$$\frac{\mathrm{d}(u_0 c_i)}{\mathrm{d}Z} = \rho_b \sum_{j=1}^{M} \eta_i \nu_{ij} r_j \quad (i=1,2,\cdots,k)$$

热量衡算
$$u_0 C_{pt}\rho_f \frac{\mathrm{d}T}{\mathrm{d}Z} = \rho_b \sum_{j=1}^{M} \eta_j r_j (-\Delta H_r)_j - \frac{4U}{d_t}(T-T_c)$$

边界条件
$$Z=0,\ T=T_0,\ c_i=c_{i0} \quad (i=1,2,\cdots,k)$$

非均相轴向分散模型

质量衡算
$$\varepsilon D_a \frac{\mathrm{d}^2 c_A}{\mathrm{d}Z^2} - u_0 \frac{\mathrm{d}c_A}{\mathrm{d}Z} - \eta_0 \rho_b(-\mathscr{R}_A) = 0$$

热量衡算
$$\lambda_{ea}\frac{\mathrm{d}^2 T}{\mathrm{d}Z^2} - \rho_f u_0 C_{pt}\frac{\mathrm{d}T}{\mathrm{d}Z} + \eta_0 \rho_b(-\mathscr{R}_A)(-\Delta H_r) - \frac{4U}{d_t}(T-T_c) = 0$$

边界条件
$$Z=0,\ u_0(c_{A0}-c_A) = -\varepsilon D_a \frac{\mathrm{d}c_A}{\mathrm{d}Z},\ u_0\rho_f C_{pt}(T-T_0) = \lambda_{ea}\frac{\mathrm{d}T}{\mathrm{d}Z}$$

$$Z=L,\ \frac{\mathrm{d}c_A}{\mathrm{d}Z} = \frac{\mathrm{d}T}{\mathrm{d}Z} = 0$$

绝热式固定床反应器设计

绝热操作方程
$$T-T_0 = \lambda X_A$$

绝热温升
$$\lambda = \frac{w_{A0}(-\Delta H_r)T_0}{M_A C_{pt}}$$

催化剂用量
$$V = \frac{F_{A0}}{\rho_b}\int_{X_{A0}}^{X_{AL}} \frac{\mathrm{d}X_A}{\eta_0(X_A,\ T)[-\mathscr{R}_A(X_A,\ T)]}$$

换热式固定床反应器设计

$$\frac{\mathrm{d}T}{\mathrm{d}X_A} = \lambda - \frac{4U w_{A0}(T-T_c)}{d_t M_A \overline{C}_{pt}\eta_0 \rho_b(-R_A)}$$

实验室催化反应器

积分反应器（管式）
$$-r_A = \frac{\mathrm{d}X_A}{\mathrm{d}(W/F_{A0})}$$

微分反应器（$X_A < 5\%$，管式）　$-r_A = \dfrac{F_{A0}(X_A - X_{A0})}{W}$

无梯度反应器（釜式）
$$-r_A = \frac{F_{A0}X_A}{W}$$

习　题

7.1　若气体通过固定床的线速度按空床计算时为 0.2m/s，则真正的线速度应为多少？已知所充填的固体颗粒的堆密度为 $1.2g/cm^3$，颗粒密度为 $1.8g/cm^3$。

7.2　为了测定形状不规则的合成氨用铁催化剂的形状系数，将其充填在内径为 98mm 的容器中，填充高度为 1m。然后连续地以流量为 $1m^3/h$ 的空气通过床层，相应测得床层的压力降为 101.3Pa，实验操作温度为 298K。试计算该催化剂颗粒的形状系数。

已知催化剂颗粒的等体积相当直径为 4mm，堆密度为 $1.45g/cm^3$，颗粒密度为 $2.6g/cm^3$。

7.3　由直径为 3mm 的多孔球形催化剂组成的等温固定床，在其中进行一级不可逆反应，基于催化剂颗粒体积计算的反应速率常数为 $0.8s^{-1}$，有效扩散系数为 $0.013cm^2/s$。当床层高度为 2m 时，可达到所要求的转化率。为了减小床层的压力降，改用直径为 6mm 的球形催化剂，其余条件均保持不变，流体在床层中的流动均为层流。试计算：

（1）催化剂床层高度；

（2）床层压力降减小的百分率。

7.4　拟设计一多段间接换热式二氧化硫催化氧化反应器，每小时处理原料气 $35000m^3$（标准状态），原料气中 SO_2、O_2 和 N_2 的摩尔分数分别为 7.5%、10.5% 和 82%。采用直径 5mm、高 10mm 的圆柱形钒催化剂共 $80m^3$。试决定反应器的直径和高度，使床层的压力降小于 4052Pa。

为简化起见，取平均操作压力为 0.1216MPa，平均操作温度为 733K。混合气体的黏度等于 $3.4 \times 10^{-5}Pa \cdot s$，密度按空气计算。

7.5　多段冷激式氨合成塔的进塔原料气组成如下：

组分	NH_3	N_2	H_2	CH_4	Ar
摩尔分数/%	2.09	21.82	66.00	7.63	2.45

（1）计算氨分解基（或称无氨基）进塔原料气组成；

（2）若进第一段的原料气温度为 407℃，求第一段的绝热操作线方程，方程中的组成分别用氮的转化率及氨含量来表示；反应气体的平均摩尔比热容按 33.08J/(mol·K) 计算，反应热 $\Delta H_r = -53581$J/mol NH_3；

（3）计算出口氨含量为 10% 时的床层出口温度，按考虑和忽略反应过程总物质的量变化两种情况分别计算，并比较计算结果。

7.6　在绝热催化反应器中进行二氧化硫氧化反应，入口温度为 420℃，入口气体中 SO_2 摩尔分数为 7%；出口温度为 590℃，出口气体中二氧化硫的摩尔分数为 2.1%。在催化剂床层内 A、B、C 三点分别进行测定。

(1) 测得 A 点的温度为 $620℃$，你认为正确吗？为什么？

(2) 测得 B 点的转化率为 80%，你认为正确吗？为什么？

(3) 测得 C 点的转化率为 50%，经再三检验结果正确无误，估算一下 C 点温度。

7.7 乙炔水合生产丙酮的反应式为

$$2C_2H_2 + 3H_2O \longrightarrow CH_3COCH_3 + CO_2 + 2H_2$$

在 $ZnO\text{-}Fe_2O_3$ 催化剂上乙炔水合反应的速率方程为

$$-r_A = 7.06 \times 10^7 \exp(-7413/T) c_A \left[\text{kmol}/(\text{h} \cdot \text{m}^3 \text{床层})\right]$$

式中，c_A 为乙炔的浓度。拟标准状态在绝热固定床反应器中处理含 3%（摩尔分数）C_2H_2 的气体 $1000\text{m}^3/\text{h}$，要求乙炔转化 68%。若入口气体温度为 $380℃$，假定扩散影响可忽略，试计算所需催化剂量。反应热效应为 -178kJ/mol。气体的平均恒压摩尔比热容按 $36.4\text{J}/(\text{mol} \cdot \text{K})$ 计算。

7.8 习题 7.7 所述乙炔水合反应，在绝热条件下进行，并利用反应后的气体预热原料，其流程如图所示。所用预热器换热面积 50m^2，乙炔摩尔分数为 3% 的原料气（标准状态）以 $1000\text{m}^3/\text{h}$ 的流量首先进入预热器预热，使其温度从 $100℃$ 升至某一定值后进入体积为 1m^3 的催化剂床层中绝热反应，反应速率方程见习题 7.7。预热器总传热系数为 $32.5\text{J}/(\text{m}^2 \cdot \text{s} \cdot \text{K})$。反应气体摩尔比热容按 $36.4\text{J}/(\text{mol} \cdot \text{K})$ 计算。试求：

(1) 绝热温升（可不考虑反应过程中反应气体总物质的量的变化）；

(2) 计算反应器出口可能达到的乙炔转化率（列出方程式，并用文字说明求解过程）。

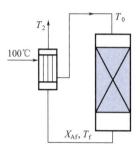

习题 **7.8** 图

7.9 某合成氨厂采用两段间接换热式绝热反应器在常压下进行如下反应

$$CO + H_2O \rightleftharpoons CO_2 + H_2$$

热效应 $\Delta H_r = -41030\text{J/mol}$，进入预热器的半水煤气与水蒸气之摩尔比 $1:1.4$，而半水煤气组成（干基）为

组分	CO	H_2	CO_2	N_2	CH_4	其他	Σ
摩尔分数/%	30.4	37.8	9.46	21.3	0.79	0.25	100

流程示意如图，图上给定了部分操作条件。假定各股气体的比热容均可按 $33.5\text{J}/(\text{mol} \cdot \text{K})$ 计算。试求 Ⅱ 段绝热床层的进、出口温度和一氧化碳转化率。设系统对环境的热损失为零。

7.10 在氧化铝催化剂上于常压下进行乙腈的合成反应

$C_2H_2 + NH_3 \longrightarrow CH_3CN + H_2$，$\Delta H_r = -92.2\text{kJ/mol}$

设原料气的摩尔比为 $C_2H_2:NH_3:H_2 = 1:2.2:1$，采用三段绝热式反应器，段间间接冷却，使每段出口温度均为 $550℃$，而每段入口温度亦均相同，已知反应速率式可近似地表示为

$$-r_A = 3.08 \times 10^4 \exp(-7960/T)(1-X_A) \left[\text{kmol } C_2H_2/(\text{h} \cdot \text{kg})\right]$$

式中，X_A 为乙炔的转化率。流体的平均摩尔比热容为

$$\overline{C_p} = 128\text{J}/(\text{mol} \cdot \text{K})$$

如要求乙炔转化率达 92%，并且日产乙腈 20t，问需催化剂量多少？

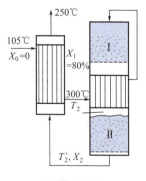

习题 **7.9** 图

7.11 例7.4所述的两段绝热式水煤气变换反应器，若第一段出口一氧化碳的转化率为84%，为使该段的催化剂用量最少，则第一段进口气体的温度应为多少？试利用例7.4所给的数据计算并与该题给定的第一段入口温度值相比较。

7.12 两个化学反应的 T-X 图如图所示，图中 AB 为平衡曲线，NP 为优化温度曲线，AM 为等温线，GD 为绝热线，GK 为非绝热变温操作线，HB 为等转化率线。

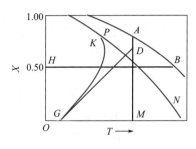

习题 7.12 图(a)

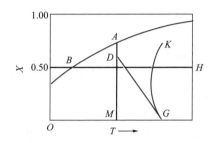

习题 7.12 图(b)

(1) 试比较这两个图的差异，并说明造成这些差异的根本原因；

(2) 采用固定床反应器进行图(a)所示的反应，分别按 MA、GD 和 GK 操作线操作，要求最终转化率均达到50%，试比较这三种操作所需催化剂量的相对大小，说明原因；

(3) 对图(b)所示的反应，重复（2）的比较；

(4) 对于（2）和（3）的比较结果，你认为是普遍规律呢还是个别情况？

7.13 在一列管式固定床反应器中进行邻二甲苯氧化制苯酐反应，管内充填高及直径均为5mm的圆柱形五氧化二钒催化剂，壳方以熔盐作冷却剂，熔盐温度为370℃，该反应的动力学方程为

$$r = 0.04017 p_A p_B^0 \exp(-13636/T) \quad [\text{kmol}/(\text{kg} \cdot \text{h})]$$

式中，p_A 为邻二甲苯分压，Pa；p_B^0 为 O_2 的初始分压，Pa。反应热效应 $\Delta H_r = -1285$kJ/mol，反应管内径为25mm，原料气以9200kg/($\text{m}^2 \cdot$ h)的流速进入床层，其中邻二甲苯摩尔分数为0.9%，空气为99.1%，混合气平均分子量为29.45，平均定压比热容为1.072kJ/(kg·K)，床层入口温度为370℃，床层堆密度为1300kg/m^3，床层操作压力为0.1013MPa（绝压）。总传热系数为251kJ/($\text{m}^2 \cdot$ h·K)，试按拟均相一维活塞流模型计算床层轴向温度分布，并求最终转化率为73.5%时的床高。计算时可忽略副反应的影响。

7.14 试分析下列说法是否正确。

(1) 在一绝热反应器中进行无热效应的零级反应，其转化率与反应器长度的关系是线性的。

(2) 在一绝热反应器中，仅当进行一级反应时，其反应温度和转化率的关系才呈线性。

(3) 多段绝热反应器最优化的结果是各段的催化剂量相等。

7.15 常压下用直径为6mm的球形氧化铝为催化剂进行乙腈合成反应，操作条件与习题7.10同。此时内扩散影响不能忽略，而外扩散影响可不计。氧化铝的物理性质如下：孔体积0.45cm^3/g，颗粒密度1.1g/cm^3，比表面180m^2/g，曲节因子等于3.2。试计算第一段的催化剂用量。

7.16 在三段绝热式固定床反应器中进行 n 级不可逆放热反应，各段的催化剂装量相同，且控制进入各段的反应物料温度相等。若 $n > 0$，试问：

(1) 哪一段的净转化率最大？哪一段最小？

(2) 若段间采用冷激方法进行降温，试问第1段与第2段之间和第2段与第3段之间，

哪处需加入的冷激剂量多？为什么？

(3) 若 $n<0$，对问题（1）、（2）是否还能作出肯定性的回答？为什么？

7.17 在内径为 5.1cm 的固定床反应器中常压下进行萘氧化反应

采用直径为 0.318cm 的球形钒催化剂。该反应可按似一级反应处理，以床层体积为基准的反应速率常数为

$$k = 5.74 \times 10^{13} \exp (-19000/T) \quad (s^{-1})$$

反应热效应 $\Delta H_r = -1796kJ/mol$。床层空隙率等于 0.4。床层外用 630K 等温熔盐冷却，床层与熔盐间的传热系数为 180J/($m^2 \cdot s \cdot K$)。萘在钒催化剂内的有效扩散系数等于 1.2×10^{-3} cm^2/s。若床层的热点温度为 641K，试计算热点处气相中萘的浓度。假定外扩散的影响可不考虑，副反应可忽略。

7.18 习题 7.17 中的萘催化氧化反应器的原料气为萘与空气的混合气，其平均定压比热容为 1.3J/($kg \cdot K$)。若进入床层的原料气温度与熔盐温度相等，催化剂的最高耐热温度为 700K，试问：

(1) 允许最高的熔盐温度是多少？

(2) 如选定熔盐温度为 640K，那么床层进口气体中萘的最高允许浓度是多少？

7.19 在充填 $10m^3$ 催化剂的绝热固定床反应器中进行甲苯氢解反应以生产苯

$$C_6H_5CH_3 + H_2 \longrightarrow C_6H_6 + CH_4$$

原料气的摩尔组成为 3.85% C_6H_6，3.18% $C_6H_5CH_3$，23% CH_4，69.97% H_2；温度为 863K。操作压力为 6.08MPa。若采用标准状态的空速为 1000m^3/(h·m^3 催化剂)，试计算反应器出口的气体组成。该反应的速率方程如下

$$-r_T = 5.73 \times 10^6 \exp (-17800/T) c_T c_H^{0.5}$$

式中，c_T 和 c_H 分别为甲苯和氢的浓度，kmol/m^3，甲苯消耗速率 r_T 的单位为 kmol/($m^3 \cdot$ s)。反应热效应 $= -49974J/mol$。为简化计，反应气体可按理想气体处理，平均定压摩尔比热容为常数，等于 42.3 J/(mol·K)。

7.20 充填新鲜催化剂的绝热床反应器当进口原料的温度控制为 460℃时，出口物料温度为 437℃，转化率符合要求。操作数月后由于催化剂的活性下降，为了保持所要求的转化率，将原料进口温度提高至 470℃，出口物料温度相应升至 448℃。若反应的活化能为 83.7kJ/mol，试估算催化剂活性下降的百分率。

7.21 在实验室中用外循环式无梯度反应器研究二级气相反应 $2A \longrightarrow P+Q$，原料为纯 A。设 $kc_{A0}\tau = 1$。试计算 A 的转化率，（1）当循环比为 5；（2）当循环比为 30；（3）按全混流模型处理；（4）比较上列各问的计算结果并讨论之。

7.22 列管式苯催化氧化反应器所用的催化剂管的内径为 34mm，管内充填钒钼催化剂，床层高度 1.6m。摩尔分数为 1.2% C_6H_6 的苯空气混合气以 0.4m/s 的速度（按空床计算）送入催化剂床，温度为 673K。管外用 673K 的恒温盐浴冷却。床层与熔盐间的传热系数等于 100J/($m^2 \cdot s \cdot K$)。操作压力为 0.203MPa。有关苯氧化反应的模型及动力学数据见习题 4.16。试计算床层出口的气体组成及顺丁烯二酸酐的收率。

8

多相反应器

 提要

本章将着重介绍以下内容：

1. 气液相传质和反应速率
2. 气液相鼓泡塔反应器的设计方程
3. 气液相搅拌釜式反应器的设计方程
4. 气液固三相反应与传质速率的计算
5. 气液固三相滴流床反应器的设计方程
6. 气液固三相浆态床反应器的设计方程
7. 气液固三相搅拌釜的设计方程

实际生产中涉及的反应系统大多数是多相反应系统，如气液、气固、液固、液液以及气液固等。由于系统中存在着两个或两个以上的相，化学反应的进行与传递过程密切相关，这在第 6 及第 7 章已作了较详细的论述。在此基础上，本章将对气液及气液固这两类反应过程作一简要的介绍，并相应讨论有关反应器的设计问题。

8.1 气液反应

气液反应是化工、炼油等过程工业经常遇到的多相反应，根据使用目的的不同可以分为两大类。一类是通过气液反应以制备所需的产品，例如水吸收二氧化氮以生产硝酸，乙烯在氯化钯水溶液中氧化制乙醛，前者为非催化反应，后者则是液相配位催化反应。另一类是通过气液反应净化气体，例如用铜氨水溶液除去气体中的一氧化碳，用碱溶液脱除煤气中的硫化氢等。由于这类气体吸收过程中有化学反应产生，为与气体的物理吸收过程相区别，常称为化学吸收。这两类气液反应其基本原理并没有什么不同，只是在反应器的设计考虑以及操作控制上，由于目的的不同而有所区别。

气液反应的进行系以两相界面的传质为前提。由于气相和液相均为流动相，两相间的界面不是固定不变的，它由反应器的型式、反应器中的流体力学条件所决定。这不同于上一章所讨论的气固相催化反应。但需同时考虑传质与反应两者则是相同的。

气液反应过程模型有多种，如双膜模型、表面更新模型等，但用之以处理具体问题时，结果都相差不多。所以这里沿用经典的双膜模型，尽管它还存在着某些缺陷和不足，但仍然被广泛采用。设所进行的气液反应为

$$A(g) + \nu_B B(l) \longrightarrow \nu_R R(l)$$

根据双膜模型，气相反应物 A 在两相中的浓度变化情况如图 8.1 所示。在该图还绘出了液相组分 B 在液相中的浓度变化，并假定 B 不挥发，即相界面处的 B 不再向气相扩散。反应步骤由下列各步组成。

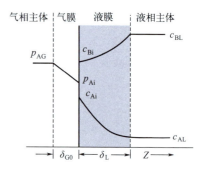

图 8.1 双膜模型示意

① 气相反应组分 A 由气相主体通过气膜传递到气液相界面，其分压从气相主体处的 p_{AG} 降至相界面处的 p_{Ai}；

② 组分 A 由相界面传递到液膜内，并在此与由液相主体传递到液膜的组分 B 进行化学反应，此时反应与扩散同时进行；

③ 未反应的 A 继续向液相主体扩散。并与 B 在液相主体中反应；

④ 生成的反应产物 R 向其浓度梯度下降的方向扩散（图 8.1 中未示出）。

仿照前边处理气固相催化反应的方法，可建立气液反应的扩散反应方程，亦即液膜内反应组分浓度分布微分方程。在液膜内离相界面 Z 处，取厚度为 dZ 的微元体积，该微元体积与传质方向相垂直的截面积为 1，对该微元体积作组分 A 的物料衡算，当过程达到定态时有

$$D_{AL} \frac{d^2 c_A}{dZ^2} = -r_A \tag{8.1}$$

此式与在薄片催化剂上进行化学反应时的反应扩散方程完全一样。同理对该微元体积作组分 B 的物料衡算则得

$$D_{BL} \frac{d^2 c_B}{dZ^2} = -r_B = \frac{\nu_B}{-1}(-r_A) \tag{8.2}$$

边界条件为
$$Z = 0, \quad c_A = c_{Ai}, \quad dc_B/dZ = 0 \tag{8.3}$$

$$Z = \delta_L, \quad c_B = c_{BL}, \quad D_{AL} a \left(\frac{dc_A}{dZ} \right)_{\delta_L} = -r_A (1 - a\delta_L) \tag{8.4}$$

式中，δ_L 为液膜厚度；a 为单位液相体积所具有的相界面积。因此 $a\delta_L$ 为液膜体积，$1 - a\delta_L$ 则为液相主体体积。由此可知边界条件式(8.4)中最后一式的意义是组分 A 从液膜向液相主体的扩散量等于在液相主体中 A 的反应量。

解式(8.1)～式(8.4) 即可确定液膜内组分 A 和 B 的浓度分布，从而求得相界面处组分 A 的浓度梯度。因为定态下 A 从相界面向液膜扩散的速率应等于在液相内 A 的消耗速率，只要相界面处组分 A 的浓度梯度已知，便可由下式求其消耗速率

$$-\mathscr{R}_A = -D_{AL} \left(\frac{dc_A}{dZ} \right)_{Z=0} \tag{8.5}$$

需要注意这里的消耗速率系基于相界面积计算，即其单位为 $kmol/(m^2 \cdot s)$，而前几章则是基于单位体积或单位质量。

式(8.1)～式(8.4) 一般难以解析求解，除非作出某些简化的假定。下面将对拟一级反应求解，并对解的性质进行分析讨论。

溶解于液相的气体组分 A 与液相组分 B 在液相中进行不可逆反应时，一般可用二级反应速率方程表示

$$-r_A = k_2 c_A c_B \tag{8.6}$$

若组分 B 大量过剩，以致在液膜内的浓度可视为常数，则 $k_2 c_B$ 为定值，并令其等于 k，这

时反应速率对 A 可按一级反应处理，从而式(8.6) 可写成

$$-r_A = kc_A \qquad (8.7)$$

代入式(8.1) 得

$$D_{AL}\frac{\mathrm{d}^2 c_A}{\mathrm{d}Z^2} = kc_A \qquad (8.8)$$

既然组分 B 的浓度可视为常量，则式(8.2) 可取消。引入无量纲变量 $\psi = c_A/c_{Ai}$ 及 $\zeta = Z/\delta_L$，代入式(8.8) 有

$$\frac{\mathrm{d}^2 \psi}{\mathrm{d}\zeta^2} = \frac{k\delta_L^2}{D_{AL}}\psi \qquad (8.9)$$

因 $D_{AL}/\delta_L = k_L$，且令 $kD_{AL}/k_L^2 = M$，则式(8.9) 变为

$$\frac{\mathrm{d}^2 \psi}{\mathrm{d}\zeta^2} = M\psi \qquad (8.10)$$

将边界条件式(8.4)和式(8.5) 无量纲化得

$$\zeta = 0，\ \psi = 1 \qquad (8.11)$$

$$\zeta = 1，\ \left(\frac{\mathrm{d}\psi}{\mathrm{d}\zeta}\right)_{\zeta=1} = M\psi(\alpha-1) \qquad (8.12)$$

式中，$\alpha = 1/(a\delta_L)$，其意义为液相体积与液膜体积之比。

结合边界条件式(8.11)、式(8.12) 解式(8.10) 得

$$\psi = \frac{\mathrm{e}^{(1-\zeta)\sqrt{M}} + \mathrm{e}^{-(1-\zeta)\sqrt{M}} + (\alpha-1)\sqrt{M}\left[\mathrm{e}^{\sqrt{M}(1-\zeta)} - \mathrm{e}^{-\sqrt{M}(1-\zeta)}\right]}{\mathrm{e}^{\sqrt{M}} + \mathrm{e}^{-\sqrt{M}} + \sqrt{M}(\alpha-1)(\mathrm{e}^{\sqrt{M}} - \mathrm{e}^{-\sqrt{M}})}$$

根据双曲函数的定义，上式可改为

$$\psi = \frac{\cosh[\sqrt{M}(1-\zeta)] + \sqrt{M}(\alpha-1)\sinh[\sqrt{M}(1-\zeta)]}{\cosh\sqrt{M} + \sqrt{M}(\alpha-1)\sinh\sqrt{M}} \qquad (8.13)$$

将式(8.13) 对 ζ 求导后，令 $\zeta = 0$ 得

$$\left(\frac{\mathrm{d}\psi}{\mathrm{d}\zeta}\right)_{\zeta=0} = -\frac{\sqrt{M}\left[\sqrt{M}(\alpha-1) + \tanh\sqrt{M}\right]}{\sqrt{M}(\alpha-1)\tanh\sqrt{M} + 1}$$

此为相界面处的无量纲浓度梯度,将其变为有量纲的浓度梯度代入式(8.5)有

$$-\mathscr{R}_A = \frac{D_{AL}c_{Ai}\sqrt{M}\left[\sqrt{M}(\alpha-1) + \tanh\sqrt{M}\right]}{\delta_L\left[\sqrt{M}(\alpha-1)\tanh\sqrt{M} + 1\right]} \qquad (8.14)$$

令

$$\beta = \sqrt{M}\frac{\sqrt{M}(\alpha-1) + \tanh\sqrt{M}}{\sqrt{M}(\alpha-1)\tanh\sqrt{M} + 1} \qquad (8.15)$$

则式(8.14) 变为

$$-\mathscr{R}_A = \beta k_L c_{Ai} \qquad (8.16)$$

β 称为化学吸收的增大因子。由于 $k_L c_{Ai}$ 等于纯物理吸收时的吸收速率，所以化学反应的存在使传质速率增大 β 倍。β 值的大小取决于 α 和 M 的值。无量纲数 $\sqrt{M}$ 叫做八田数，是化学吸收的重要参数，其意义为液膜内化学反应速率与物理吸收速率之比。

气液反应用于气体净化时，着眼点是传质速率，用增大因子来标志由于化学反应的存在而使传质速率增大的倍数是合适的。但是，当气液反应的目的是制取产品时，所关心的则是液相中化学反应进行的速率和反应物的转化率，以及相间传质对液相化学反应速率的影响。为了说明这种影响，和处理气固相催化反应时所用的方法一样，也引用有效因子的概念。气液反应中有效因子的定义是

$$\eta = \frac{受传质影响时的反应速率}{传质没影响时的反应速率} = \frac{\alpha(-\mathscr{R}_A)}{-r_A} \qquad (8.17)$$

将式(8.14) 及 $r_A = kc_{Ai}$ 代入式(8.17)，化简后得

$$\eta = \frac{\sqrt{M}(\alpha-1) + \tanh\sqrt{M}}{\alpha\sqrt{M}[\sqrt{M}(\alpha-1)\tanh\sqrt{M}+1]} \qquad (8.18)$$

η 值的大小也是对液相利用程度的一种度量。$\eta=1$ 表示化学反应在整个液相中进行。$\eta<1$ 表示液相利用不充分。所以，η 又可称为液相利用率。

由式(8.15) 和式(8.18) 可知，β 与 η 均为 α 和 $\sqrt{M}$ 的函数。下边将根据 $\sqrt{M}$ 及 α 值的大小，分别讨论几种特殊情况。

① 反应速率常数 k 值很大，以致 $M\gg1$，由双曲正切函数的性质知，当 $\sqrt{M}>3$ 时，$\tanh\sqrt{M}\to1$，在此条件下，式(8.15) 化为

$$\beta = \sqrt{M}$$

代入式(8.17) 得

$$-\mathscr{R}_A = \sqrt{M}k_L c_{Ai} = \sqrt{kD_{AL}}\, c_{Ai} \qquad (8.19)$$

而式(8.18) 则可写成

$$\eta = 1/(\alpha\sqrt{M})$$

由于液相体积远大于液膜体积，故 $\alpha\gg1$，当 $\sqrt{M}$ 也大于 1 时，η 将是一个很小的值，这表明化学反应在液膜即已进行完全，液相主体中组分 A 的浓度接近于零。

② 当反应速率常数甚小，以致 $M\ll1$，则 $\tanh\sqrt{M}\to\sqrt{M}$，这时式(8.15) 及式(8.18) 分别化为

$$\beta = \frac{\alpha M}{\alpha M - M + 1} \qquad (8.20)$$

$$\eta = \frac{1}{\alpha M - M + 1} \qquad (8.21)$$

这两式均含有 αM 项，由 α 及 M 的定义有

$$\alpha M = \frac{kD_{AL}}{\alpha\delta_L k_L^2} = \frac{kc_A}{k_L\alpha c_A} = \frac{液相中的反应速率}{液膜中的传质速率}$$

由此可知 αM 表示液相中的反应速率与液膜中的传质速率的相对大小。这个结果虽然是以 $M\ll1$ 为前提，但 α 值却可能很大，因此，αM 的值可能远大于 1，也可能远小于 1，视 α 值的大小而定。

如果反应器内存液量甚多，例如鼓泡反应器，$\alpha\gg1$，纵使因反应速率常数很小以致 M 值也很小，但 αM 值仍可远大于 1。此时由式(8.20)、式(8.21) 知，$\beta\to1$，$\eta\to1/(\alpha M)$。例如，$M=0.05$，$\alpha=1000$，则 $\alpha M=50$，于是，$\beta=0.98$，$\eta=0.0196$。$\beta\to1$ 表示过程的宏观反应速率系由物理吸收速率所决定。$\eta\to1/(\alpha M)$ 表示液相利用率虽不高，但化学反应仍以某种程度在液相中进行。

如果 α 和 M 都小，致使 $\alpha M\ll1$ 时，则式(8.20)、式(8.21) 知，$\beta\to\alpha M$，$\eta\to1$。例如，$M=0.01$，$\alpha=10$，则 $\alpha M=0.1$ 时，$\beta=0.0917$，而 $\eta=1$。这表示反应速率慢，化学反应在整个液相内进行，过程的宏观反应速率由液相均相反应速率所决定。

综上所述，随着化学反应速率与传质速率相对大小的不同，气液反应过程具有不同的特性。化学反应速率大的气液反应，反应在液膜已基本进行完毕，其宏观反应速率系由式 (8.19) 决定，由该式可知，此时的速率只与 k、D_{AL} 和 c_{Ai} 有关。因此，欲提高宏观反应

速率，需从提高反应温度（可使 k 及 D_{AL} 增大）、减小气膜阻力（可使 c_{Ai} 增大）等着手，而增加液相湍动，减小液膜厚度等，效果是不大的。化学反应速率慢的气液反应，反应主要在液相主体中进行，此时采用存液量大的反应器比较有利。如果液相主体中的反应速率已能适应传递过程的要求（即 $\alpha M > 1$），则一切有利于强化传质的措施，都会提高整个过程的速率。反之，如果液相主体的反应速率远较传质速率低（即 $\alpha M < 1$），则应设法改善液相反应条件，方可使整个过程的速率加快。

【例 8.1】 在填料塔内，用氢氧化钠水溶液吸收气体中的二氧化碳，反应速率方程为

$$-r_A = k_2 c_A c_B$$

式中，c_A 和 c_B 分别为二氧化碳和氢氧化钠的浓度。在塔内某处相界面上，二氧化碳的分压为 2.03×10^{-3} MPa，氢氧化钠水溶液的浓度为 0.5mol/L，温度为 20℃。假定可按拟一级反应处理，试求该处的吸收速率。已知 $k_L = 1 \times 10^{-4}$ m/s，$k_2 = 10 m^4/(s \cdot mol)$，二氧化碳的溶解度常数 $H_A = 3.85 \times 10^{-7}$ kmol/(m³·Pa)，二氧化碳在溶液中的扩散系数 $D_{AL} = 1.8 \times 10^{-9}$ m²/s。

解： 按拟一级反应处理时，反应速率常数

$$k = k_2 c_B = 1 \times 10^4 \times 0.5 = 5 \times 10^3 \ (s^{-1})$$

为了判明此吸收过程的特点，首先计算八田数

$$\sqrt{M} = \sqrt{kD_{AL}}/k_L = \sqrt{5 \times 10^3 \times 1.8 \times 10^{-9}}/(1 \times 10^{-4}) = 30 \gg 1$$

这属于快速反应，增大因子 $\beta = \sqrt{M} = 30$，由式（8.19）得吸收速率为

$$-\mathscr{R}_A = \sqrt{M} k_L c_{Ai} = \sqrt{M} k_L H_A p_{At}$$
$$= 30 \times 1 \times 10^{-4} \times 3.85 \times 10^{-7} \times 2.03 \times 10^3 = 2.34 \times 10^{-6} [kmol/(s \cdot m^2)]$$

8.2 气液反应器

8.2.1 主要类型

气液反应器主要有两类，一为塔式反应器，另一为机械搅拌釜式反应器。塔式反应器又可分为填料塔、板式塔、鼓泡塔及喷雾塔等四种主要类型，其结构示意图见图 1.1。下面将再分别作进一步的说明。

(1) 填料塔 流体阻力小，适用于气体处理量大而液体量小的过程。液体沿填料表面自上向下流动，气体与液体成逆流或并流，视具体反应而定。填料塔内存液量较小。无论气相或液相，其在塔内的流动型式均接近于活塞流。若反应过程中有固相生成，不宜采用填料塔。

(2) 喷雾塔 将液体分散成雾状与气体进行反应。所以，液体为分散相，气体为连续相。由于喷雾塔为空塔，反应过程中如有固相生成，也能适应。这种反应器应用得并不广泛。

(3) 板式塔 与喷雾塔相反，系将气体分散于液体中，气体为分散相，液体为连续相。塔板可以是筛板、泡罩板或其他。存液量大，液含率高。适用于动力学控制的气液反应过程，或液膜阻力和化学阻力均不能忽略的气液反应过程。板式塔还可用以进行生成沉淀或结

晶的气液反应，纯碱厂中由氨盐水与二氧化碳反应生产碳酸氢钠结晶就是采用板式塔。板式塔中气体与液体一般都是呈逆流，由于气体要穿过各塔板上的液层，因此其压力降要远大于填料塔。

（4）鼓泡塔　塔内充满液体，气体自塔下方流入，通过气体分布器均布后呈气泡向上流。鼓泡塔的优点是结构简单，存液量大，所以特别适用于动力学控制的气液反应过程。但是单位体积的相界面积则是所有塔式反应器中最小的一种，因此传质影响显著的气液反应，不宜采用鼓泡塔。此外，气体通过液层的压力降也较大。

（5）机械搅拌釜式反应器（以下简称搅拌釜）　此种反应器其高度与直径比一般为 1～3，远较任一种塔式反应器来得小。其特点是釜内安装有机械搅拌器。气体自底部进入，通过气体分布器呈气泡上升，这点与鼓泡塔相同。但由于设有搅拌装置，使气体分散得更好，且将气泡破碎成更小的气泡。因此，无论是单位体积的相界面积，还是液含率，搅拌釜较之其他类型气液反应器都来得大，是一种适应性较强的气液反应器。当然结构要复杂些，特别是转动轴在高压下操作时的密封问题，困难不少。而且功率消耗也较其他类型大。

具体选择气液反应器时，应结合进行气液反应的目的、反应的特征及速率控制步骤等来考虑，根据对相界面积及液含率的要求来选择。如果化学反应在液膜内即可完成，过程为传质控制，应选相界面积大的反应器，液含率的高低就变得不重要了。化学阻力和传质阻力都不可忽略，那么，相界面积和液含率都应该高。过程为化学反应控制时，液含率则应尽可能得大，而相界面积的大小则是次要的。

8.2.2　鼓泡塔的设计

在立式鼓泡塔中气相组分 A 与液相组分 B 进行反应，气相与液相成逆流。在进塔气体和液体的流量及组成已给定的条件下，反应物的转化率将与塔内的气液混合物的量有关。如塔径已定，也就是取决于塔内气液混合物的高度。设计的主要任务就是如何确定这个高度。下面将就此进行讨论。

图 8.2 上示出了计算所用的符号。设塔内气体呈活塞流，液体呈全混流，因此塔内各处液体浓度均一，且等于出塔液体浓度。此外还假定单位体积气液混合物的相界面积 a 不随位置而变。塔内总压随塔高而变，设其符合线性关系，即

$$p = p_0(1 + \gamma Z) \tag{8.22}$$

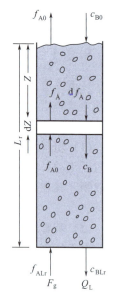

图 8.2　鼓泡塔示意

p_0 为气液混合物上界面处的压力。如果最大静压头与塔顶压力之比小于 0.3，计算时塔内的压力变化可忽略。

在距上界面 Z 处取一微元高度 $\mathrm{d}Z$，对此微元体作组分 A 的物料衡算可得：

$$F_g \mathrm{d}f_A = (-\mathcal{R}_A) a A_C \mathrm{d}Z \tag{8.23}$$

式中，F_g 为惰性气体的摩尔流量；f_A 为气相中组分 A 与惰性气的摩尔比，亦称 A 的比物质的量；A_C 为塔的横截面积。积分之则有

$$L_r = \int_0^{L_r} \mathrm{d}Z = \frac{F_g}{A_C} \int_{f_{A0}}^{f_{ALr}} \frac{\mathrm{d}f_A}{a(-\mathcal{R}_A)} \tag{8.24}$$

由于 $\mathcal{R}_A$ 为液相中组分 A 与 B 的浓度的函数，只有找出它们与 f_A 的关系才能用式(8.24)求塔高。这只有根据具体的情况作具体分析，没有普遍适用的方法。

设组分 A 和 B 的反应为拟一级反应，而且 $\sqrt{M}\gg1$，这时宏观反应速率可用式(8.19)表示，将其代入式(8.23) 得：

$$F_g \mathrm{d}f_A = aA_C c_{Ai}\sqrt{kD_{AL}}\,\mathrm{d}Z \tag{8.25}$$

$k=k_2 c_B$，为 c_B 的函数，但前已假定液相呈全混流，塔内 B 的浓度恒定，只要是在等温下反应 k_2 为常数，k 也就不变。否则纵使是拟一级反应，也需确定组分 B 的浓度随塔高的变化。

若气膜阻力可忽略，则相界面处组分的分压 p_{Ai} 应与气相主体的分压 p_{AG} 相等，因此，

$$c_{Ai} = H_A p_{Ai} = H_A p_{AG} = \frac{H_A p f_A}{1+f_A} \tag{8.26}$$

将式(8.22) 及式(8.26) 代入式(8.25) 整理后则有

$$\frac{1+f_A}{f_A}\mathrm{d}f_A = \frac{aA_C p_0 H_A \sqrt{kD_{AL}}}{F_g}(1+\gamma Z)\mathrm{d}Z \tag{8.27}$$

当 $Z=0$ 时，$f_A=f_{A0}$；$Z=L_r$ 时，$f_A=f_{ALr}$，积分式(8.27) 得

$$f_{ALr} - f_{A0} + \ln\frac{f_{ALr}}{f_{A0}} = \frac{aA_C p_0 H_A \sqrt{kD_{AL}}}{F_g}\left(L_r + \frac{\gamma L_r^2}{2}\right) \tag{8.28}$$

解此二次方程便可求出气液混合物的高度 L_r。

如果气膜阻力不能忽略，需找出 p_{Ai} 与 p_{AG} 的关系。因 A 通过气膜的传质速率应与 A 在液相中的消耗速率相等，故有

$$k_G(p_{AG}-p_{Ai}) = \sqrt{M}k_L c_{Ai} = \sqrt{M}k_L H_A p_{Ai}$$

由此得

$$p_{Ai} = \frac{k_G p_{AG}}{k_G + \sqrt{M}k_L H_A} \tag{8.29}$$

或

$$c_{Ai} = H_A p_{Ai} = \frac{k_G H_A p_{AG}}{k_G + \sqrt{M}k_L H_A} \tag{8.30}$$

鼓泡塔内气液混合物层高与塔径之比 L_r/d_t 一般为 3~12。塔径大小取决于所选用的气速 u_G。实际上气液混合物层高的计算是在选定气速的前提下进行的。因为气速与过程的控制步骤有关，也与气含率、气泡大小以及相界面积等有关。u_G 确定后，才可决定相应的宏观反应速率方程以及有关的参数值。因此，对所规定的 u_G 下算得的 L_r/d_t 值需要进行验算，看其是否符合 3~12 这一要求，不满足时要调整气速再算。

鼓泡塔内除气液混合物所占的空间外，还应包括气液分离空间及传热元件所占的体积。实际的塔高应按这三部分体积之和求得。气液分离空间一般可按气液混合物体积的三分之一计算。如操作气速甚高，则需装设气液分离器，这时气液分离空间要相应加大。

【例 8.2】 用含量为 3%质量分数的烧碱溶液在鼓泡塔中于 40℃等温下吸收空气中的二氧化碳。空气中二氧化碳的含量为 0.04%摩尔分数，处理的空气量为 23.51kmol/h，要求净化率达 94%。碱液用量等于 21.59m³/h，密度为 1.03g/cm³。塔顶压力为 1.013×10^5 Pa，试计算鼓泡塔的直径和塔内气液混合物的高度。

数据：反应对二氧化碳（A）和氢氧化钠（B）均为一级，速率常数等于 7.75×10^6 cm³/(s·mol)。$D_{AL}=1.2\times10^{-5}$ cm²/s，$k_G=1.036\times10^{-8}$ mol/(s·m²·Pa)，$k_L=7.75\times10^{-3}$ cm/s，$H_A=2.753\times10^{-8}$ mol/(cm³·Pa)。当 $u_G=18$cm/s 时，$a=18.6$cm⁻¹，其他流速下可按 $a\propto u_G^{0.7}$ 推算。

解：设气液成逆流，进塔的液体中氢氧化钠的浓度为

$$c_{B0}=\frac{3/40}{100/1.03}=7.725\times10^{-4}(\text{mol}/\text{cm}^3)$$

出塔液体中氢氧化钠的浓度

$$c_{BLr}=7.725\times10^{-4}-\frac{23.51\times0.0004\times0.94\times2}{21.59\times1000}=7.717\times10^{-4}(\text{mol}/\text{cm}^3)$$

由此可见，进出塔的液体中氢氧化钠浓度相差很小，可认为塔内液相中其浓度为常数。同时也说明了 B 大量过剩，可按拟一级反应处理。拟一级反应速率常数

$$k=k_2c_B=7.75\times10^6\times7.717\times10^{-4}=5.981\times10^3(\text{s}^{-1})$$

$$\sqrt{M}=\frac{\sqrt{kD_{AL}}}{k_L}=\frac{\sqrt{5.981\times10^3\times1.2\times10^{-5}}}{7.75\times10^{-3}}=34.57\gg1$$

因此过程的宏观反应速率可用式（8.19）表示。由题意知气膜阻力不能忽略，需先由式（8.30）求出 c_{Ai} 与 p_{AG} 的关系

$$c_{Ai}=\frac{(1.036\times10^{-8}/10^4)(2.753\times10^{-8})p_{AG}}{(1.036\times10^{-8}/10^4)+34.57\times(7.75\times10^{-3}\times2.753\times10^{-8})}=3.866\times10^{-12}p_{AG}(\text{mol}/\text{cm}^3)$$

$$\text{（A）}$$

塔内气液混合物的相界面积 a、气含率 ε_G 及密度 ρ_m 与气流速度 u_G 有关，现设 $u_G=20$ cm/s，由题给关系知

$$a=18.6\times(20/18)^{0.7}=20(\text{cm}^{-1})$$

根据有关关联式算出 $\varepsilon_G=0.20$，所以

$$\rho_m=\rho_L(1-\varepsilon_G)=1.03\times(1-0.20)=0.824(\text{g}/\text{cm}^3)$$

可用式（8.22）表示塔内压力随高度的变化，该式中

$$\gamma=0.824/1033.6=7.972\times10^{-4}(\text{cm}^{-1})$$

式（A）可改写成

$$c_{Ai}=3.866\times10^{-12}\frac{f_Ap_0(1+\gamma Z)}{1+f_A}=3.866\times10^{-12}\frac{f_A(1+7.972\times10^{-4}Z)}{1+f_A}p_0 \qquad \text{（B）}$$

暂设塔内的平均压力为 0.142MPa，待求出塔高后再作检验。根据气速及气体处理量可算出塔的横截面积

$$A_C=\frac{23.51\times22.4\times313\times10^6}{3600\times273\times1.4\times20}=5990\ (\text{cm}^2)$$

惰性气流量
$$F_g=\frac{23.51\times(1-0.0004)\times10^3}{3600}=6.53(\text{mol}/\text{s})$$

将有关数值及式（B）代入式（8.25）得

$$6.53\text{d}f_A=20\times5990\times\sqrt{5.981\times10^3\times1.2\times10^{-5}}\times3.866\times10^{-12}\times\frac{f_A(1+7.972\times10^{-4}Z)p_0}{1+f_A}\text{d}Z$$

或
$$\frac{1+f_A}{f_A}\text{d}f_A=1.925\times10^{-3}(1+7.972\times10^{-4}Z)\text{d}Z \qquad \text{（C）}$$

积分式（C）有

$$f_{ALr}-f_{A0}+\ln\frac{f_{ALr}}{f_{A0}}=1.925\times10^{-3}(L_r+3.986\times10^{-4}L_r^2) \qquad \text{（D）}$$

而 $f_{ALr}=0.04/99.6=4.016\times10^{-4}$，$f_{A0}=0.04\times(1-0.94)/99.6=2.41\times10^{-5}$，代入式

（D）解得

$$L_r = 1035\text{cm}$$

塔径 $d_t = (4 \times 5990/\pi)^{1/2} = 87.33(\text{cm})$，所以，$L_r/d_t = 1035/87.33 = 11.85$，符合 $L_r/d_t = 3 \sim 12$ 的要求。塔底压力 $p = 1.013 \times 10^5 \times (1 + 7.972 \times 10^{-4} \times 1035) = 1.849 \times 10^5 (\text{Pa})$。因此塔内平均压力 $= (1.013 + 1.849) \times 10^5/2 = 0.143 (\text{MPa})$，表明原假设是正确的。此外还说明原选定的气速 $u_G = 20\text{cm/s}$ 也是合适的。

8.2.3 搅拌釜式反应器的设计

采用机械搅拌釜作气液反应器时，只要气液混合物层高与釜径之比不太大，无论气相或液相都可近似假定为全混流。分别对气相及液相作反应组分的物料衡算，即得设计方程。

图 8.3 为搅拌釜式反应器示意图，图中示出了计算所用的符号。A 表示气相组分，B 为液相组分。若反应为 $A + \nu_B B \longrightarrow P$。

对气相作组分 A 的物料衡算可得

$$F_g(f_{A0} - f_{ALr}) = k_L a V \beta (c_{Ai} - c_{ALr}) \qquad (8.31)$$

对液相作组分 A 的物料衡算则有

$$k_L a V \beta (c_{Ai} - c_{ALr}) = Q_L(c_{ALr} - c_{A0}) + V(1 - \varepsilon_G)(-r_A) \qquad (8.32)$$

同理对液相作组分 B 的物料衡算得

$$Q_L(c_{B0} - c_{BLr}) = V(1 - \varepsilon_G)\nu_B/(-1)(-r_A) \qquad (8.33)$$

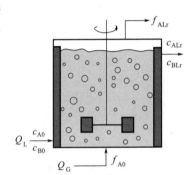

图 8.3 搅拌釜式反应器示意

联立求解式（8.31）～式（8.33）即得完成规定的生产任务所需的反应体积，即釜内气液混合物的体积 V。式（8.32）、式（8.33）中假定液体进出口流量相等。

【例 8.3】 拟设计一搅拌釜用空气氧化邻二甲苯以生产邻甲基苯甲酸，产量为 3750kg/h。反应压力为 1.378MPa，温度为 160℃，反应对氧为一级，可按拟一级反应处理，邻二甲苯的消化速率

$$-r_B = 2400 c_A [\text{kmol/(m}^3 \cdot \text{h})]$$

式中，c_A 为液相中氧的浓度，kmol/m^3。空气加入量为理论用量的 1.25 倍。要求邻二甲苯氧化率为 16%，试计算反应体积。

数据：氧在邻二甲苯中的扩散系数 $D_{AL} = 1.44 \times 10^{-5}\text{cm}^2/\text{s}$，氧的溶解度系数 $H_A = 7.875 \times 10^{-8}\text{kmol/(m}^3 \cdot \text{Pa})$，气含率 $\varepsilon_G = 0.2293$，液相传质分系数 $k_L = 0.07702\text{cm/s}$，比相界面积 $a = 8.574\text{cm}^{-1}$，液相密度 $\rho_L = 0.75\text{g/cm}^3$。气膜阻力可以忽略。

解：邻二甲苯进料量 $= 3750/(136 \times 0.16) = 172.3(\text{kmol/h})$，式中，136 为邻甲基苯甲酸的分子量。转化 1mol 邻二甲苯需要 1.5mol 氧，所以空气加入量为

$$(3750/136) \times 1.5 \times 1.25/0.21 = 246(\text{kmol/h})$$

$$\sqrt{M} = \frac{\sqrt{k D_{AL}}}{k_L} = \frac{\sqrt{(2400/3600) \times (1.44 \times 10^{-5})}}{0.07702} = 4.023 \times 10^{-2} \ll 1$$

$$aM = \frac{1}{a\delta_L} \frac{k D_{AL}}{k_L^2} = \frac{k}{ak_L} = \frac{2400/3600}{8.574 \times 0.07702} = 1.01$$

代入式(8.20) 可求出增大因子

$$\beta = \frac{1.01}{1.01-(4.023\times10^{-2})^2+1} = 0.5029$$

$$c_{Ai} = \frac{pH_A f_{ALr}}{1+f_{ALr}} = \frac{1.378\times10^6\times7.875\times10^{-8}\times10^{-3} f_{ALr}}{1+f_{ALr}} = \frac{1.085\times10^{-4} f_{ALr}}{1+f_{ALr}}$$

$$F_g = (246\times10^3/3600)\times0.79 = 53.98 (\text{mol/s})$$

$$Q_L = \frac{1.723\times10^5\times106.6}{3600\times0.75} = 6803 (\text{cm}^3/\text{s})$$

$$f_{A0} = 0.21/0.79 = 0.2658$$

设进料邻二甲苯中不含氧，故 $c_{A0}=0$，将题给有关数据以及上列各值代入式(8.31)～式(8.33)中，化简后［注意式(8.33)右边为起反应的邻二甲苯量，可直接由转化率求出，不必计算液相进出口中邻二甲苯的浓度］为

$$0.2658-f_{ALr} = 6.152\times10^{-3} V\left(\frac{1.085\times10^{-4} f_{ALr}}{1+f_{ALr}} - c_{ALr}\right)$$

$$(6803+0.7707V)c_{ALr} = 0.3321 V\left(\frac{1.085\times10^{-4} f_{ALr}}{1+f_{ALr}} - c_{ALr}\right)$$

$$V c_{ALr} = 14.9$$

联立求解上列三个方程得 $V=9.094\times10^6 \text{cm}^3$，$f_{ALr}=0.0528$，$c_{ALr}=1.638\times10^{-6} \text{mol/cm}^3$。由此可知所需的反应体积约为 9m^3。根据进出口气体中氧的浓度可算出氧的吸收率 $=(0.2658-0.0528)/0.2658\simeq0.8$，约为80%，出口的液相中尚含未反应的氧，表明该反应的反应速率较慢，在液膜中远未完成，液相利用率为60%左右。传质与反应的作用均显著。

8.3 气液固反应

8.3.1 概述

同时存在气、液、固三种不同相态的反应过程，称为气液固反应。气液固反应可以分为三大类：①同时存在的气、液、固三相不是反应物，就是反应产物。譬如气体和液体反应生成固体反应产物就属于这一类，如氨水与二氧化碳反应生成碳酸氢铵结晶等。②采用固体催化剂的气液反应，例如，以雷奈镍为催化剂液态苯与氢反应生产环己烷的反应。③气、液、固三相中，有一相为惰性物料，虽然有一个相并不参与化学反应，但从工程的角度看，仍属于三相反应的范畴。例如，采用惰性气体搅拌的液固反应，采用固体填料的气液反应，以惰性液体为传热介质的气固反应等等都属此类。

由于液相的存在，三相反应的温度条件一般都比较缓和，因此生成目的产物的选择性较高，特别是热敏感性高的产品更为显著。只能在较低温度应用的固体催化剂或其载体，例如酶催化剂、固相化的均相催化剂等，只有采用三相反应才能得以实现。反应温度低可以避免催化剂失活。还可以通过选择合适的溶剂使反应的选择性优化。与气固相催化反应相比，如果有的反应物为液体，气液固反应无需将液体汽化，节约了能源。另外由于液体的热容量大，且可通过部分液体汽化而移走热量，反应温度的控制较为容易。传热速率快且效率高。

反应器热稳定性好，不存在飞温问题。但气液固催化反应器的腐蚀问题往往十分严重，材质的选择要求较高，对催化剂也应考虑到耐腐蚀问题。

本章主要讨论第二类三相反应，即气液固相催化反应。工业上的气液固相催化反应多为加氢反应、氧化反应、加氢精制反应以及乙炔化反应等。属于加氢反应的有苯加氢，脂肪酸加氢，丁炔二醇加氢，葡萄糖、苯胺、巴豆醛以及 α-甲基苯乙烯的加氢等。氧化反应则有乙烯、异丙苯、二氧化硫等的氧化。石油炼制工业中石油馏分的加氢精制，如加氢脱硫和加氢脱氮等均属于气液固相催化反应。

气液固相催化反应器主要有两种类型，一种是滴流床反应器；另一种则为浆态反应器，下面将分别作较详细的介绍。

8.3.2 气液固相催化反应的传递步骤与速率

设气相组分 A 与液相组分 B 在固体催化剂的作用下，进行下列反应

$$A(g) + \nu_B B(l) \longrightarrow \nu_R R(l)$$

生成液相产物 R，并设液相产物 R 不挥发。反应过程步骤如图 8.4 所示。气相组分 A 从气相主体通过气膜传递至气液相界面，其浓度从 c_{AG} 降低至 c_{AG}^*，在相界面处液相中 A 的浓度 c_{AL}^* 与 c_{AG}^* 成平衡。A 自相界面处通过气液相界面一侧的液膜传递至液相主体，浓度由 c_{AL}^* 降至 c_{AL}。由于反应系在固体催化剂的作用下进行，因此，液相主体中的组分 A 还需通过液固相界面一侧的液膜，传递至固体催化剂的外表面上，进而穿过催化剂的内孔进入催化剂颗粒内部，并在内表面上与 B 反应生成 R。图中未绘出反应物 B 和产物 R 的传递情况，读者可以思考一下这个问题。

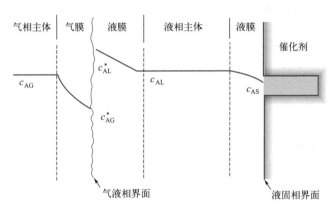

图 8.4　气液固相催化反应的传递步骤

将图 8.4 与图 8.1 相对照可以看出，前者的左半部分与描述气液反应传递步骤的图 8.1 相同。显然，气液固相催化反应要较气液反应或气固相催化反应来得复杂。

下面以催化剂的质量为基准来表示各传递步骤的速率，并设 a_L 和 a_S 分别为单位质量固体催化剂所具有气液相界面积和液固相界面积，后者亦即单位质量催化剂颗粒的外表面积。气相组分 A 从气相主体向气流相界面的传递速率为

$$N_{AG} = k_G a_L (c_{AG} - c_{AG}^*) \tag{8.34}$$

组分 A 从气液相界面向液相主体的传递速率则为

$$N_{AL} = k_L a_L (c_{AL}^* - c_{AL}) \tag{8.35}$$

组分 A 从液相主体向固体催化剂外表面传递的速率等于

$$N_{AS} = k_{LS} a_S (c_{AL} - c_{AS}) \qquad (8.36)$$

设所进行的反应为拟一级反应，则计入内扩散影响的反应速率为

$$-\mathscr{R}_A = \eta k c_{AS} \qquad (8.37)$$

在气液相界面处气液达平衡，由亨利定律得

$$c_{AG}^* = H_A c_{AL}^* \qquad (8.38)$$

当过程达到定态时，各步速率相等，由式(8.34)~式(8.38)消去各中间浓度后有

$$-\mathscr{R}_A = K_{OG} c_{AG} \qquad (8.39)$$

式中

$$\frac{1}{K_{OG}} = H_A \left(\frac{1}{H_A k_g a_L} + \frac{1}{k_L a_L} + \frac{1}{k_{LS} a_S} + \frac{1}{k\eta} \right) \qquad (8.40)$$

K_{OG} 称为气相组分的总传质系数或宏观反应速率常数，式(8.39)也就是宏观反应速率方程，它计入了所有传质步骤的阻力和化学阻力。K_{OG} 的倒数为过程的阻力，由式(8.40)知，它包含五部分阻力，即气液相界面的气侧及液侧阻力，液固相界面的液侧阻力，催化剂颗粒内部的扩散阻力以及化学阻力。各阻力的大小由相应的系数来体现。根据具体的反应，某些步骤的阻力可以忽略。例如气相为纯气体，如加氢反应往往用的就是纯氢，此时气膜不存在，其阻力自然为零。气液固相催化反应中的气体往往是难溶气体，其气膜阻力远较液膜为小，故可略去。多数情况下都可将气膜阻力忽略。又如催化剂粒度甚小时，$\eta \simeq 1$，内扩散阻力也就可忽略。

前面虽然是以拟一级反应为例来分析气液固相催化反应过程，所使用的处理方法以及建立的概念同样可以适用于其他的化学反应，只是在数学处理上存在困难而已。

8.4 滴流床反应器

8.4.1 概述

滴流床反应器与上一章讨论的用于气固相催化反应的固定床反应器相类似，区别在于后者只有单相流体在床层内流动，而前者的床层内则为两相流（气体及液体）。显然，两相流的流动状况要较单相流复杂。原则上讲气液两相可以呈并流，也可以呈逆流，实际上以并流操作居多。并流操作中还可分为向上并流和向下并流两种形式。流向的选择取决于物料处理量、热量回收以及传质和化学反应的推动力。逆流时流速会受到液泛现象的限制，而并流则无此限制，可以允许采用较大流速。

滴流床内气液两相的流动不同于固定床内单相流体的流动，可以出现不同的流区。它与颗粒及床层的尺寸、气体及液体的流速和物理性质等有关。图8.5为向下并流的滴流床流区与气速及液速的关系。由图可见，随着气速及液速的不同，可形成四种不同的流动。气速和液速都较低时处于滴流区，该区的重要特性之一是气体为连续相，液体则为分散相，沿催化剂外表面成薄层向下流或成滴状向下流。若将气速增大，达某一临界值后，床内所有液体均被气体所打

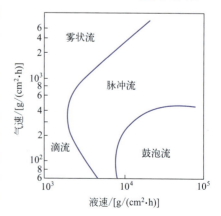

图 8.5 向下并流的滴流床流区与气速与液速的关系

散，呈雾状通过反应器，这就是雾状流区。除了增大气速外，还相应适当增加液速，将进入脉冲流区。该区的特征是气速增大以致对液体的曳力增加，液相内发生湍流，出现了两种流态交替地变化着，一种是气体多液体少，另一种则是液体多气体少，像是气体与液体一节节地向下流动似的。如果液速大，气速较小，则处于鼓泡流区，此时液体为连续相，气体为分散相，呈气泡状通过液层。

固体催化剂颗粒被液体润湿的程度是滴流床反应器操作和设计的一个重要因素。因为只有当气相反应组分溶解于液相后才能在催化剂表面上发生反应，显然催化剂表面的润湿率将影响化学反应的转化率。润湿包括催化剂外表面的润湿和催化剂内孔的润湿两个部分。不完全润湿往往是由于液体分布器设计不良的结果，也可能由于液体负荷太小及液固相界面张力太大所造成。为了达到完全润湿，最小的液体负荷约为 $10\sim30\mathrm{m}^3/(\mathrm{m}^2\cdot\mathrm{h})$。由于毛细管作用力通常可使颗粒内孔充满液体，即完全润湿，但也有例外，如进行的是强放热反应时，孔内部分液体可能汽化，从而达不到完全润湿。此时在干的催化剂表面上可能发生气固相催化反应，使过程变得更加复杂。虽然催化剂的润湿率是一个十分重要的参数，但至今有关这方面知识仍十分不充分。

滴流床中气体及液体的存量直接影响到反应物料在反应器内的平均停留时间，而这又是决定化学反应的转化率的主要因素之一。通常以相含率来表示其相对存量。无论气相还是液相，其相含率都包括两个部分，一部分含于催化剂颗粒的内孔，另一部分则处于颗粒的外表面和颗粒与颗粒之间的空隙。颗粒周围的流体中大部分是流动的，小部分则处于半停止以至停止状态，相当于以前所介绍过的滞留区（或死区），这部分流体对全部反应的贡献是不大的。相含率的高低还影响到催化剂的润湿率和两相流体通过床层时的压力降。

以上简介了滴流床反应器两相流向、流区、润湿率及相含率等基本概念，有关反应与传质问题上一节已讨论过，下面将简要地阐述滴流床反应器的数学模型。

8.4.2　数学模型

这里只讨论理想的滴流床反应器的数学模型。所谓理想系假定两相流系处于滴流区，且气体和液体分布均匀，固体催化剂颗粒完全湿润，液体不挥发，气液固三相的温度相同。由于气相和液相分布均匀，径向浓度梯度将不存在，并认为气液两相的流动均可用活塞流模型来描述。由于是多相系统需分别对各相作反应组分的物料衡算。设气体 A 与液体 B 进行 $A+\nu_B B \longrightarrow \nu_P P$ 反应，根据上述假定，对气相作 A 的物料衡算得

$$\frac{\mathrm{d}(u_{0G}c_{AG})}{\mathrm{d}Z}=-\rho_b k_{LA}a_L(c_{AG}/H-c_{AL}) \tag{8.41}$$

式中，u_{0G} 为气体的空床速度。上式还假定气膜阻力可忽略不计。设液相的空床速度为 u_{0L}，对液相作 A 的物料衡算有

$$u_{0L}\frac{\mathrm{d}c_{AL}}{\mathrm{d}Z}=-\rho_b\left[k_{LS,A}a_S(c_{AL}-c_{AS})-k_{LA}a_L\left(\frac{c_{AG}}{H}-c_{AL}\right)\right] \tag{8.42}$$

对液相作组分 B 的物料衡算则得

$$u_{0L}\frac{\mathrm{d}c_{BL}}{\mathrm{d}Z}=-\rho_b k_{LS,B}a_S(c_{BL}-c_{BS}) \tag{8.43}$$

定态下由液相主体传递至催化剂的物质量应等于催化剂表面上的反应量，故下列两式成立。

$$k_{LS,A}a_S(c_{AL}-c_{AS})=\eta k c_{AS}c_{BS} \tag{8.44}$$

$$k_{LS,B}a_S(c_{BL}-c_{BS})=\left(\frac{\nu_B}{-1}\right)\eta\,kc_{AS}c_{BS} \tag{8.45}$$

这里假定所进行的化学反应对组分 A 和 B 均为一级。有效因子 η 可参照第 6 章的方法计算，但需将速率方程变换成单一组分浓度的函数，这就需要找出催化剂颗粒内反应组分浓度之间的关系。第 6 章中已导出薄片催化剂内反应组分 A 的浓度分布微分方程为

$$D_{eA}\frac{d^2c_A}{dZ^2}=-r_A$$

组分 B 的浓度分布则为
$$D_{eB}\frac{d^2c_B}{dZ^2}=\left(\frac{\nu_B}{-1}\right)(-r_A)$$

合并两式可得
$$-\nu_B D_{eA}\frac{d^2c_A}{dZ^2}=D_{eB}\frac{d^2c_B}{dZ^2} \tag{8.46}$$

设组分 A 和 B 的有效扩散系数 D_{eA} 和 D_{eB} 均为常数，积分式(8.46) 有

$$c_B=c_{BS}-\frac{-\nu_B D_{eA}}{D_{eB}}(c_{AS}-c_A) \tag{8.47}$$

由此可知催化剂颗粒内反应组分的浓度成线性关系，利用式(8.47) 便可将 c_B 换算成 c_A 的函数，于是，速率方程变成

$$-r_A=kc_Ac_B=kc_A\left[c_{BS}+\frac{\nu_B D_{eA}}{D_{eB}}(c_{AS}-c_A)\right]$$

仅为组分 A 的浓度 c_A 的函数，这样即可用已知的方法求 η。

当 $Z=0$ 时，$c_{AG}=c_{AG}^0$，$c_{AL}=0$，$c_{BL}=c_{BL}^0$，联立求解式(8.41)～式(8.45)，即可确定达到规定的转化率所需的催化剂床层高度。显然，只能用数值法求解。

如果流速较小，需要考虑轴向分散的影响，此时式(8.41)～式(8.43)需分别叠加一轴向分散项，即采用轴向分散模型。当进行的是 a 级不可逆反应时，轴向分散的影响能否忽略可由下式来判断，当

$$\frac{L_r}{d_p}>\frac{20}{(Pe)_L}a\ln\frac{1}{1-X_1} \tag{8.48}$$

时，其影响可不考虑。式中 $(Pe)_L=u_{0L}d_p/D_{aL}$，D_{aL} 为液相的轴向分散系数。由式(8.48)知，当液速小时，活塞流的假定就不能成立。

若
$$\frac{L_r}{d_p}<\frac{4}{(Pe)_L} \tag{8.49}$$

则可按全混流处理。

如果化学反应速率只与组分 A 的浓度有关，则式(8.43) 及式(8.45) 可取消，式(8.46) 右边也再不含 c_B，问题可以简化。若为一级反应或可按拟一级反应处理，则只需一个模型方程就可以了，即组分 A 的物料衡算式

$$-\frac{d(u_{0G}c_{AG})}{dZ}=\rho_b K_{OG}c_{AG} \tag{8.50}$$

若 u_{0G} 可视作常量，则式(8.50) 可直接积分得床高与气相转化率的关系。

【例 8.4】 在 400K 等温滴流床反应器中进行不饱和烃的加氢反应，纯度为 50% 的氢气（其余为惰性气）于 3.04MPa 下进入反应器，流量为 36mol/s。该反应对氢为一级，对不饱和烃为零级，400K 时反应速率常数等于 2.5×10^{-5} m³/(kg·s)。所用的催化剂直径为

0.4cm，曲节因子等于 1.9。若反应器的直径为 2m，试计算氢的转化率达 60% 时所需的床高。

数据：氢在液相中的扩散系数 $=7\times10^{-9}\mathrm{m^2/s}$，$k_\mathrm{L}a_\mathrm{L}=5.01\times10^{-6}\mathrm{m^3/(kg\cdot s)}$，$k_\mathrm{LS}a_\mathrm{S}=3.19\times10^{-5}\mathrm{m^3/(kg\cdot s)}$，气膜阻力可以忽略。氢在液相中的溶解度系数 $=6.13$。催化剂的颗粒密度 $=1.6\mathrm{g/cm^3}$，孔隙率 $=0.45$，堆密度 $=0.96\mathrm{g/cm^3}$。床层压力降 $=2.0\times10^{-2}\mathrm{MPa/m}$。

解： 由于该反应为一级反应，根据题给条件可按式 (8.50) 计算床层高度，但不能把 u_0G 视为常数，因反应过程中气相量减少较多，另外，压力也在不断改变。为方便起见，将该式改写成

$$-\frac{\mathrm{d}F_\mathrm{A}}{\mathrm{d}Z}=A_\mathrm{C}\rho_\mathrm{b}K_\mathrm{OG}c_\mathrm{AG} \tag{A}$$

式中，A_C 为床层的横截面积。床高为 Z 处的压力

$$p=3.04-2.0\times10^{-2}Z \tag{B}$$

组分 A（氢气）在气相中的物质的量为

$$y_\mathrm{A}=F_\mathrm{A}/[F_0-(F_\mathrm{A0}-F_\mathrm{A})] \tag{C}$$

式中，F_0 为进口气体的摩尔流量；F_A0 为氢的进口摩尔流量。而 $c_\mathrm{AG}=py_\mathrm{A}/(RT)$，将式 (B)、式 (C) 代入整理后得

$$c_\mathrm{AG}=\frac{F_\mathrm{A}(3.04-2.0\times10^{-2}Z)}{RT(F_0-F_\mathrm{A0}+F_\mathrm{A})} \tag{D}$$

把式 (D) 代入式 (A) 积分得

$$-\int_{F_\mathrm{A0}}^{F_\mathrm{A}}\left(1+\frac{F_0-F_\mathrm{A0}}{F_\mathrm{A}}\right)\mathrm{d}F_\mathrm{A}=\frac{A_\mathrm{C}\rho_\mathrm{b}K_\mathrm{OG}}{RT}\int_0^{L_\mathrm{r}}(3.04-2.0\times10^{-2}Z)\mathrm{d}Z$$

或

$$(F_0-F_\mathrm{A0})\ln\frac{F_\mathrm{A0}}{F_\mathrm{A}}+F_\mathrm{A0}-F_\mathrm{A}=\frac{A_\mathrm{C}\rho_\mathrm{b}K_\mathrm{OG}}{RT}(3.04L_\mathrm{r}-1.0\times10^{-2}L_\mathrm{r}^2) \tag{E}$$

解式 (E) 即可求床高。首先求 K_OG，这可应用式 (8.40)，但 η 未知，可按第 6 章的方法求出。梯尔模数

$$\phi=\frac{R_\mathrm{p}}{3}\sqrt{\frac{k_\mathrm{p}}{D_\mathrm{e}}} \tag{F}$$

而

$$D_\mathrm{e}=\frac{\varepsilon_\mathrm{p}}{\tau_\mathrm{m}}D=\frac{0.45}{1.9}\times7\times10^{-9}=1.658\times10^{-9}\,(\mathrm{m^2/s})$$

$$k_\mathrm{p}=\rho_\mathrm{p}k=2.5\times10^{-5}\times1600=0.04\,(\mathrm{s^{-1}})$$

将有关数值代入式 (F) 得

$$\phi=\frac{0.002}{3}\times\sqrt{\frac{0.04}{1.658\times10^{-9}}}=3.275$$

所以

$$\eta=\frac{1}{\phi}\left[\frac{1}{\tanh(3\phi)}-\frac{1}{3\phi}\right]=\frac{1}{3.275}\times\left[\frac{1}{\tanh(3\times3.275)}-\frac{1}{3\times3.275}\right]=0.2743$$

将有关数值代入式 (8.40) 则有

$$\frac{1}{K_\mathrm{OG}}=6.13\times\left(\frac{1}{5.01\times10^{-6}}+\frac{1}{3.19\times10^{-5}}+\frac{1}{0.2743\times2.5\times10^{-5}}\right)$$

由此得

$$K_\mathrm{OG}=4.33\times10^{-7}\,\mathrm{m^3/(kg\cdot s)}$$

已知 $F_0 = 0.036\text{kmol/s}$，故 $F_{A0} = 0.5 \times 0.036 = 0.018(\text{kmol/s})$。要求 H_2 的转化率达 60%，所以，$F_A = 0.018 \times (1-0.6) = 0.0072(\text{kmol/s})$。$A_C = (\pi/4) \times 2^2 = \pi(\text{m}^2)$。将上列各值代入式（E）有

$$(0.036-0.018) \times \ln\frac{0.018}{0.0072} + 0.018 - 0.0072 = \frac{\pi \times 960 \times 4.33 \times 10^{-7}}{400 \times 8.314 \times 10^{-3}}(3.04 L_r - 1.0 \times 10^{-2} L_r^2)$$

化简后得
$$1.0 \times 10^{-2} L_r^2 - 3.04 L_r + 69.505 = 0$$

解上式得 $L_r = 24.9\text{m}$。由于床层过高，可采用 3 个床高各为 8.3m 的反应器串联操作。若不考虑反应器内压力的变化，而按进口压力计算，则求得的床高为 22.86m，请考虑一下为什么会变低。

8.5 浆态反应器

浆态反应器与滴流床反应器的基本区别是前者所采用的固体催化剂系处于运动状态，而后者则处于静止状态；此外，前者的气相为分散相，而后者则为连续相。浆态反应器广泛用于加氢、氧化、卤化、聚合以及发酵等反应过程。

8.5.1 类型

浆态反应器主要有四种不同的类型，即机械搅拌釜、环流反应器、鼓泡塔和三相流化床反应器，如图 8.6 所示。机械搅拌釜及鼓泡塔在结构上与气液反应所使用的没有原则上的区别，只是在液相中多了悬浮着的固体催化剂颗粒而已。图 8.6(b) 所示的环流反应器的特点是器内装设一导流筒，使流体以高速度在器内循环，一般速度在 20m/s 以上，大大强化了传质。图 8.6(d) 为三相流化床反应器，液体从下部的分布板进入，使催化剂颗粒处于流化状态。与气固流化床一样，随着液速的增加，床层膨胀，床层上部存在一清液区，清液区与床层间具有清晰的界面。气体的加入较之单独使用液体时的床层高度要低。液速小时，增大气速也不可能使催化剂颗粒流化。三相流化床中气体的加入使固体颗粒的运动加剧，床层的上界面变得不那么清晰和确定。

图 8.6(b)、(c) 和 (d) 所示的三种浆态反应器，其中催化剂颗粒的悬浮全靠液体的作用。由于三者结构上的差异和所采用的气速和液速的不同，器内的物系处于不同的流体力学状态。图 8.6(a) 所示的机械搅拌釜则是靠机械搅拌器的作用使固体颗粒悬浮。

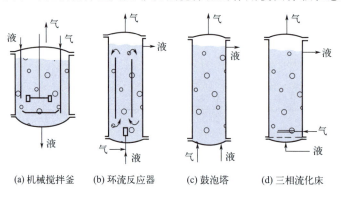

(a)机械搅拌釜　(b)环流反应器　(c)鼓泡塔　(d)三相流化床

图 8.6　浆态反应器

浆态反应器的优点是空时得率高，传质阻力小，传热速率高，连续和半连续操作均可，催化剂可连续再生。缺点是返混严重，催化剂消耗多，需从产品中分离催化剂，由于液固比大，不宜于抑制液相均相副反应。

8.5.2 传质与反应

前面有关气液固相催化反应过程传递步骤同样适用于浆态反应器，若进行的是一级反应，式(8.39)也可用以表示浆态反应器的宏观反应速率。但该式是以单位质量催化剂为基准的，结合浆态反应器的具体情况，改为以单位反应体积（气液固三相体积之和）为基准较为方便。为此，设单位反应体积中催化剂的质量为 W_S，则式(8.39)可改写成

$$-\mathscr{R}_A = c_{AL}^* \left(\frac{1}{k_L a_L'} + \frac{1}{W_S k_{LS} a_S} + \frac{1}{W_S k \eta} \right)^{-1} \tag{8.51}$$

式中，a_L' 为单位反应体积中气液相界面积。多数情况下气膜阻力可以忽略，故式(8.51)中未将其计入。式(8.51)又可变为

$$\frac{c_{AL}^*}{-\mathscr{R}_A} = \frac{1}{k_L a_L'} + \frac{1}{W_S} \left(\frac{1}{k_{LS} a_S} + \frac{1}{k \eta} \right) \tag{8.52}$$

由此可见，在保证其他条件相同的情况下改变催化剂浓度 W_S 做实验，测定相应的宏观反应速率，根据实验结果，以 $c_{AL}^*/(-\mathscr{R}_A)$ 对 $1/W_S$ 作图，将得一直线。直线的截距等于 $1/(k_L a_L')$，即吸收阻力，直线的斜率则为 $[1/(k_{LS} a_S) + 1/(k \eta)]$，即内外扩散阻力及化学阻力之和。图8.7为对不同催化剂粒度所绘出的直线。催化剂的粒径 d_p 减小直线的斜率也减小，其原因是 d_p 减小使有效因子 η 增大，催化剂颗粒的比外表面 a_S 也增加，以致内外扩散阻力减小。当 d_p 减至很小时，$\eta = 1$，$1/(k_{LS} a_S) \to 0$，直线的斜率等于 $1/k$，再减小催化剂粒度，直线斜率不变，仍为 $1/k$。此时，颗粒大小对过程速率无影响。

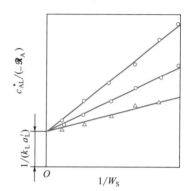

图 8.7　催化剂粒度不同时的 $c_{AL}^*/(-\mathscr{R}_A)$-$1/W_S$ 图

根据上述方法可求得吸收阻力的具体数值，而液固传质阻力、内扩散阻力和化学阻力三者则是合并在一起的，即直线斜率所代表的。为了确定各步阻力的相对重要性，可作以下的分析。

如液固传质阻力和内扩散阻力均可忽略，则如前所述，以 $[1/(k_{LS} a_S) + 1/(k \eta)]$ 对 d_p 作图则得一斜率为零的直线。

若液固传质阻力可忽略，而内扩散影响严重，则

$$\eta = \frac{1}{\phi} = \frac{6}{d_p} \sqrt{\frac{D_e}{k \rho_p}}$$

所以

$$\frac{1}{k \eta} = \frac{1}{6} \sqrt{\frac{\rho_p}{k D_e}} d_p \tag{8.53}$$

由此可知，以 $\ln[1/(k_{LS} a_S) + 1/(k \eta)]$ 对 $\ln d_p$ 作图，若得一斜率等于1的直线，则表明液固传质的影响可以忽略，阻力主要在催化剂颗粒内部。

如果颗粒与液体一起运动，颗粒与液体间无剪力，则液固相间的传质与静止液体和固体间的传质情况相似，此时

$$k_{LS} d_p / D = 2 \tag{8.54}$$

或 $k_{LS}=2D/d_p$，而 a_S 为单位质量催化剂所具有的外表面积，故

$$a_S = \frac{\pi d_p^2}{(\pi/6)\ d_p^3 \rho_p} = \frac{6}{d_p \rho_p}$$

从而

$$\frac{1}{k_{LS}a_S} = \frac{\rho_p}{12D}d_p^2 \tag{8.55}$$

所以，以 $\ln[1/(k_{LS}a_S)+1/(k\eta)]$ 对 $\ln d_p$ 作图，若得一斜率为 2 的直线，说明液固传质起主要作用。此情况的前提是液体与固体间无剪力，纵使液固相间传质作用显著，但增大搅拌速度也不会使过程速率加快。

若颗粒与液体间有剪力，则传质关联式为

$$\frac{k_{LS}d_p}{D} = 2 + 0.6\left(\frac{d_p u \rho}{\mu}\right)^{1/2}\left(\frac{\mu}{\rho D}\right)^{1/3} \tag{8.56}$$

可近似认为 $k_{LS} \propto d_p^{-0.5}$，因为处于湍流状态下式(8.56)右边第二项远大于 2。所以

$$\frac{1}{k_{LS}a_S} = \frac{1}{bd_p^{-0.5}[6/(d_p\rho_p)]} = \frac{\rho_p}{6b}d_p^{1.5} \tag{8.57}$$

式中，b 为比例常数。故此以 $\ln[1/(k_{LS}a_S)+1/(k\eta)]$ 对 $\ln d_p$ 作图，若得一直线，其斜率为 1.5 时，说明液固相间传质作用显著，加大搅拌速度将使宏观反应速率加快。

综上所述，通过改变催化剂浓度及粒径进行实验，所得的实验结果，可以提供极其有用的信息，借以判断各步阻力的相对重要性，据此可对反应操作采取有效的措施，使过程得以强化。

【例 8.5】 在实验室用机械搅拌釜 25℃ 等温下进行亚油酸甲酯催化加氢反应实验，获得下列数据，其中下标 A 代表氢。该反应为一级反应。

序号	$p_A/$ MPa	$c_{AL}^*/$ (kmol/m^3)	$(-\mathscr{R}_A)/$ [kmol/(m$^3 \cdot$ min)]	$W_S/$ (kg/m^3)	$d_p/$ μm
1	0.303	0.007	0.014	3.0	12
2	1.82	0.042	0.014	0.5	50
3	0.303	0.007	0.0023	1.5	50
4	0.303	0.007	0.007	2.0	750

所用催化剂为球形，颗粒密度等于 $2g/cm^3$。试计算：（1）本征反应速率常数；（2）使用 $750\mu m$ 催化剂时的液固相传质系数，设梯尔模数等于 3；（3）讨论强化操作的措施。

解： 首先根据题给数据计算 $c_{AL}^*/(-\mathscr{R}_A)$ 及 $1/W_S$ 值，结果如下：

序号	1	2	3	4
$c_{AL}^*/(-\mathscr{R}_A)/$min	0.5	3	1	3
$1/W_S/(m^3/kg)$	1/3	2	2/3	1/2

然后以 $c_{AL}^*/(-\mathscr{R}_A)$ 对 $1/W_S$ 作图，如图 8A 所示。由图可见，用粒度为 $12\mu m$ 及 $50\mu m$ 的催化剂所得的三组实验结果均落在一直线上，说明这两种粒度下的液固相传质阻力与粒内反应阻力之和是一样的。另外，对比第一组与第二组的实验结果也可证明这一点，前者的催化剂浓度为后者的 6 倍，而 c_{AL}^* 则为后者的 1/6，实测结果为两者的宏观反应速率相等，这

只有两者的液固相传质阻力和粒内反应阻力之和相同才能成立。

① 既然粒度对反应已无影响，可以认为内扩散阻力可以忽略，即 $\eta=1$。对于直径为 $12\mu m$ 这样小的催化剂颗粒，可以认为 $1/(k_{LS}a_S)\to 0$，下面还将通过计算加以证明。于是就可根据图 8A 中的实直线斜率求本征反应速率常数 k。由图量得直线斜率等于 $1.5\text{kg}\cdot\text{min/m}^3$，所以 $1/(k\eta)=1/k=1.5\text{kg}\cdot\text{min/m}^3$，从而

$$k=2/3\,[\text{m}^3/(\text{kg}\cdot\text{min})]$$

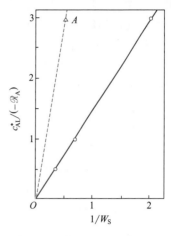

图 8A　$c_{AL}^*/(-\mathscr{R}_A)$ -$1/W_S$ 关系图

② 由于图 8A 中的实直线通过原点，说明前三组实验吸收阻力为零，但第 4 组的实验结果并不落在直线上，见图 8A 中的 A 点，是否吸收阻力也为零呢？比较第 1、3 及 4 组数据可知三者气相中氢的分压相同，液相中氢的浓度也相同，因此吸收阻力也必定一样，从而直线 OA 的斜率等于使用 $750\mu m$ 催化剂时反应过程的阻力，其值等于 $6\text{kg}\cdot\text{min/m}^3$，即

$$1/(k_{LS}a_S)+1/(k\eta)=6 \tag{A}$$

题给 $\phi=3$，故 $\eta=1/\phi=1/3$。而 $a_S=6/(d_p\rho_p)=6/(750\times10^{-6}\times2\times10^3)=4\,(\text{m}^2/\text{kg})$，将有关数值代入式（A）得

$$1/(4k_{LS})+1/[(2/3)\times(1/3)]=6$$

解之得 $750\mu m$ 的催化剂的液固相传质系数

$$k_{LS}=1/6\ (\text{m/min})$$

由式（8.56）知，$k_{LS}\propto d_p^{-0.5}$，由此可推算出 $12\mu m$ 催化剂颗粒的液固相传质系数 $k_{LS}=(1/6)\times(750/12)^{0.5}=1.32(\text{m/min})$，而 $a_S=6/(12\times10^{-6}\times2\times10^3)=250(\text{m}^2/\text{kg})$，所以

$$1/(k_{LS}a_S)+1/(k\eta)=1/(1.32\times250)+1/(2/3)=\frac{3}{2}$$

可见前面忽略液固相传质阻力求本征反应速率常数 k 是正确的。

③ 由上面的分析知吸收阻力完全可以忽略，因此一切强化气液接触的措施均无必要，如减小气泡尺寸，改善气体分布等等，对反应过程不会产生影响。粒度为 $12\sim50\mu m$ 时，内扩散阻力已可忽略，此种情况下，以用大粒度为宜，因为这有利于催化剂与产品的分离。随着粒度的增大，内扩散阻力和液固相传质阻力都要增大，提高搅拌速度可以强化反应过程。

8.5.3　机械搅拌釜的设计

机械搅拌釜是一种常用的三相反应器，所用的催化剂粒度较小，约为 $100\sim200\mu m$，浓度大致是 $10\sim20\text{kg/m}^3$，其在液相中悬浮所需的能量，主要靠机械搅拌器提供。因此搅拌器必须保持一定的转速，使液相中的催化剂颗粒全部悬浮并处于运动状态，且均匀地分布于液相中。这一临界转速取决于搅拌器的类型及尺寸，反应器的高径比，液体的密度和黏度，液固比以及颗粒尺寸等。气速小和搅拌转速高均能使颗粒均匀悬浮。当然，搅拌转速越高，则功率消耗越大。搅拌的作用不仅是使颗粒悬浮，同时也是使气体分散良好，从而获得较大的气液相界面。

机械搅拌釜中气体的负荷有一定的限制，超过此极限时，搅拌器对气体的分散不再起作

用，气含率下降，平均气泡直径增大，气液接触面积减小。通常使用的气速为 $0.5\mathrm{m/s}$ 或更大些，气含率约为 $0.2\sim0.4$。当搅拌器的转速足够高时，气速和气体分布器的型式对流体力学状态影响不大，反之则作用显著。

机械搅拌釜的高度与直径比一般等于 1。搅拌器的最佳直径为反应器直径的 $1/3$。搅拌器的位置距反应器底部等于反应器直径的 $1/6$ 最好。实际生产中有些搅拌釜的高径比大于1，达到 2.5 或更大些，此时在同一搅拌轴上需安装数个搅拌器。机械搅拌釜多在 $10.13\mathrm{MPa}$ 以下的压力下操作，压力太高，釜的机械设计和制造困难较多。

在机械搅拌釜中进行气液固相催化反应时，由于多相的存在，使流动情况非常复杂，影响因素很多。目前这方面的研究工作仍不很充分，数据的积累十分有限。作为近似设计计算，在搅拌情况良好时，通常可假定液相呈全混流。至于气相的流动状态，如果搅拌十分强烈，气泡合并和再分散就十分剧烈，可认为是全混流。如搅拌程度较不剧烈，则呈活塞流的形式通过液层。好在易溶气体或难溶气体在反应器内的停留时间分布对反应器工况影响并不大，按活塞流处理是可以的。当然中等溶解度的气体则另作别论。

对气相作气体反应物 A 的物料衡算，并假定气膜阻力可忽略得

$$-u_{0G}\frac{\mathrm{d}c_{AG}}{\mathrm{d}Z}=k_La_L(c_{AG}/H_A-c_{AL}) \tag{8.58}$$

该式系以单位反应体积为基准建立的。由于假定液相为全混流，因此液相中组分 A 的浓度 c_{AL} 为常量，不随高度 Z 而变，从而积分式(8.58) 可得当反应器内反应混合物层高为 L_r 时，出口气体中组分 A 的浓度

$$(c_{AG})_{L_r}=(c_{AG})_0\exp(-\beta L_r)+[1-\exp(-\beta L_r)]c_{AL}H_A \tag{8.59}$$

式中，$(c_{AG})_0$ 为进口气体中组分 A 的浓度，$\beta=k_La_L/(u_{0G}H_A)$。式(8.58) 的积分系假设 u_{0G} 为常数，对于微溶气体，这一假设是正确的。但对于易溶气体则不成立，好在这种情况下气液相的传质阻力较之其他要小得多，完全可以忽略。

对反应器中反应 $A+\nu_B B \longrightarrow \nu_P P$ 做组分 A 的物料衡算，并设进口液体中不含 A，则

$$\frac{Vu_{0G}}{L_r}[(c_{AG})_0-(c_{AG})_{L_r}]=Q_Lc_{AL}+V\varepsilon_S\eta r_Ac_{AS}c_{BS} \tag{8.60}$$

式中，Q_L 为液体流量；ε_S 为反应混合物中催化剂的体积分数；r_A 为按单位体积催化剂计算的反应速率。

对液相作液体反应物 B 的物料衡算，并设 B 不挥发，得

$$Q_L[(c_{BL})_0-c_{BL}]=\frac{\nu_B}{-1}V\varepsilon_S\eta r_Ac_{AS}c_{BS} \tag{8.61}$$

在液固相界面处下列两式成立

$$(k_{LS}a_S)_A(c_{AL}-c_{AS})=\eta r_Ac_{AS}c_{BS} \tag{8.62}$$

$$(k_{LS}a_S)_B(c_{BL}-c_{BS})=-\nu_B\eta r_Ac_{AS}c_{BS} \tag{8.63}$$

式(8.59)～式 (8.63) 即为反应器的设计方程。只要符合液相为全混流，气相为活塞流且液体与固体颗粒间相对运动甚弱等假定的浆态反应器，都可用这些方程设计。由于浆态反应器所用的催化剂粒度甚小，一般情况下有效因子 η 等于 1。

【例 8.6】 于 $1.479\mathrm{MPa}$ 和 $35℃$ 等温下以直径为 $2\times10^{-3}\mathrm{cm}$ 的钯催化剂在机械搅拌釜内进行丁炔二醇（B）的加氢（A）反应

$$\mathrm{OHH_2C-C\equiv C-CH_2OH + H_2 \longrightarrow OHH_2C-CH\!=\!CH-CH_2OH}$$

含氢 80% 摩尔分数的气体进釜流量为 $5000m^3$（STP）/h。进釜的液体中丁炔二醇的浓度为 $2.5kmol/m^3$，流量为 $1m^3/h$。该反应对氢及丁炔二醇均为一级。假定液相成全混流，气相为活塞流。催化剂浓度为 $8kg/m^3$。试计算丁炔二醇转化率为 90% 时所需的反应体积。

数据：$k=5\times10^{-5}m^6/(mol\cdot s\cdot kg)$，$k_L a_L=0.277s^{-1}$，$k_{LS,A}=k_{LS,B}=6.9\times10^{-4}m/s$。$\rho_p=1.45g/cm^3$，$H_A=56.8cm^3$（液）$/cm^3$（气）。

解：联立求解式(8.59)～式(8.63)即可求反应体积。式(8.59)中

$$\beta L_r=\frac{k_L a_L L_r}{u_{0G} H_A}=\frac{k_L a_L V}{Q_G H_A}$$

$$Q_G=\frac{5000}{3600}\times\left(\frac{1.013\times10^5}{1.479\times10^6}\right)\times\left(\frac{308}{273}\right)=0.1073(m^3/s)$$

所以

$$\beta L_r=\frac{0.277V_r}{0.1073\times56.8}=0.04545V_r$$

$$(c_{AG})_0=1.479\times0.8/(8.314\times10^{-3}\times308)=0.4621(kmol/m^3)$$

将 βL_r 及 $(c_{AG})_0$ 值代入式(8.59)得

$$(c_{AG})_{L_r}=0.4621\exp(-0.04545V)+56.8[1-\exp(-0.04545V)]c_{AL} \tag{A}$$

丁炔二醇的转化率为 0.9，故 $c_{BL}=2.5\times(1-0.9)=0.25(kmol/m^3)$。将 c_{BL} 及其他有关数值代入式(8.61)得

$$(1/3600)\times(2.5-0.25)=8V\times0.05c_{AS}c_{BS}$$

化简后有

$$Vc_{AS}c_{BS}=1.5625\times10^{-3} \tag{B}$$

由式(8.60)得

$$0.1073[0.4625-(c_{AG})_{L_r}]=(1/3600)c_{AL}+8\times0.05Vc_{AS}c_{BS} \tag{C}$$

$$a_S=\frac{\pi\times(2\times10^{-5})^2}{1450\times\pi\times(2\times10^{-5})^3/6}=206.9(m^2/kg)$$

将有关数值代入式(8.62)、式(8.63)有

$$6.9\times10^{-4}\times206.9(c_{AL}-c_{AS})=0.05c_{AS}c_{BS} \tag{D}$$

$$6.9\times10^{-4}\times206.9(0.25-c_{BS})=0.05c_{AS}c_{BS} \tag{E}$$

联立求解式(A)～式(E)，即得 V、c_{AL}、$(c_{AG})_{L_r}$、c_{AS} 及 c_{BS} 值。先消去一些变量以简化计算。式(D)与式(E)相除得

$$c_{BS}=0.25-c_{AL}+c_{AS} \tag{F}$$

将式(F)代入式(D)得

$$c_{AS}^2+(3.105-c_{AL})c_{AS}-2.855c_{AL}=0$$

于是可将 c_{AS} 表示成 c_{AL} 的函数

$$c_{AS}=\frac{1}{2}[c_{AL}-3.105+(c_{AL}^2+5.21c_{AL}+9.641)^{1/2}] \tag{G}$$

将式(A)及式(B)代入式(C)整理后得

$$c_{AL}=\frac{0.4567-0.4625\exp(-0.04545V)}{2.589\times10^{-3}+56.8[1-\exp(-0.04545V)]} \tag{H}$$

将式(F)及式(G)代入式(B)化简后有

$$V[(c_{AL}^2+5.21c_{AL}+9.641)^{1/2}-2.605-c_{AL}][(c_{AL}^2+5.21c_{AL}+9.641)^{1/2}+c_{AL}-3.105]$$
$$=6.25\times10^{-3} \tag{I}$$

再把式(H)代入式(I)，便得关于 V 的代数方程，解之得反应体积 $V=1.12m^3$。

总结

本章是在第 7 章的固定床和流化床反应器设计的基础之上，拓展到气液和气液固三相反应器。通过本章的学习，既复习了双膜理论的知识，又学会如何将其用于描述气液两相和气液固三相彼此间的传质过程，进而掌握建立与之相应的拟一级气液两相及气液固三相反应速率方程的基本思路；同时熟悉以鼓泡塔和搅拌釜式反应器为代表的气液两相反应器和以滴流床、浆态床和搅拌釜式反应器为代表的气液固三相反应器的设计方法。具体内容包括：

气液反应的有效因子

$$\eta = \frac{\text{受传质影响时的反应速率}}{\text{传质无影响时的反应速率}} = \frac{\alpha(-\mathscr{R}_A)}{-r_A}$$

搅拌釜式反应器的设计方程

鼓泡塔内总压
$$p = p_0(1 + \gamma Z)$$

鼓泡塔的高度
$$L_r = \frac{F_g}{A_C} \int_{f_{A0}}^{f_{ALr}} \frac{\mathrm{d}f_A}{a(-\mathscr{R}_A)}$$

搅拌釜式反应器的设计方程

气相组分质量衡算 $\quad F_g(f_{A0} - f_{ALr}) = k_L a V \beta(c_{Ai} - c_{ALr})$

液相组分质量衡算 $\quad k_L a V \beta(c_{Ai} - c_{ALr}) = Q_L(c_{ALr} - c_{A0}) + V(1 - \varepsilon_G)(-r_A)$

$$Q_L(c_{B0} - c_{BLr}) = V(1 - \varepsilon_G)|\nu_B|(-r_A)$$

拟一级气液固三相反应的宏观速率方程

$$-\mathscr{R}_A = K_{0G} c_{AG}$$

$$\frac{1}{K_{0G}} = H_A \left(\frac{1}{H_A k_G a_L} + \frac{1}{k_L a_L} + \frac{1}{k_{LS} a_S} + \frac{1}{\eta k} \right)$$

滴流床反应器的设计方程

气相组分质量衡算 $\quad -\dfrac{\mathrm{d}u_{0G} c_{AG}}{\mathrm{d}Z} = \rho_b k_{LA} a_L \left(\dfrac{c_{AG}}{H} - c_{AL} \right) = N_{AL}$

液相组分质量衡算

$$-\frac{\mathrm{d}u_{0L} c_{AL}}{\mathrm{d}Z} = \rho_b \left[k_{LS,A} a_S(c_{AL} - c_{AS}) - k_{LA} a_L \left(\frac{c_{AG}}{H} - c_{AL} \right) \right]$$

$$-\frac{\mathrm{d}u_{0L} c_{BL}}{\mathrm{d}Z} = \rho_b k_{LS,B} a_S(c_{BL} - c_{BS})$$

浆态床反应器的设计方程

本征一级反应的宏观反应速率

$$-\mathscr{R}_A = c_{AL}^* \left(\frac{1}{k_L a_L'} + \frac{1}{W_S k_{LS} a_S} + \frac{1}{W_S k \eta} \right)^{-1}$$

塔式反应器和搅拌釜式反应器的设计与气液两相反应器相似。

─────────── 习　题 ───────────

8.1　纯二氧化碳与氢氧化钠水溶液进行反应，假定液相上方水蒸气分压可不计，试按双膜模型绘出气相及液相中二氧化碳浓度分布的示意图。

8.2　用 $1.2\mathrm{mol/m^3}$ 的氨水吸收某生产装置出口气中的二氧化碳，当气流主体中二氧化碳分压为 $1.013 \times 10^{-3}\mathrm{MPa}$ 时，该处的二氧化碳吸收速率为多少？

已知：液相中 CO_2 和 NH_3 的扩散系数均为 $3.5 \times 10^{-5} \text{cm}^2/\text{s}$，二级反应速率常数为 $38.6 \times 10^5 \text{cm}^3/(\text{mol} \cdot \text{s})$，$CO_2$ 的溶解度系数为 $1.53 \times 10^{-10} \text{mol}/(\text{cm}^3 \cdot \text{Pa})$，$k_L = 0.04 \text{cm}/\text{s}$，$k_G = 3.22 \times 10^{-10} \text{mol}/(\text{cm}^2 \cdot \text{s} \cdot \text{Pa})$，相界面积 $a_L = 2.0 \text{cm}^2/\text{cm}^3$。

8.3 气体 A 与液体 B 的反应为不可逆反应，对 A 为一级，对 B 为零级。已知三种情况下反应速率常数 k，液侧传质系数 k_L，组分 A 在液相中的扩散系数 D_{AL} 以及液相体积与液膜体积之比 a 值如下：

k/s^{-1}	$k_L/(\text{cm/s})$	$D_{AL} \times 10^5/(\text{cm}^2/\text{s})$	a
400	0.001	1.6	40
400	0.04	1.6	40
1	0.04	1.6	40

试分别计算这三种情况的增大因子和有效因子值，并对计算结果进行比较与讨论。

8.4 在机械搅拌釜中于 0.891MPa 及 155℃ 等温下用空气氧化环己烷。液相进料中环己烷浓度 $7.74 \text{kmol}/\text{m}^3$，氧含量为零。液体及空气的进料量分别为 $0.76 \text{m}^3/\text{h}$ 和 $161 \text{m}^3/\text{h}$。要求出口的液体中环己烷浓度为 $6.76 \text{kmol}/\text{m}^3$，假定气相及液相均呈全混流，气膜阻力可忽略不计，试计算所需的反应体积。

数据：该反应对氧及环己烷均为一级，操作条件下的反应速率常数 $k = 0.2 \text{m}^3/(\text{s} \cdot \text{mol})$，氧的溶解度 $= 1.115 \times 10^{-7} \text{kmol}/(\text{m}^3 \cdot \text{Pa})$。液侧传质系数 $k_L = 0.416 \text{cm/s}$。比相界面积 $= 6.75 \text{cm}^{-1}$，气含率 $\varepsilon_G = 0.139$，氧在液相中的扩散系数 $D_{AL} = 2.22 \times 10^{-4} \text{cm}^2/\text{s}$。

8.5 采用直径为 1m 的鼓泡塔用空气氧化环己烷，压力为 0.912MPa 的空气自塔底送入，其他条件同习题 8.4，假定气体呈活塞流，液体呈全混流。试问塔高应为多少？

数据：$a = 2.5 \text{cm}^{-1}$；$k_L = 0.12 \text{cm/s}$；$\varepsilon_G = 0.12$。其他数据见习题 8.4。

8.6 在充填直径 4mm 的 $Pd\text{-}Al_2O_3$ 催化剂的滴流床反应器中，于 0.1013MPa、50℃ 等温下进行 α-甲基苯乙烯加氢反应，液相进料中 α-甲基苯乙烯的浓度为 $4.3 \times 10^{-4} \text{mol}/\text{cm}^3$。床层入口处纯氢及液体的线速度分别等于 12cm/s 和 1cm/s。若液相中 α-甲基苯乙烯转化率为 90%，试计算床高。假定气相和液相均呈活塞流，且床层压力降可忽略不计。

数据：该反应对氢为一级，对 α-甲基苯乙烯为零级，操作条件下，基于床层体积计算的数据如下：$k = 16.8 \text{s}^{-1}$；$k_L a_L = 0.203 \text{s}^{-1}$；$k_{LS} a_S = 0.203 \text{s}^{-1}$。氢在催化剂中的有效扩散系数 $= 1.02 \times 10^{-6} \text{cm}^2/\text{s}$。氢在液相中的溶解度系数 $= 0.6 \text{cm}^3$ 气/cm^3 液。床层空隙率 $\varepsilon = 0.42$。

8.7 在反应体积为 5m^3 的机械搅拌釜中，采用直径为 0.9mm 的催化剂于 25℃ 等温下进行亚油酸甲酯的加氢反应，氢的分压保持为 0.81MPa。亚油酸甲酯的处理量等于 $1.5 \text{kmol}/\text{min}$，要求酯的 40% 被加氢，试根据例 8.5 所给的数据和计算结果，计算催化剂用量。

8.8 苯胺催化加氢反应对氢为一级，对苯胺为零级。1.01MPa 和 130℃ 下，采用直径 4mm 的催化剂和纯氢进行反应，$k = 51.5 \text{cm}^3/(\text{g} \cdot \text{s})$，$k_{LS} = 0.008 \text{cm/s}$，$k_L a_L = 0.12 \text{s}^{-1}$，纯氢的溶解度 $3.56 \times 10^{-6} \text{mol}/\text{cm}^3$，氢在催化剂的有效扩散系数 $8.35 \times 10^{-6} \text{cm}^2/\text{s}$，试求宏观反应速率。

8.9 在浆态反应器中用纯氢将丁炔二醇加氢为丁烯二醇，该反应对氢及丁炔二醇均为一级。进反应器的丁炔二醇溶液浓度为 $2.5 \text{kmol}/\text{m}^3$。反应条件下，$k = 4.8 \times 10^{-5} \text{m}^3/$

$(kg \cdot s \cdot mol)$，$k_L a_L' = 0.3 s^{-1}$，$k_{LS} = 0.005 cm/s$，氢在液相中的溶解度 $= 0.01 kmol/m^3$。液相中催化剂含量为 $0.1 kg/m^3$，$\rho_p = 1.5 g/cm^3$，$a_S' = 40 m^2/g$。气液均呈活塞流。

(1) 试计算液体转化率为 95% 时过程各步阻力占总阻力的百分率。设内扩散阻力可以忽略。

(2) 计算液相转化率达 95% 时的液空速。

(3) 在最终转化率保持不变的情况下，提出提高液空速所采取的措施。

8.10 今有含 SO_2 的空气需要净化处理，采用以活性炭为催化剂，以水为液体介质的滴流床反应器在 0.101MPa、25℃ 下将 SO_2 氧化为 SO_3，溶于水而成稀硫酸从反应器底部流出。反应的控制步骤是氧在催化剂表面的吸附，反应速率可用下式表示

$$-r_A = \eta \rho_b k c_{AS} [mol/(s \cdot cm^3 床层)]$$

式中，r_A 为以 O_2 表示的反应速率；c_{AS} 为催化剂表面处的 O_2 浓度，mol/cm^3。

已知：内扩散有效因子 $\eta = 0.6$，堆密度 $\rho_b = 1.0 g/cm^3$，一级反应速率常数 $k = 0.06 cm^3/(g \cdot s)$，床层空隙率 $\varepsilon = 0.3$，$k_{LS} a_S = 0.30 s^{-1}$，$k_L a_L = 0.03 s^{-1}$，气体的流量 $= 100 cm^3/s$，O_2 在水中溶解的亨利常数 $H = 5.0 Pa \cdot mL/mol$。反应器直径 10cm，塔顶的入口气体组成 SO_2 2%，O_2 19%，N_2 79%。试求 SO_2 转化率为 80% 时滴流床反应器的床层高度。

8.11 在以甲苯为液相介质、骨架镍为催化剂的桨式反应器中，进行乙烯加氢反应，反应条件：$p = 1.52 MPa$，$T = 50℃$，进料 $C_2H_4/H_2 = 1/1.5$（摩尔比），H_2 的进料速率为 1.386mol/s。已知：$a_L = 1.5 cm^2/cm^3$，$k_L = 0.015 cm/s$，$a_S = 200 m^2/kg$，$k_{LS} = 0.02 cm/s$，$W_S = 0.1 kg/m^3$，H_2 在甲苯中溶解的亨利常数为 9.4，液相可视为全混流，气相可视为活塞流。反应过程的速率决定于氢从气液相界面处向液固相界面间的传递。试求乙烯转化率为 50% 时所需的反应体积。

9

生化反应工程基础

 提要

本章将着重介绍以下内容：

1. 酶催化和微生物的生化反应动力学
2. 生物催化剂的固定化
3. 固定化生物催化剂上的反应动力学
4. 典型生化反应器的设计

9.1 概述

　　生化反应工程是生物化学工程的一个分支，是生物技术实现产业化的关键之一。其应用覆盖了生物工程的各个领域，包括生物制药工程、生物环境工程和生物化学工程等。其产品可以是药物、通用化学品和专用化学品等。

　　生物技术是应用生物学、化学和工程学的基本原理，利用生物体（包括微生物、动物细胞和植物细胞）或其组成部分（细胞器和酶）来生产有用物质，或为人类提供某种服务的技术。近些年来，随着现代生物技术突飞猛进地发展，包括基因工程、细胞工程、蛋白质工程、酶工程以及生化工程所取得的成果，利用生物转化特点生产化工产品，特别是用一般化工手段难以得到的新产品，改变现有工艺，解决长期被困扰的能源危机和环境污染两大棘手问题，愈来愈受到人们的关注，且有的已付诸现实。生物技术只有实现产业化才能造福于人类，取得应有的社会效益和经济效益。生化工程正是生物技术实现产业化的关键问题之一。生化反应工程是生化工程的一个分支。

　　从化学工程角度出发，生化反应工程又是化学反应工程的一个分支，且是当前反应工程研究的前沿领域之一。

　　任何一个生化反应过程都是利用生物催化剂来生产生物技术产品的过程。生物催化剂可概括为两大类，即①游离酶或固定化酶；②游离细胞或固定化细胞。当采用微生物细胞作为生物催化剂时，该生化反应过程被称为发酵过程，如各种氨基酸、抗生素、有机酸、维生素和沼气的发酵等。当采用酶作为生物催化剂时，则为酶催化反应过程，如丙烯腈和水在丙烯腈水合酶作用下转化成丙烯酰胺、氢化可的松在氢化可的松脱氢酶作用下脱氢生成氢化泼尼松等。此外，生化反应过程还包括植物细胞和动物细胞的大规模培养及废水的生物处理等过程。

　　一般的生化反应过程可概括为三大部分，即①原料的处理；②生物催化剂制备及生化反应；③产品的分离与纯化。其示意图见图 9.1。第二部分为生化反应过程的核心，它是生化反应工程的研究对象。

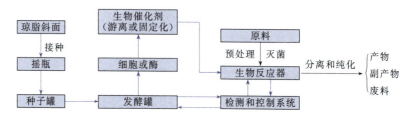

图 9.1　一般生化反应过程示意

生化反应工程的基本内容可概括为两方面，即生化反应动力学和生化反应器设计与分析。它与化学反应工程比较，仅是研究的具体对象不同而已。前者为生化反应过程；后者为化学反应过程。所以，两者既有共性，又有个性。生化反应工程就是将化学反应工程的原理和方法用于生化反应器设计、分析及确定最适操作条件的一门科学分支。

与化学反应过程相比较，生化反应过程有其自身特点，概括起来有以下几点：

① 使用的生物催化剂，除单酶体系外，一般微生物细胞的多酶体系复杂，细胞的种类繁多，形态和生理特点差异大。无论是微生物细胞，或是动、植物细胞都需要不断从外界环境摄取营养，在细胞内通过一系列生化反应过程获得生存所需的能量和活体材料，并把代谢产物排出。该细胞代谢过程机理十分复杂，且还受环境因素，如流体力学条件和理化性质等影响。所以，无法测定和确定的因素非常多，这给生化反应动力学研究带来很大困难。

② 生化反应具有反应条件缓和、催化专一性强和反应选择性高的特点。一般都在常温、常压下操作，能耗低，这些给生化反应器的设计和操作带来了方便。

③ 生化反应物系比较复杂，即便是游离的微生物细胞发酵，也常为气液固多相系统。对于化工中应用较多的是在有机介质中的酶催化，也多属多相系统。且在相当多的生化反应体系中，流体性质常呈现黏度较大的非牛顿型，其流变学特性及其各种物性常随生化反应进程而变化。这些都影响着反应过程中物料的混合与传递。此外，由于细胞个体微小，其密度与流体相近，两者间的相对运动很小，细胞的团聚又增加了内扩散阻力，不利于液固间的质量与动量传递。它们给生化反应器设计与操作带来困难。

④ 生物催化剂易受环境和杂菌污染的影响，甚至失活。所以，生化反应过程必须在无杂菌体条件下操作。反应前需对设备、管道、物料等进行灭菌，同时还要注意避免培养基营养成分的损失。此外，生化反应过程还受 pH、温度和溶解氧等环境因素影响。为保证生物催化剂的活性、寿命和目的产物的产率，对反应器的构型和过程控制要求较高。

⑤ 虽然酶催化效率远高于化学催化，但是生化反应的速率往往受到底物（即反应物）和产物浓度的限制，常需在低浓度下操作，且又在常温和常压下反应，致使反应速率降低，使得物料在生化反应器内的停留时间较长，所需反应器体积较大。所以，生化反应器放大问题更为突出。

本章将在前述的化学反应工程基础上，简单阐明一般生化反应动力学原理及生化反应器设计和分析。

9.2 生化反应动力学基础

生化反应动力学是研究生化反应速率及其影响因素。生化反应过程包括酶催化反应，微生物反应，废水生物处理以及动、植物细胞大规模培养等过程。各种过程的动力学特征差异较大，限于篇幅，本节仅讨论两种基本的生化反应动力学，即酶催化反应动力学和微生物反应动力学。

9.2.1 酶催化反应及其动力学

9.2.1.1 酶的特性

酶是由活细胞产生的具有催化活性和高度选择性的特殊蛋白质。按其组成的不同，将酶分成单纯蛋白质和结合蛋白质两大类。例如，大多数水解酶属单纯由蛋白质组成的酶；黄素单核苷酸酶则属由酶蛋白和辅助因子组成的结合蛋白酶。结合蛋白质中的酶蛋白为蛋白质部分，辅助因子为非蛋白质部分，两者结合成全酶，只有全酶才有催化活性。虽然酶来源于生物体，但酶可以脱离生物体而独立存在。

国际生物学联合会规定采用酶学委员会的系统分类法，按照酶催化反应类型将酶分为六大类，即氧化还原酶、转移酶、水解酶、裂合酶、异构酶和合成酶。

酶既能参与生物体内各种代谢反应，也能参与生物体外的各种生化反应。它既具有一般的化学催化剂所具有的特性，也具有蛋白质的特性。酶在参与反应时如同化学催化剂一样，参与反应决不会改变反应的自由能，亦即不会改变反应的平衡，只能降低反应的活化能，加快反应达到平衡的速度，使反应速率加快。反应终了时，酶本身并不消耗，且恢复到原来的状态，其数量与性质都不改变，前提是不能改变酶的蛋白质性质。

以单底物 S 生成产物 P 的酶催化反应为例，E 表示游离酶，其反应历程为

$$E+S \rightleftharpoons [ES] \longrightarrow P+E$$

第一步是酶和底物以非共价键结合而形成所谓的酶-底物中间配合物 [ES]，此过程需要底物 S 分子具有足够的能量使其跃迁到高能垒的配合物 [ES]；第二步便是该 [ES] 配合物释放能量，生成产物 P 并重新释放出酶。

酶催化可以降低从底物到过渡态配合物所需的活化能，但并不能改变反应中总能量的变化。酶催化与化学催化反应能量的比较见图 9.2。由图可知，酶催化反应的活化能远低于化学催化反应。所以，酶催化效率远高于化学催化。

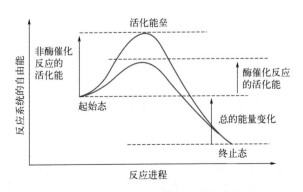

图 9.2 酶催化与化学催化反应能量变化示意

酶的催化效率可用酶的活性，即酶催化反应速率表示。通常用规定条件下每微摩尔酶量每分钟催化底物转化的微物质的量表示酶的活性。并把在规定条件下每分钟催化 $1\mu\mathrm{mol}$ 底物转化为产物所需的酶量定义为一个酶单位。

与化学催化相比较，酶催化具有下述特点：

① 酶的催化效率高，通常比非酶催化高 $10^7 \sim 10^{13}$ 倍，甚至像脲酶水解尿素反应可高达 10^{14} 倍。

② 酶催化反应具有高度的专一性，它包括酶对反应的专一性和酶对底物的专一性。这种专一性是由酶蛋白分子，特别是其活性部位的结构特征所决定的。酶对反应的专一性是指一种酶只能催化某种化合物在热力学上可能进行的多种反应中的一种反应。酶对底物的专一性则包括对底物结构的专一性及立体的专一性。前者指一种酶只能作用于一种底物或一类底物；后者指一种酶只能催化几何异构体中的一种底物。当底物具有旋光异构体时，酶只能对其中一种光学异构体起作用。此外，有些酶还具有基团专一性，即只对特定的基团起催化作用，如醇脱氢酶仅作用于醇，而且是伯醇。所以一种酶只能催化一种底物进行某一特定反应。

由于酶的高度专一性，所以酶催化反应的选择性非常高，副产物极少，致使产物易于分离，使许多用化学催化难以进行的反应得以实现。

③ 酶催化反应的反应条件温和，无需高温和高压，且酶是蛋白质，也不允许高温，通常都在常温常压下进行。

④ 酶催化反应有其适宜的温度、pH、溶剂的介电常数和离子强度等。一旦条件不合适，则酶易变性，甚至失活。这是由酶是蛋白质所决定的。它极易受物理因素和化学因素（如热、压力、紫外线、酸、碱和重金属）的影响而变性。酶的这种变性可使酶活性下降甚至失活，这种失活多数是不可逆的。

影响酶催化反应速率的因素很多，它们分别是酶浓度、底物浓度、产物浓度、温度、酸碱度、离子强度和抑制剂等。

9.2.1.2 单底物酶催化反应动力学——米氏方程（Michaelis-Menten）

对于典型的单底物酶催化反应，例如 $\mathrm{S} \xrightarrow{\mathrm{E}} \mathrm{P}$ 的反应机理可表示为

$$\mathrm{E} + \nu_\mathrm{S}\mathrm{S} \underset{\overleftarrow{k_1}}{\overset{\overrightarrow{k_1}}{\rightleftharpoons}} [\mathrm{ES}] \xrightarrow{k_2} \mathrm{E} + \nu_\mathrm{P}\mathrm{P}$$

第一步为可逆反应，正反应与逆反应的速率常数分别为 $\overrightarrow{k_1}$ 和 $\overleftarrow{k_1}$；第二步一般为不可逆反应，速率常数为 k_2。实验显示在一定条件下，反应速率随底物浓度的增加而增加，且当底物浓度增加到一定值后，反应速率趋于恒定，如图 9.3 所示。

由 Michaelis-Menten 的快速平衡法或 Briggs-Haldane 的拟定态法假设，推导得到的米氏方程定量描述了底物浓度与反应速率的关系，即

$$r = \frac{\mathrm{d}c_\mathrm{S}}{\nu_\mathrm{S}\mathrm{d}t} = \frac{\mathrm{d}c_\mathrm{P}}{\nu_\mathrm{P}\mathrm{d}t} = \frac{r_{\max}c_\mathrm{S}}{K_\mathrm{m} + c_\mathrm{S}} \qquad (9.1)$$

式中，c_S 为底物 S 的浓度；$r_{\max} = k_2 c_{\mathrm{E0}}$ 是最大反

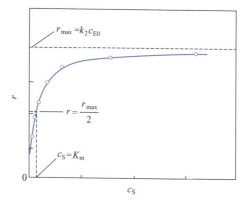

图 9.3 底物浓度与酶催化反应速率的关系

应速率，其中 c_{E0} 为起始时酶的浓度；$K_m = (\overleftarrow{k_1} + k_2)/\overrightarrow{k_1}$，称为米氏常数。

米氏方程为双曲函数，如图 9.3 所示。起始酶浓度一定时，不同底物浓度呈现的反应级数不同。当 $c_S \ll K_m$ 时，底物浓度很低，反应呈现一级；$c_S \gg K_m$ 时，底物浓度高，反应呈现零级，即 r 与 c_S 大小无关，趋于定值 r_{max}；底物浓度为中间值时，随着 c_S 增大反应从一级向零级过渡，为变级数过程。

r_{max} 和 K_m 是米氏方程中两个重要的动力学参数。r_{max} 表示了酶几乎全部都与底物结合成中间配合物，这时的反应速率达到最大值。K_m 的大小表明了酶和底物间亲和力的大小。K_m 愈小表明酶和底物间的亲和力愈大，中间配合物 [ES] 愈不易解离；K_m 愈大，则情况相反。K_m 值的大小与酶催化反应物系的特性及其反应条件有关，所以它是表示酶催化反应性质的特性常数。K_m 等于反应速率为 $r_{max}/2$ 时的 c_S 值。

动力学参数 K_m 和 r_{max} 可按照第 2 章所述的微分法或积分法求取。因为米氏方程为双曲函数，故应先线性化后，再用作图法或线性最小二乘法求取。常用的微分法有三种：

① Lineweaver-Burk 法，即以 $1/r$ 对 $1/c_S$ 作图得一直线，斜率为 K_m/r_{max}，纵轴的截距为 $1/r_{max}$，横轴截距的负值为 $1/K_m$。此法简称 L-B 法或双倒数图解法。

② Hanes-Wootf 法，即以 c_S/r 对 c_S 作图得一直线，斜率为 $1/r_{max}$，横轴截距的负值为 K_m。

③ Eadio-Hofstee 法，即以 r 对 r/c_S 作图得一直线，斜率的负值为 K_m，纵轴截距为 r_{max}。

酶催化反应动力学实验可在间歇釜、全混釜或活塞流反应器中进行，故可从这些实验得到的原始数据按照上述方法进行拟合即可。

【例 9.1】 在 pH 为 5.1 及 15℃ 等温下，测得葡萄糖淀粉酶水解麦芽糖的初速率与麦芽糖浓度的关系如下：

麦芽糖浓度 $c_S \times 10^3/(mol/L)$	11.5	14.4	17.2	20.1	23.0	25.8	34.0
麦芽糖水解速率 $r \times 10^4/[mol/(L \cdot min)]$	2.50	2.79	3.01	3.20	3.37	3.50	3.80

试求该淀粉酶水解麦芽糖反应的 K_m 和 r_{max}。

解：采用 Lineweaver-Burk 法，将米氏方程线性化，经重排得

$$\frac{1}{r} = \frac{1}{r_{max}} + \frac{K_m}{r_{max}} \times \frac{1}{c_S} \tag{A}$$

由式（A）可知，$1/r$-$1/c_S$ 为线性关系，故可根据题给数据计算 $1/r$-$1/c_S$ 值，列于表 9A 中。

表 9A $1/r$-$1/c_S$ 的关系

$(1/c_S)/(L/mol)$	87.0	69.4	58.1	49.8	43.5	38.8	29.4
$(1/r) \times 10^{-3}/(min \cdot L/mol)$	4.00	3.58	3.32	3.13	2.97	2.86	2.63

利用线性最小二乘法，将表 9A 的数据代入式（A），回归得

$$1/r_{max} = 1.94 \times 10^3, \quad K_m/r_{max} = 23.7, \quad 相关系数 \ r = 0.9999$$

所以 $$r_{\max}=5.16\times10^{-4}\,\mathrm{mol/(L\cdot min)},\quad K_{\mathrm{m}}=1.22\times10^{-2}\,\mathrm{mol/L}$$

9.2.1.3 有抑制作用时的酶催化反应动力学

酶催化反应中，某些物质的存在使得反应速率下降，这些物质称为抑制剂，其效应称为抑制作用。抑制剂可能为外来物质，也可能是反应自身的底物或产物。它们只能与酶分子中的有限基团起作用，并不能改变蛋白质的三维空间结构，所以有抑制物存在时也会影响酶催化反应速率。

抑制作用可分为两类，即可逆性抑制与不可逆性抑制。当酶与抑制物之间靠共价键相结合时称为不可逆性抑制。不可逆性抑制将使活性酶浓度减少，若抑制物浓度超过酶浓度时，则酶完全失活；当酶与抑制物之间靠非共价键相结合时称为可逆性抑制。此时酶与抑制物的结合存在解离平衡的关系。这种抑制可用透析等物理方法将抑制物除去，使酶恢复活性。根据产生的抑制机理不同，可逆性抑制又可分为三种类型，即竞争性抑制、非竞争性抑制和反竞争性抑制。

(1) 竞争性抑制 当抑制物与底物的结构类似时，它们将竞争酶的同一可结合部位——活性位，阻碍了底物与酶相结合，导致酶催化反应速率降低。这种抑制作用称为竞争性抑制。若以 I 为竞争性抑制剂，其机理为

$$\mathrm{E}+\mathrm{S}\underset{\overleftarrow{k_1}}{\overset{\overrightarrow{k_1}}{\rightleftharpoons}}[\mathrm{ES}]\overset{k_2}{\longrightarrow}\mathrm{E}+\mathrm{P}$$

$$\mathrm{E}+\mathrm{I}\underset{\overleftarrow{k_3}}{\overset{\overrightarrow{k_3}}{\rightleftharpoons}}[\mathrm{EI}]$$

根据定态近似及 $c_{\mathrm{E0}}=c_{\mathrm{E}}+c_{[\mathrm{ES}]}+c_{[\mathrm{EI}]}$，推导得到竞争性抑制的动力学方程

$$r=\frac{r_{\max}c_{\mathrm{S}}}{K_{\mathrm{m}}(1+c_{\mathrm{I}}/K_{\mathrm{I}})+c_{\mathrm{S}}}=\frac{r_{\max}c_{\mathrm{S}}}{K_{\mathrm{mI}}+c_{\mathrm{S}}} \tag{9.2}$$

式中，$K_{\mathrm{m}}=(\overleftarrow{k_1}+k_2)/\overrightarrow{k_1}$，为米氏常数；$K_{\mathrm{I}}=\overleftarrow{k_3}/\overrightarrow{k_3}$，为 [EI] 的解离常数；$r_{\max}=k_2 c_{\mathrm{E0}}$，为最大反应速率；$K_{\mathrm{mI}}=K_{\mathrm{m}}(1+c_{\mathrm{I}}/K_{\mathrm{I}})$，为有竞争性抑制时的米氏常数。

显然，K_{I} 愈小表明抑制剂与酶的亲和力愈大，抑制剂对反应的抑制作用愈强。此时，可采取增加底物浓度的措施来提高反应速率。

按照 Lineweaver-Burk 法将式(9.2) 线性化，整理实验数据，以 $1/r$ 对 $1/c_{\mathrm{S}}$ 作图得一直线，见图 9.4。直线斜率为 $K_{\mathrm{mI}}/r_{\max}$，纵轴截距为 $1/r_{\max}$，横轴截距的负值为 $1/K_{\mathrm{mI}}$，由此可求出模型参数 $r_{\max}$ 和 K_{mI}。

当产物的结构与底物类似时，产物即与酶形成配合物，阻碍了酶与底物的结合，因而也降低了酶的催化反应速率。

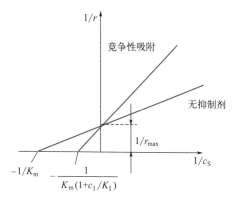

图 9.4 竞争性抑制时的 L-B 图

(2) 非竞争性抑制 有些抑制物往往与酶的非活性部位相结合，形成抑制物-酶的配合物后会进一步再与底物结合；或是酶与底物结合成底物-酶配合物后，其中有部分再与抑制物结合。虽然底物、抑制物和酶的结合无竞争性，但两者与酶结合所形成的中间配合物不能直接生成产物，导致了酶催化反应速率的降低。这

种抑制称为非竞争性抑制。若以 I 为非竞争性抑制剂，其机理为

$$E + S \underset{\overleftarrow{k_1}}{\overset{\overrightarrow{k_1}}{\rightleftharpoons}} [ES] \overset{k_2}{\longrightarrow} E+P$$

$$+ \qquad\qquad +$$

$$I \qquad\qquad I$$

$$\overrightarrow{k_3}\Vert\overleftarrow{k_3} \qquad\qquad \overrightarrow{k_4}\Vert\overleftarrow{k_4}$$

$$[EI] + S \underset{\overleftarrow{k_5}}{\overset{\overrightarrow{k_5}}{\rightleftharpoons}} [SEI]$$

根据定态近似及 $c_{E0} = c_E + c_{[ES]} + c_{[EI]} + c_{[SEI]}$，可导出非竞争性抑制的动力学方程

$$r = \frac{r_{max} c_S}{(1 + c_I/K_I)(K_m + c_S)} = \frac{r_{I,max} c_S}{K_m + c_S} \tag{9.3}$$

其中，$K_m = (\overleftarrow{k_1} + k_2)/\overrightarrow{k_1}$；$r_{max} = k_2 c_{E0}$；$r_{I,max} = \dfrac{r_{max}}{1 + c_I/K_I}$，为非竞争性抑制时的最大速率。

显然，由于非竞争性抑制物的存在，使反应速率降低了，其最大反应速率 r_{max} 仅是无抑制时的 $1/(1 + c_I/K_I)$。此时，即使增加底物浓度，也不能减弱非竞争抑制物对反应速率的影响。这也是非竞争性抑制与竞争性抑制的不同之处。

按照 Lineweaver-Burk 法，将式(9.3)线性化得

$$\frac{1}{r} = \frac{1 + c_I/K_I}{r_{max}} + \frac{(1 + c_I/K_I)K_m}{r_{max}} \times \frac{1}{c_S} \tag{9.4}$$

整理实验数据，以 $1/r$ 对 $1/c_S$ 作图得一直线，如图 9.5 所示。由直线的斜率及纵、横坐标上的截距并结合无竞争性抑制时的实验数据可以求得模型参数 K_I、r_{max} 和 K_m。

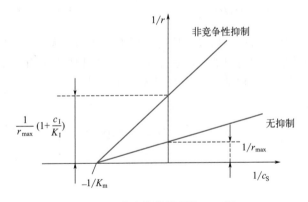

图 9.5　非竞争性抑制的 L-B 图

(3) 反竞争性抑制　有些抑制剂不能直接与游离酶相结合，而只能与底物-酶配合物相结合形成底物-酶-抑制剂中间配合物，且该配合物不能生成产物，从而使酶催化反应速率下降，这种抑制称为反竞争性抑制。其机理为

$$E+S \underset{\overleftarrow{k_1}}{\overset{\overrightarrow{k_1}}{\longleftrightarrow}} [ES] \overset{k_2}{\longrightarrow} E+S$$

$$[ES] + I \underset{\overleftarrow{k_3}}{\overset{\overrightarrow{k_3}}{\longleftrightarrow}} [SEI]$$

总酶浓度 $\qquad\qquad\qquad c_{E0} = c_E + c_{[ES]} + c_{[SEI]}$

根据定态近似导出反竞争性抑制的动力学方程

$$r=\frac{r_{\max}c_{S}}{K_{m}+(1+c_{I}/K_{I})\ c_{S}}=\frac{r_{I,\max}c_{S}}{K'_{mI}+c_{S}} \tag{9.5}$$

式中，$r_{I,\max}=r_{\max}/(1+c_{I}/K_{I})$，$K'_{mI}=K_{m}/(1+c_{I}/K_{I})$。

按照 L-B 法，将式(9.5) 线性化为

$$\frac{1}{r}=\frac{K_{m}}{r_{\max}}\times\frac{1}{c_{S}}+\frac{1}{r_{\max}}\Big(1+\frac{c_{I}}{K_{I}}\Big) \tag{9.5a}$$

整理实验数据，以 $1/r$ 对 $1/c_{S}$ 作图得一直线，如图 9.6 所示。由图中数据并结合无竞争性抑制时的实验数据便可得到动力学参数 K_{m}、$r_{\max}$ 和 K_{I}。

(4) 底物抑制　有些酶催化反应速率与底物浓度关系不是双曲函数，而是抛物线关系。如图 9.7 所示。

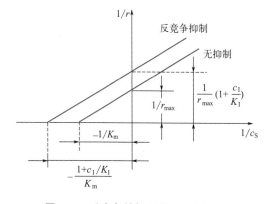

图 9.6　反竞争性抑制的 $1/r$-$1/c_{S}$ 图

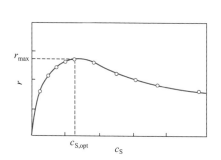

图 9.7　底物抑制时的 r-c_{S} 关系

在反应开始时，随底物浓度的增高反应速率增大；达到最大值后，则随底物浓度的增高反而下降。这种因高浓度底物造成的反应速率下降称为底物抑制作用。其原因是多个底物分子与酶的活性中心相结合，所形成的配合物又不能分解为产物。假设 [ES] 又与一个底物分子结合，其机理为

$$E+S\underset{\overleftarrow{k_{1}}}{\overset{\overrightarrow{k_{1}}}{\rightleftharpoons}}[ES]\overset{k_{2}}{\longrightarrow}P+E$$
$$+$$
$$S$$
$$\overrightarrow{k_{3}}\big\|\overleftarrow{k_{3}}$$
$$[SES]$$

按前述方法导出底物抑制时的动力学方程

$$r=\frac{r_{\max}c_{S}}{K_{m}+c_{S}\ (1+c_{S}/K_{S})} \tag{9.6}$$

式中，$K_{S}=\overleftarrow{k_{3}}/\overrightarrow{k_{3}}$，为底物抑制时的解离常数。

将式(9.6) 对 c_{S} 求导，并令 $\mathrm{d}r/\mathrm{d}c_{S}=0$ 得

$$c_{S,opt}=\sqrt{K_{m}K_{S}} \tag{9.7}$$

这便是最佳底物浓度。在此浓度下，反应速率达最大。

9.2.1.4　影响酶催化反应速率的因素

影响酶催化反应速率的因素很多，除前述的酶浓度、底物浓度、产物浓度以及抑制剂浓

度外，还有温度、酸碱度和离子强度等。

(1) 温度的影响 温度对酶催化反应速率的影响有正、反两个方面，即一方面温度升高，反应速率加快，两者关系符合 Arrhenius 方程；另一方面过高的温度将促使酶蛋白变性，致使其活性下降，甚至失活。两方面共同作用的结果，使酶催化反应都有其最适宜的反应温度，酶催化反应速率与温度曲线呈钟罩形。

(2) pH 值的影响 任何一个酶催化反应的酶蛋白，底物和中间配合物都具有特定的解离形式，故对应有一最适宜的 pH 值，在此条件下反应速率最大。pH 值过高或过低，都将影响酶活性部位中羧基和氨基等酸性或碱性基团的解离状态，使酶活性下降，甚至会破坏酶的空间结构，影响酶的稳定性。

所以，在酶催化反应过程中，应采取措施控制底物浓度、产物浓度、反应温度以及介质的最适 pH 值。

【例 9.2】 室温下进行某酶催化反应，在初始酶浓度一定的条件下，测得不同底物浓度下初始反应速率 r_S 如表 9B 所示。在上述条件下，分别加入浓度为 1.00×10^{-5} mol/L 的抑制剂，并测得其初始速率 r_{SI} 与底物浓度的关系，也列于表 9B 中。试根据实验数据，判断其抑制类型，并计算动力学参数 K_m、r_{max} 和 K_I。

表 9B 底物浓度与初始反应速率关系

$c_S \times 10^3$/(mol/L)	0.333	0.400	0.500	0.667	1.00	2.00
$r_S \times 10^6$/(mol·L/min)	55.6	62.9	73.0	87.0	107	139
$r_{SI} \times 10^6$/[mol/(L·min)]	35.5	41.2	48.8	60.2	78.7	113

解：假设为竞争性抑制，分别将式（9.1）和式（9.2）线性化，并重排得

$$\frac{1}{r_S} = \frac{1}{r_{max}} + \frac{K_m}{r_{max}} \times \frac{1}{c_S} = a + b \times \frac{1}{c_S} \tag{A}$$

$$\frac{1}{r_{SI}} = \frac{1}{r_{max}} + \frac{K_{mI}}{r_{max}} \times \frac{1}{c_S} = a' + b' \times \frac{1}{c_S} \tag{B}$$

由式（A）和式（B）可知，$1/r_S$-$1/c_S$ 及 $1/r_{SI}$-$1/c_S$ 均为直线，且它们的纵轴截距也应相等，即都为 $1/r_{max}$。

由表 9B 数据分别计算 $1/c_S$、$1/r_S$ 和 $1/r_{SI}$，结果列于表 9C。

表 9C $1/r_S$、$1/r_{SI}$ 与 $1/c_S$ 的关系

$1/c_S \times 10^{-3}$/(L/mol)	3.00	2.50	2.00	1.50	1.0	0.5
$1/r_S \times 10^{-3}$/(min·L/mol)	18.0	15.9	13.7	11.5	9.35	7.19
$1/r_{SI} \times 10^{-3}$/(min·L/mol)	28.2	24.3	20.5	16.6	12.7	8.85

将表 9C 中有关数据分别代入式（A）和式（B），采用线性最小二乘法进行回归，得

$$a = 5.01 \times 10^3，b = 4.34，相关系数 r = 1.0$$

$$a' = 4.99 \times 10^3，b' = 7.74，相关系数 r = 1.0$$

可见该两直线纵轴截距极为相近，所假设为竞争性抑制正确。由式（A）和式（B）可得

$$r_{max} = \frac{1}{(a+a')/2} = \frac{1}{(5.01 \times 10^3 + 4.99 \times 10^3)/2} = 2.00 \times 10^{-4} (mol/L \cdot min)$$

$K_m = br_{max} = 4.34 \times 2.00 \times 10^{-4} = 8.68 \times 10^{-4} \ (mol/L)$

$K_{mI} = b'r_{max} = 7.74 \times 2.00 \times 10^{-4} = 1.55 \times 10^{-3} \ (mol/L)$

又由式（9.2）得到

$$K_I = c_I \Big/ \left(\frac{K_{mI}}{K_m} - 1 \right) = 1.00 \times 10^{-5} \Big/ \left(\frac{1.55 \times 10^{-3}}{8.68 \times 10^{-4}} - 1 \right)$$

$$= 1.27 \times 10^{-5} \ (mol/L)$$

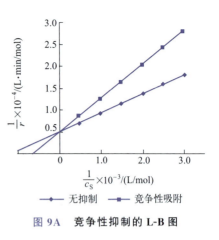

图 9A　竞争性抑制的 L-B 图

图 9A 显示了上述两种情况下，两条直线在纵轴截距均为 $5.0 \times 10^3 \ min \cdot L/mol$，可见竞争性抑制时，其 L-B 线在纵轴的截距与无抑制时相同，其与横轴交点则为 $(-1/K_{mI})$。采用类似的方法可得到非竞争性抑制时的 L-B 线，其在横轴的交点与无抑制时相同，而与纵轴交点则为 $1/r_{SImax}$；当为反应竞争性抑制时，其 L-B 线和无抑制时的 L-B 直线相平行。

9.2.2　微生物的反应过程动力学

微生物反应是利用微生物中特定的酶系进行的复杂生化反应过程，即发酵过程。主要的工业微生物有细菌、酵母菌、放线菌和霉菌等。根据发酵中所采用的微生物细胞特性的不同，又可分为厌氧发酵和通气发酵两种。前者诸如乙醇发酵、丙酮丁醇发酵和乳酸发酵；后者如抗生素发酵和氨基酸发酵等。发酵产品类型繁多，可归纳为下述几种，即微生物细胞本身、微生物代谢产物、微生物酶、生物转化产品、重组蛋白以及微生物废水处理等。

在微生物反应过程中，每一个微生物细胞犹如一个微小的生化反应器，原料基质分子即细胞营养物质，透过细胞壁和细胞膜进入细胞内，在复杂酶系作用下，一方面将基质转化为细胞自身的组成物质，供细胞生长与繁殖，另一方面部分细胞组成物质又不断地分解成代谢产物，随后又透过细胞膜和细胞壁将产物排出。对于基因工程菌，则除细胞自身生长与繁殖外，还有基因重组菌中目的蛋白的合成过程。所以，微生物反应过程包括了质量传递、微生物细胞生长与代谢等过程。对于通气发酵，还存在气相氧逐步传递到细胞内参与细胞内的有氧代谢过程。因此，微生物反应体系是一个多相和多组分体系。此外，由于微生物细胞生长与代谢是一个复杂群体的生命活动过程，且在其生命的循环中存在着菌体的退化与变异问题，从而使得定量描述微生物反应过程的速率及其影响因素十分复杂。

限于篇幅，本节仅简单介绍在以代谢产物为目的产物的微生物反应过程中，生化反应速率及其影响因素，其中包括细胞生长速率、基质消耗速率及产物生成速率。

9.2.2.1　细胞生长动力学

细胞的生长受到水分、湿度、温度、营养物、酸碱度和氧气等各种环境条件的影响。在给定的条件下，细胞生长是遵循一定规律的。细胞的生长过程，可根据均衡生长模型用细胞浓度的变化加以描述。

细胞的生长速率 r_x 定义为：在单位体积培养液中，单位时间内生成的细胞（亦称菌体）量，即

$$r_x = \frac{1}{V} \times \frac{dm_x}{dt} \tag{9.8}$$

式中，V 为培养液体积；m_x 为细胞质量。对于恒密度过程，细胞的生长速率可定义为

$$r_x = \frac{dc_x}{dt} \tag{9.9}$$

其中，c_x 为细胞浓度，常用单位体积培养液中所含细胞干重表示。

均衡生长类似于一级自催化反应，以细胞干重增加为基准的生长速率与细胞浓度成正比，其比例系数为 μ，即

$$\mu = r_x / c_x \tag{9.10}$$

μ 表示了单位菌体浓度的细胞生长速率，它是描述细胞生长速率的一个重要参数，称为比生长速率。

在细胞间歇培养中的比生长速率为

$$\mu = \frac{1}{c_x} \times \frac{dc_x}{dt} \tag{9.11}$$

当细胞处于指数生长期时，μ 一般为常数，所以

$$\mu = \frac{1}{t} \ln \frac{c_x}{c_{x0}} \tag{9.12}$$

式中，c_{x0} 为起始菌体浓度。比生长速率 μ 的大小表示了菌体增长的能力，它受到菌株和各种物理化学环境因素的影响。

针对确定的菌株，在温度和 pH 等恒定时，细胞比生长速率与限制性底物浓度的关系如图 9.8 所示，其可用 Monod 方程表示，即

$$\mu = \frac{\mu_{max} c_S}{K_S + c_S} \tag{9.13}$$

式中，c_S 为限制性基质的浓度，g/L；μ_{max} 为最大比生长速率，h^{-1}；K_S 为饱和系数，g/L，亦称 Monod 常数，其值等于最大比生长速率一半时限制性基质的浓度。虽然它不像米氏常数那样有明确的物理意义，但也是表征某种生长限制性基质与细胞生长速率间依赖关系的一个常数。

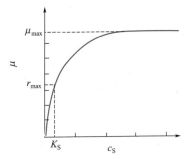

图 9.8　细胞比生长速率与限制性底物浓度的关系

Monod 方程是从经验得到的，且是典型的均衡生长模型。它基于下述假设建立，即 ①细胞的生长为均衡型生长，因此可用细胞浓度变化来描述细胞生长；②培养基中仅有一种底物是细胞生长限制性基质，其余组分均为过量，它们的变化不影响细胞生长；③将细胞生长视为简单反应，且对基质的细胞收率 $Y_{x/S}$ 为常数。$Y_{x/S}$ 为每消耗单位质量基质所生成的细胞质量。

当 $c_S \ll K_S$ 时，$\mu \approx \frac{\mu_{max}}{K_S} c_S$，呈现一级动力学关系；当 $c_S \gg K_S$，$\mu \approx \mu_{max}$，呈现零级动力学关系。

将式(9.13)代入式(9.10)得到细胞生长速率

$$r_x = \frac{\mu_{max} c_S}{K_S + c_S} c_x \tag{9.14}$$

Monod 方程广泛地用于许多微生物细胞生长过程。但是，由于细胞生长过程的复杂性，例如基质或产物抑制及发酵液呈现非牛顿型等情况下，使得式(9.14)与实验结果有偏差。因此又有一些修正的 Monod 方程，使用时可参阅有关文献。

9.2.2.2 基质消耗动力学

基质消耗速率系指在单位体积培养基单位时间内消耗基质的质量。基质包括培养基中碳源、氮源和氧等。现仅介绍单一限制性基质消耗动力学。

在间歇培养中基质消耗速率为

$$r_S = -\frac{dc_S}{dt} \tag{9.15}$$

基质的比消耗速率 q_S 和产物的比生成速率 q_P 是描述基质消耗速率的两个重要参数。q_S 表示单位细胞浓度的基质消耗速率，即

$$q_S = \frac{r_S}{c_x} = -\frac{1}{c_x} \times \frac{dc_S}{dt} \tag{9.16}$$

q_P 表示单位细胞浓度产物的生成速率，即

$$q_P = \frac{r_P}{c_x} = \frac{1}{c_x} \times \frac{dc_P}{dt} \tag{9.17}$$

式中，r_P 为产物 P 的生成速率。

在间歇发酵中，基质的消耗主要用于三个方面，即细胞生长和繁殖、维持细胞生命活动以及合成产物。所以基质的消耗速率为

$$r_S = \frac{r_x}{Y_{x/S}^*} + mc_x + \frac{r_P}{Y_{P/S}} \tag{9.18}$$

式中，$Y_{x/S}^*$ 为在不维持代谢时基质的细胞得率，亦称最大细胞得率；m 为菌体维持系数，表示单位时间内单位质量菌体为维持其正常生理活动所消耗的基质量；$Y_{P/S}$ 为对基质的产物得率，即每消耗单位质量基质所生成的产物质量。变换式(9.18) 得

$$-\frac{dc_S}{dt} = \frac{1}{Y_{x/S}^*}\mu c_x + mc_x + \frac{1}{Y_{P/S}}q_P c_x \tag{9.19}$$

用基质的比消耗速率表示时，则上式为

$$q_S = \frac{1}{Y_{x/S}^*}\mu + m + \frac{1}{Y_{P/S}}q_P \tag{9.20}$$

由此可知，基质消耗的比速率包括用于菌体生长、维持菌体正常活动的基质消耗速率以及产物合成三部分。

9.2.2.3 产物生成动力学

Gaden 根据产物形成与细胞生长间的不同关系，将发酵分为三种类型，即Ⅰ型、Ⅱ型和Ⅲ型。

Ⅰ型称为细胞生长与产物合成偶联型。其特点是细胞生长与产物合成直接相关联，它们之间是同步的，如图 9.9(a) 所示。该类型的产物生成动力学方程为

$$r_P = Y_{P/x} r_x = Y_{P/x}\mu c_x \tag{9.21}$$

$$q_P = Y_{P/x}\mu \tag{9.22}$$

属该类型的主要是葡萄糖代谢的初级中间产物发酵，如乙醇和乳酸发酵等。

Ⅱ型称为细胞生长与产物合成半偶联型。其特点是产物的生成与细胞的生长部分偶联，如图 9.9(b) 所示。在细胞生长的前期基本上无产物生成，一旦有产物生成后，产物的生成速率既与细胞生长有关，又与细菌浓度有关。该类型产物生成的动力学方程为

$$r_P = \alpha r_x + \beta c_x \tag{9.23}$$

$$q_P = \alpha\mu + \beta \tag{9.24}$$

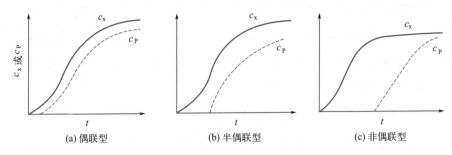

图 9.9　间歇反应器中产物生成和细胞生长的关系

式中，α 和 β 为常数。属该类型的有谷氨酸发酵和柠檬酸发酵等。

Ⅲ型称为细胞生长与产物合成非偶联型。其特点是产物的生成与细胞生长无直接关系，即当细胞处于生长阶段时无产物积累，当细胞停止生长后才有大量产物生成，如图9.9（c）所示。该类型的产物生成动力学方程为

$$r_P = \beta c_x \tag{9.25}$$

$$q_P = \beta \tag{9.26}$$

属该类型的是多数次生代谢产物的发酵，如各种抗生素的发酵等。

9.2.2.4　氧的消耗速率

在需氧微生物反应中，需通气提供氧作为细胞呼吸的最终电子受体，从而生成水并释放出反应的能量。

氧的消耗速率亦称摄氧率（OUR），它表示单位体积培养液中，细胞在单位时间内消耗（或摄取）的氧量，即

$$-r_{O_2} = \frac{dc_{O_2}}{dt} = \frac{r_x}{Y_{x/O_2}} \tag{9.27}$$

式中，Y_{x/O_2} 为对氧的菌体得率。

描述氧消耗速率的一个重要参数是比耗氧速率 q_{O_2}，亦称呼吸强度。它表示单位菌体浓度的氧消耗速率，即

$$q_{O_2} = \frac{r_{O_2}}{c_x} = \frac{\mu}{Y_{x/O_2}} \tag{9.28}$$

对于一般微生物反应，总的需氧量与以燃烧反应为基准的物料平衡有关，即

氧消耗量＝基质燃烧需氧量－细胞燃烧需氧量－代谢产物燃烧需氧量

以生成1g细胞所消耗的氧量来表示，则

$$Y_{O_2/x} = \frac{1}{Y_{x/O_2}} = \frac{A}{Y_{x/S}} - B - Y_{P/x}C \tag{9.29}$$

式中，A、B 和 C 分别为1g基质、细胞和代谢产物完全燃烧生成 CO_2 和 H_2O 时的需氧量。将式(9.29)代入式(9.28)得到比耗氧速率为

$$q_{O_2} = \left(\frac{A}{Y_{x/S}} - B - Y_{P/x}C\right)\mu \tag{9.30}$$

【例9.3】　在全混流反应器中，以葡萄糖为限制性基质，在一定条件下培养曲霉 sp。实验测得不同基质浓度下曲霉 sp 比生长速率如表 9D 所示

表 9D c_S-μ 关系							
$c_S/(mg/L)$	500	250	125	62.5	31.2	15.6	7.80
$\mu \times 10^2/h^{-1}$	9.54	7.72	5.58	3.59	2.09	1.14	0.60

若该条件下曲霉 sp 的生长符合 Monod 方程，试求该条件下的 μ_{max} 和 K_S。

解：将式(9.13)线性化，并重排得

$$\frac{1}{\mu} = \frac{1}{\mu_{max}} + \frac{K_S}{\mu_{max}} \times \frac{1}{c_x} \quad\quad\quad (A)$$

可见，$1/\mu$ 与 $1/c_S$ 为线性关系，由已知 c_S、μ 数据计算 $1/c_S$ 与 $1/\mu$ 值，见表 9E。

表 9E $1/c_S$-$1/\mu$ 关系						
$(1/c_S)/(L/g)$	2	4	8	16	32.1	64.1	128
$(1/\mu)/h$	10.5	13.0	17.9	27.9	47.8	87.7	167

再按式(A)进行线性最小二乘法回归得 $\mu_{max} = 0.125h^{-1}$，$K_S = 0.155g/L$。

9.3 固定化生物催化剂

9.3.1 概述

自然界有数千种酶，生物体内各种复杂反应无一不是靠酶催化来完成的，且酶催化具有许多化学催化难以比拟的优点。然而，至今工业上的应用却不多，其中一个重要原因是酶的水溶性使得回收困难。

应用游离酶（或细胞）进行催化反应时，若采用间歇操作，则反应后酶（或细胞）难以回收，无法重复利用；若采用连续操作，则酶（或细胞）将随产品带出，造成反应器内酶（或细胞）的浓度逐渐降低，甚至发生"洗出"（wash out）现象，使反应难以继续进行，且出料中酶与底物、产物难以分离。此外，酶的生产提纯工艺复杂，技术要求高，致使酶的生产成本昂贵，再加之采用游离酶催化，酶极易受环境温度、pH 和离子强度的影响，酶的活性（以下简称酶活）不易稳定。所以，20 世纪 60 年代开发了固定化酶技术。

固定化酶是将酶固定在载体或限制在一定局部空间范围内，经固定化的酶虽然可以克服游离酶的缺点，但尚需进行提取与纯化，才能得到酶，且固定化酶只适用于简单的酶反应。实际上，绝大多数生物催化反应都需要多酶体系催化或需有辅酶的参与才能实现。所以于 70 年代又出现了固定化细胞的技术。

固定化酶和固定化细胞统称为固定化生物催化剂。

固定化细胞是指将细胞固定在载体上或限制在一定局部空间范围内。按细胞的生理状态，固定化细胞可分为固定化死细胞、固定化休止细胞和固定化增殖细胞。死细胞和休止细胞中的酶仍保持着原有的酶活性，与固定化多酶相比，这两种固定化更有利于提高酶的稳定性。固定化增殖细胞中，细胞仍具有生长和代谢功能，且若环境因素合适，能使其处于细胞生长的平衡期。这样既可改善细胞的微环境，提高酶活稳定性能，又可提高反应器中细胞浓度，提高反应速率及反应器生产能力。此外，还可简化产物的分离和纯化工艺，使生化反应能在固定床或流化床反应器中操作，从而实现生产的连续化和自动化，对革新现有发酵工艺具有重要意义。

9.3.2 酶和细胞的固定化

酶和细胞的固定化方法很多，通常有吸附法、包埋法、共价结合法和交联法。

9.3.2.1 吸附法

有表面吸附法和细胞聚集法两种。表面吸附法是利用酶与载体吸附剂之间的非特异性物理吸附或生物物质间的特异吸附作用，将酶固定在吸附剂上。造成非特异性物理吸附的因素有范德华力、氢键、疏水作用、静电作用等。常用的吸附剂有活性炭、膨润土、硅藻土、多孔玻璃、氢化锂、离子交换树脂和高分子材料等。

表面吸附法的最大优点是制备方法简便，一般对细胞或酶无毒害作用。但是，由于多孔吸附剂的吸附容量有限，使得载体中的酶或细胞浓度低。

细胞聚集法是利用某些细胞具有形成聚集体或絮凝物颗粒的倾向，或利用多聚电解质诱导形成微生物细胞聚集体，从而达到细胞固定化的目的。

还有些细胞能分泌高分子化合物，例如黏多糖等，也有助于微生物吸附在吸附剂表面上。

9.3.2.2 包埋法

是细胞或酶固定化最常用的方法，它是将酶或细胞固定在高分子化合物的三维网状结构中。现有三种包埋法，即凝胶包埋法、微胶囊包埋法和纤维包埋法。

(1) 凝胶包埋法　常用的凝胶有两类，即天然高分子凝胶与合成高分子凝胶。天然高分子凝胶有海藻酸钙、K-卡拉胶、琼脂糖胶、明胶和壳聚糖等。其优点是无毒；固定化生物催化剂的制备条件缓和；酶活损失小；固定化细胞内微环境适合于细胞的生理条件等。最大缺点是凝胶粒子的机械强度差。一般用得最多的是海藻酸钙和K-卡拉胶。这两种极易制成小球状颗粒，适用于提升式反应器、流化床反应器和喷射环流反应器等。为了克服海藻酸钙强度差的缺点，常将凝胶置于戊二醛式聚乙烯亚胺等溶液中，使其交联。K-卡拉胶的强度较好，被用于固定化细胞生产 L-天冬氨酸、L-丙氨酸、L-苹果酸和丙烯酰胺等，这些均已工业化。

常用的合成高分子凝胶有聚丙烯酰胺、光固化树脂和聚乙烯醇等。其最大优点是机械强度好。但丙烯酰胺单体有剧毒，聚合过程中细胞或酶易受损害。用聚丙烯酰胺包埋大肠杆菌生产 L-天冬氨酸已得到工业应用。近年来，这种方法已用于生产 L-苹果酸、L-赖氨酸、L-丙氨酸和甾体激素等。

包埋法包埋的菌体或酶的容量大，适应性强，可以包埋不同种类和不同生理状态细胞，且方法简便，固定化生物催化剂稳定性好。但是其内扩散阻力大，尤其应用于大分子底物时应慎重选择。此外，菌体或酶可能有泄漏现象，应调整制备条件予以改善。

(2) 微胶囊包埋法　是将酶固定在半透性高分子膜的微胶囊中，一般微胶囊的直径仅几个到几百个微米。典型的制备方法有界面缩聚、液体干燥和相分离技术等。例如界面缩聚是将一种含有酶的亲水性单体乳化分散在水中，而将另一种疏水性单体溶于与水不互溶的有机溶剂中，使两者在油水两相界面上发生缩聚反应，形成高分子薄膜，并在形成的胶囊中裹夹了酶。该法能提供很大的比表面积。另外，也可将半透膜直接做成膜反应器，这时分子量较小的底物和产物可以透过膜的微孔，而酶或其他较大的分子不能透过。

(3) 纤维包埋法　先将含酶溶液在醋酸纤维素等高聚物的有机溶剂中乳化，然后喷丝成纤维，再将其织成布或做成各种形状，以适应各种反应器结构要求。因纤维很细，所以其比表面积大，包埋酶的容量大。

9.3.2.3 共价结合法

利用酶蛋白中的氨基、羧基或酪氨酸和组氨酸中的芳香环与载体上的某些有机基团形成共价键，使酶固定在载体上。一般需预先用化学方法使载体获得反应基团而活化，然后再与酶分子中的相应基团偶联。该法优点是酶与载体结合较牢固，酶不易脱落。但是，该法制备方法复杂，条件苛刻，且易引起酶的失活。

9.3.2.4 交联法

用双官能团或多官能团试剂与酶分子中的氨基或羧基发生反应，使酶分子相互关联，形成不溶于水的聚集体，或使细胞间彼此交联形成网状结构。常用的交联剂有戊二醛、甲基二异氰酸和双重氮联苯胺等。该法多与包埋法或吸附法结合使用，前者可防止包埋的酶或细胞泄漏；后者可防止吸附的酶脱落。

其他还有离子键结合法、热固定化法和酶的声（力）化学固定化法等。

总之，酶或细胞固定化方法繁多，且新的固定化方法不断涌现，工业化实例也在增多。但迄今为止尚无一种通用的和理想的方法可供使用，都需通过试验确定。一般认为符合工业生产要求的固定化生物催化剂应满足：①选用的载体应对细胞或酶无毒性，有合适的孔径、孔隙率、比表面积和几何形状，既要使细胞不泄漏或少泄漏，还要具有良好的通透性，使底物和产物扩散阻力小，载体原料应便宜易得；②固定化方法简单，制备条件温和，尽量减少酶活损失，且应易于成型，使其外形能满足生化反应器要求；③单位体积细胞或酶含量高，以增大反应器生产能力；④固定化细胞的机械强度高，酶活稳定性好。

9.3.3 固定化生物催化剂的催化动力学

酶或细胞经过固定化后成为固定化酶或固定化细胞，由于受到载体等因素的影响，酶的催化活性将可能发生变化，这种变化是十分复杂的。对于固定化活细胞，至今研究尚不够成熟。本节重点阐述固定化酶催化反应动力学，也可作为研究固定化死细胞（或休止细胞）催化反应动力学的参考。

9.3.3.1 影响固定化酶催化反应动力学的因素

酶经固定化后一般酶活都将有所下降。影响酶活下降的主要因素：

(1) 构象效应 采用共价结合法或交联法固定游离酶时，由于酶与载体间的共价键作用，使得酶的活性部位发生某种扭曲变形，改变了酶活性部位的三维结构，减弱了酶与底物的结合能力，导致酶活下降。这种现象称为构象效应。

(2) 位阻效应 由于载体内孔隙过小或固定化中载体选择不当，使得酶的活性部位与底物分子间存在空间障碍，造成底物分子不易与酶的活性部位接触，影响了酶的催化作用。这种位阻效应亦称屏蔽效应。它既与载体结构、性质和固定化方法有关，还与底物分子的大小、性质及形状有关。

(3) 分配效应 由于固定化酶的亲水性、疏水性及静电作用等原因，使得底物或产物在固定化酶颗粒内部的微环境与溶液主体中的浓度不同，影响了酶催化反应速率。这种现象称为分配效应。常用分配系数 K 表示分配效应。

(4) 扩散效应 固定化酶催化反应属多相催化反应，借鉴非均相催化反应原理与分析方法，固定化酶催化反应过程包括 5 个步骤，即①底物从溶液主体扩散到固定化酶颗粒的外表面；②底物由固定化酶颗粒外表面向内表面酶的活性中心扩散；③底物在内表面酶的活性部位进行催化反应生成产物；④产物从反应区向固定化酶颗粒外表面扩散；⑤产物从外表面向溶液主体扩散。显然，步骤①和⑤为外扩散；步骤②和④为内扩散；步骤③为表面反应过程。在这些步骤中内扩散与表面反应为并联过程，外扩散与内扩散和反应串联进行。在定态下，串联的各步速率相等，且等于控制步骤的速率，此速率即为总反应速率，其不同于游离酶的反应速率。这种由扩散造成的固定化酶和游离酶催化反应动力学的差异亦称为扩散效应。

上述这些因素是相互交叉、相互关联的，它们综合在一起影响着固定化酶的动力学。其中构象效应和位阻效应是直接影响酶催化的因素，但其对动力学的影响难以定量描述，只能通过实验加以测定。它们的消除和改善只有依赖于选择合适的固定化条件、方法与载体。通常分配效应可用分配系数 K 表示，即

$$K = \overline{c}'_{Si} / \overline{c}_{SL} \tag{9.31}$$

式中，$\overline{c}'_{Si}$ 与 $\overline{c}_{SL}$ 分别为底物在液固相界面内侧微环境中和外侧溶液主体中的平均浓度。根据 Boltzman 分配定律，并结合米氏方程便可定量描述分配效应对固定化酶动力学的影响。

扩散效应的影响，可利用传质理论，并结合酶催化反应动力学加以定量描述。

固定化酶颗粒的外扩散和内扩散，完全可借鉴第 6 章所述的流-固化学催化反应系统中的外扩散和内扩散理论及方法。与化学催化相比较仅是反应速率方程形式不同而已。

9.3.3.2 固定化酶颗粒的内扩散

(1) 固定化酶颗粒内底物浓度分布 假设酶分子均匀分布在固定化酶颗粒内，其活性分布均匀，酶反应动力学符合米氏方程。对于半径为 R_P 的球形颗粒固定化酶，其内扩散反应方程为

$$\frac{d^2 c_S}{dr^2} + \frac{2}{r} \times \frac{dc_S}{dr} = \frac{1}{D_e} \times \frac{r'_{max,P} c_S}{K'_m + c_S} \tag{9.32}$$

式中，$r'_{max,P}$ 和 K'_m 分别为固定化酶颗粒的最大反应速率和米氏常数，且 $r'_{max,P}$ 是以单位固定化酶颗粒体积为基准的。

引入无量纲量 $\xi = c_S / c_{SS}$，$\zeta = r / R_P$，$\beta = c_{SS} / K'_m$，梯尔模数

$$\phi = \frac{R_P}{3} \sqrt{\frac{r'_{max,P}}{K'_m D_e}} \tag{9.33}$$

c_{SS} 为底物在固定化酶颗粒外表面上的浓度。将式(9.32) 无量纲化得

$$\frac{d^2 \xi}{d\zeta^2} + \frac{2}{\zeta} \frac{d\xi}{d\zeta} = 9\phi^2 \frac{\zeta}{1+\beta\zeta} \tag{9.34}$$

边界条件为
$$\zeta = 1 \qquad \xi = 1 \tag{9.34a}$$
$$\zeta = 0 \qquad d\xi/d\zeta = 0 \tag{9.34b}$$

式(9.34) 为非线性方程，只能用数值法求解。其结果即是底物在固定化酶颗粒内浓度分布，它非常类似于气固化学催化的图 6.4。

当 $c_{SS} \ll K'_m$ 时，则米氏方程可简化为一级不可逆反应，反应速率方程为

$$r_S = \frac{r'_{max}}{K'_m} c_S \tag{9.35}$$

此时底物在固定化酶颗粒内浓度分布式同式(6.61)，仅是梯尔模数 ϕ 应用式(9.33)。

当 $c_{SS} \gg K'_m$ 时，则可按零级反应处理。

对于厚度为 L 膜片状固定化酶，同样假设具有活性相同的酶分子均匀分布在膜内，其扩散反应方程为

$$\frac{\mathrm{d}^2 c}{\mathrm{d} Z^2} = \frac{1}{D_e} \times \frac{r'_{\max,P} c_S}{K'_m + c_S} \tag{9.36}$$

将式（9.36）无量纲化，得

$$\frac{\mathrm{d}^2 \xi}{\mathrm{d} \zeta^2} = \phi^2 \frac{\xi}{1 + \beta\xi} \tag{9.37}$$

边界条件

$$\zeta = 1 \qquad \xi = 1 \tag{9.37a}$$

$$\zeta = 0 \qquad \mathrm{d}\xi/\mathrm{d}\zeta = 0 \tag{9.37b}$$

其中 $\zeta = Z/L$，

$$\phi = L\sqrt{\frac{r'_{\max,P}}{K'_m D_e}} \tag{9.38}$$

ϕ 即为梯尔模数。

显然，式（9.37）也只能用数值法求解。当 $c_{SS} \ll K_m$ 时，同样可按一级不可逆反应处理。此时底物在膜片状固定化生物催化剂内的分布式同式（6.56），仅是所用的梯尔模数为式（9.38）。

（2）内扩散有效因子 气固化学催化反应催化剂内扩散有效因子定义式（6.57），也适用于固定化酶颗粒。对于球状固定化酶颗粒，在排除外扩散影响时的内扩散有效因子为

$$\eta = \frac{R_S^*}{r_S} = \frac{4\pi R_P^2 D_e (\mathrm{d}c_S/\mathrm{d}r)_{r=R_P}}{(4/3)\pi R_P^3 [r'_{\max,P} c_{SS}/(K'_m + c_{SS})]} = \frac{3}{R_P} \times \frac{D_e (\mathrm{d}c_S/\mathrm{d}r)_{r=R_P}}{r'_{\max,P} c_{SS}/(K'_m + c_{SS})} \tag{9.39}$$

式（9.39）只有数值解或近似解，例如 Atkinson 和 Stoop 等提出了一些近似解法，应用时可参考有关文献。

当 $c_{SS} \ll K'_m$ 时，可近似按一级不可逆反应处理。此时，对于球形和膜状固定化酶则分别参用式（6.64）和式（6.58），其中梯尔模数中分别为式（9.33）和式（9.38）。

在固定化酶中的传质和反应机理远较气-固化学催化反应复杂，如果再存在有底物或产物抑制时，情况更为复杂。尽管目前已有不少有关论文发表，这对于洞悉和阐明固定化酶催化反应机理和建立动力学方程都会起一定作用，但用于反应器设计还有待进一步开发。

9.4 生化反应器

生化反应器是生化反应过程中的关键设备。生化反应器在理论、外形、结构、分类和操作方式等方面基本上类同于化学反应器。但是由于以酶或活细胞作为催化剂，底物的成分和性质一般比较复杂，产物类型多端，且常与细胞代谢过程等息息相关，所以生化反应器有其自身特点，一般生化反应器应满足：①能在不同规模要求上为细胞增殖、酶的催化反应和产物形成提供良好的环境条件，即易消毒，能防止杂菌污染，不损伤酶、细胞或固定化生物催化剂的固有特性，易于改变操作条件，使之能在最适条件下进行各种生化反应；②能在尽量减少单位体积所需功率输入的情况下，提供较好的混合条件，并能增大传热和传质速率；③操作弹性大，能适应生化反应的不同阶段或不同类型产品生产的需要。

9.4.1 生化反应器类型

生化反应器按照操作方式不同可分为间歇、半间歇与连续三类。它们各自的特点在第

3、4章已述及。对于生化反应过程，间歇操作还具有可减少污染的特点，所以使用最为广泛。半间歇操作又称流加方式，对于存在有底物抑制或产物抑制的生化过程，或需要控制比生长速率的发酵过程，常采用这种方式。连续操作主要用于固定化生物催化剂的生化反应过程。由于其是长期连续操作过程，故易染菌，且易造成菌体的突变，因此使其应用范围受到了限制。

连续操作的生化反应器，又依反应器内流体流动、物料混合和返混程度的不同，分为全混流反应器、活塞流反应器和非理想流动反应器。

最古老和最经典的生化反应器是微生物发酵用的发酵罐。随着生化工程的发展，现已有多种型式的生化反应器。例如，适用于游离酶或固定化生物催化剂参与反应的酶反应器、培养动物细胞用的反应器、培养植物细胞用的反应器以及用于处理污水的生化装置。此外，还有供光合作用、新能源（氢或生物电池）和细菌冶金等用的种类繁多的各种反应器。限于篇幅仅介绍几种不同结构的生化反应器。

(1) 机械搅拌型　是目前工业生产中使用最广泛的一种生化反应器，见图9.10(a)。其最大特点是操作弹性大，对各种物系及工艺的适应性强，但其效率偏低，功率消耗较大，放大困难。

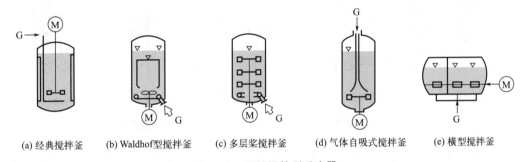

(a) 经典搅拌釜　(b) Waldhof型搅拌釜　(c) 多层桨搅拌釜　(d) 气体自吸式搅拌釜　(e) 横型搅拌釜

图 9.10　机械搅拌型反应器

为克服上述不足，各种新型高效搅拌型反应器应运而生，如 Waldhof 型通气搅拌釜、多层桨搅拌釜、气体自吸式搅拌釜和横型搅拌釜等，分别见图 9.10 (b)、(c)、(d) 和 (e)。相对而言，多层桨搅拌釜能耗高，传质系数低，而自吸式能耗低，氧传递效率高，已在工业上得到应用。性能最好的属横型搅拌釜，但其结构较为复杂。

(2) 气体提升型　气体提升型生化反应器是利用气体喷射的功率，以及气液混合物与液体的密度差来使气液循环流动的。这样可强化传质、传热和混合。其型式多样，常见的见图9.11。内循环式的结构比较紧凑，导流筒可以作成多段，用以加强局部及总体循环；导流筒内还可以安装筛板，使气体分布得以改善，并可抑制液体循环速度。外循环式可在降液管内安装换热器以加强传热，且更有利于塔顶及塔底物料的混合与循环。

该类生化反应器的特点是传质和传热效果好，易于放大，结构简单，剪切应力分布均匀和不易染菌。

(3) 液体喷射环流型　液体喷射环流型反应器有多种型式，见图9.12。它们是利用泵的喷射作用使液体循环，并使液体与气体间进行动量传递达到充分混合。该类反应器有正喷式和倒喷式两类。

其特点是气液间接触面积大，混合均匀，传质、传热效果好和易于放大。

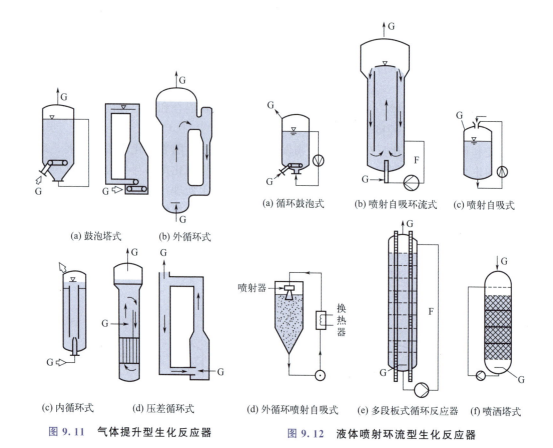

（a）鼓泡塔式　　（b）外循环式

（c）内循环式　　（d）压差循环式

图 9.11　气体提升型生化反应器

（a）循环鼓泡式　　（b）喷射自吸环流式　　（c）喷射自吸式

喷射器　　换热器

（d）外循环喷射自吸　　（e）多段板式循环反应器　　（f）喷洒塔式

图 9.12　液体喷射环流型生化反应器

（4）固定床生化反应器　固定床生化反应器见图 9.13。主要用于固定化生物催化剂反应系统。根据物料流向的不同，可分为上流式和下流式两类。

其特点是可连续操作，返混小，底物利用率高和固定化生物催化剂不易磨损。

（5）流化床生化反应器　多用于底物为固体颗粒，或有固定化生物催化剂参与的反应系统。该类反应器由于混合程度高，所以传质和传热效果好，但不适合有产物抑制的反应系统。为改善其返混程度，现又出现了磁场流化床反应器，即在固定化生物催化剂中加入磁性物质，使流化床在磁场下操作，见图 9.14。

（6）膜反应器　是将酶或微生物细胞固定在多孔膜上，当底物通过膜时，即可进行酶催化反应。由于小分子产物可透过膜与底物分离，从而可防止产物对酶的抑制作用。这种反应与分离过程偶合的反应器，简化了工艺过程。膜反应器见图 9.15。

总之生化反应器类型很多，应用时应根据具体的生化反应特点和工艺要求选取。

9.4.2　生化反应器的计算

生化反应器设计计算的基本方程式，即物料衡算式、热量衡算式和动量衡算式完全类似于化学反应器，只是生化反应动力学具体方程不同于化学反应，且比一般化学反应动力学方程更加复杂，更加非线性化，所以分析与计算更为复杂。现仅介绍最简单的情况，用以说明生化反应器的基本设计计算方法。

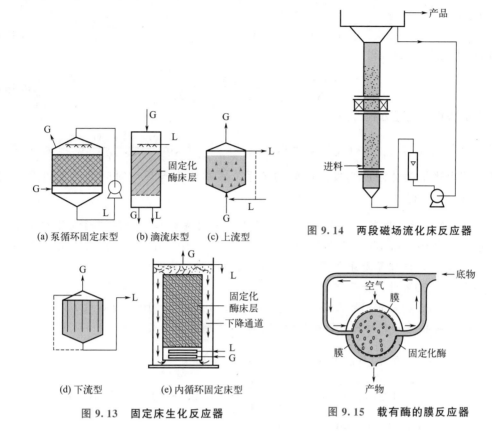

(a) 泵循环固定床型　(b) 滴流床型　(c) 上流型

图 9.14　两段磁场流化床反应器

(d) 下流型　　(e) 内循环固定床型

图 9.13　固定床生化反应器

图 9.15　载有酶的膜反应器

9.4.2.1　间歇反应器

在间歇反应器中，若由酶催化反应控制，当无抑制物存在，又是使用单底物，则底物的消耗速率可采用米氏方程式(9.1) 表示。

将式(9.1) 代入第 3 章间歇反应器设计方程。由于酶反应是液相恒密度过程，所以

$$t=-\int_{c_{S0}}^{c_S}\frac{dc_S}{r_S}=-\int_{c_{S0}}^{c_S}\frac{dc_S}{k_2c_{E0}c_S/(K_m+c_S)}=\frac{1}{r_{max}}[K_m\ln(c_{S0}/c_S)+(c_{S0}-c_S)]\quad(9.40)$$

由式(9.40) 可计算达到一定底物浓度时所需的反应时间。实际反应器体积可按式(3.13) 和式(3.14) 计算。

若存在抑制物时，可根据情况将有关动力学方程代入间歇反应器设计方程，再进行计算即可。

若在间歇反应器中进行以微生物为催化剂的多酶体系生化反应，则过程涉及菌体生长、代谢与产物生成等，情况相当复杂。现仅介绍以生产单细胞蛋白为目的产物的情况。假设菌体生长符合 Monod 方程；基质的消耗完全用于菌体生长，其他消耗可忽略不计。因此，菌体的生长速率为

$$r_x=\frac{dc_x}{dt}=\frac{\mu_{max}c_S}{K_s+c_S}c_x\quad\quad\quad(9.41)$$

由于基质消耗速率与菌体生长速率间的关系为

$$-\frac{dc_S}{dt}=Y_{S/x}\frac{dc_x}{dt}\quad\quad\quad(9.42)$$

式中，$Y_{S/x}$ 为对基质的细胞得率。假设在发酵进行过程中 $Y_{S/x}$ 不变，且当 $t=0$ 时，$c_x=$

c_{x0}，$c_S = c_{S0}$，则

$$c_S = c_{S0} - Y_{S/x}(c_x - c_{x0}) \tag{9.43}$$

将式（9.43）代入式（9.41）得

$$\frac{dc_x}{dt} = \frac{\mu_{max} c_x [c_{S0} - Y_{S/x}(c_x - c_{x0})]}{K_S + c_{S0} - Y_{S/x}(c_x - c_{x0})} \tag{9.44}$$

采用分离变量法积分上述方程得到

$$(c_{S0} + Y_{S/x} c_{x0}) \mu_{max} t = (K_S + c_{S0} + Y_{S/x} c_{x0}) \ln \frac{c_x}{c_{x0}} - K_S \ln \frac{c_{S0} - Y_{S/x}(c_x - c_{x0})}{c_{S0}} \tag{9.45}$$

该式直接表达了菌体浓度与发酵时间的关系。底物浓度与反应时间的关系可联立式 (9.45) 和式 (9.43) 得到。

【例 9.4】 在间歇反应器中，于 15℃等温条件下采用葡萄糖淀粉酶进行麦芽糖水解反应，K_m 为 1.22×10^{-2} mol/L，麦芽糖初始浓度为 2.58×10^{-3} mol/L，反应 10min 测得麦芽糖转化率为 30%，试计算麦芽糖转化率达 90% 时所需的反应时间。

解：转化率为 30% 时，麦芽糖的浓度为

$$c_{S1} = c_{S0}(1 - x_{S1}) = 2.58 \times 10^{-3} \times (1 - 0.3) = 1.81 \times 10^{-3} (mol/L)$$

变换式 (9.40)，并将已知数据代入，得到该酶反应的细胞最大生长速率

$$\begin{aligned} r_{max} &= k_2 c_{E0} = \frac{1}{t} [K_m \ln(c_{S0}/c_{S1}) + (c_{S0} - c_{S1})] \\ &= \frac{1}{10} \times \left[1.22 \times 10^{-2} \times \ln\left(\frac{2.58 \times 10^{-3}}{1.81 \times 10^{-3}}\right) + (2.58 \times 10^{-3} - 1.81 \times 10^{-3}) \right] \\ &= 5.09 \times 10^{-4} [mol/(L \cdot min)] \end{aligned}$$

转化率为 90% 时的麦芽糖浓度

$$c_{S2} = c_{S0}(1 - x_{S2}) = 2.58 \times 10^{-3} \times (1 - 0.90) = 0.258 \times 10^{-3} (mol/L)$$

代入式 (9.40)，得到转化率为 90% 时的反应时间，即

$$t = \frac{1}{5.09 \times 10^{-4}} \times \left[1.22 \times 10^{-2} \times \ln\left(\frac{2.58 \times 10^{-3}}{0.258 \times 10^{-3}}\right) + (2.58 \times 10^{-3} - 0.258 \times 10^{-3}) \right] = 59.8 (min)$$

9.4.2.2 全混流反应器

(1) 酶催化反应 在全混流反应器中，若由酶催化反应控制，且其动力学方程符合米氏方程，则将其直接代入式 (3.44)，得到空时为

$$\tau = \frac{V}{Q_0} = \frac{(c_{S0} - c_S)(K_m + c_S)}{r_{max} c_S} = \frac{(c_{S0} - c_S)(K_m + c_S)}{k_2 c_{E0} c_S} \tag{9.46}$$

将 $c_S = c_{S0}(1 - x_S)$ 代入并化简，得

$$\tau = \frac{1}{k_2 c_{E0}} \left(c_{S0} X_S + \frac{K_m X_S}{1 - X_S} \right) \tag{9.47}$$

对于有抑制物存在时，则将相应的动力学方程代入式 (3.44) 即可。

(2) 微生物反应 在全混流反应器中，假设进料中不含菌体，则达到定态操作时，在反应器中菌体的生长速率等于菌体流出速率，即

$$Q_0 c_x = r_x V = \mu c_x V \tag{9.48}$$

进料流量与培养液体积之比称为稀释率，即 $D = Q_0/V$。将其代入式 (9.48) 得

$$\mu = D \tag{9.49}$$

D 表示了反应器内物料被"稀释"的程度，量纲为 ［时间］$^{-1}$。

由式(9.49)可知，在全混流反应器中进行细胞培养时，当达到定态操作后，细胞的比生长速率与反应器的稀释率相等。这是全混流反应器中进行细胞培养时的重要特性。可以利用该特性，用控制培养基的不同进料速率，来改变定态操作下的细胞比生长速率。因此，全混流反应器用于细胞培养时也称恒化器。利用恒化器，可较方便地研究细胞生长特性。

在全混流反应器中，限制性基质浓度和菌体浓度与稀释率有关。对于菌体生长符合 Monod 方程的情况，由于

$$D = \mu = \frac{\mu_{\max} c_S}{K_S + c_S} \tag{9.50}$$

所以，反应器中基质浓度与稀释率的关系为

$$c_S = \frac{K_S D}{\mu_{\max} - D} \tag{9.51}$$

假设限制性基质仅用于细胞生长，则在定态操作时

$$Q_0 (c_{S0} - c_S) = r_S V \tag{9.52}$$

而

$$r_S = \frac{r_x}{Y_{x/S}} = \frac{\mu c_x}{Y_{x/S}} \tag{9.53}$$

将式(9.52)代入并结合式(9.49)得到反应器中细胞浓度

$$c_x = Y_{x/S} (c_{S0} - c_S) \tag{9.54}$$

将式(9.51)代入，得细胞浓度与稀释率的关系，即

$$c_x = Y_{x/S} \left(c_{S0} - \frac{K_S D}{\mu_{\max} - D} \right) \tag{9.55}$$

由式(9.51)可知，随着 D 的增大，反应器中 c_S 亦增大，当 D 大到使得 $c_S = c_{S0}$ 时，此时的稀释率为临界稀释率，即

$$D_c = \mu_c = \frac{\mu_{\max} c_{S0}}{K_S + c_{S0}} \tag{9.56}$$

反应器的稀释率必须小于临界稀释率。一旦 $D > D_c$ 后，反应器中细胞浓度会不断降低，最后细胞从反应器中被"洗出"，这显然是不允许的。

细胞的产率 P_x 亦为细胞的生长速率，即

$$P_x = r_x = \mu c_x = D c_x = D Y_{x/S} \left(c_{S0} - \frac{K_S D}{\mu_{\max} - D} \right) \tag{9.57}$$

图 9.16 为 $c_{S0} = 10 \text{g/L}, \mu_{\max} = 1 \text{h}^{-1}, Y_{x/S} = 0.5, K_S = 0.2 \text{g/L}$ 时，全混流反应器中细胞浓度、限制性基质浓度、细胞产率与稀释率的关系。图中细胞产率曲线有一最大值。令 $dP_x/dD = 0$，可得最佳稀释率 D_{opt}

$$D_{opt} = \mu_{\max} \left[1 - \sqrt{K_S / (K_S + c_{S0})} \right] \tag{9.58}$$

此时，反应器中细胞浓度为

$$c_x = Y_{x/S} \left[c_{S0} + K_S - \sqrt{K_S (K_S + c_{S0})} \right] \tag{9.59}$$

细胞的最大产率 $P_{x,\max}$ 为

$$P_{x,\max} = Y_{x/S} \mu_{\max} c_{S0} \left(\sqrt{1 + \frac{K_S}{c_{S0}}} - \sqrt{\frac{K_S}{c_{S0}}} \right)^2 \tag{9.60}$$

当 $c_{S0} \gg K_S$ 时，则

$$D_{opt} \approx \mu_{\max} \tag{9.61}$$

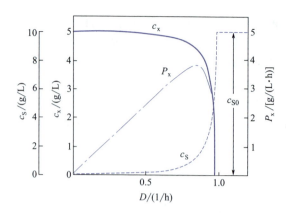

图 9.16 CSTR 中细胞浓度、限制性基质浓度、细胞产率与稀释率的关系

$$P_{x,max} \approx Y_{x/S} \mu_{max} c_{S0} \tag{9.62}$$

在全混流反应器中，产物生成速率与稀释率关系应根据产物生成的类型，结合动力学方程对反应器作物料衡算得到。

若产物的形成类型属 I 型，即生长产物偶联型。对产物 P 进行物料衡算得

$$Q_0 c_P - Q_0 c_{P0} = r_P V \tag{9.63}$$

因为

$$r_P = q_P c_x = Y_{P/x} \mu c_x \tag{9.64}$$

代入式（9.63），且一般进料中不含产物，整理式（9.63）得产物浓度

$$c_P = \frac{q_P c_x}{D} \tag{9.65}$$

【例 9.5】 在 10L 的全混流反应器中，于 30℃培养大肠杆菌。其动力学方程符合 Monod 方程，其中 $\mu_{max} = 1.0 h^{-1}$，$K_S = 0.2 g/L$。葡萄糖的进料浓度为 10g/L，进料流量为 4L/h，$Y_{x/S} = 0.50$。

（1）试计算在反应器中的细胞浓度及其生长速率。

（2）为使反应器中细胞产率最大，试计算最佳进料速率和细胞的最大产率。

解：（1）全混流反应器的稀释率

$$D = Q_0/V = 4/10 = 0.4 (h^{-1})$$

所以，细胞比生长速率 $\mu = D = 0.4 h^{-1}$

由式（9.51）可得反应器底物浓度为

$$c_S = \frac{K_S D}{\mu_{max} - D} = \frac{0.2 \times 0.4}{1.0 - 0.4} = 0.133 (g/L)$$

反应器内细胞浓度 $c_x = Y_{x/S}(c_{S0} - c_S) = 0.50 \times (10 - 0.133) = 4.93 (g/L)$

$$P_x = r_x = \mu c_x = D c_x = 0.4 \times 4.93 = 1.97 (g/L)$$

（2）$$D_{opt} = \mu_{max} \left(1 - \sqrt{\frac{K_S}{K_S + c_{S0}}}\right) = 1.0 \times \left(1 - \sqrt{\frac{0.2}{0.2 + 10}}\right) = 0.86 (h^{-1})$$

最佳进料速率 $Q_0 = D_{opt} V = 0.86 \times 10 = 8.6 (L/h)$

反应器中细胞浓度

$$c_x = Y_{x/S}(c_{S0} + K_S - \sqrt{K_S(K_S + c_{S0})}) = 0.50 \times [10 + 0.2 - \sqrt{0.2 \times (0.2 + 10)}] = 4.39 (g/L)$$

细胞的最大产率 $P_{x,max} = D_{opt} c_x = 0.86 \times 4.39 = 3.78 [g/(L \cdot h)]$

9.4.2.3 串联全混流反应器

采用串联的全混流反应器进行细胞培养时，操作方式一般有三种，即①直接由第一釜加料；②除第一釜加料外，以后各釜均有连续补料；③直接由第一釜进料，但最后釜的出料中有部分循环返回第一釜。

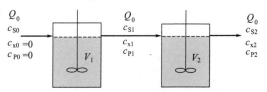

图 9.17　二级串联全混流反应器

对第一种操作方式，以两个等体积全混流反应器串联为例，见图 9.17。其中的流体流动符合 5.6 节所述的多釜串联模型，并假设各反应器的操作条件相同，得率相同；第一级进料中不含菌体。对第一级的菌体和基质分别进行物料衡算得

$$c_{x1} = Y_{x/S}(c_{S0} - c_{S1}) \tag{9.66}$$

$$c_{S1} = \frac{K_S D}{\mu_{max} - D} \tag{9.67}$$

则第一级反应器中细胞的生长速率

$$r_{x1} = \mu_1 c_{x1} = D Y_{x/S}\left(c_{S0} - \frac{K_S D}{\mu_{max} - D}\right) \tag{9.68}$$

对第二级反应器的菌体进行物料衡算得

$$Q_0 c_{x1} + \mu_2 c_{x2} V = Q_0 c_{x2} \tag{9.69}$$

经整理得

$$\mu_2 = D\left(1 - \frac{c_{x1}}{c_{x2}}\right) \tag{9.70}$$

对限制性基质进行衡算

$$Q_0 c_{S1} = Q_0 c_{S2} + r_{S2} V \tag{9.71}$$

将式(9.53) 代入，经整理得

$$\mu_2 = D Y_{x/S} \frac{c_{S1} - c_{S2}}{c_{x2}} \tag{9.72}$$

结合式(9.70)得

$$c_{x2} = Y_{x/S}(c_{S0} - c_{S2}) \tag{9.73}$$

根据 Monod 方程

$$\mu_2 = \frac{\mu_{max} c_{S2}}{K_S + c_{S2}} \tag{9.74}$$

结合式(9.72)，并将式(9.67) 和式(9.73) 代入，经简化得

$$(\mu_{max} - D)c_{S2}^2 - \left(\mu_{max} c_{S0} - \frac{K_S D^2}{\mu_{max} - D} + K_S D\right)c_{S2} + \frac{K_S^2 D^2}{\mu_{max} - D} = 0 \tag{9.75}$$

解此二次方程得到不同稀释率下第二级反应器出口基质浓度 c_{S2}。显然，c_{S2} 必定小于 c_{S1}。

再由式(9.73) 和式(9.70) 分别得到 c_{x2} 和 μ_2 后，便可得到第二级反应器中细胞生长速率

$$r_{x2} = \mu_2 c_{x2} \tag{9.76}$$

图 9.18 表示了在两个串联的全混流反应器中，进行细胞培养时各个反应器中的细胞浓度、基质浓度、细胞产率与稀释率关系。

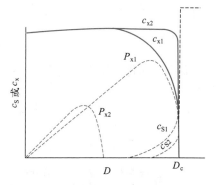

图 9.18　二级串联中细胞浓度、基质浓度、细胞产率与稀释率关系

由图可知，在两个等体积串联 CSTR 中，各反应器的临界稀释率相同；当 $D < D_c$ 时，$c_{x2} > c_{x1}$，且即使稀释率接近 D_c，c_{S2} 也比 c_{S1} 低不少，说明两个 CSTR 串联时基质利用得较完全。此外，在第二个

CSTR 中的细胞生长速率远较在第一个中低。

依次类推，当 N 个等体积全混流反应器串联时，在定态操作情况下，第 P 个釜中的细胞浓度、比生长速率和限制性基质浓度分别为

$$c_{x,P} = \frac{Dc_{x,P-1}}{D - \mu_P} \tag{9.77}$$

$$\mu_P = D\left(1 - \frac{c_{x,P-1}}{c_{x,P}}\right) \tag{9.78}$$

$$c_{S,P} = c_{S,P-1} - \frac{\mu_P c_{x,P}}{D Y_{x/S}} \tag{9.79}$$

9.4.2.4 固定床反应器

假设固定床反应器中均匀充填有固定化酶，流体在固定床内的流动状况接近活塞流，因此可采用活塞流模型。对于符合米氏方程的酶动力学，在等温、排除外扩散情况下，其宏观动力学方程为

$$R_A^* = \eta \frac{r'_{max} c_S}{K'_m + c_S} \tag{9.80}$$

式中，K'_m 和 r'_{max} 分别为固定化酶的本征动力学米氏常数和最大反应速率，它们可通过排除内、外扩散情况下，研究固定化酶本征动力学得到。

由于是恒密度过程，限制性底物在固定床内轴向浓度分布可借助式(4.8)，得

$$-u_0 \frac{dc_S}{dZ} = \frac{\eta r'_{max} c_S}{K'_m + c_S} \tag{9.81}$$

初始条件 $\qquad\qquad\qquad Z = 0, \quad c_S = c_{S0}$

解上述方程便可得到固定床反应器中底物浓度随轴向长度的分布。若计算固定床反应器空时，则可借助式(7.25) 得

$$\tau = \frac{V}{Q_0} = -\int_{c_{S0}}^{c_S} \frac{dc_S}{\eta \dfrac{r'_{max} c_S}{K'_m + c_S}} \tag{9.82}$$

内扩散有效因子可按 9.3.3 节计算。只有当固定化酶的内扩散有效因子 η 为常数时，式(9.82) 才有解析解，即

$$\tau = \frac{1}{\eta r'_{max}}[K_m \ln(c_{S0}/c_S) + (c_{S0} - c_S)] \tag{9.83}$$

当 $c_S \ll K_m$ 时，可近似按一级不可逆反应处理。

 总结

着眼于热化学反应与生化反应的动力学的差异，掌握反应器设计的共性知识。具体内容包括：

单底物酶催化反应的米氏速率方程（Michaelis-Menten）

$$r = \frac{r_{max} c_S}{K_m + c_S}$$

微生物细胞生长速率的 Monod 方程

$$r_x = \frac{\mu_{max} c_S}{K_S + c_S} c_x$$

9.1　有一酶催化反应，其底物浓度与初始反应速率的关系如下表所示

$c_S \times 10^4/(\text{mol/L})$	41.0	9.50	5.20	1.03	0.490	0.106	0.051
$r_S \times 10^6/[\text{mol/(L·min)}]$	177	173	125	106	80	67	43

假设该酶反应动力学方程符合米氏方程，试求模型参数 r_{max} 和 K_m。

9.2　Monod 以其四组实验数据为基础提出了著名的 Monod 方程。现将其中一组实验转摘如下表。在一个间歇反应器中，以乳糖为基质进行细菌培养，定时测定基质浓度 c_S 和菌体浓度 c_x。

序号	1	2	3	4	5	6	7
时间间隔 $\Delta t/\text{h}$	0.52	0.38	0.32	0.37	0.36	0.37	0.38
底物浓度 $\bar{c}_S/(\text{g/L})$	158	124	114	94	25	19	2
菌体浓度 $c_x/(\text{g/L})$	15.8~22.8	22.8~29.2	29.2~37.8	37.8~48.5	48.5~59.6	59.6~66.5	66.5~67.8

试用 Monod 方程拟合上述实验数据，计算模型参数 μ_m 和 K_S。

9.3　在初始酶浓度一定的情况下，进行某一酶催化反应，实验测得不同底物浓度下的初始反应速率与底物浓度关系如下表所示。又在上述相同条件下，分别加入浓度为 $1.51 \times 10^{-5} \text{mol/L}$ 的抑制剂，并测定其底物浓度与初始反应速率的关系亦列于下表中。

$c_S \times 10^3/(\text{mol/L})$	0.098	0.20	0.32	0.40	0.50	0.61
$r_S \times 10^6/[\text{mol/(L·min)}]$	16.2	32.3	38.6	44.2	50.0	55.2
$r_{SI} \times 10^6/[\text{mol/(L·min)}]$	9.70	17.8	25.8	30.4	35.4	40.2

试根据表中数据，判断其抑制类型，并计算动力学参数 K_m、r_{max} 和 K_I。

9.4　在一个体积为 0.5L 的全混流反应器中，以乳糖为限制性基质培养大肠杆菌，乳糖进料浓度为 160mg/mL。改变不同进料流量，测得出口中底物浓度和菌体浓度，见下表

$Q_0/(\text{L/min})$	0.1	0.2	0.4	0.5
$c_S \times 10^3/(\text{g/min})$	4	10	40	100
$c_x \times 10^3/(\text{g/min})$	15.6	15	12	6

假设该大肠杆菌生长符合 Monod 方程。试用上述数据确定大肠杆菌生长的速率方程。

9.5　在体积为 5L 的间歇反应器中进行游离酶催化反应，其底物的初始浓度为 $2.77 \times 10^{-4} \text{mol/L}$。假设该酶反应动力学符合米氏方程，且 K_m 为 $1.13 \times 10^{-3} \text{mol/L}$，$r_{max}$ 为 $2.58 \times 10^{-5} \text{mol/(L·min)}$，试计算

（1）底物转化率达 90% 所需反应时间；

（2）若反应体积改为 10L，其他条件不变，达到 90% 转化率的反应时间；

（3）若初始底物浓度为 $2.77 \times 10^{-3} \text{mol/L}$，达到 90% 转化率的反应时间。

9.6　在一个间歇反应器中进行游离酶催化反应，其底物初始浓度为 $9.87 \times 10^{-3} \text{mol/L}$，假设该酶反应动力学符合米氏方程，$K_m$ 为 $3.98 \times 10^{-3} \text{mol/L}$。经过 53min，底物转化了 50%，试求经过 80min 和 120min 时，底物转化率分别为多少？

9.7 在一个固定床反应器中进行固定化酶催化反应，物料在其中流动为活塞流，该反应的表观动力学符合米氏方程，其表观米氏常数 K_m^{app} 为 1.25×10^{-4} mol/L，最大表观速率 r_{max}^{app} 为 2.06×10^{-5} mol/(L·min)。已知底物的初始浓度为 5.67×10^{-4} mol/L，试计算反应器出口转化率为 95% 时的空时。

9.8 在体积为 $1m^3$ 的全混流反应器中，以甘露醇为限制性底物培养大肠杆菌，其动力学方程符合米氏方程，μ_{max} 为 $1.2h^{-1}$，K_S 为 $2g/m^3$，$Y_{x/S}$ 为 $0.1g$ 细胞/g 甘露醇。甘露醇溶液的进料流量为 $0.88m^3/h$，进口浓度为 $6g/m^3$。试计算

（1）反应器出口中的细胞浓度和甘露醇浓度；

（2）使大肠杆菌的生长速率达到最大时，最佳进料流量及大肠杆菌的最大生长速率。

9.9 在一个体积为 0.5L 的间歇反应器中，分别以葡萄糖为限制性基质，培养基因工程菌——含有热稳定性 α-淀粉酶基因的枯草杆菌及其宿主菌 TN106。实验分别测得了该两种情况下初始葡萄糖浓度与基因工程菌、宿主菌 TN106 的比生长速率的关系，见下表。

初始葡萄糖浓度 $c_{S0}/(g/L)$	0.001	0.002	0.005	0.020	0.500
宿主菌比生长速率 μ^-/h^{-1}	0.695	0.828	0.889	0.916	0.960
基因工程菌比生长速率 μ^+/h^{-1}	0.550	0.711	0.795	0.805	0.876

现改用一个体积为 5L 的全混流反应器分别培养这两种菌株，若葡萄糖的进料流量均为 4L/h，试求这两种情况下反应器出口中葡萄糖的浓度各为多少？

9.10 在一个体积为 50L 的全混流反应器中进行细胞培养，该细胞生长符合 Monod 方程，其中 $\mu_{max} = 1.5h^{-1}$；$K_S = 1g/L$；$c_{S0} = 30g/L$；$Y_{x/S} = 0.08$；$c_{x0} = 0.5g/L$。在定态操作条件下，试确定

（1）底物浓度 c_S 与稀释率 D 的关系；

（2）细胞浓度 c_x 与稀释率 D 的关系；

（3）当进料体积流量 Q_0 为 37.5L/h 时，求反应器出口中的 c_S 和 c_x。

9.11 在一个充填颗粒直径为 2mm 固定化酶的固定床反应器中进行酶催化反应，床层空隙率为 0.5。固定化酶本征动力学参数 $r'_{max,P}$ 为 0.1 mol/(m^3·s)；K'_m 为 100 mol/m^3。底物进料流量为 $1m^3/min$，进料浓度为 3 mol/m^3。该反应已排除外扩散，仅是内扩散控制。且底物在固定化酶内有效扩散系数 D_e 为 1×10^{-9} m^2/s，试求底物浓度达 1 mol/m^3 时所需反应器体积。

10

聚合反应工程基础

 提要

本章将着重介绍以下内容：

1. 聚合反应动力学
2. 聚合过程的流体流动与传热
3. 聚合反应器的设计

当今时代，合成塑料、纤维、橡胶、涂料、黏合剂等聚合物产品的应用愈来愈多，愈来愈广，成为不可缺少的材料。可以说现代人类的吃、穿、住、行都与这些产品息息相关。那么，生产这些产品的工程问题——聚合反应工程正是本章所要讨论的，其内容包括：聚合反应动力学分析；研究聚合反应速率、聚合度及其分布与反应装置和操作方式之间的相互关系；分析聚合过程中传热、传质的特点；讨论聚合反应器设计等问题。

10.1 概述

聚合反应是把低分子量的单体转化成高分子量的聚合物的过程，聚合物具有低分子量单体所不具备的可塑、成纤、成膜、高弹等重要性能，可广泛地用作塑料、纤维、橡胶、涂料、黏合剂以及其他用途的高分子材料。这种材料是由一种或一种以上的结构单元（单体）构成的，由单体经重复反应合成的高分子化合物。

众所周知，与低分子反应相比，聚合反应和聚合物生产有如下特点。

① 动力学关系复杂。聚合体系及聚合产品种类多，反应机理多样，故动力学关系复杂。且往往微量杂质的影响大，重复性差，所以常要求原料纯度高。

② 反应过程随机性。所生成的聚合物不是均匀的，即生成大小不等、结构不同的许多分子。因此除考虑单体的转化率外，还要考虑产物的平均聚合度及聚合度分布，考虑聚合物的组成及分子结构和排列，以至聚合物性能等问题。尤其是在一种以上单体进行共聚时，反应就更复杂了。

③ 多数聚合物系高黏度，并且随聚合过程中物料分子量的增加，黏度亦急剧上升。高黏度造成流体为非理想流体，有的是非牛顿流体或多相体系，有的可视为宏观流体。所以，在流动、混合以及传热、传质等方面都产生一系列新问题；而且根据对物系特性和产品性能的要求，反应装置的结构往往也需作一些专门的考虑，这就导致聚合反应器中传递过程更复杂，使流动模型更复杂。

④ 聚合反应高速率、强放热，而更为不利的是多数聚合物又都是导热性差，即使伴有大量溶剂或水的体系，其传热性能亦随聚合度的提高而降低；另外，聚合物的聚合度又对温度十分敏感。因此聚合过程中放热与移热的矛盾特别尖锐，解决这一矛盾往往成为过程开发中的关键，需要对传热及温度的控制特别注意。

由上述可知，解决聚合反应工程问题就更增加了难度。尤其是面对现代科学所需要的高分子合成材料其品种演变之多、数量增加之快。而有时又缺乏一些化工基础数据，很难建立合适的数学模型，这就使得聚合反应器用数学模型法进行设计放大受到一定的限制，至今还不能圆满地、定量地解决工业装置设计放大问题，因此需要工程技术人员、研究者不断地完善发展有关理论。半个世纪以来，为满足聚合材料高速发展的需要，有关的工程技术人员，结合具体生产实际进行研究，取得了巨大的成就，积累了丰富的生产实践经验和聚合反应工程知识，使聚合装置向大型化发展，单一产品年生产能力达 50 万吨以上，聚合釜容积可达 $200 m^3$。开发出适合某一产品特点的各种聚合反应器，出现了许多有关专利。

但是，聚合反应器的设计原则、方法和思路与其他各类反应器一样。是从动力学和传递过程两方面着手，以工业规模聚合过程为研究对象，以实践数据为基础，把聚合动力学与物系的传递特性二者结合起来，分析其内在规律，建立实效的模型，必将最终解决反应器设计、放大中的各种问题。

10.2　聚合反应动力学分析

聚合反应动力学同样是表征反应速率与温度及有关组分浓度等参数之间的定量关系，它反映物质化学变化的本性（内因）；而这种本性在具有不同的传递特性（外因）的反应器中表现出不同的反应规律。内因是本质，是决定因素。因此动力学是反应装置开发设计的基础，也是正确地选择反应器型式、实施最佳工艺条件的基础。

聚合反应的特点决定了动力学研究的内容，首先要研究反应速率，即单体的消耗速率和聚合物的生成速率；以及生成聚合物的聚合度（或分子量）及其分布；研究所生成聚合物的结构组成。

对聚合反应速率进行工程分析，同样以实验数据为基础，确定反应机理，定出各步基元反应的速率式。再根据定态近似和速率控制步骤假设，推导总聚合速率，导出聚合度、聚合度分布以及基元反应的速率常数、组分浓度、反应时间（或转化率）等参数的函数关系式。当然，要阐述这些问题就必须与具体的聚合反应类型相联系。下面先介绍聚合反应类型。

10.2.1　聚合反应分类

目前聚合反应的分类方法还不统一。根据反应机理一般可将聚合反应分类如下

$$
聚合反应
\begin{cases}
逐步聚合 \\
链锁聚合
\begin{cases}
自由基型聚合 \\
离子型聚合 \\
配位聚合
\end{cases}
\end{cases}
$$

大多数缩聚反应与合聚氨酯的反应都属于逐步聚合，其特征是在由低分子转变成高分子的过程中，反应是逐步进行的。反应初期，大部分单体很快聚合成二聚体、三聚体、四聚体等低聚物，反应早期转化率即很高。随后低聚物间相互反应，分子量不断增大，而转化率增加趋于

缓慢。烯类单体的加成反应大多属于链锁聚合反应，反应历程一般经过链引发、链增长和链终止三个阶段。链引发可为热引发、光引发、辐射引发以及引发剂引发等。采用引发剂的方法是最常用的，用量一般很少，其摩尔浓度数值一般在 $10^{-4} \sim 10^{-2}$ 之间。首先一部分单体分子被引发剂激发成活性分子（自由基）后，它们与单体分子进行加成而增长，形成大小不同的活性链，直至被终止而生成最终大小的聚合物分子（死聚体）。在其后陆续引发出来的分子也都分别经历着一代又一代的生长和终止，产生出大小（聚合度）不尽相同的死聚体分子。

链锁聚合反应生成高分子化合物是最广泛、最重要的一类反应，还可据不同的机理，细分为自由基聚合（如聚乙烯、聚丙烯腈、聚苯乙烯等）、离子型聚合（是靠催化剂生成的离子引发，并以离子的形式进行链增长，一般具有高度的选择性。按生长的离子是正或负又可分为阳离子型聚合与阴离子型聚合）、配位聚合等。

此外，两种以上不同的单体可以按不同的机理实现聚合称为共聚合；对于环状结构的单体分子可以开环聚合，此类聚合究竟是逐步聚合还是链锁聚合由反应条件决定。

10.2.2　聚合度及其分布

聚合反应和其他低分子反应相比，一个重要特点是生成的聚合物分子量是不均一的，亦即构成聚合物分子的单体数多少是不同的。将组成一条聚合物链的单体分子数定义为聚合度。由于聚合过程中的随机特性产生聚合物的聚合度分布。例如，对于自由基聚合反应，在一活性聚合物（活性链）的末端与下一个单体反应使聚合度增加1；还是与另一活性链进行终止反应而形成没有活性的聚合物（死聚体），是一个不可预料的事件，这就有个概率问题。

显然，聚合物产品的物理性能与聚合物的平均聚合度以及聚合度分布有密切关系。在实际生产中，常把平均聚合度及其分布作为生产的主要控制指标。实践证明，产品的平均聚合度与聚合度分布不仅与采用的反应器型式、操作程序、工艺条件有关，而且与所用聚合方法密切相关。常常由于这些方面的微小变化，也会造成产品质量有很大差异，这些都应引起工程技术人员及研究者的高度重视。

从不同的角度出发、采用不同的测定方法，聚合度及其分布有着不同的定义。

10.2.2.1　数量平均值

通常把用端基滴定法、冰点下降法或渗透压法测得的分子量，称为数均值（即以数量为基准的值）。

(1) 数均分子量 $\overline{M}_{n}$

$$\overline{M}_{n} = \frac{\sum\limits_{j=2}^{\infty} M_{j} N_{j}}{\sum\limits_{j=2}^{\infty} N_{j}} = \frac{W}{N} \qquad \begin{array}{l}(j = 2, 3, \cdots, \infty)\\ \text{即设二聚体以上的聚合物（下同）}\end{array} \tag{10.1}$$

式中，N_{j} 是聚合度为 j 的聚合物（j 聚体）的分子数；M_{j} 为 j 聚体的分子量；而 $N = \sum\limits_{j=2}^{\infty} N_{j}$，代表全部聚合物的分子数；$W = \sum\limits_{j=2}^{\infty} M_{j} N_{j}$，代表全部聚合物的质量。因此，$\overline{M}_{n}$ 是分子量的平均值。也可用数均聚合度 $\overline{P}_{n}$ 来表示（即聚合物分子含单体单元的平均数），即

$$\overline{P}_{n} = \frac{\sum\limits_{j=2}^{\infty} j N_{j}}{\sum\limits_{j=2}^{\infty} N_{j}} \tag{10.2}$$

或
$$\overline{P}_n = \frac{\sum\limits_{j=2}^{\infty} j[P_j]_j}{\sum\limits_{j=2}^{\infty} [P_j]} = \frac{\sum\limits_{j=2}^{\infty} j[P_j]}{[P]} \tag{10.3}$$

式中，$[P_j]$ 为 j 聚体的浓度，$[P_j] = \dfrac{N_j}{V}$；$[P]$ 为聚合物的总浓度，$[P] = \sum\limits_{j=2}^{\infty} [P_j] = \dfrac{\sum\limits_{j=2}^{\infty} N_j}{V}$。

（2）瞬时数均聚合度 $\overline{p}_n$ 对某一特定的聚合物来说具有其特定的数均聚合度，在每一瞬间生成的聚合物的数均聚合度叫做瞬时数均聚合度，有时应用瞬时数均聚合度更方便。

$$\overline{p}_n = \frac{\sum\limits_{j=2}^{\infty} j r_{pj}}{\sum\limits_{j=2}^{\infty} r_{pj}} = \frac{r_M}{r_P} \tag{10.4}$$

式中，r_{pj} 为 j 聚体的生成速率；$r_P = \sum\limits_{j=2}^{\infty} r_{pj}$，即为聚合物的生成总速率；$r_M$ 为单体的转化速率。

相对于瞬时数均聚合度 $\overline{p}_n$，则 $\overline{P}_n$ 称为累积数均聚合度，其物理意义是在 $0\sim t$ 这段时间间隔内消耗的单体 M 的分子数与生成聚合物 P 的分子数的比值，即（间歇恒密度时）

$$\overline{P}_n = \frac{\int_0^t r_M \mathrm{d}t}{\int_0^t r_P \mathrm{d}t} = \frac{\int_{[M]_0}^{[M]} -\mathrm{d}[M]}{\int_0^{[P]} \mathrm{d}[P]} = \frac{[M]_0 - [M]}{\int_0^X \dfrac{[M]_0 \mathrm{d}X}{\overline{p}_n}} = \frac{X}{\int_0^X \dfrac{1}{\overline{p}_n} \mathrm{d}X} \tag{10.5}$$

式（10.5）便是瞬时数均聚合度与累积数均聚合度之关系式。

平均聚合度表征聚合物分子链的长短集中的位置。有时还要用聚合度分布来描述其分子特性，对于这种离散型随机变量，可用某种聚合度（或分子量）的大分子链占全部聚合物的分率，即聚合度分布函数来表征。

（3）数基聚合度 分布函数和聚合度一样，数基聚合度分布函数也可分为瞬时数基聚合度分布函数 $f_n(j)$ 和累积数基聚合度分布函数 $F_n(j)$。分别定义为

$$f_n(j) = \frac{r_{pj}}{\sum\limits_{j=2}^{\infty} r_{pj}} = \frac{r_{pj}}{r_P} \tag{10.6}$$

$$F_n(j) = \frac{N_j}{\sum\limits_{j=2}^{\infty} N_j} = \frac{[P_j]}{\sum\limits_{j=2}^{\infty} [P_j]} = \frac{[P_j]}{[P]} \tag{10.7}$$

至于二者之间的关系可将式（10.6）改写为

$$f_n(j) = \frac{\mathrm{d}[P_j]}{\mathrm{d}[P]} \tag{10.8}$$

当 $t=0$，$[P_j]=0$，$[P]=0$ 时，将上式积分得

$$[P_j] = \int_0^{[P]} f_n(j) \mathrm{d}[P] \tag{10.9}$$

再将此式代入式(10.7) 得 $F_n(j) = \dfrac{[P_j]}{[P]} = \dfrac{\displaystyle\int_0^{[P]} f_n(j)\mathrm{d}[P]}{[P]}$ (10.10)

而将 $[P] = \dfrac{[M]_0 X}{\overline{p}_n}$ 或 $\mathrm{d}[P] = \dfrac{[M]_0 \mathrm{d}X}{\overline{p}_n}$ 代入式(10.10) 并整理得累积数基分布函数与瞬时分布函数的关系

$$F_n(j) = \frac{\overline{P}_n}{X}\int_0^X \frac{f_n(j)}{\overline{p}_n}\mathrm{d}X$$ (10.11)

10.2.2.2 重量平均值

采用光散射法测得的分子量定义为重均值（即以质量为基准的值）。

(1) 重均分子量

$$\overline{M}_w = \frac{\displaystyle\sum_{j=2}^{\infty} W_j M_j}{\displaystyle\sum_{j=2}^{\infty} W_j} = \frac{\displaystyle\sum_{j=2}^{\infty} W_j^2 N_j}{\displaystyle\sum_{j=2}^{\infty} M_j N_j}$$ (10.12)

或 $\overline{P}_w$ 重均聚合度

$$\overline{P}_w = \frac{\displaystyle\sum_{j=2}^{\infty} j^2 [P_j]}{\displaystyle\sum_{j=2}^{\infty} j [P_j]} = \frac{\displaystyle\sum_{j=2}^{\infty} j^2 N_j}{\displaystyle\sum_{j=2}^{\infty} j N_j}$$ (10.13)

(2) 瞬时重均聚合度 $\overline{p}_w$

$$\overline{p}_w = \frac{\displaystyle\sum_{j=2}^{\infty} j^2 r_{pj}}{\displaystyle\sum_{j=2}^{\infty} j r_{pj}} = \frac{\displaystyle\sum_{j=2}^{\infty} j^2 r_{pj}}{r_M}$$ (10.14)

和数均聚合度类似，同样可导出瞬时重均聚合度与累积重均聚合度的关系式

$$\overline{P}_w = \frac{1}{X}\int_0^X \overline{p}_w \mathrm{d}X$$ (10.15)

(3) 瞬时重基聚合度分布函数

$$f_w(j) = \frac{j r_{pj}}{\displaystyle\sum_{j=2}^{\infty} j r_{pj}} = \frac{j r_{pj}}{\displaystyle\sum_{j=2}^{\infty} r_{Mj}} = \frac{j r_{pj}}{r_M}$$ (10.16)

(4) 累积重基聚合度分布函数 $F_w(j)$

$$F_w(j) = \frac{j N_j}{\displaystyle\sum_{j=2}^{\infty} j N_j} = \frac{j [P_j]}{\displaystyle\sum_{j=2}^{\infty} j [P_j]}$$ (10.17)

至于 $f_w(j)$ 与 $F_w(j)$ 的关系式和数基聚合度分布一样可导出

$$F_w(j) = \frac{1}{X}\int_0^X f_w(j)\mathrm{d}X$$ (10.18)

10.2.2.3 Z 均值

采用超速离心法测得的平均分子量称为 Z 均值。

(1) Z 均分子量 $\overline{M}_z$

$$\overline{M}_z = \frac{\sum\limits_{j=2}^{\infty} M_j^3 N_j}{\sum\limits_{j=2}^{\infty} M_j^2 N_j} \qquad (10.19a)$$

或 Z 均聚合度 $\overline{P}_z$

$$\overline{P}_z = \frac{\sum\limits_{j=2}^{\infty} j^3 N_j}{\sum\limits_{j=2}^{\infty} j^2 N_j} \qquad (10.19b)$$

(2) 瞬时 Z 均聚合度 $\overline{P}_z$

$$\overline{P}_z = \frac{\sum\limits_{j=2}^{\infty} j^3 r_{pj}}{\sum\limits_{j=2}^{\infty} j^2 r_{pj}} \qquad (10.20)$$

10.2.2.4 黏均值

用黏度法测的分子量,定义为黏均分子量 $\overline{M}_v$

$$\overline{M}_v = \left[\frac{\sum\limits_{j=2}^{\infty} M_j^{\alpha+1} N_j}{\sum\limits_{j=2}^{\infty} M_j N_j} \right]^{\frac{1}{\alpha}} \qquad (10.21)$$

或黏均聚合度 $\overline{P}_v$

$$\overline{P}_v = \left[\frac{\sum\limits_{j=2}^{\infty} j^{\alpha+1} N_j}{\sum\limits_{j=2}^{\infty} j N_j} \right]^{\frac{1}{\alpha}} \qquad (10.22)$$

式中,α 常称为 Mark-Houwin 指数,是与聚合物种类有关的常数。表 10.1 表明,各种测定方法所适应的测定平均分子量的范围。为了实际测定聚合度分布,一般是先按聚合度的大小将试样分成若干级,然后再分别选定测定方法,测出各级份的平均聚合度,再推算整体聚合度分布。

表 10.1 平均分子量的测定方法与可测定的范围

表示方法	测定方法	类别	范围
数均法	端基滴定法	$\overline{M}_n$	$M < 5 \times 10^4$
	冰点下降法		$M < 3 \times 10^4$
	渗透压法		$2 \times 10^4 < M < 10^6$
	蒸气压下降法		$M < 2 \times 10^4$
	冰点上升法		$M < 3 \times 10^4$
重均法	光散射法	$\overline{M}_w$	$10^4 < M < 10^7$
	X 射线小角散射法		$10^3 < M < 5 \times 10^5$
Z 均法	超速离心法	$\overline{M}_z$	$10^4 < M < 10^7$
黏均法	黏度法	$\overline{M}_v$	范围广

一般来讲上述定义的四种平均聚合度之间的数值关系为

$$\overline{P}_n \leqslant \overline{P}_v \leqslant \overline{P}_w \leqslant \overline{P}_z \qquad (10.23)$$

当聚合物分子量为单分散性时，即聚合度均相等时，上式才成等式。除此之外总是有宽窄不同的分布。对于分布的分散程度可由 $\overline{P}_w / \overline{P}_n$ 值来表征，称之为分散指数 D。

$$D = \frac{\overline{P}_w}{\overline{P}_n} = \frac{\overline{M}_w}{\overline{M}_n} > 1 \qquad (10.24)$$

在正态分布时，$\overline{M}_z : \overline{M}_w : \overline{M}_n = 3 : 2 : 1$。

【例 10.1】 已知某聚合物的重基聚合度分布函数 $F_w(j)$ 如下表所示

$j \times 10^{-3}$	0	0.2	0.4	0.6	0.8	1.0	1.5	2.0	2.5	3.0	3.5	4.0
$F_w(j) \times 10^4$	0	2.8	5.1	6.4	6.65	6.2	4.1	2.2	0.8	0.25	0.1	0

试求此聚合物的数均、重均以及 Z 均聚合度。

解：由式(10.17) 可知

$$F(j) = \frac{jN_j}{\displaystyle\sum_{j=2}^{\infty} jN_j}$$

需先求出 $\overline{P}_n$、$\overline{P}_w$、$\overline{P}_z$ 与 $F_w(j)$ 之间的关系式

$$\overline{P}_n = \frac{\displaystyle\sum_{j=2}^{\infty} jN_j}{\displaystyle\sum_{j=2}^{\infty} N_j} = \frac{1}{\displaystyle\sum_{j=2}^{\infty} \frac{jN_j \left/ \displaystyle\sum_{j=2}^{\infty} jN_j \right.}{j}} = \frac{1}{\displaystyle\sum_{j=2}^{\infty} \frac{F_w(j)}{j}} \qquad (A)$$

而重均聚合度及 Z 均聚合度则分别为

$$\overline{P}_w = \frac{\displaystyle\sum_{j=2}^{\infty} j^2 N_j}{\displaystyle\sum_{j=2}^{\infty} N_j} = \frac{\displaystyle\sum_{j=2}^{\infty} j \cdot jN_j}{\displaystyle\sum_{j=2}^{\infty} jN_j} = \sum_{j=2}^{\infty} jF_w(j) \qquad (B)$$

$$\overline{P}_z = \frac{\displaystyle\sum_{j=2}^{\infty} j^3 N_j}{\displaystyle\sum_{j=2}^{\infty} j^2 N_j} = \frac{\displaystyle\sum_{j=2}^{\infty} j^2 \cdot jN_j}{\displaystyle\sum_{j=2}^{\infty} j \cdot jN_j} = \frac{\displaystyle\sum_{j=2}^{\infty} j^2 F_w(j)}{\displaystyle\sum_{j=2}^{\infty} jF_w(j)} \qquad (C)$$

若将 $F_w(j)$ 作为连续函数，采用数值积分代替 $\displaystyle\sum_{j=2}^{\infty}$ 来进行计算。现以 $\overline{P}_n$ 的计算为例，将积分区间分为 $j = 0 \sim 1.0 \times 10^3$ 及 $j = 1 \times 10^3 \sim 4.0 \times 10^3$ 两个区域，分别用梯形法则进行数值积分。由表中数据可计算相应的所需数据

$j \times 10^{-3}$	0	0.2	0.4	0.6	0.8	1.0	1.5	2.0	2.5	3.0	3.5	4.0
$F_w(j) \times 10^4$	0	2.8	5.1	6.4	6.65	6.2	4.1	2.2	0.8	0.25	0.1	0
$\dfrac{F_w(j)}{j} \times 10^7$	0	14.00	12.75	10.67	8.31	6.2	2.73	1.10	0.32	0.083	0.029	0

所以，由式（A）可写为

$$\overline{P}_n = \frac{1}{\int_0^{4.0} \frac{F_w(j)}{j} dj} = \left[\int_0^{1.0\times10^3} \frac{F_w(j)}{j} dj + \int_{1.0\times10^3}^{4.0\times10^3} \frac{F_w(j)}{j} dj \right]^{-1}$$

$$= \left[0.2\times10^3 \times \left(\frac{0+6.2}{2} + 14.00 + 12.75 + 10.67 + 8.31 \right) \times 10^{-7} + 0.5\times10^3 \right.$$

$$\left. \times \left(\frac{6.20+0}{2} + 2.73 + 1.10 + 0.32 + 0.083 + 0.029 \right) \times 10^{-7} \right]^{-1}$$

$$= 744$$

同样可求得

$$\overline{P}_w = 1.13\times10^3, \quad \overline{P}_z = 1.5\times10^3$$

10.2.3 均相自由基聚合反应

诸如制备聚乙烯、聚苯乙烯、聚丙烯腈、聚醋酸乙烯酯、聚四氟乙烯等产品的聚合反应常常采用自由基加成聚合。它们都是工业大量生产且广泛应用的聚合物品种。这些自由基聚合是典型的链锁反应，它们的反应历程都经链引发、链增长和链终止三个步骤。但链引发方法及链终止机理不一定相同。作为活性中间物的活性链，还可能向其他物质进行链转移。有时为控制自由基浓度或者终止聚合过程，可加入阻聚剂。总之要认识、研究某一聚合过程，设计聚合反应装置首要问题是了解该反应的机理。

10.2.3.1 机理

在均相恒密度自由基聚合反应中，反应机理和各基元反应速率的一般表达式如表10.2所示。

在10.2表中，I、M、P、R、S和Z分别代表引发剂、单体、聚合物、中间化合物、溶剂和杂质，而R^*、P^*、S^*和Z^*则分别代表各相应物质的自由基；[ ]表示某一物质的浓度，如[I]代表引发剂的浓度；(I)表示光的强度；f是引发剂的引发效率，其值一般小于1；j或i为单体结构单元数，从1到∞；另外各基元反应的速率常数除k_d外均以产物为基准，对于偶合终止时的速率r_{tc}为反应物的消耗速率，故写成产物生成速率的两倍，这是由化学计量关系决定的。

对于实际的聚合反应系统，应根据具体的反应机理（可以说是表中机理的简化），得出相应的基元反应速率式进行研究。下面以苯乙烯在过氧化苯甲酰为引发剂时进行聚合反应为例进行讨论。并假定其机理如下：

表 10.2 自由基聚合机理基元反应及其速率表达式

阶段	类别	基元反应	反应速率式
单体引发 (i)	引发剂引发	$I \xrightarrow{k_d} 2R^*$	$r_d = -\frac{d[I]}{dt} = k_d[I], \left(\frac{d[R^*]}{dt} \right)_d = 2k_d[I]$
		$R^* + M \xrightarrow{k_i} P_1^*$	$r_{i1} = \left(\frac{d[P_1^*]}{dt} \right)_{i1} = k_i[R^*][M] = 2fk_d[I]$
	光引发	$M \xrightarrow{k_i} P_1^*$	$r_{i2} = \left(\frac{d[P_1^*]}{dt} \right)_{i2} = f(I)$
	热引发双分子	$M + M \xrightarrow{k_i} P_1^*$	$r_{i3} = \left(\frac{d[P_1^*]}{dt} \right)_{i3} = k_i[M]^2$
	三分子	$M + M + M \xrightarrow{k_i} P_1^*$	$r_{i3} = \left(\frac{d[P_1^*]}{dt} \right)_{i3} = k_i[M]^3$

阶段	类别	基元反应	反应速率式
链增长 (p)		$P_1^* + M \xrightarrow{k_p} P_{j+1}^*$	$r_p = \left(-\dfrac{d[M]}{dt}\right)_p = k_p[P^*][M]$
链终止 (t)	偶合终止	$P_j^* + P_i^* \xrightarrow{k_{tc}} P_{j+i}$	$r_{tc} = \left(-\dfrac{d[P^*]}{dt}\right)_{tc} = 2k_{tc}[P^*]^2$
	歧化终止	$P_j^* + P_i^* \xrightarrow{k_{td}} P_j + P_i$	$r_{td} = \left(-\dfrac{d[P^*]}{dt}\right)_{td} = 2k_{td}[P^*]^2$
	单基终止	$P_j^* \xrightarrow{k_{tl}} P_j$	$r_{tl} = \left(-\dfrac{d[P^*]}{dt}\right)_{tl} = 2k_{tl}[P^*]^2$
链转移 (f)	向单体转移	$P_j^* + M \xrightarrow{k_{fm}} P_j + P_1^*$	$r_{fm} = \left(\dfrac{d[P]}{dt}\right)_{fm} = k_{fm}[P^*][M]$
	向溶剂转移	$P_j^* + S \xrightarrow{k_{fs}} P_j + S^*$	$r_{fs} = \left(\dfrac{d[P]}{dt}\right)_{fs} = k_{fs}[P^*][S]$
	向死聚体转移	$P_j^* + P_i^* \xrightarrow{k_{fp}} P_j + P_i^*$	$r_{fp} = \left(-\dfrac{d[P]}{dt}\right)_{fp} = k_{fp}[P^*][P]$
	向杂质转移	$P_j^* + Z \xrightarrow{k_{fz}} P_j + Z^*$	$r_{fz} = \left(-\dfrac{d[P]}{dt}\right)_{fz} = k_{fz}[P^*][Z]$

(1) 链引发 过氧化苯甲酰分解为自由基

$$C_6H_5-\underset{O}{\overset{\parallel}{C}}-O-O-\underset{O}{\overset{\parallel}{C}}-C_6H_5 \xrightarrow{\text{加热}} 2C_6H_5-\underset{O}{\overset{\parallel}{C}}-O^* \xrightarrow{\text{部分}} C_6H_5^* + CO_2$$

（I）　　　　　　　　　　（R*）

苯乙烯单体引发

$$C_6H_5-CH=CH_2 + C_6H_5-\underset{O}{\overset{\parallel}{C}}-O^* \longrightarrow C_6H_5-\underset{O}{\overset{\parallel}{C}}-OCH_2-\underset{C_6H_5}{\overset{}{CH^*}}$$

（M）　　　　（R*）　　　　　　　　（P$_1^*$）

(2) 链增长

$$C_6H_5\underset{O}{\overset{\parallel}{C}}-O-CH_2-\underset{C_6H_5}{\overset{}{CH^*}} + CH=CH_2 \longrightarrow C_6H_5-\underset{O}{\overset{\parallel}{C}}-O-[CH_2-\underset{C_6H_5}{\overset{}{CH}}]_j CH_2-\underset{C_6H_5}{\overset{}{CH^*}}$$

（P$_1^*$）　　　　　　　　　　　　　　（P$_{j+1}^*$）

(3) 链终止

$$C_6H_5-\underset{O}{\overset{\parallel}{C}}-O-[CH_2-\underset{C_6H_5}{\overset{}{CH}}]_j^* + C_6H_5-\underset{C}{\overset{\parallel}{C}}-O-[CH_2-\underset{C_6H_5}{\overset{}{CH}}]_i^* \longrightarrow C_6H_5\underset{O}{\overset{\parallel}{C}}-O-[CH_2-\underset{C_6H_5}{\overset{}{CH}}]_j[\underset{C_6H_5}{\overset{}{CH}}-CH_2]_i O-\underset{O}{\overset{\parallel}{C}}-C_6H_5$$

（P$_j^*$）　　　　　　　　（P$_i^*$）　　　　　　　　　　　　　（P$_{j+i}^*$）

(4) 链转移

$$C_6H_5-\underset{O}{\overset{\parallel}{C}}-O-[CH_2-\underset{C_6H_5}{\overset{}{CH}}]_j^* + \underset{C_6H_5}{\overset{CH=CH_2}{}} \longrightarrow C_6H_5-\underset{O}{\overset{\parallel}{C}}-O-[CH_2-\underset{C_6H_5}{\overset{}{CH}}]_{j-1}CH=\underset{C_6H_5}{\overset{}{CH}} + CH_3-\underset{C_6H_5}{\overset{}{CH^*}}$$

（P$_j^*$）　　　　　　（M）　　　　　　（P$_j$）

向溶剂转移（如苯作溶剂）

$$C_6H_5-\overset{\overset{O}{\|}}{C}-O-[CH_2-\underset{\underset{C_6H_5}{|}}{CH}]^*_j+C_6H_6 \longrightarrow C_6H_5-\overset{\overset{O}{\|}}{C}-O-[CH_2-\underset{\underset{C_6H_5}{|}}{CH}]_{j-1}-CH=\underset{\underset{C_6H_5}{|}}{CH}+C_6H_5^*$$

$$(P_j^*) \qquad (S) \qquad\qquad\qquad (P_j) \qquad\qquad (S^*)$$

上述苯乙烯聚合反应，假定了机理，便可根据各步均为基元反应，按照基元反应质量作用定律便可写出各基元反应的速率式如下：

符号表达式　　　　　　　　　　　反应速率式

① $I \xrightarrow{k_d} 2R^*$　　　　　　　　$-r_d=-\dfrac{d[I]}{dt}=k_d[I]$

$R^*+M \xrightarrow{k_i} +P_1^*$　　　　　$r_i=\left(\dfrac{d[P_1^*]}{dt}\right)_i=k_i[R^*][M]\approx 2fk_d[I]$

② $P_j^*+M \xrightarrow{k_p} +P_{j+1}^*$　　　$-r_p=\left(-\dfrac{d[M]}{dt}\right)_p=k_p[P^*][M]$

③ $P_j^*+P_i^* \xrightarrow{k_{tc}} P_{i+j}$　　　　$-r_{tc}=\left(-\dfrac{d[P^*]}{dt}\right)_{tc}=2k_{tc}[P^*]^2$

④ $P_j^*+M \xrightarrow{k_{fm}} +P_j+P_1^*$　　$r_{fm}=\left(\dfrac{d[P^*]}{dt}\right)_{fm}=k_{fm}[P^*][M]$

$P_j^*+S \xrightarrow{k_{fs}} +P_j+S^*$　　$-r_{fs}=\left(-\dfrac{d[P]}{dt}\right)_{fs}=k_{fs}[P^*][S]$

应当注意，在式中 $[P^*]=\sum\limits_j[P_j^*]$，表示活性链的总浓度，而死聚体的浓度 $[P]=\sum\limits_j[P_j]$。在链转移速率中，向单体和向溶剂转移二者是平行反应，同时存在时，转移的总速率为

$$r_f=r_{fm}+r_{fs}=\left(\dfrac{d[P]}{dt}\right)_f=(k_{fm}+k_{fs})[P^*][M][S]=k_f[P^*][M][S] \qquad (10.25)$$

式中，$k_f=k_{fm}+k_{fs}$。这里苯作溶剂时，S^* 和部分引发剂自由基 R^* 为同一物质，这是巧合，若用其他引发剂或者用其他溶剂就不见得相同。

如果需要可对某一中间化合物或对某一组分进行物料衡算，就可写出其速率式，如（忽略溶剂的影响）

$$\dfrac{d[R^*]}{dt}=\left(\dfrac{d[R^*]}{dt}\right)_d-\left(\dfrac{d[R^*]}{dt}\right)_i=2fk_d[I]-k_i[R^*][M] \qquad (10.26)$$

或

$$-\dfrac{d[M]}{dt}=r_i+r_p+r_{fm}+r_{fs} \qquad (10.27)$$

由于链引发和链转移所消耗的单体量远小于链增长所消耗的量。故可忽略 r_i 和 r，于是苯乙烯单体消耗的总速率可近似等于链增长速率，即

$$-\dfrac{d[M]}{dt}\approx r_p=k_p[P^*][M] \qquad (10.28)$$

10.2.3.2　总速率

现仍以上述苯乙烯聚合为例进行讨论。假定反应在等温下间歇进行，那么根据第 2 章中讲述的定态近似和控制步骤的假设，速率式是不难推导的，即由式(10.26)

$$\frac{d[R^*]}{dt}=2fk_d[I]-k_i[R^*][M]=0 \tag{10.29}$$

故
$$2fk_d[I]=k_i[R^*][M]$$

同样系统自由基总浓度也是恒定不变的（一般 $r_{fs}\ll r_{tc}$，可忽略 r_{fs}）

$$\frac{d[P^*]}{dt}=r_i-r_{tc}=2fk_d[I]-2k_{tc}[P^*]^2=0$$

所以
$$[P^*]=\left(\frac{2fk_d[I]}{2k_{tc}}\right)^{1/2} \tag{10.30}$$

将上式代入式(10.28)得单体的总消耗速率

$$-r_M=-\frac{d[M]}{dt}\approx k_p\left(\frac{2fk_d}{2k_{tc}}\right)^{1/2}[I]^{1/2}[M] \tag{10.31}$$

如初始条件为 $t=0$ 时，$[M]=[M]_0$，且 $[I]$ 为常数，式(10.31) 便是一个简单的一级不可逆反应式，求解并不困难。但要注意上面的结果是由上述机理导出的。对不同的反应，或是同一反应，用不同机理推导的结果是不同的。

至于聚合反应机理的确定及各种速率常数的求取，原则上都与一般反应动力学的研究相一致，都是以实验为基础，实验测定与数据处理也没有多大差别，这里就不重述。

【例 10.2】 在等温间歇釜式反应器中，进行某一自由基聚合反应，其机理为

链引发 $\qquad\qquad\qquad I\longrightarrow 2R^*$

$$R^*+M\xrightarrow{k_d}P_1^* \qquad r_d=2fk_d[I]$$

链增长 $\qquad\quad P_1^*+M\xrightarrow{k_p}P_{j+1}^* \qquad r_p=k_p[P_1^*][M]$

偶合终止 $\qquad\quad P_i^*+P_j^*\xrightarrow{k_{tc}}P_{i+j} \qquad r_{tc}=2k_{tc}[P^*]^2$

向单体链转移 $\quad P_j^*+M\xrightarrow{k_{fm}}P_j+P_1^* \qquad r_{fm}=k_{fm}[P^*][M]$

向溶剂链转移 $\quad P_j^*+S\xrightarrow{k_{fs}}P_j+S^* \qquad r_{fs}=k_{fs}[P^*][S^*]$

已知 $[M]_0=7.17\text{mol/L}$，$[S]=1.32\text{mol/L}$，$f=0.52$，$[I]=10^{-3}\text{mol/L}$，$k_d=8.22\times 10^{-5}\text{s}^{-1}$，$k_p=5.09\times10^2\text{L/(mol·s)}$，$k_{tc}=5.95\times10^7\text{L/(mol·s)}$，$k_{fm}=0.079\text{L/(mol·s)}$，$k_{fs}=1.34\times10^{-4}\text{L/(mol·s)}$，

试求：

(1) 单体浓度 $[M]$ 及转化率 X 随反应时间的变化情况；

(2) 如要求转化率达到 80%，反应时间为多少？

解：由题意可知，单体的消耗速率为

$$-r_m=-\frac{d[M]}{dt}=r_d+r_p+r_{fm}+r_{fs}\approx k_p[P^*][M] \tag{A}$$

根据定态近似假设 $\dfrac{d[P^*]}{dt}=0$，$r_d=r_t$，所以

$$2fk_d[I]=2k_{tc}[P^*]^2$$

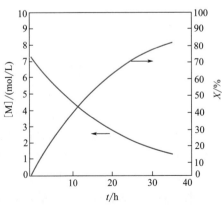

图 10A $[M]$ 或 X 与 t 的关系

$$\left[P^* \right] = \left[\frac{2 f k_{\mathrm{d}} \left[\mathrm{I} \right]}{2 k_{\mathrm{tc}}} \right]^{1/2} \tag{B}$$

将式(B) 代入式(A) 得

$$-r_{\mathrm{M}} = -\frac{\mathrm{d}\left[\mathrm{M} \right]}{\mathrm{d}t} = k_{\mathrm{p}} \left[\frac{2 f k_{\mathrm{d}} \left[\mathrm{I} \right]}{2 k_{\mathrm{tc}}} \right]^{1/2} \left[\mathrm{M} \right] = k \left[\mathrm{M} \right] \tag{C}$$

当 $t=0$ 时，$\left[\mathrm{M} \right] = \left[\mathrm{M} \right]_0$，$X_{\mathrm{A}}=0$，则积分上式得

$$\left[\mathrm{M} \right] = \left[\mathrm{M} \right]_0 \mathrm{e}^{-kt} \quad \text{或} \quad X = 1 - \mathrm{e}^{-kt}$$

将已知数值代入上式即可得结果，作图 10A。

X 为 80% 时，所需反应时间为

$$t = \frac{1}{k} \ln \frac{1}{1-X} = \frac{1}{1.36 \times 10^{-5}} \times \ln \frac{1}{1-0.8} = 32.9 (\mathrm{h})$$

10.2.3.3 平均聚合度

根据上述机理进行的苯乙烯聚合反应可用下式表示

$$\overline{P}_{\mathrm{n}} \mathrm{M} \longrightarrow \mathrm{P}$$

这里的数均聚合度 $\overline{P}_{\mathrm{n}}$ 为平均化学计量系数。在间歇恒密度过程中单体 M 的转化率（或聚合率）为

$$X = \frac{\left[\mathrm{M} \right]_0 - \left[\mathrm{M} \right]}{\left[\mathrm{M} \right]_0} \tag{10.32}$$

瞬时数均聚合度如式(10.4)

$$\overline{P}_{\mathrm{n}} = \frac{r_{\mathrm{M}}}{r_{\mathrm{P}}} \approx \frac{\left(-\frac{\mathrm{d}\left[\mathrm{M} \right]}{\mathrm{d}t} \right)_{\mathrm{p}}}{\left(\frac{\mathrm{d}\left[\mathrm{P} \right]}{\mathrm{d}t} \right)_{\mathrm{tc}} + \left(\frac{\mathrm{d}\left[\mathrm{P} \right]}{\mathrm{d}t} \right)_{\mathrm{fm}} + \left(\frac{\mathrm{d}\left[\mathrm{P} \right]}{\mathrm{d}t} \right)_{\mathrm{fs}}} = \frac{k_{\mathrm{p}} \left[\mathrm{M} \right] \left[\mathrm{P}^* \right]}{k_{\mathrm{tc}} \left[\mathrm{P}^* \right]^2 + k_{\mathrm{fm}} \left[\mathrm{M} \right] \left[\mathrm{P}^* \right] + k_{\mathrm{fs}} \left[\mathrm{M} \right] \left[\mathrm{P}^* \right]} \tag{10.33}$$

将式(10.30) 代入上式，整理得

$$\frac{1}{\overline{P}_{\mathrm{n}}} = \frac{(2 f k_{\mathrm{d}} k_{\mathrm{tc}})^{1/2} \left[\mathrm{I} \right]^{1/2}}{k_{\mathrm{p}} \left[\mathrm{M} \right]} + \frac{k_{\mathrm{fm}} + k_{\mathrm{fs}}}{k_{\mathrm{p}}} = \frac{(2 f k_{\mathrm{d}} k_{\mathrm{tc}})^{1/2} \left[\mathrm{I} \right]^{1/2}}{k_{\mathrm{p}} \left[\mathrm{M} \right]_0 (1-X)} + k_{\mathrm{f}} \tag{10.34}$$

式中，$k_{\mathrm{f}} = \dfrac{k_{\mathrm{fm}} + k_{\mathrm{fs}}}{k_{\mathrm{p}}}$，为向单体和溶剂转移常数，代表转移和增长的速率比，其比值愈大，聚合物的分子量将愈小，实际生产中如加入适量的分子量调节剂，通过控制调节 k_{f} 可达到控制产品分子量的目的。

再根据式(10.5)，便可导出累积数均聚合度

$$\overline{P}_{\mathrm{n}} = \frac{X}{\displaystyle\int_0^X \frac{1}{\overline{P}_{\mathrm{n}}} \mathrm{d}X} = \frac{X}{\displaystyle\int_0^X \left[\frac{(2 f k_{\mathrm{d}} k_{\mathrm{tc}})^{1/2} \left[\mathrm{I} \right]^{1/2}}{k_{\mathrm{p}} \left[\mathrm{M} \right]_0 (1-X)} + k_{\mathrm{f}} \right] \mathrm{d}X} \tag{10.35}$$

同样如果需要重均聚合度，也可用类似的方法导出。

由上可知，平均聚合度与 $\left[\mathrm{M} \right]$ 成正比，而与 $\left[\mathrm{I} \right]^{1/2}$ 成反比。同时由式(10.31) 可看出，聚合反应速率与 $\left[\mathrm{I} \right]^{1/2}$ 成正比。也就是说当提高引发剂浓度时，虽然提高了聚合反应速率，但却使产物的平均聚合度降低，因此在实际生产上往往引发剂用量很少，这是由于一方面一般产品要求有较高的分子量，而另一方面反应装置又受到传热及控制的限制，并不要求反应速率太快。

【例 10.3】 根据例 10.2 所给的条件和数据，试求：(1) 数均聚合度随转化率的变化；(2) 当 $X=80\%$ 时，累积数均聚合度为多少？

解：(1) 据题给机理，其瞬时数均聚合度为

$$\bar{p}_{\mathrm{n}}=\frac{r_{\mathrm{M}}}{\sum r_{\mathrm{p}j}}=\frac{k_{\mathrm{p}}[\mathrm{P}^*][\mathrm{M}]}{k_{\mathrm{tc}}[\mathrm{P}^*]^2+k_{\mathrm{fm}}[\mathrm{P}^*][\mathrm{M}]+k_{\mathrm{fs}}[\mathrm{P}^*][\mathrm{S}]}=\frac{k_{\mathrm{p}}[\mathrm{M}]}{k_{\mathrm{tc}}\left(\dfrac{2fk_{\mathrm{d}}[\mathrm{I}]}{k_{\mathrm{tc}}}\right)^{1/2}+k_{\mathrm{fm}}[\mathrm{M}]+k_{\mathrm{fs}}[\mathrm{S}]} \quad (A)$$

将上式代入数均聚合度式(10.5)，并整理得

$$\bar{P}_{\mathrm{n}}=\frac{X}{\displaystyle\int_0^X\left[\frac{k_{\mathrm{tc}}\left(\dfrac{2fk_{\mathrm{d}}[\mathrm{I}]}{k_{\mathrm{tc}}}\right)^{1/2}+k_{\mathrm{fs}}[\mathrm{S}]}{k_{\mathrm{p}}[\mathrm{M}]_0(1-X)}+\frac{k_{\mathrm{fm}}}{k_{\mathrm{p}}}\right]\mathrm{d}X} \quad (B)$$

式(B) 积分，并代入已知数据有

$$\frac{1}{\bar{P}_{\mathrm{n}}}=\frac{k_{\mathrm{fm}}}{k_{\mathrm{p}}}X+\left[\frac{k_{\mathrm{tc}}\left(\dfrac{2fk_{\mathrm{d}}[\mathrm{I}]}{k_{\mathrm{tc}}}\right)^{1/2}+k_{\mathrm{fs}}[\mathrm{S}]}{k_{\mathrm{p}}[\mathrm{M}]_0}\right]\ln\frac{1}{1-X}=1.55\times10^{-4}X+6.18\times10^{-4}\ln\frac{1}{1-X}$$

$$(C)$$

由式(C) 便可算出累积数均聚合度 $\bar{P}_{\mathrm{n}}$ 随 X 的变化，如表 10A 及图 10B 所示。

(2) 将 $X=80\%$ 代入式(C) 即得

$$\bar{P}_{\mathrm{n}}=900$$

表 10A 累积数均聚合度与转化率的关系

X	$\bar{P}_{\mathrm{n}}\times10^{-4}$
0.1	1.24
0.2	0.59
0.3	0.37
0.4	0.26
0.5	0.19
0.6	0.15
0.7	0.12
0.8	0.09

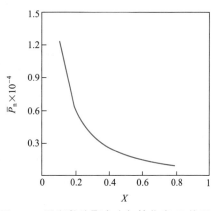

图 10B 累积数均聚合度与转化率 X 关系

10.2.3.4 间歇聚合时聚合度分布

某一自由基聚合反应，假定为下列机理

链引发 $\mathrm{I}\xrightarrow{k_{\mathrm{d}}}2\mathrm{R}^*$

    $\mathrm{R}^*+\mathrm{M}\xrightarrow{k_{\mathrm{d}}}\mathrm{P}_1^*$ $r_{\mathrm{d}}=2fk_{\mathrm{d}}[\mathrm{I}]$

链增长 $\mathrm{P}_1^*+\mathrm{M}\xrightarrow{k_{\mathrm{p}}}\mathrm{P}_{j+1}^*$ $r_{\mathrm{p}}=k_{\mathrm{p}}[\mathrm{P}^*][\mathrm{M}]$

链终止 $\mathrm{P}_i^*+\mathrm{P}_j^*\xrightarrow{k_{\mathrm{tc}}}\mathrm{P}_{i+j}$ $r_{\mathrm{tc}}=2k_{\mathrm{tc}}[\mathrm{P}^*]^2$

链转移 $\qquad$ $P_j^* + M \xrightarrow{k_{fm}} P_j + P_1^*$ $\qquad$ $r_{fm} = k_{fm}[P^*][M]$

$\qquad$ $P_j^* + S \xrightarrow{k_{fs}} P_j + S^*$ $\qquad$ $r_{fs} = k_{fs}[P^*][S]$

由瞬时数基聚合度分布函数的定义知

$$f_n(j) = \frac{r_{pj}}{\sum\limits_{j=2}^{\infty} r_{pj}} = \frac{r_{pj}}{r_p} = \frac{[P_j^*]}{[P^*]}$$

要求 $f_n(j)$，就得求出不同自由基的生成速率，在定态时，大小不等的自由基生成速率应恒定，即

$$\frac{d[P_j^*]}{dt} = 0 \qquad (j = 1, 2, \cdots, \infty) \tag{10.36}$$

当 $j = 1$ 时，对 $[P_1^*]$ 作物料衡算可得

$$\frac{d[P_1^*]}{dt} = 2fk_d[I] + k_{fm}[P^*][M] - k_{fs}[P_1^*][S] - k_p[P_1^*][M] - k_{fm}[P_1^*][M] - 2k_{tc}[P^*][P_1^*] = 0$$

所以 $\qquad$ $$[P_1^*] = \frac{2fk_d[I] + k_{fm}[P^*][M]}{k_p[M] + k_{fm}[M] + k_{fs}[S] + 2k_{tc}[P^*]} \tag{10.37}$$

同理，当 $j = 2$ 时

$$\frac{d[P_2^*]}{dt} = k_p[P_1^*][M] - k_p[P_2^*][M] - k_{fm}[P_2^*][M] - k_{fs}[P_2^*][S] - 2k_{tc}[P^*][P_2^*] = 0$$

$$\tag{10.38}$$

故 $\qquad$ $$[P_2^*] = \frac{k_p[P_1^*][M]}{k_p[M] + k_{fm}[M] + k_{fs}[S] + 2k_{tc}[P^*]} \tag{10.39}$$

当 $j = j$ 时

$$\frac{d[P_j^*]}{dt} = k_p[P_{j-1}^*][M] - k_p[P_j^*][M] - k_{fm}[P_j^*][M] - k_{fs}[P_j^*][S] - 2k_{tc}[P^*][P_j^*] = 0$$

所以 $\qquad$ $$[P_j^*] = \frac{k_p[P_{j-1}^*][M]}{k_p[M] + k_{fm}[M] + k_{fs}[S] + 2k_{tc}[P^*]} \tag{10.40}$$

因自由基总浓度也是恒定的，即

$$\frac{d[P^*]}{dt} = r_d - r_{tc} - r_{fs} = 2fk_d[I] - 2k_{tc}[P^*]^2 - k_{fs}[P^*][S] = 0$$

故 $\qquad$ $$2fk_d[I] = 2k_{tc}[P^*]^2 + k_{fs}[P^*][S] \tag{10.41}$$

或解得 $\qquad$ $$[P^*] = \frac{k_{fs}[S] \pm \{(k_{fs}[S])^2 - 16k_{tc}fk_d[I]\}^{1/2}}{2k_{tc}}$$

将上式代入式(10.37) 有

$$[P_1^*] = \frac{2k_{tc}[P^*]^2 + k_{fs}[P^*][S] + k_{fm}[P^*][M]}{k_p[M] + k_{fm}[M] + k_{fs}[S] + 2k_{tc}[P^*]} = \left(\frac{1}{1 + v_{tf}}\right)[P^*] \tag{10.42}$$

令 $\qquad$ $$v_{tf} = \frac{k_p[M]}{k_{fm}[M] + k_{fs}[S] + 2k_{tc}[P^*]} = \frac{链生长中单体的消耗速率}{链终止速率 + 链转移速率} \tag{10.43}$$

将式(10.43) 代入式(10.39) 并整理得

$$[P_2^*] = \left(\frac{v_{tf}}{1 + v_{tf}}\right)\left(\frac{1}{1 + v_{tf}}\right)[P^*] \tag{10.44}$$

同理,迭代可得
$$\left[P_j^*\right]=\left(\frac{v_{tf}}{1+v_{tf}}\right)^{j-1}\left(\frac{1}{1+v_{tf}}\right)\left[P^*\right] \tag{10.45}$$

此时
$$f_n(j)=\frac{\left[P_j^*\right]}{\left[P^*\right]}=\left(\frac{v_{tf}}{1+v_{tf}}\right)^{j-1}\left(\frac{1}{1+v_{tf}}\right) \tag{10.46}$$

当 j 值足够大时
$$\left(\frac{v_{tf}}{1+v_{tf}}\right)^{j-1}\cong\left(\frac{v_{tf}}{1+v_{tf}}\right)^{j}\cong\exp\left(-\frac{j}{v_{tf}}\right)$$

又因为在一般情况下 $v_{tf}\gg1$,故
$$\frac{1}{1+v_{tf}}\cong\frac{1}{v_{tf}}$$

将上式代入式(10.46)可简化为
$$f_n(j)=\frac{1}{v_{tf}}\exp\left(-\frac{j}{v_{tf}}\right) \tag{10.47}$$

应当指出,对于存在偶合终止机理的反应,对比式(10.33)和式(10.43)可知
$$\overline{p}_n\neq v_{tf}$$

这是由于偶合终止速率与生成聚合物速率不等造成的。由瞬时数均聚合度和 v_{tf} 的定义式可看出,当链转移速率相对链终止速率小到可以忽略时,式(10.33)和式(10.43)简化为
$$\overline{p}_n=\frac{r_M}{r_P}=\frac{k_p[M][P^*]}{k_{tc}[P^*]^2} \tag{10.48}$$

及
$$v_{tf}=\frac{k_p[M][P^*]}{2k_{tc}[P^*]^2} \tag{10.49}$$

所以,对存在偶合终止机理的聚合反应,有
$$\overline{p}_n=2v_{tf} \tag{10.50}$$

但对于非偶合终止机理聚合反应,得
$$\overline{p}_n=v_{tf} \tag{10.51}$$

将(10.50)式代入(10.5)式便可求出间歇恒密度时,在上述机理情况下,累积数均聚合度为
$$\overline{P}_n=\frac{X}{\displaystyle\int_0^X\frac{1}{2v_{tf}}\mathrm{d}X} \tag{10.52}$$

如果需要,再将式(10.47)和式(10.50)代入式(10.11)便可求出累积数基聚合度分布函数 $F_n(j)$。

另外从瞬时数基聚合度分布函数 $f_n(j)$ 与瞬时重基聚合度分布函数 $f_w(j)$ 的定义式就可找出二者之间的关系
$$f_n(j)=\frac{r_{pj}}{\displaystyle\sum_{j=2}^{\infty}r_{pj}}=\frac{r_{pj}}{r_p}=\frac{r_{pj}\overline{p}_n}{r_M}$$
$$f_w(j)=\frac{jr_{pj}}{\displaystyle\sum_{j=2}^{\infty}jr_{pj}}=\frac{jr_{pj}}{\displaystyle\sum_{j=2}^{\infty}jr_{Mj}}=\frac{jr_{pj}}{r_M}=\frac{jf_n(j)}{\overline{p}_n} \tag{10.53}$$

因此,当知道 $f_n(j)$ 时,便可求瞬时重基聚合度分布函数。再由式(10.18)求得
$$F_w(j)=\frac{1}{X}\int_0^X f_w(j)\mathrm{d}X=\frac{1}{X}\int_0^X\frac{jf_n(j)}{\overline{p}_n}\mathrm{d}X \tag{10.54}$$

如将式(10.47)、式(10.50)代入式(10.53)有

$$f_w(j) = \frac{j}{2v_{tf}^2} \exp\left(-\frac{j}{v_{tf}}\right) \tag{10.55}$$

将上式代入式(10.54)得 $\quad F_w(j) = \frac{1}{X} \int_0^X \frac{j}{2v_{tf}^2} \exp\left(-\frac{j}{v_{tf}}\right) dX \tag{10.56}$

由上述可知，聚合度分布是单体转化率的函数。不同的反应程度，其最终产品的聚合度分布不一样的。

聚合度分布也可从 j 聚体的生成速率来得到。j 聚体的生成速率的大小由链终止速率和链转移速率决定，因此，其生成速率为

$$\frac{d[P_j]}{dt} = k_{tc}[P^*][P_j^*] + k_{fm}[M][P_j^*] + k_{fs}[S][P_j^*]$$

将式(10.41)及式(10.45)代入上式，并整理得

$$\frac{d[P_j]}{dt} = k_p[M][P^*]\left(\frac{v_{tf}}{1+v_{tf}}\right)^j$$

而单体消耗速率为

$$-\frac{d[M]}{dt} \cong k_p[P^*][M]$$

所以，上二式相除便得 $\quad \frac{d[P_j]}{-d[M]} = \left(\frac{v_{tf}}{1+v_{tf}}\right)^j = \phi([M]) = \phi'(X)$

上式中，$\phi([M])$ 或 $\phi'(X)$ 表示单体浓度或转化率的函数。如有初始条件，此式便可积分求出 $[P_j]$。当固定 X 时，以 $[P_j]$ 对 j 作图即得到数基分布曲线。而以 $j[P_j]$ 对 j 作图，即为重基聚合度分布曲线。

【例 10.4】 根据例 10.2 所给定的条件与数据，试求转化率 $X=80\%$ 时，瞬时数基与重基聚合度分布。

解：由于例 10.2 所给定的机理与前面所讲的间歇聚合时聚合度分布所假定的机理相同，故前面所推导的公式可直接应用。

由例 10.2 中的式(A)可写为

$$\frac{1}{\bar{p}_n} = \frac{k_{fm}}{k_p} + \frac{k_{tc}(2fk_d[I]/k_{tc})^{1/2} + k_{fs}}{k_p[M]_0(1-X)} = 1.55 \times 10^{-4} + \frac{6.18 \times 10^{-4}}{1-X}$$

由式(10.50)知 $\quad \frac{1}{v_{tf}} = \frac{2}{\bar{p}_n} = 2\left(1.55 \times 10^{-4} + \frac{6.18 \times 10^{-4}}{1-X}\right)$

由式(10.47)得瞬时数基聚合度分布函数

$$f_n(j) = \frac{1}{v_{tf}} \exp\left(-\frac{j}{v_{tf}}\right) = \left(3.1 \times 10^{-4} + \frac{12.36 \times 10^{-4}}{1-X}\right) \exp\left[-j\left(3.1 \times 10^{-4} + \frac{12.36 \times 10^{-4}}{1-X}\right)\right]$$

$$\tag{A}$$

而瞬时重基聚合度分布函数由式(10.55)得

$$f_w(j) = \frac{jf_n(j)}{\bar{p}_n} = \frac{jf_n(j)}{2v_{tf}} = \frac{j}{2v_{tf}^2} \exp\left(-\frac{j}{v_{tf}}\right)$$

$$= \frac{1}{2}\left(3.1 \times 10^{-4} + \frac{12.36 \times 10^{-4}}{1-X}\right)^2 \exp\left[-j\left(3.1 \times 10^{-4} + \frac{12.36 \times 10^{-4}}{1-X}\right)\right] \tag{B}$$

由上式可知聚合度分布是转化率的函数。当转化率一定，便可得到一定的分布。若 $X=80\%$，由式（A）和式（B）便可求得 $f_n(j)$ 和 $f_w(j)$，如图 10C 所示。

上述结果是在间歇操作时得出的，各组分的浓度是随反应时间而变化的。因而产物的平均聚合度以及其分布都随反应时间而变化。由于在恒密度时，活塞流反应器与间歇反应器的一致性，所以上述对间歇操作得出的结论，也适用于活塞流反应器连续操作的情况，这里不再重述。对于全混流反应器的情况将在下面讨论。

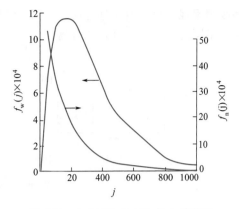

图 10C $f_w(j)$ 或 $f_n(j)$ 与 j 的关系

10.2.3.5 在全混流反应器中连续聚合反应

现仍以前述的自由基聚合反应为例，机理也同前。只要对聚合反应过程经过认真观察分析即可得知，其流动模型符合全混流模型。那么聚合反应的某些结果与第 3 章中的全混流反应器是相类似的。全混流聚合反应器的进出口物料的各参数如图 10.1 所示。

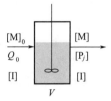

图 10.1　CSTR 示意

如对单体 M 进行物料衡算得

$$Q_0[M]_0 = Q[M] + r_m V$$

则平均停留时间（空时）τ 为

$$\tau = \frac{V}{Q_0} = \frac{[M]_0 - [M]}{r_m} \tag{10.57}$$

这里单体的消耗速率由式（10.31）知

$$r_M \approx k_p \left(\frac{2fk_d}{2k_{tc}} \right)^{1/2} [I]^{1/2} [M] = k[M]$$

式中，$k = k_p \left(\dfrac{2fk_d}{2k_{tc}} \right)^{1/2} [I]^{1/2}$，当 $[I]$ 可看作常数时，则单体消耗速率常数 k 为定值。将上式代入式（10.57），整理有

$$[M] = \frac{[M]_0}{1 + k\tau} \text{ 或 } \tau = \frac{1}{k}\left(\frac{1}{1-X} - 1 \right) \tag{10.58}$$

由于全混流的假设为理想混合状态。定态下，瞬时平均聚合度及其分布就等于累积平均聚合度及其分布，即

$$\overline{P}_n = \overline{p}_n, \quad F_n(j) = f_n(j) \tag{10.59}$$

$$\overline{P}_w = \overline{p}_w, \quad F_w(j) = f_w(j) \tag{10.60}$$

不难看出，全混釜得的结论与间歇操作是不同的，不仅单体转化率不同，而且聚合产品的聚合度分布也不同。前者在第 3 章及第 5 章中已有详细的讨论，这里不再重述。至于聚合度及其分布不同，是由于全混流反应器和间歇反应器的物料停留时间分布不同，物料浓度变化不同造成的。这也是影响聚合度及其分布的重要因素。所以，为控制产品的聚合度及聚合度分布，必须选择正确的操作方式。

10.2.3.6 多釜串联反应器

多釜串联反应器聚合反应若仍以上述的自由基聚合反应机理为例。如图 10.2 所示，在多级理想混合反应器中进行反应。第一级的进料仅为单体和引发剂，而以后各釜的进料则还含有不同链长的自由基及聚合物。

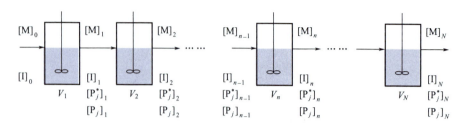

图 10.2　多釜串联反应器示意

假定：

① 各级釜的体积相等，聚合反应过程可忽略物料密度的变化，为恒密度过程，则各釜的空时（平均停留时间）相等，即

$$\tau_1 = \tau_2 = \cdots = \tau_n = \tau$$

② 各釜均符合全混流模型，在等温定态下操作，各釜间不发生反应，引发剂的浓度 $[I]$ 为常数。

现对第 n 级釜不同链长的自由基作物料衡算：

$$带入量 + 生成量 = 带出量 + 转化量$$

当 $j=1$ 时，即对 $[P_1^*]_n$ 作物料衡算，则有

$$[P_1^*]_{n-1} + 2f k_{dn}[I]_n \tau + k_{fm}[P^*][M]_n \tau =$$

$$[P_1^*]_n + k_{pn}[P_1^*]_n[M]_n + 2k_{tcn}[P_1^*]_n[P^*]_n \tau + k_{fm}[P_1^*]_n[M]_n \tau + k_{fs}[P_1^*]_n[S]_n \tau$$

将此式整理得

$$[P_1^*]_n = \frac{[P_1^*]_{n+1} 2f k_{dn}[I]_n \tau + k_{fm}[P_1^*]_n[M]_n \tau}{k_{pn}[M]_n \tau + 2k_{tcn}[P^*]_n \tau + k_{fm}[M]_n \tau + k_{fs}[S]_n \tau + 1} \qquad (10.61)$$

在定态时

$$\frac{d[P^*]_n}{dt} = r_{in} - r_{tcn} - r_{fsn} = 2f k_{dn}[I]_n - 2k_{tcn}[P^*]_n^2 - k_{fs}[P^*]_n[S]_n = 0$$

故

$$2f k_{dn}[I]_n = 2k_{tcn}[P^*]_n^2 + k_{fs}[P^*]_n[S]_n \qquad (10.62)$$

又因为空时 τ 远大于活性链的寿命 τ_s（τ_s 定义为定态下自由基总浓度除以链终止总速率），即

$$\tau \gg \frac{[P^*]_n}{2k_{tcn}[P^*]_n^2 + k_{fm}[M]_n[P^*]_n + k_{fs}[S]_n} = \frac{1}{2k_{tcn}[P^*]_n + k_{fm}[M]_n + k_{fs}[S]_n}$$

所以

$$\tau_s = \frac{1}{2k_{tcn}[P^*]_n + k_{fm}[M]_n + k_{fs}[S]_n} \cong 0 \qquad (10.63)$$

将式（10.62）及式（10.63）代入式（10.61），并整理得

$$[P_1^*] = \left[\frac{1}{1 + v_{tf(n)}}\right][P^*]_n \qquad (10.64)$$

式中

$$v_{tf(n)} = \frac{链增长中单体的消耗速率}{链终止速率 + 链转移速率} = \frac{k_{pn}[M]_n}{2k_{tcn}[P^*]_n + k_{fm}[M]_n k_{fs}[S]_n} \qquad (10.65)$$

同样 $j=2$ 时，对 $[P_2^*]_n$ 进行物料衡算：

$$[P_2^*]_{n-1} + k_{pn}[P_1^*]_n[M]_n \tau =$$

$$k_{pn}[P_2^*]_n[M]_n\tau + [P_2^*]_n + 2k_{tcn}[P_2^*]_n[P^*]_n\tau + k_{fm}[P_2^*]_n[M]_n\tau + k_{fs}[P_2^*]_n[S]_n\tau$$

经整理有
$$[P_2^*]_n = \left(\frac{v_{tf}}{1+v_{tf}}\right)[P_1^*]_n = \left(\frac{1}{1+v_{tf}}\right)\left(\frac{v_{tf}}{1+v_{tf}}\right)[P^*]_n \tag{10.66}$$

直至叠加到 j 时得
$$[P_j^*]_n = \left[\frac{v_{tf(n)}}{1+v_{tf(n)}}\right][P_{j-1}^*]_n = \left(\frac{1}{1+v_{tf}}\right)\left[\frac{v_{tf(n)}}{1+v_{tf(n)}}\right]^{j-1}[P^*]_n \tag{10.67}$$

于是根据瞬时数基聚合度分布函数的定义有
$$f_{n(n)}(j) = \frac{r_{pjn}}{r_{pn}} = \frac{\mathrm{d}[P_j]_n/\mathrm{d}t}{\mathrm{d}[P]_n/\mathrm{d}t} = \frac{[P_j]_n}{[P^*]_n} = \left[\frac{1}{1+v_{tf(n)}}\right]\left[\frac{v_{tf(n)}}{1+v_{tf(n)}}\right]^{j-1} \tag{10.68}$$

当 j 足够大时，并且 $v_{tf}\gg1$ 时，上式可近似表示为
$$f_{n(n)}(j) \approx \frac{1}{v_{tf}}\exp\left(-\frac{j}{v_{tf}}\right) \tag{10.69}$$

此时瞬时数均聚合度
$$\overline{p}_{n(n)} = \frac{r_{M(n)}}{r_{Pn}} = \frac{k_{pn}[P^*]_n[M]_n}{k_{tcn}[P^*]_n^2 + k_{fm}[P^*]_n[M]_n + k_{fs}[P^*]_n[S]_n} \neq v_{ef(n)} \tag{10.70}$$

而与式(10.61)同理，得
$$\overline{P}_{n(n)} = 2v_{tf(n)}$$

而瞬时重基聚合度分布函数为
$$f_{w(n)}(j) = \frac{jf_{n(n)}(j)}{\overline{p}_{n(n)}} = \frac{j}{2v_{tf(n)}^2}\exp\left[-\frac{j}{v_{tf(n)}}\right] \tag{10.71}$$

在相同机理时，对比间歇操作时式(10.47)、式(10.50)及式(10.53)与多釜串联连续操作时式(10.69)、式(10.70)及式(10.71)可以看出对应各式的形式完全一样。这是由于在定态时，连续操作第 n 釜的各参数仅与间歇操作的某一瞬间的条件相同。但要注意多釜串联的分布函数不是连续的，而是间断的，只有当串联釜数 $N \to \infty$ 时，才完全与间歇操作等效。所以二者的瞬时聚合度及其分布表达式相同，但其数值是不同的。

多釜串联连续操作时，各釜内各组分浓度及聚合反应速率是一定值，因此对任一 n 釜有
$$\overline{P}_{n(n)} = \overline{p}_{n(n)}, \quad F_{n(n)}(j) = f_{n(n)}(j) \tag{10.72}$$
$$\overline{P}_w = \overline{p}_w, \quad F_{w(n)}(j) = f_{w(n)}(j) \tag{10.73}$$

由此得出：同一聚合反应采用不同的反应器型式及不同的操作方式，所得的聚合率及其分布是不同的。那么，对此时的多釜串联连续操作其最终产品总的聚合度及其分布，可将各级反应釜所生成聚合物分布累加起来。这里用加权平均值表示，即
$$\overline{P}_{n(N)} = \sum_{n=1}^{N}\left(\frac{[P]_n - [P]_{n-1}}{[P]_N}\right)\overline{P}_{n(n)} \tag{10.74}$$

$$F_{n(N)}(j) = \sum_{n=1}^{N}\left(\frac{[P]_n - [P]_{n-1}}{[P]_N}\right)F_{n(n)}(j) \tag{10.75}$$

$$\overline{P}_{w(N)} = \sum_{n=1}^{N}\left(\frac{X_n - X_{n-1}}{X_N}\right)\overline{P}_{w(n)} \tag{10.76}$$

$$F_{w(N)}(j) = \sum_{n=1}^{N}\left(\frac{X_n - X_{n-1}}{X_N}\right)F_{w(n)}(j) \tag{10.77}$$

当 $N=1$ 时，即为单一全混流反应器的结果。则式(10.59)变为
$$\overline{P}_n = \overline{p}_n, \quad F_n(j) = f_n(j) = \frac{1}{v_{tf}}\exp\left(-\frac{j}{v_{tf}}\right) \tag{10.78}$$

而重基聚合度及其分布式(10.70)则改变为

$$\overline{P}_w = \overline{p}_w, \quad F_w(j) = f_w(j) = \frac{j}{2v_{tf}^2}\exp\left(-\frac{j}{v_{ef}}\right) \tag{10.79}$$

应当注意，上述结论仅限于上述的自由基聚合反应，而且仅限于上述机理。对于其他机理，或其他类型的聚合反应，只要参照上述的推导思路、方法，都不难得出结果。一般，首先以实验数据为基础，确定聚合反应类型，依据反应机理，写出各基元反应的速率式，按定态近似和速率控制步骤法，推导所需要的组分的速率式。选择反应器类型和操作方式，利用物料衡算，进行动力学分析，推导出所需要的各种关系式，得出反应器设计及其分析的各种信息。

【例 10.5】 在与例 10.2 相同的条件下及相同的数据时，试计算转化率为 80% 时，等温间歇釜式反应器的重基聚合度分布及全混流反应器的重基聚合度分布，并绘图加以比较。

解：（1）全混流反应器

由式(10.59)和式(10.60)可知，对于全混流反应器，重基累积聚合度分布与瞬时聚合度分布相同，即（例 10.4 中已求出）

$$F_w(j) = f_w(j) = \frac{j}{2}\left(3.1\times10^{-4} + \frac{12.36\times10^{-4}}{1-X}\right)^2 \exp\left[-j\left(3.1\times10^{-4} + \frac{12.36\times10^{-4}}{1-X}\right)\right] \tag{A}$$

（2）间歇釜式反应器

累积重基聚合度分布函数为

$$\begin{aligned}
F_w(j) &= \frac{1}{X}\int_0^X f_w(j)\,\mathrm{d}X \\
&= \frac{1}{X}\int_0^X \frac{j}{2}\left(3.1\times10^{-4} + \frac{12.36\times10^{-4}}{1-X}\right)^2 \exp\left[-j\left(3.1\times10^{-4} + \frac{12.36\times10^{-4}}{1-X}\right)\right]\mathrm{d}X
\end{aligned} \tag{B}$$

将式(B)采用梯形法数值积分，积分结果和式(A)的结果一起列表 10B 及图 10D 中。

表 10B　重基聚合度分布

j	CSTR $F_w(j)\times10^4$	间歇反应器 $F_w(j)\times10^4$
50	7.61	2.13
100	11.01	3.44
200	11.50	4.58
250	10.39	4.73
300	9.02	4.74
400	6.28	4.24
500	4.10	4.09
800	0.94	2.84
1000	0.32	2.16

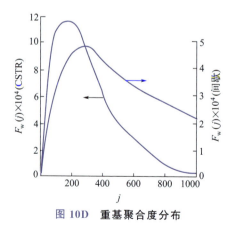

图 10D　重基聚合度分布

10.2.3.7　活性链寿命对聚合度分布的影响

聚合度及其分布是衡量聚合产品质量的重要指标。因此，了解聚合度及其分布与哪些主要因素密切相关，不论从理论上还是实际生产上都是十分重要的。

由前述可知，聚合度及其分布与聚合反应类型有关，与反应机理有关，即使是同一个反应同一个机理，又与所采用的聚合方法有关，而且不仅与所用的反应器型式以及操作方法有关，还与具体的操作工艺条件等都有密切关系，甚至某些方面微小的变化也会造成产品质量的很大差异。但是不管怎么复杂，归根结底，聚合度及其分布首先取决于聚合反应的微观动力学，这是事物的本质，是内因；其他诸因素都是外因，都归结为影响物料流动、混合、传质和传热状况和传递因素，所以，聚合过程总是从动力学和传递过程因素这两方面进行分析。

对同一个反应，在相同条件下，在间歇反应器（或活塞流反应器）和全混流反应器及多釜串联反应器中，所得产品的聚合度及其分布是不同的。这是由于不同类型反应器的物料传递因素不同，致使物料的停留时间分布和浓度分布变化不同。但二者的影响谁大谁小，需视聚合反应机理而定，尤其视活性链的寿命而定。所谓活性链寿命 τ_s 是自由基（活性链）从产生到终止所经历的时间；是由定态下自由基总浓度 $[P^*]$ 除以链终止总速率 r_{tf} 求得，即

$$\tau_s = \frac{[P^*]}{r_{tf}} \tag{10.80}$$

当活性链寿命短，如 $\tau_s \ll t$ 时，则不同类型反应器的停留时间（t）分布的影响相对就变小了。因为，即使停留时间短的那一部分物料，链的终止也来得及。因而浓度分布的影响就起决定作用。对全混流反应器由于浓度的均一性而使聚合度分布较窄；对间歇反应器，各组分一直在变，使得不同时刻的瞬时聚合度分布不同，当然累积聚合度分布自然就宽。对活性链寿命较长的反应，即 $\tau_s \gg t$ 时，则其物料的浓度虽有影响，但这时停留时间分布的影响更大。对全混流反应器停留时间分布极宽，使得聚合度分布也就较宽；而在间歇反应器中不存在停留时间分布，所以，得到的产品分子量分布就窄。

至于多釜串联反应器的停留时间分布和浓度分布，是介于间歇反应器和单个全混流反应器二者之间，故聚合度分布也介于二者之间。当串联釜数 n 趋近 ∞ 时，其性能与间歇反应器相同；而当 $n=1$ 时，就是全混流反应器。

众所周知，对自由基连锁反应，活性链寿命较短，一般在 $0.1 \sim 10s$ 之间，即使对聚合反应转化率高的阶段，有凝胶效应发生时，其反应速率减小，τ_s 可长达 $10^2 \sim 10^3 s$，但相对于物料在反应器内的平均停留时间（或反应时间）一般还是小得多。因此，对自由基聚合反应，一般采用全混流反应器，所制得的产品聚合度分布较窄。

10.2.4 缩聚反应

与连锁反应不同，缩聚反应的特点是不需要引发反应的特殊活性点。而是系统中所有的单体一起参与高分子生成反应，而且所生成的 j 聚体依然还带官能团，它们之间可以进一步相互反应，也就是说生成的聚合物的分子量随反应时间延长而逐步增大。缩聚反应与加聚反应有哪些主要区别，见表10.3。

表10.3　缩聚反应与加聚过程的基本特点比较

项目	加聚反应	缩聚反应
引发剂	必需	不需要
链增长机理及速率	分引发、增长、终止三个不同的基元反应，增长反应的活化能小，如 $E_p = 21 \times 10^3 J/mol$，反应速率极快，以秒计	无所谓引发、增长、终止反应，反应活化能较高，如聚酯反应 $E_p = 63 \times 10^3 J/mol$，反应速率慢，以小时计

项目	加聚反应	缩聚反应
热效应及反应平衡	热效应大，$\Delta H_r = 84 \times 10^3 \text{J/mol}$，聚合临界温度高($200 \sim 300 \text{℃}$)，在一般温度下为不可逆反应	热效应小，$\Delta H_r = 21 \times 10^3 \text{J/mol}$，聚合临界温度低($40 \sim 50 \text{℃}$)，在一般温度为可逆反应
单体转化率与反应时间关系	单体随时间逐渐消失	单体很快消失
聚合物分子量与反应时间关系	大分子迅速形成之后不再变化	大分子逐渐形成，分子量随时间逐渐增大

缩聚反应的典型例子是制备聚酯、聚酰胺以及聚氨基甲酸酯等。前者的反应中有水那样的低分子物逸出，而后者在成键时没有生成低分子物。为生成聚合物，每个单体中必须存在两个或两个以上的官能团，如二胺和二酸之类的双官能团单体的反应就能生成线型的聚合物。当然如存在多于两个官能团的单体时，便可能支化或交联而生成体型缩聚物。下面以线型缩聚反应为例说明其特点和规律。

10.2.4.1　缩聚反应动力学分析

缩聚反应是可逆反应，反应速率及聚合度与反应的平衡之间有密切的关系。在研究其动力学时，为使动力学处理方便，采用被实验证明是合理的假定"官能团等活性"概念，即不论是单体、二聚体及多聚体，其两端官能团反应活性相同。所以每一步反应平衡常数都相等，反应速率常数保持不变。故此缩聚反应动力学与低分子化学反应动力学相似。若聚合反应物仅有 A 和 B，则其反应速率的通式为

$$r = k[\text{A}]^\alpha [\text{B}]^\beta \tag{10.81}$$

式中，反应级数 α、β 及速率常数 k 的确定，无疑原则上也与低分子反应相同。

现以生成聚酯的反应为例，设具有不同双官能团的单体 A–R–A 和 B–R′–B，通过不断形成新键 m 达到高分子量化，生成的低分子逸出物为 n，其反应如下：

$$\text{A–R–A} + \text{B–R′–B} \underset{\overset{\leftarrow}{k}}{\overset{\vec{k}}{\rightleftharpoons}} [\text{R—m—R′—m}] + \text{n}$$

式中，A 表示官能团，如羧基—COOH；B 代表另一单体的官能团，如羟基—OH；m 表示生成的新键，如 $-\text{O}-\overset{\overset{\text{O}}{\|}}{\text{C}}-$；n 表示生成的低分子物，如 H_2O。

上述可逆反应一般在酸催化剂作用下进行，其反应级数对各组分均为一级。若采用间歇操作，则反应速率为

$$r_M = -\frac{\text{d}[-\text{A}]}{\text{d}t} = -\frac{\text{d}[-\text{B}]}{\text{d}t} = \vec{k}[-\text{A}][-\text{B}] - \overset{\leftarrow}{k}[-\text{M}-][\text{n}] \tag{10.82}$$

则在反应时间 t 时，起反应的官能团的转化率（即等于单体的转化率）或反应程度为 X_0，若令 $[-\text{A}]_0 = [-\text{B}]_0$，即官能团的初始浓度相等。故上式可写成

$$\frac{[-\text{A}]_0 \text{d}X}{\text{d}t} = \vec{k}[-\text{A}]_0^2(1-X)^2 - \overset{\leftarrow}{k}[-\text{A}]_0^2 X^2 \tag{10.83}$$

此式积分得

$$\frac{[-\text{A}]_0}{[-\text{A}]} = 1 + \sqrt{K}\frac{1-\exp(-2\vec{k}[-\text{A}]_0 t/\sqrt{K})}{1+\exp(-2\vec{k}[-\text{A}]_0 t/\sqrt{K})} \tag{10.84}$$

式中，K 为平衡常数。如果系统中只有两种官能团物质存在，且无其他副反应，则至时刻 t

时，未反应的官能团数就等于缩聚产物的物质的量 N，且 N_0 正好是缩聚产物中进入高分子链的单体结构单元的总数。因此，以结构单元为基准的数均聚合度 $\overline{P}_n$ 与转化率 X 的关系为

$$\overline{P}_n = \frac{N_0}{N} = \frac{[-A]_0}{[-A]} = \frac{1}{1-X} \tag{10.85}$$

其中，N_0 为初始官能团数，即 $N_0 = \dfrac{N_{A0} + N_{B0}}{2}$。当反应达到平衡时，即 $r_m = 0$。由式 (10.83) 有

$$K = \frac{X^2}{(1-X)^2} \quad \text{或} \quad X = \frac{\sqrt{K}}{1+\sqrt{K}} \tag{10.86}$$

现将式(10.86) 代入式(10.85)，便求得平衡时数均聚合度

$$\overline{P}_n = 1 + \sqrt{K} \tag{10.87}$$

由式(10.84) 也可看出，当 $t \to \infty$ 时，也就是平衡时，也可得到与上式同样的结果。这就得到结论：缩聚反应所能达到的最高聚合度，决定于该反应的平衡常数。如由二元脂肪酸和二元醇合成聚酯时，一般 $K \approx 1$，其最大聚合度 $\overline{P}_n = 2$，这告诉我们不可能得到高分子量的聚合体。因此，对此类缩聚反应在工艺上必须采取在高真空度下来完成，以使生成的低分子物连续不断地及时逸出，以增大平衡常数，提高聚合度。

实际上，通常的缩聚反应都采取措施将生成的低分子物及时排出，是在逆反应可以忽略的情况下进行的，故式(10.83) 简化为

$$\frac{dX}{dt} = \vec{k}[-A]_0(1-X)^2 \tag{10.88}$$

积分得

$$[-A]_0\vec{k}t = \frac{1}{1-X} - 1 \tag{10.89}$$

因此，此时的数均聚合度为

$$\overline{P}_n = [-A]\vec{k}t + 1 \tag{10.90}$$

由上式和式(10.85) 可知，聚合度随反应时间的延长而增大，随单体转化率的增加而增加。当 $X = 0.90$ 时，高分子聚合度 $\overline{P}_n = 10$；若 X 提到 99%，则 $\overline{P}_n = 100$。这就是说，为提高聚合度以提高聚合物的性能，就必须保证单体的纯度，控制好反应工艺条件等，才能保证单体转化率高。

还应指出，上述结论是在原料中两组分的起始摩尔比相等的情况下导出的，即 $\alpha = \dfrac{[-A]_0}{[-B]_0} = 1$。若 $\alpha \neq 1$，其含量较少的组分 A 的反应程度为 X，则数均聚合度为

$$\overline{P}_n = \frac{[-A]_0 + [-B]_0}{[-A] + [-B]} = \frac{1+\alpha}{1+\alpha-2\alpha X} \tag{10.91}$$

当 $\alpha = 1$ 时，上式化为

$$\overline{P}_n = \frac{1}{1-X} \tag{10.92}$$

如对式(10.91) 取极限，有

$$\lim_{X \to 1} \overline{P}_n = \frac{1+\alpha}{1-\alpha} \tag{10.93}$$

由此看出，当 $\alpha \to 1$ 时，则 $\overline{P}_n \to \infty$，这说明在线型缩聚反应中，要获得高聚合度，还必须使两组分的摩尔配料比趋近于 1。这是提高聚合度的又一重要措施。

10.2.4.2 线型缩聚物的聚合度分布

由于缩聚过程的随机特性，上面谈到的官能团的转化率 X，从统计方法看，就是表示

官能团被反应掉的概率，而未反应掉的概率为 $1-X$。那么生成的某 j 聚体（即有 j 个结构单元的分子）近似为 $X^{j-1}(1-X)$。

在聚合反应体系中，间歇操作反应时间为 t 时，官能团数有

$$N = N_0(1-X) \tag{10.94}$$

其中的 j 聚体数目得

$$N_j = NX^{j-1}(1-X) = N_0 X^{j-1}(1-X)^2 \tag{10.95}$$

所以，数均聚合度分布函数为

$$F_n(j) = \frac{N_j}{N} = X^{j-1}(1-X) \tag{10.96}$$

而重基聚合度分布函数为

$$F_w(j) = \frac{jN_j}{N_0} = jX^{j-1}(1-X)^2 \tag{10.97}$$

由式(10.96)和式(10.97)可知，聚合度分布只是转化率的函数。与反应温度等条件无直接关系。但要注意，聚合度分布函数与操作方式是有关的。如图 10.3 所示，操作方式不同，结果是完全不同的，这里不再详述。

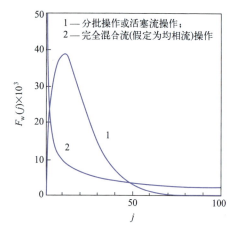

图 10.3 缩合聚合物的重基聚合度分布与操作方式关系
（反应程度 $X = 0.90$ 时）

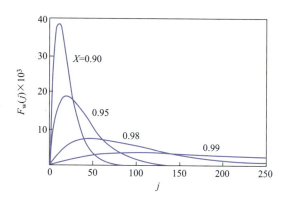

图 10.4 间歇操作中得到的缩聚物的重基聚合度分布

根据聚合度与聚合度分布函数的关系，有

$$\overline{P}_n = \sum_{j=2}^{\infty} jN_j/N = \sum_{j=2}^{\infty} jF_n(j) = \sum_{j=2}^{\infty} jX^{j-1}(1-X) = \frac{1-X}{(1-X)^2} = \frac{1}{1-X} \tag{10.98}$$

注意，这里应用了 $\sum\limits_{j=2}^{\infty} jX^{j-1} = \dfrac{1}{(1-X)^2}$ 关系。对比式(10.98)与式(10.85)可知，概率与转化率实际上是一样的。同样，重均聚合度有

$$\overline{P}_w = \sum_{j=2}^{\infty} j^2 N_j/N_0 = \sum_{j=2}^{\infty} jF_w(j) = \sum_{j=2}^{\infty} j^2 X^{j-1}(1-X)^2$$

$$= (1-X)^2 \sum_{j=2}^{\infty} j^2 X^{j-1} = \frac{(1-X)^2(1+X)}{(1-X)^3} = \frac{1+X}{1-X} \tag{10.99}$$

其中 $\sum\limits_{j=2}^{\infty} j^2 X^{j-1} = \dfrac{1+X}{(1-X)^3}$。对比式(10.98)与式(10.99)，可得分散指数 D

$$D = \frac{\overline{P}_w}{\overline{P}_n} = 1 + X \qquad (10.100)$$

由上式不难看出,缩聚反应的转化率愈大,聚合度分布愈分散,分子量分布愈宽。

图 10.4 给出了由式(10.97)计算结果,它可明显表示出 $F_w(j)$ 随 X 的变化情况。进一步定量地说明单体转化率愈高,不仅聚合度愈大,而且聚合度分布愈宽。同时,表明单体随反应时间很快消失,生成小分子聚合物。而大分子聚合物是由小分子相互聚合而成的。

10.2.5 影响聚合反应速率的因素

在第 3、第 4 及第 5 章中已讨论了在工业反应器中,影响反应速率的因素有:

① 动力学因素,对一定的反应主要表现为温度、浓度对速率的影响;

② 流体返混程度的影响,对正常动力学来讲,返混程度愈大,反应速率愈小,转化率愈低;

③ 微观混合程度(或离析程度)的影响,影响情况要视反应级数而定;

④ 混合早、晚的影响。

上述因素对聚合反应的速率无疑仍有不可忽视的影响。这些因素的变化,均会使单体的转化率、生成聚合物的平均聚合度及其分布发生变化,尤其是微观混合程度的影响更大。这是由于聚合反应物系多属于高黏度的体系,往往更接近于宏观流体,如在溶液聚合及本体聚合中,生成的聚合物可溶于单体或溶剂中,随聚合率的增加,反应液的黏度会变得非常高,此种高黏度的流体会离析为流体团、流体块的集团,一般此流体更接近离析流,或称为宏观流体。更主要的是聚合反应物系这一高黏度特性,不同于其他反应的就是产生凝胶效应,出现自动加速现象。这一现象在自由基聚合及沉淀聚合中尤为明显。如苯乙烯以引发剂引发、双基终止、向单体转移的典型自由基聚合反应,其单体消耗速率由式(10.101)表示

$$-r_M = -\frac{d[M]}{dt} \approx k_p \left(\frac{2fk_d[I]}{k_t} \right)^{1/2} [M] = k[M]_0(1-X) \qquad (10.101)$$

式中令 $k = k_p \left(\frac{2fk_d[I]}{k_t} \right)^{1/2}$。若 k 为常数,正如图 10.5 所示,r_M 与转化率 X 呈直线关系,由图可知在低转化率范围内,实验值符合由式(10.31)的计算值,但在高转化率时会产生较大偏差。其原因一般解释为凝胶效应,即由于随转化率增加物系黏度增大,使自由基链卷曲,活性点被包裹,双基扩散终止受阻,使 k_t 下降,而此时小分子的单体扩散仍能自如,故 k_p/k_t 增大,使速率 r_M 增大。当转化率很高时,体系黏度极大(如 $X > 90\%$ 时,黏度可高达数十万帕·秒),此时单体扩散也受严重阻碍,k_p 也下降,故使总速率下降。

从上面的实例可知,前面从微观动力学出发,所推导出的速率方程、聚合度及其分布等式,都是以自由基聚合微观动力学为基础的、都假设各速率常数及引发效率 f 不随反应进行而变,一般只适合低转化率的情况。如图 10.6 所示,苯乙烯聚合的聚合度实验值和理论值的差异。可看出所推导的动力学若应用到工业聚合过程中时,就必须考虑黏度对聚合过程的影响。图中有黏度校正的曲线 2 是按式(10.101)修正后的理论值,式(10.102)是 Hamielec 等在研究苯乙烯本体聚合及溶液聚合时(以苯作溶剂、偶氮二异丁腈作引发剂),对 k_t 和 f 进行修正,在聚合率为 $10\% \sim 60\%$ 时,通过对实验数据的拟合所得的:

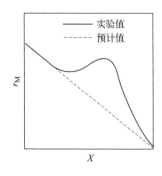
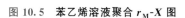

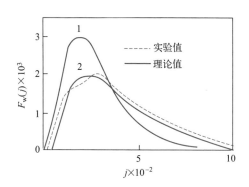

图 10.5　苯乙烯溶液聚合 r_M-X 图　　图 10.6　苯乙烯聚合的聚合度分布图

1—无黏度校正；2—有黏度校正

$$\lg(k_t/k_{t0}) = -0.133\lg(1+\mu\times10^3) - 0.077[\lg(1+\mu\times10^3)]^2$$

$$\lg(f/f_0) = 0.133\lg(1+\mu\times10^3)$$

$$\lg\mu = \Big\{17.66 - 0.311\lg(1+[S]) - 7.72\lg T - 10.23\lg(1-\overline{w}) - \qquad(10.102)$$

$$11.82[\lg(1-\overline{w})]^2 - 11.22[\lg(1-\overline{w})]^3\Big\} - 3$$

式(10.102)适用于等温间歇反应器的情况。式中，[S]为溶剂浓度，mol/L；μ 为溶液黏度，Pa·s；$\overline{w}$ 为聚合物质量分数；f_0 和 k_{t0} 分别为初始引发效率和终止速率常数。

按式(10.102)修正后的 k_t 和 f 值代入聚合速率式及聚合度式其计算值与实验值吻合较好。但这仅适用于聚合率低于 60% 的情况。同时可看出对 k_t、k_p 及 f 等参数修正的必要性，只有得到拟合很好的关联式，才能求得不同情况下的参数值，才能最终计算出全转化过程的聚合速率、聚合度及其分布的实际应用式，很显然这些应用式对反应器设计、放大及操作条件的优化具有多么重要的实际意义。但遗憾的是到目前为止，还缺乏这些实用关联式。

另外，聚合反应过程与低分子化学反应一样，也有均相和非均相之分，其动力学研究方法也是相似的。但要注意，同一聚合反应采用不同的聚合工艺方法，可能是不同相态的聚合体系，其动力学也可能是不同的。

聚合过程均相体系，包括本体聚合反应和溶液聚合反应；而非均相体系包括非均相的本体聚合、非均相的溶液聚合、悬浮聚合以及乳液聚合等。

在本体聚合中，初始的反应物料基本上是由单体组成。若是一种自由基聚合反应，则物料也含有引发剂等。如果生成的聚合物和单体是互溶的，则整个反应体系仍保持均相，该体系为均相聚合体系。苯乙烯或甲基丙烯酸甲酯的聚合反应就是典型的均相本体自由基聚合反应。其他类型如属于缩聚反应的聚对苯二甲酸乙二酯和尼龙-66 的制造也是均相本体聚合反应。

但在本体聚合中，如果单体和聚合物是不互溶的，反应混合物将是非均相的，则属非均相本体聚合。如制造低密度聚乙烯的高压自由基聚合工艺就是一例。

还应指出，同一个反应可以采用不同的聚合工艺方法。例如，聚氯乙烯（PVC）可采取本体、悬浮、乳液不同聚合方法生产，其中本体聚合反应属于非均相体系。因为在一般聚合工艺条件下，PVC 不溶于氯乙烯而成两相，但氯乙烯是能完全溶解于聚合物 PVC 中的，所以 PVC 聚合反应中的两相是纯单体的单体溶胀的聚合物。在此两相中均进行聚合反应，但在聚合物富集相中反应的速率将快得多。由此可看出，非均相动力学比均相动力学更复杂。这里不再赘述。

10.3 聚合过程的传热与传质分析

10.3.1 聚合过程热效应特点

聚合过程的高速率、高黏度及高放热的特点，就决定了解决传热问题是控制聚合反应的一个重要问题，也是设计聚合反应器，选择反应器型式以及聚合工艺、方法首先需要考虑的问题。

图 10.7 表示不同温度下聚合率与黏度的关系，显然聚合体系的黏度是随单体转化率的增加而迅速增大，即随高分子聚合物的增多而急剧上升。如在 100℃，转化率接近 100%时，其黏度超过 10^{10} Pa·s。这种高黏度体系，会造成总传热系数急剧下降。而图 10.8 所示为苯乙烯聚合热随反应温度的变化。在 160℃ 时，反应热接近 75kJ/mol；再从图 10.9 所示的不同反应温度下转化率与反应时间关系可看出，在 100℃ 下曲线变化平缓，反应 30h 其转化率还不到 60%，而在 178℃ 时，聚合 3h 时转化率迅速就超过 90%。但在其后的反应速率急剧下降，到 10h 转化率达到 98%时，就几乎不再变化，也就是说反应速率下降直至为零。这就是所谓自动加速现象。或称为凝胶效应。从图 10.7～图 10.9 综合起来看，很明显，聚合反应当达到一定的转化率时，会出现自动加速，会更加剧高放热、高黏度。而高放热、高黏度更加剧了高温度、高速率。三者相互影响，造成恶性循环。这就加重了传热、传质问题的难度。

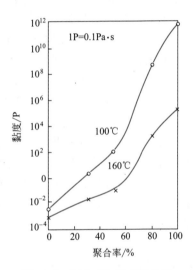

图 10.7 聚合率与黏度的关系

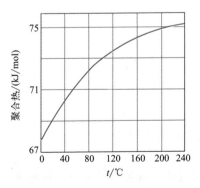

图 10.8 苯乙烯的聚合反应热

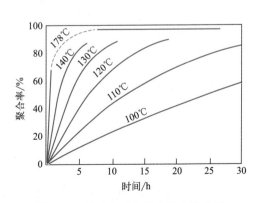

图 10.9 聚合温度与聚合速率的关系

众所周知，要保证聚合产品的质量，就得控制好反应温度，要控制好反应温度，就得及时移走反应热。使放热量与移热量平衡。在实现工业化时，如何移除反应热和如何输送高黏度的物料成为难度很大的实际问题。

那么如何解决、采取什么措施呢？下面进行初步讨论。

10.3.2 解决聚合过程传热与流动的措施

原则上讲，措施可分为两方面，一是在生产工艺上下功夫，二是在传热速率上想办法。

10.3.2.1 聚合实施方法

聚合实施方法分为本体聚合、溶液聚合、悬浮聚合以及乳液聚合。当然选择聚合实施方法，首先应该考虑的是要保证获得符合质量要求的产品。这里着重不同实施方法在传热与流动方面的优劣来进行比较。

① 本体聚合。是通用性大、最基本的一种聚合方法。只需要加入少量引发剂就可进行反应，通常单体转化率高，所需回收的单体量少，甚至无需回收，产品无杂质、纯净，且反应空间利用率高。但缺点也很突出，存在上面谈到的传热和流动两大难题。

② 溶液聚合，是在溶剂存在下进行聚合的，溶剂的存在，使物料黏度不致太高，有利于物料的流动与传热，也可以溶剂的汽化潜热形式将热量带出反应区，经回流冷凝后回到反应区。当然也有不利的一面，如反应器体积相应增大，可能引起活性链向溶剂转移，使产品的平均分子量降低及分布变得较窄等。

③ 悬浮聚合，是单体珠滴分散于水中的本体聚合，其反应机理与本体聚合相同。因为每一悬浮于水中的珠滴均可认为是一个反应系统，这就使传热距离缩小到 $0.2 \sim 0.4 mm$，从而较好地解决了传热问题，因此也可以使用催化剂来提高反应速度，减少了暴聚的可能性，易于控制反应温度，同时也解决了物料流动问题。这种方法的缺点是难于使生产连续化，为保持单体液滴的适宜尺寸，需加入分散剂等添加剂，故需增加产品去杂质、分离干燥等后处理工序。

④ 乳液聚合，由于乳液聚合体系中除单体外，还加入多种助剂，如乳化剂等，但在后处理中要除净又十分困难。所以此工艺方法只适于制橡胶、涂料、人造革等对纯度要求不高的产物。

总之，应根据聚合反应的具体特性，来选择适宜的聚合工艺方法。

另外可在具体的操作工艺上采取措施。如采用复合引发剂；或分批加入单体和引发剂（间歇操作）；或逐釜加入单体和引发剂（连续操作），或者适时采取阻聚、缓聚等手段来控制反应速率和放热量。

10.3.2.2 传热速率

聚合反应器的传热计算与一般传热计算相同。间壁两流体单位时间的换热量，即传热速率为

$$q = UA_m \Delta t_m \tag{10.103}$$

式中，U 为总传热系数，$kJ/(m^2 \cdot h \cdot ℃)$；A_m 为间壁的平均传热面积，m^2；Δt_m 是冷、热两流体平均温度差，$℃$。

为有利于提高传热速率，对高放热、高黏度的聚合反应，就更要求反应物料纯净，不被污染；要求装置内表面光滑，不易挂胶，不存在易结垢的死角，并便于清理；要求反应器内的传热装置结构简单，并往往同时考虑装搅拌器的问题。

由式（10.103）可知，要提高传热速率，不外乎提高总传热系数、加大换热面积及增大 Δt_m。有关这些内容在化工原理课中已有详述，这里不多介绍。

10.3.3　传热系数与传质系数

传热和传质计算的关键是求得传热系数及传质系数。本章不再叙述传热系数及传质系数的关系式，需要时可查阅有关的专著和文献。值得注意的是，绝大多数的聚合反应器都安装有搅拌器，因此要充分注意到搅拌器对传热系数及传质系数的影响。

一般说对传热速率的影响，也就是对总传热系数的影响，通常反应器内侧给热系数 α_i 起控制作用，而 α_i 的大小在很大程度上受搅拌作用的影响。当然，搅拌器的设计首先要满足聚合工艺过程对混合、搅拌、分散、悬浮等作用的要求，搅拌同时可提高传热速率。另外搅拌器做功转化为热能，每千瓦小时的电相当转化为 3600kJ。对聚合反应，尤其是高黏度反应体系，是不可忽视的，有时搅拌热占总传热量的 $30\%\sim40\%$。因此，在有关传热计算和热量衡算中，应把搅拌热考虑在内，不可忽略。

传质一般和传热问题一样处理。搅拌对于传质过程的作用主要是改变传质的界面积。流体在搅拌作用下发生对流和湍动，无疑对传质速率有很大影响。实践证明，搅拌到一定强度后，传质系数也就不再改变了。

传热计算和传质计算的准确程度，取决于物性数据及参数关联式的准确性，所以选取关联式时，一定要注意其局限性。

10.4　聚合反应器的设计与分析

10.4.1　聚合反应器与搅拌器

聚合反应器按其结构型式，分为釜式、塔式、管式以及特殊型等四种。大体上说与前面各章讨论的反应器没有原则上的区别，只是根据聚合反应系统的高黏度、高放热的特点，在解决传热与流动两大问题上需采取一些措施。如绝大多数聚合反应器内都安装有搅拌器，常见的釜式反应器都是如此，即使塔式反应器也常装有多层桨叶搅拌器，那么搅拌器的作用是什么呢？

（1）混合作用　使用两相以上的物料，使组成浓度、温度、相对密度、黏度等不同的物料，通过搅拌作用达到混合均匀。

（2）搅动作用　通过桨叶对流体施加压力，使流体强烈流动，同时还可通过改变桨叶形状，以改变流体流况，来提高传热和传质速率。

（3）悬浮作用　搅拌使原来静止的流体中沉降的固体颗粒，或液滴均匀地悬浮于流体介质中。尤其是悬浮聚合工艺，常以水作为溶剂，通过搅拌作用实现工艺要求的使单体液滴或生成的聚合物颗粒均匀地悬浮于水中，对完成聚合过程十分重要。

（4）分散作用　通过搅拌使气体、液体或固体分散在液体介质中，以增大相界面积，加快传热及传质速率。

在反应器设计中应根据某一聚合反应的特点，可通过改变搅拌器的桨叶、转速等，来强化某一搅拌作用。若一高黏度本体聚合过程，要求突出混合和搅拌作用，来实现良好的搅拌效果。如本体聚合及溶液聚合要求突出混合作用，而悬浮聚合除了要求混合、搅动之外，主要是要求形成稳定的悬浮体系，达到单体液滴分散均匀。搅拌器设计也是聚合反应釜设计的重要组成部分，需要时可查阅有关资料，这里不再赘述。

10.4.2 数学模型

聚合反应过程的流动模型，也可分为理想流动模型和非理想流动模型。如聚合釜式反应器，间歇操作时，可以假定为理想间歇反应器模型。连续操作时，则为全混流模型，问题的关键是整个聚合过程，是否真正符合理想流动模型的假设。

例如本体聚合在连续釜中进行，在聚合的初始阶段，物料黏度低，搅拌效果好，达到全混流是可能的。但到聚合后期，转化率高，物料黏度增加数千倍，甚至上万倍，使传热、传质速率急剧下降。此时反应组分浓度、反应温度不可能再均匀一致。如仍按全混流模型设计，必定造成很大误差，这就要求建立更符合实际的流动模型。

另外，聚合反应动力学模型仍需要进一步完善。同样在聚合后期，出现凝胶效应时，除了流动模型出现偏差外，动力学反应速率的变化也是主要问题。尽管目前不少研究者提出了类似于式(10.102)那样的校正式，但应该说还是不完善的，有待于多方面进一步深入探讨。

从反应工程的观点出发，将动力学与传递过程有机地结合，以理想流动为基础，进行修正、补充，建立相应的非理想流动模型，进一步调整模型参数，最终还是可以确定实用的流动模型，以进行聚合反应器的计算与设计。

10.4.3 聚合反应器的计算与分析

聚合反应器设计是整个聚合工艺设计的重要环节。而反应器体积的计算是关键，下面以苯乙烯聚合反应装置设计为例，针对选择的反应器类型进行讨论。

在进行反应器设计时，一般要根据小试、中试以及生产实践，确定适宜的反应器型式，确定适宜的工艺条件。并要进行优化、筛选，以获得最大的经济效益。

(1) 设计依据

生产规模：10000t/a。

年生产时间：7800h（即 325d）。

原料配比：苯乙烯质量分数为88％，甲苯（溶剂）质量分数为12％。

原料苯乙烯纯度：质量分数为99.5％。

反应部分的收率：质量分数为98％。

单体转化率：质量分数为80％。

由此算出聚苯乙烯生产能力

$$w_p = \frac{10000 \times 10^3}{7800} = 1282 (\text{kg/h})$$

反应物料总流量　　　　$w = \dfrac{1282}{0.88 \times 0.995 \times 0.80 \times 0.98} = 1867.52 (\text{kg/h})$

其中苯乙烯流量　　　　$w_m = 1867.52 \times 88\% = 1643.42 (\text{kg/h})$

甲苯流量　　　　　　　$w_s = 1867.52 \times 12\% = 224.10 (\text{kg/h})$

(2) 基础数据　苯乙烯热引发聚合反应可视为一级反应。反应的速率常数 k 随温度的变化示于图10.10中。根据文献报道，苯乙烯热引发本体聚合中，聚苯乙烯的平均分子量仅与反应温度及溶剂量有关，如图10.11所示。而图10.12～图10.14是表示反应液的密度、比热容

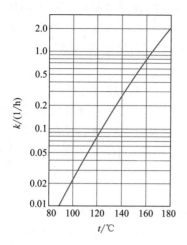

图 10.10　苯乙烯热引发聚合速率常数 k 与温度 t 的关系
（反应速率对单体而言可视为一级反应）

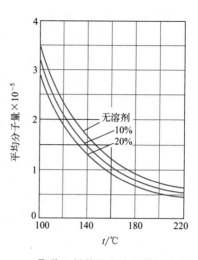

图 10.11　聚苯乙烯的平均分子量与反应温度

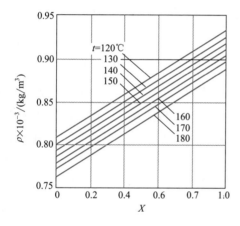

图 10.12　反应液密度 ρ

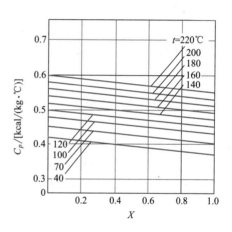

图 10.13　反应液比热容 C_p
1cal＝4.184J，下同

及黏度与单体转化率 X 的关系。关于密度和比热容是将不含溶剂的苯乙烯单体与聚合物混合液的密度及比热容值作为基础，再假定溶剂甲苯存在时，两物性值具有加成性而推算的。对黏度也同样是将不含溶剂时的值与假定甲苯和苯乙烯存在下的情况相同而推算出来的。

（3）反应器型式的选择　一般情况下，以产品收率大、所需反应体积小为选择反应器型式的目标函数。在此基础上，要以具体反应的特性为主要矛盾。对苯乙烯本体聚合反应，首先要考虑传热与流动两大问题。尤其是转化率高时，反应液黏度急剧上升，传热速率急剧下降，就必须及时移出大量反应热。因此，必须考虑控温、搅拌、防止传热系数下降以及增大单位反应器容积传热面积等措施。

综合各因素，这里选择多釜串联反应器，串联釜数为

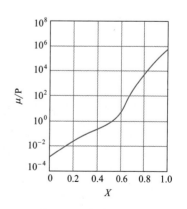

图 10.14　反应液黏度 μ
（140℃下的推算值）
（1P＝0.1Pa·s）

4，各釜假定为全混流。各釜均安装搅拌器，同时注意选择设计使釜内不产生温度分布的搅拌器型式及搅拌条件。第一釜反应液黏度低于 0.1Pa·s，可选用适宜低黏度的透平式搅拌桨叶，第二釜以后，反应液黏度在 2～200Pa·s，必须采用高黏度用的搅拌桨叶。同时各釜要有足够的换热面积，具备良好的传热性能。

(4) 确定反应温度　由图 10.11 可知，平均分子量与反应温度和溶剂有关。只要控制各釜内温度相同，就可得到分子量分布较窄的聚合物。但同时充分考虑反应温度对反应液黏度、反应热以及热稳定性的影响。特别是第一釜，由于单体浓度高，反应速率大，放热量大，故反应温度不能太高。但又不能太低，一是使反应速率变小，二是使后面各釜反应温度低，反应液黏度高，这更是不希望的。

综合各因素，本设计中各釜反应温度均选为 140℃。

(5) 动力学　据文献报道，苯乙烯本体聚合的聚合率达 70% 左右，可近似视为一级不可逆反应，即 $r_M = k[M]$。速率常数如图 10.10 所示。本设计要求单体转化率（即聚合率）为 80%。仍近似地假定为一级反应。

(6) 数学模型　前已假定本聚合反应符合多釜全混流模型。现对任一 i 釜的苯乙烯单体 M 进行物料衡算，定态时

$$Q_{i-1}[M]_{i-1} = Q_i[M]_i + r_{Mi}V_i \tag{10.104}$$

热量衡算式

$$(-\Delta H_r)_{T_r} r_{Mi}V_i + q_{ai} = U_i A_i (T_i - T_{ci}) + W\overline{C}_{pti}(T_i - T_{i-1}) \tag{10.105}$$

式中，Q_i 为 i 釜体积流量，m^3/h；V_i 为 i 釜有效反应体积，m^3；$(-\Delta H_r)_{T_r}$ 为基温下反应热，kJ/mol；q_{ai} 为 i 釜搅拌产生的热，kJ/h；U_i 为 i 釜总传热系数，$kJ/(m^2·h·K)$；A_i 为 i 釜换热面积，m^2；T_{ci} 为 i 釜载热体温度，K；$\overline{C}_{pti}$ 为 i 釜反应物料平均比热容，$kJ/(kg·K)$；W 为总物料质量流量，kg/h。

由图 10.12 可知，反应物料的密度随反应进行而变化，则

$$[M]_i = \frac{\rho_i}{\rho_0}[M]_0(1-X_i) \tag{10.106}$$

式中，$[M]_0$ 及 ρ_0 分别为第一釜加料的单体浓度及料液密度。将式（10.106）代入式（10.104）经整理得

$$V_i = \frac{W(X_i - X_{i-1})}{k\rho_i(1-X_i)} \tag{10.107}$$

(7) 反应器设计的内容与步骤。

① 设定各釜反应温度 T_i。

② 设定各釜反应温度 T_i 与载热体温度 T_{ci} 的允许温度差 Δt_m。

③ 设定各釜转化率 X_1、X_2、X_3。

④ 根据设定的 T_i 与 X_i 计算各釜的有效反应体积 V_i。

⑤ 计算各釜具体条件下的搅拌功率 P_i 及总传热系数 U_i。

⑥ 由热量衡算式计算出各釜所需要的换热面积 A_i，并确定各釜换热方式。

⑦ 由热衡算算出各釜的换热量（即载热体移出热量 q_c）。

⑧ 由 q_c 计算 Δt_m 以校核②中设定值。若大于设定值时，则需重新调查设定③中的 X_i，循环计算，直至满意为止。

⑨ 若知道聚合反应机理，计算平均分子量及其分布。

(8) 反应体积计算　这里只要求计算反应体积 V_i。其他各项略。

为使总反应体积最小，对此一级不可逆反应，在第 3 章中已得出结论：各釜体积相等，即

$$V_1 = V_2 = V_3 = V_4$$

所以，各釜物料衡算式得

$$\frac{X_i}{\rho(1-X_i)} = \frac{X_2 - X_1}{\rho_2(1-X_2)}$$

$$\frac{X_2 - X_1}{\rho_2(1-X_2)} = \frac{X_3 - X_2}{\rho_3(1-X_3)}$$

$$\frac{X_3 - X_2}{\rho_3(1-X_3)} = \frac{X_4 - X_3}{\rho_4(1-X_4)}$$

由图 10.10 可查出在 140℃下，反应速率常数 $k = 0.26 h^{-1}$。并据图 10.12 查出各 X_i 下的反应液密度，但 X_1、X_2、X_3 又不知，故将上三式联立求解得 $X_1 = 32.5\%$，$X_2 = 55.1\%$，$X_3 = 69.8\%$。再代入式(10.107)，整理可求出各釜有效体积 $V_i = 4.15 m^3$。

 总结

通常聚合反应速度快，流体和混有固体产物的流动相黏度高，因此需要掌握聚合反应速率方程的建立方法及用于反应器设计的流体流动模型。

──────────── **习　题** ────────────

10.1　在例 10.1 中，用表所指出的 j 对 $F_w(j)$ 的关系，试进行求算 $\overline{P}_w$ 及 $\overline{P}_z$ 的值。

10.2　在与例 10.5 中相同的聚合反应和相同的机理下，如在活塞流反应器中进行。试求重基聚合度分布，并与间歇反应器的情况进行比较。

10.3　某一自由基聚合反应，假定为恒密度过程，其机理为引发剂引发、双基终止（偶合、歧化同时存在）。设 $k_p = 5.8 \times 10^3 \, m^3/(kmol \cdot s)$，$k_{tc} = 3.0 \, m^3/(kmol \cdot s)$，$k_{td} = 1.0 \times 10^4 \, m^3/(kmol \cdot s)$，$k_d = 1.2 \times 10^{-5} \, s^{-1}$，$[M]_0 = 1.0 kmol/m^3$，$[I] = 1.2 \times 10^{-4} kmol/m^3$，$f = 0.5$。如该体系为均相流在 PFR 及 CSTR 中进行反应，试求聚合率为 50% 时，所得聚合物的重基聚合度分布。并绘于同一图中进行比较。

10.4　在习题 10.3 给定的条件及数据下，如欲获得 $\overline{P}_w = 5.8 \times 10^{-3}$ 是否可能？如可能，上述两种反应器中其转化率各为多少？

10.5　某一自由基聚合反应，采用溶液聚合工艺。机理为引发剂引发，歧化终止，忽略链转移，在此情况下，单体消耗速率为：$-r_M = 1.8 \times 10^3 \exp(-11328/T)[M][kmol/(m^3 \cdot s)]$。

现以单体浓度为 2.0mol/L 原料液装入间歇釜中进行反应。试问：

(1) 在 65℃下等温操作，转化率达到 98% 所需反应时间；

(2) 若改为绝热操作，初始温度为 60℃，要求转化率达到 98%，其反应时间为多少？

10.6　在习题 10.5 中，设 65℃下转化率为零时，瞬时数均聚合度为 10×10^4，反应期间引发剂浓度保持不变。试计算在 65℃下等温间歇操作时，累积数均聚合度为多少？

10.7　应用定态近似假设，推导引发、单基终止、无链转移的自由基聚合反应速率、瞬时平均聚合度及聚合度分布的表达式。

10.8 应用定态近似假设，试推导催化剂引发、无终止、无链转移的阴离子活性聚合的反应速率、数均聚合度及其分布的表达式。

10.9 已知甲基丙烯酸甲酯聚合为自由基聚合。以 ABIN 为引发剂，歧化终止，无转移机理。于聚合温度下，$k_d = 7.0 \times 10^{-4}$ min^{-1}，$k_t = 5.6 \times 10^{8}$ L/(mol·min)，$k_p = 2.2 \times 10^{4}$ L/(mol·min)，$[I] = 3.0 \times 10^{-3}$ mol/L，$[M]_0 = 0.6$ mol/L，$f = 0.52$ 试求：

（1）等温间歇操作，转化率为 40% 时所需反应时间，以及重基、数基聚合度分布。

（2）转化率为 40% 时，若改用 CSTR 并且空时与间歇操作反应时间相同，那么其重基、数基聚合度分布如何？并将二者进行比较。

（3）若仍为上述机理，在采用 CSTR 时，要求转化率为 40%，甲基丙烯酸甲酯的处理量 100 kg/h，试求所需反应体积。

（4）若在间歇操作时，要得到 $\overline{P}_n = 2.0 \times 10^{-3}$ 的聚合产品，需要反应时间多少？此时转化率为多少？

11

电化学反应工程基础

 提要

本章将着重介绍以下内容：

1. 电化学反应动力学
2. 电化学反应的评价指标
3. 电化学反应中的传递现象
4. 电化学反应器的设计

11.1 概述

电化学工程是化学工程的一个分支，广泛应用于传统化工过程，特别是近年来倡导的新能源电池的制造领域。虽然电化学反应工程可以应用化学反应工程中具有普遍性的一些基本概念和原理，但是由于电化学反应的以下特点，其反应工程必须面临和解决一些特殊问题。

11.1.1 电化学反应的特点

电化学反应是发生在第一类导体（电子导体）和第二类导体（离子导体）界面上的有电子得失的反应。它既是一类多相反应，又是氧化还原反应。早期的电化学反应大多发生在固相的第一类导体（电极）和液相的第二类导体（电解质水溶液）的界面上，现在则已不限于此，例如固体电解质和导电的高分子聚合物电解质的应用，电化学反应已可能发生在两种固相（其载流子仍然不同）的界面上。

由于反应粒子荷电，在体相内，反应粒子的传递必然伴随电荷的传递，因此发生在电化学反应器中的传递过程，除了一般化学反应器中的三传（即质量、热量和动量的传递），还伴随电荷的传递，成为四传。而传质的方式除了扩散和对流，则应加上电迁移（即带电粒子在电场作用下的定向移动）；在界面上，带电粒子参与电化学反应，通过界面的电量与参与电化学反应的物质量或是产物的质量，有严格的关系，即符合法拉第（Faraday）定律。

电化学反应动力学——在电化学学科中称为电极过程动力学，揭示了电化学反应具有不同于化学反应的动力学规律和特点：

① 电化学反应发生在带电的界面（常称为双电层）上，这一界面的电结构（电位差及其分布），对于电极反应具有特殊的意义，它是电化学反应活化能及反应速度的决定性

因素。可以通过改变电极电位及过电位的方法，方便而连续地大幅度地改变电化学反应的速度。

② 电化学反应的电极过程由多个单元步骤构成，通常包括反应粒子由体相向界面的传递、前置的表面转化步骤（如吸附）、电子转移步骤、后继的表面转化步骤和反应产物向体相的传递，有时还包括新相的生成（如电结晶、电解析）。可以根据速率控制步骤的特征，将反应动力学分类，如电化学极化（电子转移步骤控制）、浓度极化（扩散步骤控制）或混合极化。它们具有不同的动力学规律和特征。

③ 电极材料及电极表面的性质对电化学反应具有特殊意义，因为它影响电极的电催化性能，即电化学反应的速率与过电位的关系。

必须采用一些新的参数来描述电化学反应和分析电化学反应器的性能。例如，由于法拉第定律的普遍性，可以用电量、电流、电流密度来表征电化学反应的反应深度和反应速率，如

$$i = nFr \tag{11.1}$$

式中，i 为通过电极表面的电流密度，A/m^2；n 为电化学反应中得失电子的数目；F 为法拉第常数，96500C/mol；r 为反应速率，$mol/(s \cdot m^2)$。

11.1.2 电化学反应工程的质量指标

除了化学反应工程中应用的一些指标外，电化学反应工程中还要应用以下的若干质量指标。

11.1.2.1 电流效率

在电化学反应中，电子实际是反应物，当电流通过电极与电解液界面时，实际生成的物质的量与按法拉第定律计算应生成的物质的量之比称为电流效率。这是对于一定的电量而言的。另外，也可以另一种方式定义电流效率，即生成一定量物质的理论电量与实际消耗的总电量之比。

$$G = QK\eta_I \tag{11.2}$$

$$\eta_I = G/(QK) \tag{11.3}$$

或 $$\eta_I = G/(QK) = Gk/Q \tag{11.4}$$

式中，G 为电化学反应生成的产物的质量，g 或 kg；Q 为实际通过的电量，$A \cdot h$；K 为电化当量，$g/(A \cdot h)$ 或 $kg/(kA \cdot h)$；η_I 为电流效率；k 为产物的理论耗电量，$A \cdot h/g$ 或 $kA \cdot h/kg$，显然

$$k = 1/K \tag{11.5}$$

考虑到电化学反应进行时电流可能变化，则在时间 t 间隔内通过的电量为

$$Q = \int_0^t I \, dt \tag{11.6}$$

如将上式计算的 Q 值代入式(11.4)，计算所得的是总电流效率（反应时间为 t）。如果要考察一段时间的电流效率，则应先由下式求出 Q 值

$$Q = \int_{t_1}^{t_2} I \, dt \tag{11.7}$$

电流效率通常都小于100%，它表示副反应的存在，或由于次级反应（或逆反应）的存在，导致电化学反应产物的损失。

【例 11.1】 采用电解 NaCl 水溶液制取氯气和烧碱时，如果阳极气体中含有 98.2% 的 Cl_2 和 1.8% 的 O_2，计算阳极反应的电流效率。

解：阳极主反应为：
$$2Cl^- \longrightarrow Cl_2 + 2e$$
阳极副反应为：
$$4OH^- \longrightarrow 2H_2 + 2O_2 + 4e$$
所以每生成 $1mol\ Cl_2$ 需 $2F$ 电量，生成 $1mol\ O_2$ 需 $4F$ 电量。

已知 $100mol$ 阳极气体 Cl_2 为 98.2%、O_2 为 1.8%，因此二者消耗的电量分别为 $98.2 \times 2 = 196.4F$，$1.8 \times 4 = 7.2F$，所以阳极反应的电流效率为
$$\eta_I = \frac{196.4}{196.4 + 7.2} = 96.46\%$$

11.1.2.2 电化学反应器的工作电压

电化学反应器工作时，都处于不可逆状态下，工作电压将偏离热力学决定的理论分解电压或电动势，其主要原因是电极的极化，此外还由于电化学反应器中存在各种电阻，产生了欧姆压降。可用下式表示电化学反应器工作电压的组成（如图 11.1）：

$$V = \varphi_{e,A} - \varphi_{e,K} + |\Delta\varphi_A| + |\Delta\varphi_K| + IR_{AL} + IR_{KL} + IR_D + IR_A + IR_K$$
$$(11.8)$$

式中，$\varphi_{e,A}$ 为阳极平衡电极电位；$\varphi_{e,K}$ 为阴极平衡电极电位；$|\Delta\varphi_A|$ 为阳极的过电位（绝对值）；$|\Delta\varphi_K|$ 为阴极的过电位（绝对值）；IR_{AL} 为阳极区电解液的欧姆压降；IR_{KL} 为阴极区电解液的欧姆压降；IR_D 为隔膜的欧姆压降；IR_A 为阳极及与阳极连接的汇流条上的欧姆压降；IR_K 为阴极及与阴极连接的汇流条上的欧姆压降。

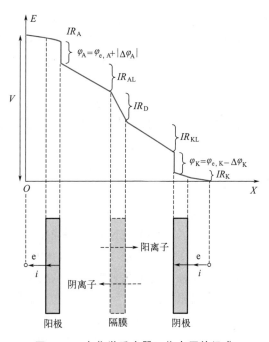

图 11.1 电化学反应器工作电压的组成

应该区分上式中各组成部分的不同性质，并掌握其计算方法。

① $\varphi_{e,A}$ 和 $\varphi_{e,K}$ 是热力学数据决定的，取决于电化学体系的热力学性质，例如对于电解槽、电镀槽类型的电化学反应器，二者之差，相当于理论分解电压 E_0，即：
$$E_0 = \varphi_{e,A} - \varphi_{e,K} \tag{11.9}$$
对于化学电源（电池），相当于电动势 E，由于电池放电时，正极（电位较高的电极）发生还原反应，负极（电位较低的电极）发生氧化还原反应，所以
$$E = \varphi_{e,+} - \varphi_{e,-} = \varphi_{e,K} - \varphi_{e,A} \tag{11.10}$$
$\varphi_{e,A}$ 和 $\varphi_{e,K}$ 都可根据能斯特（Nernst）公式计算。

② $\Delta\varphi_A$ 和 $\Delta\varphi_K$ 是由电极过程动力学决定的，电极的极化不同，计算方法也不同。当电极处于电化学极化时，在高过电压区常常可将电化学极化的 Buter-Volumer 公式简化为 Tafel 公式形式应用，即
$$\Delta\varphi = a + b\lg i \tag{11.11}$$
式中，a、b 是与反应机理、电极性质、反应条件有关的常数。

③ IR_{AL} 和 IR_{KL} 是电流通过电解液时的欧姆压降，它可由下式计算

$$IR_L = I\rho\Delta/S = i\Delta/\kappa \tag{11.12}$$

式中，ρ 为电解液的电阻率；κ 为电解液的电导率；Δ 为电极间距离或电极到隔膜的距离。

对于发生电解析气的反应器，由于溶液中充满气泡，电解液的电导率将小于无气泡时的电导率，因此应予校正 [参见式(11.28)]。

④ IR_D 为隔膜的欧姆压降，取决于隔膜电阻和电流密度，而前者又与隔膜的性质（组成、结构、厚度）及工作条件（电解液的组成、浓度、温度、电导率等）有关。有一些近似公式来估算 IR_D 值，如

$$V_D = IR_D = i\left(\rho_0 d + \frac{K_D d^2}{2}\right) \approx i\rho_0 d \tag{11.13}$$

式中，ρ_0 为隔膜的电阻率；d 为隔膜的厚度；K_D 为反映隔膜结构的系数。

⑤ IR_A 和 IR_K 基本属于第一类导体的欧姆压降，可按其导电截面、长度及材料的电阻率计算。由于第一类导体的电导率甚高，估计电化学反应器的工作电压时，这一项有时也可忽略不计。

⑥ 本章论及的电化学反应器的工作电压，包括各类电化学反应器，对于电解槽、电镀槽，它是槽压；对于化学电源（电池），它则是放电电压或充电电压。

[例 11.2] 计算隔膜法氯碱电解槽的工作电压。已知：

① 电化学反应器中的反应为

  阳极反应：$2Cl^- \longrightarrow Cl_2 + 2e$ $\varphi^0_{90℃} = 1.226V$

  阴极反应：$2H_2O + 2e \longrightarrow 2OH^- + H_2$ $\varphi^0 = -0.828V$

  总反应：$2H_2O + 2NaCl \longrightarrow 2NaOH + Cl_2 + H_2$

② 反应在 1500 A/m^2 和 90℃ 条件下进行。

③ 电极反应的过电位可用 Tafel 公式计算，即

  阳极过电位：$\Delta\varphi_A = 0.025 + 0.027 \lg i$（$i$ 之单位为 A/m^2）；

  阴极过电位：$\Delta\varphi_K = 0.113 + 0.056 \lg i$。

④ 隔膜厚度为 8mm，电阻率为 $0.035 m \cdot \Omega$。

⑤ 电极间距离为 9mm，电解液电导率为 $61.03 \ m^{-1} \cdot \Omega^{-1}$，充气率为 0.2。

⑥ 阳极液组成为 320g/L NaCl（5.47 mol/L）。

  阴极液组成为 100g/L NaOH（2.5 mol/L）。

⑦ 第一类导体压降可忽略。

解： 可应用式(11.8)计算电化学反应器的工作电压

$$V = \varphi_{e,A} - \varphi_{e,K} + |\Delta\varphi_A| + |\Delta\varphi_K| + IR_L + IR_D + IR_A + IR_K$$

(1) 计算阳极的平衡电极电位   设 $p_{Cl_2} = 1$，由 Nernst 方程

$$\varphi_{e,A} = 1.226 + \frac{2.3 \times 8.314 \times 363}{96500} \times \lg \frac{1}{5.47^2} = 1.120(V)$$

(2) 计算阴极平衡电极电位   设 $a_{H_2O} = 1$，$p_{H_2} = 1$，由 Nernst 方程

$$\varphi_{e,K} = -0.828 - \frac{2.3 \times 8.314 \times 363}{96500} \times \lg 2.5 = -0.857(V)$$

(3) 计算过电位 $\Delta\varphi_A = 0.025 + 0.027 \times \lg 1500 = 0.1108(V)$

            $\Delta\varphi_K = 0.113 + 0.056 \times \lg 1500 = 0.2909(V)$

（4）计算溶液中的欧姆压降

$$IR_L = \frac{i\Delta}{\kappa_0(1-\varepsilon)^{3/2}} = \frac{1500 \times 0.009}{61.03 \times (1-0.2)^{3/2}} = \frac{1.5 \times 9}{61.03 \times 0.7155} = 0.309(V)$$

（5）计算隔膜的欧姆压降，利用式（11.13）

$$IR_D \approx i\rho_0 d = 1500 \times 0.035 \times 0.008 = 0.42(V)$$

所以　　　$V = 1.120 - (-0.857) + 0.1108 + 0.2909 + 0.309 + 0.42 = 3.1077(V)$

11.1.2.3　电压效率

电压效率是电解反应的理论分解电压与电化学反应器工作电压之比。对于电解槽即

$$\eta_V = E/V \tag{11.14}$$

对于电池，则为放电电压与电动势之比

$$\eta_V = V/E \tag{11.15}$$

显然，电压效率的高低可以反映电极过程的可逆性，即通电后由于极化产生的过电压高低，也综合地反映了电化学反应器的性能优劣，即反应器各组成部分的欧姆压降。

11.1.2.4　直流电耗

工业电解过程的直流电耗一般可用每单位产量（kg 或 t）消耗的直流电能表示，即

$$W = kV/\eta_I \tag{11.16}$$

式中，W 为直流电耗，$kW \cdot h/t$；k 为产物的理论耗电量，$kW \cdot h/t$；V 为槽电压，V；η_I 为电流效率，$\%$。

可以看出，在以上三因素中，一般说来：因为 k 值基本不变（除非原料及生成反应根本改变），影响直流电耗的主要是槽电压和电流效率，降低槽电压和提高电流效率是降低直流电耗的关键。

在产品生产的全过程中，除电解外，由于其他过程也消耗能量，因此还使用总能耗这一指标。对于不同的工业电化学过程，直流电耗在总能耗中所占比例不同，但一般都是其主要组成部分。

11.1.2.5　能量效率

能量效率是生成一定量产物所需的理论能耗 W_t 与实际能耗 W 之比，即

$$\eta_W = W_t/W \tag{11.17}$$

因为 $W_t = kE$，而 $W = kV/\eta_I$，所以

$$\eta_W = W_t/W = kE/(kV/\eta_I) = \eta_V \eta_I \tag{11.18}$$

可见，能量效率取决于电流效率和电压效率。

11.1.2.6　电化学反应器的比电极面积

单位体积电化学反应器中具有的电极活性表面积称为电极面积 A_S。由于电化学反应是异相反应，因此界面的大小及状态影响甚大。如反应器的比电极面积 A_S 较大，在电流密度一定时，显然反应器可通过更大的电流；反之，若固定总电流，A_S 愈大，则真实电流密度愈小，有利于减小极化和槽压。

$$A_S = S/V_R \tag{11.19}$$

式中，S 为电极面积，m^2；V_R 为反应器体积，m^3；A_S 为反应器的比电极面积，m^2/m^3 或 m^{-1}。

要精确地决定 A_S 值存在着困难，关键在于电极的表观面积和真实面积并不相同，A_S

不仅取决于电极的结构（包括宏观及微观结构，如二维电极及三维电极），而且与工作条件有关。对于三维电极，如粉末多孔电极、固定床电极、流化床电极，电极的真实工作面积不仅受制于粉末和孔径的大小及分布，也与电流密度的高低、电解液的流动及传质条件有关，因而具有不同的反应深度（渗透深度）。

即使对反应器体积 V_R 也有不同的理解，如有的认为是反应器所占空间体积，有的则以电解液总体积表示，而当反应器的电极占有其大部分空间时，则 V_R 可以电极的体积 V_E 表示，此时

$$A_S = A_E = S/V_E \tag{11.20}$$

然而，不论上述表达形式有何不同，为了使电化学反应器结构紧凑、高效工作，都希望尽力提高 A_S 值或 A_E 值。

11.1.2.7 时空产率

时空产率是单位体积的电化学反应器在单位时间内的产量，即

$$Y_{ST} = G/(tV_R) \tag{11.21}$$

因为 $G = It\eta_1 K = iSt\eta_1 K$，所以

$$Y_{ST} = iSt\eta_1 K/(tV_R) = iA_S\eta_1 K \tag{11.22}$$

式中，K 为电化当量，kg/(A·s)。

对于化学电源，时空产率相当于体积比功率，只是产物不是物质而为电能（焦耳），即单位时间单位体积电池的电能产量，单位可为 $J/(dm^3 \cdot s)$ 即 W/dm^3。

电化学反应器的设计对于时空产率具有重要的影响，若与其他化学反应器比较，电化学反应器的时空产率是较低的。前者一般为 $0.2 \sim 1 kg/(dm^3 \cdot h)$，而典型的工业电解槽，如铜的电解冶金仅为 $0.05 \sim 0.1 kg/(dm^3 \cdot h)$。

11.2 电化学反应工程中的特殊问题

11.2.1 电极表面的电位及电流分布

电极表面的电位及电流分布，是电化学工程区别于化学工程的一个特殊问题，具有十分重要的意义。在各种工业电化学过程，除了电解加工，都要求电极表面具有均匀的电流分布。这是由于，不均匀的电流分布（即电极表面各点的电流密度不相等），将产生以下的不良后果：

① 使电极的活性表面或活化物质不能充分利用，从而降低电化学反应器的时空产率以及能量效率；

② 使电极表面的局部反应速率处于"失控状态"，即不能在给定的合理的电流密度下工作，由此产生的副反应，可能降低电流效率和产品的质量（如纯度）；

③ 导致电极材料的不均匀损耗，局部腐蚀、失活，缩短了电极的工作寿命；

④ 在利用金属电沉积的场合（电镀、电解、冶金、化学电源的充电过程），可能产生枝晶，造成短路或损坏隔膜，也可能由于局部 pH 值的变化，在电极表面形成不希望的氧化物或氢氧化物膜层。

11.2.1.1 影响电位及电流分布的因素及三种电流分布规律

电极表面的电位分布和电流分布有密切的联系，电流分布取决于电位分布及电解液中反

应物的局部浓度、电导率。而电位分布则与电极的形状及相互位置、距离及电极的极化特性有关。应该注意的是，这里论及的电位应是电极电位，而电流则是通过界面的反应电流，即表征电化学反应速率（电子转移速度）的电流密度。由于我们通常使用电导率很高的电极材料，可近似地认为电极是等位面。

若对于电解槽中电极表面的任何一点进行电压分析，均可建立槽电压的平衡关系式，其形式为

$$V_i = \varphi_{e^+} - \varphi_{e^-} + |\Delta\varphi_+| + |\Delta\varphi_-| + \sum IR \tag{11.23}$$

如该点处于正极及阳极极化，则该点的电极电位应为

$$\varphi_+ = \varphi_{e^+} + |\Delta\varphi_+| = V_i + \varphi_{e^-} - |\Delta\varphi_-| - \sum IR \tag{11.24}$$

式中各项的含义在以往已经说明，$\sum IR$ 包含了溶液欧姆压降、隔膜欧姆压降等。

显然式(11.23)中的任一项变化时，φ_+ 都将随之改变。因此，一般说来，影响电位分布及电流分布的因素为：

① 电化学反应器及电极的结构因素，包括形状、尺寸大小、相互位置、距离等；
② 电极和电解液的电导率及其分布；
③ 产生过电位的各种极化，主要包括电化学极化和浓度极化；
④ 其他因素，包括电极表面发生的各种表面转化步骤及所形成的表面膜层。

对于一个实际的电化学体系，上述因素可能同时存在，但各自的影响不同，在理论处理时为使问题简化，可根据其主次，有所取舍，将电流分布的规律分为三种：

① 一次电流分布，忽略各种过电位，并认为电导率亦均匀时的电流分布；
② 二次电流分布，考虑电化学极化但忽略浓度极化时的电流分布；
③ 三次电流分布，既考虑电化学极化又考虑浓度极化时的电流分布。

表 11.1 为这几种电流分布的特点。

表 11.1 几种电流分布的特点

电流分布的类型	过电位产生的原因			主要影响因素				
	电化学极化	浓度极化	其他	反应器及电极结构	电极及电解液的电导率	电化学极化	浓度极化	其他
一次分布	×	×	×	✓	×	×	×	×
二次分布	✓	×	×	✓	✓	✓	×	×
三次分布	✓	✓	×	✓	✓	✓	✓	×
实际的分布	✓	✓	✓	✓	✓	✓	✓	✓

11.2.1.2 一次电流分布

电极表面的一次电流分布是由溶液中的电场分布决定的，因为任一点的电流密度正比于该点的电位梯度 $\Delta\varphi$ 和介质的电导率 κ，即

$$i_s = -\kappa\Delta\varphi \tag{11.25}$$

式中，i_s 是溶液中的电流密度，它是矢量，垂直于等电位面，正切于电力线。流经电极表面的电流密度则是标量，它是 i_s 在垂直电极表面方向的分量，可由电位在垂直电极表面方向的偏微分 $\left(\dfrac{\partial\varphi}{\partial n}\right)$ 及式(11.25)求出，这样即可得到电位 φ 及电流密度 i 在电极表面的分布。

由此可见，定量研究电流分布的第一步是要求出溶液中的电位分布 $\varphi(x,y,z)$，这必须求解 Laplace 方程。

在电化学工程中，这一方程是在不考虑浓度极化时由质量和电量传递的基本方程导出的。即溶液中某点质点 B 的浓度 c_B 随时间的变化率 $\left(\dfrac{\partial c_B}{\partial t}\right)$，是由发生在溶液中的三种传质方式（扩散、电迁、对流）及生成质点 B 的均相化学反应速率决定的。

实际上，拉氏方程也用于研究定态热传导和质量扩散过程。因此可将电场中的电荷传递、温度场中的热传递及浓度场中的质量传递类比，只是各自具有特定的边界条件。

拉氏方程的解法可分为三类，即解析法、模拟法和数值解法，包括保角变换法、格林函数法、有限差分法和有限元法等多种。

下面以图 11.2 所示的平行板电极

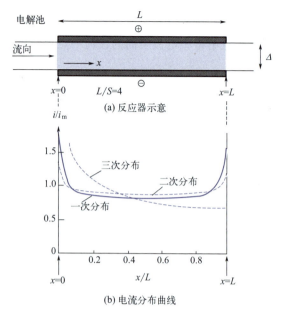

(a) 反应器示意

(b) 电流分布曲线

图 11.2　平行板电极表面的电流密度的分布
（处于充分发展的层流状态）

为例，介绍采用保角变换法求解拉氏方程的方法，研究一次电流分布的计算结果。如表 11.2 所示。

表 11.2　平行板电极表面的电流分布

x/L	0	0.001	0.01	0.05	0.1	0.2	0.3	0.4	0.5	0.6	0.7	0.8	0.9	0.95	0.99	0.999	1.0
i_x/i_m	∞	7.35	2.39	1.203	0.971	0.857	0.831	0.824	0.823	0.824	0.831	0.857	0.971	1.203	2.39	7.35	∞

当 $L/\Delta=10$ 时，$\varepsilon=15.7$，$\dfrac{i_{x=\frac{L}{2}}}{i_m}=0.958$，由于一般平行板电极的长度 L 都远远大于极间距 Δ，因此一次电流分布基本是均匀的。但电极的边缘情况不同时，其电流分布可能发生很大的变化，如图 11.3 所示。

总之，一次电流分布只有在平行电极及同心圆柱电极体系，即电极间隙相等且两端良好绝缘时才能均匀。对于其他的电极结构，电流密度都不均匀，如图 11.4 所示，在距离最近点，电流密度最高，而在阳极背面的点，电流密度则趋于零。

电极的结构、形状、馈电方式及结构对电流分布均有重要的影响，例如复极式电极表面的电流分布就比较均匀，设计电极的高宽比、极耳位置、导电网架的形状时都应考虑电流的分布，析气电极的电流分布更受流场、电解液浓度、析气速率等因素的影响。

11.2.1.3　二次电流分布

电流通过电极表面，将发生电化学极化，这时电流密度的分布发生变化，称为二次电流分布。

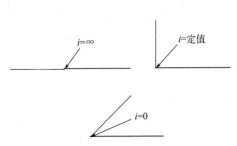

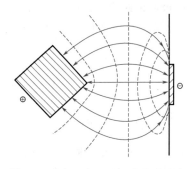

图 11.3 电极边缘处于不同情况下的一次电流分布
（粗线表示电极表面，细线表示电化学反应器器壁）

图 11.4 电极表面的一次电流分布

二次电流分布的定量处理的原理虽与一次分布基本相同，但更为复杂，因为拉普拉斯方程的一个边界条件发生变化，即电极与溶液界面的电位差受电流密度的影响，即使双电层的金属一面仍为等电位，溶液一面的电位也随电流密度变化：

$$\varphi_s = \varphi_m - \Delta\varphi = f(i)$$

式中，φ_s 为双电层溶液一侧的电位；φ_m 为双电层金属一侧的电位，即金属内部的电位；$\Delta\varphi$ 为过电位。

为使这一边界条件明确，必须确定 $\Delta\varphi$ 与 i 之关系，在前已论及 $\Delta\varphi$ 与 i 的关系常常可以简化为两种典型情况。

① 在低电流密度区，$\Delta\varphi$ 与 i 近似地存在线性关系，即 $\Delta\varphi = \Delta\varphi^0 + Ki$，$K =$ 常数，这时拉氏方程的边界条件得以线性化，较易积分求解。K 是电极反应的极化率。

② 在高电流密度区，$\Delta\varphi$ 与 i 的关系可近似用 Tafel 公式表示，$\Delta\varphi = a + b\lg i$。

但是，对于介于以上两种情况的动力学区，有时仍不得不引用基本动力学方程来表达 $\Delta\varphi$ 与 i 的关系，从而确定边界条件。

以上综述了二次电流分布的计算方法及结果。然而，电化学极化的影响可以定性地讨论如下。假设有如图 11.5 所示的电极体系，在阴极的锯齿形表面上有两点，凸点为"1"，凹点为"2"，它们与阳极的距离分别为 Δ_1 与 Δ_2，电解液的欧姆电阻则为 R_1 和 R_2，当考虑电化学极化时，即一次电流分布时，有 $\Delta\varphi_1 = \Delta\varphi_2 = 0$，$i_1R_1 = i_2R_2$，$i_1/i_2 = R_2/R_1$，因为 $\Delta_2 > \Delta_1$，所以 $R_2 > R_1$，于是 $i_1/i_2 > 1$。

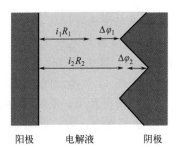

图 11.5 电极表面
的二次电流分布

在二次电流分布时，即考虑电化学极化后，$\Delta\varphi_1$ 和 $\Delta\varphi_2$ 都已不等于零，但这时"1""2"两点与阳极的电位差仍应相同，即

$$i_1R_1 + |\Delta\varphi_1| = i_2R_2 + |\Delta\varphi_2|$$

由于 $i_1 > i_2$，所以 $\Delta\varphi_1 > \Delta\varphi_2$，因此 $i_1R_1 < i_2R_2$，即 $i_1/i_2 < R_2/R_1$。

可见，虽然 i_1 仍大于 i_2，但二者的比值（差值）已有所减小，即阴极表面的电流分布已趋于均匀。

从上述讨论中可以看出，影响二次电流分布的因素有三：

① 电解的电导率（决定溶液电阻）；

② 电极反应的极化率 $d\varphi/di$（决定过电位 $\Delta\varphi$）；

③ 电极间的距离（Δ）。

在电化学工程中常用一个无量纲的数群 Wa（Wagner 数）来表征二次电流分布的均匀性。

$$Wa = \frac{\mathrm{d}(\Delta\varphi)}{\mathrm{d}i}/(\rho L) = \frac{\mathrm{d}(\Delta\varphi)}{\mathrm{d}i} \times \frac{\kappa}{L} \tag{11.26}$$

式中，$\dfrac{\mathrm{d}(\Delta\varphi)}{\mathrm{d}i}$ 为电极反应的极化率（或极化电阻）；ρ 为电解液的电阻率；κ 为电解液的电导率；L 为特征长度（在不同情况下含义不同）。

Wa 的物理含义是单位面积的极化电阻与单位面积的电解液电阻之比，也可视为电荷通过双电层时的电阻与通过溶液时的电阻之比。Wa 值愈大时，电流分布愈均匀，即很小的电流密度变化产生的过电位变化，即可补偿由于电流密度变化引起的溶液欧姆压降变化。当 $\mathrm{d}\varphi/\mathrm{d}i \rightarrow 0$ 时，$Wa = 0$，即无电化学极化，此时电流已为一次分布。

一般说来，二次电流分布都比一次电流分布更为均匀，如图 11.2 所示。

从 Wa 数的构成，我们可以分析影响其数值大小及电流二次分布的各种因素。

① 电解液的组成。加入支持电解质使其电导率提高，加入有机添加剂，使电极反应的 $\mathrm{d}\varphi/\mathrm{d}i$ 值提高，都将使 Wa 值增大，改善电流分布的均匀性。这些措施在金属电沉积时（如电镀、电解冶金）时常采用。而降低电解液浓度，使其电导率减小，将使 Wa 数减小，电流分布更不均匀，这在电解加工中，为了加工精度，亦常采用，例如近年来改用低浓度的 NaCl 溶液和 $NaNO_3$ 溶液进行加工，效果明显。

② 提高电流密度，一般将使电流密度更不均匀，这是因为过电位与电流密度的关系处于 Tafel 区时（即呈对数关系时）有

$$\mathrm{d}\Delta\varphi/\mathrm{d}i = \beta/i \tag{11.27}$$

可见电流密度提高，$\mathrm{d}\Delta\varphi/\mathrm{d}i$ 将减小，因此 Wa 数减小，电流分布变得较不均匀。

③ 反应器或电极增大后，特征长度增大将使 Wa 数减小，电流分布更不均匀。如图 11.6 所示，这也是电化学反应器放大时应予考虑的。

仍以图 11.2 所示的电极为例，当 $L \gg \Delta$ 时，在电解液入口附近（$x/L < 0.2$），电流二次分布的情况及 Wa 值的影响可用图 11.7 表示，图中 i_∞ 为距入口端很远处的电流密度。显然，Wa 值愈小，入口处的电流分布愈不均匀。

还应指出的是 Wa 既可定量计算，又可与 $\dfrac{i_x}{i}$ 和 $\dfrac{x}{L}$ 共同运用，以这三个无量纲数组来描述电流分布的规律，如在传质研究中应用 Sh 和 Re 数组一样，可简化实验及问题的分析讨论。

11.2.1.4 三次电流分布

除电化学极化外，深度极化也需考虑时的电流分布称为三次电流分布，显然这发生在电流密度达到一定值，电极表面附近的反应物浓度显著降低，传质过程已不容忽视时。

定量处理三次电流分布已不能应用拉普拉斯方程，而需用传质基本方程式。其解法更为复杂。仍以图 11.2 所示的电极为例，当电流密度达到极限扩散电流密度 i_d 时，电流分布将变得很不均匀。这是由于反应物浓度沿液流方向（x 方向）不断下降，导致反应电流相应减小所致。当 $i < i_d$ 时情况则变化。i 愈远离 i_d，即反应物深度足够高，就愈难出现浓度极化，则电流分布就不会出现三次分布，而服从二次分布的规律。

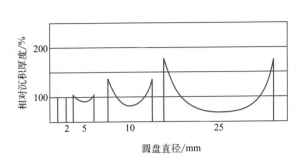

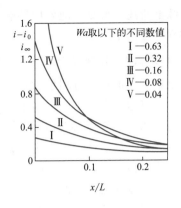

图 11.6　电极大小对二次电流分布的影响
（图中数字是圆盘电极的直径）

图 11.7　$L \gg \Delta$ 时的二次电流分布
此处 $Wa = \dfrac{\mathrm{d}\Delta\varphi}{\mathrm{d}i} \times \dfrac{\kappa}{\Delta}$，$L \gg \Delta$（参见图 11.2）

在研究电流的三次分布时，还应考虑电极的表面轮廓（surface profile）。如果电极表面的粗糙度远大于扩散层厚度 δ，如图 11.8 所示，那么扩散层将沿表面轮廓分布，并且厚度大致均匀（即具有相似的 δ 值），因此将具有基本均匀的 i_d 值；反之，若粗糙度远小于 δ 值（图 11.8 所示），那么在扩散控制下，将形成不均匀的三次电流分布，因为在凸处的 i_d 值将大于凹处的 i_d 值。上述讨论对于电镀、电抛光和电解制造金属粉末皆具有参考价值。

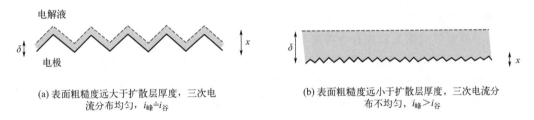

(a) 表面粗糙度远大于扩散层厚度，三次电流分布均匀，$i_{峰} = i_{谷}$

(b) 表面粗糙度远小于扩散层厚度，三次电流分布不均匀，$i_{峰} > i_{谷}$

图 11.8　电极表面轮廓对电流分布的影响

11.2.2　析气效应

很多工业电化学过程都包括析气电极反应。析气对电极过程及电化学反应器的工作性能影响甚大，在电化学工程中被称为"析气效应"。

电化学反应器中的电解析气，主要包括阴极析氢和阳极析氧、析氯，其主要影响，即"析气效应"包括以下几方面：

① 在电极与电解液界面上，由于气泡的生长和附着，形成所谓"气泡帘"（bubble curtain），使电极活性面积减小，又使电极表面电位和电流密度的微观分布不均匀。

② 在体相，由于电解气泡的分散，使电解液成为气液混合体系，因而真实电导率下降，溶液的欧姆压降和电化学反应器工作电压升高，增大了能耗。而电极之间的气泡不均匀地分布，则是电极表面电流宏观分布不均匀的主要原因。

③ 气泡在电极表面的生成、长大、脱离及上升运动，引起电解液的自然对流，可强化电化学反应中的传递过程（传质及传热），以至在某些电解工程中（如电解合成氯酸盐的 Krebs 电槽）可直接利用"气升"实现电解液的循环运动。

综上所述，可见气泡效应影响广泛，不容忽视。对于析气效应的认识，应始于对电解析气物理过程的了解。

11.2.2.1　电解析气的物理过程

电解析气的物理过程包括：气泡的生成或成核（nucleation）、长大和脱离三个阶段。

电解气泡的生成本质上属于新相的形成，即由电极（固相）和电解液（液相）界面上产生新的一相——气体（气相）。早期的研究，曾将它与"沸腾"现象类比。然而，由于电极表面的微观不均一性（包括由各种微观缺陷引起的能量不均一性、电位、电流密度微观分布的不均一性），以及涉及气体的溶解、过饱和扩散，电解气泡的"成核过程"较之沸腾远为复杂，至今缺乏明确的认识。

至于气泡的长大，最初是由于溶解气体向气/液界面的传递以及气泡内部压力的增大使气泡膨胀，然而主要的气泡长大过程是通过三种聚并方式进行的：

① 电极表面细小气泡的聚并。

② 以中等气泡为中心，在其生长过程中兼并周围的细小气泡。

③ 滑移聚并，即大气泡在电极表面上升滑移时兼并中、小气泡不断长大。

气泡的脱离发生在升力大于附着力时，这不仅与电极表面状态、电化学参数有关，也与电解液的流速等条件有关。

采用激光衍射法（Malvern 仪）详细研究了不同条件下电解析出的 H_2、O_2、Cl_2 气泡的大小及分布，结果如下。

① 电解析出的气泡大小不一，即电解气泡的直径大小可在较大范围内变化，但仍表现一定规律性。例如在碱性介质中，电解析出的氢气泡大部分（约 80%）直径小于 $5.8\mu m$，大小均匀。但氧气泡则大都具有中等尺寸，即直径为 $30\sim40\mu m$ 的占 60%。

② 电流密度对电解气泡的影响各不相同：较少发生聚并的气泡，其大小很少受电流密度影响（如碱性介质中析出的 H_2 气泡）；但对易发生聚并的气泡（如碱性介质中析出的 O_2 气泡及氯化钠溶液中析出的 Cl_2 气泡），则往往随电流密度提高而增大。

③ 电解液的组成及浓度均影响电解气泡的大小及分布。如上所述在碱性介质中 H_2 气泡甚小，但在酸性介质中却甚大；反之，当介质由碱性变为酸性时，电解 O_2 气泡却急剧减小。

④ 电极结构和电化学反应器的结构对气泡大小均有影响。如水平电极析出的气泡较垂直电极更小，网状电极析出的气泡则较平板电极小。其机理则大多与气泡的聚并有关。

11.2.2.2　电解析气对溶液电导的影响

电解析气使电化学反应器中溶液欧姆压降增大。这是由于电解液充气后，其有效电导率下降。表达充气率 ε 对电导率 κ 影响的关系式有多种，其中最重要的是以下三种。

Maxwell 公式
$$\frac{\kappa}{\kappa_0}=\frac{1-\varepsilon}{1+\varepsilon/2} \tag{11.28}$$

Bruggman 公式
$$\frac{\kappa}{\kappa_0}=(1-\varepsilon)^{3/2} \tag{11.29}$$

Prager 公式
$$\frac{\kappa}{\kappa_0}=(1-\varepsilon)\left(1-\frac{\varepsilon}{2}\right) \tag{11.30}$$

$$\varepsilon = \frac{V_g}{V_g + V_l} \tag{11.31}$$

式中，V_g 为气泡的总体积；V_l 为溶液的体积；κ_0 为不含气泡的电解液的电导率。

表 11.3 为用三个公式分别计算的 $\frac{\kappa}{\kappa_0}$ 值。

表 11.3   不同公式计算的 $\frac{\kappa}{\kappa_0}$ 值

ε	0.1	0.2	0.3	0.4
Maxwell 公式	0.88571	0.7273	0.6087	0.5000
Bruggman 公式	0.8538	0.7155	0.5857	0.4647
Prager 公式	0.855	0.720	0.595	0.480

从上表可见，ε 愈小，三者的计算结果愈接近。由于很多电化学反应器处于强制对流，电解液的流动往往使 ε 很低。在电化学工程中 Bruggman 公式引用得更为广泛。

然而应用以上公式的主要困难是在实际的电化学反应器中难以确定充气率（ε）值。

新近的研究表明，充气率与电导率关系的复杂性还在于：

① 充气率本身不是均匀和稳定的，因此要确定反应器的局部充气率和总的平均充气率的关系并非易事；

② 电解气泡的大小对于 ε-κ 关系有影响，气泡愈小，ε 对 κ 的影响愈大。因此必须对上式进行必要的修正。

11.2.2.3 析气电极的电流分布

电化学反应器中由于电解析气产生和电流分布不均匀性，不仅影响电极活性表面的充分利用及电极寿命，更波及电化学反应器的性能，如使槽电压和直流电耗增大。

前已述及，析气电极表面的电流分布可区分为两类，即由于电解气泡在电极之间不均匀分布造成的宏观电流分布和由于气泡在电极表面附着产生的微观电流分布。

与电化学工程中其他电极的电流分布比较，析气电极的电流分布具有以下特点：

① 其一次电流分布的不均匀性主要不是由几何因素引起的，而起因于体相（气液混合系）电导率的不均匀性。

② 其二次电流分布受电极表面气泡帘的影响，使电化学极化有更大的变化。

③ 与电解液的流量、流速、流场分布有密切关系。

④ 电化学反应器和电极的结构、电极间（或电极与隔膜间）的距离对析气电极表面的电流分布有更大的影响。

Janssen，Nishiki，Martin 等对析气电极的电流分布进行了一系列研究，结果表明：随着析气电流的提高、电解液流量的减小、电解液浓度的降低，析气电极表面的电流分布将更不均匀。

11.2.2.4 析气对传递过程的影响

析气对传递过程（传质和传热）的影响，是电化学工程中感兴趣的问题。电解析气可使传递过程强化，已为人们公认。并且报道了一些研究结果，表 11.4 为在由 $CuSO_4$ 溶液中电沉积 Cu 时，极限扩散电流密度 i_d 及扩散层厚度 δ 因电解析气或其他强化传质的机械方法产生的变化。

表 11.4　在电解析气及其他液体动力学条件下 i_d 和 δ 变化

流体动力学条件	$i_d/(\mathrm{A/m^2})$	δ/mm	流体动力学条件	$i_d/(\mathrm{A/m^2})$	δ/mm
无对流的电解	6.1	4.75	旋转圆柱($3r/s,R=0.05m$)	810	0.036
在垂直电极表面自然对流(高 0.1m)	144	0.20	阴极析 H_2[2.2 L/(m²·s)]	7200	0.004
在水平电极表面自然对流	365	0.08	阴极析 H_2[0.17 L/(m²·s)]	1940	0.015
沿平板电极层流($v=0.25m/s$)	300	0.10	超声波($7\times10^{-4}\mathrm{W/m^2}$)	5000	0.006
湍流($v=25m/s$)	36500	0.0008			

沉积条件：0.3mol/L $CuSO_4$ 溶液，扩散系数为 10^{-9} $\mathrm{m^2/s}$，运动黏度为 10^{-6} $\mathrm{m^2/s}$。

也可进一步将传质系数、扩散层厚度与析气速度以下列经验式关联

$$K_m = \mathrm{const}\left(\frac{V_G}{S}\right)^m \tag{11.32}$$

$$\delta = \mathrm{const}\left(\frac{V_G}{S}\right)^{-m} \tag{11.33}$$

式中，K_m 为传质系数，m/s；V_G 为析气速率，$\mathrm{m^3/s}$；S 为电极面积，$\mathrm{m^2}$；δ 为扩散层厚度，m。

表 11.5 为不同研究者已经得到的一些 m 值。

表 11.5　式(11.32) 中的 m 值

气体	电解质	m	研究者	气体	电解质	m	研究者
H_2	碱性	0.43	Green and Robinson	H_2	酸性	0.36(Hg)	Janssen and Hoogland
		0.29	Vondrak and Balej			0.45	Kind
		0.36	Janssen and Hoogland	O_2	碱性	0.87/0.33	Janssen and Hoogland
		0.25	Fouad and Sedahmed			0.40	Fouad and Sedahmed
		0.65	Rousar et al.			0.583	陈延禧等
		0.17~0.30	Janssen	O_2	酸性	0.50	Beck
		0.287	陈延禧等			0.40	Janssen and Hoogland
H_2	酸性	0.5(0.59)	Roald and Beck			0.60	Ibl
		0.525	Venczel			0.57	Janssen and Hoogland
		0.47	Janssen and Hoogland			0.66	Kind
		0.62(Pt)	Janssen and Hoogland	Cl_2	酸性	0.71	Janssen and Hoogland

至于解释析气对传质影响的理论有三种。

① 渗透模型（penetration model）认为析气加速传质是由于气泡脱离电极表面后，体相溶液进入并补充这一空间产生的结果。这一模型一般用于易发生聚并的气体，如 O_2 气。

② 流体动力模型（hydrodynamic model）认为气体的上升运动是强化传质的主要原因。这一模型主要适用于不发生聚并的气体，如 H_2 气。

③ 微观对流模型（microconvection model）认为气泡生长时的膨胀引起对流，因而强化了传质。

11.2.3　电化学工程中的传质过程

在电极过程动力学中，传质步骤是整个电极过程不可缺少的分步骤，当它成为控制步骤时，将决定电极反应的速率和动力学特征。

在电化学工程中，传质过程的重要性不限于此，因为：

① 它首先将决定电化学工程中的生产强度（最大电流密度），同时对槽压、电流效率、时空产率、转化率等技术经济指标有很大的影响。

② 影响产品的质量，如当电流密度趋于极限电流密度 i_d 时，对于金属电沉积过程，可能得到粗糙的，甚至粉末状金属沉积物；对于电合成反应，则由于电极电位骤升，可能发生各种副反应，影响产物的纯度。

③ 由于传质过程和传热过程是交叠进行的，因此传质状态必然影响体系的热交换、热平衡和工作温度。

④ 对于传质过程的要求将影响电化学反应器的设计，并提出相应的条件，如电解液系统的构成、设置、控制。

尽管我们可以用电极过程动力学的公式来表示三种传质方式，即对流、电迁、扩散对传质的贡献。但在电化学工程中，难以采用该式对实际体系进行定量计算和理论分析。

电化学工程中可采用传质系数 k_m 来表征传质速率，即

$$j = k_m \Delta c$$

式中，j 为传质通量，$\text{mol}/(\text{m}^2 \cdot \text{s})$；$k_m$ 为传质系数，m/s；Δc 为界面与体相的浓度差，mol/m^3。

在研究影响传质系数的因素时，电化学工程也求助于化学工程的方法，即通过实验，确定若干无量纲数群的关系来表示传质过程的规律。当然，在电化学工程中，这些无量纲数群有其特定的含义，能关联电化学反应器中与传质过程关系密切的诸因素。

其中应用最广的无量纲数群是

(1) 舍伍德（Sherwood）数 Sh

$$Sh = k_m L / D$$

式中，k_m 为传质系数，m/s；L 为电化学反应器的特征长度，m；D 为扩散系数，m^2/s。

由于 Sh 与 k_m 直接关联，因此它可表征传质速率。

(2) 雷诺数（Reynold）数 Re

$$Re = uL / \nu$$

式中，u 为电解液流速，m/s；L 为电化学反应器的特征长度，m；ν 为介质的运动黏度，m^2/s，$\nu = \mu / \rho$；Re 表示电解液流动时惯性力与黏性力之比。

(3) 施密特（Schmidt）数 Sc

$$Sc = \nu / D$$

Sc 表示对流传质与扩散传质的关系。

(4) 格拉晓夫（Grashof）数 Gr

$$Gr = g \Delta \rho L^3 / (\nu^2 \rho)$$

式中，g 为重力加速度，m/s^2；ρ 为电解液的密度，kg/m^3；$\Delta \rho$ 为电极表面溶液与体相溶液密度之差；ν 为介质的运动黏度；L 为电极长度，m。

若引起密度差（$\Delta \rho$）的浓差为 Δc，有的文献以增浓系数（densification coeffcient）a 表示二者的关系。

$$a = \Delta \rho / (\rho \Delta c)$$

则由上述的 Gr 定义式可得到 $\qquad Gr = ga \Delta c L^3 / \nu^2$

Gr 常用于描述自然对流过程的传质。

在引出以上无量纲数群后，电化学工程经常用如下的关联式来描述各种电化学反应器，

在不同条件下的传质规律

$$Sh = kRe^a Sc^b \tag{11.34}$$

式中，常数 k、a、b 由试验测定。由于试验条件及方法不同，其数值可能不等。表 11.6 列出了一些传质过程的无量纲数群关联式。

表 11.6　表达不同电化学反应器的传质规律的无量纲数组关系式

序号	电极	流型	图示	条件	关系式	备注
1	平行板电极	强制对流层流			$Sh = 1.467\left(\dfrac{2}{1+r}\right)^{1/3}\left(Pe\dfrac{d_e}{L}\right)^{1/3}$	$Pe = ReSc$ 层流，$r = \dfrac{\text{极距}}{\text{电极宽度}}$
2		强制对流层流		$10^5 \leqslant Pe\dfrac{d_e}{L} \leqslant 10^7$	$Sh = 2.54\left(Pe\dfrac{d_e}{L}\right)^{1/3}$	L 为电极长度，d_e 为当量直径，$d_e = \dfrac{2BS}{B+S}$
3		强制对流湍流		$10^4 < Re < 10^5$	$Sh = 0.027Re^{0.875}Sc^{0.21}$	
4	垂直平板电极	自然对流层流		$GrSc < 10^{12}$	$Sh = 0.45Gr^{0.25}Sc^{0.25}$	
5		自然对流湍流		$GrSc > 4 \times 10^{13}$	$Sh = 0.31Gr^{0.28}Sc^{0.28}$	
6		析气电极		$a = 1.38$(球形气泡) $a = 1.74$(半球形气泡)	$Sh = a(1-\theta)^{0.5}Re^{0.5}Sc^{0.5}$	$l = L$ $Re = \dfrac{Lv_g}{\gamma}$
7	水平平板电极	充分发展的层流		$Re < 2000, B > S$ $L/d_e < 35$	$Sh = 1.85Re^{0.33}Sc^{0.33}(d_e/L)^{0.33}$	$l = d_e = \dfrac{2BS}{B+S}$
8		湍流		$Re > 2300$ $L/d_e > 10$	$Sh = 0.023Re^{0.8}Sc^{0.33}$	$l = L$
9	旋转圆柱电极	层流		$10^2 < Re < 10^4$	$Sh = 0.62Re^{0.5}Sc^{0.33}$	$Re = \dfrac{r^2\omega}{\gamma}$
10		湍流		$Re > 10^6$	$Sh = 0.011Re^{0.87}Sc^{0.33}$	$Re = \dfrac{r^2\omega}{\gamma}$
11	同心圆柱电极	层流 $(\omega = 0)$		$Re < 2000$	$Sh = 1.61\varphi Re^{0.33}Sc^{0.33}(d_e/L)^{0.33}$	$r = r_i/r_o$ $l = 2(r_o - r_i)$
12		层流 $(\omega = 0)$		$Re > 2000$	$Sh = 0.023Re^{0.8}Sc^{0.33}$	$Re = \dfrac{2r_i\omega}{\gamma}$
13		旋转圆柱湍流 $(v = 0)$		$100 < Re < 1.6 \times 10^5$	$Sh = 0.079Re^{0.7}Sc^{0.36}$	$l = 2r_i$
14	填充床电极				$Sh = 1.52Re^{0.55}Sc^{0.33}$	
15	流化床电极				$Sh = \dfrac{(1-\varepsilon)^{0.5}}{\varepsilon}Re^{0.5}Sc^{0.33}$	ε 为床体的空隙率

注：l—特征长度；θ—电极表面的覆盖率；v_g—析气速率（单位时间单位电极表面产生的气体体积）；ω—角速度；

v—流速；$\varphi = \dfrac{r-1}{r}\left[\dfrac{0.5 + [r^2/(1-r^2)]\ln r}{1 + [(1+r^2)/(1-r^2)]\ln r}\right]$。

利用这些无量纲的特征数关联式及已知条件，可以计算 Sh 数，进而确定传质系数

(k_m) 和极限电流密度 (i_d)。因为 $k_m = D/\delta$，故 $\delta = D/k_m$，而

$$i_d = nFDc_0/\delta = nFDc_0(k_m/D) = nFk_mc_0 \tag{11.35}$$

式中，c_0 为体相浓度。

11.2.4 电化学工程中的热传递与热衡算

任一电化学反应器都是在一定温度下工作的。温度对于电极反应的速率、过电位、选择性及电化学工程的技术经济指标如工作电压、电流效率均有重要影响。而电解质的腐蚀性、电极材料及膜材料的稳定性也均与温度有关。

电化学反应温度的选择取决于多种因素，而电化学反应器的工作温度则取决于其中的热传递及热平衡。

将电化学反应器视为控制体进行热量衡算，是电化学工程及电化学反应器设计中的重要工作。

广义的热衡算可以表示为

反应器内热量积累速率＝物料带入热量的速率＋电化学反应器内产生热的速率－物料带
出热量的速率－反应器散热速率±反应器内换热器的换热速率 （11.36）

然而要对这一过程进行严格的理论分析，涉及建立并求解包含时间及三维空间的偏微分方程，加之边界条件复杂而且难以决定，这是十分困难的。虽然 Newman 曾有所尝试，但在电化学工程中人们还是试图采用较简单的方法进行处理，Pikett 和 Fahidy 的有关论述，反映了这一情况。

式(11.36) 的各项含义如下。

（1）单位时间反应物（产物）带入（出）的热量（J/s）

$$Q_1 = S\sum J_i M_i C_{p,i} T \tag{11.37}$$

式中，S 为物流的面积；J_i 为物料流量（带入为正，流出为负）；M_i 为组分 i 的摩尔质量；T 为温度，K；$C_{p,i}$ 为组分 i 的定压比热容。

（2）单位时间电化学反应器内由于电化学反应产生的热量（J/s）

$$Q_2 = I\left(V - \frac{\Delta H}{nF}\right) \tag{11.38}$$

式中，I 为电流；V 为电化学反应的工作电压；ΔH 为电化学反应的焓。

（3）单位时间反应器的散热（与环境的热交换）（J/s）

$$Q_3 = \sum_j U_j S_j \Delta T_j \tag{11.39}$$

式中，U_j 为总的传热系数；S_j 为传热面积；ΔT_j 为电化学反应器与环境的温差。

设电化学反应器有 j 个传热面，则它与环境的热交换应求其和。式中各参数均为第 j 个换热面的。

（4）单位时间反应器内热交换器带入（或引出）的热量（J/s） 以 Q_4 表示。

这样式(11.36) 可以表示为

$$mC_p \frac{dT}{dt} = I\left(V - \frac{\Delta H}{nF}\right) + S\sum_i J_i M_i C_{p,i} T - \sum_j U_j S_j \Delta T_j \pm Q_4 \tag{11.40}$$

该式的用途有两种，第一，确定体系的热平衡温度，即当体系达到稳定后，温度不再变化时，$dT/dt = 0$，则上式成为

$$I\left(V - \frac{\Delta H}{nF}\right) + S\sum_i J_i M_i C_{p,i} T = \sum_j U_j S_j \Delta T_j + Q_4 \tag{11.41}$$

也可根据给定的温差（即一定的反应器温度和环境温度之差），确定电流及反应器应设置的热交换器的功率。

第二，可以用来估算达到某一温度所需的时间。因为利用式(11.41)，可求出这一时间

$$t = \int_{T_0}^{T} \frac{mC_p}{I\left(V - \dfrac{\Delta H}{nF}\right) + S \sum_i J_i M_i C_{p,i} T - \sum_j U_j S_j \Delta T \pm Q_4} \, dt \tag{11.42}$$

在关于式(11.40)的讨论中，由物料带入（出）的热量（Q_1），反应器的散热（Q_3）及热交换（Q_4），对于熟悉化工传递过程的读者是容易理解的。特殊的一项是由于电化学反应产生的热量 Q_2，它是电化学反应器中特殊的问题。不应简单地将它视为电流通过反应器时产生的焦耳热，实际上可将电化学反应器的工作电压表示为

$$V = -\frac{\Delta G}{nF} + \sum x \mid \Delta \varphi \mid + \sum x IR \tag{11.43}$$

因此

$$Q_2 = I\left(V - \frac{\Delta H}{nF}\right) = I\left(\sum x \mid \Delta \varphi \mid + \sum x IR - \frac{T \Delta S}{nF}\right) + 2IE \tag{11.44}$$

由此可以看出，电流通过电化学反应器时产生的热量 Q_2 不仅取决于反应器各组成部分（如电极、隔膜、电解液）的欧姆电阻，还与反应本身的热力学特性（ΔH、ΔS 值）及反应动力学的不可逆性（即各种过电位 $\Delta \varphi$）密切相关，这正是电化学反应工程的研究内容及特点。

11.3 电化学反应器

实现电化学反应的设备或装置称为电化学反应器。在电化学工程的三大领域，即工业电解、化学电源、电镀中应用的电化学的反应器，包括各种电解槽、电镀槽、一次电池、二次电池、燃料电池，它们结构与大小不同，功能及特点迥异，然而却具有以下两个基本特征。

① 所有的电化学反应器都由两个电极（一般是第一类导体）和电解质（第二类导体）构成。

② 所有的电化学反应器都可归入两个类别，即由外部输入电能，在电极和电解液界面上促成电化学反应的电解反应器，以及在电极和电解质界面上自发地发生电化学反应产生电能的化学电源反应器。

11.3.1 电化学反应器的类型

电化学反应器作为一种特殊的化学反应器，按照结构通常可分为三种：

① 箱式电化学反应器，这是应用最广的电化学反应器，一般为长方形，具有不同的三维尺寸（长、宽、高），电极常为平板状，大多为垂直平行地放置于其中。

② 压滤机式或板框式电化学反应器，这类电化学反应器由单元反应器重叠并加压密封组合，每一单元反应器均包括电极、板框和隔膜等部分。在工业电解和化学电源中应用广泛。

③ 结构特殊的电化学反应器，为增大反应器中的比电极面积、强化传质、提高反应器的时空产率，而研制的多种特殊结构的电化学反应器。

11.3.1.1 箱式电化学反应器

箱式电化学反应器既可间歇工作，也可半间歇工作。蓄电池是典型的间歇反应器，在制造电池时，电极、电解质被装入并密封于电池中，当使用电池时，这一电化学反应器既可放电，亦可充电；电镀中经常使用敞开的箱式电镀槽，周期性地挂入零件和取出镀好的零件，这显然也是一种间歇工作的电化学反应器；然而在电解工程中例如电解炼铝、电解制氟及很多传统的工业电解应用更多的是半间歇工作的箱式反应器。大多数箱式电化学反应器中电极都垂直交错地放置，并减小极距，以提高反应器的时空产率。然而极距的减小往往受到一些因素的限制，例如在电解冶金槽中，要防止因枝晶成长导致的短路，在电解合成中要防止两极产物混合产生的副反应，为此，有时需在电极之间使用隔膜。箱式反应器中很少引入外加的强制对流，而往往利用溶液中的自然对流，例如电解析气时，气泡上升运动产生的自然对流可有效地强化传质。

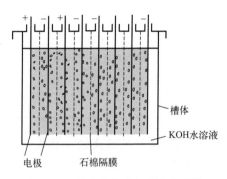

箱式反应器多采用单极式电连接，但采用一定措施后也可实现复极式连接。

箱式反应器应用广泛的原因是结构简单、设计和制造较容易、维修方便，但缺点是时空产率较低，难以适应大规模连续生产以及对传质过程要求严格控制的生产。

图 11.9　水电解用单极箱式电解槽

图 11.9 为一种水电解用的单极箱式电解槽。

11.3.1.2 压滤机式电化学反应器或板框式电化学反应器

如前所述，这类电化学反应器由很多单元反应器组合而成，每一单元反应器都包括电极、板框、隔膜，电极可垂直或水平安放，电解液从中流过，无需另外制作反应器槽体，图 11.10 为其示意图。一台压滤机式电化学反应器的单元反应器数量可达 100 个以上。

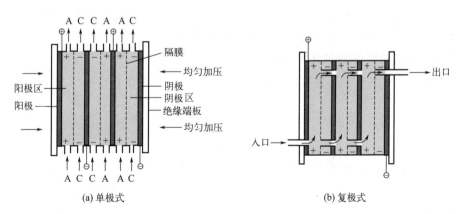

(a) 单极式　　　　　　　　　(b) 复极式

图 11.10　板框压滤机式电化学反应器
A—阳极液；C—阴极液

压滤机式电化学反应器受到欢迎的原因有：
① 单元反应器的结构可以简化及标准化，便于大批量地生产，也便于在维修中更换。
② 可选用各种电极材料及膜材料满足不同的需要。

③ 电极表面的电位及电流分布较为均匀。

④ 可采用多种湍流促进器（turbulence promoter）来强化传质及控制电解液流速。

⑤ 可以通过改变单元反应器的电极面积及单元反应器的数量较方便地改变生产能力，形成系列适应不同用户的需要。表 11.7 表示一种压滤机式电化学反应器（Electro Cell）系列电解槽的特点。

表 11.7　Electro Cell 系列压滤机型电解槽

参数	Microflaw Cell	ElectroMP Cell	ElectroSyn Cell	ElectroProd Cell
电极面积/m^2	0.001	0.01~0.2	0.04~1.04	0.4~16.0
电流密度/(kA/m^2)	<4	<4	<4	<4
极距/mm	3~6	6~12	5	0.5~4
流经单元电解池的流量/(L/min)	0.18~1.5	1~5	5~15	10~30
流速/(m/s)	0.05~0.4	0.03~0.3	0.2~0.6	0.15~0.45
电极对数	1	1~20	1~26	1~40

⑥ 适于按复极式连接（其优点为可减小极间电压降，节约材料，并使电流分布较均匀），也可按单极式连接。

压滤机式电化学反应器还可组成多种结构的单元反应器，如包括热交换器或电渗析器的单元反应器，以及多孔电极及三维电极的单元反应器。

压滤机式电化学反应器的单极面积增大时，除可提高生产能力外，还可提高隔膜的利用率，降低维修费用及电槽占地面积，例如在氯碱工业中的压滤机式离子膜电解槽，其单极槽电极面积为 $0.2\sim3m^2$，复极槽电极面积为 $1\sim5.4m^2$。

压滤机式电化学反应器的板框可用不同材料制造，如非金属的橡胶和塑料以及金属材料，前者价格较低，但使用时间较短，维修更换耗费时间，后者使用时间长，但价格较高。

在电化学工程中压滤机式电化学反应器已成功用于水电解、氯碱工业、有机合成（如己二腈电解合成）以及化学电源（如叠层电池、燃料电池）。

11.3.1.3　结构特殊的电化学反应器

前已论及，时空产率 Y_{ST} 是表征电化学反应器性能的主要质量指标。由式(11.21)

$$Y_{ST}=\frac{G}{tV}=\frac{iStK\eta_I}{tV}=i\left(\frac{S}{V}\right)K\eta_I=iA_SK\eta_I$$

$$故\ Y_{ST}=A_Si(K\eta_I) \tag{11.45}$$

当反应一定时，$K\eta_I$ 可近似地视为常数，则 Y_{ST} 基本取决于 A_S（反应器的比电极面积，m^2/m^3）和电流密度 i（A/m^2）的乘积。不难看出，A_Si 的量纲恰好是 $[A/m^3]$，即与体积电流密度 i_V 一致。

对于那些电导率很低的反应体系，或反应物浓度很低，受制于传质速度的反应，都不可能大幅度地提高电极反应的电流密度，因而力图设计具有更大的 A_S 值的电化学反应器来提高时空产率，于是便产生了各种结构特殊的电化学反应器，即区别于前节所述的两种基本电化学反应器的新型电化学反应器。

表 11.8 列出了多种结构特殊的电化学反应器的一些特点。

表 11.8　各种结构特殊的电化学反应器的特点

名称	欧姆压降	传质速度	比电极面积	名称	欧姆压降	传质速度	比电极面积
薄膜反应器或涓流塔反应器 (thin film cell or trikle tower cell)	高	高	大	流化床电化学反应器 (fluidized bed cell)	较高	较低	很大
毛细间隙反应器 (capillary gap cell)	低	低	小	叠层(夹层)电化学反应器 (swiss-roll cell) (sandwich and roll cell)	低	高	小
旋转电极反应器 (rotating electrodes cell)	高	高	小	零极距电化学反应器 (zero-gap cell)	低	低	小
泵吸式电化学反应器 (pump cell)	低	高	小	SPE 电化学反应器 (solid polymer electrolyte cell)	低	低	小
固定床电化学反应器 (packed bed cell)	较高	较低	很大	带有湍流促进器的电化学反应器 (cells with turbulence promoters)	高	高	小

图 11.11 及图 11.12 表示这些结构特殊的电化学反应器的比电极面积（A_S）和体积电流密度（i_V）值随反应器的特征长度（极距或颗粒大小）变化的规律。

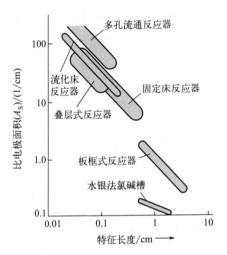

图 11.11　各种电化学反应器的 A_S 值与特征长度的关系

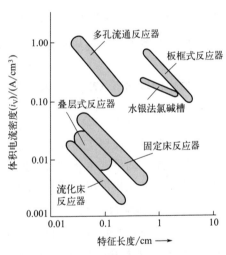

图 11.12　体积电流密度（i_V）与特征长度的关系

11.3.2　电化学反应器的工作特性

如前所述，电化学反应器按其工作方式可分为三类，其工作特性，则可借助于反应物浓度变化的数学模型来描述。

11.3.2.1　简单的间歇反应器

这类反应器应用广泛。设反应体积为 V，如充分搅拌，内部浓度可趋于均匀一致。设反应物初始浓度为 $c(0)$，经过反应时间 t 后，降为 $c(t)$。为简化计算，若设其反应级数为 1，则按其动力学规律，反应浓度变化的速率可表示为

$$\frac{\mathrm{d}c(t)}{\mathrm{d}t} = kc(t) \tag{11.46}$$

在电化学反应器中，电化学反应引起的浓度变化，可根据 Faraday 定律计算，并以电流表示。若电化学反应器的体积为 V_R，则有

$$\frac{-\mathrm{d}c(t)}{\mathrm{d}t} = I(t)/(nFV) \tag{11.47}$$

式中，$I(t)$ 是时刻 t 的瞬时电流。当电极过程处于扩散控制时，可以改写为

$$I(t) = I(\mathrm{d}) = k_m SnFc(t) \tag{11.48}$$

式中，$I(\mathrm{d})$ 为极限电流；k_m 为传质系数；S 为电极面积。

将式(11.48)代入式(11.47)得到

$$\frac{-\mathrm{d}c(t)}{\mathrm{d}t} = \frac{k_m Sc(t)}{V} \tag{11.49}$$

比较式(11.49)与式(11.46)，可见

$$k = \frac{k_m S}{V} \tag{11.50}$$

将式(11.49)积分，得到

$$c(t) = c(0)\exp\left(-\frac{k_m S}{V}t\right) \tag{11.51}$$

它表达了这类反应物浓度与反应时间的关系及其影响因素，当传质系数（k_m）或电极面积（S）增大时，反应物浓度下降更快。比值 $\dfrac{S}{V}$ 是 11.1.2 节中已述及的比电极面积 A_S，即单位反应器体积具有的电极活性面积，可以 A_S 表示，因此上式可表示为

$$c(t) = c(0)\exp(-k_m A_S t) \tag{11.52}$$

则这种反应器中的转化率（X_A）可表示为

$$X_A = 1 - \frac{c(t)}{c(0)} = 1 - \exp(-k_m A_S t) \tag{11.53}$$

可以看出，简单间歇反应器工作在非定态下，其反应物和产物浓度均随时间变化。

在实际生产中，间歇式电化学反应器可有一些变型，如电解液周期地加入，而产物有时也可连续放出，以防止再度溶解或在反应器中发生堵塞、电极短路等问题。

11.3.2.2 活塞流反应器

当电解液以稳定的流量进出电化学反应器时，达到定态后，其入口浓度 $c(\mathrm{in})$ 和出口浓度 $c(\mathrm{out})$，将与时间无关，如图 11.13 所示。

对于电化学反应器，质量平衡可表示为

进入反应器的物料－反应器输出的物料＝电化学反应消耗的物料

运用法拉第定律，则得到如下的表达式

$$Qc(\mathrm{in}) - Qc(\mathrm{out}) = \frac{I}{nF} \tag{11.54}$$

式中，Q 为体积流量，m^3/s。

若以浓度表示则变为 $\Delta c = c(\mathrm{in}) - c(\mathrm{out}) = \dfrac{I}{nFQ} \quad (11.55)$

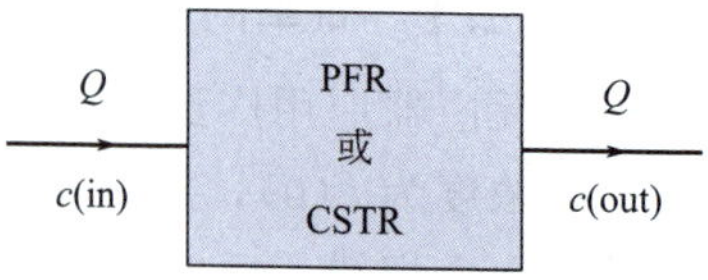

在活塞流反应器中，反应物浓度沿电极长度方向（x 方向，在入口处 $x=0$）连续减小，流过电极的总电流可积分求得

$$I = \int_0^x I(x)\mathrm{d}x \tag{11.56}$$

图 11.13 柱塞流（PFR）或（CSTR）反应器

当电极过程处于扩散控制时，反应器中各点的电流密度与该点的浓度有关

$$i_x = i_d = k_m nFc(x) \tag{11.57}$$

当扩散可忽略时，沿 x 轴方向的浓度梯度可表示为

$$\frac{-dc(x)}{dx} = \frac{I(x)S'}{nFQ} \tag{11.58}$$

式中，S' 为反应器在单位长度的电极面积。

以 I_d 替换 $I(x)$，代入上式后得到

$$\frac{-dc(x)}{dx} = \frac{k_m S'}{Q} c(x) \tag{11.59}$$

沿 x 方向积分，可以求解出口浓度与入口浓度及其他因素的关系

$$c(\text{out}) = c(\text{in}) \exp\left(-\frac{k_m S}{Q}\right) \tag{11.60}$$

显然，当流速与入口浓度不变时，提高传质系数（k_m）和电极面积 S，可使反应物的出口浓度降低。

同理，可求出转化率（X_A）

$$X_A = 1 - \frac{c(\text{out})}{c(\text{in})} = 1 - \exp\left(-\frac{k_m S}{Q}\right) \tag{11.61}$$

联合式(11.55) 及式(11.60)，可用入口浓度表示极限电流 I_d

$$I_d = nFQc(\text{in})X_A = nFQc(\text{in})\left[1 - \exp\left(-\frac{k_m S}{Q}\right)\right] \tag{11.62}$$

考虑到停留时间 $\tau = V/Q$，则可将式(11.60) 改写为

$$c(\text{out}) = c(\text{in}) \exp\left(-\frac{k_m S}{V}\tau\right) \tag{11.63}$$

此式与间歇反应器的式(11.51)，在 $t = \tau$ 时具有相同的形式，而转化率则可改写为

$$X_A = 1 - \exp\left(-\frac{k_m S}{V}\tau\right) \tag{11.64}$$

所以，对于给定的 k_m、S、V 值，活塞流反应器和间歇反应器，只要停留时间（τ）等于反应时间（t），则具有相同的转化率。换言之，这两种反应器若需具有相同的转化率，则应有相同的 k_m、S、V 值。

11.3.2.3　连续搅拌箱式反应器

这类反应器的主要特点是反应物在反应器出口的浓度与反应器内的浓度是相等的，这是理想的返混结果。因此极限电流和传质不随时间和空间变化。

$$I_d = k_m nFSc(\text{out}) \tag{11.65}$$

由这类反应器的物料衡算可得到

$$\Delta c = c(\text{in}) - c(\text{out}) = \frac{k_m S}{Q} c(\text{out}) \tag{11.66}$$

或

$$c(\text{out}) = \frac{c(\text{in})}{1 + k_m S/Q} \tag{11.67}$$

而转化率则为

$$X_A = 1 - \frac{c(\text{out})}{c(\text{in})} = 1 - \left(\frac{1}{1 + k_m S/Q}\right) \tag{11.68}$$

显然，增大 k_m 和 S 可提高转化率。通过上式和式(11.55) 还可将极限电流与入口浓度关联。

$$I_d = nFQc(\text{in})\left(-\frac{1}{1+k_m S/Q}\right) \tag{11.69}$$

与活塞流反应器的 X_A 比较，对于给定的 k_m、S 和 Q 值，在连续搅拌反应器中进行的电化学反应，其转化率较低。然而，当搅拌足够强时，k_m 可与 Q 值几乎无关，这时连续搅拌箱式反应器也可和湍流状态下工作的旋转圆柱电极反应器接近。

实际上，上述两种反应器都属于所谓单程反应器，其转化率是有限的。如果为了提高转化率使电解液流速降低，则 k_m 也减小，反应的产物和反应热量将积累，这是不利的。为此，曾提出，对反应器建立再循环回路方法（如图 11.14），然而，更有效的措施是：间歇再循环，即使间歇反应器出来的电解液通过一个贮槽后再回到反应器（如图 11.15 所示）；二是将反应器串联。

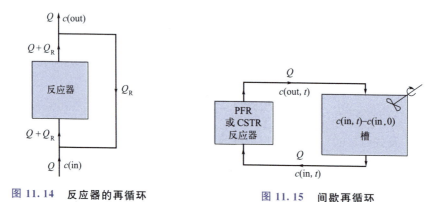

图 11.14　反应器的再循环　　　　　图 11.15　间歇再循环

11.3.2.4　间歇再循环

间歇再循环的工作方式必须由一个电化学反应器与一个贮槽或化学反应器组成的系统实现，如图 11.15 所示。在有机电解合成中已得到应用。

它是一种灵活且方便的工作方式，电化学反应器之外的贮槽或化学反应器可起到多种作用，如下。

① 增加电解液贮量；

② 调节电解液的 pH 值；

③ 进行热交换，稳定温度；

④ 完成次级均相化学反应，生成产物；

⑤ 或在电化学反应之前，为反应物提供预处理和混合的空间；

⑥ 进行气液分离或固液分离；

⑦ 便于取样分析。

当贮槽的容积远远大于电化学反应器的容积（$V_T \gg V$）以及在其中的停留时间（τ_T）足够长时，可将这一体系近似地看作一个连续搅拌箱式反应器。但与单程反应器不同，反应器入口和出口的浓度，皆与时间有关。

如果考虑反应器与贮槽间的质量衡算，当贮槽充分混合后有

$$V_T \frac{dc(\text{in})}{dt} = Q\left[c(\text{out}) - c(\text{in})\right] \tag{11.70}$$

利用式(11.60)，将 $c(\text{out})$ 变换后代入上式，积分后可以得到

$$c(\text{in}, t) = c(\text{in}, 0) \exp\left\{-\frac{t}{\tau_1}\left[1 - \exp\left(-\frac{k_m S}{Q}\right)\right]\right\} \tag{11.71}$$

或
$$c(\text{in}, t) = c(\text{in}, 0) \exp\left(-\frac{t}{\tau_T}\theta_A^{\text{PFR}}\right) \tag{11.72}$$

式中，θ_A^{PFR} 是一个单程柱塞流反应器的转化率，而这一体系总的转化率可表示为

$$\theta_{A,t}^{\text{PFR}} = 1 - \left[\frac{c(\text{in}, t)}{c(\text{in}, 0)}\right] = 1 - \exp\left(-\frac{t}{\tau_T}\theta_A^{\text{PFR}}\right) \tag{11.73}$$

对于在间歇再循环中的连续搅拌箱式反应器，利用式(11.67) 和式(11.70)，可以得到

$$c(\text{in}, t) = c(\text{in}, 0) \exp\left\{-\frac{1}{\tau_T}\left[1 - \frac{1}{1 + (k_m S/Q)}\right]\right\} \tag{11.74}$$

以及式(11.68) 表示的单程反应转化率，于是可得到

$$c(\text{in}, t) = c(\text{in}, 0) \exp\left(-\frac{t}{\tau}\theta_A^{\text{CSTR}}\right) \tag{11.75}$$

对于处于间歇再循环中的连续搅拌反应器，其总转化率则为：

$$\theta_{A,t}^{\text{CSTR}} = 1 - \left[\frac{c(\text{in}, t)}{c(\text{in}, 0)}\right] = 1 - \exp\left(-\frac{t}{\tau_T}\theta_A^{\text{CSTR}}\right)$$
$$\tag{11.76}$$

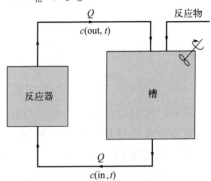

图 11.16　一种半间歇的再循环

间歇再循环的形式有多种，图 11.16 表示为一种实例，如为间歇操作，则允许连续或间断地加入反应物。

【例 11.3】　以电化学方法提取锌的总反应为 $ZnSO_4 + H_2O \longrightarrow Zn + H_2SO_4 + \frac{1}{2}O_2$，若阳极反应的电流效率为 96%，电流密度为 $450A/m^2$，阴极面积为 $40m^2$，阴极沉积层（锌）的厚度达到 3.5mm 时即剥离，电化学反应器连续工作（每年工作日为 335 天），求每月（30 天）剥离锌的次数及年产量为 1600t，所需反应器的数量。

解：(1) 阳极反应为 $Zn^{2+} + 2e \longrightarrow Zn$，即每沉积 1mol Zn 需 2F 电量。因此可由法拉第定律计算沉积锌的电化当量

$$K_{Zn} = \frac{65.38}{2 \times 26.8} = 1.220[g/(A \cdot h)]$$

式中，$26.8A \cdot h$ 即 1F 电量。

（2）设锌沉积层厚度为 $\delta(cm)$，沉积周期为 $\tau(h)$，已知锌的密度为 $7.14g/cm^3$，则电化学反应产物的数量可由下式计算

$$G = \delta d = i\tau K \eta_I$$

式中，G 是单位电极面积（cm^2）的产物质量（g），g/cm^2。所以

$$\tau = \frac{\delta d}{iK\eta_I} = \frac{0.35 \times 7.14}{0.045 \times 1.220 \times 0.96} = 47.42(h) \approx 2 \text{ 天}$$

因此，每月需剥锌次数为
$$n = \frac{30}{2} = 15 \text{ 次}$$

（3）对于给定产率所需反应器的数量（m）为

$$m = \frac{G_{\text{总}}}{iSTK\eta_I} = \frac{1.6 \times 10^{10}}{450 \times 40 \times 24 \times 335 \times 1.220 \times 0.96} = 95(\text{台})$$

11.3.2.5 实际的电化学反应器的工作特性

实际的电化学反应器工作时的动力学特性可以一个简单的间歇式反应器来说明。

如果电化学反应以恒电流进行，反应物浓度的变化，可以 Faraday 定律计算

$$\Delta c = c(0) - c(t) = \frac{It\eta_I}{nFV_S} \tag{11.77}$$

式中，η_I 为这里是反应时间 t 后的平均电流效率；V_S 为溶液的体积。

将上式变换，得到

$$c(t) = c(0) - \frac{It\eta_I}{nFV_S} \tag{11.78}$$

或

$$\eta_I = [c(0) - c(t)]\frac{nFV_S}{It} \tag{11.79}$$

对式(11.79)取自然对数，有

$$\ln c(t) = \ln\left(c(0) - \frac{It\eta_I}{nFV_S}\right) \tag{11.80}$$

可见，在恒电流状态工作的电化学反应器，其动力学特性与电流密切相关，按其传质情况可分为电流控制及扩散控制两种。

(1) 电流控制　这时反应器内反应物的浓度足够高，反应电流远小于极限扩散电流 (i_d)，可视反应物浓度减小的速度为定值，而对应的电流效率为 η_I'，这时式(11.78)成为

$$c(t) = c(0) - \frac{It\eta_I'}{nFV_S} \tag{11.81}$$

及

$$\eta_I' = [c(0) - c(t)]\frac{nFV_S}{It} \tag{11.82}$$

$$\ln c(t) = \ln\left[c(0) - \frac{It\eta_I'}{nFV_S}\right] \tag{11.83}$$

于是转化率可表示为

$$\theta_A = \frac{c(0) - c(t)}{c(0)} = \frac{It\eta_I'}{nFc(0)} \tag{11.84}$$

因为 η_I'、I、$c(0)$ 可视为常数，所以 θ_A 是随时间 t 线性增大。而时空产率则为

$$Y_{ST} = \frac{M[c(0) - c(t)]}{t} \tag{11.85}$$

式中，M 为摩尔质量，kg/mol。代入式(11.82)即得到

$$Y_{ST} = \frac{MI\eta_I'}{nFV_S} \tag{11.86}$$

可见，时空产率为常数。

(2) 扩散控制　当反应持续一定时间后 $(t > t')$，由于反应物浓度的下降 $[c(t) < c']$，电流将达到甚至大于极限扩散电流 $(I \geqslant I_d)$。这时，电流效率将随时间延长而降低，反应进入扩散控制。浓度的下降与时间为对数关系。若 I_d 对应的浓度为 c'，则存在以下关系

$$c(t) = c'\exp\left[-\frac{k_m S}{V_S}(t - t')\right] = \frac{I_d}{nFSk_m}\exp\left[-\frac{k_m S}{V_S}(t - t')\right] \tag{11.87}$$

而此时的电流效率为

$$\eta_I = \frac{k_m SnFc(t)}{I_d} \tag{11.88}$$

将式(11.87)代入式(11.88)后得到

$$\eta_I = \frac{k_m SnF}{I_d} c' \exp\left[-\frac{k_m S}{V_S}(t-t')\right] \tag{11.89}$$

若将式(11.87)取自然对数可以得到

$$\ln c(t) = \ln c' - \left[\frac{k_m S}{V_S}(t-t')\right] \tag{11.90}$$

可见 $t > t'$ 时(即已达到扩散控制后),转化率为

$$\theta_A = 1 - \frac{c(t)}{c'} = 1 - \exp\left[-\frac{k_m A}{V_S}(t-t')\right] \tag{11.91}$$

即 θ_A 随时间的增长已为非线性关系。

同理,可得到 $t > t'$ 后的时空产率

$$Y_{ST} = \frac{M[c' - c(t)]}{t} \tag{11.92}$$

或

$$Y_{ST} = \frac{IM\eta_I}{nFV_S} \tag{11.93}$$

应该说明,以上的讨论仅仅是粗略的,电极过程由电子转移步骤控制到扩散控制,往往存在混合控制区,即过渡只能是逐渐的;此外电极表面发生的各种表面转化步骤(如吸附、表面膜的生成等)及后继的均相化学反应都将使电极过程复杂化,因而增加了定量表述电化学反应器工作特性的困难。然而进行上述讨论仍是有益的,因为它提出了一种可供参考的方法来分析和估算电化学反应器的转化率、时空产率、电流效率以及反应物浓度与反应时间之间的关系。

【例11.4】 某电化学合成反应在 $680A/m^2$ 电流密度下进行,反应器的工作电压为 5.4V,电流效率为 85%,日产率为 1200kg。试求每日的直流电耗。如电化学反应器的工作电压与电流密度的关系可以经验公式表示:$\Delta V = B\Delta i$,$B = 5.5 \times 10^{-4} V$,试求产率增加为 1500kg/d 后的直流电耗,假设电流效率不变,产物的电化当量为 $0.72g/(A \cdot h)$。

解:(1)由电化当量(K)可求理论耗电量(k)

$$k = \frac{1}{K} = \frac{1}{0.72} = 1.389(A \cdot h/g)$$

按(11.16)式求单位产物的直流电耗

$$W = \frac{kV}{\eta_I} = \frac{1.389 \times 5.4}{0.85} = 8.824(kW \cdot h/kg)$$

每天的直流电压为 $\quad W_{总} = GW = 1200 \times 8.824 = 10588.8(kW \cdot h)$

(2)提高电化学反应器的电流密度时,如电流效率不变,其产率可相应增加。反应器产率欲增幅度为

$$\frac{1500 - 1200}{1200} = 25\% = 0.25$$

故电流密度应增为 $\quad i_2 = 1.25i_1 = 1.25 \times 680 = 850(A/m^2)$

即 $\quad \Delta i = i_2 - i_1 = 850 - 680 = 170(A/m^2)$

反应器的工作电压应增加 $\quad \Delta V = B\Delta i = 5.5 \times 10^{-4} \times 170 = 935 \times 10^{-4}(V)$

所以
$$V_2 = 5.4 + 0.0935 = 5.4935(\mathrm{V})$$

产率提高后每天的电耗则变为

$$W_\text{总} = GW_2 = 1500 \times \frac{1.389 \times 5.4935}{0.85} = 13465.5(\mathrm{kW \cdot h})$$

11.3.3 电化学反应器的连接与组合

尽管在现代电化学工业中，单元电化学反应器的容量在不断增大，结构及性能不断改进，生产电流密度也有所提高，但是和一般化工、冶金设备比较，单台电化学反应器的生产能力小，因此一般电化学工业的工厂（车间）都不可仅仅设置一台电化学反应器，而必须装备多台电化学反应器，同时运转。这样，电化学反应器组合与连接成为电化学工程中的普遍问题。

电化学反应器的连接包括电连接和液（路）连接，而电连接又可分为反应器内电极的电连接及反应器之间的电连接。

11.3.3.1 电化学反应器的电连接

（1）电化学反应器内电极的连接 按反应器内电极连接的方式可分为单极式和复极式。有时也称为单极性槽和双极性槽。其原理如图 11.17 所示。

可以看出，在单极式电化学反应器中，每一个电极均与电源的一端连接，而电极的两个表面均为同一极性，或作为阳极，或作为阴极；在复极式电化学反应器中则不同，仅有两端的电极与电源的两端连接，每一电极的两面均具有不同的极性，即一面是阳极，另一面是阴极。这两种电化学反应器的特点，如表 11.9 所示。

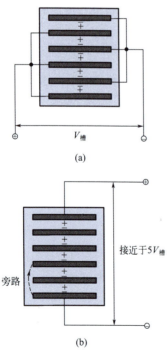

图 11.17 单极式（a）和复极式（b）电化学反应器中的电连接
[图中显示了旁路（bypass）的情况]

表 11.9 单极式和复极式电化学反应器的比较

特 点	单极式电化学反应器	复极式电化学反应器
电极两面的极性	相 同	不 同
电极过程	电极上只发生一类电极过程（阳极过程或阴极过程）	电极一面发生阳极过程，另一面发生阴极过程
槽内电极	并 联	串 联
电 流	大（$I_\text{总} = \sum I_i$）	小（$I_\text{总} = I_i$）
槽 压	低（$V_\text{总} = V_i$）	高（$V_\text{总} = \sum V_i$）
对直流电源的要求	低压、大电流，较贵	高压、小电流，较经济
维 修	容易，对生产影响小	较难，需停产
安全性	较安全	较危险
设计制造	较简单	较复杂
物料的投入及取出	较方便	较复杂
占 地	大	小、设备紧凑
材料及安装费用	较 多	较 少
单元反应器间的欧姆压降	较 大	极 小
电极的电流分布	较不均匀	较均匀
适用的反应器	箱式反应器	压滤机式反应器

图 11.18 表示一个复极式电化学反应器中的电压分布，它包括五个单元反应器，其中总共有六个电极。

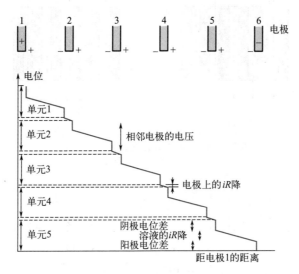

图 11.18　复极式电化学反应器中的电压分布

采用复极式电化学反应器时应该注意两个问题

① 防止"旁路"（bypass）和"漏电"（leakage）的发生，如图 11.17 所示。

这是由于相邻两个单元反应器之间存在液路连接产生的，这时电流在相邻的两个反应器中的两个电极之间流过（而不是在同一反应器内的两个电极间流过），不仅可使电流效率降低，而且可能导致中间的电极发生腐蚀。

② 不是任意电极都能作为复极式电极使用。复极式电极的两个表面分别作为阳极和阴极，因而对于两种电极过程应该分别具有电催化活性，使用同一电极材料，往往难以实现，因此复极式电极的两个工作表面常需要选择不同的材料或工艺处理（如涂覆、镀覆、不同的电催化层）。

(2) 电化学反应器之间的电连接　电化学反应器之间的电连接，主要考虑直流电源的要求。现代电化学工业采用的硅整流器，其输出的直流电压在 $200\sim700V$ 时，交流效率可达 95%，颇为经济。因此多台电化学反应器连接，一般是串联后的总电压应在此范围，例如总电压在 $450V$，一般在中间接地，使两端电压为 $+225V$ 和 $-225V$，较为安全。至于直流电流的大小，可通过适当选择整流器的容量或通过并联满足生产需要。

由于单极槽的特点是低压大电流，多台单极槽的电连接宜在电源之间串联工作；反之，由于复极式电极的工作特点是高压低电流，多台复极式电槽的电连接宜在电源的正负极间并联工作。

11.3.3.2　电化学反应器的液路连接

电化学反应器在液路中可以两种方式连接，即并联或串联，如图 11.19 所示。

在一些要求提高反应物转化率的场合，如电解合成中，常采用串联的供液方式。如为活塞流反应器，运用式（11.60）$c(\text{out})=c(\text{in})\exp\left(-\dfrac{k_{m}S}{Q}\right)$，在串联 n 个反应器时有

$$c(\text{out},n)=c(\text{in})\exp\left(-\frac{nk_{m}S}{Q}\right) \tag{11.94}$$

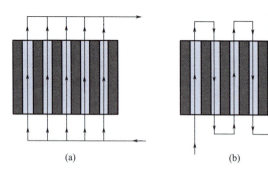

图 11.19 电化学反应器的液路连接
(a) 并联；(b) 串联

而转化率可变为

$$X_{A,n} = 1 - \frac{c(\text{out},n)}{c(\text{in})} = 1 - \exp(-nk_mS/Q) \tag{11.95}$$

对于连续搅拌箱式反应器则运用式(11.68)，在串联 n 个反应器时有

$$c(\text{out},n) = c(\text{in})(1 + k_mA/Q)^n \tag{11.96}$$

转化率则变为

$$X_{A,n} = 1 - \frac{c(\text{in})}{c(\text{out},n)} = 1 - \frac{1}{(1 + k_mS/Q)^n} \tag{11.97}$$

以上分析仅是理想状况，实际反应器的工作方式可能介于两种类型之间。因为可能发生种种非理想的情况，如混合不均匀、流体的旁路等。而反应器在液路连接方面的实际情况也复杂得多，既可部分或完全再循环，亦可部分串联或并联，这取决于电解液循环、流动的目的，如反应物、产物的输送，热交换，温度与组成的均匀化及调节。还应该指出的是：两种供液方式对电解液系统的要求，包括设备的设计，如液泵、液槽的设置和调控方式，也是不同的。例如，若要在单元反应器中保持相同的流量、流速，显然并联供液需要的总液量大得多，而流量均匀分配到每一反应器成为关键问题；对于串联供液，由于流程长、阻力大，则需要液泵具有更高的液压。此外，串联供液将使电解液产生更大的温升，也是应考虑的。

11.3.3.3　电化学反应器的组合

在工业电化学过程中，为完成一定的生产任务，往往需要设置多台（经常达到数十台甚至数百台）电化学反应器，同时工作。这一方面是由于单台电化学反应器的容量、产率有限，另一方面还由于馈电及反应器电连接的要求，即每一台电化学反应器都要求一定的工作电压，它们的组合，必须满足前已述及的槽间电连接的要求，使直流电源总电压在变流效率高的区间内运行。

在工业电解中，电化学反应器的容量及数目，决定了生产能力。但同一生产能力可由不同容量的反应器以不同数目的组合完成，因此我们常常面临反应器容量及数量的选择。

解决这一问题的一种思路是：首先分析反应器容量及数目对固定投资及生产运转费用的影响，然后求解总的生产费用最低时的反应器数目

$$M_c = F_c + O_c \tag{11.98}$$

式中，M_c 为总的生产费用；F_c 为固定投资费用；O_c 为生产运转费用。

由于影响固定投资及生产运转费用的因素很多（例如反应器的容量、数目以及电流密度等），且相互影响，因此常常难以确定多因素的定量关联式，所以尽管有的文献提出利用一般的数学方法，如求解下式来决定反应器数目 n 的最优值，但并非都是可行的

$$\frac{\partial M_c}{\partial n} = 0 \qquad\qquad (11.99)$$

在实际确定反应器的组合数及容量时，除必须考虑已投产的电化学反应器系列产品及整流电源的规格参数外，还必须考虑可靠性及维修备用的要求。

 总结

电化学反应器适用于电解、电镀和电池等物质和能量转化过程。通过本章的学习，应该掌握电化学反应机理和速率方程的建立方法；熟悉评价电化学反应的指标；学会用数学模型量化电化学反应中的传质和传热现象，及设计电化学反应器的基本思路。具体内容包括：

电流效率 $\qquad\qquad \eta_I = G/(QK)$

反应速率 $\qquad\qquad r = i/(nF)$

电化学反应器设计，详见教材。

习 题

11.1 电解 $NaCl$ 水溶液制取氯时，为使阳极反应中氯的电流效率高于 95%，其阳极气体组成中的 O_2 的含量不得超过什么区间？

11.2 电解 KOH 水溶液制取 H_2 和 O_2 时，若电解液的电导率为 $120m^{-1} \cdot \Omega^{-1}$，电极面积为 $2.4m^2$，阳极至隔膜的距离为 $6mm$，其间充气率为 0.22，阴极到隔膜的距离为 $5mm$，其间充气率为 0.30，隔膜的厚度为 $2mm$，电导率为 $32m^{-1} \cdot \Omega^{-1}$。若反应的理论分解电压（$E_0$）为 $1.19V$，电极的电化学反应进行时，电极过电位与电流密度的动力学关系分别为：$\Delta\varphi_A = 0.23 + 0.08\lg i$（$i$ 的单位为 A/m^2），$\Delta\varphi_K = 0.06 - 0.12\lg i$。试求电化学反应器的工作电压。

11.3 由 $MnSO_4$ 制取 MnO_2 的电化学反应器，其总反应为：

$MnSO_4 + 2H_2O \longrightarrow MnO_2 + H_2SO_4 + H_2$，如反应器的工作电压为 $2.5V$，电流效率为 85%，试求反应器的直流电耗？

11.4 电化学氧化制取氟时，反应为：$2HF \longrightarrow H_2 + F_2$，若反应的直流电耗高达：$15kW \cdot h/kg$，但电流效率可保持在 95%，如反应的理论分解电压为 $2.9V$，试估算电化学反应的过电位区间？

参 考 文 献

［1］ 李绍芬．化学与催化反应工程．北京：化学工业出版社，1986.

［2］ 廖晖，辛峰，王富民．化学反应工程习题精解．北京：科学出版社，2003.

［3］ 朱炳辰．化学反应工程．5 版．北京：化学工业出版社，2022.

［4］ 梁斌．化学反应工程．3 版．北京：科学出版社，2019.

［5］ 许志美．化学反应工程．北京：化学工业出版社，2019.

［6］ 郭锴，唐小恒，周绪美．化学反应工程．2 版．北京：化学工业出版社，2015.

［7］ 戚以政，汪叔雄．生物反应动力学与反应器．3 版．北京：化学工业出版社，2007.

［8］ 史子瑾．聚合反应工程基础．北京：化学工业出版社，1991.

［9］ 陈甘棠．化学反应工程．4 版．北京：化学工业出版社，2021.

［10］ Schmidt L D. The Engineering of Chemical Reactions. Oxford：Oxford University Press，1998.

［11］ Fogler H S. Elements of Chemical Reaction Engineering. 6th ed. London：Pearson，2020.

［12］ Levenspiel O. Chemical Reaction Engineering，3rd ed. New York：John Wiley & Sons，1999.

［13］ Mann U. Principles of Chemical Reactor Analysis and Design：New Tools for Industrial Chemical Reactor Operations. 2nd ed. New York：John Wiley & Sons，2009.

［14］ Davis M E，Davis R J. Fundamentals of Chemical Reaction Engineering. New York：McGraw-Hill，2003.

［15］ Thoenes D. Chemical Reactor Development：from Laboratory Synthesis to Industrial Production. Berlin：Springer，1994.

［16］ Weterterp K R，Van Swaaij W P M，Beenackers A A C M. Chemical Reactor Design and Operation. New York：John Wiley & Sons，1984.

［17］ Franks R G E. Modeling and Simulation in Chemical Engineering. New York：John Wiley & Sons，1972.

［18］ Nielsen J，Villadsen J. Bioreaction Engineering Principles. New York：Plenum Press，1994.

［19］ Froment G F，Bischoff K B，Wilde J D. Chemical Reactor Analysis and Design. 3rd ed. New York：John Wiley & Sons，2010.

［20］ Rawlings J B，Ekerdt J G. Chemical Reactor Analysis and Design Fundamentals. 2nd ed. Madison：Nob Hill Publishing，LLC，2022.

［21］ Berty J M. Experiments in Catalytic Reaction Engineering. Amsterdam：Elsevier，1999.

［22］ Yates J G，Lettieri P. Fluidized-Bed Reactors：Processes and Operating Conditions. Berlin：Springer，2016.

［23］ Villadsen J，Nielsen J，Lide'n G. Bioreaction Engineering Principles. 3rd ed. Berlin：Springer，2011.

［24］ Nauman E B. Chemical Reactor Design，Optimization，and Scaleup. New York：McGraw-Hill，2002.

［25］ Bard A J，Faulkner L R. Electrochemical Methods Fundamentals and Applications. 2nd ed. New York：John Wiley & Sons Inc，2001.

［26］ Newman J，Thomas-Alyea K E. Electrochemical Systems. 3rd ed. New Jersey：John Wiley & Sons Inc，2004.

［27］ Hungenberg K D，Wulkow M. Modeling and Simulation in Polymer Reaction Engineering. Weinheim：Wiley-VCH，2018.